Finanzanalyse

Grundlagen der markttechnischen Analyse

Von

Dr. habil. Rainer Stöttner

R. Oldenbourg Verlag München Wien

CIP-Titelaufnahme der Deutschen Bibliothek

Stöttner, Rainer:
Finanzanalyse : Grundlagen der markttechnischen Analyse /
von Rainer Stöttner. - München ; Wien : Oldenbourg, 1989
ISBN 3-486-21345-8 kart.
ISBN 3-486-21343-1 Gb.

Gesamtherstellung: R. Oldenbourg Graphische Betriebe GmbH, München

ISBN 3-486-21345-8 Brosch.
ISBN 3-486-21343-1 Geb.

Inhaltsverzeichnis

Verzeichnis der Abbildungen

Verzeichnis der Übersichten und Tabellen

Verzeichnis der Abkürzungen

BFR	belgischer Franc
B&H	buy-and-hold-Strategie
CAP	capital asset pricing
CAMP	capital asset pricing model
DKR	dänische Krone
EMH	efficient market hypothesis
ESC	portugiesischer Escudo
FF	französischer Franc
FMK	Finnmark
HFL	holländischer Gulden
HFHLP	high-low-potential
KZO	Kaufzonen-Obergrenze
KZU	Kaufzonen-Untergrenze
LIT	italienische Lira
loc. cit.	locus citatus
MAM	Markttechnisches Analysemodell
NKR	norwegische Krone
PTAS	spanische Peseten
REH	rational expectations hypothesis
RWH	random walk hypotheses
S	österreichischer Schilling
SFR	Schweizerfranken
SKR	schwedische Krone
SML	security market line
t	Zeitvariable
tAPK1	Zeitpunkt des außerplanmäßigen Kaufs erster Ordnung
tAPK2	Zeitpunkt des außerplanmäßigen Kaufs zweiter Ordnung
tAPV1	Zeitpunkt des außerplanmäßigen Verkaufs erster Ordnung
tAPV2	Zeitpunkt des außerplanmäßigen Verkaufs zweiter Ordnung
tPK	Zeitpunkt des planmäßigen Kaufs
tPV	Zeitpunkt des planmäßigen Verkaufs
Z	Laufvariable des MAM

Vorwort

Die "Grundlagen der markttechnischen Analyse" wurden im November 1988 von der Wirtschaftswissenschaftlichen Fakultät der Eberhard-Karls-Universität Tübingen als Habilitationsschrift angenommen.

Die umfangreichen Vorarbeiten haben viele Jahre in Anspruch genommen. Für die hierbei erfahrene vielfältige Unterstützung bin ich großen Dank schuldig.

Mein besonderer Dank gilt meinem verehrten akademischen Lehrer, Herrn Professor Dr. Alfred E. Ott. Als sein langjähriger Mitarbeiter konnte ich erfahren, wie eminent wichtig ein forschungsfreundliches Umfeld ist. Ohne die mir eingeräumten Freiräume, den ausgewogenen Rat des erfahrenen Wissenschaftlers und den stets paraten aufmunternden Zuspruch wäre die Arbeit wohl nie vollendet worden.

Neben Herrn Professor Ott hat Herr Professor Dr.rer.nat. Heinrich Strecker den Fortgang der Arbeit begleitet und mit Rat und Tat unterstützt. Auch ihm sei sehr herzlich gedankt. Herrn Professor Strecker habe ich nicht nur als Wissenschaftler von herausragender Fachkompetenz, sondern auch und vor allem als Mensch schätzen gelernt, der mir auch in schwierigen Zeiten stets zur Seite gestanden hat.

Wertvolle fachliche Hinweise, vor allem auf betriebswirtschaftlichem Gebiet, verdanke ich Herrn Professor Dr.rer.pol Franz X. Bea sowie Herrn Professor Dr.oec.publ. Franz W. Wagner. Insbesondere Herrn Professor F.W. Wagner schulde ich Dank für zahlreiche einschlägige Anregungen und Klarstellungen. Herr Akademischer Oberrat Dr.rer.pol. Rolf Wiegert hat mich bei der Lösung schwieriger mathematischer Probleme stets bereitwillig und überaus kompetent beraten und unterstützt. Auch ihm sei sehr herzlich gedankt.

Zu danken habe ich außerdem der Deutschen Forschungsgemeinschaft, die großzügige finanzielle Förderung während eines zweijährigen Zeitraums gewährte. Erst hierdurch wurde es möglich, unverzichtbare umfangreiche Programmierarbeiten durchführen zu lassen. Diese wurden sehr sorgfältig und gewissenhaft ausgeführt von Herrn Diplom-Kaufmann Wolfgang Bader. Auch nach Auslaufen der DFG-Förderung hat mich Herr Bader bei der Entwicklung der für die Computer-Implementierung unerläßlichen Software durch unermüdlichen Einsatz unterstützt. Klaglos hat er mir praktisch jeden, auch manchen verstiegenen, Programmierwunsch erfüllt. Ich schulde ihm großen Dank.

Mein Dank gilt außerdem allen Persönlichkeiten, die am Habilitationsverfahren beteiligt waren. Die souveräne Leitung des Verfahrens lag in den Händen von Herrn Dekan Professor Dr.rer.pol. Adolf Wagner und (anschließend) Herrn Dekan Dr.oec.publ. Franz W. Wagner. Die Erstellung des Zweitgutachtens hat Herr Professor Dr.rer.nat. Wolfgang Eichhorn von der Universität Karlsruhe übernommen. Hierfür schulde ich ihm ganz besonderen Dank.

Last but not least danke ich sehr herzlich meiner Frau und meinen beiden Söhnen, die (letzere beiden freilich nur in begrenztem Umfang) über viele Jahre hinweg die Last wissenschaftlicher Forschung ohne Murren mitgetragen haben. Ohne den stabilisierenden familiären Rückhalt wäre die Arbeit wohl gar nicht erst begonnen worden.

Rainer Stöttner

1 Einführung

1.1 Ziele der Untersuchung

Vorab bedarf es einer begrifflichen Präzisierung: Die **markttechnische Analyse** umfaßt sämtliche Verfahren, die das Marktgeschehen durch ausschließliche Verwendung von Marktdaten - das sind insbesondere Preise und Mengen - untersuchen. Untersuchungsgegenstand sind grundsätzlich alle Arten sozioökonomischer Tauschbeziehungen, sofern sie sich auf einigermaßen "freien" Märkten vollziehen.

Ihren **Ursprung** hat die markttechnische Analyse **in praktischen Verfahren der Finanzanalyse**, die in der "Markttechnik" entscheidende Ansatzpunkte für die Beurteilung der Marktentwicklung erkennen. Diese sog. **"technische Analyse"** wird auch häufig **"Chartanalyse"** genannt, da sie als Arbeitsmittel häufig **"Charts"**, das sind graphische Darstellungen von Marktdaten, verwendet.

Die **technische Analyse**, sofern sie von der Wissenschaft überhaupt rezipiert wurde, stößt aus akademischer Sicht auf schwerwiegende Bedenken oder gar radikale Ablehnung. Dies hat mehrere Ursachen. Erstens ist die technische Analyse von Nicht-Akademikern, vorwiegend Finanz- und Bankpraktikern, entwickelt worden. Zweitens stellt sie kein geschlossenes System dar, sondern ist eine mehr oder weniger umfassende Sammlung von *ad hoc* gebildeten Entscheidungsregeln, deren theoretische Berechtigung dunkel bleibt. Drittens ist die technische Analyse stark subjektiv geprägt, da eine zweifelsfreie und eindeutige Festlegung markttechnischer Analysekriterien zumeist unterbleibt und daher ein breiter subjektiver Interpretationsspielraum besteht. Und schließlich viertens: Die theoretische und empirirische Forschung, insbesondere auf den Gebieten der Kapitalmarkt- und Finanzanalyse, scheint zu belegen, daß markttechnische Entscheidungsregeln - zumindest in ihren faßbaren Formen - nicht funktionieren können. Dies wird als Beweis dafür angesehen, daß der **Diagnose- und Prognoseanspruch der technischen Analyse** zu unrecht erhoben wird.

Vor diesem Hintergrund mag es zunächst überraschen, wenn die technische Analyse zum Gegenstand einer wissenschaftlichen Untersuchung gemacht wird. Hierfür gibt es jedoch nicht nur gute, sondern sogar zwingende Gründe: Die technische Analyse nimmt heute in der praktischen Kapitalmarkt- und Finanzanalyse einen festen Platz ein. Die **faktische Bedeutung der technischen Analyse** kann von der akademischen Forschung nicht einfach ignoriert oder mit dem Hinweis auf die "offenkundige" Unsinnigkeit solcher Analysen abgetan werden. Neuerdings mehren sich in der Tat auch **Zweifel an der traditionellen theoretischen Position**, die lange Zeit hindurch als nahezu unanfechtbar gegolten hat. Inwieweit dies zu einer wissenschaftlichen Aufwertung der technischen Analyse geführt hat bzw. noch führen könnte, ist zu prüfen.

Im übrigen muß bezweifelt werden, ob die **traditionelle Finanz- und Kapitalmarkttheorie** überhaupt geeignet und in der Lage ist, die Zweckmäßigkeit technischer Analysen und Handlungsempfehlungen zu überprüfen. Die Methoden und Erkenntnisziele der beiden Ansätze sind zu verschieden, um mit dem zur Verfügung stehenden theoretischen Instrumentarium die Sinnhaftigkeit praktischer Entscheidungsregeln testen zu können. Hinzu kommt, daß alles andere als klar ist, worin technische Analysekriterien und die hieraus ableitbaren Diagnosen, Prognosen und Handlungsanweisungen *in concreto* bestehen. Die durchgeführten **Operationalisierungsversuche** - zumeist in Gestalt einfacher **Filterregeln** - sind zu künstlich und restriktiv, um dem weiten Spektrum chartanalytischer Ansatzpunkte gerecht zu werden.

Dies zu zeigen, ist eines der Ziele dieser Arbeit. Dabei ist freilich nicht beabsichtigt, die kapitalmarkttheoretische Diskussion in allen Einzelheiten nachzuzeichnen und die nahezu unübersehbare Flut einschlägiger empirischer Untersuchungen umfassend zu würdigen. Es geht hingegen nur um eine Abgrenzung des kapitalmarkttheoretischen vom markttechnischen Ansatz.

Voraussetzung hierfür ist allerdings zunächst einmal die Schaffung einer **operationalen, wissenschaftlich brauchbaren Begriffsbestimmung der markttechnischen Analyse**. Bisher gibt es, soweit dem Verfasser bekannt, keine befriedigenden Vorstöße in diese Richtung. In Gestalt des **markttechnischen Analysemodells (MAM)** wird hier eine **Forschungskonzeption** entworfen, die es erlaubt, die Mehrzahl markttechnischer Analyseinstrumente in einen allgemeinen und umfassenden Rahmen einzuordnen.

Darüber hinaus liefert das markttechnische Analysemodell fruchtbare **Ansatzpunkte für die theoretische Durchdringung des Kapitalmarktgeschehens**. Auf diese Weise wird die Möglichkeit geschaffen, traditionelle und neuere kapitalmarkttheoretische Ansätze sowohl mit den markttechnischen "Gesetzmäßigkeiten" als auch mit deren hypothetischer Erklärung zu vergleichen.

Ein letztes Ziel der Arbeit besteht darin, die Anwendungsmöglichkeiten der markttechnischen Analyse in ihrem traditionellen Einsatzgebiet, der Portefeuilleplanung und -verwaltung, aber auch im Bereich der Analyse makroökonomischer Zeitreihen, zu untersuchen.

1.2 Durchführung der Untersuchung

Bevor das markttechnische Analysemodell (MAM) formuliert werden kann, ist zu prüfen, inwieweit die markttechnische Analyse auf vergleichbare Verfahren zurückgreifen kann bzw. inwiefern Abgrenzungen notwendig werden. Den wohl naheliegendsten Anknüpfungspunkt bietet die **technische Analyse ("Chartanalyse")**. Das zentrale Problem einer **operationalen Definition analyserelevanter Marktkriterien** löst die Chartanalyse freilich nicht oder nur unbefriedigend. Solche Markteigenschaften versucht die technische Analyse in plakativer Weise zu bestimmen, z.B. indem sie Preiskurven visuell beurteilt; dabei werden sog. **Formationen** identifiziert, die angeblich die künftige Preisentwicklung erkennen lassen.

Diese visuell-intuitive Zeitreihenbeurteilung ist wissenschaftlich allenfalls als heuristischer Problemeinstieg annehmbar, nicht jedoch als ernsthafter, theoretisch fundierter Lösungsversuch. Dieser kann nur gelingen, wenn das charttechnische Instrumentarium objektiviert wird. Hierbei treten schwerwiegende **Meß- und Indikatorprobleme** auf, die aber im Prinzip durchaus lösbar erscheinen. Das markttechnische Analysemodell definiert exakt eine große Zahl relevanter Zeitreiheneigenschaften, die im wesentlichen alles abdecken dürften, was der "Chartisten"-Schule vorschwebt.

Das **Instrumentarium der traditionellen Zeitreihenanalyse** kann hierbei zwar nutzbringend eingesetzt werden, doch reicht es allein nicht aus; zu vielfältig sind die feinen, teilweise nur qualitativ faßbaren Nuancierungen der markttechnischen Analysemethode. Um jedoch auch qualitative Reihenaspekte in ein rechenhaftes Gesamtsystem integrieren zu können, muß die Reihendeskription überwunden werden durch eine **Pseudo-Quantifizierung** qualitativer Reihenelemente. Die Probleme einer Verrechnung dieser (ordinalen) Pseudo-Quantitäten mit echten (kardinalen) Quantitäten sind zwar erdrückend, doch dürfte es möglich sein, in einem **iterativen *trial-and-error*-Verfahren** den wahren Zuordnungen sehr nahe zu kommen.

Die **Überführung der anschaulichen Reihendeskription in die numerische Zeitreihenanalyse** ist die unverzichtbare Voraussetzung für die Ableitung quantitativer Diagnosen und Prognosen. Analog zur traditionellen Zeitreihenanalyse ist auch die markttechnische Analyse ein rekursives Verfahren, und jede Prognose stellt im Grunde eine Extrapolation dar. Es ist zu zeigen, in welcher Weise das markttechnische Analyseverfahren die traditionellen Verfahren der Zeitreihenanalyse ergänzt. Eine Abgrenzung gegenüber anderen Diagnose- und Prognoseverfahren soll die "Philosophie" der markttechnischen Analyse noch weiter präzisieren.

Es folgt der Versuch, den **theoretischen Standort des markttechnischen Analysemodells** zu bestimmen. Das MAM ist eher der normativ-präskriptiven als der positiven Theorie zugehörig, da es Handlungsanweisungen erzeugt und weniger Wert legt auf kausale Begründungen im Sinne der positiven Theorie legt. Deshalb stellt die **mikroökonomischen Portfoliotheorie**, die gleichfalls stark normativ geprägt ist, einen weiteren folgerichtigen Anknüpfungspunkt dar. Dieser relativ junge Zweig der mikroökonomischen Entscheidungstheorie befaßt sich ebenso wie das MAM mit der Ableitung rationaler Anlegerentscheidungen.

Aufgrund des starken Anwendungsbezugs des MAM, insbesondere im Bereich der Portefeuilleplanung, werden alternative Anlagestrategien konzipiert, die zum Teil erheblich voneinander abweichen, aber dennoch jeweils rationale Entscheidungs- und Handlungsalternativen für den Anleger darstellen.

Die **theoretische Kapitalmarktforschung** hat, aufbauend auf den Vorarbeiten der mikro- und makroökonomischen Portfoliotheorie, einen umfassenden Theoriekomplex entstehen lassen, der seine augenfällige Konkretisierung im sog. ***"capital asset pricing model"* (CAPM)** erfahren hat. In diesem **Kapitalmarktpreisbildungsmodell** werden die Bestimmungsgründe der Preisbildung von Vermögenswerten, insbesondere Wertpapieren, untersucht und **Gleichgewichtsbedingungen für Vermögensmärkte** abgeleitet. Auch zwischen CAPM und MAM bestehen Beziehungen, wenngleich die Ziele beider Modelle - im einen Fall die Ableitung von Gleichgewichtsbedingungen, im anderen Fall die Ableitung operativer Entscheidungsregeln - zum Teil stark divergieren.

Das CAPM hat seinerseits neben der Portfoliotheorie noch vielfältige andere theoretische Wurzeln, die auch für das MAM von zum Teil brisanter Bedeutung sind. Zu nennen ist zunächst die **Theorie rationaler Erwartungen**, die auf den ersten Blick nur die scheinbar harmlose Hypothese beinhaltet, daß die Wirtschaftssubjekte alle vorhandenen Informationen in fachkundiger Weise für die Erwartungsbildung heranziehen. Frägt man, welche Auswirkungen ein solches Verhalten für das Marktgeschehen hat, so gelangt man schnell zur Kernaussage der ***"efficient market hypothesis"* (EMH)**, nämlich: Auf einem (informations)effizienten Markt spiegeln die Preise jederzeit alle verfügbaren Informationen wider. Die unmittelbare Folge hiervon ist, daß kein Marktteilnehmer vom Marktgeschehen überdurchschnittlich profitieren kann, denn alle Marktteilnehmer sind zu jedem Zeitpunkt gleich gut informiert und handeln entsprechend. Der einzelne braucht daher keine Prognosen zu erstellen, denn er kann darauf vertrauen, daß der Markt die prognostizierbare Entwicklung bereits reflektiert.

Für die Wertpapiermärkte wird diese Vorstellung noch pointierter wiedergegeben durch die ***"random walk hypothesis"* (RWH)**, die behauptet, daß Kursschwankungen - insbesondere kurzfristig - keinerlei Zusammenhang erkennen lassen, also statistisch unabhängig sind. Damit wird das Grundverständnis der technischen Analyse im Mark getroffen, denn deren Sinn und Zweck steht und fällt mit der Möglichkeit, aus vergangenen Kursverläufen die künftige Kursentwicklung zu prognostizieren. Es hat dem **Ansehen der technischen Analyse** eminent geschadet, daß ausgerechnet zugunsten der Random-Walk-Hypothese und der Efficient-Market-Hypothese überaus starke empirirische Beweise vorgelegt werden konnten.

Es wird zu klären sein, ob diese Belege überhaupt dazu geeignet sind, der technischen Analyse grundsätzlich und endgültig ihre Leistungsfähigkeit zu bestreiten. Auch wird zu prüfen sein, ob die Grundpositionen der RWH und insbesondere der EMH nicht völlig neu zu überdenken sind im Lichte **neuer Forschungsansätze auf dem Gebiet der Kapitalmarkttheorie**; hier ist in erster Linie zu denken an den ***"variance bounds"*-Ansatz** und den ***"price-bubble"*-Ansatz**. Wir werden außerdem den Nachweis führen, daß bei konsequenter Beachtung markttechnischer Anlagestrategien die von der EMH als optimal eingestuften Ergebnisse einer **Daueranlagestrategie** (***buy&hold*-Strategie**) entscheidend übertroffen werden.

Zusammenfassend ergibt sich für die Arbeit folgender **Ablaufplan**: Nach den einführenden Bemerkungen werden in Kapitel 2 die Grenzen zwischen der markttechnischen Analyse und anderen Gebieten der (Finanz)Marktanalyse markiert. Im Kapitel 3 werden die Grundgleichungen des MAM im einzelnen entwickelt. Die Modellgleichungen werden in geschlossener Folge dargestellt. Das Grundmodell wird durch Ausformulierung alternativer Strategien des Marktmanagements in Kapitel 4 durch wesentliche zusätzliche Bausteine erweitert. Erst dadurch wird es möglich, das MAM umfassend empirisch zu testen. Zugleich eröffnen die strategischen Modellteile praktische Anwendungsmöglichkeiten insbesondere im Bereich des Portfoliomanagements. In Kapitel 5 wird weiteren Einsatzmöglichkeiten des MAM im Bereich der empirischen Makroanalyse nachgegangen. Den Abschluß bilden wesentliche Schlußfolgerungen, die aus der Untersuchung gezogen werden können.

"Wer zu viel Honig isset,
das ist nicht gut,
und wer schwere Dinge forschet,
dem wirds zu schwer."
(Sprüche Salomos, 25,28)

2 Inhaltliche und methodische Abgrenzung des markttechnischen Analysemodells

Jede modellhafte Neufassung sozioökonomischer Sachverhalte oder Abläufe ist notwendigerweise eingebunden in bereits vorhandenes Wissen. Es gebietet daher nicht nur die wissenschaftliche Aufrichtigkeit, auf diese Quellen hinzuweisen; auch läßt sich der Erkenntnisfortschritt erst abschätzen, nachdem die Grenze zwischen Bekanntem und Neuem zuvor sichtbar gemacht worden ist. Dieser Abschnitt soll daher die wesentlichen Anknüpfungspunkte und Schnittstellen des markttechnischen Analysemodells (MAM) offenlegen und zeigen, in welcher Hinsicht und aus welchen Gründen neue Wege eingeschlagen werden.

"Time present and time past
are both perhaps present in time future,
and time future contained in time past."
(T.S. Eliot in Burnt Norton)

2.1 Abgrenzung gegenüber der technischen Analyse

Die **technische Analyse**, auch **"Chartanalyse"** genannt, kann als naiv-empiristische Analysemethode bezeichnet werden, da sie an der unmittelbar beobachtbaren Preis- und Kursentwicklung ansetzt und dieser ein typisches Verlaufsmuster unterstellt. Ansatzpunkte chartanalytischer Verfahren sind historische Kursverläufe, die im Hinblick auf standardisierbare Regelmäßigkeiten untersucht werden.

Die **"Chart-Philosophie"** geht davon aus, daß solche Regelmäßigkeiten existieren und daher für die Kursprognose genutzt werden können. Die **elementarste Regelmäßigkeit**, die hypostasiert wird, besteht darin, daß eine einmal eingeschlagene Richtung der Kursentwicklung sich tendenziell längere Zeit fortsetzt. Die Kursbewegung verläuft demnach in Trends, deren frühzeitiges Erkennen den Markterfolg sichert.

Als **Urheber der Chartanalyse** gilt Charles H. DOW, der seine Gedanken in einer lockeren Folge von Beiträgen für das Wallstreet Journal gegen Ende des 19. Jahrhunderts einem interessierten Publikum darbot.[1] DOW verwendete Aktienindices zur Beschreibung des allgemeinen Markttrends. Der heute weithin beachtete **Dow Jones Industrials Average** ist eine Modifikation und Erweiterung des von ihm bereits im Jahre 1897 geschaffenen Aktienindexes für ausgewählte US-Industrieaktien.

Nach DOW ist ein **Aktienindex** ein *catch-all*-Instrument, mit dem sämtliche relevanten Börseneinflußfaktoren gemessen werden können. Um die Indexentwicklung prognostisch verwerten zu können, verwendet DOW eine **dreiteilige Trendanalyse**. Demnach ist es besonders wichtig, den **Primärtrend** zu erkennen. Er stellt die, möglicherweise über Jahre hinweg anhaltende, Grundrichtung der Börsenentwicklung dar. Diese wird typischerweise von Reaktionsbewegungen mehrwöchiger, manchmal auch mehrmonatiger Dauer unterbrochen, den sog. **Sekundärtrends**. Unbedeutende Störeinflüsse, die der eigentlichen Börsenentwicklung nichts anhaben können und meist nur wenige Tage wirksam sind, faßt DOW unter dem Begriff **"Minor Trends"** zusammen.

Ergänzt wird dieses Trendschema durch ein ebenfalls **dreigliedriges Phasenschema**, das den Primärtrend überlagert. Eine **Hausse** (sog. "Bullenmarkt", *bull market*) beginnt mit der **Akkumulationsphase**, in welcher nervenstarke Nachfrager den zusammengebrochenen Markt für günstige Anschaffungen nutzen. Erst in der folgenden eigentlichen **Aufschwungphase** kommt die Börsenentwicklung in Schwung, weil erst jetzt ein zunehmend breites Börsenpublikum die Markttendenz optimistisch einschätzt. In der **Boomphase** schließlich nähert sich die Hausse ihrem Ende, obwohl der Anschein noch dagegen spricht: Die Börsenstimmung ist glänzend, die Kurse steigen rasant; nur hartgesottene Börsenprofis realisieren Gewinne und ziehen sich aus dem Markt zurück.

Damit geht der Haussemarkt in einen **Baissemarkt** ("Bärenmarkt", *bear market*) über, der mit der **Distributionsphase** beginnt: Das Material wandert von starken Händen in schwache Hände; die Profis

1) Vgl. R.D. EDWARDS, J. MAGEE 1979, S. 13ff.

steigen aus, während die Amateure noch auf den rasenden Börsenzug aufspringen wollen. In der eigentlichen **Abschwungphase** wird die Trendwende offenkundig, das breite Publikum gerät in Panik und stößt Material um jeden Preis ab; der Kursabschwung gewinnt rasch an Dynamik. In der nun folgenden **Depressionsphase** findet die Baisse ihren Abschluß; das Kursniveau ist zusammengebrochen, die breite Masse der Anleger hat sich vom Markt zurückgezogen, die Akkumulation kann von neuem beginnen.

Nach der "Dow-Theorie"[2] ist allerdings ein Index allein kein verläßlicher Ratgeber. Ein Trend(wende)signal kann nur dann als bestätigt gelten, wenn zwei verschiedene, branchenspezifische Indices - DOW verwendet den Industrieaktienindex und den Eisenbahnaktienindex - übereinstimmende Signale geben. Ein **bestätigtes Haussesignal** liegt z.B. dann vor, wenn beide Indices vorausgegangene Höchststände übertreffen. Ist dies nur bei einem Index zu beobachten, kann keine Haussediagnose gestellt werden.

Die "Dow-Theorie" bildet gewissermaßen die ideologische Basis der **modernen Chartanalyse**. Diese geht, ganz im Einklang mit der von Charles DOW vertretenen Lehre, davon aus, daß es für den richtigen **Wert einer Aktie** keinen besseren Maßstab gibt als den Marktpreis (Kurs) dieser Aktie selbst. Dahinter steht die Überzeugung, daß es möglicherweise eine nahezu unbegrenzte Zahl von **Kursdeterminanten** geben und daß sich deren Gewicht im Zeitablauf mehr oder weniger stark verändern mag. Daraus folgt, daß es keine stabilen Ursache-Wirkung-Zusammenhänge gibt, die in prognostischer Hinsicht genutzt werden können.

Damit wird die Existenz einer praktikablen **Kausaltheorie der Marktpreisentwicklung**, speziell der Wertpapierkursentwicklung, in Frage gestellt. Die Theorie mag zwar durchaus plausible Kursbestimmungsfaktoren identifizieren und ihre Kurswirkung nach dem Prinzip der isolierenden Abstraktion untersuchen. Dies mag auch durchaus Einblick in spezifische Abhängigkeiten vermitteln. Für eine brauchbare Kursprognose ist ein solches Verfahren jedoch nicht nur unzulänglich, sondern irreführend, denn es suggeriert, zwischen einigen wenigen Schlüsselgrößen und der Kursentwicklung

2) Zur DOW-Theorie vgl. auch G.W. BISHOP (1960), R. RHEA (1959) und R.H. SCHMIDT (1976,191ff.).

bestehe ein stabiler und daher für Prognosezwecke nutzbarer Zusammenhang.

Das **chartistische Postulat**, Marktpreise seien die besten verfügbaren Wertindikatoren überhaupt, da sie in komprimierter Weise und unter Einsparung beträchtlicher Informationskosten alle relevanten wertbestimmenden Einflußfaktoren reflektieren, hat nicht nur in der Wirtschaftspraxis, sondern auch in der Wirtschaftstheorie durchaus prominente Fürsprecher, wenngleich diese Parteinahme zumeist unbeabsichtigt sein dürfte.[3]

Dem Credo der Chartisten steht das Lager der sog. **Fundamentalisten** überaus skeptisch gegenüber, versuchen diese doch, mit Hilfe der von ihnen betriebenen **"Fundamentalanalyse"** eben jene Kursbestimmungsfaktoren aufzuspüren, die als treibende Kraft der Kursentwicklung gelten und bei rechtzeitiger Erkennung für erfolgreiche Transaktionen genutzt werden können.[4] Ansatzpunkte fundamentaler

3) So gibt z.B. A. STOBBE (1966,30) zu bedenken: "Der Leser mache sich zunächst von der Vorstellung frei, es gäbe für irgend ein Gut so etwas wie einen "inneren", "wahren" oder "eigentlichen" Wert oder Preis. Jedes Gut hat den Wert, den Menschen ihm beilegen, und die Höhe der Bewertung richtet sich ganz nach den Umständen und ihrem jeweiligen Zweck." K.J. ARROW (1978,160) interpretiert **Preise als "Informationsbündel"** und charakterisiert die in einschlägigen ***"valuation models"*** unterstellte **Hypothese rationaler Erwartungen** als theoretisch überflüssig und praktisch absurd: "The very concept of the market and certainly many of the arguments in favor of the market system are based on the idea that it greatly simplifies the informational problems of economic agents, that they have limited powers of information acquisition, and that prices are economic summaries of the information of the rest of the world. But in the rational expectations hypothesis, economic agents are required to be superior statisticians, capable of analyzing the future general equilibria of the economy." Angesichts des **Prognosedebakels**, das führende, vor allem theoretisch ausgerichtete Wirtschaftsexperten erlebten, resümiert W. SEUSS (1984) nicht ohne Spott: "Es kann sein, was nicht sein darf." Und L. GLESKE (1985) antwortet auf die Frage, wo aus der Sicht der Deutschen Bundesbank das richtige Kursniveau des US-Dollars liege, betont ausweichend: "In Zahlen läßt sich das nicht ausdrücken, und ich werde mich auch hüten, Zahlen zu nennen. Der richtige Kurs ist immer der Kurs, der am Markt entsteht, weil dort Angebot und Nachfrage zum Ausgleich kommen." Nichts anderes glauben die **Chartisten**.

4) Eine fundierte Auseinandersetzung mit der fundamentalen Aktienanalyse findet sich bei R. H. SCHMIDT (1976), S. 41ff. SCHMIDT nimmt u.a. ausführlich Stellung zur Problematik des Begriffes "innerer Wert". Der Fundamentalanalyse insgesamt steht er sehr skeptisch gegenüber; er fordert, daß sich Ansätze der fundamentalen Aktienbewertung "methodisch umorientieren und statt scheinbar praktischer Ergebnisse theoretische Grundlagen und Methoden ange-

Recherchen sind insbesondere Unternehmensinformationen, z.B. in Gestalt von Jahresabschlußinformationen bzw. gesamtwirtschaftlicher Daten, je nachdem, ob es um die Beurteilung einzelner Aktien oder der globalen Börsenentwicklung geht.[5]

Die Kapitalmarkttheorie schließlich verweigert sowohl den Chartisten als auch den Fundamentalisten uneingeschränkte Rückendeckung. Dies gilt, wie weiter unten darzulegen sein wird, in verstärktem Maße für die Fundamentalanalyse, die zumindest unter effizienten Marktbedingungen ihren Wert nahezu ganz einbüßt.

Wenn nun für den Chartanalytiker der Marktpreis, z.B. der Kurs einer bestimmten Aktie, das Maß aller Dinge ist, bleibt zu klären, wie der Prognosegehalt aktueller und vergangener Marktpreise erschlossen wird. Der Chartist bedient sich hierbei eines Katalogs von Gestalt- und Verlaufselementen, der in jeder Marktsituation eine zutreffende Diagnose und Prognose ermöglichen soll. Die Crux hierbei ist, daß zum einen ein solcher Katalog nie vollständig sein kann, denn die in historischen **Kursgraphiken ("Charts")** erkennbare morphologische Vielfalt läßt sich nur mit erheblichen Informationsverlusten standardisieren. Zum andern ist eben diese Standardisierung problematisch, denn es fehlt an klaren, eindeutig definierten, typenbildenden Identifikationsmerkmalen. Somit sind der Willkür und dem Subjektivismus Tür und Tor geöffnet.

ben, auf die sich der einzelne Analytiker stützen kann..." (loc. cit.174). Für eine vertiefende Lektüre seien außerdem genannt: L.A. BERNSTEIN (1975); H.E. BÜSCHGEN (1962;1966); R. FERBER (1967); K.D. FUCHS (1973); A. PAWAR (1970); H. SCHLEMBACH (1971); H. UHLIR, P. STEINER (1979); M. WINKELMANN (1984).

5) B. RESZAT (1987,110) umreißt den Unterschied zwischen Fundamental- und Chartanalyse - speziell auf dem Gebiet der Devisenmarktanalyse - treffend wie folgt: "There is practically no limit to the indicators from which the fundamentalists may choose; in principle, there are countless conceivable determinants that could arguably be considered... In the light of this plethora of information, the advocates of technical analysis who concentrate solely on historical market data have a relatively easy life." Ähnlich äußert sich R.H. SCHMIDT (1976,217): "Die Vertreter der Technischen Analyse erkennen richtig, daß nicht wirtschaftliche Daten wie Gewinne, Zinsen und Wachstumsraten direkt Angebot und Nachfrage bestimmen, sondern daß diese Größen nur 'Orientierungsdaten' sind, die von Anlegern nach komplexen und instabilen 'Transformationsgewohnheiten' zu Determinanten von Angebot und Nachfrage verarbeitet werden."

Es besteht hier weder die Möglichkeit noch der Anlaß, eine umfassende Darstellung der von Chartisten verwendeten Requisiten zu geben. Den wohl umfassendsten Versuch in dieser Richtung haben R.D. EDWARDS und J. MAGEE (1979) unternommen, die ihr Standardwerk bereits 1948 publizierten; seit 1976 liegt die deutsche Übersetzung vor. Für den deutschen Markt bietet W. SCHILLER (1971) eine ausgewogene Kurzeinführung in die Chartanalyse. Mit der ***point&figure***-Variante der Chartanalyse beschäftigen sich H. HOCKMANN (1979) und P. LERBINGER (1984).[6] J. WELCKER (1982) präsentiert ein Arbeitsbuch zur technischen Analyse, das dem Anleger durch Absolvieren zahlreicher "Chart-Übungen" zum notwendigen technischen *know-how* verhelfen soll.[7]

Eine wissenschaftliche Auseinandersetzung mit der technischen Analyse bietet R.H. SCHMIDT (1976,177ff.). Dies ist umso bemerkenswerter, als sich SCHMIDT aufrichtig um eine vorurteilslose Würdigung dieser Analysemethode bemüht. Die akademische Fachwelt ist ansonsten nur selten bereit, der Chartanalyse unvoreingenommen entgegenzutreten. Sofern technische Methoden überhaupt der Erwähnung wert befunden werden, sind sie in der Regel das Ziel bissigen Spotts und werden häufig ohne große Umschweife mit Quacksalberei und Kaffeesatzdeuterei gleichgesetzt. Dabei muß man wissen, daß Chartisten selbst ihre Lehre kaum als Wissenschaft begreifen. So schreibt z.B. W.L. JILER (1962,195):[8] "Chart reading (is) ... an art, not a science."

Um die Arbeitsweise der Chartanalyse an einigen Beispielen zu verdeutlichen, sollen im folgenden einige besonders markanten und häufig verwendeten **Methoden der Chartanalyse** kurz vorgestellt werden.[9] Für den Chartisten von grundlegender Bedeutung ist der

6) Zur *point&figure*-Analyse vgl. außerdem: E. BLUMENTHAL (1975); A.W. COHEN (1966); R.E. DAVIS (1965); J. WELCKER (1983).

7) Ausführungen zur technischen Analyse finden sich u.a. auch in: R. von ARNIM (1979;1983); E.A. BENISCHEK (1974); J. DINES (1972); C.H. GILETT (1965); W. GORDON (1968); J.E. GRANVILLE (1960;1963; 1976); C.C. HARDY (1978); U. HIELSCHER (1975); H.W. HOFMANN (1973); J.C. van HORNE, G. PARKER (1968); J.M. HURST (1970); P,. LERBINGER (1984,a); A.J. LERRO, C.B. SWAYNE (1970); R.A. LEVY (1968); M.J. PRING (1980;1981); K. REINEMER (1967); H.V. ROBERTS (1959); H.D. SCHULZ,U.HIELSCHER, K. REINEMER (1966); A.R. SHAW (1977); M.E. VOGEL (1985); M.E. ZWEIG (1978).

8) Zitiert nach R.H. SCHMIDT (1976,178).

9) Vgl. hierzu auch R.H. SCHMIDT (1976,191ff.).

Trend, der, entsprechend der Dow-Theorie, zuweilen in kurz-, mittel- und langfristige Konmponenten untergliedert werden kann. Die Festlegung derartiger Fristigkeiten ist freilich bereits ein erster Akt der Willkür, weshalb Chartisten häufig versuchen, ohne Fristenaussage auszukommen. Dies geschieht dadurch, daß in die Kursgraphik ("Chart") **Trendlinien** eingezeichnet werden (Abbildung 1), und zwar so, daß aufeinanderfolgende aufsteigende Tiefpunkte einer Zeitreihe durch eine Gerade verbunden werden (**Aufwärtstrend**). Im Falle aufeinanderfolgender fallender Hochpunkte ergibt sich analog eine absteigende Trendlinie (**Abwärtstrend**). Eine Trendwende wird diagnostiziert, sobald eine Trendlinie signifikant "verletzt" wird, d.h., um z.B. mindestens 3% (**Signifikanzschwelle**) nach unten (**aufsteigende Trendlinie**) bzw. nach oben (**absteigende Trendlinie**) durchstoßen wird.

Die **Willkürelemente** eines solchen Verfahrens sind offensichtlich:[10] Anstelle der 3%-Signifikanzschwelle könnte ein größerer oder kleinerer **Filter** genommen werden. Häufig ließe sich ein Trend besser durch eine Kurve als durch eine Gerade approximieren.

Diesem Umstand kann dadurch Rechnung getragen werden, daß der Neigungswinkel der Trendgeraden bei Bedarf nach einer oder auch nach beiden Richtungen verändert wird; dadurch entstehen sog. **"Fächer"**, die im Prinzip freilich ähnlichen Einwänden ausgesetzt sind wie die Trendlinien selbst.

Ein direkter Weg, kontinuierliche Trendänderungen zu erfassen, besteht in der Postulierung **nicht-linearer Formationen** (Abbildung 5). Am liebsten arbeiten Chartisten unbestritten mit Linien. Die **Vorliebe für lineare Gestaltelemente** zeigt sich z.B. auch in der weit verbreiteten Verwendung sog. **Unterstützungs- und Widerstandslinien** (Abbildung 2). Wird eine Unterstützungslinie nach unten durchstoßen, so gilt dies als Signal für einen deutlichen, mögli-

10) Ob ein Trend vorliegt, kann nur rückschauend vermutet werden. R.H. SCHMIDT (1976,185) bemerkt hierzu treffend: "Regelmäßigkeiten von Kursverläufen werden einfach behauptet. Man kann in dieser methodischen Praxis den Ausdruck eines sehr plumpen empiristischen Wissenschaftsverständnisses sehen." Dieses hält SCHMIDT auch vor dem Hintergrund eines "beschänkten pragmatischen Erkenntnisinteresses" für inakzeptabel, denn: "Wenn eine Aussage so formuliert ist, daß sie nichts aussagt oder daß nicht erkennbar ist, wann sie gelten soll, haben wir eine Leerformel vor uns. (loc.cit.186).

cherweise länger anhaltenden Preisrückgang. Analog gilt der Preisanstieg über eine Widerstandslinie hinaus als Signal für einen sich anbahnenden deutlichen und vermutlich nachhaltigen Preisanstieg.

Dem Ziel, Trends bzw. Trendwenden möglichst frühzeitig zu erkennen, dienen auch die überaus zahlreichen **"Formationen"**, denen die Chartisten große Aufmerksamkeit schenken. Sehr beliebt sind sog. **"M"- und"W"-Formationen**, denen die Fähigkeit zugeschrieben wird, die Trendumkehrpunkte zu bestimmen (Abbildung 3). Ein lang anhaltender Aufwärtstrend wird demnach nicht abrupt gestoppt oder gar übergangslos in einen Abwärtstrend überführt. Vielmehr vollzieht die Preisreihe im Zuge der Trendwende zunächst eine kurzfristige und mäßige Abwärtsbewegung, der eine Aufwärtsbewegung folgt, die ungefähr bis in den Bereich der vorausgegangenen Höchstpreise reicht. Hier dreht die Reihe erneut. Führt nun der Preisrückgang unter den Tiefpunkt des vorausgegangenen Zwischentiefs, gilt die Formation als "vollendet", ein weiterer Preisverfall und damit die Etablierung eines Abwärtstrends sind die erwartete Folge. Ganz entsprechend vollzieht sich die Umkehr eines Abwärtstrends; in diesem Fall ist das sich abzeichnende "W" die einschlägige Formation.

Als eine Fortentwicklung der M-W-Gestaltelemente ist die sog. **"Kopf-Schulter-Formation"** anzusehen (Abbildung 4). Hier vollzieht sich die Trendwende nicht in zwei, sondern in drei Schüben. Nach einer ersten Preisschwäche, die zur Ausbildung der linken Schulter führt, setzt sich der Aufwärtstrend mit scheinbar ungebrochener Kraft fort, so daß neue Höchstkurse erreicht werden. Der Preisauftrieb erlahmt jedoch recht bald, und es folgt ein scharfer Preisrückschlag bis zum Tiefpunkt des vorausgegangenen Zwischentiefs: Der **Kopf der Formation** hat sich herausgebildet. Der Preis fängt sich wieder und kann nochmals ansteigen, meist jedoch nicht über die **linke Schulter** hinaus; es kommt wieder zu Preisrückgängen, die zur Herausbildung der **rechten Schulter** führen. Als vollendet und damit diagnostisch und prognostisch verläßlich gilt die Formation allerdings erst, nachdem der Preis die **"Nackenlinie"**, das ist die Verbindungslinie der Tiefpunkte der Formation, nach unten durchstoßen hat. Kopf-Schulter-Formationen kündigen sowohl bei Aufwärts- als auch bei Abwärtstrends die Wende an, wenngleich sie nach Aufwärtstrends häufiger, zumindest aber "sauberer" beobachtet werden können.

Umgekehrt scheint die Häufigkeitsverteilung der **"Untertassen-Formationen"** (Abbildung 5) zu sein; sie leiten häufiger die Beendigung eines Abwärtstrends als diejenige eines Aufwärtstrends ein. Morphologisch handelt es sich um eine langgezogene, d.h. zeitlich ausgedehnte Preisstagnationsphase auf sehr niedrigem Niveau. Dabei verläuft die Preisentwicklung typischerweise so, daß zunächst die Abwärtsbewegung gebremst verläuft, also immer langsamer wird, anschließend einen imaginären "Boden" erreicht und hier in eine allmähliche, sich langsam beschleunigende Aufwärtsbewegung übergeht. Liegt die Formation in reiner Form vor, so bricht die Aufwärtsbewegung jäh ab und macht einer **"Konsolidierung"**, d.h. einer Preisstagnation bzw. einem leichten Preisrückgang Platz. Dadurch entsteht der sog. **"Rand"** oder **"Henkel"** der (Unter)Tasse. Damit gilt die Formation als vollendet; ein scharfer Preisanstieg wäre jetzt der nächste "logische" Schritt.

Aufwärts- und Abwärtstrends sind im allgemeinen durch sog. **trendbestätigende Formationen** durchsetzt. Hierzu zählen insbesondere die **"Flagge"**, auch **"Wimpel"** genannt, mit Einschränkungen auch das **"Dreieck"**, bei dem im übrigen zahlreiche Varianten unterschieden werden können (Abbildung 6). Das Dreieck kann, wie in Abbildung 6, auch eine Trendwende vorbereiten.

Neben den Formationen, die eher **statische Gestaltelemente** darstellen, kennt die Chartanalyse auch sehr zahlreiche **dynamische Gestaltelemente**. Diese haben das Ziel, eine in Gang gekommene Preisbewegung von einem gedachten Anfangspunkt bis zu einem erwarteten Endpunkt "hochzurechnen", und zwar unter Verwendung angeblich typischer Bewegungsgesetze. Eine solche, nach Faustregeln ("Gesetzen") ablaufende **Preisbewegung ist das sog. *"measured moving"*** (Abbildung 7). **Es sei hier stellvertretend erläutert für die große Zahl sich teilweise nur durch subtile Nuancierungen voneinander unterscheidenden Phasen-, Zyklen- und Wellentheorien**, die von meist selbsternannten Chartistenpäpsten mit mehr oder weniger Resonanz und Erfolg vertreten werden.

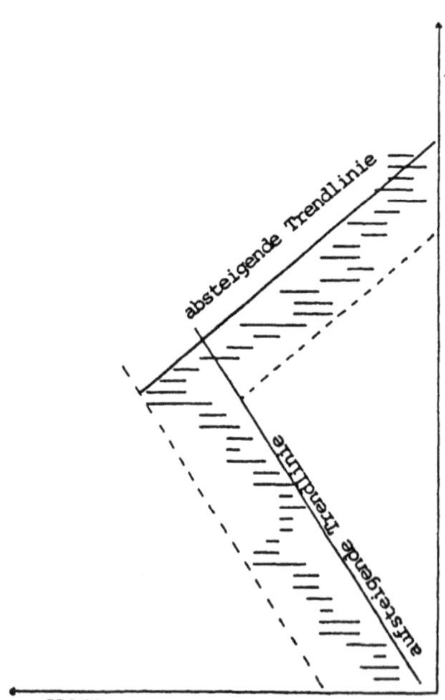

Abbildung 1: Trendlinien

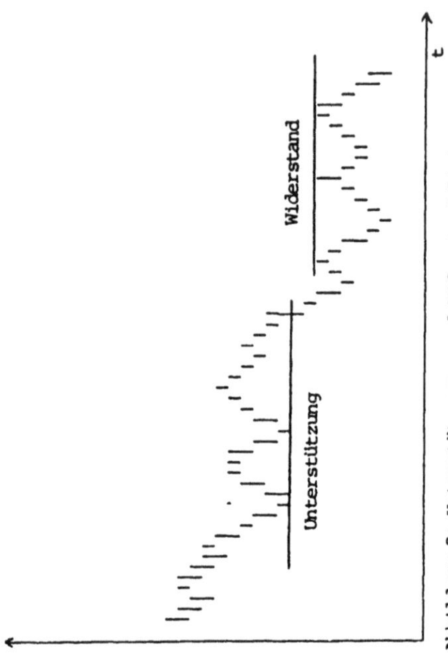

Abbildung 2: Unterstützungs- und Widerstandslinien

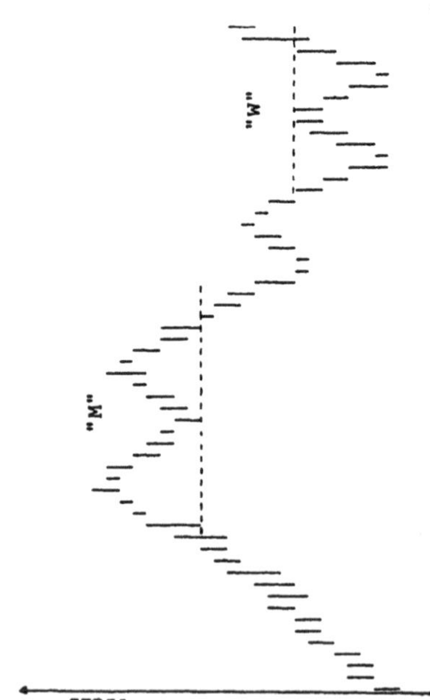

Abbildung 3: M- und W-Umkehrformation

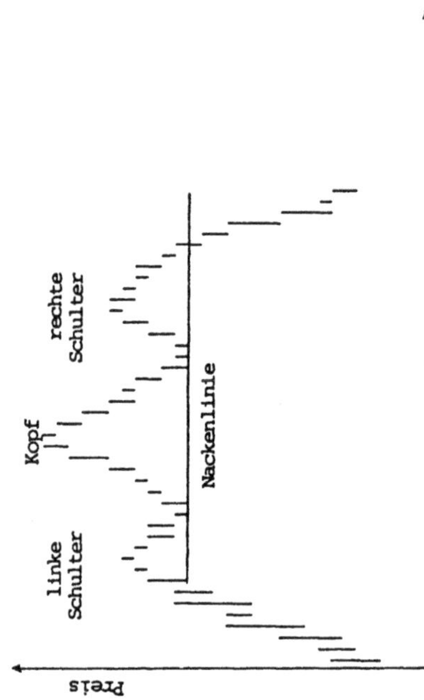

Abbildung 4: Kopf-Schulter-Formation

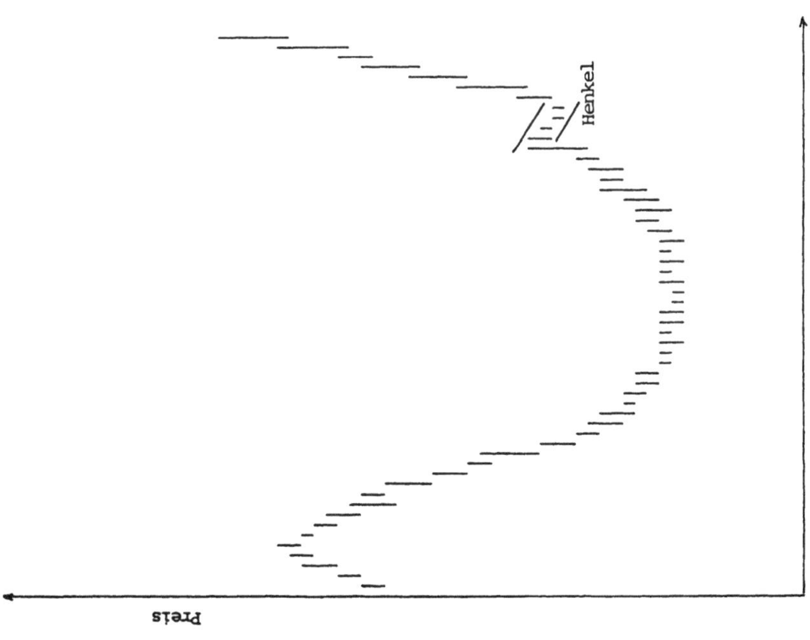

Abbildung 5: Untertassen-Formation

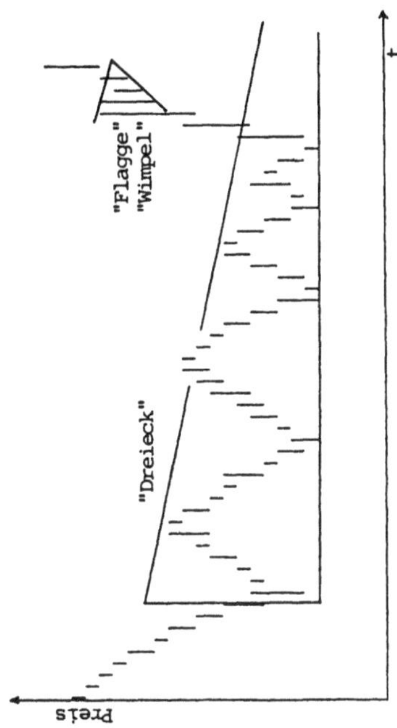

Abbildung 6: Kleinere Formationen

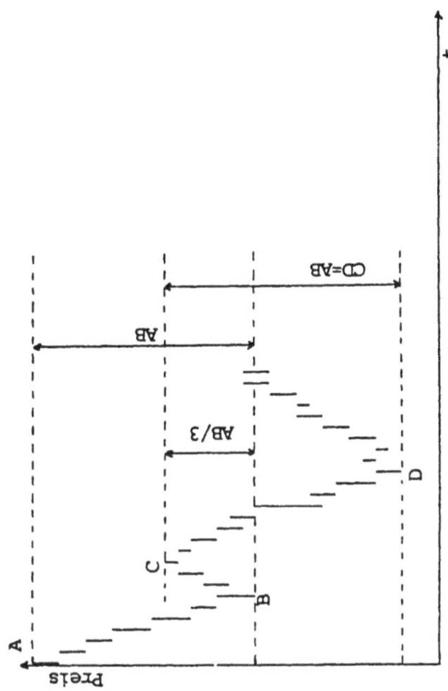

Abbildung 7: "Measured-Moving"-Bewegungstechnik

Die **"Theorie der gemessenen Bewegung"** geht von der Vorstellung aus, daß jede markante Preisbewegung im Prinzip dreistufig abläuft: Eine Abwärtsbewegung z.B. bleibt auf halbem Weg vorübergehend stecken (erste Stufe) und wird durch eine aufwärts gerichtete Reaktionsbewegung abgelöst (zweite Stufe), die im allgemeinen ungefähr ein Drittel (mindestens ein Viertel, höchstens die Hälfte) der vorausgegangenen Abwärtsbewegung rückgängig macht. Nach dieser Reaktions- oder Konsolidierungsphase setzt sich die abwärts gerichtete Primärbewegung fort (dritte Stufe), und zwar ungefähr im Umfang des nunmehr bekannten ersten Teils der Abwärtsbewegung. Ob hierbei mit absoluten oder relativen Preisabständen gerechnet werden soll, ist strittig. Zumindest bei starken Preisänderungen sollte mit relativen, d.h. in % ausgedrückten Preiszu- bzw. -abschlägen gerechnet werden. Angenommen, ein Aktienkurs fällt von 200 auf 100, also um 50% und erholt sich auf 130, also um 30%, so ergibt sich nach der Theorie der gemessenen Bewegung ein Kursziel (Ende der Abwärtsbewegung) von 65, nämlich 50% aus 130.

Die Mehrzahl der Chartisten "schwört" auf die überragende Bedeutung des mit einer bestimmten Preisentwicklung einhergehenden **Marktvolumens**. Begründet wird diese Auffassung damit, daß eine bestimmte Preisbewegung nur dann ernst genommen werden könne, sofern sie von einem hinreichend starken **Umsatz** getragen sei. Eine hinreichend breite Umsatzbasis gilt somit nach der Chartlehre als Grundlage für dauerhafte Preisänderungen. Steigt z.B. der Kurs einer Aktie bei nur geringen oder mäßigen Umsätzen stark an, so mißtrauen die Chartisten diesem Kursanstieg; er wird vielmehr als momentaner "Ausrutscher" des Marktes interpretiert, der alsbald korrigiert werden dürfte. Auch wenn der Kursanstieg formal ein Haussesignal geben würde, wäre dies ohne Fundament und daher zu ignorieren.

Das MAM greift den Umsatzaspekt nicht gesondert auf, da in eingehenden Voruntersuchungen das Umsatzargument nicht eindeutig bestätigt werden konnte. Es ist zu vermuten, daß die **Umsatzthese** nichts anderes darstellt als eine weitere, scheinbar plausible *ad-hoc*-Konstruktion der Chartisten, deren Tragfähigkeit nie schlüssig nachgewiesen wurde.

Dieser kurze Überblick mag genügen, um einen Eindruck von der Arbeitsweise der Chartanalyse zu vermitteln. So brauchbar und hilfreich ihre Instrumente in der Hand eines talentierten Chartisten auch sein mögen, sie taugen mit Sicherheit nicht dazu, klar zu formulieren, was **Chartanalyse** eigentlich ist. Sie ist daher weder nachprüfbar noch übertragbar, kurz, es fehlt ihr die Wissenschaftlichkeit. Die bislang **geringe wissenschaftliche Akzeptanz der Chartanalyse** wird vor diesem Hintergrund verständlich. Gleichwohl wird die **Leistungsfähigkeit der Chartanalyse** in der alltäglichen **Praxis des Finanz- und Portfoliomanagements** kaum ernsthaft geleugnet. Diesen Umstand kann auch der akademische Wissenschaftler nicht ignorieren, will er sich nicht dem Vorwurf der Praxisferne aussetzen. Es ist daher ein Hauptanliegen dieser Arbeit, die Kluft zwischen praktischer Relevanz und wissenschaftlicher Akzeptanz der Chartanalyse zu beseitigen. Das markttechnische Analysemodell ersetzt - unter weitestgehender Beachtung und Übernahme chartanalytischer Grundpositionen - die heuristisch-deskriptiven Methoden der Chartanalyse durch rigorose Verfahren.[11]

Wissenschaftlich verwertbare Definitionen der verwandten plakativ-deskriptiven Arbeitsmittel bietet die Chartanalyse nicht an. Um diesen Mangel zu beheben, erscheint der Versuch vielversprechend, die Vielzahl chartanalytischer Kriterien und Hilfsmittel auf eine einheitliche Grundlage zurückzuführen, sofern eine solche existiert. Man erkennt unschwer, daß **die Chartanalyse im Grunde auf eine Filter-Technik hinausläuft**, deren Ziel und Anspruch es ist, richtungsweisende von richtungsneutralen Bewegungselementen einer Zeitreihe zu trennen. Folgt z.B. ein Aktienkurs einem Aufwärtstrend, so unterscheidet der Chartanalytiker **trendbestätigende (trenderhaltende) und trendumkehrende (trendvernichtende) Kursänderungen**.

Das Unterscheidungskriterium besteht in der - zumeist recht willkürlich gewählten - Größe des Filters. Es wird also ein Toleranz-

11) Trotz seinen massiven wissenschaftlichen Bedenken gegen die Chartanalyse liest sich R.H. SCHMIDTs abschließende Würdigung (1976,227) eher versöhnlich: "Abschließend ist zu betonen, daß wir mit der vorgetragenen scharfen Kritik der Literatur über die Technische Analyse nicht im mindesten den Eindruck nahelegen wollten, daß die Behauptung, es gäbe Abhängigkeiten in Kursverläufen, falsch sein müsse."

bereich für trendbestätigende Kursänderungen festgelegt. Reicht ein Kursausschlag über den Toleranzbereich hinaus, wird die bislang vertretene Trendprognose revidiert. Bildet eine aufsteigende Kursreihe z.B. eine **Wimpelformation** aus (Abbildung 6), so gilt diese als Bestätigung des Aufwärtstrends, da die Auftriebspause bzw. Kursschwäche (sog. **"Konsolidierungsphase"**) "im Rahmen" bleibt. Würde der Kurs hingegen stark zurückfallen, würde dies als Ende des Aufwärtstrends gewertet. Diese Markteinschätzung würde solange beibehalten, bis eine - im Filterabstand gezogene - Widerstandslinie übersprungen würde.

Das Prinzip ist also denkbar einfach: Es wird ein **Toleranzbereich** definiert. Solange eine Zeitreihe in diesem Toleranzbereich bleibt, zeichnet sich keine Richtungsänderung ab. Wird der Toleranzbereich verlassen, dann ist die bisher konstatierte Bewegung *per definitionem* beendet.

Faßt man Definitionen als Instrumente zur Ordnung von Sachverhalten und Gedankengängen auf, stellt sich die Frage nach ihrem empirischen Wahrheitsgehalt nicht. Sobald man allerdings - wie die Vertreter der Chartanalyse - vorgibt, reale Abläufe korrekt wiederzugeben, stellt die scheinbar harmlose Definition eine **verkappte Theorie** dar etwa der Art: "Wenn eine Kursreihe eine Wimpelformation ausbildet, dann setzt sich die erkennbare Kursbewegung alsbald in der bisherigen Richtung fort." Es hat wenig oder keinen Sinn, die als Wimpel erscheinende Kursbewegung definitorisch zu fixieren, ohne ihr gleichzeitig theoretische Bedeutung beizumessen. Ein Wimpel ist also integraler Bestandteil einer - nicht näher explizierten - **Trendfolgetheorie**.

Dadurch, daß Chartisten eine exakte, im Einzelfall voll verifizierbare Festlegung sowohl der verwendeten Definitionen als auch erst recht der dahinter stehenden theoretischen Vorstellungen vermeiden, sind sie gegen Widerlegungsversuche praktisch gefeit. Sollte sich im Anschluß an eine Wimpelformation der Kurs nun doch in die Gegenrichtung bewegen, dann war es eben kein "echter" Wimpel. Es wird vor diesem Hintergrund auch verständlich, wenn Chartisten stets besonderen Wert darauf legen, daß eine **Formation "vollendet"** ist. Dies ist definitionsgemäß (!) erst dann der Fall, wenn die erwartete Entwicklung (Trendbestätigung) tatsächlich eingetreten ist. Damit degeneriert die "Chart-Theorie" zu einer inhaltslosen Tautologie, denn die Kernaussage lautet jetzt, überspitzt formuliert: "Es geschieht das, was geschieht."

Das **markttechnische Analysemodell (MAM)** versucht auf dreierlei Weise, die komplexen **Definitionsprobleme** zu lösen: Erstens wird zwar der **Filtergedanke** der Chartanalyse aufgegriffen, in der durchaus fruchtbaren Form von **Bandbreiten und Toleranzgrenzen.** Es wird aber auf Willkürelemente, soweit irgend möglich, verzichtet. Die Größe des Filters wird daher nicht vorgegeben, sondern endogen bestimmt, d.h., unter Zugrundelegung der jeweiligen Zeitreihe geschätzt.

Zweitens enthält das MAM keinerlei Aussagen über angebliche Eigenschaften von Zeitreihen, die nicht programmierbar sind. Die Verwendung der **problemorientierten Programmiersprache FORTRAN** 77, die vorwiegend zur Lösung wissenschaftlich-technischer Probleme eingesetzt wird[12], bietet eine hinreichende Gewähr für eine logisch einwandfreie und damit intersubjektiv verifizierbare Formulierung. Die computergerechte Problemformulierung dient somit gleichzeitig der Kontrolle definitorischer Stringenz.

Drittens werden die verwendeten Definitionen auf ihre **materielle Sinnhaftigkeit** hin geprüft, d.h., nicht willkürlich gesetzt, sondern durch theoretische Überlegungen fundiert. Hierbei kann durchaus auf fruchtbare Gedanken aus dem Bereich der "Chart-Theorie" zurückgegriffen werden.

Grundlegender noch als das Erfordernis exakter, umfassender und widerspruchsfreier Definitionen ist die Frage nach der **angemessenen Methode der Erkenntnisgewinnung** auf sozialwissenschaftlichem Terrain. Dabei ist die Tatsache, daß jeder den Untersuchungsgegenstand eigentlich aus eigener Erfahrung kennt oder zu kennen glaubt, eher hinderlich als förderlich. Denn subjektive Erfahrungen präjudizieren den scheinbar unvoreingenommenen Zugang zum Erkenntnisobjekt. Dieses Problem, als **hermeneutischer Zirkel** wohlbe-

12) Vgl. H. WEHNES (1982), S. 5. Grundlegend: T. KÜHME, P. WISCHITAL (1987).

kannt[13], verschärft die Gemengelage zwischen subjektiver Vorstellung und objektiver Realität.

Hinzu kommt, daß sich sozio-ökonomische Phänomene durch vielfältige, im einzelnen kaum bekannte Abhängigkeiten auszeichnen. Aus diesem Grunde kommt von vornherein nur die **modelltheoretische Auseinandersetzung** mit solchen Erscheinungen in Frage, d.h., die komplexe Realität muß durch Vereinfachungen "erschlossen" werden. Welche Vereinfachungen erkenntnisfördernd sind, ist hierbei *a priori* alles andere als klar. Vielmehr kann jeder Forscher im Prinzip *ad libitum* bestimmen, welchen Forschungsansatz, d.h. welches Modell er für adäquat hält.

So sehr man diese **Freiheit in der Modellwahl** begrüßen mag, sie basiert auf einem fatalen Widerspruch: Der Forscher versucht (bzw. muß versuchen), sich rein gedanklich und auf abstrakter Ebene eine modellhafte Vorstellung zu machen von einem Erkenntnisbereich, den er eben mit diesem Modell erst erforschen will. Der hermeneutische Zirkel schließt sich. Die Erfahrung eines Phänomens setzt die Kenntnis dieses Phänomens voraus. In Ermangelung einer allgemein anerkannten Erkenntnis ("Theorie") muß diese notwendigerweise subjektiv und willkürlich sein.

Ein Ausweg aus diesem Dilemma ist, wenn überhaupt, nur so vorstellbar, daß in der - nun einmal unverzichtbaren - *a-priori*-Modellierung jede unnötige **Fixierung modelltheoretischer Strukturparameter** vermieden wird. Die Grenze zwischen einer theoretischen Null-Aussage und einem noch fruchtbar verwertbaren allgemeinen Analyserahmen wird hierbei freilich überaus fließend.

Neben der Vermeidung unnötiger, d.h. objektiv bislang unbegründbarer *a-priori*-Festlegungen muß der Forscher den Erkenntnisfortschritt dadurch suchen, daß er einen ständigen Dialog zwischen dem flexibel konstruierten Modell und der empirisch begreifbaren Realität inszeniert. Die wissenschaftsprogrammatische Aufgabe besteht darin, der Modell-Flexibilität klare Grenzen zu setzen.

13) Vgl. H. SEIFFERT (1970), S. 89ff., insbesondere S. 93.

Diese bestehen in der eindeutigen Fixierung der methodischen Arbeitsweise des Modells.[14)]

Zu dem konstruktiven Aspekt der Modell-Flexibilität gesellt sich ein weiterer: Dieser besteht in der Abstinenz gegenüber eindeutigen - zumeist *a priori* getroffenen - Kausalhypothesen.[15)] Das MAM hält derartige Hypothesen nicht für grundsätzlich falsch, aber für vermessen, zumindest dann, wenn sie mit Ausschließlichkeitsanspruch postuliert werden. Es plädiert für mehr Flexibilität bei der Hypothesenformulierung in dem Sinne, daß in der Regel mehrere, möglicherweise konkurrierende Hypothesen Plausibilität beanspruchen können. Das MAM zeigt, welche Hypothesen realitätskonform sind, es verleiht aber keiner Hypothese ausschließliche Geltung.

Im Kern impliziert dieses pragmatische Wissenschaftsverständnis einen iterativen Erkenntnisprozeß, der im Grunde nie abgeschlossen werden kann, in dessen Verlauf jedoch zu erwarten ist, daß die **Kluft zwischen Modell und Realität** kontinuierlich kleiner wird. Das Modell nimmt gewissermaßen einen **infiniten Regreß** auf die Realität.[16)]

14) Dieser zentrale Aspekt soll anhand eines Beispiels verdeutlicht werden. Um Kursbandbreiten bestimmen zu können, muß das MAM vorab die Kursschwankung schätzen. Dies geschieht aufgrund der historischen Daten durch Anwendung einer mathematisch exakt ausformulierten Schätzmethode. Diese ist zeitlich invariant und stellt daher einen fixen Bestandteil des Modells dar. Der sich aufgrund der jeweils verfügbaren Datenlage ergebende Schwankungsfaktor hingegen ist prinzipiell flexibel, denn sobald die Datenlage signifikante Änderungen erkennen läßt, ändert sich selbstverständlich auch das Schätzergebnis. Das Modell arbeitet also nicht mit einem exogenen vorgegebenen und daher fixen, sondern mit einem endogen bestimmten und daher prinzipiell variablen Schwankungsparameter. Für die übrigen Modell-Parameter gilt entsprechendes.
15) Eine solche könnte hier z.B. lauten: "Wenn sich der Cash Flow eines Unternehmens um x% verändert, dann verändert sich der Kurs der Aktien dieses Unternehmens um y%." Die Kursschwankung würde somit durch Schwankungen des Cash Flow "erklärt".
16) Zur Vertiefung dieser methodischen Grundsatzfragen vgl. u.a. auch W. BRANDES (1985); J. KROMPHARDT (1982); W. MEISSNER, M. UHLE-FASSING (1982); F.P. RAMSEY (1980); W. STEGMÜLLER (1983). Das MAM stellt einen Beitrag zum ***"soft modelling"*** dar, einem Schätz-Prinzip, das auf H. WOLD (1979) zurückgeht. Die "harten" Methoden, insbesondere der Ökonometrie, versagen vermutlich deshalb häufig, weil "sozialwissenschaftliche Phänomene und damit auch die statistischen Daten, die sie beschreiben, kaum jene strengen Anforderungen hinsichtlich der stochastischen Spezifikation erfüllen können, die Schätzverfahren vom Maximum-Likelihood-Typ benötigen, um zu ihren optimalen Parametern und präzisen Validierungen zu gelangen... Trifft diese Vermutung zu, so eröffnet sich ein Arbeitsfeld

Der **Chartanalyse** versucht, den Erkenntnisprozeß dadurch voranzutreiben, daß sie mit der *"examination of particulars"* nie aufhört, wohl in der Absicht, doch noch etwas neues zu entdecken. Praktisch äußert sich dies darin, daß neben der Basisformation eine große Vielfalt von Varianten angeboten wird, die Ausnahmen von der Regel darstellen. Dieses Verfahren bietet für den "Chart-Theoretiker" den Vorteil, seine Aussagen gegen Falsifizierung zu schützen, denn aus der Retrospektive paßt immer irgend eine postulierte, d.h. grundsätzlich mögliche Formation bzw. eine Variante hiervon.[17] Die Chartanalyse verfällt daher in eine morphologische Hybris, stets darauf bedacht, bisher unentdeckte Gestaltvarianten aufzuspüren. Nach einem *"common law"*, das die Grundlage für die Gestaltvielfalt bilden könnte, wird kaum gesucht.

Das **markttechnisch Analysemodell** hingegen ersetzt den **morphologischen Wirrwarr** der Chartanalyse durch eine überschaubare Zahl prägnanter, algorithmisch eindeutig fixierter Zeitreihen-Eigenschaften.

Auch das MAM steht freilich vor dem elementaren Problem, wesentliche und womöglich stabile Gestaltelemente der "Wirklichkeit" zu erkennen. In den Realwissenschaften führt der Weg über die Beobachtung und Wahrnehmung. Doch auch wenn Wahrnehmungen als erkenntnisfördernd gelten können, bleibt die Frage offen, woran man unverbrüchliche Wahrheiten erkennt. Gewissermaßen das letzte Register, das der nach Erkenntnis strebende Mensch ziehen kann, ist "a kind of intellectual intuition" (GUTHRIE, 1981,183). Präzise handelt es sich um die Vernunft. Hier also endet der **Regreß des Er-**

---

für Verfahren der Modellbildung und Parameterschätzung, die auf die Optimaleigenschaften und wohldefinierten Textkriterien 'harter' Verfahren verzichten und damit größere Flexibilität sowie die Möglichkeit gewinnen, sich problem- und datenadäquater an Fragestellungen heranzumachen, bei denen die vorliegende theoretische und empirisch-statistische Situation noch zu 'weich' ist, um den Einsatz raffinierterer Ansätze zu rechtfertigen" (W. MEISSNER, M. UHLE-FASSING,1982,1).

17) Dem steht der praktische Nachteil gegenüber, im konkreten Fall eine tatsächliche Zeitreihenformation mit einer spezifischen Variante aus dem Chartreading-Handbuch zu identifizieren. Denn so umfangreich ein Katalog über mögliche Chartformationen auch sein mag, völlig deckungsgleich sind die katalogisierten Fälle und die tatsächlich beobachteten Fälle nie. Jede Formation hat, ihre individuelle und daher kategorial nicht erfaßbare Note.

kenntisprozesses: Was dem Menschen seine Vernunft eingibt, muß ihm als unbeweisbar wahr gelten.[18)]

Beruhigend oder von einem wissenschaftskritischen Standpunkt gar befriedigend kann dies alles freilich nicht sein. Erkenntnisse, deren Ursprung im Dunkeln bleibt, sind für rationalistische Wissenschaftler eine fast unerträgliche Vorstellung. Daß es "eherne" Gesetze und "ewige" Wahrheiten, die die Welt beherrschen, gibt, mag man durchaus füglich glauben, man kann es aber auch bezweifeln.[19)]

Es erscheint wenig sinnvoll, diesen metaphysischen Fragen hier weiter nachzugehen. Hier geht es nur darum zu klären, inwieweit die **"Chart-Theorie"** erkenntnistheoretisch ernst genommen werden kann bzw. welche erkenntnistheoretischen Grundsätze bei der Konzipierung des markttechnischen Analysemodells zu beachten sind. Festzuhalten ist, daß die Chartanalyse im partikulären Stadium verharrt, ohne den induktiven Schluß auf verallgemeinerungsfähige Gestaltelemente zu vollziehen. Die Chartanalyse macht daher lange halt, bevor die durch Intuition und Vernunft gezogenen Grenzen der Erkenntnis erreicht sind.

Das MAM wird diesen potentiellen Erkenntnisspielraum voll ausschöpfen. Es kommt, wie jeder Forschungsansatz, nicht aus ohne intuitiv und vernunftgemäß gewählte Prämissen. Diese bilden die Anfangsbedingung, ohne die das Forschungsvorhaben erst gar nicht beginnen könnte. Das MAM fixiert zwar den Analyserahmen und die Analysemethode. Es gewährt im übrigen aber Strukturflexibilität inso-

18) An diese Grenze ist ARISTOTELES ebenso gestoßen wie andere Wissenschaftler vor und nach ihm. "Aristotle is seeking his own explanation of a fact with which scientists have been faced in all ages: that in the last resort the assumptions on which their whole edifice is based - the so-called laws of nature, involving belief in the constancy of nature - are reached by a sheer leap in the dark" (GUTHRIE, 1981,184).

19) Die als revisionistisch einzustufende **Wissenschaftsideologie der Neuzeit** neigt eher dazu, nahezu alle Dinge grundsätzlich in Frage zu stellen. Ob dies den Erkenntnisfortschritt fördert, mag dahingestellt bleiben, zumal man dann unweigerlich in die Zwickmühle des infiniten Regresses gerät. Trotzdem könnte man geneigt sein, W.K.C. GUTHRIE (1981,185) zuzustimmen, wenn er schreibt: "Knowledge by intuition is a myth." Doch warum sollte man nicht sogleich replizieren: Ist es nicht eben wiederum die Intuition, die einem zu gebieten scheint, intuitiv gewonnenes Wissen abzulehnen?

weit, als diese zur Wahrung und Sicherung der empirischen Relevanz unerläßlich sind.

Mit der Frage, welche methodologische Grundposition speziell der Finanzanalyse und der Kapitalmarktforschung angemessen sei, hat sich eingehend R.H. SCHMIDT (1982) beschäftigt. SCHMIDT betont, daß der Frage häufig ausgewichen werde mit dem Hinweis, derartige Überlegungen seien entweder überflüssig oder irrelevant. Schließlich möge auch die Furcht bestehen, das dominierende und weithin anerkannte neoklassische Lehrgebäude könne durch derartige Fragestellungen Schaden leiden. In der Tat könne die "kritisch-realistische" Methodologie POPPERs der Neoklassik nichts Positives abgewinnen. Bei den Popperianern sei die Neoklassik "immune to falsification, void of empirical theories and therefore sterile and even useless" (loc.cit.394).

SCHMIDT läßt keinen Zweifel daran, daß der Frage nach der angemessen Forschungsmethodik in den *"financial economics"* nicht ausgewichen werden darf. Er lehnt die POPPERsche Position wegen ihrer übertriebenen Rigorosität ab und plädiert für eine "dynamische" Methodologie in enger Anlehnung an den methodologischen Ansatz LAKATOS'[20]. Darunter versteht SCHMIDT das "Offenhalten" des Forschungsprogramms mit dem Ziel "to consider past, present, and possible future theories in a field of research" (loc.cit.398).[21]

Ihm kommt es darauf an, die Lernfähigkeit eines Forschungsprogramms zu erhalten. Dadurch wird der "destruktive" Ansatz POPPERS, der sozusagen die Falsifizierung um jeden Preis anstrebt, ersetzt durch den konstruktiven Ansatz, aus Mängeln des Forschungsprogramms zu lernen und dieses dadurch kontinuierlich zu verbessern (sog. raffinierter Falsifikationismus).[22]

20) Vgl. hierzu I. LAKATOS (1970).

21) Eine Theorie "offenzuhalten", heißt insbesondere, sie für Kritik offenzuhalten. Hierzu meint R. H. SCHMIDT (1976,32): "Eine gute Theorie ist kritikoffen. Das weist auf eine auffallende Schwäche entscheidungslogischer Kalküle hin... Sie bieten keine Angriffspunkte der Kritik und können daher kaum oder überhaupt nicht an der Empirie scheitern oder sich vor Kritik bewähren."

22) "The change I am advocating is not a relexation of standards. It is a fundamental change of perspective. Its most important implication is that the role of criticism in scientific process has to be reviewed: Finding a flaw in an existing theory is no reason to eliminate the theory ... but to investigate whether tolerating

Nun darf das "Offenhalten" des Forschungsprogramms für Lernimpulse freilich nicht in einen gänzlichen Verzicht auf jedwede Festlegung einmünden, denn in einem solchen Fall wäre eine nutzlose "alles-ist-möglich"-Theorie die unausweichliche Folge.[23] LAKATOS versucht, dieses Dilemma bekanntlich dadurch zu lösen, daß er für jedes Forschungsprogramm einen "harten Kern" fordert, der gegen Falsifizierungsversuche zu schützen ist (sog. negative Heuristik). Angreifbar, d.h. als Folge lernbedingter Erkenntnisse revidierbar, soll lediglich der aus Sekundärhypothesen bestehende "Schutzgürtel" sein.

Das Forschungsprogramm der markttechnischen Analyse beruht im wesentlichen auf den hier skizzierten methodologischen Grundpositionen à la LAKATOS und SCHMIDT. Das MAM besitzt einen "harten Kern" in zweierlei Hinsicht: Erstens besteht der theoretische Kern in der Aussage, daß sich Marktteilnehmer nicht an (punktuell fixierten) Gleichgewichtspreisen, sondern an Preiszonen ("Preislagen") orientieren; dies impliziert ein stark gewohnheitsgeprägtes Verhalten, das nur in Ausnahmefällen hektische Züge annimmt. Zweitens besteht der empirisch-analytische Kern in der Aussage, daß die relevanten Preiszonen aufgrund der beobachteten Preisfluktuation geschätzt werden können. Diese Aussage ist verknüpft mit der unabdingbaren Forderung, Schätzungen nur aufgrund rigoros formulierter, rechner-implementierbarer Schätzalgorithmen durchzuführen.

Nicht zum harten Kern gehören hingegen spezielle Verhaltenstheorien, die als "tiefere" Begründungen für die Preiszonen-Orientie-

the deficiency prevents or even facilitates further progress." (loc.cit.398).

23) Das an sich notwendige "Offenhalten" von Theorien birgt freilich die Gefahr wissenschaftlicher Libertinage (vgl. R.H. SCHMIDT, 1976,34). SCHMIDT (loc.cit.34ff.) hält diese Gefahr aber für beherrschbar. Ob man es mit einer ernsthaften Theorie zu tun hat, läßt sich seiner Meinung nach anhand einer Reihe von Kriterien überprüfen, die nicht allesamt erfüllt sein müssen. Läßt eine Theorie z.B. die Konfrontation mit Fakten nicht zu, so mag sie noch immer aufgrund der Logik kritiserbar sein oder empirischen Gehalt haben, d.h. einen klar umrissenen Geltungsanspruch besitzen. Als weitere Ansatzpunkte für die Kritik bieten sich an die Konfrontation einer Theorie mit anderen widersprechenden Theorien und schließlich die Prüfung der Relevanz einer Theorie, also der Frage, ob sich eine Theorie konzeptionell zur Lösung bedeutsamer Probleme eignet.

rung der Marktteilnehmer dienen mögen.[24] Außerdem sind Schätz-Algorithmen durchaus als grundsätzlich verbesserungsfähig anzusehen. Die Unantastbarkeit betrifft nur die Rigorosität in der Formulierung, nicht aber die statistisch-methodische und inhaltliche Konzeption der Algorithmen.[25]

Die am Beginn der sozialwissenschaftlichen Forschungsarbeit stehenden Probleme des Wahrnehmens und Erkennens lassen sich als **Probleme der Operationalisierung und Messung**[26] präzisieren. **Operationalisierung** bedeutet hierbei die modellhafte Strukturierung realer Erscheinungen. Hier liegt das Wirkungsfeld des ersten *deus ex machina*: Denn welche theoretische Struktur real erfahrene Sachverhalte haben, ist *a priori* nicht bekannt und kann daher nur durch Plausibilitätsüberlegungen abgeleitet werden. Der zweite *deus ex machina* tritt bei der Messung in Aktion. Messung bedeutet die numerische Präzisierung der im Wege der theoretisch-modellhaften Operationalisierung getroffenen Festlegungen. Doch ebensowenig wie es *a priori* allgemein anerkannte Theorien gibt, kann auf **allgemein anerkannte Meßverfahren** zurückgegriffen werden. Auch hier bleibt letztlich nur der Rekurs auf Plausibilitätsüberlegungen.

Vordergründig erscheint das **Meßproblem** zwar etwas griffiger als das Problem der theoretischen Problemstrukturierung. Dies wird

24) Man hat es hier mit "Vermutungen über Informationsverarbeitung und Anlegerverhalten" zu tun, die "auf ihre Plausibilität hin" untersucht werden können (R.H. SCHMIDT,1976,25). SCHMIDT führt hierzu weiter aus: "Doch damit werden noch keine Erklärungen (Begründungen) für Behauptungen über das Vorliegen von Gesetzmäßigkeiten gegeben, sondern es werden nur mögliche Erklärungen genannt. Nur wenn für diese geprüft werden kann, ob sie wahr sind, können sie die erste Stufe für eine 'tiefere' Theorie sein. Andernfalls dienen sie nur als Instrument zur Aufstellung allgemeiner und prüfbarer Gesetzesaussagen. Sie sind heuristische Hilfsmittel. Doch daß sie ihren Charakter wandeln und daß aus heuristisch nützlichen und plausiblen Annahmen erklärende Theorien werden, ist nicht ausgeschlossen."

25) Selbstverständlich enthält der harte Kern auch keinerlei Festlegungen struktureller Art, wie z.B. fixe Strukturparameter für die Lage und Breite von Preiszonen. Vielmehr werden diese Parameter entsprechend dem jeweiligen Datenstand geschätzt.

26) Vgl. Hierzu R. HUJER, R. CREMER (1978), S. 17ff.; B. ORTH (1974). Zur nach wie vor nicht abgeschlossenen *measurement/theory*-Diskussion vgl. grundlegend T.C. KOOPMANS (1965) und J. KROMPHARDT (1987). Vertiefend speziell zur Meßproblematik vgl. D.H. KRANTZ, R.D. LUCE, P. SUPPES, A. TVERSKY (1971); H.-C. PFOHL, B. RÜRUP (1977). Zum Problem der qualitativen Datenanalyse vgl. M.B. MILES, A.M. HUBERMAN (1984).

verständlich, wenn man die üblicherweise an Meßverfahren gestellten Anforderungen der Objektivität, Reliabilität und Validität betrachtet[27]. Der **Objektivitätsanspruch** zielt auf die eindeutige und intersubjektive Überprüfbarkeit des Meßkriteriums ab. Unter Verläßlichkeitsgesichtspunkten wird von einem Meßkriterium verlangt, daß es unter gleichen Bedingungen gleiche Ergebnisse liefert.

Während die Erfüllung der Meßobjektivität und -reliabilität noch vergleichsweise leicht geprüft werden kann, ist sie bei der **Validitätsprüfung** ungleich schwieriger. Valide ist ein Meßkriterium dann, wenn es das mißt, was es zu messen vorgibt. Auch hier kann eine kritische Beurteilung schließlich nur wieder auf dem Boden von Plausibilitätsüberlegungen erfolgen. Hinzu kommt, daß diese Kriterien keine Ausschließlichkeitswirkung haben, d.h., sie sind nicht geeignet, ein bestimmtes Meßverfahren als eindeutig vorzugswürdig zu identifizieren und dadurch alle übrigen von einer sinnvollen Verwendung auszuschließen.

Ein besonderer Aspekt des Meßproblems, das **Repräsentationsproblem**, bedarf noch der Hervorhebung.[28] Hierbei geht es um den Zusammenhang zwischen dem theoretischen Begriff, der durch die Operationalisierung geschaffen wurde, und dem Meßkriterium, das im Rahmen des Meßverfahrens festgelegt wurde. Vergleichsweise problemlos ist die direkte Messung, da sie zu einer **vollidentischen Repräsentation** führt.

Die **Notwendigkeit der indirekten Messung sozialwissenschaftlicher Erscheinungen** hat zur Entwicklung des Indikatorgedankens geführt. Der **Indikator** fungiert als Hilfsgröße, deren Messung gewährleistet ist im Gegensatz zur eigentlich interessierenden Größe, die zum Indikator in engem Zusammenhang stehen muß. Ob man mit Hilfe von Indikatoren bereits zu einer Erklärung des Untersuchungsgegenstands gelangt, wie E. DÜRR (1978,108) meint, darf füglich bezweifelt werden, denn Indikatoren sind wohl eher Behelfskonstruktionen, die primär der Erkennung, nicht aber der Erklärung des Faktischen dienen. Zweifellos sind Indikatoren auch stark von Bewertungen abhängig, was ihrer objektiven Glaubwürdigkeit nicht gerade

27) Vgl. R. HUJER, R. CREMER (1978), S. 19f.
28) Vgl. R. HUJER, R. CREMER (1978), S. 19ff.

förderlich ist[29]. Hinzu kommt, daß die Konzeption und Auswahl von Indikatoren sehr häufig in einem theoretischen Vakuum erfolgt, so daß ihre **theoretische Fundierung**, wenngleich immer wieder gefordert, oft nur unzureichend oder gar nicht gewährleistet ist.

Diese **Mängel der Indikatorkonzeption** ändern aber nichts daran, daß wissenschaftlicher Fortschritt gerade in Erkenntnisbereichen, wo theoretische Einsichten fehlen oder unzureichend sind, ohne die Indikatormethode kaum denkbar ist. Schließlich besteht nicht nur ein Bedarf an gesicherter theoretischer Erkenntnis, sondern auch an verläßlicher Diagnose und Prognose. M. FELDSIEPER (1978,109) betont zu Recht, daß angesichts unbefriedigender theoretischer Kenntnisse oft nichts anderes übrig bleibt, als "aus dem empirischen Material allein brauchbare Diagnose- und Prognoseinstrumente zu schaffen".

Während ihrer langen Geschichte ist die **Indikatormethode** recht unbefangen an die empirische (theorielose) Datenanalyse herangegangen, angetrieben von dem pragmatischen Ziel, aus historischen Zeitreihenbeobachtungen Regelmäßigkeiten zu erkennen, die für Diagnose- und Prognosezwecke genutzt werden können. Insofern ist die **moderne Chartanalyse** kaum verschieden von der traditionellen **Indikatoranalyse**.

Methodisch fußt die **Indikatormethode** stark auf dem *trial-and-error*-Prinzip. Dies wird nachdrücklich unterstrichen durch die Arbeiten des *National Bureau of Economic Research* (NBER), das in den USA Pionierarbeit auf dem Gebiet der Indikatorforschung geleistet hat.[30] In einem Großversuch wurden viele hundert Zeitreihen, für die eine *a-priori*-Vorzugswürdigkeit nicht festgestellt werden konnte, auf ihre Diagnose- und Prognosetauglichkeit geprüft.[31] Auf diese Weise konnten 20 bis 30 besonders geeignete Indikatoren herausgefiltert werden.

Im Rahmen des ***"fine tuning"*** **des markttechnischen Analysemodells** hat sich die Unverzichtbarkeit des *trial-and-error*-Verfahrens wie-

---

29) Vgl.E. DÜRR (1978), S. 108.
30) Zur Indikatoranalyse vergleiche außerdem: R.A. BAUER (1966); G.FÜRST (1975); B.G. HICKMAN (ed.) (1972,1159ff.); J. LEYLAND (1977); G. POSER (1977).
31) Vgl. M. FELDSIEPER (1978), S. 112.

derholt bestätigt. Selbst wenn eine methodisch fixierte Rahmenkonzeption existiert, ist es schlechterdings undenkbar, daß sie in der praktischen Implementierung unverzüglich zum Optimum führt. Insofern setzt das MAM die **Tradition der empirischen Konjunkturforschung** fort: Aus einer Fülle theoretisch plausibler, in der praktischen Bewährung aber durchaus unterschiedlich leistungsfähiger Indikatoren werden letztlich diejenigen ausgewählt, die dem Ziel möglichst hoher Diagnose- und Prognosegüte am nächsten kommen.

Indikatoren haben in beiden Fällen zwar dieselbe Aufgabe, nämlich das Problem indirekten Messens zu lösen, sie verwenden aber jeweils verschiedene Informationsquellen. Während die Indikatoren der Konjunkturanalyse auf Informationen zurückgreifen, die in den *proxy*-Reihen stecken, dienen die Indikatoren der markttechnischen Analyse dazu, den Informationsgehalt einer spezifischen Reihe möglichst vollständig auszuschöpfen.

Gegenüber traditionellen Konjunkturindikatoren, die sich Aufschluß über ein ökonomisches Phänomen aus dem Studium anderer ökonomischer Erscheinungen erhoffen, haben die auf zeitreihenanalytischen Eigenschaften basierenden Indikatoren des MAM den nicht zu unterschätzenden Vorteil der Unmittelbarkeit: Über die zum Teil gänzlich unbekannten oder doch zumindest theoretisch fragwürdigen Zusammenhänge zwischen Indikator und Zielgröße braucht man sich nicht zu beunruhigen, weil im MAM die Zielgröße direkt, und zwar aufgrund ihrer spezifischen reihenanalytischen Eigenschaften, untersucht wird. Die Zielgröße, z.B. die Entwicklung der Inflationsrate, der Arbeitslosigkeit oder eines Aktienkurses, wird hierbei als *catch-all*-Größe aufgefaßt, die alle relevanten Einflußfaktoren widerspiegelt.

Die markttechnische Analyse ist in dieser Hinsicht eng verwandt mit dem **Komponenten-Ansatz der statistischen Zeitreihenanalyse**. Die **Standardkomponenten Trend, Zyklus, Saison und Zufall** werden in der markttechnischen Analyse jedoch beträchtlich erweitert. Vergleichbar dem Verfahren der empirischen Konjunkturforschung wird versucht, diese Komponenten jeweils durch eine Auswahl plausibel erscheinender Indikatoren zu beschreiben und zu messen. Das MAM ermöglicht eine simultane Optimierung dadurch, daß alternative Indikatorkonstellationen im Hinblick auf ihre Diagnose- und Prognosegüte getestet werden können. Es geht daher darum, nicht einen bestimmten Indikator, sondern ein ganzes **Indikatorportefeuille** zu optimieren. Ob ein markttechnischer Indikator leistungsfähig ist, läßt sich immer nur im Verbund mit anderen markttechnischen Indikatoren prüfen.

Die im allgemeinen an Konjunkturindikatoren zu stellenden **Mindestanforderungen**[32] gelten ohne Einschränkung auch für Indikatoren des MAM. Die Forderung nach **theoretischer Plausibilität** ist im MAM im allgemeinen leichter zu erfüllen als in der Konjunkturanalyse. Dies liegt daran, daß es im MAM vorwiegend um meßtheoretische, weniger um kausaltheoretische Probleme geht. Es läßt sich z.B. unschwer nachvollziehen, ob ein Verfahren zur Messung des Trends, der Schwankungsintensität einer Zeitreihe und dgl. meßtechnisch plausibel ist.

Ungleich schwieriger ist es, eine **kausaltheoretische Begründung** für die mit Hilfe des MAM-Indikatoren ableitbaren ökonomischen Verhaltensweisen zu liefern. Die **Problematik des Indikator-Ursachen-Zusammenhangs** ist jedoch bekannt und insofern kein Spezifikum des MAM. Eine allzu enge Auslegung des **Kriteriums theoretischer Plausibilität ist** ohnehin nicht sinnvoll[33], da zumeist nicht auf gesicherte theoretische Kenntnisse über den Zusammenhang zwischen Indikator und Explanandum zurückgegriffen werden kann.

Das **Kriterium der statistischen Angemessenheit** verlangt, daß bei der Indikatorkonstruktion die Prinzipien der statistischen Methodenlehre beachtet werden. Außerdem muß das **Prinzip der Methodenkonstanz** beachtet werden, welches fordert, daß die Berechnungsmethode im Zeitablauf nicht verändert werden darf. Beide Kriterien werden vom MAM durchweg beachtet.

Das **Kriterium der qualitativen und temporalen Konformität** fordert, daß die Qualitäten eines Indikators und die Terminierung kritischer Werte weitgehend invariant sind. Dieses Kriterium läuft also im Grunde auf eine Stabilitätsforderung hinaus, was sich bei der **temporalen Konformität** noch deutlicher zeigt. Hiernach soll der

32) Vgl. hierzu M. FELDSIEPER (1978), S. 112ff.
33) Vgl. hierzu auch M. FELDSIEPER (1978), S. 112.

Indikator im Zeitablauf gleich zuverlässig arbeiten und kritische Veränderungen einer Zeitreihe möglichst frühzeitig anzeigen.

Die Forderung nach zeitlich invarianter Zuverlässigkeit in diagnostischer und prognostischer Hinsicht impliziert freilich nicht, daß die Ausprägungen eines Indikators im Zeitablauf konstant bleiben müssen. Gefordert wird lediglich eine anhaltende Verläßlichkeit. Diese ist aber nur gewährleistet, wenn die Indikatoren ein verändertes Reihenverhalten korrekt anzeigen. Der Wunsch nach Erkenntnis stabiler Strukturen steht hier im Widerstreit zur sachlichen Notwendigkeit, strukturelle Veränderungen anzuzeigen.

Wie die Berechnungen des MAM jedoch zeigen, ist in der Realität ein tragfähiger Kompromiß zwischen beiden Anliegen in den meisten Fällen möglich. Die wesentlichen **Strukturparameter makroökonomischer Zeitreihen**, insbesondere aus dem Bereich der Finanzmärkte, erweisen sich im Zeitablauf als bemerkenswert stabil. Bahnt sich allerdings eine nachhaltige Änderung an, so wird dieser durch schrittweise Anpassung der Strukturparameter Rechnung getragen. Dies hat den Vorteil, daß Brüche in der Modellstruktur, die im Grunde auf eine unterlassene, rechtzeitige Anpassung der modelleigenen Strukturparameter hinauslaufen, im Regelfall vermieden werden.

Das **Kriterium der Ebenmäßigkeit** fordert, daß Indikatoren nach Möglichkeit einen glatten Verlauf aufweisen. Diese Forderung läuft darauf hinaus, daß Richtungsänderungen eines Indikators Signalfunktion zukommen muß. Dies ist aber nur dann gewährleistet, wenn Richtungsänderungen von Zufallseinflüssen verschont bleiben. Zur **Ausschaltung nicht systematischer Einflüsse** werden in der statistischen Methodenlehre verschiedene Verfahren angeboten. Besonders gebräuchlich ist das Verfahren der gleitenden Durchschnitte, das auch im MAM häufig Anwendung findet.

Wie lang die Stützperiode zweckmäßigerweise sein sollte, ist allerdings von vornherein alles andere als klar. Im Rahmen der MAM-Simulationen wurde versucht, das *medium mediorum* auf iterativem Weg zu bestimmen. Als besonders fruchtbar erwies sich eine Mischung aus kurzen, mittleren und langen gleitenden Monats-, Wochen- bzw. Tagesdurchschnitten. Auf diese Weise läßt sich die Ausdehnung der mittleren Stützperiode reduzieren, wodurch sich der Nachteil gleitender Durchschnitte, der Verlust an Aktualität[34], in engen Grenzen hält.

Dieser Aspekt führt schließlich zu der letzten Forderung, die an Indikatoren zu stellen sind, nämlich der Forderung nach **Datenaktualität**. Es bedarf keiner besonderen Hervorhebung, daß insbesondere im Hinblick auf Prognosen das Bedürfnis nach aktuellen Daten übermächtig ist. Im Falle von Konjunkturdaten muß durchaus mit mehrmonatigen Verzögerungen gerechnet werden, wenn man den durch Glättungsverfahren bedingten Aktualitätsverlust hinzurechnet.[35] Selbst für vorauseilende Indikatoren ist es unter diesen Bedingungen schwierig, Lageänderungen rechtzeitig anzuzeigen. Insoweit als **Finanzmarktanalysen** mit dem MAM durchgeführt werden, kann der Forderung nach aktuellen Daten uneingeschränkt Rechnung getragen werden, denn Finanzmarktdaten sind ohne nennenswerte übermittlungsbedingte Verzögerungen verfügbar.

Zusammenfassend kann man festhalten, daß sich empirisch-methodische Erkenntnisse, speziell aus dem Bereich der Indikatorforschung, bei der Konstruktion des MAM als tragfähig erwiesen haben. Die spezifischen Modifikationen, die sich ergeben aufgrund der **Rekursivität des MAM**, also aufgrund des Rückgriffs auf Informationen, die in der zu untersuchenden Zeitreihe selbst und nicht in irgendwelchen Ausweich-Reihen zu finden sind, können kaum als wesentlich für die Indikatorkonstruktion angesehen werden.

34) Vgl. M. FELDSIEPER (1978), S.113.
35) Vgl. M. FELDSIEPER (1978), S. 114.

2.2 Abgrenzung gegenüber herkömmlichen Prognoseverfahren

Die **Erstellung von Prognosen** ist zu einem so alltäglichen Geschäft geworden, daß sich der einzelne kaum noch Rechenschaft darüber ablegt. Zielgerichtetes und zudem rationales Handeln in einer unsicheren Welt setzt Prognosen voraus. Während private Wirtschaftssubjekte bei der überwiegenden Mehrzahl ihrer Verrichtungen weitgehend unbewußt Prognosen zur Grundlage von Entscheidungen machen, ist im öffentlichen Bereich die Prognose längst zu einem expliziten Bestandteil des Entscheidungsprozesses geworden.

Da die Erstellung von Prognosen in der Regel mit Aufwand verbunden ist, müssen prognostisch fundierte Entscheidungen bessere Ergebnisse bringen als zufällige Entscheidungen; andernfalls wäre die Prognosetätigkeit weder rational noch effizient. Es ist freilich weder experimentell bestimmbar, wohin ein rein zufallsbestimmter Entscheidungsprozeß geführt hätte, noch ist aus der Tatsache häufiger Fehlprognosen der vorschnelle Schluß zu ziehen, der Prognoseaufwand lohne prinzipiell nicht. Wenn man sich jedoch klarmacht, daß **Prognosen stets nur auf der Grundlage von Theorien** gestellt werden können, läßt sich umgekehrt die Prognosetätigkeit als zwangsläufige Folge jeder wissenschaftlichen Anstrengung deuten.

Der **Theorie-Prognose-Nexus** hat im übrigen auch einen interessanten forschungspragmatischen Aspekt insofern, als er zur Prüfung der **Effizienz wissenschaftlicher Aktivitäten** herangezogen werden kann. Auf eine Kurzformel gebracht: Theorien, aus denen sich keine treffsicheren Prognosen ableiten lassen, gelten als irrelevant (**Popper'sches Irrelevanzkriterium**).

Auch wenn man sich den Forderungen des **kritischen Rationalismus** nicht vorbehaltlos anschließen möchte, so muß doch als konsensfähig gelten, daß die besonders im Bereich der Wirtschaftswissen-

1) Als grundlegende Arbeiten seien erwähnt: L.R. KLEIN (1971); O. MORGENSTERN (1928); A. SCHÖPF (1966); K.W. ROTHSCHILD (1969); H.O. STEKELER (1970); C. GASPARI, H. MILLENDORFER (1973); S. MAKRIDAKIS, S.C. WHEELWRIGHT 1978;1978a); S.C. WHEELWRIGHT, S. MAKRIDAKIS (1973); P. GRAFF (1977); R. LEWANDOWSKI (1974;1980); P. MERTENS (1981). Die Skizzierung der herkömmlicher Prognoseverfahren folgt im wesentlichen der sehr prägnanten und klaren Darstellung bei H. HENSCHEL (1979).

schaften weit verbreitete **Neigung zur Immunisierung von Theorien** letztlich nur dem Schutzbedürfnis der Urheber dieser Theorien, nicht aber dem wissenschaftlichen Erkenntnisfortschritt dient. Immunisierung bedeutet hierbei im Grunde nichts anderes, als der prognostischen Auswertung einer Theorie einen Riegel vorzuschieben. Immunisierte Theorien beziehen ihre Legitimation allenfalls noch aus einem akademisches Interesse am Erkennen der logischen Struktur konstruierter Zusammenhänge. Zumindest im Bereich der **empirischen Wissenschaften** kann die Befriedigung wissenschaftlicher Neugier kaum als ausreichendes und abschließendes Forschungsargument hingenommen werden, zumal ein großes Interesse der Wissenschaftskonsumenten an verläßlichen Prognosen besteht.

Es ist übrigens erstaunlich, daß ausgerechnet im Bereich der Sozialwissenschaften, deren Erkenntnisbereich nahezu jeden betrifft, eine so ausgeprägte Scheu vor dem läuternden Realitätskontakt besteht. Man stelle sich vor, welche Reaktionen seitens der Betroffenen es auslösen würde, wenn man sich z.B. im Bereich der Raumfahrt, der Medizin oder der Meteorologie ausschließlich auf immunisierte, nie getestete Theorien verließe.[2)]

Im Hinblick auf das markttechnische Analysemodell ist zunächst die Unterscheidung zwischen **bedingten und unbedingten Prognosen** sowie zwischen **qualitativen und quantitativen Prognosen** bedeutsam.[3)] Die Differenzierungen sind nur auf den ersten Blick eindeutig. Eine **unbedingte Prognose** stellt ein bestimmtes Ereignis ohne Angabe von einschränkenden Voraussetzungen in Aussicht; bei der bedingten Prognose ist das Eintreten eines Ereignisses an bestimmte Bedingungen geknüpft. Die Aussage: "Der Kurs der Aktie X wird steigen." ist zwar formal eine unbedingte Prognose, doch macht allein schon die **Theoriegebundenheit jeder Prognose** deutlich, daß zumindest implizit jede Prognose nur bedingter Natur sein kann.

2) Zur Vertiefung der wissenschaftstheoretischen Aspekte von Prognosen vgl. u.a.: H. ALBERT (1968), S. 406ff.; H. GIERSCH, K. BORCHARDT (Hrsg.) (1962); K. R. POPPER (1972;1979;1984); H.-G. GRAF (1978); U. SCHMIDT (1971); I. LAKATOS (1970); I. LAKATOS, A. MUSGRAVE (eds.) (1970).

3) Vgl. hierzu H. HENSCHEL (1979) , S. 14ff., S. 23ff. Vertiefend zum Problem der Klassifizierung und Systematisierung von Prognosen vgl. K.W. ROTHSCHILD (1969), S. 165ff.; K.-U. OH (1976), S. 1ff.; A. SCHÖPF (1966), S. 58ff.

Ähnlich unscharf ist die Trennung zwischen **qualitativen und quantitativen Prognosen**. Bei **qualitativen Prognosen** wird nur die grobe Richtung vorausgesagt; hingegen fixiert die **quantitative Prognose** ihr Voraussagen zahlenmäßig. Genauer betrachtet sind zumindest **Punktprognosen** im Bereich der Sozialwissenschaften begrifflich unsinnig, da in der Regel weder die verwendeten Daten noch die der Prognose zugrundeliegende Theorie ein so hohes Maß an Exaktheit zulassen. Realistischerweise können also solche Prognosen nur **Korridor- oder Bandbreitenaussagen** darstellen.[4] Da die Bandbreite im Grunde beliebig breit gewählt werden kann, fallen auch qualitative Prognosen mit ihrer groben Richtungsangabe in diese Kategorie.

Das MAM verwendet sowohl qualitative als auch quantitative Daten, wobei die qualitativen Daten im Interesse der Rechenhaftigkeit des Systems quantitativ verdichtet werden. Diese generelle Quantifizierung bedeutet freilich nicht, daß Punktprognosen möglich wären. Das MAM beruht vielmehr vorbehaltlos auf dem **Bandbreitenprinzip**, das, wie sich später noch zeigen wird, im Entscheidungsprozeß strategisch-taktisch sinnvoll genutzt werden kann.

Auch eine **Bandbreitenprognose** beruht auf **Strukturhypothesen**, die auf Erfahrungen, d.h. in der Vergangenheit wahrgenommenen Entwicklungen beruhen. Hier stellt sich die Frage, ob es einen grundsätzlichen Unterschied macht, in der Vergangenheit aufgedeckte Strukturen "blind", d.h. ohne tiefergehendes theoretisches Verständnis, oder in vermeintlich voller Erkenntnis der wahren Zusammenhänge auf die Zukunft zu übertragen. Hierzu ist zu bemerken, daß auch der scheinbar **theorielosen Perpetuierung von Strukturen** eine Theorie - wenngleich vielleicht eine sehr einfache und vage - zugrundeliegen muß. Andererseits ist die **theoretisch fundierte Fortschreibung von Strukturparametern** keineswegs gegen Fehler gefeit, da selbst eine bislang nicht falsifizierte Theorie in Zukunft fragwürdig werden kann.

Eine endgültige Auflösung des **Dilemmas zwischen vergangenheitsgestützter Prognose und künftiger struktureller Instabilität** ist kaum möglich. Letztlich ist dieses Dilemma die Ursache des untilgbaren **Restrisikos jeder Prognose**. Wie bereits hervorgehoben wurde,

4) Vgl. hierzu auch H. HENSCHEL (1979), S. 132f.

versucht das MAM, das **Problem der Strukturvariabilität** dadurch zu entschärfen, daß bereits bei ersten Anzeichen einer strukturellen Veränderung entsprechende Anpassungen der Strukturkoeffizienten vorgenommen werden. Selbstverständlich kann man auch dieses **Prinzip der Strukturflexibilität** zu weit treiben, und zwar dann, wenn durch die Flexibilisierung eine wesentliche Eigenschaft jeder Struktur, nämlich deren Dauerhaftigkeit und Verläßlichkeit, zerstört wird. Die forschungsprogrammatische Devise muß daher lauten: So wenig Anpassung wie möglich, so viel Anpassung wie nötig.

Eine weitere, für die Bewertung des MAM bedeutsame Frage ist die, ob **univariate oder multivariate Prognoseverfahren** den Vorzug verdienen. Die Antwort muß mindestens auf zwei Ebenen gesucht werden, und zwar sowohl auf der theoretischen als auch auf der praktischen Ebene. Begrifflich unterscheiden sich die Verfahrensvarianten dadurch, daß "bei .. univariaten Verfahren .. die Prognose einer ökonomischen Größe nur auf ihrer eigenen Geschichte, ihrer eigenen Vergangenheitsentwicklung (aufbaut)", während "bei multivariaten .. Verfahren, die ... auch als kausale Verfahren bezeichnet werden, .. die Entwicklung der zu prognostizierenden Größe abhängig gemacht wird von der Entwicklung zeitlich vorlaufender oder bereits prognostizierter Größen" (H. HENSCHEL, 1979,28).

Ein weit verbreitetes Instrument der multivariaten Prognoserechnung ist z.B. die **Regressionsrechnung**. Für den Theoretiker, dessen Streben vor allem auf die Aufdeckung der Ursachen ökonomischer Erscheinungen gerichtet ist, hat das multivariate Verfahren offenbar den entscheidenden **Vorteil der kausalen Bezugnahme**. Dieser Vorteil entpuppt sich indessen als fragwürdig, denn "man (kommt) .. nicht umhin, die letztlich verursachende Größe doch mit einem univariaten Verfahren zu schätzen" (H. HENSCHEL, 1979,28).

Dieses **Problem des infiniten Regresses** ist uns bereits oben begegnet. Für die ursachenorientierte Forschung hält es das ernüchternde Fazit parat, daß ein Vorstoß zu letzten Ursachen im Grunde unmöglich ist. Hingegen ist eine Ursachenorientierung in einem praktisch-pragmatischen Sinne durchaus möglich, und zwar dergestalt, daß alle relevanten, d.h. in der Betrachtungsperiode wirksam gewordenen Ursachen berücksichtigt werden, ohne diese allerdings im einzelnen zu benennen bzw. ihre Wirkungsweise und -

struktur aufzudecken. Genau diesem Anliegen wird die univariate Prognoserechnung gerecht. Sie bezieht ihre Einsichten direkt aus der zu prognostizierenden Zeitreihe[5]; diese kann als Output einer *black box* aufgefaßt werden, die sich den neugierigen Blicken der Forscher entzieht.

Das **markttechnische Analysemodell** ist seiner Konzeption nach **ein univariates Verfahren.** Das bedeutet jedoch nicht, daß es die den Theoretiker primär interessierenden Fragen nach sozioökonomischen Zusammenhängen nicht stellt, im Gegenteil: Die "Ausschlachtung" einer Zeitreihe im Hinblick auf jedes, auch scheinbar noch so geringfügiges, diagnostisch-prognostisch verwertbares Detail schafft eine empirisch gesicherte Grundlage, von der aus auf induktivem Wege nach übergreifenden, verallgemeinerungsfähigen Entwicklungsgesetzen geforscht werden kann.

Es kann nicht überraschen, daß im Verlauf dieses Prozesses keine eindeutige Kausalstruktur aufgeckt werden kann; vielmehr erweist sich meist eine Vielzahl kausaler Erklärungen als mit der empirischen Faktenlage vereinbar. Die sich ergebende **Konkurrenz der Erklärungshypothesen** ist aus der sozialökonomischen Forschung hinlänglich bekannt; man denke z.B. nur an die Vielfalt makroökonomischer Konsumhypothesen, die im großen und ganzen alle mit der empirischen Evidenz konform gehen.

In bezug auf die **Prognosetechnik** hat das MAM vieles übernommen, was zum Standard der Prognosemethoden gehört. Allerdings hat sich eine mehr oder weniger starke **Modifizierung traditioneller Standardverfahren** als notwendig erwiesen. Es ist hier nicht der Ort, auf methodische Einzelheiten einzugehen; dies soll dann bei der Vorstellung der einzelnen Modellbausteine im dritten Hauptteil dieser Abhandlung geschehen. Hier soll nur ein kurzer, grober Überblick über die im MAM eingesetzten Methoden sowie deren Schnittstellen mit herkömmlichen Verfahren gegeben werden.

5) Einen Überblick über die gebräuchlichsten Verfahren und einschlägigen Anwendungsgebiete der Zeitreihenanalyse geben z.B. R. SCHLITTGEN, B.H.J. STREITBERG (1984).

Als einfaches, aber überaus fruchtbares Instrument hat sich die **Mittelwertbildung**[6] erwiesen, insbesondere in der Gestalt der gleitenden Durchschnitte. Dieses Verfahren dient nicht nur der Bereinigung von Zufalls- und Saisonschwankungen, sondern führt ganz allgemein zu einem glatteren, optisch wie analytisch leichter faßbaren Reihenverlauf.

Dabei ist es im Grunde eine Ermessensfrage, wie intensiv die **Glättung** betrieben werden soll. Eine starke Glättung hat eine starke Verringerung der **Reihensensibilität** zur Folge, d.h., selbst heftige Ausschläge der aktuellen Reihenwerte beeinflussen das geglättete Äquivalent kaum. Andererseits kann erwartet werden, daß eine nur geringfügige Glättung die Herauslösung einer, wenn überhaupt vorhandenen, dauerhaften Struktur erschwert, da diese durch **unsystematische Einflüsse** noch zu stark verschleiert wird.

Aus dem Blickwinkel der **Chartanalyse** ist die Glättung allerdings eher unerwünscht, weil der Chartist gerade an spektakulären Reihenereignissen interessiert ist, die im Zuge der Glättung unterdrückt werden. Es geht also um die, empirisch und theoretisch wohl kaum eindeutig zu beantwortende Frage[7], ob **statistische Ausreißer** für die Prognose relevant sind oder nicht. Der Chartist erkennt in einem solchen Ausreißer ein **Ausbruchsignal**, das eine fundamentale Neuorientierung der Reihe ankündigt.

Der Statistiker ist eher geneigt, Zeitreihenwerte, die aus dem Rahmen fallen, zu ignorieren, einfach deshalb, weil er zunächst glaubt, der bisherige Rahmen sei auch weiterhin gültig. Das MAM legt den Schluß nahe, daß in der Regel der Statistiker Recht behält, während der Chartist, zumindest bei leichtfertigem Umgang mit der Ausbruchsthese, zumeist schiefliegt.

Eine **Variante der Glättungsverfahren** stellt das von G. BOX, G. JENKINS (1976) entwickelte Verfahren dar, das am - bei *ex-post*-Prognosen beobachteten - Prognosefehler ansetzt, diesen glättet und anschließend zu einer revidierten Fortschreibung der Prognose verwendet. Das MAM in seiner endgültigen Fassung hat mit dem **Box-**

6) Vgl. hierzu stellvertretend M. SCHRÖDER (1981); J. ROSENTRETER (1977).
7) Vgl. H: HENSCHEL (1979), S. 34.

Jenkins-Verfahren nichts mehr gemein, denn anstelle eine an sich falsche Prognosestruktur durch adaptive Fehlerkorrektur zu retten und weiter zu verwenden, setzt das MAM unmittelbar an den Strukturparametern an und verändert diese im Bedarfsfalle. Damit wird eine mechanistische Fehlerkorrektur à la BOX/JENKINS überflüssig.

Dagegen hat sich das **Verfahren der exponentiellen Glättung** für die Zwecke des MAM als recht fruchtbar erwiesen. Es besteht darin, daß der gleitende Durchschnitt unter Verwendung eines Gewichtungsschemas gebildet wird. Die Wahl des **Gewichtungsschemas** ist freilich wieder eine Ermessensfrage. Es ist aber immerhin in vielen Fällen plausibel, daß weit in der Vergangenheit liegende Werte für die aktuelle Entwicklung weniger bedeutsam sind als aktuelle oder nahezu aktuelle Werte. In diesem Fall empfiehlt sich dann ein Gewichtungsschema, das für vergangene Werte umso kleinere Gewichte vorsieht, je weiter die Werte zurückliegen. Ein mathematisch eleganter Algorithmus ergibt sich, wenn man die Gewichte als Exponenten in eine e-Funktion einbaut.[8)]

Die **Trendprognose** mit Hilfe der ***Polynomapproximation***[9)] ist ein weiteres, sehr beliebtes Prognoseverfahren. Seine Verwertbarkeit im Rahmen des MAM ist aber begrenzt. Dies liegt wiederum an dem hohen Schematisierungsgrad dieses Verfahrens. Es ist zwar verständlich, daß Prognostiker allzu leicht der Versuchung erliegen, in eine Zeitreihe ein mechanistisches Bewegungsgesetz, leicht einzufangen durch eine stabile mathematische Funktion, hineinzuinterpretieren. Reale Abläufe, zumal aus dem sozioökonomischen Bereich, lassen sich jedoch nur selten standardisieren.

Anstelle die Reihenentwicklung durch ein Polynom, der Einfachheit halber womöglich durch ein Polynom ersten Grades, also durch eine Gerade, anzunähern, verwendet das MAM die flexiblere Methode der **Trendbestimmung in Gestalt einer aggregierten Mittelwertbildung.** Die Deterministik dieser Mittelwertkonzeption wird dadurch aufgelöst, daß im Zuge einer **mehrstufigen Bandbreitenschätzung** die wahrscheinlichen (maximalen) Trendabweichungen bestimmt werden.

8) Zum Verfahren der exponentiellen Glättung vgl. z.B. B. KORTE, W. OBERHOFER (1968), S. 23f.
9) Vgl. H. HENSCHEL (1979),S. 35ff.; G. TINTNER (1960), S. 47ff.; P. GRAFF (1977).

Diese Trendabweichungen werden global der **Volatilität einer Zeitreihe** zugeschrieben, d.h., es wird auf die mehr oder weniger willkürliche **Isolierung von Abweichumgskomponenten** verzichtet, ohne freilich deren Existenz grundsätzlich in Frage zu stellen. Ob sich eine Reihe bzw. deren trendmäßiges Äquivalent durch ein Polynom n-ten Grades annähern läßt, ist hierbei nebensächlich.

Das Arbeiten mit der **Korridormethode** hält z.B. auch P. GRAFF (1977,218ff.) für sehr hilfreich: "Analysiert man eine große Zahl von wirtschaftlichen Zeitreihen mit Hilfe der nomographischen Methode, dann fällt einem auf, daß die Abweichungen vom Trend nach oben und unten zwar nicht gleichmäßig sind, daß aber die extremen Abweichungen alle gleich weit vom Trend entfernt sind ..."

GRAFFs günstiger Bewertung der **nomographischen Methode** kann voll zugestimmt werden. Die Methode besteht darin, analytisch komplexe Zusammenhänge graphisch-anschaulich darzustellen. Hierdurch wird das Augenmaß als zusätzliches Hilfsmittel beim Erkennen von Zeitreiheneigenschaften eingeschaltet. Das Augenmaß mag zwar bestenfalls als **heuristische Erkenntnismethode** gelten, doch hat sich gerade bei der **iterativen Programmoptimierung** mit Hilfe der graphischen Simulation von Abläufen im Rahmen des MAM immer wieder gezeigt, daß die optische Beurteilung der Rechenergebnisse eine unverzichtbare Erkenntnishilfe darstellt.

Für **Wachstumsfunktionen**[10], die hauptsächlich als **exponentielle oder logistische Funktionen** in Erscheinung treten, gilt das in bezug auf die Polynomialapproximation Gesagte entsprechend. Auch Wachstumsfunktionen postulieren einen streng schematisierten Ablauf, wie er in der sozioökonomischen Realität nur selten anzutreffen sein dürfte. Wie selten bzw. wie oft solche funktional fixierten Regelmäßigkeiten in Wirklichkeit tatsächlich auftreten, ist im übrigen auch gar nicht die **Kernfrage.**[11] Entscheidend ist allein, daß der prognostische Spielraum durch die *a-priori*-Festlegung einfacher Ablaufmuster nicht unnötig eingeengt werden soll.

10) Vgl. z.B. H: HENSCHEL (1979), S. 37ff.

11) Es soll nicht bestritten werden, daß z.B. die Modellierung von Wachstumsprozessen und Produktlebenszyklen sich vielfach durchaus stabiler Funktionen bedienen kann.

Das MAM ist durchaus in der Lage, einen Marktprozeß in Gestalt einer logistischen Funktion herauszufiltern, falls dieser tatsächlich so strukturiert sein sollte. Es ist aber, wie es scheint, ein fataler Irrweg der weit verbreiteten Prognosepraxis, vorab ein hypostasiertes Ablaufmuster zu wählen und dieses dann, durch welches konkrete Schätzverfahren auch immer, anhand der empirischen Daten "optimal" zu trimmen. Warum nicht den umgekehrten Weg gehen, d.h., vorab überhaupt keine Ablaufhypothese stipulieren, sondern die Daten entscheiden lassen, welchem Ablaufschema sie folgen? Wenn dieses dann nicht in einer parametrisch fixierten Funktion eingefangen werden kann, mag man dies unter ästhetischen Gesichtspunkten bedauern. Im Hinblick auf das Prognoseziel hat jedoch die Realitätsverbundenheit höchste Priorität.

Die **parametrische Fixierung einer bestimmten Prognosefunktion** hat neben dem ästhetischen freilich auch einen sehr handfesten praktischen Hintergrund. Kennt man nämlich den funktionalen Zusammenhang zwischen der Zeit und der zu prognostizierenden Größe, so wird die Prognose zu einem trivialen Vorgang: Man wählt einen bestimmten Zeitpunkt in der Zukunft und kann sofort den entsprechenden Prognosewert bestimmen. Daß **mechanistische Prognosen** dieser Art äußerst fragwürdig sind, braucht nicht besonders betont zu werden. Man kann eine solche mechanistische Prognose formal auch nicht dadurch vor der alsbaldigen Falsifizierung retten, daß man ihr stochastischen Charakter verleiht durch Addition eines Störterms, der wiederum vielerlei statistische Eigenschaften hat. Dies sind nur Retuschen an einer im Kern falschen Konzeption.

Wenn nun andererseits das MAM auf eine fixierte Funktionalisierung der Reihenbewegung verzichtet, stellt sich die Frage, auf welchem Weg letztlich Prognosen abgeleitet werden, denn ein Fortschreiten in die Zukunft auf einer bereits bekannten Kurve ist ja nicht möglich. Die Antwort liegt in dem später noch zu präzisierenden **Prinzip der flexiblen Schwellen- und Bandbreitenprognose**: Die im Prognosezeitpunkt wahrscheinliche, aufgrund des bisherigen Reihenverhaltens sich abzeichnende zukünftige Entwicklung wird in Gestalt einer möglichst engen Bandbreite angegeben. Diese Bandbreite folgt einem Trend, der in hohem Maße stabil ist, d.h., er reagiert selbst auf starke Ausschläge und Richtungsänderungen der Reihe nur zögernd. Dies verleiht dem Prognoserahmen eine hohe Stabilität.

Gleichwohl kommt es, im Zuge der in kurzen Abständen erfolgenden Aktualisierungen, zu einer beständigen **Bandbreitenanpassung**. Diese Flexibilisierung kann als Teil des Prognoserisikos aufgefaßt werden. Außer bei dramatischen Änderungen der Reihendynamik halten sich die Anpassungen in engen Grenzen. Innerhalb der Bandbreite vollführt die Reihe Schwankungen, die - mehr oder weniger deutlich - zyklischen Charakter haben mögen.

Die zyklische Bewegungsfolge, im Kern bestehend aus Aufschwung und Abschwung, läßt sich näher konkretisieren mit Hilfe des **Schwellenprinzips**. Die Trend- oder Schwellenkurve wird als mehrfach geglätteter Reihendurchschnitt angesetzt, der sich als sehr resistent gegenüber nicht-systematischen Reihenbewegungen erweist. Schneidet die Zeitreihe ihre Schwellenkurve, so läßt sich dies als **Auf- oder Abschwungsignal** interpretieren, je nachdem, welche Richtungskomponente die Schnittstelle aufweist. Rein zyklische Auf- und Abschwungbewegungen bleiben eingebunden in die als typisch geltende Bandbreite.

Allerdings kann es, und dies ist für Finanzmarktreihen und die überwiegende Mehrzahl makroökonomischer Reihen überaus selten, zu einem **Ausbruch der Reihenwerte aus der prognostizierten Bandbreite** kommen. Dies kann - je nach der Art der zugrundegelegten Bandbreitenkonzeption mehr oder weniger eindeutig - als Anzeichen für eine sich anbahnende nachhaltige "Neubewertung" der Zeitreihe gelten. Dem Bandbreitenausbruch kommt somit eine eigenständige Diagnose- und Prognosefunktion zu.

Zumindest im Bereich des **Managements von Finanzanlagen** ergibt sich hierdurch die Möglichkeit einer nicht zu unterschätzenden Risikobegrenzung, die im allgemeinen durch die sog. **Stoplossmarken** technisch implementiert wird. Entscheidend für die praktische Brauchbarkeit des Prinzips der flexiblen Schwellen- und Bandbreitenprognose ist aber das geringe absolute Risiko eines Bandbreitenausbruchs. Das MAM liefert somit einen Toleranzbereich für die Werte einer Zeitreihe, der in hohem Maße zuverlässig ist. Bricht die Reihe aus aus der Bandbreite aus, könnte diese Entwicklung als **Strukturbruch** eingestuft werden.

Strukturbruchdiagnosen werden aber dann, wenn sie zu häufig gestellt werden, unglaubwürdig, weil sie offenbar nur als **Alibi für prognostische Fehlleistungen** dienen. Daher muß es als besonderer Vorteil des MAM gelten, daß es nur sehr selten eine Strukturbruchdiagnose stellen muß. Tritt dieser Ausnahmefall ein, so handelt es sich meist wirklich um den Beginn einer grundlegenden Neuorientierung der betreffenden Zeitreihe aufgrund einer radikalen Veränderung der Ursachenkonfiguration.

Die **Chartanalyse** im allgemeinen sowie die **markttechnische Analyse** im besonderen können auch als **Filterverfahren** interpretiert werden. Die **Filtertechnik** selbst umfaßt zahlreiche methodische Varianten, die einheitlich das Ziel haben, wesentliche und unwesentliche Zeitreiheneigenschaften zu trennen. Die bereits erwähnten vielfältigen Glättungsverfahren gehören ebenso dazu wie z.B. die **Methode der adaptiven Filter**[12], die sich dadurch auszeichnet, daß sie die Gewichte vergangener Reihenereignisse endogen bestimmt. So wird z.B. eine ausgeprägte zyklische Rhythmik vergleichsweise stark gewichtet, auch wenn sie aufgrund weit zurückliegender Reihenabschnitte ermittelt wurde. Die schematische Handhabung mit Hilfe zur Vergangenheit hin fallender Gewichte wird somit ersetzt durch die Deutlichkeit beobachteter Reihenregelmäßigkeiten.

Der adaptive Filter dient somit nicht nur der Glättung, sondern auch der **Kontrastverstärkung einer Zeitreihe**. Er versucht also, der Reihe ein stabiles Ablaufschema abzutrotzen, z.B. in Gestalt einer Sinus-Schwingung. Dies impliziert, daß die Reihe selbst **stationär** sein muß, also im Zeitablauf keine nennenswerten Strukturveränderungen erlebt; nur in diesem Fall ist die **Stabilitätshypothese** gerechtfertigt. Die Methode adaptiver Filter ist daher am ehesten in der kurzfristigen Zeitreihenanalyse einsetzbar.

Ähnlichen Einschränkungen unterliegt die **Spektralanalyse**[13], in welcher eine Zeitreihe als Resultante verschiedener, sich gegenseitig überlagernder regelmäßiger Schwankungen aufgefaßt wird. Die einzelnen Schwankungen haben hierbei grundsätzlich verschiedene

12) Vgl. z.B. H. HENSCHEL (1979), S. 38ff; R. LEWANDOWSKI (1974), S. 29ff.; M. HELM (1981).
13) Vgl. H. HENSCHEL (1979),S. 40ff.; H. KÖNIG, J.WOLTERS (1972); M. HELM (1981).

Frequenz. Auch bei der Spektralanalyse ist die **Stationarität** der untersuchten Reihen unabdingbare Voraussetzung.

Abschließend läßt sich die **Bedeutung der univariaten Prognoseverfahren für das markttechnische Analysemodell** wie folgt zusammenfassen: Die univariaten Verfahren erwiesen sich für die methodische und verfahrenstechnische Konzeption des MAM als sehr hilfreich, wenngleich sie wegen ihrer meist sehr einseitigen Ausrichtung und vor allem wegen ihres zu hohen Schematisierungsgrades im allgemeinen nicht unmodifiziert übernommen werden konnten. Insbesondere unterstellt das MAM kein stationäres, d.h. im Zeitablauf gleichbleibendes Reihenverhalten, das sich in einer kompakten, durch fixe Parameter gekennzeichneten Funktion darstellen läßt. Vielmehr wird die **Nicht-Stationarität** der untersuchten Reihen zugelassen. Dies verlangt methodisch nach einer flexiblen **Anpassung der Strukturparameter** an das sich nachhaltig verändernde Reihenverhalten.

Als nächstes ist zu prüfen, inwieweit die **multivariaten Prognoseverfahren**[14], z.B. die **Regressionsrechnung** (Korrelationsrechnung), die **Faktorenanalyse**, die **multivariate Varianzanalyse** und die **Diskriminanzanalyse** in methodischer Hinsicht ergiebig für das MAM sein können. Von seiner forschungsprogrammatischen Seite her hat das MAM einen eindeutig induktiven Zuschnitt: Sein Hauptanliegen besteht im Erkennen faktischer Zustände und Abläufe. Hierdurch wird die Voraussetzung geschaffen, im Wege des **Induktionsschlusses** die Fakten zu verstehen, zu begreifen. Erst auf dieser Stufe kommt es zu kausalen Erklärungsversuchen und mithin zur **Theorieformulierung**.

Die multivariaten Prognoseverfahren gehen jedoch den genau umgekehrten Weg: Sie greifen auf bereits bekanntes oder *ad hoc* eingeführtes theoretisches Wissen zurück, von welchem im Wege der **Deduktion** auf Einzelereignisse geschlossen wird. Im Rahmen des multivariaten Prognoseverfahrens wird dann nicht nur vorausgesetzt, daß dieser Schluß empirisch hinreichend gesichert ist, sondern auch, daß er theoretisch ausreichend begründet ist. Die Prognose

14) Vgl. z.B. H. HENSCHEL (1979), S. 45ff.; W.W. COOLEY, P.R. LOHNES (1971); K. HOPE (1975).

erfolgt somit auf der Grundlage angeblich gesicherter Erkenntnisse über die wahren Ursachenzusammenhänge.

Ob dieser Anspruch nicht zu ambitiös ist, mag an dieser Stelle dahingestellt bleiben. Hier geht es nur um die Verdeutlichung der grundsätzlich verschiedenen Forschungssequenz bei univariaten Prognoseverfahren einschließlich dem MAM einerseits und multivariaten Prognoseverfahren andererseits. Grob vereinfachend ausgedrückt: Im ersten Fall verläuft die **Forschungsrichtung** von der Empirie zur Theorie, im zweiten Fall ist es umgekehrt. Vor diesem Hintergrund wird verständlich, daß im Rahmen des MAM multivariate Verfahren keine große Rolle spielen. Von Ausnahmen abgesehen, wurde auf die Methodik der multivariaten Analyse im Rahmen des MAM verzichtet.

Gegen **univariate Verfahren** wird immer wieder das **Argument der Theorieferne** vorgebracht[15], insbesondere im Vergleich zu den multivariaten Verfahren. Hierbei wird oft übersehen, daß die multivariate Schätzung in der Regel nicht ohne die univariable Schätzung vorgelagerter "Erklärungsgrößen" auskommt. Der materielle Vorteil der multivariaten Verfahren, nämlich die angebliche Abstützung von Prognosen auf die wahren Zusammenhänge, ist insofern nur scheinbar vorhanden.

Der **Effizienznachteil der multivariaten Verfahren** liegt im Kern darin, daß der Weg vom prognostischen Ausgangsmaterial bis zum Prognoseergebnis wesentlich länger ist als beim univariaten Verfahren. Gelangt man zur Prognose schließlich erst nach Durchlaufen eines verzweigten Netzes von Umwegen, so ist die Gefahr sehr groß, daß sich "unterwegs" Fehler der verschiedensten Art einschleichen, die die Zuverlässigkeit des Endergebnisses erheblich beeinträchtigen können.[16]

In bezug auf die **systemtheoretisch orientierten Prognoseverfahren**[17], die vorzugsweise bei der Prognose gesamtwirtschaftlicher

15) Vgl. z.B. W. BRANDES (1985), S. 64, S. 113.
16) Zur Diskussion über Vor- und Nachteile univariater und multivariater Prognoseverfahren vgl. B. KORTE, W. OBERHOFER (1968), S. 58ff.
17) Vgl. hierzu auch E.P. BILLETER-FREY (1984) und J.W. FORRESTER (1972).

und gesellschaftlicher Entwicklungen[18] eingesetzt werden, läßt sich das Dilemma zwischen hohem konzeptionell-theoretischem Anspruch und unzureichender Realitätskonformität ebenfalls feststellen. Es lassen sich **Iterationsverfahren**[19], **Simulationsverfahren**[20] und ***systems-dynamics*-Modelle**[21] unterscheiden. Bezüglich der verfahrensspezifischen Einzelheiten sei auf die einschlägige Literatur verwiesen.

Für die Belange des markttechnischen Analysemodells sind die methodischen Anregungen **iterativer, simulativer und systemdynamischer Prognoseverfahren** von nur begrenztem Wert. Das liegt in erster Linie daran, daß diese Prognoseverfahren - für das Iterationsverfahren gilt dies nur eingeschränkt - multivariaten Charakter haben. Es liegt aber auch - und zum wiederholten Male - an dem nicht hinreichend erfüllbaren Erklärungs- und Prognoseanspruch dieser Modelle. Während diese Modelle - auch dies gilt für die Iterationsmodelle wiederum nur eingeschränkt - im Prinzip die wahren Zusammenhänge als bekannt voraussetzen und daher nur eine zeitliche Fortschreibung von Entwicklungen innerhalb eines strukturell fixierten Rahmens vornehmen, läßt das MAM die Frage nach den wahren Kausal-Strukturen zunächst offen. Die Prognose erfolgt nicht in Anlehnung an vermeintlich gesicherte Erkenntnisse über die wahren Ursachen sozioökonomischer Vorgänge, sondern in möglichst enger Anlehnung an die tatsächlich beobachtbare Entwicklung und deren erkennbaren Trends. Hierbei mag sich durchaus herausstellen, daß die sozioökonomische Realität tatsächlich stabilen Gesetzmäßigkeiten gehorcht; der entscheidende Unterschied besteht aber darin, daß im Rahmen des MAM Prognosen auch möglich sind, ohne vorab die Existenz solcher Gesetzmäßigkeiten zu postulieren.

Gleichwohl haben die **Iterations-, Simulations- und *system-dynamics*-Modelle (Regelkreismodelle)** für das MAM in einzelnen, methodisch-konzeptionellen Fragen fruchtbare Anregungen gebracht. Der Iterations-, Simulations- und Regelkreisgedanke ist für das

18) Vgl. H. HENSCHEL (1979), S. 55ff.
19) Vgl. H. HENSCHEL (1979), S. 56f.; O. STEKELER (1970), S. 3ff., S. 74ff.; G. TICHY (1976), S. 183 ff.
20) Vgl. H. HENSCHEL (1979), S. 57ff.; G. TICHY (1976), S. 195ff.; W. MEISSNER (1970).
21) Vgl. H. HENSCHEL (1979), S. 60ff. und vertiefend: J. KOPF (1977); D. MEADOWS, D. MEADOWS, E. ZAHN, P. MILLING (1972); G. LEHMANN (1975).

MAM von zentraler Bedeutung, insoweit als man darunter das schrittweise Suchen eines Optimums versteht. Denn auch im MAM werden reale Zusammenhänge dadurch zu ergründen versucht, daß man sich ihnen schrittweise auf empirischem Wege nähert, und zwar unter Ausnutzung von *feedbacks*, die in dem experimentell gestalteten Analyserahmen sehr schnell etwaige Inkonsistenzen aufdecken helfen, unter Ausschöpfung von marginalen Informationsgewinnen, die sich durch möglichst zahlreiche Simulationsläufe.

Wie oben schon dargelegt wurde, gibt es eine **Theorieneutralität** im absoluten Sinne nicht. Selbst der kompromißlose Empiriker, für den nur das zählt, was er sieht und nicht das, was er aufgrund theoretischer Festlegungen zu sehen erwartet, muß, um überhaupt etwas sehen zu können, vorab einige grundlegenden und daher in gewissem Sinne theoretischen **Grundsatzentscheidungen** treffen. Hierzu gehört die **Eingrenzung des Analysegegenstandes**, der **Entwurf eines Forschungsprogramms** sowie die **Wahl geeignet erscheinender Analysemethoden** etc.

So besteht der **forschungsprogrammatische Ausgangspunkt des MAM** in der quasi-axiomatischen Prämisse, daß sozioökonomische Zeitreihen um einen irgendwie zu konkretisierenden Trendwert mit mehr oder weniger stark ausgeprägter Regelmäßigkeit schwanken. Ohne diese Prämisse als einigermaßen plausible Arbeitsgrundlage zu akzeptieren, fehlte dem MAM die logische Existenzgrundlage, ihm fehlte die **theoretische Anfangsbedingung**. Das theoretische Substrat der iterativen, simulativen und kybernetischen Prognoseverfahren reicht im Vergleich dazu ungleich weiter, mit allen nachteiligen Folgen, die sich in einer theoretisch zu umfassend fixierten Forschungsprogrammatik und einer zu restriktiven Methodenauswahl niederschlagen.

2.3 Abgrenzung gegenüber der Portfolio-Theorie

Ein **anwendungsorientierter Schwerpunkt des markttechnischen Analysemodells** liegt zweifellos im Bereich der Portfolio- oder Finanzinvestitionen, wenngleich aufgrund der allgemeinen prognostischen Leistungsfähigkeit des MAM auch die Beurteilung nicht finanzieller Investitionen - zumindest indirekt - erfolgen kann. In dieser Hinsicht ist das MAM also dem großen Kreis der Investiti-

onsrechnungsmethoden zuzuordnen.[22] Ebenso wie diese ist das MAM einsetzbar zur Bestimmung der absoluten und relativen Vorzugswürdigkeit von Investitionsalternativen.

Das **markttechnische Analysemodell** weicht allerdings in folgendem entscheidend von den traditionellen Investitionsrechnungsmethoden und -modellen ab: Während die letzteren den Anspruch erheben, die günstigste Investitionsalternative zu ermitteln, begnügt sich das MAM mit der vergleichsweise bescheidenen Aussage, ob eine Investition aussichtsreich ist oder nicht. Die Frage, wie hoch die zu erwartenden Erträge sein werden, bleibt hierbei grundsätzlich ebenso offen wie die Frage, in welche Rangfolge Investitionsalternativen zu bringen sind.

Um Mißverständnissen vorzubeugen, sei jedoch betont, daß Quantifizierungen von Ertragserwartungen mit dem MAM ebenso möglich sind wie die **rangmäßige Anordnung von Investitionsalternativen.** Entscheidend ist aber, daß das MAM, im Unterschied zu den anspruchsvolleren Investitionsmodellen, nicht konzeptionell auf einen Optimierungsprozeß zugeschnitten ist, an dessen Ende die Entscheidung zugunsten der besten Investitionsalternative fällt.

Freilich ist unbestritten, daß die **Herausfilterung der in einem Zeitpunkt günstigsten Investition** ein erstrebenswertes Ziel dar-

22) Einen Überblick geben H. JACOB (1978), S. 258ff.; H. SEELBACH (1978), S. 293ff. Die Literatur zum Komplex "Finanzinvestitionen, Portfolio-Management und Kapitalmärkte" ist nahezu unübersehbar. Die nachfolgend genannten Titel bieten eine grundlegende Orientierung und zumeist eine ausführliche Bibliographie originärer und vertiefender Abhandlungen: F. AMLING (1974); L. BARNES, S. FELDMAN (1977); D.H. BELLEMORE u.a. (1979); J.L. BICKSLER (1979); J.L. BICKSLER, P.A. SAMUELSON (1974); J.W. BOWYER (1966); E.BRUCE (1971); C.E. CLEETON (1976); C.R. COATS (1978); J.B. COHEN, E.D. ZINBARG, A. ZEIKEL (1982); R. DOBBINS, S.F. WITT (1983); E.F. FAMA, M.H. MILLER (1972); D.E. FARRAR (1962); M.C. FARRELL (1975); J.C. FRANCIS, S.A. ARCHER (1971); J. FRIEND, J. BICKSLER (1975); L.G. GITMAN (1981); L.J. GITMAN, M.D. JOEHNK (1981); B. GRAHAM, D.L. DODD, S. COTTLE (1962); E.J. ELTON, M.J. GRUBER (1981); C.W. HALEY, L.D. SCHALL (1973); R.J. HOFFMAN, S.R. RESNICK (1977); J.C. van HORNE (1983); M.C. JENSEN (1972); L.R. LANG, T.H. GILLESPIE (1977); H.A. LATANE, D.L. TUTTLE, C.R. JONES (1975); C.F. LEE (1985); S.N. LEVINE (1977); H. LEVY, M. SARNAT (1972); J.H. LORIE, R. BREALEY (1972); G.E. MANNERS Jr, J.G. LOUDERBACK III (1981); M. MENDELSON, S. ROBBINS (1976); S. MITTRA, C. GASSEN (1981); J. MOSSIN (1973); H.E. PHILLIPS, J.C. RITCHIE (1983); L.V. PLUM, J.H. HUMPHREY, J.W. BOWYER (1961); R.C. RADCLIFFE (1982); T.M. RYAN (1978); H. SAUVAIN (1967); K. SOKOLOFF (1978).

stellt; fraglich ist nur, ob dieses Ziel realistischerweise erreicht werden kann. Diese Frage muß aufgrund der sowohl in methodischer als auch datenmäßiger Hinsicht lückenhaften und wenig eindeutigen Ausgangslage verneint werden.

Ein Beispiel aus der **Portfolio-Selection-Theorie** mag verdeutlichen, worum es im Kern geht. Aufgrund der Kursentwicklung und Dividendenzahlungen verschiedener Aktien während der letzten zehn Jahre lassen sich mit viel Rechenaufwand **effiziente Portefeuilles** ermitteln. Das sind solche, die im Hinblick auf die jeweilige Ertrag-Riskio-Kombination optimal sind. Unter Zuhilfenahme einer **investorspezifischen Präferenzfunktion** kann dann das für den jeweiligen Investor optimale Portefeuille bestimmt werden. Streng genommen muß das Portefeuille von Periode zu Periode - d.h. im Falle von Aktien: von Tag zu Tag! - neu optimiert werden. Das Optimierungsstreben zwingt zu ständigen Umstrukturierungen des Portefeuilles. Dies ist allein schon unter dem Blickwinkel der nicht unbeträchtlichen **Transaktionskosten** (Maklergebühr, Bankprovision, Börsenumsatzsteuer etc.) eine völlig unrealistische operative Vorgabe.

Aber auch die laufende Portefeuille-Überwachung sowie die ständige Wiederholung der aufwendigen Optimierungsprozedur bringt in der Praxis unerträgliche Belastungen mit sich. Hinzu kommt das kontroverse und vom einzelnen Anleger wohl kaum befriedigend zu lösende Problem der Bestimmung von **Präferenzfunktionen**.[23] Daß sich solche Funktionen unter dem Eindruck des Börsengeschehens mehr oder weniger stark verändern, dürfte kaum ernsthaft bestritten werden, nur: Wie hat man sich eine **dynamische Theorie subjektiver Präferenzstrukturen** vorzustellen?

Demgegenüber optimiert das MAM nicht ganze Portefeuilles, was die Klärung der schwer durchschaubaren Zusammenhänge zwischen einzelnen Anlageobjekten voraussetzt, sondern klassifiziert einzelne Anlagen als aussichtsreich bzw. nicht aussichtsreich. Zu dieser **binären Entscheidung** gelangt man vergleichsweise zügig und kostensparend, wenngleich der Rechenaufwand noch immer beträchtlich ist. Zu beachten ist aber, daß aufgrund des oben skizzierten **Prinzips**

23) Vergleiche hierzu z.B. K.-W. HANSMANN (1980), S. 20ff. und S. 129f.

der Schwellen- und Bandbreitenprognose der Rechenvorgang nicht in jeder Periode aufs neue durchgeführt werden muß. Es genügt zu prüfen, ob z.B. der Kurs einer Aktie weiterhin innerhalb der einschlägigen Toleranz liegt. Da sich diese Toleranz zumindest kurzfristig kaum nennenswert ändert, ist im allgemeinen schnell entschieden, ob eine Prognose revidiert werden muß oder nicht.

Nun ist es freilich so, daß ein Anleger in der Regel nicht alle als aussichtsreich klassifizierten Investitionsmöglichkeiten wahrnehmen kann. Was im Portfolio-Selektionsmodell die Nutzenfunktion erledigt, nämlich das Treffen einer singulären Wahlentscheidung, bewirkt im MAM eine Reihe **objektiver Marktindikatoren**, die je nach Neigung und Temperament des Anlegers einzeln oder sukzessive für eine schärfere Selektion herangezogen werden können. Wichtig hierbei ist, daß der Selektionsmechanismus in jeder Phase transparent bleibt. Nicht nebulöse Nutzenfunktionen, sondern konkret definierte Marktfaktoren dienen als Auswahlkriterium.

Das MAM ist ein **Diagnose- und Prognosemodell auf zeitreihenanalytischer Grundlage**. Hierdurch wird die **kausaltheoretische Frage** - zumindest vorläufig - in den Hintergrund geschoben. Das Hauptinteresse gilt der Faktizität einer ökonomischen Erscheinung, nicht ihrer Rückführung auf andere ökonomische Erscheinungen. Insoweit ist das MAM als **normativ** einzustufen, denn es enthält **Entscheidungsregeln** und konkretisiert empfehlenswerte und weniger empfehlenswerte **Handlungsalternativen** auf Vermögensmärkten.

Vermögensbildung hat zumindest zwei wesentliche Aspekte, nämlich **das Niveau und die Struktur der Vermögensbildung**. Die realisierten Ersparnisse pro Periode bestimmen das Niveau der Vermögensbildung in dieser Periode. Gleichzeitig mit dem Entschluß, Vermögen zu bilden, muß auch ein Entschluß über die Formen der Vermögensbildung, also über deren Struktur, getroffen werden. Das Gesamtvermögen eines Wirtschaftssubjekts wird **Portefeuille** genannt. Die **Portfoliotheorie** beschäftigt sich hauptsächlich mit der optimalen Struktur von Portefeuilles.

In der Regel ist der **Vermögensbestand eines Wirtschaftssubjekts nicht homogen**, sondern setzt sich aus verschiedenen Vermögensteilen zusammen. Hierfür gibt es rationale Gründe: Durch geschickte

Strukturierung des Portefeuilles, d.h. durch kluge Wahl der Vermögensbestandteile, läßt sich das **globale Vermögensrisiko** senken. Daraus folgt zweierlei: Erstens wird ein risikoscheuer Anleger sein Vermögen risikominimierend strukturieren. Zweitens ist für ihn das absolute Risiko eines Vermögensobjekts von untergeordnetem Interesse, da es auf den Risikobeitrag dieses Vermögensobjekts zum gesamten Portefeuillerisiko ankommt.

In bahnbrechenden Arbeiten haben H.M. MARKOWITZ (1952;1959) und J. TOBIN (1958) die Grundlagen der modernen **mikroökonomischen Portfoliotheorie** entwickelt.[24] Im Zentrum der portfoliotheoretischen Diskussion stehen die Begriffe **Ertrag** und **Risiko**. Der **Ertragsbegriff** ist hierbei der unproblematischere: Vermögenserträge werden gemeinhin definiert als Zahlungen (z.B. Dividenden, Mieten, Zinsen), die aus dem Vermögen geleistet werden zuzüglich Wertänderungen (z.B. Kursgewinne/Kursverluste).[25]

Der Zusammenhang zwischen dem Ertrag eines einzelnen Vermögensobjekts und dem gesamten Portefeuilleertrag ist überdies sehr einfach. Der (erwartete) Ertrag eines Vermögensobjekts stimmt mit dessen Beitrag zum (erwarteten) Portefeuilleertrag überein:[26]

$$E_P = \Sigma x_i E_i \, , \; i = 1...n$$

Es bedeuten: E_P = erwarteter Portefeuille-Ertrag; x_i = Anteil (Gewicht) des Vermögensobjekts i am (im) Gesamtportefeuille; E_i = erwarteter Ertrag des Vermögensobjekts i; n = Zahl der Vermögensobjekte.

Mithin kann man den erwarteten Portefeuilleertrag als gewogenen Durchschnitt der artspezifischen Vermögenserträge auffassen. Eine denkbare - wenngleich gänzlich untypische und zugleich irrationale - Anlagestrategie könnte darin bestehen, alles auf eine Karte zu setzen, indem ausschließlich das Vermögensobjekt mit der höchsten Ertragserwartung gewählt wird. Der Grund für die Suboptimalität einer solchen einseitigen Anlagestrategie liegt in dem komplexen

24) Als vertiefende Literatur seien genannt: M.E. BLUME (1970); K. COHEN, J. POGUE (1967); U. HIELSCHER (1969); B.A. WALLINGFORD (1967).
25) Vgl. z.B. E.F. FAMA (1976), S. 12.
26) Vgl. W.F. SHARPE (1985), S. 121.

Zusammenhang, der zwischen einem spezifischen Vermögensrisiko und dem Portefeuillerisiko besteht.

Im Falle der **realistischen Annahme unvollkommener Information** hat man es mit **Risiko und Unwissenheit** zu tun, d.h. mit **Entscheidungen unter Unsicherheit**. In Anlehnung an die von F.H. KNIGHT (1921) vorgeschlagene Klassifizierung haben sich folgende Präzisierungen des **Risikobegriffs** eingebürgert:[27]

(1) Von Risiko spricht man, wenn der Entscheidende hinsichtlich zukünftiger Umweltzustände subjektive Wahrscheinlichkeiten angeben kann. Das Risiko ist meßbar im Sinne einer subjektiven Wahrscheinlichkeitskennziffer.

(2) Eine Verschärfung des Meßbarkeitskriteriums und daher eine engere Fassung des Risikobegriffs wird durch Rückgriff auf objektive (statistische) Wahrscheinlichkeiten erreicht. Der Entscheidende kann also, aufgrund der empirischen Untersuchung von Häufigkeiten, auf Wahrscheinlichkeitsverteilungen zurückgreifen.

(3) Verlangt man schließlich noch, daß dem Entscheidenden die objektive Wahrscheinlichkeitsverteilung als sicher bekannt ist, dürfen also über die Wahrscheinlichkeitsverteilung selbst nicht wieder Wahrscheinlichkeitsvorstellungen existieren, so erhält man eine besonders enge Fassung des Risikobegriffs.

Für welchen Risikobegriff man sich auch entscheidet, der jeweils nicht abgedeckte Bereich der Unsicherheit heißt **"Ungewißheit"**. Hebt man weniger auf die Meßbarkeit, sondern vielmehr auf den Entscheidungsbezug der Ungewißheit ab[28], so läßt sich Risiko allgemein als die Gefahr des Mißlingens oder als die Gefahr von Fehlentscheidungen umschreiben. Ausschlaggebend für die Unterscheidung zwischen Risiko und Ungewißheit ist die jeweilige Phase des Entscheidungsprozesses. Das Risiko setzt eine Realisation der Entscheidung voraus, während die "Ungewißheit demgegenüber auf den planerischen oder praedezisionalen Bereich bezogen wird" (W. MAG, loc. cit., 480).

27) Vgl. W. MAG (1981), S. 479.
28) Vgl. W. MAG (1981), S. 479f. und vertiefend W. WITTMANN (1959;1973).

Bezogen auf das **Portfolioentscheidungsproblem** bedarf der **Risikobegriff** einer zusätzlichen, spezifischen Präzisierung. Der Anleger ist bemüht, sowohl die Wahrscheinlichkeit eines künftigen Ereignisses als auch dessen quantitative Bedeutung abzuschätzen. In der Portfoliotheorie haben sich hierfür **zwei globale Risikomaße** durchgesetzt, und zwar die **durchschnittliche absolute Abweichung** bzw. die **Standardabweichung**[29]; letztere wird überwiegend verwendet.

Nachdem die Frage geklärt ist, was Risiko ist und wie es gemessen wird, muß noch geklärt werden, warum sich das objektspezifische Risiko nicht einfach auf das Portfoliorisiko übertragen läßt. Konkret gefragt, warum schlägt das spezifische Risiko z.B. einer bestimmten Aktie in verschieden strukturierten Portefeuilles ganz unterschiedlich durch?

Diese auf den ersten Blick verblüffenden Ergebnisse sind das "Geheimnis" der **Diversifikation**. Dahinter verbirgt sich freilich eine sehr einfache Erklärung: Verschiedene Anlageobjekte unterliegen mehr oder weniger stark verschiedenen Risikofaktoren, die eine Divergenz der verschiedenen Risiken bewirken. Wenn aber verschiedene Risikoobjekte prinzipiell verschiedenen Risikofaktoren ausgesetzt sind, besteht zumindest theoretisch die Möglichkeit, daß sich spezifische Risiken gegenseitig neutralisieren können.

Fast schon trivial ist der Risiko-*trade off* zwischen Sach- und Finanzanlagen: Während Sachwerte von der Inflation im Durchschnitt profitieren dürften, sind umgekehrt Finanzwerte in der Regel durch die Inflation benachteiligt. Ein weiteres Beispiel ist der lange Zeit beobachtete inverse Verlauf der Gold- und US-Dollar-Notierungen: Fallende Goldpreise pflegten in stabiler Regelmäßigkeit mit steigenden Dollar-Wechselkursen einherzugehen (und umgekehrt).

Statistisch wird der Risikogleichlauf bzw. Risiko-*trade-off* durch die **Kovarianz spezifischer Vermögenserträge** gemessen. Dividiert man diese durch das Produkt der spezifischen Standardabweichungen, so erhält man den **Korrelationskoeffizienten als globales Maß für den Risikozusammenhang** zweier Anlageobjekte:

29) Vgl. hierzu W. F. SHARPE (1985), S. 122ff.

$$Cov_{ij} = corr_{ij}\sigma_i\sigma_j$$
$$corr_{ij} = Cov_{ij}/\sigma_i\sigma_j$$

Es bedeuten: Cov_{ij} = Kovarianz zwischen dem Ertrag des Anlageobjekts i und dem Ertrag des Anlageobjekts j; $corr_{ij}$ = Korrelation zwischen dem Ertrag des Anlageobjekts i und dem Ertrag des Anlageobjekts j (Korrelationskoeffizient); σ_i = Standardabweichung des Ertrags des Anlageobjekts i; σ_j = Standardabweichung des Ertrags des Anlageobjekts j.

Wie sich zeigen läßt[30)], kann der Zusammenhang zwischen der Varianz (quadrierte Standardabweichung) des Portefeuilleertrags und den objektspezifischen Varianzen im Falle zweier Anlageobjekte wie folgt dargestellt werden:

$$V_P = x_1^2 V_1 + 2x_1 x_2 Cov_{12} + x_2^2 V_2$$

Es bedeuten: V_P = Varianz des Portefeuilleertrags; V_1 = Ertragsvarianz des Anlageobjekts 1; V_2 = Ertragsvarianz des Anlageobjekts 2; Cov_{12} = Kovarianz der Erträge der Anlageobjekte 1 und 2; x_1 = wertmäßiger Anteil des Anlageobjekts 1 am Gesamtportefeuille; x_2 = wertmäßiger Anteil des Anlageobjekts 2 am Gesamtportefeuille.

Im Falle von n>2 Anlageobjekten lautet die entsprechende Formel:[31)]

$$V_P = \Sigma\Sigma x_i x_j Cov_{ij}, \ i = 1...n; \ j = 1...n$$

Man überzeugt sich leicht, daß dieses Rechenproblem schnell in Dimensionen hineinwächst, die selbst für Großrechenanlagen Kapazitätsprobleme bringen können. Zu berechnen sind n Varianzen und n^2-n Kovarianzen. Im Falle n=100 sind dies 100 Varianzen und 9900 Kovarianzen. Ein international operierender Anleger sieht sich jedoch mehreren tausend Aktien gegenüber, von anderen Anlageformen ganz abgesehen. Bei "nur" 1000 Anlageobjekten steigt die Zahl der

30) Vgl. z.B. E.F. FAMA (1976), S. 41ff; W.F. SHARPE (1985), S. 129f.
31) Eine ausführliche Herleitung findet sich z.B. bei J.C. FRANCIS (1980), S. 751ff.

zu berechnenden Kovarianzen bereits auf 10^6-1000. Auch W.F. SHARPE (1985,130) bezeichnet dieses Rechenproblem als "rather formidable".[32]

Der praktische Wert des an sich durchaus einleuchtenden und im Kern richtigen **Markowitz'schen Diversifikationskriteriums** ist daher gering. Von kaum einem Anleger kann man erwarten, daß er solche umfangreichen Berechnungen regelmäßig durchführt. Streng genommen müßten diese Berechnungen börsentäglich neu erfolgen, um einen möglichst hohen Aktualitätsgrad sicherzustellen. Allein das Datenbeschaffungsproblem dürfte für die meisten Anleger weder technisch-organisatorisch noch finanziell tragbar sein.[33]

Wie in der Portfolio-Literatur ausführlich beschrieben wird, tastet sich der Anleger in einem mehrstufigen Verfahren an das für ihn optimale Portefeuille heran:[34] Auf der ersten Stufe werden realisierbare und nicht realisierbare Portefeuilles voneinander getrennt (Bestimmung des *opportunity set*). Auf der zweiten Stufe werden aus den realisierbaren Portefeuilles die effizienten herausgefiltert (Bestimmung des *efficient set*). Auf der dritten Stufe wird aus den effizienten Portefeuilles das optimale ausgewählt.

Der **Markowitz/Tobin-Ansatz der mikroökonomischen Portfoliotheorie** stellt zwar einen schlüssigen konzeptionellen Rahmen für die Analyse von Portfolioentscheidungen dar. In praktischer Hinsicht ist er jedoch nur sehr eingeschränkt nutzbar. Auf die gewählten Ertrags- und Risikomaße mag man sich noch verständigen. In bezug auf die zu unterstellende angemessene Nutzenfunktion hingegen gibt es bereits reichlich Spielraum für Dissens.[35]

32) E.J. ELTON, M.J. GRUBER und M. PADBERG (1976) haben zwar ein inzwischen noch verfeinertes Verfahren entwickelt, mit dessn Hilfe sich der Rechenaufwand erheblich reduzieren läßt. Dieser auf dem *Single-Index*-Prinzip beruhende Algorithmus verwischt die aktienspezifischen Unterschiede allerdings so massiv, daß der Realitätsverlust gravierend ist. Vergleiche hierzu auch M. DZIEDZINA (1987), S. 112ff.
33) Bezüglich weiterer Spezifika des Markowitz'schen Portfolio-Ansatzes wird auf die einschlägige Literatur verwiesen werden, z.B. W.F. SHARPE (1985), S. 130ff.
34) Vgl. W.F. SHARPE (1985), S. 140ff.
35) Wegen eines Überblicks vgl. z.B. K.-W. HANSMANN (1980), S. 20ff.

Das **markttechnische Analysemodell** sieht seine Hauptaufgabe nicht darin, komplexe Wahlprobleme entscheidungslogisch zu strukturieren (unter Inkaufnahme weitgehenden Realitätsverlustes). Vielmehr modelliert das MAM die Entscheidungssituation so, wie sie von Entscheidenden vermutlich gesehen wird und wie er sie zu meistern sucht. Gleichzeitig wird der kaum erfüllbare Anspruch portfoliotheoretischer Entscheidungsmodelle aufgegeben, aus einer beliebig großen Zahl von Anlagealternativen die optimale auszuwählen.

Anstelle einer solchen **verabsolutierten Optimalitätsvorstellung**, die nicht als praxisgerecht gelten kann, vertritt das MAM die Auffassung, daß (zumindest vorläufig) eine **binäre Selektion** völlig ausreicht. Das heißt, ein Anleger trennt sämtliche Anlageobjekte in einem **ersten Schritt** in lohnende und nicht lohnende Objekte. Als Unterscheidungskriterien werden gleichfalls Ertragserwartung und Risiko verwendet, allerdings in einer zugleich schärferen und weicheren Fassung. Es erscheint nämlich wenig sinnvoll, die Ertragserwartung kurzerhand mit den in der Vergangenheit durchschnittlich erzielten Erträgen und das Risiko mit der bislang beobachteten Streuung gleichzusetzen. So ist z.B. fraglich, ob in der Vergangenheit durchschnittlich ausgeschüttete Dividenden auch in Zukunft (durchschnittlich) gezahlt werden. Das auch vom MAM übernommene streuungsorientierte Risikoprinzip läßt sich insoweit präzisieren, als mit Hilfe einer Identifikation von Auf- und Abschwungphasen die Streuung jeweils nur "einseitig" relevant ist. Befindet sich z.B. eine Aktie im Aufschwung, besteht die Gefahr einer Streuung "nach unten" solange nicht, wie der Kurs eine kritische Schwelle nicht unterschreitet (**Schwellenprinzip**).

Hat der Anleger die Trennung von Anlageobjekten in "lohnend" und "nicht lohnend" vollzogen, muß er auf der **zweiten Stufe** die Selektion weiter vorantreiben, da er im allgemeinen nicht sämtliche lohnenden Investments wahrnehmen kann. An die Stelle des eleganten, aber unpraktikablen *"efficient -set"*-Gedankens der Portfoliotheorie tritt im MAM ein Ordnungsprinzip, das alle Objekte aufgrund spezifischer Eigenschaften in eine Rangfolge bringt.

Diese Eigenschaften sind so definiert, daß sie für den Anleger nachvollziehbar und verständlich sind. Sie werden durch verschiedene Indikatoren, wie z.B. Trend-, Momentum- und Volatilitätsindikatoren gemessen. Der Anleger kann auf die aufwendige Ermittlung bisher bestandener Korrelationen zwischen den Ertragsentwicklungen verschiedener Anlageobjekte verzichten. Damit vermeidet er auch die problematische Annahme, die Ertrag-Risiko-Zusammenhänge zwischen Anlageobjekten blieben im Zeitablauf (mehr oder weniger) konstant.[36]

Vom Anleger wird also nicht erwartet, daß er, bevor er eine Entscheidung trifft, sämtliche (für ihn relevanten) Anlagealternativen zu einem gigantischen Netz zusammenfügt. Er muß lediglich, nachdem er die lohnenden, d.h. eine Aufschwungphase durchlaufenden Anlageobjekte ermittelt hat, durch zusätzliche Selektionskriterien die einzelnen Anlageobjekte näher qualifizieren.

Auf diese Weise hat man die **dritte Stufe** des Entscheidungsprozesses erreicht: Welche Selektionskriterien ein Anleger zur näheren Qualifizierung von Anlagealternativen heranziehen möchte, ist allein nach objektiven Gesichtspunkten nicht zu bestimmen. Hier kommen subjektive Momente ins Spiel, die sich im Kern nicht wesentlich unterscheiden von der Aufgabe, die die Nutzenfunktion im Portfoliomodell erfüllt. Hier wie dort dürfte der Anleger bald überfordert sein, eine rigorosen Optimalitätsvorstellungen gerecht werdende Wahl zu treffen.

Deshalb sind Zweifel angebracht, ob diese dritte und für den **Optimalitätsanspruch** letztlich entscheidende Stufe des Entscheidungsprozesses überhaupt sinnvoll implementiert werden kann. Als Ausweg bietet sich entweder an, die Auswahl "irgendwie", also unter Zuhilfenahme irgendwelcher, dem Anleger im Zeitpunkt der Entscheidung relevant erscheinender Indikatoren zu treffen. Der Nachteil dieses Verfahrens besteht in seinem Mangel an Rigorosität und Nachprüfbarkeit; der Entscheidungsprozeß bleibt, zumindest in seiner ausschlaggebenden Phase, im Dunkeln. Trotzdem dürften in der Realität gerade so, und nicht etwa nüchtern und rigoros abwägend, Entscheidungen getroffen werden.

36) Es wäre nicht schwierig, die Fälschlichkeit dieser Annahme zu dokumentieren. Z.B. hat der schon erwähnte inverse Zusammenhang zwischen Goldpreis und US-$ Ende der 70-er/Anfang der 80-er Jahre bestanden, später hingegen nicht mehr.

Der andere, sowohl vom wissenschaftlichen als auch vom praktischen Standpunkt aus befriedigendere Weg dürfte in der **Konzeption klar definierter strategisch-taktischer Entscheidungsregeln** liegen. Zumindest in bezug auf **professionelle Anleger** kann unterstellt werden, daß sie bewußt oder unbewußt einer mehr oder weniger klar umrissenen strategisch-taktischen Konzeption folgen. Es ist im Grunde paradox anzunehmen, daß ausgerechnet im Bereich von Anlageentscheidungen kein Bedürfnis nach organisatorischer Reglementierung von Entscheidungsprozessen existieren soll. Den impulsiven, völlig konzeptionslosen Anleger mag es zwar geben, doch dürfte er nicht typisch für die Anlegergemeinschaft sein.

Dies bedeutet freilich nicht, daß die Mehrzahl der Anleger völlig emotionslos und strikt regelgebunden entscheidet. Die Dramatik des Marktgeschehens bringt es erfahrungsgemäß allzu häufig mit sich, daß selbst "eherne" Anlagegrundsätze im Ernstfall über Bord geworfen werden. Der "Crash" der Weltbörsen vom Oktober 1987 hat eindrucksvoll belegt, wie schnell nüchterner Kalkül im Ernstfall in heillose Panik umschlagen kann. Es kann aber nicht das Ziel eines Entscheidungsmodells sein, das **Entscheidungschaos** zu modellieren, sondern Ziel muß sein das Aufzeigen einer in sich schlüssigen und konsequenten Entscheidungsstruktur.

Zusammenfassend kann festgehalten werden, daß die mikroökonomische Portfoliotheorie sowohl im Hinblick auf die verwendeten Schlüsselgrößen (Ertrag und Risiko) als auch im Hinblick auf ihre entscheidungslogische Struktur für die Konstruktion des markttechnischen Analysemodells richtungweisend gewesen ist. Entsprechend der pragmatischen Ausrichtung des MAM mußten die portfoliotheoretischen Grundlagen allerdings praxis- und anwendungsgerecht umgearbeitet werden. Dies führte, wie in anderen Bereichen auch, zu einem gewissen Verlust an Eleganz und Rigorosität, der im Vergleich zu dem erzielten Gewinn an Praktikabilität aber kaum ins Gewicht fällt, zumal der theoretische Grundkonsens unangetastet geblieben ist.

The greatest gift of all gifts
is the power to estimate things
at their true worth.

La Rochefaucauld
Reflections on
sentences et maximes
morales

2.4 Abgrenzung gegenüber dem capital asset pricing model

Die **(mikroökonomische) Portfoliotheorie** ist durch die *capital-asset-pricing*-Modelle zu einer **(makroökonomischen) Kapitalmarktgleichgewichtstheorie** weiterentwickelt worden. Es existieren mehrere Varianten des Kapitalmarktgleichgewichtsmodells (***capital asset pricing model***, CAPM), die auf die grundlegenden Arbeiten von W.F. SHARPE (1964), J. LINTNER (1965a,b) und J. MOSSIN (1966) zurückgehen.

Die Prämissen des ursprünglichen CAPM sind äußerst restriktiv[2]. Hierdurch soll die Komplexität des Kapitalmarktgeschehens auf seine wesentlichen Elemente reduziert werden[3]. Was aber sind die "wesentlichen Elemente" der Anlageentscheidung? Hierüber kann es beträchtliche Meinungsverschiedenheiten geben. Nach Auffassung SHARPEs (1985,148) sind im Vergleich zu der professionellen Meinung, die sich am Markt durchsetzt, die vielfältigen Meinungsunterschiede einzelner Anleger unerheblich, zumal sie sich in ihrer Gesamtwirkung weitgehend aufheben dürften. Diese **dominante Meinung der professionellen Anlegergemeinschaft** werde durch das CAPM angemessen wiedergegeben.

1) Als früher "Vordenker" der modernen Kapitalmarkttheorie gilt gemeinhin L. BACHELIER (1900). Eine breite Orientierung bieten J.H. LORIE, M.T. HAMILTON (1973); B. RUDOLPH (1979). Wegen einer ausführlichen Kritik der Testfähigkeit der *capital asset pricing theory* vgl. R. ROLL (1977). ROLL hält die Kapitalmarktgleichgewichtstheorie für grundsätzlich nicht testfähig; er legt außerdem dar, weshalb dieser gravierende Mangel auch künftig nicht zu beheben sein dürfte. Zur Vertiefung vgl. auch G. BUTTLER, W. HEINLEIN (1985) M.R. GIBBONS, W. FERSON (1985); N.GRESSIS, G.C. PHILIPPATOS, J. HAYYA (1976); R.F. STAMBAUGH (1982). Eine empirische Überprüfung für den deutschen Aktienmarkt wurde von W. REISS, F.W. MÜHLBRADT (1979) durchgeführt. Einen guten Überblick bietet R.H. SCHMIDT (1976a).

2) Vgl. E.F. FAMA (1976), S. 63ff.

3) Vgl. hierzu W.F. SHARPE (1985), S. 146f.

Was nun sagt das CAPM im Kern über den Anlageentscheidungsprozeß aus? Zunächst greift das CAPM das bereits aus der **mikroökonomischen Portfoliotheorie** geläufige Ergebnis auf,[4] wonach aus der Sicht der Anleger eine gleichgerichtete Beziehung zwischen Ertrag und Risiko einer Anlage besteht. Ein Anleger ist also zu einer riskanteren Anlage nur bereit, wenn er als Ausgleich für das höhere Anlagerisiko mit einem höheren Anlageertrag rechnen kann. Um den **Diversifikationsvorteil** zu nutzen, wird der Anleger grundsätzlich mehrere Anlageobjekte gleichzeitig halten.

Einen Grenzfall dieses **Portefeuille-Diversifikationsprinzips** stellt der Fall dar, in dem ein Anleger überhaupt kein Risiko tragen möchte. Daher wird er nur die risikolose Anlageform wählen. Im CAPM sind das Schuldverschreibungen, die den risikolosen Ertrag R_f abwerfen. Ein anderer Sonderfall liegt vor, wenn ein Anleger ein Fragment des sog. **Marktportefeuilles** hält. Dieses ist definiert als die (gewichtete) Wertsumme aller Vermögensgegenstände einer Volkswirtschaft. Ein Anleger, der "in das Marktportefeuille investiert", dupliziert also gewissermaßen im Kern das volkswirtschaftliche Gesamtvermögen, und zwar unter strikter Beachtung seiner strukturellen Gewichte.

Freilich existieren keine verläßlichen Zahlen, die über **Niveau und Struktur des Marktportefeuilles** zu jedem Zeitpunkt informieren. Man behilft sich daher auf zweierlei Weise, indem man erstens Teile des volkswirtschaftlichen Vermögens, wie Immobilien, Schmuck, Antiquitäten, zumeist auch festverzinsliche Wertpapiere aus der Betrachtung ausschließt und nur den kapitalisierten Börsenwert von Aktiengesellschaften berücksichtigt, dessen Niveau und Struktur man zweitens durch einen als repräsentativ geltenden Aktienindex zu approximieren sucht.

Entschließt sich nun ein Anleger für das Marktportefeuille, d.h., für ein fragmentarisches Duplikat hiervon, so kann er nicht mehr, wie im Falle der risikolosen Anlage, mit einem sicheren Ertrag rechnen. Vielmehr muß er sich mit der unsicheren Ertragserwartung E_m zufriedengeben, wobei das Risiko, gemessen durch die Standardabweichung historischer Erträge des Marktportefeuilles, S_m,

4) Vgl. hierzu weiter oben die Ausführungen über portfoliotheoretische Grundlagen (Abschnitt 2.2.5.3).

einen positiven Wert annimmt. Nunmehr sind zwei - im Sinne der Portfoliotheorie effiziente - Portefeuilles durch ihre entsprechenden Ertrag-Risiko-Kombinationen identifiziert. Verbindet man diese in einem Ertrag-Risiko-Achsenkreuz, so entsteht eine Gerade, die als **Kapitalmarktlinie** bezeichnet wird[5]. Alle auf dieser Linie liegenden Portfolios lassen sich als Kombinationen aus dem risikolosen Portefeuille (mit Ertrag R_f und Risiko 0) und dem Marktportefeuille (mit Ertrag E_m und Risiko S_m) auffassen. Die **Steigung der Kapitalmarktlinie**, gemessen durch den Quotienten $(E_m-R_f)/(S_m-0)$, kann nun anschaulich als **Entschädigung für die Risikoübernahme** interpretiert werden. Die Steigung der Kapitalmarktlinie informiert über den **Preis des Risikos**.

Während in der mikroökonomischen Portfoliotheorie der Ertrag-Risiko-Zusammenhang zwischen einzelnen Anlageobjekten interessiert, geht es in der **Kapitalmarkttheorie** um die Ertrag-Risiko-Verknüpfung zwischen einzelnen Anlageobjekten einerseits und einem repräsentativen Portefeuille - zumeist dem sog. Marktportefeuille - andererseits. Dahinter steht die nicht abwegige Vorstellung, daß z.B. die Entwicklung einer bestimmten Aktie mehr oder weniger stark beeinflußt wird von der Entwicklung des gesamten Aktienmarktes. Als **Maß für die Gesamtmarktabhängigkeit** eines einzelnen Anlageobjekts hat der sog. **Beta-Faktor** weite Verbreitung gefunden;[6] er ist definiert als

$$\beta_{iP} = Cov_{iP}/V_P .$$

Hierbei bedeuten: β_{iP} = Betafaktor des Anlageobjekts i in bezug auf das Portefeuille P; Cov_{iP} = Kovarianz zwischen dem Anlageobjekt i und dem Portefeuille P; V_P = Varianz des Portefeuilles P.

β ist ein **Maß für das relative Risiko eines Anlageobjekts**, wobei "relativ" in doppeltem Sinne zu verstehen ist. Erstens wird die Ertragsvariabilität von i mit der Ertragsvariabilität von P verglichen (Cov_{iP}). Zweitens wird diese relative Variabilität auf die Varianz des Referenzportefeuilles (V_P) bezogen. Hierdurch eignet sich der β-Faktor zur Messung der Abhängigkeit der Er-

5) Vgl. hierzu W. F. SHARPE (1985), S. 153.
6) Im Rahmen seiner breit angelegten Kritik der CAPM-Tests kritisiert R. ROLL (1977) auch die Verwendung des Beta-Risikomaßes.

tragsentwicklung des Anlageobjekts i von der Ertragsentwicklung des Gesamtmarktes, β ist, wie es E.F. FAMA (1976,62) ausdrückt, das **Marktrisiko des Anlageobjekts i**.

Dieses Marktrisiko wird häufig auch als **"systematisches Risiko"** bezeichnet, weil es gewissermaßen immun gegenüber allen Diversifikationsanstrengungen ist. Im Gegensatz zum **"unsystematischen Risiko"**, das hinwegdiversifiziert werden kann, läßt sich das systematische Risiko nicht ausschalten. Deshalb verlangt der Anleger als Entgelt für die Übernahme des systematischen Risikos eine Risikoprämie. Dem unsystematischen Risiko hingegen ist der Anleger nicht machtlos ausgeliefert; durch geschickte Diversifikationsstrategie kann er es, zumindest weitgehend, ausschalten. Deshalb bietet der Markt für diese Risikoart auch keine Entschädigung an.[7)]

Während der β-Faktor die Abhängigkeit der Ertragsentwicklung eines bestimmten Anlageobjekts von der Ertragsentwicklung des Gesamtmarktes mißt, sind die Quellen des unsystematischen Risikos im spezifischen Umfeld des betreffenden Anlageobjekts zu suchen; sie haben nichts mit dem Gesamtmarkt zu tun. Nach diesem **dualen Risikoansatz** hängt also z.B. die Ertragsentwicklung der Aktie i sowohl von der globalen Ertragsentwicklung aller Aktiengesellschaften ("*market wide factors*") als auch von gesellschaftsspezifischen Einflußfaktoren ("*company specific factors*") ab.[8)]

Der β-Faktor gibt an, um wieviel sich der (erwartete) Ertrag des Anlageobjekts i ändert, wenn sich der (erwartete) Ertrag des Marktportefeuilles ändert. Liegt der β-Faktor unter 1 (über 1), reagiert das betreffende Anlageobjekt auf Gesamtmarktänderungen unterdurchschnittlich (überdurchschnittlich). Aktien mit niedrigem β gelten daher als "defensiv", solche mit hohem β als "aggressiv".

Unter der **realistischen Annahme möglicher Kreditbeschaffung und Kreditgewährung** hat ein Anleger stets die Wahl zwischen einem völlig risikolosen Portefeuille, einem bestimmten riskanten Portefeuille oder einer beliebigen Linearkombination dieser beiden Por-

7) Zum Einfluß von Markt- und Branchenfaktoren auf die Aktienkursbildung vgl. auch S.L. MEYERS (1973).
8) Vgl. E.F. FAMA (1976), S. 76f.; W.F. SHARPE (1985), S. 165ff.

tefeuilles. Das *"optimum optimorum"* muß jeder Anleger auf dieser positiv ansteigenden Geraden im Ertrag-Risiko-Achsenkreuz suchen, und zwar unter Zuhilfenahme seiner **individuellen Präferenzstruktur.**[9)]

Überträgt man diese Gedanken auf den Kapitalmarkt, auf dem die Wahl zwischen einer risikolosen Anlage und dem repräsentativen, alle Anlageobjekte umfassenden Marktportefeuille zur Diskussion steht, so erhält man, wie oben ausgeführt, die **Kapitalmarkt-Linie.** Von dieser gelangt man, unter Verwendung der inzwischen hergeleiteten β-Faktoren, zur ***"security market line"***[10)], auf welcher sämtliche Wertpapiere und Portefeuilles mit effizienten Ertrag-Risiko-Kombinationen abgetragen sind. Eines dieser effizienten Portefeuilles ist das Marktportefeuille M, das in bezug auf sich selbst einen β-Faktor von 1 aufweist.

Es liegt nahe, die ***"security market line"*** (SML) für Zwecke des praktischen Portfolio-Managements einzusetzen. Sind die β-Faktoren für die einzelnen Anlageobjekte bekannt, so kann man anhand der SML sofort erkennen, ob ein bestimmtes Anlageobjekt richtig, über- oder unterbewertet ist. Es bietet sich an, richtig bewertete Anlagen im Portefeuille zu belassen, also zu "halten", überbewertete Anlagen abzustoßen und unterbewertete Anlagen zu erwerben.

Der Schein trügt indes. Das CAPM ist zwar eine entscheidungslogisch präzis gefaßte Theorie, die durchaus den Anschein praktischer Einsatzbarkeit erweckt. Leider wird aber gerade diese Präzision dem CAPM zum Verhängnis, denn die komplexe Realität der Finanzmärkte läßt sich durch eine so simple Relation nicht dingfest machen. W.F. SHARPE (1985,162) meint hierzu lakonisch: "The original Capital Asset Pricing Model thus is *powerful* - it makes strong predictions. Powerful theories, if correct, are valuable, since they make strong statements about the world. On the other hand, they are more likely to be incorrect."

9) Die positive Steigung der Linie aller effizienten Kombinationen zwischen risikoloser und riskanter Anlage folgt aus der Annahme risikoscheuen Anlegerverhaltens.
10) Vgl. hierzu auch W.F. SHARPE (1985), S. 160ff. Kritisch: R. ROLL (1978).

Damit werden **Glanz und Elend der modernen Kapitalmarkttheorie** treffend beschrieben. Ganz im Einklang mit der langen Tradition der Nationalökonomie, vorzugsweise Gleichgewichtszustände zu analysieren, steht auch die Vorgehensweise der Kapitalmarkttheorie.[11] Auch wenn die Struktur der Finanzmärkte überaus rasche Anpassungen ermöglicht und somit die Vorstellung jederzeitigen Gleichgewichts gar nicht einmal so unrealistisch erscheint, muß betont werden, um welche Art von Gleichgewicht es sich hierbei eigentlich handelt: **Kapitalmarktgleichgewichte** sind momentane Gleichgewichte, die in kürzester Zeit überholt sein können, d.h., möglicherweise durch andere Gleichgewichte ersetzt werden.

Wer jedoch mit einem Gleichgewicht die Vorstellung des einigermaßen Dauerhaften verbindet, wird auf Finanzmärkten vergeblich nach Gleichgewichten suchen. Ein auf Mark und Pfennig fixierter Gleichgewichtspreis einer Aktie existiert nur einen einzigen Augenblick, z.B. im Zeitpunkt der Festsetzung des Kassakurses. Wem nützt also die theoretische Fixierung des Finanzmarktgeschehens auf Augenblicksgleichgewichte? Dem ratsuchenden Anleger gewiß nicht.[12]

Wie K.W. ROTHSCHILD (1981,104ff.) in einer glänzenden **Kritik des Gleichgewichtsparadigmas** treffend hervorhebt, weigern sich die Gleichgewichtstheoretiker, die Existenz von Unsicherheit wirklich ernsthaft anzuerkennen und hieraus die notwendigen Konsequenzen zu

11) Vgl. z.B. R.H. LITZENBERGER (1969).

12) Wir können daher der von R.H. SCHMIDT (1982,396) vertretenen Auffassung nicht folgen, der - zumindest auf aggregierter Ebene - dem von der Kapitalmarkttheorie vertretenen Gleichgewichtspostulat einige Sympathie entgegenbringt."Equilibrium is not only the *central theoretical concept* which make financial economics an empirical science, but it is also a *fact of life* - at least on the major world stock market." SCHMIDT konzediert allerdings, daß auf der Mikro-Ebene eine abweichende Einschätzung angezeigt sein mag: "For financial management, it is impossible to accept an `as-if representation', which may be quite innocuous in capital market theory." (loc.cit.404). Die Tatsache, daß es Finanzberatungsaktivitäten gibt, die es nach Auffassung der Kapitalmarktgleichgewichtstheorie nicht geben dürfte, veranlaßt SCHMIDT sogar zu der Bemerkung (loc.cit.405): "...this is a strong argument against the neoclassical world view and against the attempt to directly adapt neoclassical financial theory to problems of financial management." An den internationalen Devisenmärkten z.B. folgen "Marktgleichgewichte" in Sekunden-Abständen aufeinander. Eine eindrucksvolle Schilderung findet sich bei P. FISCHER-ERLACH (1986).

ziehen.[13] Um die Tragfähigkeit des Gleichgewichtsdenkens scheinbar zu retten, wird die Unsicherheit kurzerhand auf ihre "beherrschbare" Variante, das Risiko, reduziert, das sich in die Gleichgewichtswelt integrieren läßt, ohne daß diese hierdurch irgendwelchen Schaden leiden würde.

Paradoxerweise demonstrieren Neoklassiker und Keynesianer in dieser Frage ansonsten seltene Harmonie. Aufgrund der Gleichgewichtsphilie der Neoklassiker mag eine solche gleichgewichtsverträgliche Uminterpretation der Unsicherheit ja noch verständlich oder sogar konsequent erscheinen, aus keynesiansicher Sicht hingegen ist sie es gewiß nicht. Wer KEYNES' "General Theory", insbesondere Kapitel 12, aufmerksam liest, dem kann kaum verborgen bleiben, daß KEYNES nicht die kontrollierbare Unsicherheit, das "Risiko" im KNIGHT'schen Sinne, sondern die wissenschaftlich unbeherrschbare Unsicherheit als Wesenselement wirtschaftlicher Entscheidungen ansah. Es dreht sich um jene Unsicherheit, die J.M. KEYNES (1937,214) mit den simplen Worten umschrieb: "We simply do not know."

Warum die Wissenschaftsdynamik der Kapitalmarktgleichtstheorie zu der überragenden Rolle verholfen hat, die sie heute (noch) spielt, wäre gewiß eine gründliche Untersuchung wert. R. H. SCHMIDT (1983) hat in einem originellen Beitrag[14] zumindest soviel verdeutlicht, daß die "Finanztheorie"[15] eine zwangsläufige und unentbehrliche Station in einem langfristigen Forschungsprozeß darstellt, den er als vierphasig kennzeichnet. Auf die erste Phase der "Kunstlehre" und die zweite Phase der "Simultanplanung" folgt die hier thematisierte dritte Phase der "Gleichgewichtstheorie". Darauf folgt, so SCHMIDT, notwendigerweise eine vierte Phase, der er das Attribut "markttheoretisch-institutionalistisch" verleiht.

13) Wie R.H. SCHMIDT (1982,395) zutreffend bemerkt, wäre der Kapitalmarkttheorie die große Anerkennung wohl versagt geblieben, wenn sie den Gleichgewichtsaspekt nicht zum zentralen Anliegen erhoben hätte.
14) Den Hinweis verdanke ich Herrn Professor Dr. F.W. WAGNER, Universität Tübingen.
15) SCHMIDT verwendet diesen Begriff im weiten - amerikanischen - Sinne, so daß u.a. auchdie Finanzwirtschaftslehre und die Investitionstheorie inbegriffen sind (loc.cit.465).

SCHMIDT argumentiert, grob vereinfacht, so: Nachdem die erste Phase die isolierende Abstraktion auf die Spitze trieb und nur an - scheinbar - praktisch verwertbaren Anwendungsrezepten, nicht jedoch an deren funktionaler Begründung, interessiert war, betonte - gewissermaßen als Reaktion - die "Simultanplanung" die volle Komplexität finanzwirtschaftlicher Entscheidungsprozesse mit dem Ziel, bestehende Interdependenzen möglichst lückenlos zu erfassen. Vor diesem Hintergrund kann nicht überraschen, daß die Grenzen der Rechenhaftigkeit schnell erreicht wurden und zu im Prinzip konzeptionswidrigen Vereinfachungen zwangen. Hinzu kam, daß dieser Forschungsansatz "grob unvollkommene Finanzmärkte" (loc.cit.472) unterstellte, denn andernfalls hätte kein Bedarf an aufwendiger Simultanplanung bestanden.

Die übertriebene Betonung von Marktunvollkommenheiten ließ dann eine genau entgegengesetzte Marktvorstellung entstehen, nämlich die Vorstellung gleichgewichtiger Märkte, auf denen Informationen unverzüglich und korrekt verarbeitet werden. Komplizierte Individualplanung wurde überflüssig, denn der voll vertrauenswürdige Marktpreis lieferte die korrekte Entscheidungsgrundlage. SCHMIDT (loc.cit.477): "In der dritten Phase ist die Welt viel einfacher."

Die in der zweiten Phase kaum mehr beherrschbare Komplexität wird also in der dritten Phase durch simple Operationalität abgelöst. Dafür ist allerdings ein hoher Preis zu zahlen: "Die gewonnene Operationalität ist freilich nicht echt, da die Welt, wie sie die mit realen Problemen konfrontierten Praktiker sehen, sich wesentlich unterscheidet von der idealisierten Welt der Marktgleichgewichtstheorie... Die Theorie ist viel zu karg in der Beschreibung der realen Situationen, in denen Entscheidungen getroffen werden" (R.H. SCHMIDT,1983,481).

SCHMIDT beklagt zugleich - und damit weist er den Weg zur vierten Phase - die Ignorierung jeglicher Institutionen durch die Kapitalmarktgleichgewichtstheorie. Institutionen passen nicht in diese Theorie, denn wozu sollte man sie gebrauchen? Welche Dienste kann z.B. eine Bank noch anbieten, wenn doch der Markt über seinen Gleichgewichtspreis bereits alles Wissenswerte reflektiert? Gegen derlei Implikationen ist freilich größte Skepsis angebracht. "Praktiker wären schlecht beraten, wenn sie blind ... einer

Gleichgewichtstheorie glauben würden, in denen es die Institutionen - Banken, Bilanzen und Konkursrichter - nicht gibt und nicht geben dürfte... Daß Institutionen in der Realität anzutreffen sind, dürfte kaum als kurzfristige Ungleichgewichtssituation gelten. Vielmehr weist es nachdrücklich darauf hin, daß es zwischen der Theorie der dritten Phase und der Realität Differenzen gibt, die so gravierend sind, daß der Wert praxisbezogener Implikationen der Theorie in Zweifel gezogen werden muß" (loc.cit.482).

Welche Konsequenzen sind also zu ziehen? Weder der Simultanplanungsgedanke, der funktionsfähige Märkte ausschließt noch die *capital-asset-pricing*-Ansätze, in denen "Märkte als leistungsfähige Interdependenzauflöser und Problemlöser" (R.H. SCHMIDT,1983, 482) gelten, können in konzeptioneller und praktischer Hinsicht überzeugen. Der von SCHMIDT geforderte "Neoinstitutionalismus" soll die Kapitalmarktgleichgewichtstheorie wieder auf den Boden der Realität bringen, indem Marktversagen gruandsätzlich zugelassen wird. "Auch Marktversagen gehört zur Markttheorie ..." (loc.cit.483).

SCHMIDT erkennt folgerichtig, daß eine institutionalistisch erweiterte Markttheorie notwendigerweise an Aussagenschärfe einbüßt: "Eine Finanztheorie, die sich auf Marktversagen stützt, ist zwangsläufig offener, weil es vielfältige Formen und vielfältige Folgen des Marktversagens gibt. Gerade die Gleichgewichtstheorie lehrt, daß diese Offenheit vom Gegenstand bedingt ist. Man wird lernen müssen, mit dieser Offenheit zu leben, mit ihr vereinbarte Vorstellungen von Rationalität zu entwickeln und zu erkennen, daß auch Aussagen, die notwendigerweise nur weniger bestimmt sind, eine Hilfe für die betriebliche Praxis darstellen können" (loc.cit.486).

Treffender läßt sich der forschungsprogrammatische Anspruch des **markttechnischen Analysemodells** kaum beschreiben: Auch das MAM muß mit der vom Untersuchungsgegenstand erzwungenen "Offenheit" leben. Es praktiziert diese Offenheit einmal dadurch, daß es alternative und keine ausschließlichen Erklärungen des Marktgeschehens anbietet. Monotheoretische Erklärungsansprüche hält das MAM für grundsätzlich nicht erfüllbar. Zum zweiten praktiziert das MAM Offenheit dadurch, daß es zwar den konzeptionellen Analyserahmen, nicht jedoch dessen strukturelle Details von vornherein festlegt. Vielmehr werden die modellendogenen Strukturparameter in kurzen Intervallen überprüft und ggf. entsprechend der ständigen ***feedbacks*** aus der Empirie angepaßt. Und schließlich kommt "Offenheit" im MAM noch dadurch zum Ausdruck, daß seine diagnostischen und prognostischen Implikationen konsequent auf der Bandbreitenkonzeption fußen, denn "Aussagen sind notwendigerweise nur weniger bestimmt".

Für das **markttechnische Analysemodell** konnte das **Kapitalmarktgleichgewichtsmodell** somit nur in seiner Funktion als heuristische Zwischenstufe in einem bereits weiter fortgeschrittenen Erkenntnisprozeß von Bedeutung sein. Die CAP-Modelle idealisieren das Marktgeschehen eindrucksvoll und schlüssig; sie können insofern durchaus als erkenntisfördernd und grundlegend gelten. Für Prognosezwecke sind sie aber, auch in Gestalt ihrer vielfältigen Verbesserungen[16], nur sehr eingeschränkt einsetzbar, weil die sehr restriktiven Modellbedingungen in der Realität nur selten - und dann allenfalls kurzfristig - erfüllt sind.

Auch das CAPM steht im Spannungsfeld zwischen theoretischem und praktischem Anspruch. Der Konflikt ist letztlich nicht lösbar, man kann ihn nur einseitig entschärfen, entweder durch verstärkte Zugeständnisse an die theoretische Rigorosität oder aber an die wirklichkeitsgerechte Praktikabilität. Das MAM versucht einen Mittelweg: Die analytische Stringenz wird gewahrt bei gleichzeitiger Absenkung des Bestimmtheitsgrades der Aussage. Dies führt zwar zu "weicheren" Modellaussagen - W.F. SHARPE würde das Attribut *"less powerful"* verwenden, H. WOLD würde es ***"soft modeling"*** nennen - die aber den entscheidenden Vorteil haben, realistisch zu sein.

Realistischer und trotzdem keineswegs analytisch weniger exakt als die Konstrukte der CAP-Modelle ist z.B. die vom MAM aufgegriffene **Bandbreitenkonzeption**. An die Stelle einer Gleichgewichtslinie, wie sie im CAPM verwendet wird, tritt eine **Gleichgewichtszone**, innerhalb deren sich die Marktbewegung abspielt. Die Bandbreite wird aufgrund historischer Daten geschätzt. Insofern besteht Übereinstimmung mit dem CAPM, das die **β-Faktoren** in der Regel gleichfalls aus der historischen Entwicklung ableitet.[17] Während der Volati-

16) Vgl. hierzu z.B. F.W. SHARPE (1985), S. 173ff.
17) Vgl. W.F. SHARPE (1985), S. 170.

litätsfaktor des MAM aber ausschließlich auf die Preisentwicklung eines bestimmten Anlageobjekts bezug nimmt, greift der β-Faktor auf den mutmaßlichen Zusammenhang zwischen dem Gesamtmarkt und dem einzelnen Anlageobjekt zurück. Dieser Zusammenhang kann sich im Lauf der Zeit ändern, wodurch ein zusätzlicher Unsicherheitsfaktor ins Spiel gebracht wird.

Viel entscheidender ist aber etwas anderes: Das CAPM verlagert das Prognoseproblem vom einzelnen Anlageobjekt zum Gesamtmarkt: Wie sich das einzelne Anlageobjekt entwickelt, wird nach Maßgabe des β-Faktors von der Gesamtmarktentwicklung abhängig gemacht. Daher muß zunächst die Gesamtmarktentwicklung prognostiziert werden. Diese aber liegt außerhalb des Untersuchungsbereichs des CAPM. Demgegenüber führt das MAM zu Aussagen, die ohne jeglichen Rückgriff auf irgendwelche Meta-Größen, wie z.B. das ohnehin reichlich dubiose Gebilde "Gesamtmarkt", zustandekommen.[18]

Fazit: Das CAPM verdeutlicht bedeutsame Elemente des Kapitalmarktgeschehens. Der komplexen Realität der Finanzmärkte wird es jedoch nicht gerecht. Unter Modifizierung seiner Kernaussage - Finanzmärkte versuchen, den "richtigen" (gleichgewichtigen) Preis eines Anlageobjekts vorwiegend unter Ertrags- und Risikogesichtspunkten zu bestimmen - modelliert das MAM die Preisbildung auf Finanzmärkten durch die Einführung von Preiszonen. Durch dieses ***"soft modeling"*** werden die für die praktische Prognosearbeit und konkrete Entscheidungsfindung unerläßlichen Spielräume geschaffen, ohne gegen das Gebot analytischer Stringenz zu verstoßen.

2.5 Abgrenzung gegenüber der Effizienzmarkttheorie

Die moderne Theorie der Finanz- und Kapitalmärkte wird stark geprägt von einer Vorstellung, die gemeinhin als **Effizienzmarktthese** (*efficient market hypothesis*, EMH) bezeichnet wird. Im Kern beschäftigt sich die EMH mit der Frage, wie Informationen auf Märkten verbreitet werden. Von den Modalitäten des Informationsverarbeitungsprozesses hängt es ab, ob ein Markt "informationseffizient" ist oder nicht.

18) Wegen einer ausführlichen Kritik des *market-portfolio*-Konzepts vgl.z.B. R. Roll (1977).

Ein Markt gilt als informationseffizient, wenn die auf ihm gebildeten Preise stets sämtliche verfügbaren Informationen widerspiegeln. Die grundlegende Definition E.F. FAMAs (1970,383) lautet: "A market in which prices always 'fully reflect' available information is called 'efficient'."[19])

Ist ein Markt effizient in diesem Sinne, so hat dies weitreichende Konsequenzen. Für den Marktanalytiker bedeuten informationseffiziente Märkte, daß er aus der **Marktanalyse** - sei sie nun statistisch-markttechnischer oder kausalorientiert-fundamentaler Art - **keinerlei Vorteile** ziehen kann. Denn er muß davon ausgehen, daß Erkenntnisse, die er auf dem Weg der Analyse gewinnt, allen übrigen Marktteilnehmern bekannt sind.

Wenn aber alle Marktteilnehmer gleichzeitig über alle marktrelevanten Informationen verfügen, so wird es, zumindest nach der **Hypothese rationaler Erwartungen** (*rational expectations hypothesis*, REH)[20]), am Markt zu stets gleich gerichteten Aktivitäten kommen. Der Marktpreis ist also in jedem Zeitpunkt das Ergebnis sämtlicher verfügbarer Informationen. Es ist daher unmöglich, durch vermeintliche Informationsvorsprünge im Vergleich zu anderen Marktteilnehmern in den Genuß von Marktvorteilen zu gelangen.

Für die Wertpapiermärkte bedeutet dies konkret: Es ist unmöglich, aufgrund von Wertpapieranalyse falsch bewertete, also unter- oder überbewertete, Wertpapiere aufzuspüren und durch entsprechende Dispositionen (Käufe bzw. Verkäufe) in Erwartung einer alsbaldigen Anpassung des Marktes an die wahren Wertverhältnisse gewinnträchtige Preisdifferenzgeschäfte vorzunehmen.

Diese zwar originelle, in ihren Konsequenzen aber verheerende und deprimierende Effizienzmarkthypothese[21]) ist ohne die gleichzeitige Anerkennung der **Theorie rationaler Erwartungsbildung** freilich

19) Zum Problem der Operationalisierung des Effizienzbegriffs vgl. E.F. FAMA (1970), S. 384ff.
20) Einen guten Überblick vermitteln u.a. G.K. SHAW (1984) und R.J. SHILLER (1978).
21) Bei Gültigkeit der EMH müßten z.B. (fast) alle Wertpapier- und Finanzanalysten ihren Beruf verlieren, da ihre Tätigkeit überflüssig wäre.

nicht schlüssig. Die REH wurde Anfang der sechziger Jahre von J.F. MUTH (1961) in die Diskussion eingeführt. MUTH fordert die Modellierung eines objektivierten ("rationalen") Erwartungsbildungs- und Entscheidungsprozesses. Rationale Entscheidungen sind seiner Meinung nach sowohl system- als auch theoriegebunden. Dies bedeutet, daß Erwartungen wesentlich durch das gesamte Umfeld des Entscheidenden geprägt werden. Zu diesem Umfeld gehört aber auch der Stand der theoretischen Erkenntnis.

Deshalb folgert J.F. MUTH (1961,316) "that expectations, since they are informed predictions of future events, are essentially the same as the predictions of the relevant economic theory ..." Die Rationalität der Erwartungsbildung kommt insbesondere dadurch zur Geltung, daß Erwartungen nicht auf subjektive, sondern auf objektive, d.h. theoretische Grundlagen gestützt werden. Rationale Erwartungsbildung gewährleistet freilich keine einheitliche Erwartungsbildung; die Erwartungen "streuen" mehr oder weniger stark um die theoriegestützte Prognose.

Die REH paßt im Grunde gut in das Bild einer aufgeklärten, mündigen Gesellschaft, die bei ihren Entscheidungen ein Höchstmaß an Vernunft walten läßt. Es ist auch nicht zu bestreiten, daß eine vernunftgemäße ("rationale") Entscheidung die Beachtung wissenschaftlich anerkannter Fakten voraussetzt. Im naturwissenschaftlich-technischen Bereich werden sich ohne Zweifel alle Entscheidenden an die rationalen Spielregeln halten: Wer ein fahrendes Automobil zum Stehen bringen will, wird, aufgrund seiner Kenntnisse über das Funktionieren von Kraftfahrzeugen, nicht auf das Gaspedal, sondern auf die Bremse treten.

Sind aber die Kenntnisse über die "Funktionsweise" sozioökonomischer Gebilde ebenso gesichert? Kann man wirklich davon ausgehen, daß es gesicherte und allgemein anerkannte (Verhaltens-)Theorien im ökonomischen und sozialen Bereich gibt? Diese Frage kann, abgesehen von einigen wenigen Ausnahmen, wohl klar verneint werden.

Unter dem Effizienzmarktaspekt muß außerdem noch verlangt werden, daß rationale Entscheidungen alle verfügbaren Informationen berücksichtigen. Wenn aber nur rationale Entscheidungen getroffen werden, müssen alle Entscheidenden in jedem Zeitpunkt über sämtliche entscheidungsrelevanten Informationen verfügen, was selbst im Zeitalter der sog. Informationsgesellschaft eine utopische Vorstellung ist. Somit darf man vermuten, daß im Falle der REH die Kluft zwischen theoretischem Anspruch und Wirklichkeit besonders tief ist. N. KALDOR, J.TREVITHICK (1981,420) gehen sogar soweit, daß sie die REH in das Gebiet der Metaphysik verbannen wollen.

Selbst wenn man dies für übertrieben hält, kann nicht geleugnet werden, daß die Theorie der rationalen Erwartungsbildung den Realitätskontakt weitgehend verloren hat. Die sozioökonomische Realität ist einfach anders; sie ist zudem wesentlich komplizierter, als die REH zu suggerieren versucht. Die fast geniale Simplizität der REH mag manchen Theoretiker dazu verleitet haben, diese so griffige Zauberformel vorschnell zu übernehmen, mit der es scheinbar gelingt, überaus komplexe Zusammenhänge, wie sie z.B. das Finanzmarktgeschen bestimmen, zu entwirren.

Jeder Marktteilnehmer wird alle ihm bekannten Informationen, sofern sie für die künftige Preisbildung seiner Meinung nach von Bedeutung sind, "diskontieren", d.h., in seine momentane Wertbestimmungsrechnung einfließen lassen. Andererseits ist jedem Marktteilnehmer bewußt, daß in Zukunft Informationen auftauchen können, die eine Revision der momentanen Bewertung nahelegen. Mit dieser Ungewißheit über Art und Zeitpunkt des Auftretens weiterer entscheidungsrelevanter Informationen muß sich jeder Marktteilnehmer auf seine Weise auseinandersetzen. Daß dies alle in derselben Weise tun, ist ebenso unwahrscheinlich wie die Hypothese, auf einmal bekannt gewordene Informationen reagierten alle Marktteilnehmer gleich.

Ein Beispiel mag dies verdeutlichen: Im Jahre 1986 wurde bekannt, daß die Mannesmann AG plane, 6500 Arbeitsplätze abzubauen. Dies mag man als Marktbeobachter/Marktteilnehmer positiv oder auch negativ werten: Man mag darin einen mutigen, konsequenten und längst überfälligen Schritt zur strukturellen Anpassung von Problembereichen des Konzerns (Röhrengeschäft) erkennen; man mag dies aber auch als Indiz für eine krisenhafte Verschlechterung der Geschäftsaussichten des Konzerns werten.

Interessantes Anschauungsmaterial liefert auch die Kursreaktion verschiedener deutscher Versorgungswerte auf die Reaktorkatastrophe von Tschernobyl im April 1986. "Rational" wäre gewesen, wenn die Aktien der Versorgungsunternehmen mit hohem Kernkraftanteil (HEW, Isar Amper) vergleichsweise stark, die Aktien der Versorgungsunternhemen mit geringem oder gar keinem Kernkraftanteil (RWE, Bewag, Kraft Rheinfelden) hingegen vergleichsweise geringfügig oder überhaupt nicht unter Verkaufsdruck geraten wären. In Wirklichkeit hatten alle Energieversorger deutliche Kurseinbußen zu verzeichnen, eine nennenswerte Differenzierung, wie sie rationalem Verhalten entsprochen hätte, fand nicht statt. Es gibt offensichtlich zumindest keine **"relevant theory"** im MUTH'schen Sinne, die eine völlig eindeutige ("rationale") Umsetzung bestimmter Informationen zwingend nahelegt.

Bemerkenswert ist in diesem Zusammenhang, was G. ACKLEY (1983,6f.Fn.) zu der Fiktion des *"relevant model"* zu sagen hat: "Market participants differ in their conceptions of the appropriate model of long-run equilibrium, or receive conflicting information about factors affecting it. Indeed, in a world of constant change, few if any market participants may share the same model of equilibrium - or at best the same and 'correct' model. In these situations, most market participants may come to realize that there is no price other than the current one that has any better claim to being considered the equilibrium price."

Was genau unter Gleichgewicht zu verstehen ist, bleibt bei den Vertretern der REH insbesondere im Falle der Aktienmärkte weitgehend dunkel, was ACKLEY (1983,13) zu der Frage veranlaßt: "If there is no such concept of equilibrium share price level, how can there be a unique rational expectation of share prices?" Damit ist der Käufer bzw. Verkäufer auf Überlegungen darüber angewiesen, was wohl andere potentielle Anleger von einer bestimmten Aktie halten: "Is there a better description than the 'beauty constest' parable?", gibt ACKLEY (1983,13) unter Anspielung auf die berühmte Textstelle in KEYNES' *"General Theory"* zu bedenken. Denn: "Given no more solid a basis than this for valuing shares ... the price of shares could be almost anything - and is likely at times to be highly unstable" (G. ACKLEY,1983,4).

Die Effizienzmarkthypothese (EMH) ist, da sie indirekt auf den Postulaten der Theorie rationaler Erwartungen (REH) aufbaut, ähnlichen Einwänden ausgesetzt wie die REH. Um die Hypothese, die Marktpreise spiegeln alle verfügbaren Informationen wider, überhaupt testen zu können, bedarf es einer präziseren Fassung dieser Aussage.

In der wissenschaftlichen Diskussion[22] haben sich insbesondere drei Präzisierungen der Markteffizienz herausgebildet, nämlich die **schwache, halbstrenge und strenge Markteffizienz**. Entsprechend werden schwache, halbstrenge und strenge Tests der Markteffizienz unterschieden. **Schwache Markteffizienz** setzt voraus, daß der betreffende Markt alle, in der Marktpreisentwicklung der Vergangenheit steckenden Informationen unverzüglich verarbeitet. "Thus, weak form tests are tests of whether all information contained in historical prices is fully reflected in current prices" (E.J. ELTON, M.J. GRUBER,1981,358). Hiermit ist unmittelbar das Arbeitsgebiet der markttechnischen Analyse ("Chartanalyse") angesprochen, denn diese versucht, aufgrund historischer Preisdaten eine Marktdiagnose und -prognose abzuleiten.

Die **halbstrenge Markteffizienz** ist umfassender definiert. Sie impliziert, daß der Markt sämtliche, öffentlich bekannten Informationen unverzüglich verarbeitet. Am weitesten reicht die Definition der **strengen Markteffizienz**. Sie verlangt, daß alle Informationen, gleich welcher Art und welcher Herkunft, vom Markt unverzüglich verarbeitet werden. "*Semistrong* tests of the efficient market hypothesis are tests of whether publicly available information is fully reflected in current stock prices. Finally, strong form tests of the efficient market hypothesis are tests of whether all information, whether public or private, is fully reflected in the security prices and whether any type of investor can make an excess profit" (E.J. ELTON, M.J. GRUBER,1981,358).

Ein Markt ist also (informations-)effizient, wenn er Informationen - in der jeweils gewählten Abgrenzung - unverzüglich verarbeitet. Das bedeutet, daß bei Bekanntwerden neuer Informationen die Marktpreise so schnell reagieren und dadurch die Anpassung an den neuen

22) Grundlegend: E.F. FAMA (1970), S. 383, S. 389ff., S. 404ff., S. 409ff.; E.F. FAMA (1976), S. 133ff.

Informationsstand vornehmen, daß kein Marktteilnehmer überdurchschnittlich an der neuen Information verdienen kann.

Man sollte sich klarmachen, was mit **"überdurchschnittlich verdienen"** gemeint ist. Die EMH behauptet nicht, daß eine positive Information - also etwa die Meldung, der Gewinn einer Unternehmung habe sich verdoppelt - keine positive Wirkung habe. Wenn ein Unternehmen die Dividende erhöht, kommen alle Aktionäre in den Genuß der höheren Ausschüttung. Die EMH behauptet allerdings, daß ein Marktteilnehmer, der von der geplanten Dividendenerhöhung erfährt, aus dieser Information keinen spekulativen Preisvorteil *("abnormal returns")* ziehen kann. Ein solcher wäre nur realisierbar, wenn der Markt zwangsläufig über kurz oder lang die Dividendenerhöhung durch höhere Kurse "honorieren" würde, zunächst aber auf die angekündigte Dividendenerhöhung nicht oder nicht in vollem Umfang reagiert. Ein aufmerksamer Anleger könnte dann durch schnelles Handeln den zu erwartenden Kursgewinn sicherstellen.

Die These schwacher Markteffizienz bestreitet genau diese Möglichkeit; sie behauptet demnach, daß der Markt sofort auf preisrelevante Informationen reagiert und die erforderlich gewordene Anpassung unverzüglich und in vollem Umfang durchführt: "If the weak form of the efficient market hypothesis holds, then it implies that this new information is incorporated in the security price sufficiently fast that, by the time an investor could tell from the price movements themselves, there had been a fundamental change in company prospects, the fundamental change is already fully reflected in price" (E.J. ELTON, M.J. GRUBER,1981,359).

In ähnlichen Bahnen verläuft die Argumentation bezüglich der halbstrengen und strengen Markteffizienz. Immer bestreitet die EMH, daß es möglich sei, unter Auswertung neuer Informationen überdurchschnittliche Gewinne zu erzielen. Die EMH in ihrer strengen Variante negiert sogar die Möglichkeit, überdurchschnittliche Gewinne durch Ausnutzung von *Insider-Informationen* zu realisieren. Damit wird letztlich die Möglichkeit einer ökonomisch sinnvollen Informationsbeschaffung und -verarbeitung, die einerseits zwar Kosten verursacht, aber andererseits keinerlei Erträge erhoffen läßt, in Frage gestellt.

E.J. ELTON, M.J. GRUBER (1981,360f.) resümieren diese weiterreichenden Implikationen wie folgt: "If ... the weak form is supported by empirical test, then trading rules based on an examination of the sequence of past prices are worthless. If the semistrong form of the hypothesis is supported by empirical evidence, then trading rules based on publicly available information are suspect. Finally, if the strong form tests show efficiency, then the value of security analysis itself would be suspect."

Modelltechnisch ist die EMH als ***fair-game*-Modell** darstellbar (vgl. z.B. E.J. ELTON, M.J. GRUBER, 1981,361f.; E.F. FAMA, 1970,384ff.; H.P. MÖLLER, 1985,502). Der Markt wird gewissermaßen als Austragungsort eines fairen Spiels aufgefaßt, in welchem jeder Mitspieler (Marktteilnehmer) eine faire - d.h. im wesentlichen gleiche - Chance hat. Die Fairness des Spiels gebietet es, daß keiner der Mitspieler über exklusive Informationen verfügen darf, die er zum Nachteil der übrigen Mitspieler "ausspielen" könnte. Verläßt sich ein Marktteilnehmer auf die Effizienz des Marktes, dann geht er davon aus, daß der vom Markt festgesetzte Preis fair ist in dem Sinne, daß er unter angemessener Berücksichtigung sämtlicher preisrelevanter Informationen zustandegekommen ist. Er braucht sich mithin um die Informationen selbst nicht zu kümmern, im Vertrauen darauf, daß diese durch die Preise bereits hinreichend "eskomptiert" sind. In dieser *fair-game*-Fassung läßt sich nun die EMH testen, indem die bei Informationsstandsänderungen tatsächlich eingetretenen Preisreaktionen verglichen werden mit den sich aus einem Marktgleichgewichtsmodell - z.B. dem CAPM - oder aus vergangenheitsgestützten Schätzungen ergebenden Preisänderungen.

Der *fair-game*-Gedanke reicht im allgemeinen jedoch nocht nicht aus, um eine operable Testanordnung für die Hypothese schwacher Informationseffizienz zu konzipieren. Hierzu bedarf es einer genauen Spezifizierung der stochastischen Einflüsse, denen die Marktpreisbildung ausgesetzt ist. Eine solche Spezifizierung wird durch das nun weithin übliche **Zufallspfadmodell** (*random walk hypothesis*, RWH) besorgt.[23]

23) Bezüglich der statistischen Eigenschaften von Random-Walk-Prozessen vgl. z.B. R. SCHLITTGEN, B.H.J. STREITBERG (1984,72,75f., 112) sowie E.F. FAMA (1970,386f.,391ff.). Eine andere Konkretisie-

Die Kernaussage der RWH lautet, daß Marktpreisänderungen identisch verteilt sind, im übrigen aber unabhängig voneinander sind. Hierdurch wird die **Hypothese schwacher Markteffizienz statistisch präzisiert**. Dasselbe gilt auch für die *fair-game*-Konzeption, wobei allerdings hier auch noch die Forderung nach identischer Verteilung von Preisänderungen fallen gelassen wird (vgl. E.J. ELTON, M.J. GRUBER, 1981,363). Folgen die Marktpreise einem Zufallspfad, so muß die Hypothese schwacher Markteffizienz gelten, denn die Sequenz von Marktpreisen gibt prognostisch nichts her. Die **These schwacher Informationseffizienz** wird daher in der Regel mit Hilfe des *random-walk*-Modells getestet.

Die **These schwacher Markteffizienz** ist auf der Grundlage der RWH überaus intensiv getestet worden[24] mit dem nahezu einstimmigen Ergebnis, daß schwache Markteffizienz vorliegt.

Um eine objektive Einschätzung der Tests schwacher Markteffizienz zu gewinnen, muß noch etwas genauer erörtert werden, was eigentlich getestet wird. Weit verbreitet (vgl. E.J. ELTON, M.J. GRUBER, 1981,364ff.) sind Tests eines linearen Zusammenhangs zwischen der aktuellen Preisänderung und der vorausgegangenen Preisänderung. Die Verzögerung kann hierbei variiert werden. Gefragt wird also z.B. nach dem Zusammenhang zwischen der Kursänderung einer Aktie zwischen t und t-1, t-1 und t-2, usw. Die gefundenen Korrelationen sind fast ausnahmslos äußerst schwach; zumindest nach Berücksichtigung von Transaktionskosten sind sie nicht profitabel nutzbar.

Dieses Ergebnis kann nun im Grunde schwerlich überraschen. Erstaunlich ist vielmehr, daß mit dieser trivialen Erkenntnis immer

rung des *fair-game*-Modells stellt das **Submartingal-Modell**; vgl. hierzu z.B. E.F. FAMA (1970,386). E.F. FAMA (1970,388ff.) gibt einen komprimierten Überblick über die Tests der EMH. Vertiefend zur RWH vgl. insbesondere: F. BLACK (1971;1974); K. CONRAD, D.J. JÜTTNER (1973); L. FISHER (1965); C.W.J. GRANGER (1968;1970); C.W.J. GRANGER, O. MORGENSTERN (1970); R.A. HANSEN, W. REISS (1976); P. JENNERGEN, P. KORSVOLD (1975); M.C. JENSON, G. BENINGTON (1970); A. KAHNERT (1972); R.A. LEVY (1967,b); B.G. MALKIEL (1975); B. MANDELBROT (1968;1971); G. PINCHES (1970); W. REISS (1975); E.F.V. RENSHAW (1970); G. RONNING (1975); P.A. SAMUELSON (1965;1976); B. SCHIPS, W. STIER (1972); S. SMIDT (1968); H. UHLIR (1979); R.E. WEINTRAUB (1963).

24) Vgl. hierzu E.F. FAMA (1970) und E.J. ELTON, M.J. GRUBER, (1981,362ff.) sowie die dort angegebene Literatur.

wieder versucht wird, die technische Analyse als unsinnig zu entlarven. Wird technische Analyse ernsthaft betrieben, so geht sie nicht von der primitiven Vorstellung aus, die "heutige" Preisänderung bestimme maßgeblich die "morgige" Preisänderung. Ein so zwingender, rigoroser Zusammenhang zeitlich fixierter Preisereignisse ist nicht Grundlage der technischen Analyse. Grundlage ist vielmehr die Überlegung, daß zwischen der allgemeinen Preisentwicklung der Vergangenheit und der zukünftigen Preisentwicklung ein Zusammenhang besteht.

Was diese **allgemeine Preisentwicklung** ist, muß freilich präzisiert werden, eine Forderung, die von der praxisorientierten Chartanalyse nicht erfüllt wird. Trotzdem kann selbst der naiven Chartanalyse nicht unterstellt werden, sie orientiere sich an Preiszusammenhängen, wie sie von der Random-Walk-Literatur behauptet werden. Daß z.B. das Kursgeschehen an den Aktienmärkten Zufallseinflüssen unterliegt, ist jedem Chartanalytiker bewußt. Daß auf einen festen Börsentag eine schwache Börsensitzung folgen kann, wird kein Chartist bestreiten, auch dann nicht, wenn er fest von der Fortsetzung eines von ihm diagnostizierten Aufwärtstrends überzeugt ist.

Vielleicht ist in diesem Zusammenhang folgende Labyrinth-Metapher hilfreich: Ein Kundiger findet den Ausgang, kommt ans Ziel. Wer aufeinanderfolgende Schritte auf ihre Zielkonvergenz oder auf ein bestimmtes Folgeschema hin untersucht, wird keine Korrelation entdecken. Trotzdem führen letztendlich alle Schritte zusammen tatsächlich ans Ziel. Die RWH modelliert sozusagen aus dem Gesamtzusammenhang herausgelöste Einzelschritte und verliert damit den Blick für die Gesamtheit aller Schritte; auf diese Gesamtheit aber kommt es unter dem Zielerreichungsgesichtspunkt ausschließlich an.

Als Kuriosum sei vermerkt, daß in der traditionellen Zeitreihenanalyse, insbesondere in Gestalt der Trendanalyse, offenbar die Interdependenz zeitlich aufeinanderfolgender statistischer Ereignisse nicht ernsthaft in Frage gestellt wird. Schließlich beruht eine Trendprognose ja darauf, den in der Vergangenheit erkannten Trend in die Zukunft zu verlängern. Ein solches Vorgehen impliziert, daß erstens die Existenz zeitlicher Abhängigkeiten in der Vergangenheit anerkannt und zweitens deren prinzipielle Gültigkeit auch für die Zukunft unterstellt wird. Auch Saisonfiguren und zyklische Reihenverläufe werden durchaus als Ordnungsschemata ernst genommen.

Dieser figurative Aspekt der Zeitreihenanalyse führt auf eine weitere Testanordnung, die in bezug auf die schwache Markteffizienz häufig Verwendung findet. Es handelt sich um die sog. **Filterregeln**[25]. Diese Regeln haben den Zweck, wesentliche und unwesentliche Preisbewegungen voneinander zu trennen. Filterregeln entsprechen der Arbeitsweise der Chartanalyse in besonderem Maße, denn das chartanalytische Instrumentarium besteht im Grunde aus nichts anderem als einem mehr oder weniger großen Arsenal von Filtern.

Die umfangreichen Tests[26] haben jedoch auch hier gezeigt, daß Filterstrategien - zumindest nach Berücksichtigung von Transaktionskosten - keine überdurchschnittlichen Markterfolge gewährleisten. Ohne sich einen Seitenhieb auf die Chartisten verkneifen zu können, resümieren E.J. ELTON, M.J. GRUBER (1981,373): "Indeed, technical analysts are fond of talking about such things as head-and-shoulder patterns and other esoteric perceived price fenomena. However, there is no evidence that trading on the basis of any of these patterns can lead to an excess profit."

Die akademische Kritik an den Phantastereien mancher Chartisten ist ohne Zweifel berechtigt. Trotzdem leiden auch die **Filtertests** an einer zu groben Vereinfachung des Untersuchungsgegenstandes. Diese ist freilich unabdingbar, um eine praktikable Testanordnung zu konzipieren. Ein auf einem schematisierten und standardisierten Filter aufgebautes Testverfahren kann andererseits nur Evidenz über eben diesen so definierten Filter beibringen. Ist die Evidenz negativ, so beweist dies noch nicht, daß die zugrundeliegende Filterkonzeption *per se* unbrauchbar ist. Was der Filtertest beweist, ist, daß ein bestimmter Filter in der Vergangenheit nicht funktioniert hat. Was der Filtertest nicht beweist, ist, daß die Filterkonzeption an sich unbrauchbar ist.

Diese **Beweisnot** macht **der Effizienzmarkttheorie** arg zu schaffen. Die Flut von Tests, die angeblich längst Bewiesenes immer wieder

25) Vgl. hierzu E.J. ELTON, M.J. GRUBER (1981,370ff.); S.S. ALEXANDER (1961); P. COOTNER (1970).
26) Vgl. insbesondere E.F. FAMA, M. BLUME (1966).

aufs neue beweisen sollen, darf wohl als ein gewisses Indiz für das nur selten eingestandene Unbehagen der Effizienz-Befürworter gelten. Ein weiterer Versuch, die Effizienzthese zu untermauern, ist das **Verfahren der relativen Stärke**[27].

Es gibt verschiedene Möglichkeiten, die relative Stärke zu bestimmen.[28] Weit verbreitet ist der Vergleich des aktuellen Preises mit einem periodenbezogenen Preisdurchschnitt. Die relative Stärke einer Aktie ist umso größer, je weiter ihr aktueller Kurs über den Durchschnittskurs einer bestimmten Referenzperiode hinausgeht. Da die Wahl der Referenzperiode im Grunde willkürlich ist, besteht auch hier wieder ein fast grenzenloser Spielraum für die Konstruktion konkreter Handlungsregeln. Ziel dieser Regeln ist es, durch Erwerb nur der relativ stärksten Anlageobjekte - also durch "Setzen auf die schnellsten Pferde" - überdurchschnittliche Anlageerfolge zu erzielen. Weitere Entscheidungs- und Testparameter liegen in der Anzahl der in die Vergleichsrechnung einbezogenen Anlageobjekte sowie im festzulegenden Anteil der relativ starken Anlagen an allen Anlagen. Beispielsweise könnte die Regel darin bestehen, von 100 verglichenen Aktien jeweils nur die 5 stärksten im Portefeuille zu halten.

Auch der "relative-Stärke"-Test liefert **Evidenz für die Markteffizienz im schwachen Sinne**, also für die These, daß aus historischen Preisdaten keine verwertbaren Informationen gewonnen werden können. Angesichts der unübersehbaren Fülle denkbarer "relative-Stärke"-Konzeptionen berechtigt dies freilich auch wiederum nicht zu einem endgültigen Urteil, wie E.J. ELTON, M.J. GRUBER (1981,376) durchaus einräumen: "This, of course, does not prove that a good relative strength rule does not exist."

Bedeutsamer jedoch als die Unmöglichkeit, alle denkbaren Varianten zu testen, ist der Umstand, daß auch die Konzeption der relativen Stärke nicht als grundsätzlich brauchbar oder als grundsätzlich unbrauchbar eingestuft werden kann. Es ist selbstverständlich, daß starke Aktien überdurchschnittliche Anlageergebnisse gebracht haben. Das eigentliche Problem liegt woanders: Wie lassen sich aus allen Anlageobjekten die <u>in Zukunft</u> relativ stärksten herausfil-

27) Vgl. E.J. ELTON, M.J. GRUBER (1981,375ff.) und R. LEVY (1967)
28) Vgl. R.A. LEVY (1968).

tern? Die Strategie der relativen Stärke selektiert ja nur diejenigen Anlageobjekte, die augenblicklich die größte relative Stärke aufweisen. Fällt eine Aktie im Kurs etwas zurück, so daß der geforderte Mindestabstand zwischen aktuellem Kurs und dem Kursdurchschnitt einer Referenzperiode nicht mehr eingehalten wird, dann wird sie automatisch ausgesteuert; sie gehört nicht mehr zum exklusiven Kreis der so definierten, relativ starken Aktien.

Nun würde man den Chartisten unrecht tun, wenn man behaupten wollte, sie verhielten sich generell gemäß einer so primitiven "relative-Stärke"-Regel. Auch hier muß man der gängigen Testpraxis wiederum vorwerfen, daß sie die Dinge - im Interesse der Test-Operabilität - über Gebühr und unsachgemäß vereinfacht. Es mag zutreffen, daß es Chartisten gibt, die solch primitiven Regeln wie der oben beschriebenen folgen. Es ist jedoch gerade typisch für die Chartanalyse, daß sie sich eher zu vieler als zu weniger Regeln bedient, und zwar gleichzeitig. Ein Chartist wird also kaum ausschließlich auf die relative Stärke achten, sondern gleichzeitig eine Vielzahl anderer Kriterien explizit oder implizit mit beachten. Die Entscheidungssituation ist also wesentlich komplexer, als in den Tests der "*weak form efficiency*" unterstellt wird.

Die Testergebnisse im Falle halbstrenger und strenger Markteffizienz[29] bestätigen im wesentlichen auch die so definierte **Informationseffizienz**. Gewisse Einschränkungen sind - was kaum überraschen kann - im Falle der Hypothese strenger Markteffizienz vorzunehmen. Hier geht es um die Frage, wie zügig der Markt selbst nicht allgemein zugängliche Informationen, z.B. die Erkenntnisse von Insidern, verarbeitet. Wenngleich die Tests die Möglichkeit bestätigen, daß Insider an der Masse der Anleger vorbei vorteilhafte Marktaktionen durchführen können, so scheint die Evidenz doch klar dafür zu sprechen, daß öffentlich verfügbare Informationen für die Marktteilnehmer keinerlei Wert besitzen: "Attempts to earn excess returns on the basis of public information in standard ways are unlikely to be successful ... the implication of these tests is that any hope for earning abnormal returns lies in non-

29) Vgl. E.J. ELTON, M.J. GRUBER (1981,377ff.) sowie E.F. FAMA (1976,b,151ff.). Grundlegend sind die Arbeiten von E. F. FAMA, L. FISHER, M. JENSEN, R. ROLL (1969); V. NIEDERHOFFER (1971); V. NIEDERHOFFER, M.F.M. OSBORNE (1966); J.F. JAFFE (1974;1975).

standard ways of combining and analyzing information, or in obtaining information that is not generally available to other market participants, or in obtaining this information prior to other market participants" (E.J. ELTON, M.J. GRUBER, 1981,386f.).

Die Tenorisierung dieses von E.J. ELTON und M.J. GRUBER gezogenen Fazits ist in der Tat bemerkenswert: Trotz der erdrückenden Evidenz zugunsten der EMH - zumindest in ihrer schwachen und halbstrengen Variante - klingt deutliche Skepsis gegenüber den Testergebnissen an, denn die Autoren mutmaßen, daß "non-standard ways" der Informationsbeschaffung und -verarbeitung existieren. Dies freilich bestreitet die EMH nachdrücklich, denn die Markteffizienz steht und fällt mit der unverzüglichen und korrekten Informationsbewertung durch den Markt.

Nach der Effizienzthese ist die **statistisch-technische Marktanalyse** ebenso sinnlos wie die auf die wirtschaftlichen Fakten - oder das, was man dafür hält - und Unternehmensdaten gestützte sog. **Fundamentalanalyse**. Selbst dem *Insider*, der ja zumeist auch nicht alleiniger Inhaber einer Information ist, werden nur geringe Chancen eingeräumt, auf Dauer wirklich "besser" zu sein als der Markt. Spinnt man die Argumentation der Effizienztheoretiker weiter, so dürften sich die Wirtschaftssubjekte im Erfolg ihrer wirtschaftlichen Aktivitäten auf Dauer nicht unterscheiden können, denn im Grunde operieren alle unter gleichen Informationsbedingungen; besser oder schlechter Informierte gibt es nicht. In bezug auf die Vermögens- und Portefeuilleverwaltung hieße dies, daß es Erfolgsunterschiede hier nicht geben kann.[30)]

Untermauert wird dies mit der Behauptung, daß eine **buy-and-hold-Strategie**, also der "blinde" Erwerb von - und das anschließende Festhalten an - Vermögensobjekten, zumindest genauso gut abschneidet wie irgendeine, auf finanzanalytisch gewonnenen Erkenntnissen beruhende *trading rule*, die systematisch und methodisch Kauf- und

30) Aus der kaum noch überschaubaren Literatur zur "Effizienzthese" mögen folgende Hinweise für eine vertiefende Lektüre genügen: W.J. BAUMOL (1965); W.H. BEAVER (1981;1983); J.E. FINNERTY (1976); S.J. GROSSMAN, J.E. STIGLITZ (1976); S.C. HILLMER, O.L. YU (1979); M.C. JENSEN et.al. (1978);A. KALAY, U. LOEWENSTEIN (1985); S.M. KEANE (1985); S.F. LEROY (1984); J. MAYSHAR (1983); F.W. MÖHLBRADT (1978); M.J.M. NEUMANN, M. KLEIN (1982); K. SCHREDELSEKER (1984); S.M. TINIC, R.R. WEST (1979).

Verkaufanweisungen gibt.[31] Solche provokanten Behauptungen stellen eine ungeheuere Herausforderung dar für all jene Legionen hochqualifizierter Finanz- und Marktanalysten, die ihre ausschließliche (berufliche) Existenzberechtigung eben gerade aus der gegenteiligen These ableiten, nämlich im Durchschnitt besser zu sein als der Markt.

In einer zunächst wenig beachteten Untersuchung hat H. HOCKMANN (1979) eine charttechnische Analyse-Variante, nämlich die ***point &figure*-Analyse**, auf den deutschen Aktienmarkt angewandt und gezeigt, daß signifikant bessere Ergebnisse zu erzielen waren als mit einer ***buy&hold*-Strategie** (HOCKMANN,1979,161). Obwohl HOCKMANN die effizienztheoretischen Implikationen seiner Untersuchungsergebnisse eher zurückhaltend kommentiert,[32] hat R.H. SCHMIDT (1981)[33] die Studie HOCKMANNs zum Anlaß genommen, die Gültigkeit der Effizienzthese grundlegend in Frage zu stellen.

SCHMIDT (loc.cit.37) verwendet die in empirischen Untersuchungen regelmäßig gebrauchte "restriktive Operationalisierung" des Effizienzbegriffes, wonach "ein Wertpapiermarkt in bezug auf eine Informationsmenge I dann effizient ist, wenn es nicht möglich ist, unter Verwendung der Informationsmenge I eine Anlagestrategie zu entwickeln, die zu einem höheren Anlageerfolg führt als die Strategie der Daueranlage". In dieser Abgrenzung "bleibt die Implikation erhalten, daß die Methoden der technischen Aktienanalyse keine Aussicht auf einen systematisch überlegenen Anlageerfolg bieten *können*".

Scheinbar untermauert durch umfangreiche, insbesondere in den USA durchgeführte empirische Tests, konnte die Effizienzthese der technischen Analyse nachhaltig die Anerkennung streitig machen,

31) Vgl. hierzu grundlegend S.S. ALEXANDER (1961). Zur *buy&hold*-Strategie bzw. zu anderen "Formelanlageplänen" vgl. außerdem: J.L. EVANS (1968); S.F. FEYLER (1958); H.W. HOFMANN (1973); H. REINHARDT (1957); H.S. SCHNEIDER (1951); H.J. STEMANN (1978).
32) Bezüglich einer Variante der EMH wagt HOCKMANN (1979,162) immerhin das vorsichtige Fazit, "daß es für verschiedene Aktien, verschiedene Untersuchungsperioden und verschiedene Analysemethoden durchaus möglich ist, Resultate zu erzielen, die mit den Aussagen der Random-Walk-Theorie nicht zu vereinbaren sind".
33) Den Hinweis auf diesen Beitrag verdanke ich Herrn Professor Dr. F.W. Wagner, Universität Tübingen.

auch wenn die "Chartisten" mit dem Einwand konterten,[34] daß die Tests, wie SCHMIDT es ausdrückt, "keine validen Operationalisierungen ihrer Methoden darstellen". Er zieht aus dieser Kontroverse zunächst den weiterreichenden Schluß, "daß die technische Analyse überhaupt nicht prüfbar ist, denn ihre Behauptungen sind Leerformeln. Sie können also weder wahr noch falsch sein." (loc.cit.38).

Dieser Schluß allerdings muß im Lichte der Untersuchung HOCKMANNs fallengelassen werden. SCHMIDT (loc.cit.39) zögert nicht einzugestehen, "daß die technische Analyse empirischer Prüfung zugängliche Behauptungen enthält... Damit ist mein Hauptargument gegen die technische Aktienanalyse unhaltbar geworden..." Im übrigen attestiert er HOCKMANN ein sehr sorgfältiges methodisches Vorgehen;[35] dieses dokumentiert sich nicht zuletzt in der Wahl eines geeigneten Vergleichsmaßstabs: "Die B&H-Strategie der Daueranlage wäre bei Geltung der Effizienzthese optimal und bildet daher den sachgerechten Vergleichsmaßstab." (loc.cit.40).[36] Gegen die Befunde HOCKMANNs könnte man zwar einwenden, sie seien zufallsbedingt oder zumindest mit einem erheblichen *bias* belastet, zumal der Untersuchungszeitraum spezifische Eigentümlichkeiten aufweist. SCHMIDT (loc.cit.41) meint jedoch, "daß es eine zu billige Ausflucht vor widerspenstigen Fakten darstellen würde, wenn man *ohne weitere Belege oder Argumente* die der Theorie widersprechenden Befunde als Zufall abtun wollte".

Dennoch zögert SCHMIDT, die Effizienzthese angesichts der Ergebnisse HOCKMANNs gänzlich fallenzulassen. Er begründet dies mit der fehlenden Verallgemeinerungsfähigkeit der HOCKMANN'schen Analyse. Ähnlich argumentieren K. HAUSCHILD und M. WINKELMANN (1985)[37], die allerdings die Untersuchung HOCKMANNs methodisch wesentlich kritischer sehen als SCHMIDT.[38] Sie können für wechselnde und

34) Vgl. z.B. M.C. JENSEN, G.A. BENINGTON (1970,469).
35) Vgl. hierzu im einzelnen H. HOCKMANN (1979,86ff.).
36) Auch bei der Simulation der MAM-Anlagestrategien wird die B&H-Strategie als Vergleichsmaßstab verwendet.
37) Den Hinweis auf diesen Beitrag verdanke ich Herrn Professor Dr. F. W. WAGNER, Universität Tübingen.
38) Insbesondere rügen die Autoren eine methodisch inkonsistente Behandlung der verwendeten Aktienindex-Reihe und der Kurs-Einzelreihen, Abweichungen zwischen der realen Entscheidungssituation eines Anlegers und der P&F-Simulation sowie spezifische Schwächen der P&F-Technik im Falle von Reihenbereinigungen. Anzumerken ist,

"überlappend rollierende" Teilperioden zeigen, daß eine systematische Überlegenheit der P&F-Strategien über längere Zeiträume hinweg nicht zu bestehen scheint.

Zur Selbstgefälligkeit haben Effizienztheoretiker gleichwohl keinen Anlaß, denn die von HOCKMANN vorgelegten Befunde stellen "eine Herausforderung für die Anhänger der Effizienzthese dar. Sie werden sich ihr auch mit empirischen Untersuchungen zu stellen haben, denn auf die Dauer genügt die rein theoretisch-spekulative Verteidigung der Effizienzthese ... nicht" (loc.cit. 45). Den technischen Analysen fehlt, so SCHMIDT, die "heuristische Kraft und die theoretische Geschlossenheit". "Was man brauchte, um die Effizienzthese nachhaltig zu erschüttern, wäre demnach eine 'Theorie der technischen Analyse'" (loc.cit.45).

Ein gutes Stück auf diesem Weg voranzukommen, ist das erklärte Ziel des **markttechnischen Analysemodells**, auch wenn der Anspruch, eine "exklusive" - d.h. alternative Erklärungen ausschließende - Theorie zu konzipieren, ausdrücklich nicht erhoben wird.

Auch bei kritischer Distanz zur **Markteffizienzthese** muß man deren wahren Kern anerkennen. Es ist unbestreitbar, daß Märkte - und dies gilt in besonders starkem Maße für die Finanzmärkte - Informationsverarbeitung und -bewertung betreiben. Ob dies in der von der EMH postulierten Weise geschieht, ist hierbei nicht von wesentlicher Bedeutung. Man kann die Märkte als leistungsfähige Informationsverarbeiter ansehen, ohne die EMH vorbehaltlos akzeptieren zu müssen. Im Falle der Finanzmärkte, auf die sich die EMH im wesentlichen bezieht, kann man sogar durchaus von einer sehr zügigen, in manchen Fällen sogar augenblicklichen Marktreaktion auf bekannt gewordene Informationen ausgehen. Demnach mag es zutreffen, daß Finanzmärkte, also z.B. die Aktien- und Devisenbörsen, informationseffizient sind.

Der Schluß, aus diesem Grunde sei ein überdurchschnittlich erfolgreiches Operieren am Markt ausgeschlossen, ist jedoch ebenso

daß es sich hier zumindest teilweise um Eigentümlichkeiten des P&F-Verfahrens handelt, die HOCKMANN nicht anzulasten sind. Das MAM verwendet die P&F-Technik nicht, nicht zuletzt wegen der hier angemahnten Schwächen. Insbesondere muß die willkürliche Wahl des jeweiligen Filters als inakzeptabel gelten.

falsch wie das Argument, Marktchancen seien durch die Tatsache jederzeitigen Marktgleichgewichts verbaut. Der Grund liegt in der Dynamik der Marktentwicklung. Die augenblickliche Marktsituation ist daher nur als Durchgangsstation in einem langfristigen Prozeß aufzufassen. Einem Anleger nützt es gar nichts, wenn er im Augenblick einer Transaktion die Gewißheit hat, vom Markt mit einem fairen Preis bedient zu werden, denn bereits im nächsten Augenblick kann der faire Preis völlig anders aussehen.

Paradoxerweise stützt die EMH die statistisch-orientierte markttechnische Analyse, deren Sinnlosigkeit sie beweisen will. Die markttechnische Analyse geht, völlig im Einklang mit der EMH, davon aus, daß der Marktpreis die wohl verläßlichste und zutreffendste Bewertung darstellt. Die Chartanalyse ebenso wie das MAM gehen eben von dieser Vorstellung aus, daß nämlich die Märkte marktrelevante Sachverhalte unverzüglich und korrekt widerspiegeln.

Dies gilt selbstverständlich nur für Märkte, auf denen die Meinungen aller Marktteilnehmer einigermaßen Berücksichtigung finden; einseitig manipulierte oder manipulierbare Märkte können nicht informationseffizient sein. Die Börse ist ein solcher Ort "freier" Meinungsbildung, was freilich weder bedeutet, daß es an der Börse keine "Meinungsmacher" geben kann, die möglicherweise in recht undemokratischer Weise das Geschehen beeinflussen, noch daß die Börse unkritisch einer einmal etablierten Meinung willig folgt. Jedenfalls hat an der Börse jeder Marktteilnehmer die Möglichkeit, seiner individuellen Auffassung Geltung zu verschaffen, und sei es nur dadurch, daß er dem betreffenden Markt fernbleibt oder sich auf Termingeschäfte verlagert (vorausgesetzt, Termingeschäfte in dem betreffenden Anlageobjekt sind möglich).

Erfolgen Börsentransaktionen unter Vermögens- und Portefeuillegesichtspunkten, so bietet die Börse immense Substitutionsmöglichkeiten. Wer überzeugt davon ist, daß eine bestimmte Aktie, eine bestimmte Währung, ein bestimmter Rohstoff etc. zu teuer ist, kann sich anderen, als "preiswerter" eingestuften Anlageobjekten zuwenden. In diesem Sinne ist **Marktfreiheit**, Pluralität der Meinungen und daher letztlich fehlende Manipulierbarkeit der Märkte zu verstehen.

In welcher Hinsicht nun aber das MAM der EMH nicht folgen kann, ist bereits deutlich geworden, nämlich in bezug auf die Behauptung, momentan informationseffiziente Märkte böten keine Möglichkeiten für eine überlegene Marktstrategie. Das MAM ist ein iteratives Modell, das seine Prognosequalitäten der konsequent betriebenen Auswertung einer kontinuierlich fortgeschriebenen Datenbasis verdankt. Das MAM behauptet weder (wie die EMH dies tut), daß die momentane Marktsituation "richtig" sei in dem Sinne, daß eine (auf längere Sicht) bessere als die vom Markt augenblicklich vorgenommene Bewertung nicht möglich sei; noch behauptet das MAM (wie unkritische Chartisten dies tun), daß eine bestimmte Bewegung, ein bestimmter Trend sich zwangsläufig fortsetzen müsse. Das MAM geht vielmehr davon aus, daß ein **exakt definierter Gleichgewichtspreis** am Markt nicht existiert, sondern allenfalls eine **Gleichgewichtszone**, innerhalb der sich der Preis zufällig bewegen kann.

Zwar läßt auch die EMH zufällige Abweichungen vom Marktgleichgewicht zu. Ein Käufer erwirbt also ein Gut in einigen Fällen zu billig, in anderen Fällen zu teuer, auf Dauer und im Durchschnitt erwirbt er es aber zum "richtigen" Preis. Genau hier aber trennen sich die Wege der EMH und des MAM. Während die EMH eine erträgliche Nutzung dieser Abweichungen vom mutmaßlichen Gleichgewichtspreis für unmöglich hält, markiert das MAM eine Preisspanne, die typischerweise zyklisch durchlaufen wird. Die Preisspanne selbst wird entsprechend dem jeweils neuesten Datenstand fortgeschrieben. Von einer Überbewertung wird ausgegangen, wenn sich der Preis dem oberen Rand der Preisspanne nähert oder diesen gar überspringt. Entsprechendes gilt für den Unterbewertungsfall. Es wird zu zeigen sein, daß durch konsequentes Ausnutzen dieser Preisspanne, also Käufen an der Untergrenze und Verkäufen an der Obergrenze, überdurchschnittliche Markterfolge zu erzielen sind, gemessen an einer simplen *buy-and-hold*-Strategie.

Reduziert man die **EMH** auf ihre **Kernaussage**, daß nämlich Märkte, insbesondere Finanzmärkte, sehr leistungsfähige Medien der Informationsverarbeitung sind, so läßt sich hiergegen kaum etwas einwenden. Abgesehen von dieser sehr allgemeinen Basis hat der **Effizienzbegriff** aber sehr vielfältige Komponenten. Ob von weiterreichender Effizienz der Märkte ausgegangen werden kann, ist neuerdings immer heftiger bestritten worden.

In diesem Zusammenhang ist zunächst J. TOBIN (1984)[39] zu erwähnen, der zwischen vier verschiedenen Arten der Effizienz unterscheidet. Die erste Form der Markteffizienz ist Effizienz in dem bereits oben beschriebenen Sinne, d.h. "it is on average impossible to gain from trading on the basis of generally available public information" (J. TOBIN,1984,2). Diese Art von Effizienz nennt TOBIN ***"information-arbitrage efficiency"***.

Ein Markt ist effizient in einem etwas tieferen Sinne "if its valuations reflect accurately the future paymants to which the asset gives title" (loc.cit.,2). Diesen Effizienztyp nennt TOBIN ***"fundamental-valuation efficiency"***.

Effizienz kann aber in einem noch wesentlich umfassenderen Sinn verstanden werden, nämlich in dem Sinn, daß ein Markt "enables economic agents to insure for themselves deliveries of goods and services in all future contingencies" (loc.cit,2). Diese Erweiterung geht auf K. ARROW, G. DEBREU (1954) zurück, die darauf hingewiesen haben, daß Güter nicht nur durch ihre physischen Eigenschaften, sondern auch durch den Zeitpunkt und die Bedingungen ihres Austausches näher zu bestimmen sind. Ein Markt ist somit dann effizient, wenn er alle denkbaren temporalen Bedingungskonstellationen möglicher Tauschvorgänge bewältigt hat. TOBIN nennt diesen Effizienztyp ***"full-insurance efficiency"***, denn er gewährleistet einen wirksamen Schutz gegen alle Eventualitäten des Lebens durch Abschluß geeigneter Tauschkontrakte.

Um klarzumachen, um welche Dimension der Möglichkeiten es hierbei geht, sei das von J. TOBIN (1984,8) verwendete Beispiel hier wiedergegeben: "Such a market, for example, would enable me to contract now for an umbrella on the day of the Harvard-Yale football game in 1990 if it is raining on that day and if a Republican is in the White House. In exchange, I could sell a promise to give an economics lecture in New York City in 1994 if I am still in good health and the unemployment rate exceeds 8 per cent."

39) Den Hinweis auf diesen sehr lesenswerten Beitrag verdankt der Verfasser Herrn Professor Dr. Karl-Heinz KETTERER, Universität Karlsruhe

Betont man die angeblichen volkswirtschaftlichen Funktionen eines Marktes, so läßt sich Markteffizienz schließlich in einem vierten Sinn definieren. Unter diesem normativen Aspekt hat der Markt folgende **Aufgaben** (vgl. J. TOBIN, 1984,3):

- Risikoverteilung;
- Erbringung von Versicherungsleistungen (im Arrow/Debreu-Sinne);
- Schaffung der organisatorisch-technischen Voraussetzungen für die Abwicklung von Transaktionen;
- Schaffung von Sparanreizen zur Mobilisierung von investierbaren Mitteln zur Deckung eines vielschichtigen Finanzbedarfes;
- Kanalisierung der Ersparnisse zu den wirtschaftlich wertvollsten Verwendungsarten.

Diesen Typ der Markteffizienz nennt TOBIN ***"functional efficiency"***. Eine konkrete Stellungnahme zur *information-arbitrage efficiency* vermeidet TOBIN. Er referiert lediglich, daß bereits A. COWLES (1933)[40], offenbar geheilt vom spekulativen Bazillus durch die Börsenturbulenzen der Jahre 1928 bis 1933, den statistischen Nachweis erbrachte, "that an investor would have done at least as well choosing stocks at random as following professional advice" (J. TOBIN, 1984,5). Etwas hintersinnig resümiert J. TOBIN (loc.cit.5): "As a statistical matter[41] actively managed portfolios, allowance made for transaction costs, do not beat the market." Wie oben dargelegt, ist in der Tat die statistisch-methodische Bedingtheit der massenweise durchgeführten Effizienztests für deren Beurteilung ausschlaggebend, denn die von den Statistikern konstruierte Effizienz stimmt in der Regel nicht überein mit der von den Vertretern der technischen Analyse gemeinten Effizienz.

In bezug auf die *fundamental-valuation efficiency* wird J. TOBIN (1984,5) allerdings wesentlich deutlicher: "Efficiency in this sense is by no means implied by the technical efficieny[42] just discussed. There are good reasons to be sceptical." Zunächst ist anzumerken, daß hier wohl die Mehrzahl der Effizienztheoretiker mit TOBIN nicht übereinstimmen dürte, denn zumindest implizit wird **Effizienz im Sinne einer Informationsarbitrageeffizienz** und **Effi-**

40) Vgl. hierzu auch A. COWLES, H.E. JONES (1937).
41) Hervorhebung durch den Verfasser.
42) Gemeint ist die information-arbitrage efficiency.

zienz im Sinne einer korrekten Bewertung gleichgesetzt. Markteffizienz wird ja in der Regel gerade so verstanden, daß die Preise nicht nur unverzüglich, sondern auch richtig (im Sinne einer korrekten Bewertung) reagieren.

Wie dem auch sei, letzteres zumindest wird von TOBIN nachdrücklich bestritten. Daß die Märkte tatsächlich in der Lage sind, fundamentale Bewertungsmaßstäbe jederzeit korrekt anzulegen, ist angesichts der zu beobachtenden starken Preisschwankungen äußerst zweifelhaft: "Casual observation suggests that the market moves up and down much more than can be justified by changes in rationally formed expectations, or in the rates at which they are discounted" (J.TOBIN, 1984,6). Unter Hinweis auf R. SHILLER (1981,a), über dessen Position weiter unten noch zu reden sein wird, fährt J. TOBIN (1984,6) fort: "Evidently market speculation multiplies several fold the underlying fundamental variability of dividends and earnings."

Wenn Preise also stärker schwanken als es tatsächliche, fundamentale Veränderungen rechtfertigen, dann ist dies ein schlagender Beweis nicht für die Bewertungseffizienz, sondern für die **Bewertungsineffizienz der Märkte**. Statistisch mag es dann freilich immer noch zutreffen, daß im langfristigen Mittel sich selbst drastische Abweichungen vom korrekten Wertansatz ausgleichen. Dies ändert aber nichts an der objektiv falschen Bewertung, die sich der Markt, dokumentiert durch hektische Preisausschläge, ständig leistet. Wenn die Märkte aber nicht grundsätzlich bewertungseffizient sind, ist auch die Schlußfolgerung unhaltbar, eine **Timing-Strategie**, also die bewußte Wahl von Kauf- und Verkaufzeitpunkten am Markt, sei von vornherein zum Scheitern verurteilt. Vielmehr verspricht eine solche Timing-Strategie, durch konsequentes Ausnutzen von Übertreibungsphasen der Marktpreisbildung, systematische Vorteile.

Was die statistisch orientierten Effizienztheoretiker übersehen, ist im Grunde eine Binsenweisheit der **Börsenspekulation**, nämlich die Tatsache, daß Preisbewegungen erwartungsbedingt, und nicht etwa geleitet durch fundamentale Bewertungskriterien, oft mit einer Dynamik ablaufen, die sich einer rationalen Beurteilung entzieht. Wer hier überhaupt noch eine Chance haben möchte, im emotionsgeladenen Börsenspiel mithalten zu können, tut gut daran, sowohl seinen ökonomischen als auch seinen mathematischen Scharfsinn erst einmal beiseite zu lassen.

Erfolgreiches Operieren am Markt impliziert, wie J. TOBIN (1984,7) es ausdrückt, "speculations on the speculations of other speculators". Das Ergebnis dieses Katz-und-Maus-Spiels sind nicht selten **spekulative Luftblasen** ("*bubbles*"), von denen man nicht weiß, wie groß sie noch werden können, sondern nur, daß sie irgendwann platzen.

Auch um die *functional efficiency*, also die Fähigkeit des Marktsystems, die ihm zugewiesenen volkswirtschaftlichen und gesellschaftlichen Aufgaben wohlfahrtsoptimierend zu erfüllen, ist es nach Meinung J. TOBINs (1984,7f.,10ff.) nicht viel besser bestellt. Zwar kann nicht bestritten werden, daß insbesondere die Finanzmärkte große Flexibilität bewiesen haben bei der Bewältigung im Zeitablauf sich verändernder Bedürfnisse der Marktteilnehmer. Man denke in diesem Zusammenhang z.B. nur an die außergewöhnlich reichhaltige Vielfalt von Anlageobjekten, die auf modernen Finanzmärkten feilgeboten werden.[43]

Da jedoch die Konstruktion, Markteinführung und rechtliche Absicherung immer neuer Finanztitel Kosten verursacht, d.h. volkswirtschaftliche Ressourcen beansprucht, kann nur ein Kosten-Nutzen-Vergleich darüber Aufschluß geben, ob *per saldo* ein positiver Wohlfahrtseffekt zu erwarten ist. J. TOBIN (1984,11) beklagt, daß die Finanzmärkte zumindest bei der Erfüllung ihrer zentralen Aufgabe, nämlich der Beschaffung von Finanzmitteln zur Durchführung von Sachinvestitionen, weitgehend versagen. "What is clear is that very little of the work done by the securities industry, as gauged by the volume of market activity, has to do with the financing of real investment in any very direct way. Likewise, those markets have very little to do, in aggregate, with the translation of the saving of households into corporate business investment."

Dagegen degenerieren die Börsen - daneben auch viele anderen Märkte, wie z.B. die Immobilienmärkte - zu Tummelplätzen der kurz-

43) Vgl. hierzu z.B. D. GEHRMANN (1978), insbesondere S. 144ff.

fristig orientierten Spekulation, und genau dies bedrückt J. TOBIN (1984,14f.) offenbar am meisten: "I confess to an uneasy Physiocratic suspicion ... that we are throwing more and more of our resources, including the cream of our youth, into financial activities that generate high private rewards disproportionate to their social productivity ... I fear that ... the advantages of the liquidity and negociability of financial instruments come at the cost of facilitating nth-degree speculation which is short-sighted and inefficient ... and distorts or dilutes the influence of fundamentals on prices."

Die Zweifel TOBINs an der Markteffizienz werden erheblich gestützt von einem Ansatz, der möglicherweise die **Effizienzmarktforschung** revolutionieren könnte. Es geht um den **"variance bounds"-Ansatz**, der von R.J. SHILLER (1979;1981a,b) sowie S. LEROY, R. PORTER (1981) in die Diskussion eingeführt wurden.[44][45]

Ausgehend von den auf der Grundlage der Theorie rationaler Erwartungen konzipierten **Zinsstrukturmodellen** ging R.J. SHILLER (1979) zunächst der Frage nach, warum die langfristigen Zinsen in Wirklichkeit stärker schwanken als nach den Zinsstrukturmodellen zu erwarten ist. In diesen Modellen wird der langfristige Zins im wesentlichen als langfristiger Durchschnitt rational erwarteter, kurzfristiger Zinssätze aufgefaßt. Da bei rationaler Erwartungsbildung die kurzfristigen Zinssätze und mithin der herausgebildete Durchschnittswert alle wesentlichen Informationen korrekt widerspiegeln, sind deutliche Abweichungen des tatsächlichen langfristigen Zinssatzes vom rational erwarteten Mittel nur durch einschneidende und nachhaltige Änderungen des Informationsstandes möglich.

Die Häufigkeit und die Intensität der tatsächlich beobachteten Abweichungen steht jedoch in keinem nachweisbaren Zusammenhang zu derartigen Informationsstandsänderungen: "It would thus seem that observed volatiliy of interest rates would have to be ascribed to

44) Den sehr nützlichen Hinweis auf den variance-bounds-Ansatz verdankt der Verfasser Herrn Professor Dr. J. JÜTTNER, Macquarie University, Sidney.
45) Vgl. außerdem: M.A. FLAVIN (1983); S.J. GROSSMAN, R.J. SHILLER (1980); A.W. KLEIDON (1983); K.J. SINGLETON (1980).

factors not usually represented in these models" (R.J. SHILLER, 1979,1191).

Die Vorgehensweise SHILLERs ist einfach: Zunächst ermittelt er die in den REH-Zinsstrukturmodellen impliziten Bandbreiten ("*variance bounds*")[46] für die zugelassenen, d.h. mit den Modellen noch zu vereinbarenden Schwankungen des langfristigen Zinssatzes. Im nächsten Schritt ermittelt er die tatsächlich beobachtete Schwankungsbreite des langfristigen Zinssatzes und vergleicht diese mit den ***variance bounds.***

Es zeigt sich, daß die in den Modellen zugelassenen Varianzgrenzen oft um ein Mehrfaches überschritten werden. Die außergewöhnlich hohe Schwankungsanfälligkeit sowohl der kurz- als auch der langfristigen Zinssätze hat bereits 1957 J.M. CULBERTSON (1957,508) zu der Frage veranlaßt: "What sort of expectations ... would possibly have produced this result?" Nach den Untersuchungen R.J. SHILLERs (1979,1193) können es rationale Erwartungen offenbar nicht sein.

Da in der modernen Finanzmarkttheorie die REH, EMH und die RWH meist untrennbar ineinander vorwoben sind, bedeuten die Feststellungen SHILLERs auch zugleich eine **Invalidierung der Effizienzmarkthypothese sowie der Random-Walk-Hypothese**. R.J. SHILLER (1979,1193) verweist in diesem Zusammenhang ausdrücklich auf die Studien von C.W.J. GRANGER, H.J.B. REES (1968); G.O. BIERWAG, M.A. GROVE (1971); A.B. LAFFER, R. ZECHER (1975); L. PHILLIPS, J. PIPPENGER (1976); T.J. SARGENT (1976;1979); F.S. MISHKIN (1978); J.E. PESANDO (1978). Diese Autoren können als Exponenten der These gelten, wonach der Rentenmarkt effizient ist bzw. die langfristigen Zinsen einem *random walk* folgen. Andererseits kann SHILLER immerhin auch auf einige kritische Stimmen verweisen, die bereits früher gegen die angebliche **Rentenmarkteffizienz** erhoben wurden, nämlich R. ROLL (1970); T.J. SARGENT (1972; später abweichend); T. CARGILL (1975); E.F. FAMA (1976,a).

S. LEROY, R. PORTER (1981) konnten nachweisen, daß die von R.J. SHILLER (1979) für den Rentenmarkt getroffenen Aussagen im wesentlichen auch auf den **Aktienmarkt** zutreffen. Ausgehend von dem

46) Der Ausdruck rührt daher, daß die Bandbreite entweder durch die Varianz oder die Standardabweichung gemessen wird.

Aktienbewertungsmodell, das den aktuellen Aktienkurs als Barwert sämtlicher rational erwarteter Erträge auffaßt, zeigen die Autoren zunächst, daß diese "*present value relation*" als Kernstück der EMH aufgefaßt werden kann.

Damit bietet sich das **Aktienbewertungsmodell** als Testgrundlage für die Effizienzmarktthese an. Die sowohl auf disaggregierter und aggregierter Ebene - also unter Bezugnahme auf einzelne Aktien bzw. auf den Gesamtmarkt - durchgeführten Tests liefern zwar kein eindeutiges, wohl aber überwiegend effizienzverneinendes Ergebnis: "We see that based on both aggregated and disaggregated data, stock prices appear to be more volatile than is consistent with the efficient capital markets model" (S. LEROY, R. PORTER, 1981,558).

R.J. SHILLER (1981,a) selbst sah sich veranlaßt, der Leroy/Porter-Studie eine eigene Untersuchung über die **Aktienkursvolatilität** folgen zu lassen. SHILLER richtet sein Hauptaugenmerk auf den Aktienindex, dessen Niveau sich gemäß der EMH erklären läßt als das Ergebnis einer - mit mehr oder weniger konstanter Diskontierungsrate vorgenommener - Abzinsung rational erwarteter realer Aktienerträge.[47] Kommt es zu abrupten Indexbewegungen oder sogar -sprüngen, so sind hierfür nach den Aussagen der EMH neu aufgetauchte Informationen über die künftigen Aktienerträge verantwortlich zu machen.

Demgegenüber stellt R.J. SHILLER (1981,a,421f.) fest, daß - gemessen an dem, was nach der EMH passieren dürfte - der Aktienindex klar zur "Übersteuerung" neigt. SHILLER vergleicht den trendbereinigten Standard-and-Poor's-Aktienindex mit dem Barwert trendbereinigter realer Dividendenerträge für eine Zeitspanne von 100 Jahren. Die durch rationale Erwartungen antizipierbare *ex-post*-Reihe faktischer Dividendenerträge ist äußerst glatt und stabil und hebt sich daher deutlich von der schwankungsbetonten Indexreihe ab. Wenn nun also die langfristige Ertragserwartung, die ja Grundlage für Kauf- und Verkaufentscheidungen an der Börse ist, kaum Bewe-

47) SHILLER verwendet Dividendenerträge, was im Einzelfall - nicht alle Unternehmen schütten selbst bei günstiger Gewinnlage Dividenden aus -, nicht jedoch in bezug auf den Gesamtmarkt zu Verzerrungen führen kann.

gung zeigt, und sich selbst gegenüber Ertragseinbrüchen wie in der Weltwirtschaftskrise als resistent erwiesen hat, dann erhebt sich die Frage, warum denn dann eben diese angeblich rationalen, auf langfristigen Diskontierungsprozessen beruhenden Ertragserwartungen das stürmische Auf und Ab der Börse nicht haben verhindern können. Auch wenn man der EMH konzediert, keine volle Übereinstimmung zwischen dem rational prognostizierten Wert und dem tatsächlichen Wert postulieren zu wollen, so lassen sich derart krasse Abweichungen zwischen rationaler Erwartung und tatsächlicher Entwicklung nicht mehr als "Ausrutscher" rational entscheidender Wirtschaftssubjekte abtun. SHILLER schließt hieraus auf das eindeutige Versagen der EMH.

R.J. SHILLER (1981,a,433f.) fand heraus, daß die Aktienkursvolatilität im Untersuchungszeitraum fünfmal bis dreizehnmal höher lag, als bei Gültigkeit der EMH zulässig gewesen wäre. Er folgert daraus, daß eine derart hohe Volatilität sich nicht mit dem Auftauchen neuer Informationen über künftige Dividendenerträge erklären läßt und resümiert (loc.cit.434): "The failure of the efficient markets model is thus so dramatic that it would seem impossible to attribute the failure to such things as data errors, price index problems, or changes in tax laws."

So überzeugend die Beweisführung von S.LEROY, R. PORTER (1981) und R.J. SHILLER (1981,a) in statistischer Hinsicht auch sein mag, es fehlt ihr gleichwohl ein wesentliches Element, nämlich eine **einleuchtende theoretische Alternative.** Wie weiter unten noch darzustellen sein wird, hat R.J. SHILLER (1984,a) diese inzwischen geliefert. Die 1983 erschienene Studie von R.J. SHILLER, J.Y. CAMPBELL, K.L. SCHOENHOLTZ (1983) kann als Zäsur zwischen der **destruktiven Kritik an der EMH** und dem konstruktiven Entwurf einer tragfähigen, alternativen Konzeption gelten. Die Studie befaßt sich mit der hohen Sensibilität sowohl der kurz- als auch der langfristigen Zinssätze in bezug auf Geldmengenänderungen und der Behandlung dieser und verwandter Fragen im Rahmen traditioneller Zinsstrukturmodelle. Die Autoren bekennen sich zu einer psychologisch fundierten Theorie (loc.cit.216): "We still think that some psychological theory may be superior to the simple expectations theory."

Das offenkundige Unvermögen der **traditionellen Kapitalmarkttheorie**, die **Preisdynamik auf den Finanzmärkten**, speziell auf den Aktienmärkten, befriedigend empirisch-konsistent zu erklären, hat R.J. SHILLER (1984,a) dazu bewogen, ein ***"fads-and-fashions"*-Modell** (FFM) zu entwickeln, das die Preisdynamik der Finanzmärkte auf die soziale Dynamik der Meinungsbildung auf diesen Märkten zurückführt.

SHILLER vertritt die fast revolutionäre Auffassung, das Investitionsverhalten sei entscheidend durch Launen und Modeströmungen gekennzeichnet[48)], die sich sehr schnell und spontan, oft ohne klar erkennbaren Anlaß, ändern können (R.J. SHILLER, 1984,a,457): "These fluctuations in attitude often appear without any apparent logical reason. It is plausible that attitudes or fashions regarding investments would also change spontaneously or in arbitrary social reaction to some widely noted events."

Gerade weil die Marktteilnehmer die dominierende Marktstimmung für das Marktgeschehen keineswegs verkennen, ist es umso verwunderlicher, daß "academic research on market psychology .. apears to have more or less died out in the 1950s ... Those academics who write about financial markets today are usually very careful to dissociate themselves from any suggestion that market psychology might be important, as if notions of market psychology have been discredited as unscientific" (R.J. SHILLER, 1984,a,458).

Die Unterlassung marktpsychologischer Analysen der Finanzmärkte ist nicht nur deshalb unverständlich, weil sie der gängigen Anlagepraxis widerspricht, sondern auch deshalb, weil z.B. in der Konjunkturanalyse psychologische Faktoren auch von der akademischen Forschung durchaus ernst genommen werden[49)].

48) Vgl. außerdem R.E. POTTER (1971).

49) Vgl. z.B. W.A. JÖHR (1952,588ff.). Von den zahlreichen, durch die ökonomische Forschung aber kaum rezipierten (sozial-)psychologischen Arbeiten, seien genannt: S.E. ASCH (1952); J.W. ATKINSON (1957); L. BERKOWITZ (1972); E.H. BOSHEAR, R.D. SMITH (1977); K.S. BOWERS (1973); M. FISHBEIN (1980); A.A. HARRISON (1976); R.M. HOGARTH (1980); J. KOZIELCKI (1981); R.D. LUCE (1959); J.A. MICHON, E.G.J. EIJKMAN, L.F.W. de KLERK (1979); U. NEISSER (1967); A. RAPOPORT, T.S. WALLSTEIN (1972); P.L. REYNAUD (1974); M. SHERIF (1937); P. SLOVIC (1971;1972); T. WALLSTEIN (1980).

Nach den Postulaten der EMH orientiert sich der Durchschnittsanleger nur am inneren Wert eines Vermögensobjekts. Da rational handelnde Anleger - und nach Meinung der EMH handelt die weitaus überwiegende Mehrzahl der Anleger rational - den inneren Wert aufgrund aller verfügbaren Informationen abschätzen können, kann der Preis eines Vermögensobjekts nicht dauerhaft, sondern nur vorübergehend und zufallsbedingt, von diesem Wert abweichen. Die hierin zum Ausdruck kommende Grundposition der EMH weist R.J. SHILLER (loc.cit.459) in scharfer Form zurück: "This argument for the efficient market hypothesis represents one of the most remarkable errors in the history of economic thought."

Nachdem SHILLER an einigen Beispielen verdeutlicht hat, welche verhaltensprägende Kraft **Modeerscheinungen** in allen Lebensbereichen haben (loc.cit.460ff.), geht er der Frage nach, welches Gewicht einzelnen Anlegergruppen am Aktienmarkt zukommt. Hierbei zeigt sich, zumindest für den US-amerikanischen Aktienmarkt, daß die gängigen Vorstellungen - die Institutionellen kontrollieren die meisten Aktien, die Mehrzahl der "Reichen" bedienen sich professioneller Anlageberater, sog. *"smart money"* beherrscht den Aktienmarkt - falsch sind. Trotzdem dient gerade diese (irrige) **These eines hohen Professionalisierungsgrads des Aktienmarkts** der EMH als wesentliche Stütze, denn professionelle Marktteilnehmer sind auch rationale, eben "effiziente" Marktteilnehmer.

In einem weiteren Abschnitt wendet sich R.J. SHILLER (1984,a,464f.) dem **unklaren Begriff des inneren Werts einer Aktie** zu: "Stock prices ... are relatively vulnerable to purely social movements because there is no accepted theory by which to understand the worth of stocks ... Ordinary investors are faced with what Frank Knight in 1921 called 'uncertainty' rather than 'risk'" (loc.cit.464). SHILLER geißelt hiermit treffend die weltfremde Position der EMH, die zumeist einfache Wahrscheinlichkeitsverteilungen für zukünftige Umweltzustände unterstellt, über welche die Marktteilnehmer, solchermaßen wahrscheinlichkeitstheoretisch aufgerüstet, rationale Erwartungen bilden können. Die Wirklichkeit sieht freilich völlig anders aus. Der Anleger operiert in einem Feld stets neuer und darüber hinaus einmaliger Entscheidungssituationen,[50] er kann daher nicht auf bekannte Wahrscheinlichkeitsverteilungen zurückgreifen.

Die grundlegenden **Mechanismen der Meinungsdiffusion** können als grundsätzlich geklärt gelten (vgl. R.J. SHILLER, 1984,a,466ff.). Demnach gilt als wichtige Erkenntnis, daß die Kommunikation im kleinen Kreis und unter persönlicher Kontaktnahme eine wesentlich stärkere meinungsbildende Wirkung hat als die Kommunikation durch die Massenmedien. Dieser Zustand wirkt zusätzlich destabilisierend auf das Anlegerverhalten, denn ob ein Anleger gemäß der "offiziellen" Meinung handelt, hängt jetzt entscheidend davon ab, ob sein unmittelbarer Gesprächspartner, z.B. der Anlageberater einer Bank, die"offizielle" Meinung vertritt.

Die **mathematische Analyse von Diffusionsprozessen** knüpft in der Regel an dem *"general epidemic model"* an:[51] Demnach gibt es Meinungsträger, die gemäß einer "Infektionsrate" Meinungen verbreiten und gemäß einer "Sterberate" diese Funktion einbüßen (vgl. R.J. SHILLER, 1984,a,467f.). Die Schwierigkeiten dieses einfachen Ansatzes liegen darin, daß je nach Art des sozialpsychologischen Vorgangs die Infektions- und Sterberaten sehr verschieden sein können.

Um die von ihm postulierte Durchschlagskraft **sozialpsychologischer Ansteckungsprozesse** zu testen, greift SHILLER (loc.cit.468) den US-Aktienindex für die fünfziger und sechziger Jahre Jahre als vermutlich dankbares Untersuchungsobjekt heraus: "The postwar uptrend period, the last great bull market, has often been characterized as one of contagious and increasingly excessive optimism." Als plausible Begründung für den Kursboom der Nachkriegsjahre läßt sich eine ganze Reihe fundamentaler Einflußfaktoren anführen, z.B. die Verbesserung der monetären Steuerung und die verbesserte Kenntnis der Wirkungsmechanismen staatlichen Handelns.

Doch SHILLER (loc.cit.470) stellt sogleich die Frage, die als Gretchenfrage der **Fundamentalanalyse** überhaupt gelten kann: "How

50) F. KNIGHT (1921,232) beschreibt diesen Zustand der Unwissenheit so: "... it is impossible to form a group of instances, because the situation dealt with is in high degree unique ...".
51) Vgl. insbesondere N.T. BAILEY (1957) und M.B. GOLDMAN, H.B. SOSIN (1979); C. MACKAY (1932).

was anyone to know these reasons were right or not?" Die Crux solcher angeblich objektiven ("fundamentalen") Ursachen der wirtschaftlichen Entwicklung liegt zum einen in der mangelhaften Konkretheit dieser Ursachen und zum andern in den ungeklärten Mechanismen, nach welchen objektive Informationen in konkrete Handlungen der Informationsempfänger umgesetzt werden.

Die Begründung sozialpsychologischer Prozesse kann daher sinnvoll nur durch Rückgriff auf andere Quellen erfolgen (loc.cit.470): "The evidende for social movement driving the bull market will come instead from other sources. The evidence will be the growing number of individuals who participated in, were interested in, or knew about the market; the changes in relations between investor and agent; and the changes in attitudes that might plausibly affect the valuation of stocks ... In fact, there is a superabundance of plausible reasons for movements of the market."

Das Problem, geeignete Indikatoren zur indirekten Messung dieser sozialen und psychischen Ursachenkomplexe zu finden, ist weit weniger gewichtig als im Falle der fundamentalen Ursachen. Über die Beteiligung von einzelnen Anlegern und Anlegergruppen am Aktienmarkt gibt es verläßliche Statistiken[52], über das "verbesserte Verständnis" wirtschaftspolitischer Eingriffe nicht.

Nach den Postulaten der EMH vermag die Finanz- und Investitionspsychologie zumindest keinen nennenswerten Beitrag zum Verständnis des Finanzmarktgeschehens zu leisten. Denn wenn es so etwas wie eine **Finanzpsychologie** gäbe, dann müßten finanzielle Transaktionen und deren Auswirkungen auch in gewisser Weise prognostizierbar sein. Aktienkurse gelten aber allgemein als *"not very forecastable"*. Daraus schließt die EMH, daß allenfalls eine rationale Dividendenprognose als ernst zu nehmende Kurs- und Ertragsprognose in Frage kommt.

Das **Standardmodell der rationalen und daher "optimalen" Kursbestimmung** ist ein sog. *"first-order rational expectations model"*. Dieses **Basismodell der EMH** lautet wie folgt (vgl. R.J. SHILLER, 1984,a,474ff.): Die optimale Kursprognose erfolgt nach Gleichung

52) Vgl. z.B.: New York Stock Exchange, Share-ownership 1952 through 1970, New York 1951 - 1971.

$$(1) \quad P_t = \Sigma E_t D_{t+k}/(1+\delta)^{k+1}, \quad k = 1,\ldots,\infty$$

Gleichung (1) besagt, daß der (reale) Aktienkurs zum Zeitpunkt t (P_t) dem Barwert rational erwarteter künftiger (realer) Dividendenerträge (D_t) zum jeweiligen Prognosezeitpunkt t entspricht. E_t ist die aufgrund aller zum Zeitpunkt t verfügbaren Informationen gebildete mathematische Erwartung, δ ist eine konstante Diskontierungsrate.

Die Gleichung kann gleichzeitig auch als optimale, d.h. unter Verwendung aller öffentlich bekannter Informationen erfolgende Prognose des zu erwartenden Dividendenstroms einer Aktie interpretiert werden. Diese Interpretation, so gesteht SHILLER (loc.cit.476) ein, hat auf den ersten Blick durchaus etwas für sich, denn es läßt sich selbstverständlich nicht leugnen, daß dramatische Dividendenerhöhungen oder ein totaler Dividendenausfall in der Regel starke Rückwirkungen auf den Aktienkurs haben. Dies alles beweist aber nicht - und darauf kommt es schließlich an - "that there is not another component of the volatility of prices, a component that might dominate price movements in the stocks whose dividends are not so forecastable. For the aggregate stock market there is no evidence at all that stock price movements have been followed by corresponding dividend movements" (loc.cit.477).

Vor dem Hintergrund der Modellwelt der Gleichung (1), die als "the most commonplace version of the efficient markets theory" (loc.cit.477) aufgefaßt werden kann, entwickelt SHILLER (loc.cit.477ff.) ein alternatives Modell, das sich insbesondere durch die Annahme zweier Anlegergruppen auszeichnet. Die eine Gruppe, die sog. ***"smart-money investors"***, verhält sich entsprechend den Grundsätzen der EMH. Sie reagiert also auf rational erwartete Dividendenerträge, allerdings unter Berücksichtigung einer Vermögensrestriktion. Die zweite Gruppe, die ***"ordinary investors"***, zeigt kein rationales Verhalten. Diese Gruppe der Durchschnittsanleger reagiert nicht auf rationale Ertragserwartungen, sondern "they overreact to news or are vulnerable to fads". Diese Anlegergruppe läßt sich also stark von Stimmungen und Emotionen leiten.

Die der Gleichung (1) entsprechende EMH-Gleichung der *smart-money investors* lautet jetzt:

$$(2)\ Q_t = (E_t R_t - \mu)/\phi$$

Q_t ist der von den *smart-money*-Investoren zum Zeitpunkt t gehaltene Anteil am gesamten Aktienbestand, $E_t R_t$ ist die im Zeitpunkt t gebildete rationale Ertragserwartung. μ ist eine Konstante, die angibt, wie niedrig die Ertragserwartung sein muß, damit diese Anlegergruppe überhaupt keine Aktien hält. Andererseits kann die Ertragserwartung auch so hoch sein, nämlich $\mu+\phi$, daß die *smart-money*-Investoren alle vorhandenen Aktien halten wollen. In diesem Fall ist $Q_t = 1$. ϕ ist also die Risikoprämie, die diese Anlegergruppe verlangt, um alle Aktien zu halten.

Definiert man den von der anderen Gruppe der *ordinary investors* gehaltenen Anteil als Y_t/P_t, so muß im **Marktgleichgewicht** - hier werden alle Aktien gehalten - gelten:

$$Q_t + Y_t/P_t = 1$$

Daraus läßt sich, zusammen mit der *smart-money*-Gleichung (2), die allgemeine **Preisbestimmungsgleichung des Alternativmodells** in analoger Weise wie Gleichung (1) ableiten:[53]

$$(3)\ P_t = \Sigma(E_t D_{t+k} + \phi E_t Y_{t+k})/(1 + \mu + \phi)^{k+1}$$

Der Preis (Aktienkurs) stellt sich jetzt also dar als (gewogener) Barwert der verschiedenen Ertragserwartungen der beiden Anlegergruppen. Geht die von den "schlauen" Anlegern verlangte Risikoprämie ϕ gegen null, dann nähert sich dieses Modell der EMH-Variante an. Die "schlauen" Anleger dominieren dann mit ihren rationalen Erwartungen das Börsengeschehen. Wenn ϕ sehr groß ist, dann wollen die "schlauen" Anleger gemäß (2) kaum Aktien halten, entsprechend groß wird der Anteil der "gewöhnlichen" Anleger. Im Grenzfall - ϕ geht gegen unendlich - konvergiert Q gegen null. In diesem Fall sind nur noch die "gewöhnlichen" Anleger am Markt vertreten und es gilt $Y_t = P_t$.

53) Zum Lösungsverfahren vgl. R.J. SHILLER (1984,a,475,Fn.36).

Werden nun Ereignisse bekannt, die in Zukunft höhere Dividendenerträge erwarten lassen, so wird dies nach Gleichung (3) ganz anders wirken als nach Gleichung (1). Nach der EMH-Gleichung (1) kommt es sofort nach Bekanntwerden der dividendenrelevanten Information zu einem Preissprung, weil sich der Barwert der erwarteten Dividendenerträge erhöht. Nach Gleichung (3) kommt es zwar auch zu einem sofortigen Preissprung, nur ist hier die Begründung umfassender: Der Preissprung spiegelt nämlich auch wider, "what the smart money thinks the announcement means for the demand for stock by ordinary investors" (R.J. SHILLER, 1984,a,478), denn gemäß (3) machen sich die "schlauen" Anleger nicht nur Gedanken über die künftige Dividendenentwicklung, sondern auch über den mutmaßlichen Anteil der gewöhnlichen Anleger am gesamten Aktienbestand.

Diese Konstruktion erinnert an KEYNES' berühmtes *beauty-contest*-Beispiel: Derjenige, der einen guten Tip über die mutmaßliche Schönheitskönigin abgeben soll, darf nicht seine eigenen Auswahlkriterien, sondern diejenigen der Mehrheit der Juroren zugrundelegen. Wenn aber jeder der Juroren versucht, möglichst nahe an die durchschnittliche Meinung heranzukommen, beginnt ein unendlicher Reigen der Mutmaßungen über die mutmaßliche Meinung anderer.

Gleichung (3) liefert offenbar nur dann dasselbe Ergebnis wie Gleichung (1), wenn $Y_t = 0$. Gilt jedoch $Y_t > 0$, dann ist der Diskontierungsfaktor $1+\mu+\phi$ größer als im Falle der EMH-Gleichung (1). Dies macht man sich wie folgt klar: Im Falle $Q_t = 1$ und $Y_t = 0$ muß gemäß (2) $E_t R_t = \mu+\phi$ sein. Ist jedoch $Q_t < 1$, also $Y_t > 0$, dann muß $E_t R_t < \mu+\phi$ sein. Die Diskontierungsrate im EMH-Modell (1) beträgt $E_t R_t = \delta$, während sie im Alternativmodell (3) $\mu+\phi > E_t R_t = \delta$ beträgt. Dies hat zur Folge, daß künftige - insbesondere weit in der Zukunft liegende - Dividendenerträge eine vergleichsweise abgeschwächte Bedeutung für die aktuelle Kursbildung haben, und zwar dies umso mehr, je höher die Diskontierungsrate $\mu+\phi$ ist (loc.cit.478).

Die Modellvariante SHILLERs kann somit eine Erklärung liefern für starke Ausschläge von P, welche die EMH nicht zu liefern vermag. Die hohe **Preisvolatilität** hat ihre **Ursache** in der spontanen, nicht durch rationale Überlegungen gebremste, sondern durch modische

Strömungen verstärkte Reaktion der *ordinary investors* auf anlegerrelevante Informationen. Konkrete **Diffusionsmuster börsenrelevanter Informationen** lassen sich in ihren Auswirkungen mit Hilfe von Gleichung (3) gut abschätzen (vgl. R.J. SHILLER, 1984,a,497).

Angenommen, eine Information bewirke einen kurzfristigen, scharfen Anstieg von Y_t, der später abflacht und schließlich in eine Abwärtsbewegung einmündet. Nach Gleichung (3) ist die Preiswirkung recht gering, weil der in Gleichung (3) abgebildete MA-Prozeß[54)] diesen kurzfristigen Ausbruch von Y_t gründlich einebnet. Dabei spielt sich zwischen den Anlegergruppen folgender Austauschprozeß ab: Die von den *"ordinaries"* plötzlich ausgehende starke Nachfrage wird durch Abgaben seitens der "smarties" befriedigt, und zwar zu nahezu unveränderten Preisen, denn die rationale Erwartungsbildung zeigt sich unbeeindruckt von den launenhaften Kapriolen der *"ordinaries"*. Wenn das Interesse der *"ordinaries"* erlahmt und diese eher wieder verkaufen möchten, nehmen die *"smarties"* das am Markt auftauchende Material, ebenfalls zu nahezu unveränderten Preisen, wieder auf. Steigt hingegen Y_t nachhaltig an, dann werden auch die Kurse kräftig steigen, und zwar in Sprüngen, die immer dann auftreten, wenn die *"smarties"* begriffen haben, daß sie es mit mehr als nur einer kurzlebigen Laune der Börse zu tun haben.

Mit Hilfe der **Dividenden-Kurs-Relation**, einer in Finanzanalysen häufig verwendeten, aber gleichwohl umstrittenen Kennzahl, versucht SHILLER, die Prognosequalität der EMH, also der Gleichung (1), zu testen. Nach Meinung der EMH-Befürworter sind Launen der Börse nicht ernst zu nehmen; der kluge Investor orientiert sich vielmehr an der rationalen Dividendenerwartung. "This would mean that the most naive investment strategy, buy when price is low relative to dividends or earnings and sell when it is high, pays off" (loc.cit.488).

Ob sich eine solche Strategie ausgezahlt hätte, testet SHILLER für den Zeitraum von 1872 bis 1983. Die Tests führten zu einer **bemerkenswerten Entdeckung**: Über dem Durchschnitt liegende Dividendenerträge haben während der Testperiode offenbar Erwartungen auf überproportional steigende Erträge genährt. Nach der EMH hätte

54) Moving-Average-Prozeß.

aber das genaue Gegenteil geschehen müssen: Im Falle überdurchschnittlicher aktueller Erträge müssen die Anleger, die den "wahren" Ertrag zu kennen glauben, mit einer alsbaldigen Ertragsverschlechterung rechnen und deshalb die betreffenden Aktien schnell verkaufen. SHILLERs Fazit (loc.cit.490): "The efficient market hypothesis thus appears dramatically wrong from this regression: stock prices move in a direction opposite to that forecasted by the dividend price ration."

Die gängige Börsenerfahrung ist im übrigen durchaus dazu angetan, das Verdikt SHILLERs zu stützen. Der Börsenslogan: *"la hausse amène la hausse, la baisse amène la baisse"* besagt ja, daß sich die Börsenteilnehmer bei hektischer Kursentwicklung eben gerade nicht mit kühlem Kopf und nüchternem Sachverstand auf ihre rationalen Entscheidungsgrundlagen besinnen, sondern diese ganz einfach über Bord werfen. Die Folge ist, daß im steigenden Markt nicht etwa, wie die EMH glauben machen möchte, eine schnell wachsende Zahl der Marktteilnehmer auf die Verkäuferseite, sondern vielmehr auf die Käuferseite überwechselt. Im fallenden Markt läßt sich ein analoger Mechanismus beobachten, nur mit umgekhrtem Vorzeichen.

Es erscheint überaus fraglich, ob das EMH-Postulat, rational erwartete Dividendenerträge seien die einzige oder zumindest maßgebliche Kraft der Aktienkursbewegung, weiterhin aufrecht erhalten werden kann. In seiner abschließenden Würdigung zieht SHILLER (loc.cit.497) folgendes Fazit: "A great deal of evidence is presented here that suggests that social movements, fashions, or fads are likely to be important or even the dominant cause of speculative asset price movements ... Must we rely on such evidence to make the case against market efficiency? Yes; there is no alternative to human judgement in understanding human behavior."

In seiner Kommentierung des SHILLER-Ansatzes stellt B.M. FRIEDMAN (1984,504) die provozierende Frage, wie es überhaupt zu einem "professional researchers' near unanimous dismissal of a view held by most men and women of common sense" kommen konnte. Wie also war es möglich, daß die Wissenschaft ihre Augen verschlossen hat vor einer Erkenntnis, die von den eigentlichen Akteuren des Börsengeschäfts schon immer geteilt wurde? B.M FRIEDMAN sieht die Ursachen für solches Verhalten in "factors, ranging from the social values typical of educational groups to various forms of outright self interest [playing] a large part in molding and maintaining the solidity of professional opinion" (loc.cit.504). Die in Fragen der Finanzmarkttheorie zu beobachtende Verbohrtheit der akademischen Profession rückt B.M.FRIEDMAN sogar in die Nähe des religiösen Fanatismus, wenn er schreibt (loc.cit.505): "The unanimity - indeed often the religiosity - with which professional researchers in economics and finance dismiss such a possibility [viz. that fads, fashions, and changing societal attitudes affect securities prices] is truly astounding."

B.M. FRIEDMAN greift den Zusammenhang zwischen Markteffizienz und Nicht-Vorhersagbarkeit der Marktpreisentwicklung auf und betont, daß der SHILLER-Ansatz hauptsächlich die **Markteffizienz im Sinne von Allokationseffizienz** in Frage stelle, denn eine launige Börse könne schwerlich ein Ort effizienter Ressourcenallokation sein. Ob eine solche Einengung der Interpretation angebracht ist, erscheint jedoch zweifelhaft. Die ablehnende Haltung SHILLERs gegenüber der EMH hat eine viel breitere Basis: Laut EMH sind Kurse deshalb nicht vorhersehbar, weil der rational erwartete, d.h. optimal prognostizierte Kurs von Zufallseinflüssen überlagert wird. Daher mag der wahre Wert einer Aktie zwar bekannt sein, nicht aber ihr augenblicklicher tatsächlicher Wert. Bei SHILLER hat die Unvorhersehbarkeit der Kurse eine tiefere Ursache. In einem *fads-and-fashions*-Ansatz gibt es im Grunde überhaupt nicht die Möglichkeit, einen wahren Wert zu bestimmen. Die **Börse** ist für SHILLER daher **in doppeltem Sinne kein effizienter Markt**: Erstens schwanken Börsenkurse nicht um einen rational bestimmbaren, also prognostizierbaren Mittelwert, was für den einzelnen Anleger strategisch nutzbar wäre. Zweitens bringt die Börse keine optimale Ressourcenallokation zustande, die für die Gesamtwirtschaft von Nutzen wäre.

D.J. JÜTTNER (1987,9) bemerkt zum *fads-and-fashions*-Ansatz SHILLERs: "Dieser Erklärungsansatz erschwert natürlich außerordentlich die Entwicklung einer allgemein gültigen Theorie des Kursverhaltens. Launen ändern sich, und sie treten nur sporadisch auf. Dieser Forschungsrichtung kommt dann die Aufgabe zu, die Episoden offenbar irrationalen Verhaltens mit der Absicht zu analysieren, sie auf einige gemeinsame Grundmerkmale reduzieren zu können, wie das etwa Minsky (1972) und Kindleberger (1978) mit ihrer Erklärung von Finanzkrisen getan haben."[55]

Auch wenn der **Marktlaunenansatz** SHILLERs gewiß nicht das letzte Wort in Sachen **Finanzmarktpsychologie** sein wird, so dürfte diese Forschungskonzeption doch einen Meilenstein in der Entwicklung der Finanzmarktanalyse darstellen. Ein weiterer, erfolgversprechender Ansatz ist die **Theorie der spekulativen Preisblasen** (*theory of speculative bubbles*). Sie stellt eine alternative Erklärung irrationalen Marktverhaltens dar. Gleichwohl gibt es zahlreiche Berührungspunkte mit der *fads*-Theorie. D.J. JÜTTNER (1987,12) definiert spekulative Preisblasen als "temporäre, kumulative Abweichungen der Preise bzw. Kurse von dem Pfad, der mit den fundamentalen ökonomischen Bestimmungsfaktoren vereinbar ist."[56]

Damit sich eine Preisblase entwickeln kann, muß der realisierte Preis positiv von dessen erwarteter Veränderungsrate abhängen: "Güterpreise oder Preise von Vermögenstiteln steigen also allein deshalb, weil die Marktteilnehmer mit Preissteigerungen in der Zukunft rechnen und nicht etwa, weil ökonomische Preisbestimmungsfaktoren, wie vermehrte Geldmenge oder verbesserte Gewinnaussichten, eine solche Preisentwicklung erwarten lassen. Die tatsächliche Preisentwicklung wird also allein von sich selbst vollfüllenden Erwartungen angetrieben ... Eine einmal in Gang gekommene Preisblase steuert unausweichlich dem Kollaps entgegen; einen Selbstkorrekturmechanismus besitzt sie nicht" (D.J. JÜTTNER, 1987,12). Bevor die Preisblase platzt, kann sie eine Wachstumspause - eine sog. "Konsolidierung" - einlegen (loc.cit.15).

Varianzgrenzen- und Preisblasenmodelle stellen gewissermaßen den Kontrapunkt zu einer weithin dominierenden **Effizienzmarktphilosophie** dar. Damit ist die Finanzmarkttheorie insgesamt wieder in Bewegung geraten. Scheinbar gesichertes theoretisches Wissen ist plötzlich fragwürdig geworden. Substantiell kann eine solche Entwicklung schwerlich überraschen, denn das sehr weitreichende und

55) Vgl. H.P. MINSKY (1972); C.P. KINDLEBERGER (1978); D.J. JÜTTNER (1987).

56) Zur Preisblasentheorie vgl. O.J. BLANCHARD (1979); O.J. BLANCHARD, M.W, WATSON (1982); R. DORNBUSCH (1982); R.P. FLOOD, P.M. GARBER (1980); J.A. FRANKEL (1985); C.P. KINDLEBERGER (1978); K.D. WEST (1984).

umfassende Postulat der Markteffizienz steht intuitiv in einem so offensichtlichen Gegensatz zur Marktrealität, daß man sich über den langen Bestand der EMH eigentlich nur wundern kann. Über die Varianz- und Preisblasentheorie resümiert daher D.J. JÜTTNER (1987,12): "Diese Theorien verleihen der Spekulation einen schrillen, aber vielleicht nicht unverdienten Klang. Im Gegensatz zur vorherrschenden Lehrmeinung kann spekulatives Verhalten destabilisierend wirken und zu informationsineffizienten Preisen bzw. Kursen führen."

Das markttechnische Analysemodell beabsichtigt nun gewiß nicht, die neu entbrannte Effizienzmarkt-Kontroverse weiter anzuheizen. Ganz im Gegenteil: Das MAM soll zu einer Versachlichung der Diskussion beitragen, indem es frei von theoretisch einseitigen Festlegungen das Finanzmarktgeschehen modelliert und die Auseinandersetzung auf die Kernfrage zuspitzt: Lassen sich durch konsequente Beachtung von Marktverhaltensregeln *excess returns* erwirtschaften?

Auf diese Weise behält der Effizienzbegriff seinen zugleich empirischen und pragmatischen Inhalt, den die *efficiency*- und *non-efficiency*-Ansätze gleichermaßen reklamieren. Die Grenze zwischen MAM und diesen Ansätzen verläuft dort, wo es um theoretische *a-priori*-Festelegungen geht. Während alle einschlägigen Ansätze von vornherein klare Positionen einnehmen - z.B.: Marktentscheidungen werden rational getroffen, das Marktverhalten gleicht einem sozialpsychologischen Ansteckungsprozeß und dgl. - , kann das MAM derartige Festlegungen vermeiden, weil es sich vorrangig der Frage nach dem "Wie?" und nicht der Frage nach dem "Warum?" von Marktprozessen zuwendet.

Auf die Frage nach dem "Warum?" lassen sich in der Regel mehrere plausible Antworten geben. Den Anspruch, die einzig richtige Antwort zu kennen, erhebt das MAM daher nicht. Da dieses Erkenntnisdefizit die Leistungsfähigkeit der MAM-gestützten Prognosen und Marktstrategien nicht beeinträchtigt, ist es aus dem Blickwinkel eines pragmatischen Wissenschaftsverständnisses ohne Belang. Die "Beweislage" ist für das MAM günstig: Es muß nicht beweisen, daß eine Hypothese wahr ist im Sinne einer Übereinstimmung der Hypothese mit dem empirischen Befund, denn es läßt prinzipiell mehrere Hypothesen zu. Wohl muß es aber beweisen, daß es den Untersuchungsgegenstand "Markt" in allen für den "klugen" Marktteilnehmer relevanten Aspekten dauerhaft zu "durchschauen" vermag.[57]

57) Ein Vergleich mag hilfreich sein: Ein Kraftfahrer vermag ein Automobil sicher zu lenken, auch wenn er von Kfz-Mechanik und physikalischen Gesetzen nichts versteht. Er mag sich durchaus verschiedene sinnvolle Hypothesen darüber zurechtlegen, wodurch die Kraft im Automobil übertragen wird, sobald er das Gaspedal niederdrückt. Der Vergleich hinkt insoweit, als im Falle eines Kraftwagens die kausalen Mechanismen mit naturwissenschaftlicher Exaktheit bestimmbar sind, während im sozialökonomischen Bereich Kausalitäten mit exakten Methoden nicht identifiziert werden können.

Denn wo viel Weisheit ist,
da ist viel Grämens,
und wer viel lernt,
der muß viel leiden."
Prediger Salomo, 1, 18

3 Das markttechnische Analysemodell (MAM)

Die Skizzierung wichtiger Aspekte der Analyse spekulativer Märkte hat gezeigt, daß auf diesem Gebiet noch sehr viele wichtige Fragen offen sind. Defizite vielfältigster Art sind zu beklagen. **Statistische Analyseverfahren** betonen allzu sehr den methodischen Aspekt. Der eigentliche Untersuchungsgegenstand, nämlich das Marktgeschehen, tritt hierbei ungebührlich in den Hintergrund. **Empiristische Analyseverfahren**, wie die **plakativ-deskriptive Chartanalyse**, lassen methodische Geschlossenheit ebenso vermissen wie theoretische Fundierung. Ihnen geht es im Grunde auch nur um benutzerorientierte, signalgesteuerte Handlungsregeln. Dieser *ad-hoc*-Empirismus führt sich selbst *ad absurdum*, denn es erweist sich als unmöglich, jede denkbare Konstellation realer Abläufe zu antizipieren und in eine eindeutige Entscheidungsregel einzubinden.

Die **Finanzmarkttheorie** schließlich ist in der Regel nicht in der Lage, verläßliche Prognosen zu stellen, außer man vertritt die Meinung, die Definition des aktuellen Marktzustandes als optimale Prognose stelle eine verwertbare Prognose dar. Realistisch betrachtet sind **Prognosen** aber nur brauchbar, wenn sie den Augenblick überdauern. Die Aussage, die augenblickliche Marktsituation stelle die bestmögliche Prognose der zukünftigen Marktentwicklung dar, ist praktisch wertlos, wenn sich die Marktsituation schnell ändert, was durchaus nicht untypisch ist.

Die neuesten theoretischen Ansätze - das **Varianzgrenzenmodell** und das **Preisblasenmodell** - sind zwar überaus vielversprechend, nicht zuletzt deshalb, weil sie der **Marktpsyche** gebührend Rechnung tragen. Doch auch hier zeigen sich bislang nicht überwundene Schwächen: Der Varianzgrenzenansatz ist destruktiv. Er zeigt, was es nicht gibt, nämlich ein effizientes Marktgeschehen; er zeigt aber nicht, was statt dessen gilt. Der Preisblasenansatz ist zwar konstruktiv, indem er zeigt, welche Kräfte wahrscheinlich hinter irrationalem Marktverhalten stecken; er ist aber unbestimmt, indem er sich über die auslösenden und letztlich selbstzerstörerischen Kräfte einer Preisblase ausschweigt.

Für das **markttechnische Analysemodell (MAM)** ist dieser methodische, empirische und theoretische Hintergrund Verpflichtung und Herausforderung zugleich. Es gibt viel Bewährtes, auf das zurückgegriffen werden kann und muß. Es gibt aber auch viel Unzulängliches, das nicht übernommen werden darf. Es ist nun an der Zeit, die konzeptionellen Bausteine des markttechnischen Analysemodells im einzelnen darzustellen. Nur so lassen sich die konkreten Unterschiede zwischen der traditionellen und der markttechnischen Analyse spekulativer Märkte herausarbeiten.

3.1 Die Struktur des markttechnischen Analysemodells

Das markttechnische Analysemodell (MAM) dient in erster Linie der Bestimmung **markttechnisch bedeutsamer Gesichtspunkte des Marktgeschehens**. Deshalb ist das MAM von seinem konzeptionellen Anliegen her ein **Zeitreihenanalysemodell**. In Anlehnung an die **technische Analyse** stellt es einen Katalog diagnostisch und prognostisch verwertbarer **Determinanten der Markttechnik** auf und entwickelt exakte Methoden zu deren reihenanalytischer Bestimmung. Unter **Markttechnik** wird hierbei, wiederum im Einklang mit der **Chartanalyse**, die Gesamtheit der Eigenschaften einer Marktpreisreihe verstanden.

Im Hinblick auf die Überprüfung der Diagnose- und Prognosequalität markttechnischer Eigenschaften sind **Prüfmodelle** entwickelt worden, die in das MAM voll integriert sind. Eines dieser Prüfmodelle dient z.B. dazu, die Unterstützungs- oder Widerstandsfunktion angeblicher Unterstützungs- oder Widerstandslinien zu testen. Prüfmodelle sind daher im wesentlichen zweistufig aufgebaut: Auf der ersten Stufe müssen die zu testenden **Eigenschaften exakt und computergerecht definiert** werden. Auf der zweiten Stufe muß ein **Testalgorithmus** festgelegt werden, welcher bestimmt, wann eine Eigenschaft vorliegt und wann nicht.

Neben den Prüfmodellen spielen **Sortiermodelle** eine gewisse Rolle. Sie beziehen ihre Inputs zwar aus dem MAM, sind aber nicht unmittelbar mit diesem verknüpft. Zweck der Sortiermodelle ist es, marktgängige Tauschobjekte, z.B. Aktien, nach bestimmten Kriterien zu ordnen und ggf. zu selektieren.

Ähnlichen Hilfscharakter wie die Sortiermodelle haben die **Plotmodelle**, die zur graphischen Darstellung von Zeitreihen entwickelt wurden. Im Einklang mit der international üblichen Darstellungspraxis wurden für die **Balken- und Liniengraphik halblogarithmische Skalen** gewählt. Auf diese Weise gelingt es, Preisbewegungen in ihrer relativen Bedeutung vergleichbar darzustellen. In einem speziell für die (kurzfristige) ***point-and-figure***-**Chartanalyse** entwickelten Plotmodell sind allerdings **metrische Skalen** verwendet worden, weil bei kurzfristigen Preisschwankungen das Hauptaugenmerk auf absolute und nicht auf relative Preisänderungen gerichtet sein dürfte.[1)]

Wie mehrfach betont, sucht (und braucht) das markttechnische Analysemodell den ständigen **Realitätskontakt**. Dies setzt zunächst voraus, daß **keine Immunisierung des Modells** betrieben wird. Die nächste Voraussetzung für einen aussagefähigen Test besteht darin, daß es gelingt, eine **vernünftige Testanordnung** zu entwerfen.

Dieses Problem wird im Rahmen des MAM durch die Entwicklung von **strategisch-taktischen Planungs-, Verwaltungs- und Kontrollmodellen** gelöst. Anhand einer Fülle strategisch-taktischer Varianten lassen sich alternative Marktstrategien und Markttaktiken einem Langzeittest unterziehen, der gleichzeitig einen beliebig breiten Querschnitt liefert. Getestet wird hierbei die Performance einer strategisch-taktischen Variante im Hinblick auf die Ausnutzung von Preisänderungen.

Bei Aktien z.B. wird untersucht, welches Ergebnis eine bestimmte **Investment-Regel** bei einzelnen Aktien während eines bestimmten Untersuchungszeitraums erbracht hätte. Dabei werden nur Kursänderungen, nicht aber Dividenden und Transaktionskosten, in der **Ergebnisrechnung** erfaßt. Es ist allerdings nicht von vornherein klar, was sinnvoll unter "Ergebnis" verstanden werden sollte. Interessiert das **absolute Ergebnis** (in Währungseinheiten) oder die **Rendite?** Und wenn die Rendite das relevante Kriterium sein soll,

1) Auf die Sortier- und Plotmodelle wird im Rahmen dieser Arbeit nicht näher eingegangen.

ist dann die absolute oder die relative Rendite vorzuziehen? Unter **absoluter Rendite** wird hier der prozentuale Anteil der Differenz zwischen Kauf- und Verkaufpreis, bezogen auf den Kaufpreis, verstanden. Im Falle der **relativen Rendite** wird dieser Prozentsatz auf Jahresbasis umgerechnet.

Die strategisch-taktischen Modelle sind so konzipiert, daß **sowohl die absolute als auch die relative kumulierte Rendite ausgewiesen** wird. Damit ist den beiden Grundtypen des Anlegerpublikums - Daueranleger bzw. kurzfristiger *"Trader"* - Rechnung getragen. Die strategisch-taktischen Planungs-, Verwaltungs- und Kontrollmodelle sind zum Teil recht komplex und nur mit erheblichem Aufwand computergerecht zu formulieren. Sie sind mit dem Herzstück des MAM, dem eigentlichen Zeitreihenanalysemodell, in vielfältiger Weise vernetzt.

Das markttechnische Analysemodell wird im folgenden in allen wesentlichen Teilen algorithmisch ausformuliert. Aus Platzgründen können jedoch nicht alle Varianten und Spielarten wiedergegeben werden.

3.2 Markttechnische Zeitreihenanalyse

Den Kern des markttechnischen Analysemodells bildet das **zeitreihenanalytische Basismodell.** Es stellt gewissermaßen den definitorischen Rahmen des MAM dar. Es legt Begriffe fest und präzisiert definitorische Zusammenhänge. Darüber hinaus enthält bereits dieser zeitreihenanalytische Teil einige sehr wesentliche **theoretische Grundpostulate über die Preisbildung auf spekulativen Märkten.** Eine Vertiefung dieser theoretischen Einsichten sowie deren empirischer Test wird dann erst im Rahmen der strategisch-taktischen Modellteile möglich sein.

3.2.1 Reihenmittelwerte

Unstrittig ist - sowohl in der theoretischen als auch in der empirischen Wirtschaftsforschung -, daß ökonomische Zeitreihen im allgemeinen und die Preisbildung auf spekulativen Märkten im besonderen **zufallsbedingten Einflüssen** ausgesetzt sind. Diese werden als

Störfaktoren aufgefaßt, weil sie die fundamentale Reihendynamik überlagern und verschleiern.

Die **Trennung zwischen Zufallseinflüssen und systematischen Einflüssen** kann freilich nicht ganz ohne Willkür vollzogen werden. Die Ausschaltung von Zufallseinflüssen muß daher in der Weise erfolgen, daß der mögliche Schaden durch etwaige Eliminationsfehler begrenzt bleibt. Die in der Zeitreihenanalyse gängige Praxis der **Bildung gleitender Durchschnitte** wird vom MAM übernommen.

Welche **Stützperiode für die Zufallsbereinigung** zu wählen ist, kann objektiv und eindeutig nicht bestimmt werden. Im Falle einer Preisreihe geht es hierbei letztlich um die Frage, welchen Preisdurchschnitt die Marktteilnehmer als Referenzgröße heranziehen. Da hierüber keine Erkenntnisse vorliegen, zumal die Marktteilnehmer diesbezüglich allenfalls über unterbewußte Beurteilungsmaßstäbe verfügen dürften, kommt man ohne Plausibilitätsüberlegungen hier nicht aus.

In der praktischen Chartanalyse ist die **Verwendung von 200-Tage-Mitteln** weit verbreitet. Bei ca. 200 Börsentagen im Jahr impliziert dies eine Referenzperiode von einem Jahr. Die große Beliebtheit von Langfristcharts, also graphischer Darstellungen von Preisreihen über fünf bis zehn Jahre (teilweise auch mehr), deutet andererseits darauf hin, daß die Marktteilnehmer bei ihren Marktentscheidungen durchaus auch längerfristige Vergleiche anstellen. Und schließlich: Die im Zusammenhang mit Anlageentscheidungen auf den Aktienmärkten zwar nicht unumstrittene, aber doch weithin beachtete **"Dow-Theorie"** unterscheidet zwischen kurz-, mittel- und langfristigen Börsenbewegungen.

Diese Hinweise mögen genügen, um die These zu stützen, daß Marktteilnehmer bei ihren Marktdispositionen nicht eine, sondern zugleich mehrere Referenzperioden heranziehen, um sich ein Bild über Durchschnittspreise bzw. -kurse zu machen. Das MAM verwendet daher verschiedene **periodenspezifische Reihendurchschnitte**. Jeder einzelne dieser Mittelwerte hat innerhalb des MAM eine eigenständige Bedeutung.[2]

2) Hierauf wird weiter unten eingegangen.

Die Mittelwerte Z_3 bis Z_9 werden gleichwohl zu Z_{11} aggregiert, gewissermaßen dem *medium mediorum*. Diesem Wert kommt im Rahmen des MAM die Aufgabe zu, die **globalen Mittelwertvorstellungen** der Marktteilnehmer einzufangen. Es wird sich weiter unten in der Tat zeigen, daß der Z_{11}-Wert eine durchaus **signifikante Preisschwelle** markiert oder aber das Zentrum einer Preiszone im Falle richtungsloser Preisentwicklung darstellt.

Die Reihenmittelwerte werden im einzelnen wie folgt bestimmt:[3] In der Regel werden **Monatsdaten** verwendet. Daneben spielen bei der Finanzmarktanalyse auch **Wochen- und Tagesdaten** eine gewisse Rolle. Bei der Untersuchung langfristiger sozio-ökonomischer Zeitreihen können auch Daten mit abweichender Periodenabgrenzung, z.B. **Quartals-, Halbjahres- oder Jahresdaten** verwendet werden. Im folgenden wird für die Periodenabgrenzung kurz die Bezeichnung "Periode" verwendet.

Der Tiefstpreis in der Periode t sei $Z_{1,t}$. Der Höchstpreis in der Periode t sei $Z_{2,t}$.[4] Das erste Reihenmittel ist[5]

$$Z_{3,t} = 0.5(Z_{1,t} + Z_{2,t}).$$

Aus dem einfachen Periodendurchschnitt Z_3 folgt der 3-Perioden-Durchschnitt

$$Z_{4,t} = (Z_{3,t} + Z_{3,t-1} + Z_{3,t-2})/3.$$

Z_4 informiert somit über den Durchschnitt der durchschnittlichen Preislagen in den vergangenen drei Perioden, einschließlich der gerade zu Ende gegangenen Periode t. Bei Verwendung von Monatsdaten entspricht Z_4 dem Quartalsdurchschnitt.

3) Da in erster Linie Preisreihen untersucht werden, wird bei den Erläuterungen der einzelnen Gleichungen der Terminus "Preis" verwendet.
4) Künftig wird der Zeitindex weggelassen, sofern es die Darstellung entlastet und zu keinen Mißverständnissen führen kann.
5) Es handelt sich hierbei um einen **approximativen Periodendurchschnitt**, denn die Streuung der innerhalb der Periode t erfolgten Reihenrealisationen bleibt unberücksichtigt. Diese Art der Durchschnittsbildung erscheint gerechtfertigt, da insbesondere im Falle von Preisbeobachtungen die Frage nach der mittleren **"Preislage"** innerhalb der von den extremen Preisrealisationen gezogenen Grenzen das zentrale Interesse der Marktteilnehmer finden dürfte.

Die weiteren Mittelwerte werden dadurch gebildet, daß die Stützperiode jeweils verdoppelt wird, auf den 3-Perioden-Durchschnitt folgt also der 6-Perioden-Durchschnitt, auf diesen der 12-Perioden-Durchschnitt usw. Abgebrochen wird nach Erreichen des 96-Perioden-Durchschnitts. Das Konstruktionsprinzip wird nur einmal durchbrochen, und zwar durch die Bildung des 36-Perioden-Durchschnitts. Die entsprechenden Formeln lauten:

$$Z_{5,t} = 0.5(Z_{4,t} + Z_{4,t-3})$$
$$Z_{6,t} = 0.5(Z_{5,t} + Z_{5,t-6})$$
$$Z_{7,t} = 0.5(Z_{6,t} + Z_{6,t-12})$$
$$Z_{8,t} = (Z_{6,t} + Z_{6,t-12} + Z_{6,t-24})/3$$
$$Z_{9,t} = 0.5(Z_{7,t} + Z_{7,t-24})$$

Bei Verwendung von Monatsdaten, was vor allem im Hinblick auf die **Finanzmarkt- und Konjunkturanalyse** naheliegt, ergibt sich also eine grundlegende Stützperiode von 48 Perioden = 4 Jahren. Der sehr langfristige, 96 Perioden (= 8 Jahre) umfassende Reihendurchschnitt

$$Z_{10,t} = 0.5(Z_{9,t} + Z_{9,t-48})$$

wird vorwiegend als Vergleichsgröße ermittelt. Es wird davon ausgegangen, daß durch die Abdeckung eines Referenzzeitraums von 48 Perioden das **historische Interesse eines Marktteilnehmers** an einer Preisreihe im allgemeinen befriedigt wird.[6] So dürfte es z.B. realistisch sein, daß sich ein Aktienspekulant für Kursspannen der letzten drei bis vier Jahre interessiert. Weiter zurückliegende Kurse sind zwar nicht belanglos, durch ihre historische Ferne jedoch in ihrer Aussagekraft für die Gegenwart stark eingeschränkt.

Eine besonders gewichtige Rolle im Rahmen des MAM spielt der **mittlere Periodendurchschnitt**

$$Z_{11,t} = (\Sigma Z_{i,t})/6, \; i = 4,\ldots,9.$$

Dieser Mittelwert übernimmt als *medium mediorum* die schwierige **Aufgabe, die globale Vorstellung der Marktteilnehmer über den durchschnittlichen Marktwert eines Gutes** zu approximieren. Dabei

6) Zu ähnlichen Ergebnissen kommt E.F. FAMA (1976,b,132): "With monthly data, the optimal estimation period is apparently five to seven years."

mag es im Einzelfall durchaus zu erheblichen individuellen Meinungsverschiedenheiten über diesen durchschnittlichen Marktwert kommen. Entscheidend ist jedoch, welche Bewertung am Markt die größten Durchsetzungschancen hat.

3.2.2 Zyklische Reihendynamik

Sozioökonomische Zeitreihen weisen in der Regel mehr oder weniger starke Schwankungen auf. Zur **quantitativen Abschätzung des historischen Schwankungsverhaltens einer Zeitreihe** gibt es zahlreiche Möglichkeiten. Das MAM verwendet zwei Schätzansätze, den **exponentiellen Amplitudenansatz** sowie den (im nächsten Abschnitt dargestellten) **Volatilitätsansatz**.[7]

Der Ausschaltung zufallsbedingter Störeinflüsse muß bei der Konzeption eines angemessenen **Schwankungsmaßes** große Beachtung geschenkt werden. Extreme "Ausreißer" können ein Schwankungsmaß erheblich verzerren. Andererseits sind heftige Reihenausschläge ein empirisches Faktum, das gerade bei der Schwankungsmessung nicht ignoriert werden darf. Das MAM nimmt deshalb nur eine mäßige Glättung vor. Außerdem wird versucht, durch Verwendung zweier alternativer Schätzansätze etwaige schätzspezifische Verzerrungen zu entschärfen.

3.2.2.1 Exponentielle Amplitudenschätzung

Zunächst erhebt sich die Frage, die Schwankung welcher Größe eigentlich geschätzt werden soll. Da es auch hierauf keine theoretisch befriedigende Antwort gibt, verwendet das MAM für die Schwankungsmessung die Periodenmittelwerte Z_4 bis Z_9. Im Falle des 3-Perioden-Durchschnitts wird die innerhalb der Stammreferenzperiode von 48 Perioden auftretende maximale 3-Perioden-Abweichung gesucht:

$$Z_{12,t} = \max\{\,|Z_{4,T} - Z_{4,T-K}| \;|\; K = 1,2,3;\ T = 1,\ldots,48\}$$

7) Die Diskussion über die Volatilität von Preis- und Kursreihen, Ertragssätzen und dgl. nimmt in der Literatur inzwischen einen breiten Raum ein. Vgl. z.B.: E. ALTMAN, R. SCHWARTZ (1970); K. COHEN, W. NESS, H. OKUDA, R. SCHWARTZ, D. WHITCOMB (1976); M.A. FLAVIN (1983); S.C. LEUTHOLD (1976); G.E. PINCHES, W.R. KINNEY Jr. (1971); R.A. SCHWARTZ, E. ALTMAN (1973); R.J. SHILLER (1979;1981a; 1981b); K.D. WEST (1984).

Für die Schwankungsschätzung werden somit nicht die tatsächlich erreichten Maxima und Minima, Z_1 und Z_2, verwendet, sondern der dreiperiodige gleitende Durchschnitt Z_4; hierdurch wird eine erste Glättung erreicht. Sollte Z_{12} ausreißerbedingt überhöht sein, so wird eine zweite Dämpfung dadurch erreicht, daß neben der maximalen auch die zweitgrößte und drittgrößte 3-Perioden-Abweichung bestimmt und allen drei Berechnungen gleiches Gewicht gegeben wird:

$$Z_{13,t} = \max\{(|Z_{4,T^*} - Z_{4,T^*-L}|) < Z_{12,t} \mid L = 1,2,3;\ T^* = 1,\dots,48\}$$

$$Z_{14,t} = \max\{(|Z_{4,T^{**}} - Z_{4,T^{**}-M}|) < Z_{13,t} \mid M = 1,2,3;\ T^{**} = 1,\dots,48\}$$

Nun wird $Z_{12,t}$ die größte 3-Perioden-Abweichung in der 48 Perioden umfassenden Referenzperiode, auf $Z_{4,T}$, die Bezugsbasis dieser 3-Perioden-Abweichung, bezogen:

$$Z_{15,t} = Z_{12,t}/Z_{4,T}$$

Durch Ziehen der Quadratwurzel wird erreicht, daß Abweichungen, die größer als die Bezugsbasis sind, gedämpft, und solche, die kleiner als die Bezugsbasis sind, verstärkt werden. Hierdurch wird gewährleistet, daß **Konsolidierungsphasen**, also Phasen sehr ruhiger oder gar stagnierender Preisentwicklung, nicht eine unrealistisch geringe Schwankungsanfälligkeit einer Preisreihe vortäuschen. Oft kündigt, zumindest auf spekulativen Märkten, eine ausgeprägte "Preisruhe" den nächsten "Preissturm" an:

$$Z_{16,t} = \mathrm{SQRT}(Z_{15,t})$$

Der in der **Preisblasentheorie** aufgegriffenen und empirisch gut nachweisbaren Tatsache einer tendenziellen Selbstverstärkung einmal in Gang gekommener Preisbewegungen wird nun in der Weise Rechnung getragen, daß die durch Z_{16} modifizierte (relative) 3-Perioden-Abweichung durch eine Exponentialfunktion in einen 3-Perioden-**Amplitudenfaktor** transformiert wird:

$$Z_{17,t} = \exp(Z_{16,t})$$

Nun ist dieser Rechengang für die zweit- und drittgrößte 3-Perioden-Abweichung zu wiederholen:

$Z_{18,t} = Z_{13,t}/Z_{4,T^*}$
$Z_{19,t} = SQRT(Z_{18,t})$
$Z_{20,t} = \exp(Z_{19,t})$
$Z_{21,t} = Z_{14,t}/Z_{4,T^{**}}$
$Z_{22,t} = SQRT(Z_{21,t})$
$Z_{23,t} = \exp(Z_{22,t})$

Aus den drei größten 3-Perioden-Amplitudenfaktorn Z_{17}, Z_{20} und Z_{23} kann nun der durchschnittliche 3-Perioden-Amplitudenfaktor als einfaches arithmetisches Mittel gewonnen werden:

$$Z_{24,t} = (Z_{17,t} + Z_{20,t} + Z_{23,t})/3$$

Eine analoge Prozedur, die nachstehend ohne Kommentierung abgebildet wird[8], ist auf die 6-, 12-. 24-, 36- und 48-Periodendurchschnitte anzuwenden. Das Ergebnis sind die jeweiligen periodenspezifischen Amplitudenfaktoren Z_{37}, Z_{50}, Z_{63}, Z_{76} und Z_{89}:

$$Z_{25,t} = \max\{|Z_{4,T} - Z_{4,T-K}| \mid K = 1...6;\ T = 1,...,48\}$$

$$Z_{26,t} = \max\{(|Z_{4,T^*} - Z_{4,T^*-L}|) < Z_{25,t} \mid L = 1...6;\ T^* = 1,...,48\}$$

$$Z_{27,t} = \max\{(|Z_{4,T^{**}} - Z_{4,T^{**}-M}|) < Z_{26,t} \mid M = 1...6;\ T^{**} = 1,...,48\}$$

$Z_{28,t} = Z_{25,t}/Z_{5,T}$
$Z_{29,t} = SQRT(Z_{28,t})$
$Z_{30,t} = \exp(Z_{29,t})$
$Z_{31,t} = Z_{26,t}/Z_{5,T^*}$
$Z_{32,t} = SQRT(Z_{31,t})$
$Z_{33,t} = \exp(Z_{32,t})$
$Z_{34,t} = Z_{27,t}/Z_{5,T^{**}}$
$Z_{35,t} = SQRT(ZT_{34,t})$
$Z_{36,t} = \exp(Z_{36,t})$
$Z_{37,t} = (Z_{30,t} + Z_{33,t} + Z_{36,t})/3$

$$Z_{38,t} = \max\{|Z_{4,T} - Z_{4,T-K}| \mid K = 1...12;\ T = 1,...,48\}$$

$$Z_{39,t} = \max\{(|Z_{4,T^*} - Z_{4,T^*-L}|) < Z_{38,t} \mid L = 1...12;\ T^* = 1,...,48\}$$

$$Z_{40,t} = \max\{(|Z_{4,T^{**}} - Z_{4,T^{**}-M}|) < Z_{39,t} \mid M = 1...12;\ T^{**} = 1,...,48\}$$

$Z_{41,t} = Z_{38,t}/Z_{6,T}$
$Z_{42,t} = SQRT(Z_{41,t})$

8) Der Einfachheit halber wurde der Symbolsatz T, T^*, T^{**}, K, L, M beibehalten. Je weiter die Zeitspanne ausgedehnt wird, während der die Amplitude abgegriffen werden soll, desto breiter ist auch die zeitliche Basis für den als Bezugsgröße fungierenden Mittelwert zu wählen. Die 6-Perioden-Abweichung ist daher auf Z_5, die 12-Perioden-Abweichung auf Z_6 (usw.) zu beziehen. Eine detaillierte Begründung hierfür findet sich weiter unten.

$$
\begin{aligned}
Z_{43,t} &= \exp(Z_{42,t})\\
Z_{44,t} &= Z_{39,t}/Z_{6,T^*}\\
Z_{45,t} &= \mathrm{SQRT}(Z_{44,t})\\
Z_{46,t} &= \exp(Z_{45,t})\\
Z_{47,t} &= Z_{40,t}/Z_{6,T^{**}}\\
Z_{48,t} &= \mathrm{SQRT}(Z_{47,t})\\
Z_{49,t} &= \exp(Z_{48,t})\\
Z_{50,t} &= (Z_{43,t} + Z_{45,t} + Z_{49,t})/3
\end{aligned}
$$

$$Z_{51,t} = \max\{|Z_{4,T} - Z_{4,T-K}| \mid K = 1...24;\ T = 1,...,48\}$$

$$Z_{52,t} = \max\{(|Z_{4,T^*} - Z_{4,T^*-L}|) < Z_{51,t} \mid L = 1...24;\ T^* = 1,...,48\}$$

$$Z_{53,t} = \max\{(|Z_{4,T^{**}} - Z_{4,T^{**}-M}|) < Z_{52,t} \mid M = 1...24;\ T^{**} = 1,...,48\}$$

$$
\begin{aligned}
Z_{54,t} &= Z_{51,t}/Z_{7,T}\\
Z_{55,t} &= \mathrm{SQRT}(Z_{54,t})\\
Z_{56,t} &= \exp(Z_{55,t})\\
Z_{57,t} &= Z_{52,t}/Z_{7,T^*}\\
Z_{58,t} &= \mathrm{SQRT}(Z_{57,t})\\
Z_{59,t} &= \exp(Z_{58,t})\\
Z_{60,t} &= Z_{53,t}/Z_{7,T^{**}}\\
Z_{61,t} &= \mathrm{SQRT}(Z_{60,t})\\
Z_{62,t} &= \exp(Z_{61,t})\\
Z_{63,t} &= (Z_{56,t} + Z_{59,t} + Z_{62,t})/3
\end{aligned}
$$

$$Z_{64,t} = \max\{|Z_{5,T} - Z_{5,T-K}| \mid K = 1...36;\ T = 1,...,48\}$$

$$Z_{65,t} = \max\{(|Z_{5,T} - Z_{5,T^*-L^*}|) < Z_{64,t} \mid L = 1...36;\ T^* = 1,...,48\}$$

$$Z_{66,t} = \max\{(|Z_{5,T^{**}} - Z_{5,T^{**}-M}|) < Z_{65,t} \mid M = 1...36;\ T^{**} = 1,...,48\}$$

$$
\begin{aligned}
Z_{67,t} &= Z_{64,t}/Z_{8,T}\\
Z_{68,t} &= \mathrm{SQRT}(Z_{67,t})\\
Z_{69,t} &= \exp(Z_{68,t})\\
Z_{70,t} &= Z_{65,t}/Z_{8,T^*}\\
Z_{71,t} &= \mathrm{SQRT}(Z_{70,t})\\
Z_{72,t} &= \exp(Z_{71,t})\\
Z_{73,t} &= Z_{66,t}/Z_{8,T^{**}}\\
Z_{74,t} &= \mathrm{SQRT}(Z_{73,t})\\
Z_{75,t} &= \exp(Z_{74,t})\\
Z_{76,t} &= (Z_{69,t} + Z_{72,t} + Z_{75,t})/3
\end{aligned}
$$

$$Z_{77,t} = \max\{|Z_{5,T} - Z_{5,T-K}| K = 1...48;\ T = 1,...,48\}$$

$$Z_{78,t} = \max\{(Z_{5,T^*} - Z_{5,T^*-L}|) < Z_{77,t} \mid L = 1...48;\ T^* = 1,...,48\}$$

$$Z_{79,t} = \max\ \{(|Z_{5,T^{**}} - Z_{5,T^{**}-M}|) < Z_{78,t} \mid M = 1...48;\ T^{**} = 1,...,48\}$$

$$
\begin{aligned}
Z_{80,t} &= Z_{77,t}/Z_{9,T}\\
Z_{81,t} &= \mathrm{SQRT}(Z_{80,t})\\
Z_{82,t} &= \exp(Z_{81,t})\\
Z_{83,t} &= Z_{78,t}/Z_{9,T^*}\\
Z_{84,t} &= \mathrm{SQRT}(Z_{83,t})\\
Z_{85,t} &= \exp(Z_{84,t})\\
Z_{86,t} &= Z_{79,t} Z_{9,T^{**}}
\end{aligned}
$$

$Z_{87,t}$ = SQRT($Z_{86,t}$)
$Z_{88,t}$ = exp($Z_{87,t}$)
$Z_{89,t}$ = ($Z_{82,t}$ + $Z_{85,t}$ + $Z_{88,t}$)/3

Keiner der **periodenspezifischen Amplitudenfaktoren** kann auf theoretischer Grundlage Vorrang beanspruchen. Deshalb liegt es auch hier wieder nahe, ein **globales Schwankungsmaß** anzustreben. Dieses wird durch gleichgewichtige Zusammenfassung der periodenspezifischen Amplitudenfaktoren zu einem **globalen Amplitudenfaktor** erreicht:

$Z_{90,t}$ = ($Z_{24,t}$ + $Z_{37,t}$ + $Z_{50,t}$ +$Z_{63,t}$ + $Z_{76,t}$ + $Z_{89,t}$)/6

Das in Tabelle 1 wiedergegebene Zahlenbeispiel veranschaulicht die Berechnung des Amplitudenfaktors für den 3-Perioden-Fall:

größte 3-perioden-Abweichung		zweitgrößte 3-Perioden-Abweichung		drittgrößte 3-perioden-Abweichung	
$Z_{4,T}$	90	Z_{4,T^*}	78	$Z_{4,T^{**}}$	144
$Z_{4,T-1}$	92	Z_{4,T^*-1}	84	$Z_{4,T^{**}-1}$	135
$Z_{4,T-2}$	111	Z_{4,T^*-2}	89	$Z_{4,T^{**}-2}$	131
$Z_{4,T-3}$	109	Z_{4,T^*-3}	91	Z_{4,T^*-3}	132
$Z_{12,t}$	21	$Z_{13,t}$	13	$Z_{14,t}$	12
$Z_{15,t}$	0.2333	$Z_{18,t}$	0.1667	$Z_{21,t}$	0.0833
$Z_{16,t}$	0.4830	$Z_{19,t}$	0.4082	$Z_{22,t}$	0.2887
$Z_{17,t}$	1.6210	$Z_{20,t}$	1.5042	$Z_{23,t}$	1.3347
$Z_{24,t}$	**1.4866**				

Tabelle 1: Bestimmung des durchschnittlichen dreiperiodigen Amplitudenfaktors

Da die Mittelwertreihe Z_4 wohl kaum die ausschließliche oder auch nur dominierende Referenzreihe der Marktteilnehmer darstellt, sind andere mögliche Referenzwerte heranzuziehen. Wie durch Z_{90} dokumentiert wird, verwendet das MAM insgesamt **sechs verschiedene Referenzzeiträume** mit jeweils entsprechenden periodenspezifischen Amplitudenfaktoren. Der durch Aggregation entstandene globale Amplitudenfaktor Z_{90} versucht, das Schwankungsverhalten einer Reihe möglichst lückenlos abzugreifen.[9]

9) Die bei der Schwankungsberechnung zugrundegelegte Stützperiode variiert hierbei parallel zur Stützperiode des gleitenden Durchschnitts. Das heißt: Beim 3-Perioden-Durchschnitt Z_4 werden drei

Aus dem mittleren Perioden-Durchschnitt Z_{11} und dem globalen Amplitudenfaktor Z_{90} läßt sich nun in erster Annäherung die mutmaßliche Bandbreite einer Zeitreihe schätzen. Die **exponentielle Berechnungsmethode** des Amplitudenfaktors bringt es mit sich, daß die so ermittelte Bandbreite sehr breit ausfällt. Da dies gleichbedeutend ist mit einer geringen Prognosegenauigkeit, werden wir später zahlreiche Möglichkeiten prüfen, die Bandbreite wesentlich zu verengen. Die Grenzen der Z_{11}/Z_{90}-gestützten Bandbreite sind wie folgt definiert:

$Z_{91,t} = Z_{11,t}/Z_{90,t}$ (Untergrenze)

$Z_{92,t} = Z_{11,t} \cdot Z_{90,t}$ (Obergrenze)

3.2.2.2 Lineare Amplitudenschätzung (Volatilitätsansatz)

Die **zyklische Dynamik** versucht das MAM auf einem zweiten, grundsätzlich verschiedenen Weg zu erfassen. Der **Volatilitätsansatz** verwendet als Ausgangspunkt der Schwankungsmessung nicht die Abweichungen zwischen verschieden terminierten "Stationen" einer bestimmten Mittelwertreihe, sondern die Abweichungen zwischen zwei verschiedenen Mittelwertreihen bei gleicher Terminierung. Hierbei greift man die Z_4-Reihe, also den 3-Perioden-Durchschnitt, als die beweglichste der Durchschnittsreihen heraus und vergleicht sie mit den weniger beweglichen Durchschnittsreihen Z_6, Z_7, Z_8 und Z_9. Auch hier wird, aus ähnlichen Überlegungen wie beim exponentiellen Ansatz, die Schätzung auf die drei größten Mittelwertabweichungen gestützt. Die größte 12-Perioden-Volatilität errechnet sich gemäß

Vergleichsperioden (t-1, t-2, t-3) herangezogen, beim 6-Perioden-Durchschnitt Z_5 werden sechs Vergleichsperioden (t-1,...,t-6) herangezogen usw. Der Grund liegt darin, daß ein gleitender Durchschnitt umso glatter wird, je länger die Stützperiode ist. Daraus folgt, daß ein gleitender Durchschnitt mit langer Stützperiode naturgemäß weniger stark schwankt als ein gleitender Durchschnitt mit vergleichsweise kurzer Stützperiode. Würde man z.B. für den trägen 48-Perioden-Durchschnitt nur zeitlich sehr dicht beeinander liegende Referenzwerte zulassen, so wäre die meßbare Schwankung in den meisten Fällen gleich null, was nicht mit dem tatsächlichen Reihenverhalten übereinzustimmen braucht. Weitet man jedoch den Referenzzeitraum stark aus, z.B. - wie im MAM - auf 48 Perioden, so lassen sich durchaus in der Regel stark divergierende Mittelwerte finden, die für eine sinnvolle Schwankungsanalyse verwendet werden können.

$Z_{93,t} = \max\{|Z_{4,T} - Z_{6,T}| \mid T = 1,...,48\}$.

Innerhalb eines Referenzzeitraums von 48 Perioden wird also diejenige Periode T gesucht, in welcher die Z_4-Reihe den größten (periodengleichen) Abstand von der Z_6-Reihe aufweist. Der nächste Schritt gilt der Bestimmung der zweitgrößten 12-Perioden-Volatilität in dem 48 Perioden umfassenden Referenzzeitraum; sie wird in der Periode T* beobachtet:

$Z_{94,t} = \max\{(|Z4,T^* - Z6,T^*|) < Z_{93,t} \mid T^* = 1,...,48\}$

Schließlich wird die drittgrößte 12-Perioden-Volatilität bestimmt:

$Z_{95,t} = \max\{(|Z_{4,T^{**}} - Z_{6,T^{**}}) < Z_{94,t} \mid T^{**} = 1,...,48\}$

Da es sich um einen linearen Schätzansatz handelt, können jetzt leicht ohne weitere Vorarbeiten die **Volatilitätsfaktoren** ermittelt werden.
Der größte 12-Perioden-Volatilitätsfaktor errechnet sich als

$Z_{96,t} = 1 + [Z_{93,t}/(\min\{Z_{4,T}, Z_{6,T}\})]$.

Die maximale Abweichung (Volatilität), die der Drei-Perioden-Durchschnitt Z_4 in bezug auf den 12-Perioden-Durchschnitt Z_6 aufweist, wird somit auf die kleinere der beiden Durchschnittsreihen bezogen. Damit soll einer **systematischen Unterschätzung der Volatilität** ein Riegel vorgeschoben werden.[10]

In analoger Weise lassen sich der zweit- und drittgrößte Volatilitätsfaktor bestimmen:

$Z_{97,t} = 1 + [Z_{94,t}/(\min\{Z_{4,T^*}, Z_{6,T^*}\})]$
$Z_{98,t} = 1 + [Z_{95,t}/(\min\{Z_{4,T^{**}}, Z_{6,T^{**}}\})]$

Um extreme Reihenwerte weitgehend zu neutralisieren, erscheint es auch hier ratsam, das arithmetische Mittel aus diesen Volatilitätsfaktoren zu bestimmen:

10) Die Gefahr einer Unterschätzung ist im **linearen Ansatz** ohnehin höher zu veranschlagen als im exponentiellen Ansatz, der selbst kleine Mittelwertabweichungen durch die Verwendung von Wurzel- und Exponentialfunktionen erheblich verstärkt. Über derartige Verstärkereffekte verfügt der lineare Schätzansatz nicht.

$$Z_{99,t} = (Z_{96,t} + Z_{97,t} + Z_{98,t})/3$$

Dieser durchschnittliche 12-Perioden-Volatilitätsfaktor mißt die während eines Referenzzeitraums von 48 Perioden nachweisbare **Schwankungsintensität** der 3-Perioden-Mittelwertreihe Z_4 in bezug auf die 12-Perioden-Mittelwertreihe Z_6. Da bereits Z_4 eine nicht unbeträchtliche Glättung im Vergleich zu den Ursprungswerten Z_1 und Z_2 aufweist, dürfte die Volatilitätsschätzung die tatsächliche Schwankungsanfälligkeit der Originalreihe unterschätzen.

Mit Blick auf spekulative Märkte dürfte der Volatilitätsfaktor die ruhige, von spekulativen Exzessen freie Preisentwicklung hingegen gut einfangen. Soll ein Maß entwickelt werden, das die zyklische Dynamik sowohl in ruhigen als auch in stürmischen Marktphasen noch einigermaßen gut trifft, so kommt man ohne eine Kompromißformel nicht aus. Diese könnte in einer **Vermischung exponentieller und linearer Schwankungsmaße** gesehen werden; hierauf wird weiter unten noch einzugehen sein.

Eine systematische Erhöhung des linearen Volatilitätsmaßes läßt sich in gewissem Umfang jedoch bereits dadurch erreichen, daß die bewegliche Z_4-Reihe zu unbeweglicheren Durchschnittsreihen in Beziehung gesetzt wird. Während die Z_6-Reihe, also der 12-Perioden-Durchschnitt, noch recht beweglich ist, reagiert die Z_7-Reihe, also der 24-Perioden-Mittelwert, bereits wesentlich träger auf Änderungen der ungeglätteten Reihenwerte Z_1 und Z_2. Dieses Phänomen verstärkt sich noch im Falle der Z_8-Reihe und ist am stärksten im Falle der Z_9-Reihe, also dem 48-Perioden-Durchschnitt. Hier kann es in der Tat zu sehr beachtlichen Abweichungen zwischen dem Z_4-Wert und dem äußerst unbeweglichen Z_9-Wert kommen. Die in analoger Weise erfolgenden Herleitungen werden nun im folgenden ohne Kommentierung dargestellt:

$$Z_{100,t} = \max\{|Z_{4,T} - Z_{7,T}| \mid T = 1,\ldots,48\}$$

$$Z_{101,t} = \max\{(|Z_{4,T^*} - Z_{7,T^*}|) < Z_{100,t} \mid T^* = 1,\ldots,48\}$$

$$Z_{103,t} = 1 + [Z_{100,t}/(\min\{Z_{4,T}, Z_{7,T}\})]$$
$$Z_{104,t} = 1 + [Z_{101,t}/(\min\{Z_{4,T^*}, Z_{7,t^*}\}]$$
$$Z_{105,t} = 1 + [Z_{102,t}/(\min\{Z_{4,T^{**}}, Z_{7,T^{**}}\}]$$
$$Z_{106,t} = (Z_{103,t} + Z_{104,t} + Z_{105,t})/3$$

$$Z_{107,t} = \max\{|Z_{4,T} - Z_{8,T}| \mid T = 1,\ldots,48\}$$

$$Z_{108,t} = \max\{(|Z_{4,T^*} - Z_{8,T^*}|) < Z_{107,t} \mid T^* = 1,\ldots,48\}$$

$$Z_{109,t} = \max\{(|Z_{4,T^{**}} - Z_{8,T^{**}}|) < Z_{108,t} \mid T^{**} = 1,\ldots,48\}$$

$$Z_{110,t} = 1 + [Z_{107,t}/(\min\{Z_{4,T}, Z_{8,T}\})]$$
$$Z_{111,t} = 1 + [Z_{108,t}/(\min\{Z_{4,T^*}, Z_{8,T^*}\})]$$
$$Z_{112,t} = 1 + [Z_{109,t}/(\min\{Z_{4,T^{**}}, Z_{8,T^{**}}\})]$$
$$Z_{113,t} = (Z_{110,t} + Z_{111,t} + Z_{112,t})/3$$

$$Z_{114,t} = \max\{|Z_{4,T} - Z_{9,T}| \mid T = 1,\ldots,48\}$$

$$Z_{115,t} = \max\{(|Z_{4,T^*} - Z_{9,T^*}|) < Z_{114,t} \mid T^* = 1,\ldots,48\}$$

$$Z_{116,t} = \max\{(|Z_{4,T^{**}} - Z_{9,T^{**}}|) < Z_{115,t} \mid T^{**} = 1,\ldots,48\}$$

$$Z_{117,t} = 1 + [Z_{114,t}/(\min\{Z_{4,T}, Z_{9,T}\})]$$
$$Z_{118,t} = 1 + [Z_{115,t}/(\min\{Z_{4,T^*}, Z_{9,t^*}\})]$$
$$Z_{119,t} = 1 + [Z_{116,t}/(\min\{Z_{4,T^{**}}, Z_{9,T^{**}}\})]$$
$$Z_{120,t} = (Z_{117,t} + Z_{118,t} + Z_{119,t})/3$$

Aus den insgesamt vier durchschnittlichen periodenspezifischen Volatilitätsfaktoren Z_{99}, Z_{106}, Z_{113} und Z_{120} läßt sich der **globale Volatilitätsfaktor**

$$Z_{121,t} = (Z_{99,t} + Z_{106,t} + Z_{113,t} + Z_{120,t})/4$$

gewinnen. Er kann als globales Maß der Reihenvolatilität im Falle maßvoller Marktentwicklung gelten. Zur Veranschaulichung des Rechenverfahrens mag auch hier wiederum ein Zahlenbeispiel dienen (Tabelle 2):

größte 12-Perioden-Volatilität		zweitgrößte 12-Perioden-Volatilität		drittgrößte 12-Perioden-Volatilität	
$Z_{4,T}$	98	Z_{4,T^*}	135	$Z_{4,T^{**}}$	116
$Z_{6,T}$	88	Z_{6,T^*}	127	$Z_{6,T^{**}}$	123
$Z_{93,t}$	10	$Z_{94,t}$	8	$Z_{95,t}$	7
$Z_{96,t}$	1.1136	$Z_{97,t}$	1.0630	$Z_{98,t}$	1.0603
$Z_{99,t}$	1.0790				

Tabelle 2: Bestimmung des durchschnittlichen zwölfperiodigen Volatilitätsfaktors

Gemäß Tabelle 2 ist zu erwarten, daß der 3-Perioden-Durchschnitt Z_4 maximal rund 8% vom 12-Perioden-Durchschnitt Z_6 abweichen kann, und zwar nach beiden Seiten. Wegen der oben dargelegten Gründe -

größere Trägheit höherperiodiger Durchschnitte - dürften die Volatilitätsfaktoren im 24-, 36-, und 48-Perioden-Vergleich deutlich höher liegen, so daß auch der globale Volatilitätsfaktor Z_{121} wesentlich größer sein dürfte als Z_{99}.

Analog zur amplitudengestützten Bandbreite Z_{91}/Z_{92} läßt sich jetzt eine **volatilitätsgestützte Bandbreite** ableiten. Diese fällt vergleichsweise sehr eng aus, was dem Bedürfnis nach Prognosegenauigkeit entgegenkommt. Allerdings ist nicht damit zu rechnen, daß eine Zeitreihe generell diesen schmalen Schwankungsbereich respektiert. Die "wahre" Bandbreite dürfte zwischen den amplituden- und volatilitätsgestützten Varianten liegen. Die volatilitätsbedingte Bandbreitenuntergrenze bzw. -obergrenze ist definiert als

$Z_{122,t} = Z_{11,t}/Z_{121,t}$ bzw.
$Z_{123,t} = Z_{11,t} \cdot Z_{121,t}$.

3.2.2.3 Mittlere Schwankungsintensität

Die Bestimmung der **Reihenamplitude** und der **Reihenvolatilität** hat verdeutlicht, daß der globale Volatilitätsfaktor wesentlich kleiner ist als der globale Amplitudenfaktor. Daraus mag man schließen, daß die beiden Schwankungsmaße das tatsächliche Spektrum der Schwankungsintensitäten nach oben und unten begrenzen. Z_{90} mißt vermutlich das **maximale Schwankungspotential**, das selbst in **spekulativen Übertreibungsphasen** kaum überschritten werden dürfte. Z_{121} hingegen mißt das **minimale Schwankungspotential**, das selbst in äußerst **ruhigen Marktphasen** kaum unterschritten werden dürfte.

Sucht man hingegen ein langfristig brauchbares Maß für die Schwankungsbreite einer Zeitreihe, so ist zu vermuten, daß man der Wahrheit sehr nahe kommt, wenn der Durchschnitt beider Schwankungsmaße gebildet wird:

$Z_{134,t} = 0.5(Z_{90,t} + Z_{121,t})$

Der **mittlere globale Schwankungsfaktor** Z_{134} ist neben dem Z_{11}-Wert, dem mittleren Perioden-Durchschnitt, eine weitere **Schlüsselvariable** des MAM. Sollte sich tatsächlich bestätigen, daß der mittlere Schwankungsfaktor Z_{134} im Zeitablauf stabil, d.h. nahezu konstant bleibt, dann wäre hiermit ein überaus wirksames Diagnose-

und Prognoseinstrument gefunden. Im Rahmen der MAM-Simulationen ist der Z_{134}-Wert überaus intensiv im Hinblick auf seine Zeitbeständigkeit getestet worden. Das Ergebnis zeigen, daß der mittlere Schwankungsfaktor eine überaus stabile Größe ist; man könnte sie fast als eine Zeitreihenkonstante bezeichnen. Oft über viele Jahre hinweg zeigt Z_{134} kaum nennenswerte Veränderungen.

Der mittlere Schwankungsfaktor, gestützt auf die exponentielle und lineare Schwankungsanalyse, markiert somit zuverlässig den **Schwankungsbereich**, in dem sich mit hoher Wahrscheinlichkeit eine Zeitreihe bewegen dürfte. Dabei sind die Grenzen so gewählt, daß ihre Erreichung noch einigermaßen wahrscheinlich, ihre nennenswerte und nachhaltige Überschreitung aber sehr unwahrscheinlich ist.

Fragt man nach den **psychoökonomischen Determinanten des stabilen Schwankungsmusters** von Zeit-, insbesondere Preisreihen, so drängt sich die Vermutung auf, daß die Marktteilnehmer offenbar **festgefügte Vorstellungen von Preiszonen bzw. Preisschichtungen** haben. Dies impliziert zugleich, daß auch **Vorstellungen über die korrekte Bewertung** existieren. Je stärker die tatsächliche von der für korrekt erachteten Bewertung abweicht, desto größer wird der potentielle **Marktwiderstand** gegen eine Fortdauer bzw. Verschärfung der Bewertungsdiskrepanz. Dies bedeutet, daß der Markt Bewertungsfehler tendenziell korrigiert.

Es wäre freilich irrig anzunehmen, es handle sich hierbei um einen kontinuierlich ablaufenden **Korrekturprozeß**. Es läßt sich über die konkrete Verlaufsform solcher Korrekturen wohl überhaupt nichts Allgemeingültiges sagen. Nahezu sicher ist nur, daß der Markt Ungleichgewichte korrigiert; unklar hingegen bleibt, wie schnell und in welchen Schritten der Markt reagiert. In diesem Zusammenhang fühlt man sich an die Paraphrase A. KOSTOLANYs erinnert, wonach an der Börse 2·2 = 5-1 gilt. Marktanpassungen finden also oft auf Umwegen statt und laufen häufig scheinbar in die falsche Richtung.

3.2.3 Trendmäßige Reihendynamik

Zeitreihen schwanken mehr oder weniger stark um hypothetische Mittelwerte. Diese **Zyklus-Dynamik** war Analysegegenstand des Abschnitts 3.2.2. Meistens verändern sich die hypothetischen Mittelwerte im Zeitablauf auch. Hierbei handelt es sich um eine andere Qualität der Reihendynamik, die sog. **Trend-Dynamik**. Um deren Analyse geht es jetzt.

3.2.3.1 Globale quantitative Trenddynamik

Der mittlere Perioden-Durchschnitt Z_{11} soll als globaler Mittelwert die **durchschnittliche Marktbewertung** erfassen. An diese tastet man sich dadurch heran, daß die gleitenden Reihendurchschnitte verschieden langer Referenzperioden zu einer globalen Größe, dem Z_{11}-Wert, aggregiert werden. Die Z_{11}-Reihe ist nun im Zeitablauf selbst Veränderungen unterworfen, die sich als Veränderungen der durchschnittlichen Marktbewertung interpretieren lassen.

Methodisch entsteht zunächst das Problem, wie die Änderungen der Z_{11}-Reihe gemessen werden sollen. Im MAM wird das Problem auf zweierlei Weise zu lösen versucht. Der erste Weg zur **Messung der Trenddynamik** führt über den Vergleich der aktuellen Z_{11}-Realisationen mit vergangenen Z_{11}-Realisationen. Dabei erstreckt sich der Vergleich auf alle Z_{11}-Werte der zurückliegenden 48 Perioden. Auf diese Weise erhält man unterschiedlich periodisierte Wachstumsraten des Z_{11}-Wertes. Die globale Wachstumsrate wird als ungewogenes Mittel aller periodenspezifischen Wachstumsraten ermittelt:

$$\begin{aligned} Z_{124,t} = 2.08\ [&(Z_{11,t} - Z_{11,t-1})/Z_{11,t-1} \\ &+ (Z_{11,t} - Z_{11,t-2})/Z_{11,t-2} \\ &+ \ldots + \\ &+ (Z_{11,t} - Z_{11,t-48})/Z_{11,t-48}] \end{aligned}$$

Der Faktor 2.08 ist die Approximation von 100/48. 48 ist die Anzahl der Summanden in der eckigen Klammer; der Multiplikator 100 bewirkt die Umrechnung auf vom-Hundert-Sätze. Die durchschnittliche Periodenlänge, die dem Z_{124}-Wert zugrundegelegt wird, beträgt (1+48)/2 = 24.5.

Damit läßt sich die globale quantitative Trenddynamik wie folgt präzisieren: Angenommen, Z_{124} = 50. Dies bedeutet, daß sich der Z_{11}-Wert in einem Zeitraum von 48 Perioden um durchschnittlich 50% erhöht hat. Da es sich um einen ungewogenen, aus 48 periodisierten Wachstumsraten gebildeten Durchschnitt handelt, kann man denselben Sachverhalt auch so ausdrücken: Während einer durchschnittlichen

Wachstumsperiode von 24.5 Einheitsperioden (Monate, Quartale, Jahre, etc.)[11] hat sich Z_{11} um 50% erhöht.

Zu beachten ist in diesem Zusammenhang, daß der Z_{11}-Wert selbst auf einer Stützperiode von 48 Einheitsperioden beruht. Zusammen mit dem Periodenrückgriff des Z_{124}-Wertes über gleichfalls 48 Einheitsperioden ergibt sich ein **gesamter Stützzeitraum** von 96 Einheitsperioden. Diesem Umstand ist es zuzuschreiben, daß die Z_{124}-Reihe einen sehr steilen Verlauf nimmt. Auch erhebliche aktuelle Reihenunruhe hinterläßt kaum Spuren bei der globalen quantitativen Trenddynamik. Man kann diese daher auch als **langfristige Basistrenddynamik** oder kurz als **"Basistrend"** bezeichnen.

3.2.3.2 Globale qualitative Trenddynamik

Neben den quantitativen interessieren auch die **qualitativen Aspekte eines Entwicklungs- und Wachstumspfades**. Eine sehr wichtige dynamische Qualität besteht in der Beständigkeit und Geradlinigkeit einer Entwicklung. Da Zeitreihen in der Regel zufallsbedingt schwanken, darf man dieses Kriterium freilich nicht überstrapazieren. So wäre es z.B. völlig unangemessen, den Aufwärtstrend des Aktienkurses nur dann als einwandfrei einzustufen, wenn der Kurs täglich steigt. Kursrückschläge sind, solange sie über ein näher zu spezifizierendes "normales" Ausmaß nicht hinausgehen, durchaus aufwärtstrendverträglich.

Die Toleranzgrenze könnte z.B. unter Zuhilfenahme des Z_{11}-Wertes dahingehend präzisiert werden, daß eine Rückbildung des Z_{11}-Wertes ausgeschlossen bleibt. Weist also eine Zeitreihe nicht-fallende Z_{11}-Werte auf, so mag man ihr einen intakten Aufwärtstrend bescheinigen. Diese Überlegung verwendet das MAM zur Bestimmung der **globalen qualitativen Trenddynamik.**

$$\begin{aligned} Z_{125,t} = {} & 0.02[b(Z_{11,t-47} - Z_{11,t-48})\cdot 2 + b(Z_{11,t-46} - Z_{11,t-47})\cdot 4 \\ & + \dots + b(Z_{11,t} - Z_{11,t-1})\cdot 96], \\ & \text{wobei } b(Z_{11,T} - Z_{11,T-1}) = 1, \text{ wenn } (Z_{11,T} - Z_{11,T-1}) \geq 0 \\ & \phantom{\text{wobei }} b(Z_{11,T} - Z_{11,T-1}) = -1, \text{ wenn } (Z_{11,T} - Z_{11,T-1}) > 0 \\ & \phantom{\text{wobei }} t \geq T \geq t-48 \end{aligned}$$

11) Der Terminus **"Periode"** ist mehrdeutig. Um Mißverständnissen vorzubeugen, wird daher die Bezeichnung **"Einheitsperiode"** verwendet, wenn die kleinste Einheit der verwendeten Periodenabgrenzung gemeint ist.

Der Faktor 0.02 wird als Näherung für 1/48 genommen; 48 ist wiederum die Anzahl der Summanden in der eckigen Klammer. Die binäre Variable b nimmt die Werte +1 bzw. -1 an. b = 1 bedeutet, daß Z_{11} gegenüber der Vorperiode gestiegen oder unverändert geblieben ist; b = -1 bedeutet, daß Z_{11} gegenüber der Vorperiode gefallen ist.

Es erscheint angebracht, eine **Gewichtung** vorzunehmen, denn die bereits 48 Perioden zurückliegende Bestätigung einer bestimmten Trendrichtung ist vermutlich für die Beurteilung der Trendqualität weit weniger wichtig als eine aktuelle Bestätigung der Trendrichtung. Es wurde daher mit zur Vergangenheit hin (linear) fallenden Gewichten gearbeitet.[12)]

Obwohl Z_{125} als gewogener Durchschnitt konzipiert ist, wurde auf die Division durch die Summe der Gewichte verzichtet. Dies hat einen rein pragmatischen Hintergrund. Um die **Rechenhaftigkeit** des MAM zu erhalten, müssen alle verwendeten Indikatoren, ob sie nun quantitativen oder qualitativen Charakter haben, auf eine verrechenbare Form gebracht werden. Hierbei entsteht freilich das - grundsätzlich nicht eindeutig lösbare - **Problem der quantitativen Äquivalenz**. Ein *a-priori*-Grund für eine ungleiche Gewichtung quantitativer und qualitativer Trendelemente ist kaum zu finden. Deshalb wurde das MAM so ausgelegt, daß Z_{124} und Z_{125} sich in einem vergleichbaren quantitativen Rahmen bewegen[13)].

3.2.3.3 Quantitative Trendänderungsdynamik (Momentum)

Der Trend ist eine mehr oder weniger dauerhafte und daher stabile Zeitreiheneigenschaft. Der Basistrend, z.B. definiert als der Z_{124}-Wert des MAM, reagiert nur träge selbst auf drastische Änderungen der originären Daten (Z_1 und Z_2). Trotzdem - oder gerade

12) Die Verwendung anspruchsvollerer Gewichtungsschemata wäre überlegenswert, im Hinblick auf den qualitativen Charakter der gewünschten Aussage jedoch ohne Bedeutung.
13) Allerdings ist gewährleistet - und hierin mag man ein gewisses Übergewicht quantitativer Trendelemente erkennen - daß Z_{125} die Grenzen ±49 nicht verlassen kann. Die Summe der Gewichte beträgt nämlich 48(2+96)/2 = 2352; dividiert man durch die Anzahl der Summanden (48), so erhält man 49. Dies gilt für b≥0; für durchgängig b<0 folgt -49. Die Grenzen ±49 kann der Z_{124}-Wert, also der (quantitative) Basistrend, durchaus über- bzw. unterschreiten. Dies kommt allerdings, wie aus den sehr zahlreichen Modellrechnungen ersehen werden konnte, recht selten vor.

deswegen - sind Trendänderungen bedeutsam, denn sie sind möglicherweise geeignet, die Funktion eines **Frühindikators** zu übernehmen. Um Basistrendänderungen quantitativ zu erfassen, muß im Rahmen des MAM auf die Z_{124}-Reihe zurückgegriffen werden. Zunächst bietet sich an, die **periodendurchschnittliche Trendintensität** zu ermitteln:

$$Z_{126,t} = 0.04Z_{124,t}$$

Wie oben dargelegt, stützt sich der Basistrend Z_{124} auf eine durchschnittliche Referenzperiode von 24.5 Einheitsperioden. Der Faktor 0.04 ist eine Näherung für 1/24.5; er rechnet die Trendintensität auf die Einheitsperiode um.

Als nächstes wird ermittelt, wie sich der Z_{11}-Wert, also der mittlere Perioden-Durchschnitt einer Reihe, in der jüngeren Vergangenheit entwickelt hat. Um die Vergleichbarkeit mit dem Z_{124}-Wert, der als vom-Hundert-Satz konzipiert ist, sicherzustellen, müssen auch die periodenspezifischen Basistrendänderungen in dieser Form ermittelt werden. Für die 3-, 6- und 12-Perioden-Trendänderung folgt somit:

$$Z_{127,t} = 100(Z_{11,t} - Z_{11,t-3})/Z_{11,t-3}$$
$$Z_{128,t} = 100(Z_{11,t} - Z_{11,t-6})/Z_{11,t-6}$$
$$Z_{129,t} = 100(Z_{11,t} - Z_{11,t-12})/Z_{11,t-12}$$

Nun ist es möglich, die tatsächlichen periodenspezifischen Trendänderungen mit der durch den Basistrend implizierten periodenspezfischen Trendänderung zu vergleichen; letztere errechnet sich als Produkt aus der periodendurchschnittlichen Trendintensität Z_{126} und der jeweiligen Referenzperiode der einzelnen periodischen Trendänderungen:[14)]

$$Z_{130,t} = 3(Z_{127,t} - 3Z_{126,t})$$
$$Z_{131,t} = 2(Z_{128,t} - 6Z_{126,t})$$
$$Z_{132,t} = Z_{129,t} - 12Z_{126,t}$$

Die Trendänderungsdynamik wird häufig auch als **Momentum**, Trendwende- oder **Turnaround-Dynamik** bezeichnet. Das Momentum ist wie folgt definiert:

$$Z_{133,t} = Z_{130,t}\ Z_{131,t} + Z_{132,t}$$

14) Der sich auf die Einheitsperiode beziehende Z_{126}-Wert wird hierdurch auf die jeweilige Referenzperiode umgerechnet.

Die periodischen Momenta Z_{130}, Z_{131} und Z_{132} beinhalten die Gewichte 3, 2 und 1. Dies hat zwei Gründe. Erstens soll das kürzeste (dreiperiodige) Momentum am stärksten zu Buche schlagen, da es die neuesten Erkenntnisse über die Trendentwicklung wiedergibt. Zweitens soll der Momentum-Indikator mit dem Basistrend-Indikator vergleichbar sein, d.h., quantitativ eine ähnliche Bandbreite aufweisen. Nur so ist gewährleistet, daß Basistrend und Momentum sich neutralisieren oder sogar überkompensieren können. So muß es z.B. möglich sein, daß ein stark positiver Basistrend durch eine entsprechend stark negative Trendwendedynamik voll "aufgezehrt" wird, so daß der Reihe *per saldo* ein neutraler, d.h., ein weder nach oben noch nach unten zeigender Trend bescheinigt werden muß. Insbesondere im Hinblick auf die trendgestützte Zeitreihenprognose ist eine **ausgewogene Saldierung simultan zu beobachtender Trendelemente** von ausschlaggebender Bedeutung.

An dieser Stelle tritt das **Problem einer quantitativen Aggregation heterogener Indikatoren** erstmalig mit aller Schärfe zu Tage. Das MAM ist darauf angewiesen, Zeitreihenkriterien in rechenhafter Form zu erfassen, also auf einen gemeinsamen Nenner zu bringen. Hierbei kommt es entscheidend darauf an, daß die **Aggregation in adäquater und konsistenter Weise** erfolgt.

Das **Erfordernis der Adäquanz** bezieht sich auf das relative Gewicht einzelner Reihenkriterien innerhalb des Gesamtsystems. Im Falle des Basistrend-Indikators Z_{124} und des Trendwende-Indikators Z_{133} geht es beispielsweise um die Frage, welches Gewicht der Basistrend- bzw. der Trendwendeintensität bei der Beurteilung der globalen Reihendynamik oder, spezieller, auch nur der globalen Trenddynamik beizumessen ist. Theoretisch überzeugende Maßstäbe lassen sich hier wohl kaum entwickeln.

Trotzdem ist intuitiv klar, daß der träge Basistrend allein die Reihen- und Trenddynamik nicht umfassend beschreibt. Trends können sich nachhaltig ändern, auch wenn die Trendrichtung als solche zunächst den Anschein weitgehender Stabilität erweckt. Die **Trendbruchdiskussion** kreist im Prinzip um eben dieses Problem. Pointiert lautet die Frage: Wann genau ist der Trend "gebrochen"? Im MAM gilt eine solche Frage als falsch gestellt, weil es unsinnig erscheint, die Grenze zwischen Trendfortsetzung und Trendbruch exakt markieren zu wollen. Ein Trend unterliegt, wie jede andere Zeitreiheneigenschaft im Grunde auch, zeitbedingten Veränderungen, die einmal mehr, einmal weniger deutlich ausgeprägt sein mögen. Ein Trend ändert sich also kontinuierlich und nicht sprunghaft.

Entscheidend ist hierbei zu erkennen, in welche Richtung die Trendanpassung verläuft, und vor allem, mit welcher Geschwindigkeit. Eine fundierte Aussage über die Grundrichtung einer Reihe, also den "Trend", impliziert somit eine **Richtungsprognose**. Bildhaft gesprochen fungiert das Momentum Z_{133} als Kompaß, der den Reihenanalytiker "auf Kurs" hält, d.h., ihm das mutmaßliche Ziel erkennen hilft, das die Reihe ansteuert.

Wären Z_{124} und Z_{133} nun überhaupt nicht vergleichbar, so wäre die Aussage praktisch wertlos, daß z.B. der Basistrend positiv, das Momentum aber negativ ist. Worum es geht, ist abzuschätzen, ob die positiven oder negativen Trendelemente überwiegen; erst so wird eine **Richtungsprognose** möglich. Wie immer die Quantifizierungsentscheidung bezüglich des Momentums getroffen wird, man bewegt sich auf dem schmalen Grat zwischen einer (unzulässigen) Überbetonung kurzfristiger Bewegungselemente, die möglicherweise noch durch Zufallseinflüsse verzerrt werden, und einer (unzulässigen) Überbetonung langfristiger Bewegungselemente, die weitgehend resistent sind gegenüber sich abzeichnenden Richtungsänderungen. Ausgedehnte, als Plausibilitätstests ausgelegte Modellsimulationen haben das im Z_{133}-Wert implizierte **Gewichtungs- und Periodisierungsschema** als ausgewogen und daher adäquat bestätigt.

Das **Konsistenzproblem** ist eng verwandt mit dem Adäquanzproblem. Um dem Konsistenzkriterium Genüge zu tun, darf ein Indikator nicht im Widerspruch zu anderen Indikatoren stehen, noch darf er bloße Wiederholungen anderer Indikatoren darstellen. Das Gebot der Widerspruchsfreiheit ist noch einigermaßen gut zu erfüllen, auch wenn es manchmal schwerfällt, verborgene Widersprüche aufzudecken. Zumeist resultieren widersprüchliche Indikatoren aus unterschiedlichen Interpretationen bestimmter Reihenphänomene.

Bricht z.B. eine Reihe aus einem gewohnten Schwankungsbereich nach oben aus, so mag man dies als Beginn einer dynamischen, nachhaltigen Aufwärtsbewegung interpretieren, was zu einer positiven

Trendrevision Anlaß gibt. Andererseits mag man in einem solchen Ausbruch aber auch nur eine kurzlebige "Überhitzung" erkennen, der alsbald eine kräftige Korrektur folgen wird. Der mißlungene Ausbruch nach oben mag außerdem die Reihenabtriebskräfte künftig verstärken, was zu einer negativen Trendrevision Anlaß geben könnte.

Der Widerspruch liegt also in der **Interpretation** und kann daher nur ausgeräumt werden, wenn man sich Klarheit über die plausibelste Interpretation verschafft. Was plausibel ist, hängt einerseits wiederum von der "Philosophie" des Modells ab, andererseits aber von der Überzeugungskraft empirischer Belege. Das MAM ist daher so ausgelegt, daß logisch und theoretisch nicht ausschließbare Interpretationsunterschiede zunächst zugelassen, im empirischen Test aber einer Bewertung unterworfen werden. Damit wird zwar nicht bewiesen, welche hypothetische Interpretation "die richtige" ist; die Beurteilung konkurrierender Hypothesen wird aber objektiviert.

Schwieriger zu erfüllen ist das **Gebot der einmaligen Erfassung** eines bestimmten Reihenkriteriums. Die Trendindikatoren liefern auch hier wiederum ein gutes Beispiel. Z_{124}, Z_{125} und Z_{133} haben alle mit der Erfassung der Trenddynamik zu tun; verschieden ist nur die Erfassungsmethode. Der Momentum-Indikator dient allerdings der Korrektur des Basistrends, so daß man das Verhältnis zwischen Z_{124} und Z_{133} als komplementär bezeichnen könnte: Z_{133} erfaßt genau das, was Z_{124} unterdrückt. Wie gezeigt, folgt die Indikatorkonstruktion Plausibilitätsüberlegungen, so daß von einer deterministischen Komplementarität nicht ausgegangen werden kann.

Krasser tritt das Problem jedoch zu Tage im Verhältnis zwischen Z_{124} und Z_{125}. Beide Indikatoren messen dasselbe, nämlich die Trenddynamik. Verschieden ist nur das Meßverfahren, im einen Fall quantitativ, im anderen Fall qualitativ. Aggregiert man beide Indikatoren - was erst später erfolgt -, so könnte man fragen, ob die Trenddynamik nicht doppelt erfaßt wird und dadurch im Vergleich zu anderen, möglicherweise nur einfach erfaßten Reihenindikatoren ein Übergewicht erlangt.

Hierzu ist zweierlei zu sagen: Erstens erfaßt die qualitative Trenddynamik (Z_{125}) auch Trendaspekte, die in der quantitativen

Trenddynamik nicht notwendigerweise berücksichtigt werden. Wie oben ausgeführt, geht es insbesondere um die Trendbeständigkeit, also den Grad an "Disziplin", mit der eine Reihe einer bestimmten Richtung folgt.

Dies ist zwar ein subtiler Unterschied, jedoch ein bedeutsamer. So ist es z.B. nicht gleichgültig, ob der Kurs einer Aktie sich innerhalb eines Jahres unter erheblichen Schwankungen oder (nahezu) geradlinig verdoppelt. Im ersten Fall kann auf eine erhebliche Anfälligkeit, im zweiten Fall auf eine ausgeprägte Stabilität der herrschenden **Marktmeinung** geschlossen werden. Im ersten Fall benötigt der Anleger starke Nerven, denn der Markt verabreicht ihm fortlaufend Wechselbäder; im zweiten Fall darf der Anleger auf eine weitgehend überraschungsfreie, d.h. ununterbrochene Aufwärtsbewegung hoffen.

Zweitens ist zum **Problem der Doppel- und Mehrfacherfassung** anzumerken, daß es sich hierbei im Grunde um ein Gewichtungsproblem handelt. Welches Gewicht die Trenddyamik zu beanspruchen hat, läßt sich erst im Rahmen einer **Gesamtindikatorkonzeption** beurteilen. Im Zuge einer Indikator-Aggregation müssen angemessene Gewichte für bestimmte Kategorien von Reihenspezifika festgelegt werden. Dies läuft darauf hinaus, daß z.B. im Falle der Kategorie "Trenddynamik" ein angemessener Durchschnitt aller vorhandenen Trendindikatoren gebildet werden muß.

Die Indikatorkonsistenz im Sinne unterlassener Mehrfacherfassungen läßt sich somit auf dem Umweg über eine korrekte, d.h. **plausible Wahl von Gewichtungsparametern** gewährleisten. Im übrigen ist die Konstruktion nur marginal verschiedener, in vielen Bereichen also deckungsgleicher Indikatoren im Interesse einer möglichst lückenlosen Erfassung relevanter Reiheneigenschaften nicht zu vermeiden. Es besteht somit methodisch überhaupt keine andere Möglichkeit, als die **potentielle Überrepräsentierung bestimmter Reihenkriterien** durch die Wahl eines angemessenen Gewichtungsschlüssels zu neutralisieren.

3.2.3.4 Trend- und zyklusgestütze Bandbreitenschätzung - ein erster Versuch

Das grobe Rüstzeug zur Schätzung der wahrscheinlichen Bandbreite einer Zeitreihe liegt jetzt bereits vor: Wir verfügen über einen globalen Reihenmittelwert (Z_{11}), einen globalen Schwankungsfaktor (Z_{134}), einen Basistrend-Indikator (Z_{124}) und einen Trendwende-Indikator (Z_{133}). Aus diesen Bausteinen läßt sich ein Korridorschema entwickeln, das in fast unzähligen Varianten im MAM Verwendung findet.

Der einfachste Weg zu einem aussagekräftigen Korridor führt über Z_{11} und Z_{134}, unter Vernachlässigung aller weiteren Kriterien. Der Schwankungsfaktor Z_{134} bestimmt, wie stark die Reihenwerte um den gedachten Mittelwert Z_{11} streuen. Eine plausible (und erwünschte) Verengung dieses sehr breiten Basiskorridors läßt sich jedoch durch **Einbeziehung der Trendsituation** erreichen. Ist die Trenddynamik uneingeschränkt positiv, weisen also sowohl der Basistrend Z_{124} als auch das Momentum Z_{133} nicht-negative Vorzeichen auf, so ist kaum mit einem Rückfall der Reihenrealisationen auf die schwankungsbedingt mögliche Korridoruntergrenze zu rechnen. Je nach Stärke der positiven Trenddynamik wird der Reihenabschwung mehr oder weniger deutlich oberhalb dieses Grenzwerts zum Stillstand kommen.

Ist die Trendsituation zwiespältig, z.B. der Basistrend nach oben, das Momentum hingegen nach unten gerichtet, so mag man zweierlei erwägen: Entweder man verrechnet beide Trendkriterien oder aber man macht die ungünstigste Entwicklung sichtbar, indem nur der negative Trendeinfluß berücksichtigt wird. Für die zweite Vorgehensweise werden zumindest risikoscheue Anleger bei der Beurteilung von Preis- und Kursreihen auf den Vermögensmärkten optieren, da es dem **Prinzip der Vorsicht** entspricht, erkennbare negative Trendeinflüsse zu "eskomptieren".

Sind schließlich beide Trendelemente negativ, so ist kaum damit zu rechnen, daß der Aufschwung bis zur schwankungsbedingt möglichen Korridorobergrenze reichen wird. Zur Bestimmung der

Bandbreitenuntergrenze (Z_{135}) und der Bandbreitenobergrenze (Z_{136}) wurde im MAM folgender Schätzansatz gewählt:[15)]

$$Z_{135,t} = \begin{cases} Z_{11,t}\cdot Z_{134,t} & \text{für } (Z_{124,t} \geq 0)\wedge(Z_{133,t} \geq 0) \\ Z_{11,t}\cdot Z_{134,t}/(1+0.01|Z_{133,t}| & \text{für } (Z_{124,t}\geq 0)\wedge(Z_{133,t}<0) \\ Z_{11,t}\cdot Z_{134,t}/(1+0.01|Z_{124,t}| & \text{für } (Z_{124,t}<0)\wedge(Z_{133,t}\geq 0) \\ Z_{11,t}\cdot Z_{134,t}[1+\max\lbrace 0.01|Z_{124,t}|;0.01|Z_{133,t}|\rbrace] & \text{für } (Z_{124,t}<0)\wedge(Z_{133,t}<0) \end{cases}$$

$$Z_{136,t} = \begin{cases} (Z_{11,t}/Z_{134,t})[1+\max\lbrace 0.01Z_{124,t};0.01Z_{133,t}\rbrace] & \text{für } (Z_{124,t}\geq 0)\wedge(Z_{133,t}\geq 0) \\ (Z_{11,t}/Z_{134,t})[1+0.01(Z_{124,t}+Z_{133,t})] & \text{für } [(Z_{124,t}\geq 0)\wedge(Z_{133,t}<0)] \\ & \vee[(Z_{124,t}<0)\wedge(Z_{133,t}\geq 0\wedge Z_{124,t}+Z_{133,t}\geq 0)] \\ (Z_{11,t}/Z_{134,t}) & \text{für } [(Z_{124,t}\geq 0)\wedge(Z_{133,t}<0)] \\ & \vee\lbrace[(Z_{124,t}<0)\wedge(Z_{133,t}\geq 0)]\wedge(Z_{124,t}+Z_{133,t}<0)\rbrace \\ & \vee[(Z_{124,t}<0)\wedge(Z_{133,t}<0)] \end{cases}$$

Die Algorithmierung der Korridorobergrenze und -untergrenze (Z_{135} und Z_{136}) zeigt, daß eine Trendanpassung des Reihenmittelwerts Z_{11} vorgenommen wird. Da hierbei der vergleichsweise sensible Trendwende-Indikator Z_{133} eine Rolle spielt, ist die Gefahr einer **Überbetonung kurzfristiger Bewegungselemente** nicht ganz von der Hand zu weisen.

Um einer möglichen Übersteuerung der Reihendynamik einen Riegel vorzuschieben, ist ein modifizierter Reihenmittelwert entwickelt worden. Durch Einbeziehung des sehr trägen 96-Perioden-Durchschnitts Z_{10} wurde einer möglichen trendbedingten Überzeichnung der Reihendynamik Einhalt geboten. Dieser modifizierte Reihendurchschnittswert - er soll künftig als **"Normwert"** bezeichnet werden - stützt die Trendanpassung auf das arithmetische Mittel aus Z_{10} und Z_{11}. Der Algorithmus lautet wie folgt:

15) Bei der **Algorithmierung** ist darauf zu achten, daß alle logisch denkbaren Kombinationen erfaßt werden. Im allgemeinen führt die Rechner-Implementierung schnell zur Aufdeckung unvollständiger oder logisch widersprüchlicher Algorithmen. So wird der Computer auf nicht-programmierte Fälle in der Regel durch Nullsetzen der betreffenden Variablen reagieren bzw. Programmfehler reklamieren. Verlassen sollte man sich hierauf jedoch nicht. Die Erfahrung hat gezeigt, daß selbst grobe Mängel im Programm- und Algorithmenbereich lange Zeit verborgen bleiben können.

$$
Z_{137,t} = \begin{cases} 0.5(1+0.01Z_{124,t})(Z_{10,t}+Z_{11,t}) \\ \quad \text{für } (Z_{124,t} \geq 0) \wedge (Z_{133,t} \geq 0) \\ 0.5[1+0.0<(Z_{124,t}+Z_{133,t})](Z_{10,t}+Z_{11,t}) \\ \quad \text{für } [(Z_{124,t} \geq 0) \wedge (Z_{133,t} <= 0)] \\ \quad v(Z_{124,t} \geq Z_{124,t}+Z_{133,t} \geq 0) \\ 0.5(Z_{10,t}+Z_{11,t})/[0.01(|Z_{124,t}+Z_{133,t}|)] \\ \quad \text{für } (Z_{124,t} < 0) \wedge (Z_{133,t} \geq 0) \wedge (Z_{124,t} \geq Z_{124,t}+Z_{133,t} < 0) \\ 0.5(Z_{10,t}+Z_{11,t})/(0.01|Z_{124,t}|) \\ \quad \text{für } (Z_{124,t} < 0) \wedge (Z_{133,t} < 0) \end{cases}
$$

Die Z_{135}-, Z_{136}- und Z_{137}-Werte basieren auf einer sehr subtilen und differenzierten **Trendanpassungsmechanik**. In diesem Zusammenhang muß auf ein sehr wesentliches **qualitatives Konstruktionsprinzip** des MAM hingewiesen werden. Ein **Marktmodell**, das empirische Relevanz beansprucht, muß im Interesse einer ausgewogenen Modellierung beachten, daß am Markt Kräfte und Gegenkräfte ein zwar schwer durchschaubares, aber im Prinzip nicht zu leugnendes Wechselspiel eingehen. Wird einer Marktkraft, z.B. dem Trend, im Modell stärkeres Gewicht beigemessen, so muß die entsprechende Gegenkraft stärkere Berücksichtigung finden, wenn das Modell seine Ausgewogenheit bewahren und die **immanenten Marktgleichgewichts- und Stabilisierungsmechanismen** angemessen repräsentieren soll.

Der Korridor Z_{135}/Z_{136} ist daher insoweit angreifbar, als er der differenzierten Trendberücksichtigung weder methodisch noch inhaltlich etwas entgegenzusetzen hat. Dieser Schönheitsfehler mag insofern ohne ernste Konsequenzen bleiben, als der globale Schwankungsfaktor Z_{134} für eine so breite Auslegung des Korridors sorgt, daß selbst konstruktive Mängel keine Bandbreitenüberschreitung nach sich ziehen. Dem Streben nach Ausgewogenheit wird hingegen der Normwert Z_{137} weit eher gerecht, weil er der trendbedingten Flexibilisierung der Reihendynamik die mittelwertbedingte Stabilisierung gegenüberstellt. Dies gebietet die **formal-konzeptionelle Ausgewogenheit** des Modells. In sachlich-inhaltlicher Hinsicht muß jetzt präzisiert werden, welche Kräfte und Gegenkräfte diese Ausgewogenheit gewährleisten. Dies führt uns zum Attraktionsproblem der Reihendynamik.

3.2.4 Attraktionskräfte der Reihendynamik

Das MAM basiert auf der grundlegenden Vorstellung, daß zunehmende Abweichungen von einem gedachten Reihenmittelwert in zunehmendem Maße Gegenkräfte wachrufen, die auf eine Rückführung der Reihen-

realisationen zu diesem Mittelwert hinwirken. Dieses Phänomen soll als **Attraktion** bezeichnet werden.

Bezogen auf die Preisentwicklung auf den Vermögensmärkten läßt sich diese Vorstellung wie folgt präzisieren: Ein Anleger ist naturgemäß bestrebt, Vermögenswerte oder Vermögenstitel möglichst preiswert einzukaufen. Da er den vom Markt hervorgebrachten niedrigsten Preis im voraus nicht kennt, wäre es nicht rational, auf extreme Tiefstpreise zu warten, die möglicherweise nie zustandekommen.

Der Anleger wird vielmehr versuchen, zu einem fairen Preis zu kaufen. In erster Annäherung könnte er den fairen Preis mit dem Durchschnittspreis gleichsetzen. Aufgrund der Trägheit des Preisdurchschnitts und seiner Vernachlässigung bereits erkennbarer Trendeinflüsse könnte der Anleger jedoch auch nach der Korridormitte, also nach $0.5(Z_{135,t}+Z_{136,t})$, fragen und möglicherweise zusätzlich noch den Normwert Z_{137} betrachten.

In seiner Funktion als **anlagestrategisches Modell** würde das MAM auf der nunmehr erreichten Entwicklungsstufe dem Anleger raten, zu einem Preis zu kaufen, der zumindest nicht höher liegt als

$$Z_{138,t} = 0.5[0.5(Z_{135,t}+Z_{136,t})+Z_{137,t}].$$

Diesen Preis könnte man als **Kauflimit** bezeichnen. Der Anleger weiß zwar, aufgrund der hypothetischen Preisuntergrenze Z_{136}, daß der Preis noch wesentlich tiefer fallen kann als Z_{138}. Er kann aber nicht darauf vertrauen, daß dieser Preisverfall eintritt. Wenn er sich also auf jeden Fall in diesem Vermögenswert engagieren will, empfiehlt sich ein Kauf zu Z_{138}, da auf dieser Basis mit sehr hoher Wahrscheinlichkeit ein Kauf zustandekommt. Etwaige weitere Preisrückgänge können dann für **Zukäufe zur Einstandsverbilligung** genutzt werden.

Diese strategischen Überlegungen sind hier jedoch nicht zentral. Sie werden zu einem späteren Zeitpunkt wieder aufgegriffen. Hier geht es um die Frage, ob der Anleger die Möglichkeit hat, das Risiko seines Kaufes zu Z_{138} abzuschätzen und ggf. mit den Risiken alternativer Anlageobjekte zu vergleichen. Hierzu muß offenbar der Abstand zwischen dem Kauflimit Z_{138} und einer geeignet erscheinenden Referenzgröße gemessen werden. Hier bieten sich Z_{10} und Z_{11} als Vergleichswerte an. Gibt man dem Z_{10}-Wert den Vorzug wegen seiner unübertroffenen Zeitbeständigkeit, so läßt sich jetzt die **Attraktion** präzise definieren als

$$Z_{139,t} = 100(Z_{10,t}-Z_{138,t})/Z_{10,t}.$$

Die Attraktion mißt also den Abstand zwischen dem 96-Perioden-Durchschnitt Z_{10} und dem Kauflimit Z_{138}, bezogen auf Z_{10} und ausgedrückt als Prozentsatz. Offensichtlich kann die Attraktion positiv oder negativ sein. Liegt das Kauflimit oberhalb von Z_{10}, so läuft der Anleger Gefahr, daß der Preis wenigstens auf den langfristigen Durchschnitt Z_{10} zurückfällt. Es besteht also ein entsprechendes **Preis- bzw. Kursverlustrisiko.** Liegt umgekehrt das Kauflimit unter Z_{10}, so besteht ein entsprechend negatives Preis- bzw. Kursrisiko, d.h., der Anleger kann aufgrund der langfristigen Gegebenheiten eher mit einer Preis- bzw. Kurserholung als mit einem Preis- bzw. Kursrückgang rechnen.

In der Sprache der Aktienbörse könnte man es so ausdrücken: Aktien mit historisch hohem Kursniveau und demzufolge hoher negativer Attraktion bergen ein vergleichsweise hohes Kursrisiko. Hingegen bieten Aktien mit historisch niederigem Kursniveau und demzufolge hoher positiver Attraktion eine günstige Einstiegsmöglichkeit mit entsprechend hohen Kurschancen. Die implizite, scheinbar plausible Strategieempfehlung *"buy low, sell high"* ist gleichwohl heftig umstritten. Auch diese Diskussion muß jedoch bis zur Behandlung der strategischen Analyse zurückgestellt werden.

3.2.5 Ein quasinumerischer Gesamtindikator der Reihendynamik

Wir haben bislang vier verschiedene **Elemente der Reihendynamik** herausgearbeitet, den **Basistrend** Z_{124}, die **Trendbeständigkeit** Z_{125}, das **Momentum** Z_{133} und schließlich die **Attraktion** Z_{139}. Einzelindikatoren mögen interessant und nützlich sein. Im Rahmen des Gesamtsystems sind sie jedoch nur zu verwenden, wenn die **Aggregation der Einzelindikatoren** zu einem Gesamtindikator gelingt.

Wie bereits ausgeführt wurde, gilt die Wahl eines konsistenten Gewichtungsschemas als Richtschnur einer vertretbaren Aggregationsmethode. Dabei verliert die Unterscheidung zwischen quantitativen und qualitativen Indikatoren an Bedeutung, denn selbst quantitative Indikatoren können ohne eine fundierte Gewichtungsentscheidung nicht einfach addiert werden. Andererseits können qualitative Indikatoren im Wege der Gewicht-Zuteilung unschwer in rechen- und verrechenbare Größen transformiert werden, sofern das Gewichtungsproblem befriedigend gelöst wird.

Die **Attraktion** Z_{139} nimmt konstruktionsbedingt keine spektakulär hohen oder niedrigen Werte an, so daß ihre konkreten Ausprägungen in dem quantitativen Rahmen liegen, der von Z_{124} und Z_{133} vorgezeichnet ist. Hinzu kommt, daß die Attraktion auch logisch das Pendant zu den Trendgrößen Z_{124} und Z_{133} darstellt, denn je positiver die Trendentwicklung verläuft, desto stärker ist notwendigerweise die (negative) Attraktion. Der Attraktionsindikator verhindert somit eine systematische Überbewertung der originären Trendindikatoren Z_{124} und Z_{133}.

Bei diesem **Kraft-Gegenkraft-Wechselspiel** muß freilich darauf geachtet werden, daß Kraft und Gegenkraft sich nicht grundsätzlich neutralisieren, d.h., ein zumindest vorübergehendes Übergewicht von Kraft bzw. Gegenkraft muß im System gewährleistet sein. Im allgemeinen laßt sich nur durch *"trial and error"* eine befriedigende Feinabstimmung erreichen, zumal auf einen theoretisch gesicherten Äquivalenzkalkül im allgemeinen nicht zurückgegriffen werden kann.

Nur bei einer möglichst lückenlosen Erfassung aller reihendynamischen Elemente kann man erwarten, das vielschichtige Phänomen der Zeitreihendynamik besser zu erfassen, als dies mit Hilfe der gebräuchlichen Vorstellungen von Trend und Zyklus gelingt. Im Rahmen des MAM sind daher immer wieder neue reihendynamische Ansatzpunkte gesucht und getestet worden. Nicht alle untersuchten Kriterien haben sich als nützlich und operabel erwiesen. Als erste brauchbare Näherung eines globalen Dynamik-Indikators kann, wie durch umfangreiche Tests bestätigt wurde, folgende Konstruktion gelten:

$$Z_{140,t} = Z_{124,t} + Z_{125,t} + Z_{133,t} + Z_{139,t}$$

Z_{140} könnte man als **quasi-numerischen Gesamtindikator der Reihendynamik** bezeichnen. Das Attribut "quasi-numerisch" soll hierbei zweierlei ausdrücken: Erstens enthält der Gesamtindikator quantitative und qualitative Dynamik-Elemente. Zweitens sind die ausgewiesenen Quantitäten Ausdruck eines in einem iterativen Prozeß gefundenen Gewichtungsschemas.

Es muß nochmals betont werden, daß es eine absolut treffsichere Methode zur Ermittlung "richtiger" Indikatoren nicht gibt. Dies liegt schon in der Natur eines Indikators begründet, der ja auf indirekte Weise etwas messen soll, was sich direkter Anschauung entzieht. Wie gut die Annäherung an den beschriebenen Sachverhalt ist, läßt sich somit empirisch überhaupt nicht belegen. Systematische Schwächen und Verzerrungen eines Indikators sind daher auch nicht grundsätzlich voll identifizierbar.

Aus der Sicht des MAM ist zu **etwaigen Indikatormängeln** zweierlei anzumerken. Erstens bietet das MAM eine komplexe und voll integrierte Testanordnung, die es ermöglicht, Indikatoren einzeln und in ihrer Verbindung untereinander auf ihre Konsistenz und Realitätskonformität zu testen. Damit wird die **Realitätstauglichkeit eines Indikators** bzw. Indikatorsystems zum entscheidenden Beurteilungs- und Auswahlkriterium erhoben.

Und nun zum zweiten Aspekt. Das MAM ermöglicht, zumindest im Bereich der Vermögensmarktanalyse, Vergleiche alternativer "Güter". Werden z.B. zwei Aktien mit Hilfe des MAM analysiert und beurteilt, so werden an beide Aktien dieselben Maßstäbe angelegt. Selbst wenn die Maßstäbe Mängel aufweisen, ist dies für den Vergleich unbedeutend[16].

Es stellt sich jetzt die Frage, ob das durch Z_{138} definierte Kauflimit nicht noch präzisiert werden kann durch Einbeziehung der globalen Dynamik gemäß Z_{140}. Zu denken ist an eine Erhöhung bzw. Senkung des Kauflimits, je nachdem, ob die globale Dynamik positiv

16) Ein Beispiel aus einem anderen Bereich mag dies verdeutlichen: Angenommen, mit einer defekten Waage, die stets 10 kg mehr als das richtige Gewicht anzeigt, soll ermittelt werden, welcher von zwei Kartoffelsäcken der schwerere ist. Der schwerere Sack läßt sich eindeutig identifizieren, auch wenn sein absolutes Gewicht falsch angegeben wird. Sofern es also nur um relative und nicht um absolute Bewertungen geht, ist die Verwendung falscher Maß- und Gewichtseinheiten unerheblich, solange an alle Objekte die falsche Elle angelegt wird.

oder negativ ist. Zu diesem Zweck ist ein **Korrekturfaktor** zu ermitteln.[17] Das **modifizierte Kauflimit** lautet jetzt

$$Z_{141,t} = (1 + 0.0025Z_{140,t})Z_{138,t},$$

wobei der Klammerausdruck den oben beschriebenen Korrekturfaktor darstellt. Verfügt z.B. eine Aktie über eine *per saldo* positive globale Dynamik, so wird ein Anleger im Rahmen einer rationalen Entscheidungsfindung diesen positiven markttechnischen Aspekt dadurch honorieren, daß er das vergleichsweise undifferenzierte Kauflimit Z_{138} nach oben revidiert.

Das hierin zum Ausdruck kommende **Postulat plausibler Rationalität** impliziert, daß der Markt sehr wohl zu differenzieren weiß zwischen dynamik-positiven und dynamik-negativen bzw. allgemein zwischen mehr bzw. weniger dynamischen Anlagen. Da Marktentscheidungen Wahlentscheidungen sind, muß dem Marktteilnehmer ein differenziertes Entscheidungskriterium an die Hand gegeben werden. Andernfalls bleibt das Entscheidungsfeld unbestimmt und eine optimale Selektion ist von vornherein ausgeschlossen.

Für einen Aktienanleger folgt aus dem Prinzip der plausiblen Rationalität die sehr einfache **Entscheidungsregel**, daß er in jedem Zeitpunkt grundsätzlich nur diejenige(n) Aktie(n) kauft, die am preiswertesten ist (sind), d.h. am weitesten unterhalb ihres modifizierten Kauflimits Z_{141} liegt (liegen).

Hiermit sind jedoch die **Differenzierungsmöglichkeiten** bei weitem noch nicht ausgeschöpft. Ob es sich lohnt, weitere Auswahlkriterien heranzuziehen, läßt sich *a priori*, etwa aufgrund theoretischer Überlegungen, nicht befriedigend klären. Was gut oder schlecht, brauchbar oder unbrauchbar, sinnvoll oder unsinnig ist, läßt sich, zumindest vorläufig, nur empirisch abschätzen.

17) Da Z_{140} als vom-Hundert-Satz ermittelt wird, erfordert die faktorielle Transformation die Division durch 100 bei gleichzeitiger Addition von 1. Gleichzeitig muß der Gesamtindikator Z_{140} durch 4 dividiert werden, einmal wegen seiner vier Komponenten, und zum anderen wegen der sonst zu beobachtenden Übersteuerung. Nehmen wir z.B. an, Z_{140}=240. Der Korrekturfaktor wäre dann 1+80/400=1.2.

Wenn es überhaupt ein **verläßliches Bewegungsgesetz der Marktentwicklung** gibt, dann die schon mehrfach hervorgehobene Kraft-Gegenkraft-Beziehung. Eine der **systematischen Schwächen der traditionellen Preistheorie** besteht darin, daß sie dieses Kräftespiel in unzulässiger Weise schematisiert. Die Marktkräfte lassen sich nicht schablonenhaft durch parametrisch fixierte Angebots- und Nachfragefunktionen beschreiben. Es besteht überhaupt kein vernünftiger Grund anzunehmen, daß derartige Funktionen im Zeitablauf stabil bleiben, d.h., daß ihre Parameter sich nicht ändern.

Aus Gründen des theoretisch Machbaren gelten Funktionen stets nur *ceteris paribus*, eine Einschränkung, die in der Realität nur selten und dann auch wohl nur kurzfristig erfüllt sein dürfte. Das MAM vermeidet daher jeden **theoretischen Determinismus**.[18] Es versucht vielmehr, ein möglichst breites Spektrum der Marktkräfte und Marktgegenkräfte zu erfassen, um damit die Relativität und Eingebundenheit jeder marktanalytischen Aussage zu dokumentieren.

Dabei ist es Nebensache, daß im Interesse der Rechenhaftigkeit des Modells die Kraft-Gegenkraft-Beziehungen parametrisch fixiert werden müssen. Auch ist es Nebensache, daß ein scheinbar deterministisches Ergebnis abgeleitet wird. Worauf es entscheidend ankommt, und zwar sowohl in methodischer als auch in inhaltlicher Sicht, ist die **"weiche" Interpretation des Modells**. Gemeint ist damit eine Deutung der Modellannahmen, der Modellstruktur und der Modellergebnisse innerhalb eines zulässigen (möglichst schmalen) Interpretationsrahmens bei gleichzeitiger Offenlegung aller wichtigen Quellen des Mangels an Eindeutigkeit.

Die **theoretische Modellbildung** kann sich über diesen Mangel hinwegsetzen; sie tut dies in der bekannten Weise funktionaler Festlegungen. Die **empirische Modellbildung** muß sich diesen bequemen Weg versagen. In ihrem Streben, der Realität möglichst nahe zu kommen, muß sie die Relativität jeder Marktbeobachtung anerkennen

18) Unter dem Rubrum "theoretischer Determinismus" wären im übrigen auch **stochastische Modelle** zu führen, denn hier spielt sich der Determinismus nur auf einer anderen (höheren) Ebene ab. Der Determinismus äußert sich hier in der Wahl mathematisch eindeutig bestimmter stochastischer Prozesse. Man könnte überspitzt vielleicht so formulieren: Im stochastischen Modell ist die Sachaussage zwar nicht eindeutig; welcher Art dieser Mangel an Eindeutigkeit ist, liegt aber eindeutig fest.

und sie explizit modellendogen erfassen. Jede Marktaussage ist daher in vielfältiger Weise konditioniert, und zwar nicht durch das grobschlächtige und deshalb im einzelnen nicht bewertbare Instrument der *ceteris-paribus*-Restriktion, sondern durch ein feingliedriges Netz ausdrücklich benannter und in den Modellzusammenhängen eingebauter Wechselwirkungen.

Vor diesem Hintergrund kann und muß man nun freilich bezweifeln, ob der Z_{141}-Wert das letzte Wort in der Frage nach dem "gerechten" Kauflimit darstellt. Zahlt ein Anleger für eine in dynamischer Hinsicht rundherum positiv zu beurteilende Aktie einen Bonus, so muß er auf der anderen Seite den vom **Schwankungsverhalten** der Aktie geprägten Kursrahmen Z_{135}/Z_{136} vor Augen haben. Rückt das modifizierte Kauflimit in die Nähe der Korridorobergrenze Z_{135}, so steigt für den Anleger das Risiko eines zyklisch bedingten Kursrückschlags. Zum Vergleich: Eine Aktie mit schlechter globaler Dynamik mag dadurch an Attraktivität gewinnen, daß sie in der Nähe der Korridoruntergrenze Z_{136} notiert und damit zumindest Chancen auf eine zyklische Erholung bietet.

Der Umstand, daß die Plazierung einer Aktie innerhalb ihres mutmaßlichen Schwankungsbereiches von offenkundiger Wichtigkeit für den Anleger ist, kommt in folgender Beziehung zum Ausdruck:

$$Z_{142,t} = (Z_{135,t} - Z_{141,t})/(Z_{141,t} - Z_{136,t})$$

Das modifizierte Kauflimit wird also mit den Korridorgrenzen verglichen. Ist der **"Plazierungswert"** Z_{142} klein, bedeutet dies, daß ein Kauf zum modifizierten Kauflimit Z_{141} in hohem Maße die Gefahr eines zyklischen Rückschlags in sich birgt. Das gegenteilige Fazit wäre zu ziehen im Falle hoher Plazierungswerte.[19]

Nun sieht sich also der Anleger mit einem neuen markttechnischen Kriterium konfrontiert. Wie soll er hierauf reagieren? Das modifizierte Kauflimit Z_{141} war nun doch nicht die letzte Stufe in dem **Prozeß marktgerechter Aktienbewertung**. Bei dem gegenwärtigen Erkenntnisstand muß der Anleger bei der Fortschreibung des Z_{141}-Werts jetzt offenbar folgende Aspekte beachten:

19) Konstruktionsbedingt können negative Z_{142}-Werte ausgeschlossen werden.

- Schwankungsbreite des Kurskorridors, also Z_{135}/Z_{136};
- Plazierung der Aktie innerhalb des Kurskorridors, bewertet durch Z_{142};
- globale Trenddynamik, gemessen durch Z_{140}.

Als brauchbare Weiterentwicklung des modifizierten Kauflimits Z_{141} hat sich das **erweiterte Kauflimit** Z_{143} erwiesen:

$$Z_{143,t} = \begin{cases} [1 + 0.0025 Z_{140,t} \cdot Z_{142,t} \cdot Z_{135,t}/Z_{136,t}] Z_{141,t} & \text{für } Z_{140,t} \geq 0 \\ [1 + 0.0025 Z_{140,t} \cdot Z_{135,t}/(Z_{136,t} \cdot Z_{142,t})] Z_{141,t} & \text{für } Z_{140,t} < 0 \end{cases}$$

Der Einfluß der globalen Trenddynamik mußte im Vergleich zum modifizierten Kauflimit im Hinblick auf eine Testoptimierung verstärkt werden. Der bremsende bzw. beschleunigende Einfluß des Plazierungswertes wäre andernfalls zu stark ausgefallen.[20]

Man beachte, daß im Falle $Z_{140,t} \geq 0$ der Plazierungswert Z_{142}, der zwischen 0 und 1 liegt und zumeist nicht sehr stark von 0.5 abweicht, die Bewertung dämpft, oder, anders ausgedrückt, eine Überbewertung verhindert. Dies ist, insbesondere in Marktphasen, die durch überschäumenden Optimismus gekennzeichnet sind ("**Überhitzungsphasen**"), ein nicht zu unterschätzender Vorteil. Andererseits verhindert Z_{142} im Falle von $Z_{140} < 0$, also im Falle einer überwiegend negativen Trenddynamik, eine zu negative, übertrieben pessimistische Einstufung einer Aktie. Der Plazierungskoeffizient

20) Zur Veranschaulichung mag wiederum ein Zahlenbeispiel beitragen. Es gelte: $Z_{135}=200$; $Z_{136}=50$; $Z_{138}=135$; $Z_{140}=80$. Der Korrekturfaktor beträgt $1+0.0025 \cdot 80=1.2$. Es folgt jetzt $Z_{142}=0.3393$; damit ist $Z_{143}=206$. Aufgrund der stark positiven globalen Trenddynamik ist der Anleger bereit, anstatt 135 den höheren Betrag 162 zu zahlen. Die Aktie schwankt außerdem sehr stark; die Schwankungsbreite beträgt $Z_{135}/Z_{136}=4$. Bei den dominierenden aufwärts gerichteten Trendkräften ist damit zu rechnen, daß die Aktie ihr Schwankungspotential nach oben voll ausschöpft. Dieser Aspekt stellt ein positives Kaufargument dar. Andererseits muß die Aktie zum Kurs von 162, zumindest bei dem augenblicklich geltenden Kursspielraum, bereits als gut bezahlt gelten. Dieser Aspekt stellt ein eher negatives Kaufargument dar. Da jedoch der Trend in absehbarer Zeit auch den Kurskorridor Z_{135}/Z_{136} nach oben drücken dürfte, wird das aus heutiger Sicht hohe Kursniveau in naher Zukunft bereits als niedrig gelten. Die positiven Kaufargumente überwiegen daher. Dies führt zu einem erweiterten Kauflimit $Z_{143}=206$. Der Anleger ist also bereit - in der Hoffnung auf einen anhaltend positiven Trend -, für die Aktie sogar mehr zu zahlen, als ihrem momentanen Schwankungsspielraum nach oben entspricht.

sorgt auf diese Weise für eine konsequente Ausnutzung günstiger Kaufgelegenheiten.

Nun muß freilich wiederum daran erinnert werden, daß keiner der bisher entwickelten Werte, die vertretbare Kaufniveaus darstellen sollen, als absolut überlegen eingestuft werden kann. Im übrigen ist es ein verbreiteter Irrtum zu glauben, komplizierte Verfahren und Konstruktionen müßten sich zwangsläufig empirisch besser bewähren als vergleichsweise einfache Varianten. Die praktische Arbeit mit dem MAM hat wiederholt gezeigt, daß die Grenzen sinnvoller Komplexität oft schnell erreicht sind. Der vermeintlich positive **Grenznutzen einer größeren Modellierungsbreite und -tiefe** kann rasch negativ werden.

Die Entwicklung mehrerer plausibler Alternativen hat jedoch einen durchaus pragmatischen Hintergrund. Wenn man keine absolut verläßliche Möglichkeit hat, das optimale Modell zu bestimmen, so besteht die Chance, im Wege der Durchschnittsbildung über mehrere Alternativen Mängel wenigstens teilweise zu neutralisieren. Auch im Falle der Bestimmung des **durchschnittlichen Kauflimits** wurde so verfahren:

$$Z_{144,t} = 0.25(Z_{137,t} + Z_{138,t} + Z_{141,t} + Z_{143,t})$$

Das durchschnittliche Kauflimit Z_{144} informiert den Anleger über das Kursniveau, das als Obergrenze für Käufe beachtet werden sollte im Interesse eines günstigen Einkaufs. Käufe unter Z_{144} sollten sich erst recht lohnen. Verkäufe hingegen sind bei einem Kursanstieg über Z_{144} erwägenswert.

Die **Filter- und Trennfunktion** des Z_{144}-Werts ist insofern schwach ausgeprägt, als Kauf- und Verkaufzonen nahtlos aneinander stoßen. Dies mag man durchaus als störend und unrealistisch empfinden. Als Alternative kann erwogen werden, zwischen **Kauf- und Verkaufzone** eine neutrale Zone zu schieben, in der keine Transaktionen stattfinden. Eine scharf konturierte antizyklische Strategie könnte z.B. darin bestehen, daß nur bei Annäherung an die Grenzen der mutmaßlichen Kursbandbreite Transaktionen erfolgen. Ein einfacher Algorithmus zur Festlegung entsprechender **unterer und oberer Preisziele** (Z_{145}, Z_{146}) lautet wie folgt:

$$Z_{145,t} = 0.25(3Z_{136,t} + Z_{135,t})$$
$$Z_{146,t} = 0.25(3Z_{135,t} + Z_{136,t})$$

Da es hier um eine möglichst geschlossene Darstellung der organischen Entwicklung des Modells geht, muß die fundierte Diskussion auch dieser strategischen Variante vorerst noch zurückgestellt werden. Dies gilt auch für den Performance-Test einer weiteren strategischen Variante, die Kauf- und Verkaufniveaus unmittelbar benennt und daher eine exakte Regel für antizyklische Marktoperationen bereitstellt. Zur Bestimmung des Kaufniveaus Z_{153} wird auf Z_{11}, den globalen Reihendurchschnitt, Z_{144}, das durchschnittliche Kauflimit, und Z_{145}, das untere Preisziel, zurückgegriffen. Die etwas eigenwillige Gewichtungsstruktur, die zudem im Falle des Kaufniveaus Z_{153} von derjenigen des Verkaufniveaus Z_{154} abweicht, ist das Ergebnis umfangreicher Modellsimulationen. Die Algorithmen lauten:[21)]

$$Z_{153,t} = \begin{cases} (Z_{11,t} + 0.9Z_{144,t} + Z_{145,t})/3 & \text{für } [(|Z_{144,t} - Z_{11,t}|)/Z_{11,t}] \geq 0.1 \\ (Z_{11,t} + 0.85Z_{144,t} + Z_{145,t})/3 & \text{für } [(|Z_{144,t} - Z_{11,t}|)/Z_{11,t}] < 0.1 \end{cases}$$

$$Z_{154,t} = \begin{cases} (Z_{11,t} + 1.1Z_{144,t} + Z_{146,t})/3 & \text{für } [(|Z_{144,t} - Z_{11,t}|)/Z_{11,t}] \geq 0.1 \\ (Z_{11,t} + 1.15Z_{144,t} + Z_{146,t})/3 & \text{für } [(|Z_{144,t} - Z_{11,t}|)/Z_{11,t}] < 0.1 \end{cases}$$

Scheinbar paradox ist, daß bei einem starken Abwärtstrend keine überdurchschnittlichen Kursabschläge verlangt werden. Dies liegt daran, daß bei stark ausgeprägter Abwärtsdynamik der Z_{144}-Wert ohnehin stark zurückgefallen ist und dadurch für ein hinreichend niedriges Einstiegsniveau sorgt. Man kann es auch so ausdrücken: Der stark dynamik-geprägte Z_{144}-Wert kann seine Steuerungsfunktion nur dann befriedigend erfüllen, wenn die Trenddynamik hinreichend

21) Interessant ist die verwendete Bedingung. Weicht das durchschnittliche Kauflimit Z_{144} wesentlich, d.h. um mindestens 10%, vom globalen Reihenmittelwert Z_{11} ab, dann wird Z_{144} stärker gewichtet als im Falle einer Abweichung von weniger als 10%. Dies kann man wie folgt plausibel begründen: Fallen Z_{144} und Z_{11} annähernd zusammen, so ist offenbar keine nennenswerte Trenddynamik spürbar; der Aktienkurs entwickelt sich orientierungslos seitwärts. Wer hier kauft, muß sich also darüber im klaren sein, daß er sich auf keinerlei erwähnenswerten Aufwärtstrend stützen kann. Ohne den "Rückenwind" des Trends ist es also besser, nur auf stark ermäßigtem Niveau zu kaufen, weil dann allein die Schwankungsdynamik den Kurs nach oben bringen kann.

stark ist. Der **positive Zusammenhang zwischen Trendintensität und Verläßlichkeit der Indikatoren** wird uns in Zukunft noch weiter beschäftigen.

3.2 6 Crossover-Indikatoren der Reihendynamik

Zum Standard-Repertoire der Chartanalyse gehört ein mehr oder weniger komplexes System von Crossover-Indikatoren. Anschaulicher vielleicht sind die Bezeichnungen **Scheideweg-** oder **Schwellenindikatoren.** Man versteht darunter klar definierte Reihenwerte, denen man zutraut, zyklische Umschwünge, ggf. auch Trendbrüche, zuverlässig anzuzeigen.

Ein Auf- bzw. **Abschwungsignal** wird dann ausgelöst, wenn die aktuellen Reihenrealisationen über den Crossover-Wert steigen **(Aufschwungsignal)** bzw. unter diesen fallen **(Abschwungsignal)**. Weit verbreitet in der Chartanalyse ist das **200-Tage-Durchschnittskriterium:** Demnach ist mit einem Kursaufschwung zu rechnen, wenn die Kurskurve die 200-Tage-Durchschnittskurve von unten nach oben schneidet; im umgekehrten Fall zeichnet sich ein Abschwung ab.

Auf den ersten Blick sind Crossover-Indikatoren durchaus einleuchtend. Leider leiden sie an einer **systematischen Schwäche.** Am Beispiel der Aktienmärkte kann man dies wiederum sehr anschaulich verdeutlichen. Der Kurs einer Aktie, die haussiert, muß zuvor die 200-Tage-Durchschnittskurve (oder eine vergleichbare Kurve) von unten nach oben geschnitten haben. Also sorgt das Crossover-Kriterium dafür, daß der Aufschwung und die anschließende Hausse nicht verpaßt wird. Es gilt daher: Jeder Hausse geht ein *crossover* voraus. Hieraus folgt aber nicht - und hierin liegt die fatale Schwäche dieses Indikatortyps -, daß jedem *crossover* notwendigerweise eine Hausse folgt. Der *crossover* ist somit nur notwendige, nicht aber hinreichende Bedingung für eine Hausse. Er erweist sich daher im Grunde als **tautologisches und daher nutzloses Prinzip**, das nichts weiter besagt als: "Eine Aktie haussiert, wenn sie haussiert."

Sollen Crossover-Indikatoren ihre **Filterfunktion** gut erfüllen, d.h., Fehlsignale nur in erträglichem Ausmaß hervorbringen, so müssen sie äußerst sorgfältig ausgewählt werden. Zugleich muß der Frage nachgegangen werden, ob nicht zwischen Bedingungskonstellationen unterschieden werden kann, die den Grad der Verläßlichkeit dieser Indikatorgruppe beeinflussen. Sehr umfangreiche Tests im Rahmen des MAM haben gezeigt, daß der Z_{11}-Wert die den Crossover-Indikatoren nachgesagte Trennfunktion in der Regel besser erfüllt als der in der Praxis überaus weit verbreitete 200-Tage-Durchschnitt. Es zeigt sich, daß die Trenddynamik einen entscheidenden Einfluß auf die Verläßlichkeit von Crossover-Indikatoren hat. Allgemein läßt sich sagen, Crossover-Signale sind umso signifikanter, je stärker die Trenddynamik ist, und zwar gleichgültig, ob ein Aufwärts- oder ein Abwärtstrend vorliegt.

Crossover-Indikatoren kommt neben der Trennfunktion auch noch eine **Risikobegrenzungsfunktion** zu. Diese hat durchaus ihren eigenständigen Wert, weil sie bei jedem Engagement auf einem Vermögensmarkt von vornherein das maximale Verlustrisiko festlegt. Nicht die Trennung mutmaßlicher Auf- und Abschwungphasen, sondern die Verlustbegrenzung einer Marktposition steht im Vordergrund. Nimmt ein Anleger am Markt eine Kaufposition ein, steht er also auf der Käuferseite, so kann er individuell festlegen, welchen Preisverfall er maximal hinzunehmen bereit ist, bevor er seine Position "glattstellt" und auf die Verkäuferseite überwechselt. Analog kann für das Festhalten an einer Verkaufposition ein entsprechender oberer Grenzwert festgelegt werden. Es ist üblich, solche Grenzwerte als **Stoploss-Marken** zu bezeichnen. Sie dienen also der Verlustbegrenzung der jeweils eingegangenen Marktposition.

Ansatzpunkte für eine sinnvolle **Plazierung** von **Stoploss-Marken** lassen sich unschwer finden. In der Praxis weit verbreitet ist die Bezugnahme auf historische Höchst- und Tiefstkurse. Werden diese Kursniveaus über- bzw. unterschritten, so kann dies als Kauf- bzw. Verkaufsignal (Stoploss-Signal) gewertet werden. Es gibt Markttechniker, z.B. A. PFEIFFER, Herausgeber des Börsendienstes "Swingtrend", die auf Höchstkurs/Tiefstkurs-Crossovers "schwören".

Dahinter steckt die simple Überlegung, daß eine Aktie, die ständig neue Höchstkurse erreicht, markttechnisch besonders stark sein muß und daher außergewöhnlich günstige Kurschancen besitzt. Andererseits sollte man Aktien, die ständig neue Tiefstkurse erreichen, aus dem Depot entfernen. Es wird sich zeigen, daß solch simple Regeln, von denen es unzählige gibt, in einem harten Leistungstest nicht bestehen können.

Es ist zum Teil verständlich, daß Spekulanten nie nachlassen werden in dem Bestreben, **einfache Entscheidungsregeln** zu finden. Jeder Chartist, jeder Fundamentalist, jeder Börsenbriefschreiber und jeder Börsenberater hinter dem Bankschalter reitet im Grunde sein ganz persönliches Steckenpferd, und sei es auch nur, die gegenwärtige Meinung - das, "was man spricht" - zu kolportieren. Gravierende Mängel des Entscheidungsverfahrens werden, selbst wenn sie schmerzhaft in Erscheinung treten, zumeist ignoriert bzw. mit den Unwägbarkeiten des Marktgeschehens entschuldigt.

In das MAM sind zunächst die 12-Perioden-Höchstkurse- und -Tiefstkurse eingeführt worden:[22]

$$Z_{147,t} = \min\{Z_{1,t}, Z_{1,t-1}, Z_{1,t-2}, \ldots, Z_{1,t-12}\}$$
$$Z_{148,t} = \max\{Z_{2,t}, Z_{2,t-1}, Z_{2,t-2}, \ldots, Z_{2,t-12}\}$$

Hieraus lassen sich sehr vorsichtige, d.h. eng plazierte Stoploss-Marken entwickeln. Die untere Stoploss-Marke läßt sich z.B. ansetzen als

$$Z_{149,t} = 0.25(3Z_{147,t} + Z_{148,t}).$$

Für die obere Stoploss-Marke folgt analog:

$$Z_{151,t} = 0.25(3Z_{148,t} + Z_{147,t})$$

Alternativ kann man die Korridorgrenzen Z_{135} und Z_{136} zur Bestimmung der Stopmarken heranziehen. Die untere respektive obere Stoploss-Marke lautet dann:

$$Z_{150,t} = 0.25(3Z_{147,t} + Z_{135,t})$$
$$Z_{152,t} = 0.25(3Z_{148,t} + Z_{136,t})$$

Weniger scharf, theoretisch aber besser fundiert, wäre die unmittelbare Verwendung von Z_{147}-Z_{148} bzw. Z_{135}-Z_{136} als Verlustbegrenzungsmarken. Man mag durchaus die Auffassung der Chartisten insoweit teilen, daß z.B. faktisch zustandegekommene Jahreshöchstkurse den Marktteilnehmern nicht nur bekannt sind, sondern von

22) Wenn man die aktuelle Periode mitzählt, handelt es sich um 13 Perioden.

diesen als potentieller Preiswiderstand gesehen werden. Selbst seriöse Börsenkommentatoren, z.B. in der einschlägigen Tagespresse oder in offiziellen Verlautbarungen großer Banken, weisen ihre Leser regelmäßig auf vermutete Höchstkurswiderstände bzw. auf mögliche Unterstützungszonen im Bereich historischer Tiefstkurse hin.

Nach Überzeugung der Chartisten gewinnen solche **Widerstands- und Unterstützungspunkte** durch wiederholte Bestätigung zunehmende Bedeutung. Dafür gibt es eine plausible Erklärung: Scheitert eine Aktie mehrmals an einer bestimmten Kursmarke, so ist dies eine leidvolle Erfahrung zumindest für all jene, die in der Nähe dieses Kursgipfels gekauft haben. Viele von ihnen dürften den heimlichen Entschluß fassen, sofort zu verkaufen, sobald der Kurs wiederum das Einstiegsniveau erreicht hat.

Dadurch verschlechtert sich die Markttechnik der betreffenden Aktie, denn Kursauftriebstendenzen werden sofort im Keim erstickt durch die verstärkte Tendenz zu Positionsglattstellungen und Gewinnmitnahmen. Im Falle mehrfach getesteter Tiefstkurse verstärkt sich umgekehrt die Meinung, hier habe der Kurs einen tragfähigen "Boden" gefunden; es sei daher weitgehend risikolos, in der Nähe dieses Bodens zu kaufen. Stellt sich jedoch die Widerstands- bzw. Unterstützungsprognose als falsch heraus, so kann durch die **Stoploss-Automatik** die Schieflage sofort korrigiert werden, und zwar ohne nennenswerte Verluste.

Verlustbegrenzungsmarken sind für **prozyklische Marktteilnehmer** gewissermaßen das A und das O. Wie sich unschwer nachweisen läßt[23], führt allzu leichtfertiges Hantieren mit Stoploss-Marken sehr schnell in die Verlustzone. Die scheinbare Plausibilität einer Methode, Gewinne laufen zu lassen, Verluste aber zu begrenzen, beruht zumeist auf einer schlimmen und u.U. verhängnisvollen Selbsttäuschung.

Dasselbe gilt für die nahezu universelle Vorliebe - und zwar nicht nur markttechnisch orientierter Börsenteilnehmer - für die **Verwendung gleitender Durchschnitte**. Es gibt kaum einen Chartdienst, der nicht als bare Selbstverständlichkeit die 200-Tage-Durchschnitts-

23) Vgl. hierzu den Abschnitt über Marktstrategien.

kurve wiedergibt, meist zusammen mit der Kurve eines kürzeren gleitenden Durchschnitts. Auch die **FAZ** hält es offenbar für erforderlich, ihre Leser täglich über den 200- und 90-Tage-Durchschnitt des FAZ-Index zu informieren. Wie gebannt starrt die Finanzwelt auf den Verlauf der Kurs- und Indexkurven im Vergleich zu den jeweiligen Durchschnittskurven.

Einen schlüssigen Beweis, daß solche Crossover-Signale tatsächlich funktionieren, hat nach Wissen des Verfassers noch niemand geliefert. Auch die diesbezüglichen Tests im Rahmen des MAM sind alles in allem negativ verlaufen. Allerdings lassen sich bei gebührender Differenzierung des Crossover-Kriteriums beachtliche Leistungsverbesserungen erzielen. Auch hierzu wird im strategischen Teil noch mehr zu sagen sein.

Am Rande sei vermerkt, daß jedes beliebige markttechnische Kriterium, mag es auch noch so unsinnig sein, dann empirische Relevanz erlangt, wenn es von hinreichend vielen Marktteilnehmern beachtet wird. Wenn die Mehrheit glaubt, daß der FAZ-Index ins Bodenlose abstürzt, sobald die Indexkurve die 200-Tage-Durchschnittskurve von oben nach unten durchbricht, dann wird eben dies geschehen. Dieses altbekannte **Prinzip der Selbsterfüllung von Erwartungen** hat auch an der Börse durchaus gewisse Bedeutung. Allerdings kann keine Rede davon sein, daß die Markttechnik, beschrieben z.B. durch das Crossover-Kriterium, universell so konsequent beachtet wird, daß der oben beschriebene Ablauf mit Sicherheit eintritt. Offenbar bestehen, trotz eines allgemeinen Grundkonsenses der Marktteilnehmer, im einzelnen doch noch erhebliche Meinungsverschiedenheiten.

Ein Spezifikum der Crossover-Analyse stellt die **Zyklusphasen-Analyse** dar. Ungeglättete Reihenrealisationen erhöhen im Rahmen der Crossover-Analyse das Risiko von Fehlsignalen. Ob nun ein Crossover zufällig erfolgt oder aber das Ergebnis einer systematischen Trend- oder Tendenzwende darstellt, läßt sich im Beobachtungszeitpunkt nicht ermitteln. Schaltet man jedoch den Zufallseinfluß aus, so wird der *crossover* vermutlich um einiges verläßlicher.

Es liegt daher nahe, nicht auf die Schnittstellen zwischen der Ursprungsreihe und dem oder den gleitenden Durchschnitt(en) zu achten, sondern auf die Schnittstellen verschieden terminierter Durchschnittsreihen untereinander. Man könnte z.B. auf die Schnittpunkte zwischen dem 3-Perioden-Durchschnitt Z_4 und dem 12-Perioden-Durchschnitt Z_6 achten. Solange Z_4 nicht unter Z_6 zurückfällt, wird an der Aufschwungdiagnose festgehalten. Verläuft hingegen Z_4 unterhalb von Z_6, lautet die Diagnose auf Abschwung.

Freilich ist auch hier auf theoretischer Grundlage nicht zu klären, welche Reihenkombinationen den sichersten Zyklusphasentest liefern. Es empfiehlt sich daher auch in diesem Fall wiederum die Verwendung mehrerer Alternativen und die Durchschnittsbildung über diese; weiter unten wird darauf zurückzukommen sein.

3.2.7 Der Performance-Indikator - eine Verdichtung der Reihendynamik

Nachdem zahlreiche Aspekte der Reihendynamik herausgearbeitet und durch geeignet erscheinende Indikatoren formalisiert und präzisiert worden sind, ist jetzt der Zeitpunkt gekommen, erneut über eine mögliche Komprimierung der bislang erfaßten reihendynamischen Elemente nachzudenken. Wir erinnern uns: Die erste Verdichtung dieser Art erfolgte in Gestalt des globalen Dynamik-Indikators Z_{140}. Dieser Indikator fußt auf einem quasi-numerischen Berechnungsmodus in dem Sinne, daß quantitative und qualitative Elemente aggregiert werden und hierzu ein geegnetes Gewichtungsschema gefunden werden muß.

Der nun zu entwickelnde Performance-Indikator basiert auf einem ähnlichen Prinzip. Die einzelnen reihendynamischen Elemente müssen entsprechend ihrer jeweiligen relativen Bedeutung in einen anteilmäßig ausgewogenen Zusammenhang gebracht werden. Darüber hinaus muß der Indikator, sofern er in das Gesamtsystem integriert werden soll, auch "vernünftige" absolute Werte annehmen.

Erschwerend kommt hinzu, daß sich bei der Konstruktion von Gesamtindikatoren die bereits auf der Ebene der Einzelindikatoren bestehenden Ungenauigkeiten unangenehm kumulieren können. Die mit dem MAM gewonnene Simulationserfahrung zeigt jedoch, daß man die Gefahr einer fehlerhaften relativen und/oder absoluten Dimensionierung nicht überschätzen sollte. Werden die Parameter unter verschiedenen Konstellationen - im Hinblick auf die Reihen- und Periodenwahl - gründlich ausgetestet, bleiben systematische Mängel im allgemeinen nicht allzu lange verborgen.

Wenden wir uns nun wieder den konkreten Operationalisierungen der erfaßten reihendynamischen Kriterien zu. Um ein abgerundetes Bild der Reihendynamik zu erhalten, erscheint es zunächst zweckmäßig, der durch Z_{139} **gemessenen Attraktion** eine kontrollierende Gegenkraft gegenüberzustellen. Als **Attraktion** hatten wir die Anziehungskräfte bezeichnet, die vom Reihenmittelwert auf die Reihenrealisationen ausgehen. Dabei wurde postuliert, daß die Attraktion umso stärker wird, je weiter sich eine Reihe von ihrem Mittelwert entfernt.[1)] Die Gegenkraft, die der Attraktion zu widerstehen vermag, könnte man anschaulich als **realtive Stärke** bezeichnen.

Um Mißverständnissen vorzubeugen, sei darauf hingewiesen, daß der Terminus "relative Stärke" in der akademischen und praktischen Diskussion oft mit verschiedenem Begriffsinhalt verwendet wird. Im vorliegenden Zusammenhang bezeichnet relative Stärke die Widerstandskraft einer Zeitreihe gegenüber der Attraktion. Eine naheliegende Messung dieser Resistenz gegenüber Attraktionskräften besteht im Vergleich des Periodendurchschnitts einer Reihe mit den Korridorgrenzen dieser Reihe:

$$Z_{155,t} = 25[(Z_{3,t} - Z_{136,t})/Z_{3,t} - (Z_{135,t} - Z_{3,t})/Z_{3,t}]$$

Bei der Wahl des Gewichtungsfaktors 25 war darauf zu achten, daß die relative Stärke sowohl im Hinblick auf die Attraktion als auch im Hinblick auf alle übrigen erfaßten Dynamik-Indikatoren angemessen repräsentiert ist. Unterstellt man überwiegend risikoscheue Marktteilnehmer, so erscheint es zweckmäßig zu verhindern, daß durch relative Stärke allzu leicht bestehende Attraktionskräfte neutralisiert oder gar überkompensiert werden können, denn gefähr-

1) Hinter dieser Vorstellung verbirgt sich das **Credo des Antizyklikers**, das darin gipfelt, daß Mittelwertabweichungen einer Reihe nach einer Seite alsbald durch Mittelwertabweichungen der Reihe nach der gegenüberliegenden Seite ausgeglichen werden. Dies muß freilich nicht notwendigerweise so sein. Eine Reihe kann sehr lange oberhalb oder unterhalb ihres Mittelwerts verweilen und keinerlei Anzeichen einer Gegenbewegung erkennen lassen. Dies ist umso wahrscheinlicher, je ausgeprägter die Trenddynamik ist.

lich für den Anleger ist die Attraktion, nicht die relative Stärke.

Eine abschließende Würdigung des Gewichtungsschemas kann erst erfolgen, wenn es in seiner Gesamtheit bekannt ist. Deshalb sollen jetzt sämtliche Bestandteile des Performance-Indikators aufgelistet werden. Als nächstes wird der **Basistrend** Z_{124} einbezogen:

$$Z_{156,t} = 0.25Z_{124,t}$$

Es folgen der **Trendbeständigkeits-Indikator** Z_{125} sowie das **Momentum** Z_{133}:

$$Z_{157,t} = 0.25Z_{125,t}$$
$$Z_{158,t} = 0.125Z_{133,t}$$

Z_{124} und Z_{125} reagieren äußerst träge auf ein verändertes Reihenverhalten. Z_{133} ist hingegen sensibler. Insgesamt bleibt jedoch der Eindruck, daß die grundlegenden Trendindikatoren Z_{124}, Z_{125} und Z_{133} recht schwerfällig reagieren. Im Hinblick auf die Abschätzung der kurzfristigen Reihenentwicklung ist dies ein gravierender Nachteil.

Dem kann dadurch abgeholfen werden, daß ein **Trendakzelerator** eingebaut wird. Dieser reagiert insbesondere auf Trendwenden äußerst empfindlich. Die Trendakzeleration wird gemessen durch die Differenz zwischen Momentum und Basistrend ($Z_{133} - Z_{124}$). Ist z.B. der Basistrend positiv, das Momentum hingegen negativ, so nimmt der Trendakzelerator einen stark negativen Wert an.[2] Er wird wie folgt in den Performance-Indikator eingebaut:

$$Z_{159,t} = 0.125(Z_{133,t} - Z_{124,t})$$

Die Attraktion wird im Interesse einer kurzfristigen Flexibilisierung jetzt anders gemessen als im Algorithmus Z_{139}, nämlich:

2) Greifen wir ein konkretes und besonders krasses Beispiel heraus. Im Juni 1986 hatte die Audi-Aktie einen Basistrend von +142 und ein Momentum von -156 aufzuweisen. Dies ergibt eine Trendakzeleration von -298. Dies bedeutet, daß der sehr starke Aufwärtstrend durch die jüngste Reihenentwicklung nicht bestätigt wird. Dies muß keineswegs dramatische Kursrückschläge bedeuten. Bereits eine Kursstagnation auf hohem Niveau löst eine negative Trendakzeleration aus. Für die Kursentwicklung der Audi-Aktie bedeutet dies, daß zumindest kurzfristig mit einem weiteren Kursanstieg nicht zu rechnen ist.

$Z_{160,t} = 25(Z_{10,t} - Z_{3,t})/Z_{10,t}$

Anstelle von Z_{138}, dem vergleichsweise trägen Kauflimit, wird jetzt der hochbewegliche Perioden-Durchschnitt Z_3 verwendet. Damit wird die Symmetrie zum Kriterium der relativen Stärke Z_{155} gewahrt, das gleichfalls an Z_3 anknüpft.

Zur Abschätzung der (kurzfristigen) globalen Reihen-Performance ist nun die Verdichtung zumindest einiger ausgewählter *crossovers* unverzichtbar, denn kein anderes markttechnisches Kriterium kann Änderungen im Reihenverhalten schneller diagnostizieren. Um zu erkennen, ob eine Preisreihe bestimmte Durchschnittskurven "verletzt" hat, verwendet das MAM den Perioden-Tiefstkurs Z_1.[3)]

Um ein differenziertes Bild der aktuellen **Crossover-Situation** zu erhalten, wird Z_1 mit mehreren, verschieden periodisierten Durchschnittsreihen verglichen. Liegt Z_1 über der betreffenden Durchschnittsreihe, so wird dieser Sachverhalt mit 2.5 Pluspunkten bewertet. Liegt Z_1 auf oder unter der jeweiligen Durchschnittsreihe, werden 2.5 Minuspunkte gegeben:

$$Z_{161,t} = \begin{cases} +2.5 & \text{für } Z_{1,t} > Z_{4,t} \\ -2.5 & \text{für } Z_{1,t} \leq Z_{4,t} \end{cases}$$

$$Z_{162,t} = \begin{cases} +2.5 & \text{für } Z_{1,t} > Z_{5,t} \\ -2.5 & \text{für } Z_{1,t} \leq Z_{5,t} \end{cases}$$

$$Z_{163,t} = \begin{cases} +2.5 & \text{für } Z_{1,t} > Z_{6,t} \\ -2.5 & \text{für } Z_{1,t} \leq Z_{6,t} \end{cases}$$

$$Z_{164,t} = \begin{cases} +2.5 & \text{für } Z_{1,t} > Z_{11,t} \\ -2.5 & \text{für } Z_{1,t} \leq Z_{11,t} \end{cases}$$

Im Zeitpunkt eines Crossovers kann naturgemäß noch nicht angegeben werden, ob es sich bei der signalisierten Richtungsänderung der Zeitreihe um eine nachhaltige oder nur um eine vorübergehende Bewegung handelt. Aus diesem Grund empfiehlt es sich, Bestätigungen für die Richtungsänderung abzuwarten. Eine Bestätigung (oder Nicht-Bestätigung) periodischer Crossovers kann man von dem **Zyklusphasen-Kriterium** erwarten, das Richtungsänderungen erst verzö-

3) Mit Blick auf die Vermögensmärkte wurde absichtlich auf die Verwendung von Z_2, dem Perioden-Höchstkurs, in diesem Zusammenhang verzichtet, da für einen risiko-aversen Marktteilnehmer die Furcht vor Preisrückgängen und damit verbundenen Vermögensverlusten im Vordergrund steht.

gert und nur bei hinreichender Deutlichkeit und Nachhaltigkeit anzeigt. Die zur Berechnung des Performance-Indikators herangezogenen Zyklusphasenkriterien werden durch die Reihen Z_{165} bis Z_{168} dargestellt. Die Bewertungsziffern für positive bzw. negative Zyklusphasen sind dieselben wie in der Crossover-Analyse:

$$Z_{165,t} = \begin{cases} +2.5 & \text{für } Z_{4,t} > Z_{6,t} \\ -2.5 & \text{für } Z_{4,t} \leq Z_{6,t} \end{cases}$$

$$Z_{166,t} = \begin{cases} +2.5 & \text{für } Z_{5,t} > Z_{7,t} \\ -2.5 & \text{für } Z_{5,t} \leq Z_{7,t} \end{cases}$$

$$Z_{167,t} = \begin{cases} +2.5 & \text{für } Z_{6,t} > Z_{9,t} \\ -2.5 & \text{für } Z_{6,t} \leq Z_{9,t} \end{cases}$$

$$Z_{168,t} = \begin{cases} +2.5 & \text{für } Z_{7,t} > Z_{10,t} \\ -2.5 & \text{für } Z_{7,t} \leq Z_{10,t} \end{cases}$$

Aggregiert man nun alle bisher entwickelten reihendynamischen Elemente unter Beachtung des hier gewählten Gewichtungsschemas, so erhält man den globalen Performance-Indikator der Reihendynamik:

$$Z_{169,t} = \Sigma Z_{i,t}; \; i = 155, \ldots, 168$$

Nun muß die **Gewichtungsproblematik** und der hier eingeschlagene Weg zu ihrer Lösung kritisch beleuchtet werden. Basistrend Z_{124} und Trendbeständigkeit Z_{125} schlagen jeweils mit einem Viertel ihres absoluten Wertes zu Buche. Dasselbe gilt für die relative Stärke.[4] Das Momentum Z_{133} hingegen wird nur in Höhe eines Achtels seines absoluten Wertes angesetzt. Dasselbe gilt für den Trendakzelerator ($Z_{133} - Z_{124}$).

Der Grund liegt darin, daß Momentum und Akzelerator wesentlich sensibler und volatiler sind als die trägen Trendindikatoren Z_{124} und Z_{125}. Letztere sind jedoch das **prägende Element der Grundrichtung einer Reihe**. Die Verwässerung dieser Dynamik-Komponente muß daher verhindert werden bei aller Erwünschtheit einer angemessenen Erfassung kurzfristiger Trendänderungssymptome. Auch die Attraktion ($Z_{10} - Z_{3}$), gewichtet durch Z_{160}, schlägt mit einem Viertel[5] ihres absoluten Wertes zu Buche. Dies entspricht der vergleichsweise hohen Bedeutung, die das MAM Attraktionskräften im Rahmen der Marktdynamik beimißt.

4) Der Faktor 25 anstelle von 0.25 erklärt sich daraus, daß Z_{155} im Gegensatz zu Z_{124} und Z_{125} als v.H.-Satz konstruiert ist.
5) Vgl. die letzte Fußnote.

Die Indikatoren Z_{124}, Z_{133}, Z_{125} sowie die relative Stärke und die Attraktion haben gemeinsam, daß sie nur selten den Wertebereich ±40 verlassen. Insoweit bilden diese Indikatoren eine homogene Gruppe, innerhalb der gegenseitige Verrechnungen - sofern sachlich geboten - auf quantitativ vergleichbarer Basis möglich sind. Einen anderen Zuschnitt haben die **Crossover-Phasenindikatoren.** Hier muß zunächst darauf geachtet werden, daß diese Indikatorgruppe in sich gleichmäßig gewichtet wird. Dies ist gewährleistet durch die Verwendung eines einheitlichen Punkte- und Bewertungsschemas.

Eine andere Frage ist nun, ob die **Crossover-Phasenindikatoren** im Vergleich zu dem zuvor genannten Indikatorblock angemessen gewichtet sind. Eine durchgängig crossover- und phasenpositive Zeitreihe bringt es immerhin auf 8·2.5=20 Pluspunkte. Befindet sich eine Zeitreihe z.B. in einem positiven Turnaround nach einer langjährigen Abwärtsbewegung, so sind Z_{124} und Z_{125} mit Sicherheit noch stark negativ und schlagen vielleicht zusammen mit 0.25(-80)=-20 zu Buche. Das Momentum dürfte hingegen bereits positiv sein und mithin auch der Trendakzelerator. Nehmen wir einmal an, sie bringen es auf 0.125(+80)=+10. Die Attraktion ist in einer solchen Situation typischerweise gering, da Z_{10}, der 96-Perioden-Durchschnitt, im Abwärtstrend über der Zeitreihe liegt. Der Turnaround bewirkt eine Wiederannäherung von Z_3 an Z_{10}, so daß die Attraktion nachläßt.

Auf der anderen Seite stehen jetzt die Crossover- und Zyklusphasenindikatoren, von denen zumindest die hochreagiblen im Turnaround frühzeitig positiv werden. Nehmen wir einmal an, daß zumindest die Hälfte dieser Indikatoren wieder positiv ist. In diesem Fall geht von dieser Indikatorgruppe ein neutraler Bewertungseffekt aus. Im Vergleich zu den vorausgegangenen Perioden, in denen der Abwärtstrend noch unangefochten dominierte, ist jedoch eine ausgeglichene Crossover- und Phasenbilanz bereits eine wesentliche Verbesserung, denn bislang war diese Bilanz noch stark negativ. Für den Performance-Indikator bedeutet dies, daß der Indikatorwert im Turnaround zwar zunächst noch negativ sein dürfte - im Beispiel ungefähr -10 -, daß er sich aber, rückschauend betrachtet, stark verbessert. Im Tiefpunkt mag etwa folgende Situation geherrscht haben: 20 Minuspunkte wegen Z_{124} und Z_{125}, 20 Minuspunkte wegen

Momentum und Trendakzelerator, 10 Pluspunkte wegen Attraktion, 20 Minuspunkte wegen negativer *crossovers* und negativer Zyklusphasen. Dies ergibt zusammen 50 Minuspunkte. Rechnet man diese in einen Faktor um gemäß

$$Z_{170,t} = 1 + (|Z_{169,t}|/100),$$

so ergibt sich im Beispiel ein Performance-Deflator in Höhe von 1.50. Bei positiver Performance wäre entsprechend ein Performance-Inflator anzusetzen.

Zu beachten ist, daß die **Crossover- und Zyklusphasenindikatoren** klar definierte Minima und Maxima haben (zusammen ±20). Dasselbe gilt für Z_{125} (±49). Hierdurch wird verhindert, daß sich die Markteinstufung über alle Grenzen ausdehnen kann. Dies ist bei den genannten Indikatoren auch schon deshalb sinnvoll, weil sie eine qualitative und keine quantitative Aussage über die Tendenz einer Zeitreihe machen sollen.

Die Quantifizierung der Bewegungsintensität wird von anderen Indikatoren, vorwiegend Z_{124} und Z_{133} besorgt. Diese Indikatoren haben eine nach beiden Seiten offene Skala, wenngleich, wie erwähnt, auch hier gewisse Grenzwerte nur selten überschritten werden. Auch die Attraktion hat eine offene Skala. Sie stellt damit das systemnotwendige Gegengewicht gegen eine mögliche Überbetonung der primären Trendindikatoren Z_{124} und Z_{133} dar. Fällt der Kurs einer Aktie stark zurück, so verschlechtert sich zwar der Basistrend, wohl auch noch das Momentum, die Attraktion hingegen verbessert sich. Das Gewicht der Attraktion ist jedoch so gewählt, daß sie den Einfluß eines massiven Trends zwar abmildern, aber nicht voll kompensieren kann.

Dieses *fine tuning* geschieht freilich im Hinblick darauf, den mutmaßlichen Tief- bzw. Hochpunkt einer Bewegung auszuloten. Der Marktteilnehmer ist an diesen Bewegungsextrema naturgemäß außergewöhnlich stark interessiert, denn hier liegen die Scheidewege der einzuschlagenden Marktstrategie. Wird weit oberhalb des Preistiefs gekauft, liegt der Einstandspreis zu hoch, was notwendigerweise die Gewinn- und Erfolgsaussichten dieses Geschäfts mindert. Wartet hingegen ein Käufer - nach Erreichen eines vorläufigen Preistiefs - auf eine noch günstigere Kaufgelegenheit, so verpaßt er möglicherweise den günstigen Einstieg überhaupt. Bei der Frage nach dem optimalen Verkaufzeitpunkt stellt sich dieses Problem in analoger Weise.

Das Beste, was das MAM in bezug auf die Bestimmung des optimalen Kauf- bzw. Verkaufniveaus bislang zu bieten hatte, waren die Z_{153}- und Z_{154}-Werte. Jetzt besteht die Möglichkeit, zumindest die Einstiegsentscheidung unter kurzfristigen Aspekten noch zu verbessern, denn der Performance-Indikator Z_{169} schenkt schon wegen seiner stark ausgeprägten Crossover-Komponente dem kurzfristigen Reihenverhalten besondere Beachtung. Das **kurzfristige optimale Kaufniveau** ist wie folgt definiert:[6]

$$Z_{171,t} = \begin{cases} Z_{153,t} \cdot Z_{170,t} & \text{für } Z_{169,t} \geq 0 \\ Z_{153,t} / Z_{170,t} & \text{für } Z_{169,t} < 0 \end{cases}$$

Bevor wir die Diskussion der Reihendynamik zu einem vorläufigen Abschluß bringen, muß noch etwas genauer auf einen zentralen Begriff der markttechnischen Analyse, die markttechnische Stärke, eingegangen werden. Dies soll im nächsten Abschnitt geschehen.

3.2.8 Reihendynamik und technische Stärke - eine vorläufige Bestandsaufnahme

Der Begriff der markttechnischen Stärke ist bei der Konstruktion des Performance-Indikators erstmalig formalisiert worden in Gestalt der relativen Stärke Z_{155}. Unter relativer Stärke wurde die Resistenz einer Zeitreihe gegenüber Attraktionskräften verstanden. Für die praktische Verwendung des MAM, etwa im Bereich des Portfolio-Managements, ist der etwas weiter gefaßte Begriff der technischen Stärke oder Marktstärke von zentraler Bedeutung.

Greifen wir wiederum den Aktienmarkt als Beispiel heraus. Einer weit verbreiteten Auffassung zur Folge sind technisch starke Aktien erfolgversprechender als technisch schwache Aktien. Ein erfolgreiches Operieren am Aktienmarkt setzt demnach nur voraus, stets konsequent auf die stärksten Aktien zu setzen nach dem gängigen Slogan: "Die besten Pferde laufen am schnellsten."

6) Eine entsprechende Anpassung des Verkaufniveaus Z_{154} hat sich in diesem Zusammenhang als nicht zweckmäßig erwiesen.

Es wurde bereits betont, daß solche scheinbar plausiblen Aussagen in hohem Maße zirkulär und tautologisch sind. Natürlich ist das schnellste (und beste) Pferd dasjenige, das zuerst durchs Ziel läuft. Aber weiß man sicher, daß dieses Pferd auch beim nächsten Rennen die Nase vorn haben wird? Worum es offenbar geht, ist die Frage, ob die demonstrierte Rennstärke eine dauerhafte Eigenschaft darstellt.

Am Aktienmarkt ist es genauso: Eine Aktie, die in einem bestimmten Vergleichszeitraum stärker im Kurs gestiegen ist als andere, gilt - *per definitionem* - als markttechnisch am stärksten. Kann man aber davon ausgehen, daß diese Aktie auch in Zukunft am schnellsten steigen wird? Dies ist selbstverständlich nicht zwangsläufig und nicht gesetzmäßig so. Ist also das **Postulat der Chartisten**, an der Börse stets nur auf die Gewinner zu setzen und die Verlierer rücksichtslos auszusondern, überhaupt praktikabel?

Im Prinzip gibt es zwei Möglichkeiten, das **Problem einer operationalen Erfassung technischer Stärke** anzugehen. Man kann einmal auf langfristige, gewachsene Bewegungselemente setzen, wie z.B. und vor allem auf den Trend - was immer im einzelnen darunter verstanden werden mag -; dies ist gewissermaßen die traditionelle Methode. Man kann zum anderen aber auch die historisch sichtbare Dynamik völlig außer acht lassen und nur die aktuelle Realisation einer Zeitreihe beachten. Diese Methode könnte man als **Radikal-Chartismus** bezeichnen: Hier zählt nur die Faktizität der Gegenwart; historische Gegebenheiten werden scheinbar ignoriert.

Im Grunde kommen freilich selbst die radikalen Chartisten ohne historische Rückblende nicht völlig aus. Dies erkennt man sofort, wenn man ihre Arbeitsweise etwas genauer betrachtet. Ein radikaler Chartist wird diejenige Aktie markttechnisch am besten bewerten, deren Kurs in einer Referenzperiode die stärksten Ausschläge nach oben und die geringsten Ausschläge nach unten aufweist.[7)] Welcher Stärke-Konzeption Chartisten auch anhängen mögen, sie sind in der

7) Zusätzlich kann verlangt werden, daß die betreffende Aktie sämtliche historischen Höchstkurse hinter sich gelassen hat, also von Kursgipfel zu Kursgipfel stürmt. Dies muß nicht einhergehen mit einem außergewöhnlich starken Basistrend, denn dieser braucht allein schon aus statistischen Gründen Zeit, um sich zu entwickeln.

überwiegenden Mehrzahl prozyklisch eingestellt. Dies ist durchaus konsequent, wenn man **technische Stärke in einem absoluten Sinne** interpretiert.

Ob dies sinnvoll und logisch vertretbar ist, scheint freilich mehr als fraglich. Zunächst ist unbestritten, daß technische Stärke, wie immer sie definiert sein mag, erst durch steigende Preise entstehen kann. Wer also seine Börsentransaktionen am Kriterium der technischen Stärke ausrichtet, verzichtet von vornherein auf beträchtliche Kursgewinne, denn er kauft erst, nachdem der Kurs bereits stark gestiegen ist.

Der **Prozykliker** lebt somit von der Hoffnung, daß die nunmehr von ihm erkannte Bewegungsrichtung auch weiterhin anhält. Da er an dieser Richtungsprognose solange festhält, bis er durch massiv zurückgefallene Kurse eines besseren belehrt wird, kann ein solches Marktverhalten sehr kostspielig und verlustreich sein. Eine gute Erfolgschance hat der Prozykliker nur, wenn Preisbewegungen über lange Zeiträume hinweg ihre Richtung nicht ändern und außerdem hinreichend stark ausgeprägt sind.

Betrachtet man das Börsengeschehen langfristig, so ist diese Bedingung keineswegs ausreichend erfüllt. Typisch sind vielmehr Preisschwankungen in relativ stabilen und zumeist nicht sehr breiten Korridoren. Muß der Prozykliker in Bandbreiten operieren, ist dies sein sicherer Untergang. Er wird, wie es an der Börse heißt, stets auf dem falschen Fuß erwischt, d.h., er kauft zu Höchstkursen und verkauft zu Tiefstkursen.

Hierdurch wird die alte Erkenntnis der Zeitreihenanalyse vollauf bestätigt, wonach die Zeitreihendynamik zumindest zwei grundlegend verschiedene Komponenten aufweist, nämlich eine zyklische und eine trendmäßige Komponente. Insofern ist die Bezeichnung "prozyklisch" für das oben beschriebene Verhalten irreführend, denn der Prozykliker orientiert sich gerade nicht am Zyklus, sondern am Trend oder an dem, was er dafür hält.[8)]

8) Da nicht nur der *usus*, sondern leider auch der *abusus* zum *tyrannus* wird, soll hier keine abweichende Terminologie verwendet werden.

Die **angebliche Überlegenheit prozyklischer im Vergleich zu antizyklischen Marktstrategien** stellt eine willkommene Herausforderung für das MAM dar. Dieses Modell liefert den Analyserahmen, um *fact and fantasy* des Marktgeschehens sachlich und nachprüfbar voneinander zu trennen. Durch *ex-post*-Simulationen bestimmter strategisch-taktischer Varianten läßt sich unzweideutig ermitteln, welche Konzeption - zumindest in der Vergangenheit - die größte Leistungsfähigkeit bewiesen hat. Selbst wenn es wissenschaftsprogrammatisch unzulässig ist, *ex post* gewonnene Erkenntnisse undifferenziert auf die Zukunft zu übertragen, erscheinen klare Tendenzaussagen dennoch vertretbar, zumal dann, wenn die Simulationen über verschiedene Datenmengen und verschiedene Zeiträume systematisch gleichförmige Ergebnisse bringen.

Zur Vorbereitung fundierter Modellsimulationen ist es erforderlich, das Kriterium - oder die Kriterien - der relativen Stärke noch eingehender zu präzisieren. Die eher traditionelle, trendgestützte **Konzeption der relativen Stärke** soll hier zunächst nicht weiter vertieft werden. In Gestalt der Trendindikatoren liegen hier bereits fundierte Ansatzpunkte vor. Außerdem ist diese Methode in der traditionellen Zeitreihenanalyse bereits gut dokumentiert. Vielmehr sollen im folgenden zwei genuin chartistische Wege zur Bestimmung der technischen Stärke aufgezeigt werden.

Ein Verfahren bedient sich der Höchst- und Tiefstkurse einer Zeitreihe und soll daher **HT-Kriterium** genannt werden. Betrachtet werden die Tiefst- und Höchstkurse der vergangenen zwölf Perioden, zusammen mit den HT-Realisationen der laufenden Periode. Dieses Kriterium wurde bereits früher eingeführt unter der Bezeichnung Z_{147} und Z_{148}. Es wird hier im Interesse einer fortlaufen Numerierung und zur Bequemlichkeit des Lesers nochmals spezifiziert:

$$Z_{172,t} = \min\{Z_{1,t},\ Z_{1,t-1}, \ldots, Z_{1,t-12}\} = Z_{147,t}$$
$$Z_{173,t} = \max\{Z_{2,t},\ Z_{2,t-1}, \ldots, Z_{2,t-12}\} = Z_{148,t}$$

Anschließend werden die vergangenen 48 Perioden nach Höchst- und Tiefstkursen abgesucht, wiederum unter Hinzuziehung der laufenden Periode. Dies führt zu

$$Z_{174,t} = \min\{Z_{1,t},\ Z_{1,t-1},\ Z_{1,t-2}, \ldots, Z_{1,t-48}\}$$
$$Z_{175,t} = \max\{Z_{2,t},\ Z_{2,t-1},\ Z_{2,t-2}, \ldots, Z_{2,t-48}\}.$$

Aus den Höchst- und Tiefstkursen der beiden Referenzzeiträume werden die jeweiligen Durchschnitte gebildet:

$$Z_{176,t} = 0.5(Z_{172,t} + Z_{174,t})$$
$$Z_{177,t} = 0.5(Z_{173,t} + Z_{175,t})$$

Die **Marktstärke** eines marktgängigen Gutes läßt sich nun z.B. daran messen, wie gut es dem Preis dieses Gutes gelungen ist, sich vom historischen (durchschnittlichen) Tiefstpreisniveau zu lösen. Der aktuelle Preis ist für diesen Vergleich allerdings nur schlecht geeignet, weil er durch Zufallseinflüsse verzerrt sein kann. Daher empfiehlt es sich, einen zufallsbereinigten Durchschnittspreis zu verwenden. Im Hinblick auf Markttransaktionen, die für den jeweiligen Akteur ja vorteilhaft ausgehen sollen, empfiehlt sich jedoch die Verwendung eines Kauf- bzw. Verkaufniveaus. Hat man die Entscheidungssituation eines potentiellen Käufers im Auge, so ist z.B. das Kauflimit Z_{144} ein guter Vergleichswert. Nun drückt man die Preisentfernung in Prozent der durchschnittlichen Tiefstpreise aus:

$$Z_{178,t} = 100(Z_{144,t} - Z_{176,t})/Z_{176,t}$$

Für die Entfernung von den durchschnittlichen Höchstpreisen, die als Maß für **markttechnische Schwäche** gewertet werden kann, erhält man analog:

$$Z_{179,t} = 100(Z_{177,t} - Z_{144,t})/Z_{177,t}$$

Baut man die empirisch überaus gut bestätigte Erkenntnis ein, daß sich eine Zeitreihe nur äußerst selten sprunghaft von ihren historisch vorgezeichneten Bahnen lösen kann, so erhält man den Attraktionsterm

$$Z_{180,t} = 100(Z_{10,t} - Z_{144,t})/Z_{10,t}.$$

Verrechnet man nun Tiefstpreisabstand, Höchstpreisabstand und Attraktion, so erhält man ein Nettomaß der technischen Stärke, d.h., die technische Stärke - verstanden als Tiefstpreisabstand - korrigiert um die technische Schwäche - verstanden als Höchstpreisabstand - und um die Attraktion:

$$Z_{181,t} = Z_{178,t} + Z_{179,t} + Z_{180,t}$$

Z_{181} liefert die Daten für ein Histogramm der technischen Nettostärke einer Zeitreihe. Jetzt läßt sich erkennen, wie das Spektrum der Marktstärke sich im historischen Vergleich verändert hat, wo die Minima und Maxima der Marktstärke liegen etc. Ein prozyklisch operierender Marktteilnehmer würde kaufen, wenn der Kaufgegenstand sich im historischen Vergleich durch außergewöhnliche Marktstärke auszeichnet.[9]

Nun wollen wir uns noch einem zweiten **Verfahren zur Operationalisierung der Marktstärke** zuwenden, das vielleicht noch unmittelbarer markttechnisches Denken widerspiegelt. Auf Höchst- und Tiefstpreise wird hierbei nicht geachtet, ebensowenig auf etwaige Attraktionskräfte. Was zählt, ist einzig und allein die "normative Kraft des Faktischen". Freilich ist auch das Faktische immer nur relativ zu beurteilen; ohne Bezugspunkte kommt somit auch diese Methode nicht aus. Als Referenz dienen jedoch mutmaßliche Trennungslinien zwischen Auf- und Abschwungbewegungen. Wo die **Grenze zwischen Auf- und Abschwungzone einer Zeitreihe** genau verläuft, ist selbstverständlich nicht bekannt. Grundlegender noch: Man weiß nicht, ob eine solche Grenze überhaupt existiert.

Dies allerdings ficht überzeugte Chartisten nicht an. Für sie ist es ein Axiom, daß eine Preisbewegung, wenn sie über den bisherigen Preisdurchschnitt hinausläuft, Marktstärke und damit weiter steigende Preise signalisiert. Dahinter verbirgt sich der naive Glaube, daß z.B. eine Aktie, die ihre Fähigkeit zu überdurchschnittlichen Kurssteigerungen (im Vergleich zum bisherigen Kursverlauf) einmal unter Beweis gestellt hat, auch künftig überdurchschnittlich steigen wird. Dieses Dogma hat seinen Ursprung in der Vorstellung, daß jede markante Preisbewegung zuerst Widerstände überwinden muß. Hat sie dies augenfällig geleistet, dann steht der richtungsgleichen Fortsetzung dieser Bewegung nichts mehr im Wege.

9) Wird aus Z_{181} der Maximalwert gesucht gemäß
$Z_{182,t} = \max\{Z_{181,t}, Z_{181,t-1}, \ldots\}$,
so übernimmt dieser nach strenger Auslegung die Funktion eines **Kaufsignals**: Immer wenn die aktuelle technische Stärke über das seitherige Maximum hinauswächst, ist dies nach Auffassung der Marktstärke-Apostel ein untrügliches Zeichen für eine sich anbahnende dynamische Aufwärtsentwicklung. Es erübrigt sich fast zu betonen, daß eine solche Strategie nur dann Erfolg haben kann, wenn die einmal erreichte Marktstärke, die dann die Rolle des Kaufauslösers spielt, längere Zeit erhalten bleibt. Dies jedoch ist, zumindest, was die Vermögensmärkte anlangt, alles andere als gewährleistet, wie sich empirisch unschwer nachweisen läßt.

Es dürfte schon klar geworden sein, daß es hier im Grunde um das bereits angedeutete **Crossover-Kriterium** geht. Es soll hier in einer differenzierten und erweiterten Fassung nochmals aufgegriffen werden. Analog zum HT-Kriterium wollen wir auch hier das Kauflimit Z_{144} als Ausgangsgröße verwenden, die in bezug zu verschiedenen Referenzgrößen gesetzt wird. Dabei wird die übliche Palette mittelwertgestützter *crossovers* ergänzt durch eine Serie **axialer Crossover-Kriterien**. Diese beruhen auf der Vorstellung, daß Preisbewegungen entlang einer "Achse" ablaufen, die durch die Preisreihe gelegt wird. Das Problem ist wiederum nur, daß es eine sehr große Zahl solcher Achsen gibt, je nach der gewählten Stützperiode.

Analytisch ist die Bestimmung periodenspezifischer Achsen kein Problem, da diese als Regressionslinien aufgefaßt werden können. Der Streit um den geeigneten Stützzeitraum einer Zeitreihenachse ist ebenso müßig wie der Streit um den geeignetsten gleitenden Reihendurchschnitt. Der Streit läßt sich dadurch entschärfen, daß wiederum gleichzeitig mehrere Stützperioden verwendet werden.

Nach diesen Vorbemerkungen läßt sich das *crossover*-gestützte Kriterium markttechnischer Stärke wie folgt modellieren:

$$Z_{183,t} = \begin{cases} +1 \text{ für } Z_{144,t} > Z_{3,t} \\ 0 \text{ für } Z_{144,t} = Z_{3,t} \\ -1 \text{ für } Z_{144,t} < Z_{3,t} \end{cases}$$

Da im Gegensatz zum HT-Kriterium nicht auf vergleichbare v.H.-Sätze zurückgegriffen werden kann, muß hier die Bewertung nach einem Punkteverfahren erfolgen. Da zur Charakterisierung der Crossover-Situation nur drei Fälle unterschieden werden müssen,[10] die überdies in einer klaren Rangfolge stehen, bietet sich die Verwendung einer Rangskala an, die von +1 über 0 bis -1 läuft. Für weitere durchschnittsbezogene *crossovers* folgt in analoger Weise:

$$Z_{184,t} = \begin{cases} +1 \text{ für } Z_{144,t} > Z_{4,t} \\ 0 \text{ für } Z_{144,t} = Z_{4,t} \\ -1 \text{ für } Z_{144,t} < Z_{4,t} \end{cases}$$

10) Streng genommen handelt es sich sogar um nur zwei Fälle, denn der Fall $Z_{144}=Z_3$ kann praktisch ausgeschlossen werden, wenn mit mehreren Dezimalstellen, also ohne Rundung gearbeitet wird. Wird hingegen gerundet oder wird eine Toleranz für Abweichungen zwischen Z_{144} und Z_3 eingeführt, so sind auf jeden Fall die drei Alternativen offenzuhalten.

$$Z_{185,t} = \begin{cases} +1 & \text{für } Z_{144,t} > Z_{5,t} \\ 0 & \text{für } Z_{144,t} = Z_{5,t} \\ -1 & \text{für } Z_{144,t} < Z_{5,t} \end{cases}$$

$$Z_{186,t} = \begin{cases} +1 & \text{für } Z_{144,t} > Z_{6,t} \\ 0 & \text{für } Z_{144,t} = Z_{6,t} \\ -1 & \text{für } Z_{144,t} < Z_{6,t} \end{cases}$$

$$Z_{187,t} = \begin{cases} +1 & \text{für } Z_{144,t} > Z_{9,t} \\ 0 & \text{für } Z_{144,t} = Z_{9,t} \\ -1 & \text{für } Z_{144,t} < Z_{9,t} \end{cases}$$

$$Z_{188,t} = \begin{cases} +1 & \text{für } Z_{144,t} > Z_{10,t} \\ 0 & \text{für } Z_{144,t} = Z_{10,t} \\ -1 & \text{für } Z_{144,t} < Z_{10,t} \end{cases}$$

$$Z_{189,t} = \begin{cases} +1 & \text{für } Z_{144,t} > Z_{11,t} \\ 0 & \text{für } Z_{144,t} = Z_{11,t} \\ -1 & \text{für } Z_{144,t} = Z_{11,t} \end{cases}$$

Aufgrund der Kriterien Z_{183} bis Z_{189} setzt Marktstärke somit voraus, daß Z_{144}, das rechnerische Kauflimit, über ausgewählten gleitenden Durchschnitten liegt. Dem Kauflimit kommt hierbei eine Filterfunktion zu, denn im Vergleich zu den tatsächlichen Reihenrealisationen schwankt es wesentlich geringer. Da sich Z_{144} außerdem stark auf die kurzfristig weitgehend invarianten Trendkriterien einer Reihe stützt, wird aus der Ursprungsreihe gezielt die stabile Komponente herausgefiltert. Hierdurch wird die Gefahr von Fehlsignalen reduziert, denn das System liefert ein Kaufsignal im Sinne technischer Stärke erst, nachdem sich die ausgewählten *crossovers* als nachhaltig herausgestellt haben.

Der Nachteil besteht in der zwangsläufigen Handlungsverzögerung: Im Falle eines spontanen Preisanstiegs wird der Marktteilnehmer zunächst überhaupt nicht reagieren, d.h. kaufen, weil er erst die Bestätigung der technischen Stärke in Form einer entsprechend deutlichen Erhöhung des Kauflimits Z_{144} abwarten möchte. Während dieser Wartezeit können die Preise jedoch bereits "davongelaufen" sein, so daß der verspätete Kauf kaum noch reizvoll ist. Der Kauf aufgrund technischer Stärke hat ja nur den Sinn, im Vorgriff auf erwartete Preissteigerungen Käufe vorzunehmen. Kommt es am Markt hingegen zu einer sprunghaften *"once-and-for-all"*-Preisanpassung, gerät der auf bestätigende Marktsignale wartende Marktteilnehmer ins Hintertreffen.

Alles in allem erscheint es jedoch durchaus zweckmäßig, Bestätigungen für eine mutmaßliche und sich bereits andeutende Marktentwicklung abzuwarten, bevor entsprechende Marktdispositionen getroffen werden. Zwar können Fehlsignale, die im Falle der Verwendung unbereinigter und ungeglätteter Reihendaten unweigerlich in großer Zahl auftreten, ebenfalls unverzüglich korrigiert werden, sobald nämlich der entgegengerichtete *crossover* zwischen Reihendurchschnitt und Reihenrealisation eintritt. Bei der zu erwartenden Häufung solcher Korrekturen wird dieses Verfahren jedoch überaus kostspielig. Allzu leicht wird hier der bekannte Börsen-Kalauer "außer Spesen nichts gewesen" zur bitteren Wahrheit.

Bei der Analyse der axialen Reihen-Performance soll daher der Crossover-Test gleichfalls nicht auf aktuelle Reihenrealisationen, sondern auf das wesentlich glattere Kauflimit Z_{144} gestützt werden. Ausgewählt werden verschieden lange Reihensegmente, die, ausgehend von der aktuellen Periode, verschieden lang in die Vergangenheit zurückreichen. Jedes Segment wird durch eine nach der Methode der kleinsten Quadrate geschätzte Regressionslinie ("Achse") approximiert:

$$Z_{190,T} = F(Z_{3,T}) = a_0 + a_1 Z_{3,T} + u_T, \quad T = 1,...,6$$

Die Schätzgleichung lautet jetzt:

$$Z^*_{190,T} = a_0^* + a_1^* Z_{3,T}$$

Die Regressionsschätzung erfolgt zunächst auf der Grundlage der Perioden-Mittelwerte Z_3. Z_3 ist der am schwächsten geglättete Reihenmittelwert, da die Mittelwertbildung sich nur auf das Periodenminimum und -maximum bezieht, eine intertemporale Glättung also nicht stattfindet. Die Bewertung der axialen *crossovers* erfolgt analog zur Bewertung der mittelwertspezifischen *crossovers* (für T=t):

$$Z_{191,t} = \begin{cases} +1 \text{ für } Z_{144,t} > Z_{190,t} \\ \ \ 0 \text{ für } Z_{144,t} = Z_{190,t} \\ -1 \text{ für } Z_{144,t} < Z_{190,t} \end{cases}$$

Die übrigen axialen *crossovers* stützen sich nun auf Regressionsgeraden, die aus trägeren und zugleich glatteren Reihendurchschnitten gebildet werden. Dadurch werden an die **Nachhaltigkeit** eines *crossovers* höhere Anforderungen gestellt, und zwar in doppelter Hinsicht: Einmal ist, wie bereits ausgeführt, das Kauflimit Z_{144} in vielfältiger Weise gegen Zufallseinflüsse abgeschirmt. Zum anderen sind die nun verwendeten Reihendurchschnitte Z_4, Z_5 und Z_6 umso stärker geglättet, je länger der Stützzeitraum ist. Auch hier dürften Zufallseinflüsse kaum noch zur Geltung kommen. Die noch fehlenden Algorithmen lauten:

$$Z_{192,T} = f(Z_{4,T}) = b_0 + b_1 Z_{4,T} + u_T,\ T = 1,...,12$$
$$Z^*_{192,T} = b_0^* + b_1^* Z_{4,T}$$

$$Z_{193,t} = \begin{cases} +1 \text{ für } Z_{144,t} > Z_{192,t} \\ 0 \text{ für } Z_{144,t} = Z_{192,t} \\ -1 \text{ für } Z_{144,t} < Z_{192,t} \end{cases}$$

$$Z_{194,T} = G(Z_{5,T}) = c_0 + c_1 Z_{5,T} + u_T,\ T = 1,...,48$$
$$Z^*_{194,T} = c_0^* + c_1^* Z_{5,T}$$

$$Z_{195,t} = \begin{cases} +1 \text{ für } Z_{144,t} > Z_{194,t} \\ 0 \text{ für } Z_{144,t} = Z_{194,t} \\ -1 \text{ für } Z_{144,t} < Z_{194,t} \end{cases}$$

$$Z_{196,T} = g(Z_{6,T}) = d_0 + d_1 Z_{6,T} + u_T,\ T = 1,...,96$$
$$Z^*_{196,T} = d_0^* + d_1^* Z^*_{6,T}$$

$$Z_{197,t} = \begin{cases} +1 \text{ für } Z_{144,t} > Z_{196,t} \\ 0 \text{ für } Z_{144,t} = Z_{196,t} \\ -1 \text{ für } Z_{144,t} < Z_{196,t} \end{cases}$$

Man beachte, daß der **Stützzeitraum** für OLS-Schätzungen parallel zum Stützzeitraum des Reihendurchschnitts ausgedehnt wurde.[11] Theoretisch ist freilich wiederum nicht zu klären, welche Konstellation zwischen dem Stützzeitraum und der Anzahl der Regressoren als optimal gelten muß. Letztlich kann auch diese Frage nur auf pragmatischer Grundlage entschieden werden. Die Kernfrage lautet hierbei, wie das Vertrauen in die Richtungsstabilität einer Regressionsgeraden am ehesten begründet werden kann. Unstrittig

11) Der Grund hierfür ist leicht plausibel zu machen. Soll aus Reihendurchschnitten die Richtung einer Reihe herausgelesen werden, so ist dies umso schwieriger, je schwächer und je langsamer die Reihenmittelwerte auf Richtungsänderungen der Ursprungsreihe reagieren. Unter den oben verwendeten Reihendurchschnitten ist z_6 der 12-Perioden-Mittelwert, am wenigsten reagibel. Anders ausgedrückt: Bevor Z_6 eine Richtungsänderung der Ursprungsreihe anzeigt, müssen die Reihenrealisationen deutlich und/oder längere Zeit hindurch in die neue Richtung gelaufen sein. Soll die neue Richtung gar in der Regressionsschätzung zum Ausdruck kommen, so muß die Ursprungsreihe sehr nachhaltig der neuen Richtung gefolgt sein. Um genau diesen Test geht es bei Verwendung des Kriteriums Z_{196}. Nur wenn Z_{196} positive Steigung hat, kann der Ursprungsreihe ein nachhaltiger Aufwärtstrend bescheinigt werden. Würde man hingegen die Regressionsschätzung nur auf sehr wenige Z_6-Realisationen stützen, z.B. die jüngsten drei, so wäre die gewonnene Richtungsaussage nur von zweifelhaftem Wert, denn der Z_6-Trend läßt sich nur durch Abgreifen einer hinreichend langen Referenzperiode abschätzen.

dürfte sein, daß eine Regression erst dann Vertrauen verdient, wenn sie sich auf eine hinreichende Datenbasis stützen kann[12].

Um die Palette mittelwertgestützter und axialer Crossovers zu ergänzen, läßt sich jetzt noch bequem ein **Oszillator-Kriterium** einbauen. Oszillatoren haben den Zweck, die relative Position aktueller Reihenrealisationen - im Vergleich zu Reihenmaxima und -minima - zu bewerten. Dabei vertreten die Anhänger des "relative-Stärke"-Konzepts naturgemäß die Auffassung, daß aktuelle Reihenrealisationen in der Nähe historisch extremaler Reihenwerte relative Stärke verraten, während umgekehrt aktuelle Reihenrealisationen in der Nähe historisch minimaler Reihenwerte ein Indiz für aktuelle Marktschwäche darstellen. Die hier verwendeten Oszillationsindikatoren lauten wie folgt.:

$$Z_{198,t} = \begin{cases} +1 \text{ für } Z_{144,t} \geq 0.9\max\{Z_{2,t}, Z_{2,t-1}, \ldots, Z_{2,t-12}\} \\ 0 \text{ für } Z_{144,t} < 0.9\max\{Z_{2,t}, Z_{2,t-1}, \ldots, Z_{2,t-12}\} \end{cases}$$

$$Z_{199,t} = \begin{cases} -1 \text{ für } Z_{144,t} \leq 1.1\min\{Z_{1,t}, Z_{1,t-1}, \ldots, Z_{1,t-12}\} \\ 0 \text{ für } Z_{144,t} > 1.1\min\{Z_{1,t}, Z_{1,t-1}, \ldots, Z_{1,t-12}\} \end{cases}$$

Aggregiert man nun die einzelnen hier verwendeten Kriterien der Marktstärke, so erhält man ein summarisches Maß für die **Marktstärke** bzw. **Marktschwäche**:

$$\begin{aligned} Z_{200,t} = {} & Z_{183,t} + Z_{184,t} + Z_{185,t} + Z_{186,t} + Z_{187,t} + Z_{188,t} + \\ & + Z_{189,t} + Z_{191,t} + Z_{193,t} + Z_{195,t} + Z_{197,t} + \\ & + Z_{198,t} + Z_{199,t} \end{aligned}$$

Ein prozyklisch operierender Marktteilnehmer wird ein (individuell wählbares) Mindestniveau für Z_{200} festlegen, das erreicht sein

12) Nehmen wir z.B. eine 12-Monats-Periode. Nimmt man die durchschnittlichen Realisationen je Monat, also Z_3, so erhält man zwölf unabhängige Daten, die für eine Regressionsschätzung ausreichend sein müßten. Verwendet man im selben Zeitraum von zwölf Monaten jedoch Quartalsdaten, so gibt es hiervon nur vier überschneidungsfreie Realisationen. Hier mag man bereits bezweifeln, ob die Datenbasis ausreichend breit ist. Nimmt man sogar Jahresdaten, so gibt es in dem zwölf Monate umfassenden Stützzeitraum nur eine einzige überschneidungsfreie Realisation. Hieraus eine Regression zu rechnen, ist unmöglich. Es zeigt sich also, daß bei Ausdehnung der Stützperiode für Regressionsdaten - hier gleitende Mittelwerte - auch der Stützzeitraum für die Regression ausgedehnt werden muß, wenn die Datenbasis für die Regression nicht unzulässig beschränkt werden soll.

muß, bevor er auf dem betreffenden Markt eine Käufer- bzw. Verkäuferposition einnimmt.[13]

Um die Nummernfolge der MAM-Algorithmen nicht zu durchbrechen, sei an dieser Stelle noch eine weitere Variante zur Bestimmung empfehlenswerter Kauf- und Verkaufniveaus angefügt. Eine in sich geschlossene Erörterung dieser und vieler anderer Bandbreitenkonzeptionen soll einem eigens hierfür vorgesehenen Kapitel vorbehalten bleiben. Aufgrund der bisher entwickelten Indikatoren der Reihendynamik lassen sich das **modifizierte Kauflimit** Z_{201} sowie das **modifizierte Verkauflimit** Z_{202} definieren als:

$$Z_{201,t} = (Z_{136,t}+Z_{144,t}+Z_{145,t}+Z_{147,t}+Z_{150,t}+Z_{153,t}+Z_{171,t})/7$$
$$Z_{202,t} = (Z_{135,t}+Z_{144,t}+Z_{146,t}+Z_{148,t}+Z_{152,t}+Z_{154,t}+Z_{171,t})/7$$

Wie man erkennt, sind zwei Komponenten, nämlich Z_{144} und Z_{171}, in beiden Algorithmen enthalten. Dies mag auf den ersten Blick widersinnig anmuten. Hier wird ein methodischer Kniff sichtbar, der im Rahmen des *fine tuning* des MAM wiederholt angewendet wird. Er besteht darin, durch Einbau von konträren Variablen einer systematischen Über- oder Untersteuerung eines Indikators entgegenzuwirken. Im vorliegenden Fall trägt die simultane Verwendung von Z_{144} und Z_{171} in Z_{201} und Z_{202} nicht nur dazu bei, die definierte Bandbreiten (Z_{201}, Z_{202}) zu verengen, also Kauf- und Verkaufniveau in "Reichweite" zu halten; sie fördert daneben auch den Gleichlauf der Korridorgrenzen. Dies ist im Hinblick auf das Postulat weitgehend stabiler und konstanter Trading-Spannen ein wichtiges operatives Erfordernis.

13) Eine extreme Ausprägung dieser Haltung bestünde in der Forderung, daß Z_{200} sein Maximum erreicht, das offenbar bei +12 liegt. In diesem Fall hat das betreffende Gut alle in dieser Konzeption festgelegten Kriterien markttechnischer Stärke erfüllt. Inwieweit das Prinzip der markttechnischen Stärke als Leitlinie für Marktoperationen operationalisiert werden kann, wird uns später noch intensiv beschäftigen. Soviel sei jedoch bereits hier gesagt: Das Konzept der relativen Stärke hält nicht, was es verspricht.

3.2.9 Kritische Schwellenpunkte einer Zeitreihe

Unter den Praktikern der Chartanalyse nimmt die Diskussion um angeblich vorhandene kritische Punkte von Zeitreihen, insbesondere von Preisreihen, breiten Raum einnimmt. Die Ratio von Crossover-Kriterien entspringt ja gerade der Überzeugung, daß eine Zeitreihe kritische Schwellenpunkte besitzt, deren Über- bzw. Unterschreitung signifikante Signalfunktion zukommt.

Offenbar ist die Beliebtheit des Schwellenprinzips nur dadurch zu erklären, daß die große Masse der Marktteilnehmer sich undifferenziertem Schwarz-Weiß-Denken hingibt. Steigt z.B. der Kurs einer Aktie über die 200-Tage-Durchschnittskurve, so ist dies für nicht wenige Börsenteilnehmer ein untrügliches Zeichen für eine bevorstehende Hausse dieser Aktie. Lag am Tag davor der Kurs noch unter der 200-Tage-Durchschnittskurve, so stuften dieselben Anleger dieselbe Aktie als klare Baisse-Spekulation ein.

Man sollte jedoch ein solches Verhalten nicht voreilig als eklatant irrational abtun. In der Hektik des Börsengeschehens mag es durchaus einen Sinn haben, über einfache, schnell implementierbare **Entscheidungsregeln** zu verfügen, selbst wenn diese Regeln als naiv und banal gelten müssen. Der Zweck einer solcher Regeln besteht ja nicht darin, eine wissenschaftlich fundierte Entscheidung zu treffen, was in der gebotenen Eile gar nicht möglich wäre, sondern darin, Marktchancen rechtzeitig wahrzunehmen bei gleichzeitiger Transparenz des eingegangenen Risikos.[1]

Ob das **Schwellenprinzip als operatives Marktprinzip** taugt, ist nicht primär eine theoretische, sondern eine empirische Frage. Aus diesem Grund sollen im folgenden Testalgorithmen entwickelt werden, die eine objektive Überprüfung dieses Schwellenkriteriums ermöglichen.

---

1) Wer eine Aktie kauft, sobald ihr Kurs die 200-Tage-Kurve von unten nach oben durchstößt, weiß zweierlei (beinahe) sicher: Sollte die Aktie haussieren, dann profitiert er davon. Sollte sie aber wieder unter den 200-Tage-Durchschnitt zurückfallen, so wird er sie mit einem bereits im voraus annähernd bestimmbaren Verlust wieder abstoßen.

3.2.9.1 Baissesignal-Test mit Z_4 als Schwellenpunkt

Dem 3-Perioden-Reihendurchschnitt Z_4 entspricht bei Verwendung eines Monats als Einheitsperiode ein Zeitabschnitt von rund 60 Markt- bzw. Börsentagen. Der gleitende **60-Tage-Durchschnitt** wird häufig verwendet. Ihm kommt angeblich **Bedeutung als Frühindikator** einer sich anbahnenden Richtungsänderung zu. Um diese These überprüfen zu können, muß eine geeignete Testanordnung entworfen werden. Da nicht notwendigerweise von einer symmetrischen Funktionserfüllung im Baisse- und im Haussefall ausgegangen werden kann, soll zunächst der Baissefall untersucht werden.

Ein **Baissesignal** wird offenbar dann ausgelöst, wenn der Perioden-Tiefstpreis Z_1 signifikant unter den Drei-Perioden-Mittelwert Z_4 fällt. Als Signifikanzgrenze sollen 3% angenommen werden.[2]

Bei der Konstruktion des Baissesignals muß darauf geachtet werden, daß Wiederholungssignale ausgeschlossen werden, denn zur Auslösung eines Baissesignals genügt die einmalige "Verletzung" des Z_4-Mittelwerts durch den aktuellen Preisverlauf. Nach diesen Vorbemerkungen läßt sich das Baissesignal eindeutig definieren als:

$$Z_{203,t} = \begin{cases} 0 \text{ für } Z_{1,t} \geq 0.97 Z_{4,t} \\ 0 \text{ für } (Z_{1,t} < 0.97 Z_{4,t}) \wedge (Z_{1,t-1} < 0.97 Z_{4,t-1}) \\ 1 \text{ für } (Z_{1,t} < 0.97 Z_{4,t}) \wedge (Z_{1,t-1} \geq 0.97 Z_{4,t-1}) \end{cases}$$

In Worten: Ein **Baissesignal** tritt dann und nur dann auf, wenn der aktuelle Perioden-Tiefstpreis Z_1 signifikant, d.h. um mehr als 3%, unter den aktuellen Wert des gleitenden 3-Perioden-Durchschnitts Z_4 gefallen ist, und in der Vorperiode der Tiefstpreis $Z_{1,t-1}$ nicht signifikant unter dem Vorperioden-Wert des gleitenden 3-Perioden-Mittels $Z_{4,t-1}$ gelegen hat.

Nun wird die Anzahl der gemessenen Baissesignale über t ermittelt:

$$Z_{204,t} = \Sigma Z_{203,t} \text{ über alle } t$$

Um die Effektivität eines solchen Baissesignals testen zu können, muß zuerst klar definiert werden, was unter **Baisse** verstanden werden soll. Es wird auch hier wiederum nach einer pragmatischen De-

2) Dieser Wert wird in der praktischen Chartanalyse wohl am häufigsten zugrundegelegt.

finition gesucht. Eine Baisse ist eine Marktentwicklung, deren Auswirkungen sich ein Marktteilnehmer ersparen möchte. Fallende Marktpreise stellen ohne Zweifel eine solche Situation dar. Ein auf Vermögenserhaltung bedachter Marktteilnehmer muß versuchen, Vermögensobjekte zu verkaufen, bevor deren Preise fallen.

Während eine Phase des Preisverfalls wohl einstimmig als Baisse anerkannt werden dürfte, ist die Meinung der Marktteilnehmer im Falle einer längeren Preisstagnation wahrscheinlich weniger einhellig. Einige werden für ein "Halten" plädieren, zumal ein vorübergehendes Abstoßen in der Absicht, bei späterem Preisanstieg wiederum Rückkäufe vorzunehmen, erhebliche Transaktionskosten verursachen mag. Andere hingegen werden sich von preisstagnierenden Vermögenstiteln trennen wollen, solange andere Vermögensformen nennenswerte Preissteigerungen erhoffen lassen. Wie sich der einzelne Vermögenshalter verhält, hängt von seinen individuellen **Opportunitätskosten** ab, also davon, welche Marktalternativen ihm seiner subjektiven Einschätzung nach offenstehen. Im folgenden sollen beide Baissesituationen erfaßt werden:

$$Z_{205,t} = \begin{cases} 0 \text{ für } Z_{203,t} = 0 \\ 0 \text{ für } (Z_{1,t+1 \vee t+2 \vee t+3} \geq 0.9 Z_{4,t}) \wedge (Z_{203,t}=1) \\ 1 \text{ für } (Z_{1,t+1 \wedge t+2 \wedge t+3} < 0.9 Z_{4,t}) \wedge (Z_{203,t}=1) \end{cases}$$

Eine Bestätigung des Baissesignals kann logischerweise dann nicht erfolgen, wenn überhaupt kein Baissesignal ausgelöst worden ist (Fall 1).[3] Unbestätigt bleibt das Baissesignal auch dann, wenn der Perioden-Tiefstpreis Z_1 in irgendeiner der auf das Baissesignal folgenden drei Perioden t+1, t+2 und t+3 um höchstens 10% unter den im Signalzeitpunkt t geltenden 3-Perioden-Mittelwert Z_4 fällt. Hierdurch wird verlangt, daß es zu einem klaren Preisrückgang nach Eintritt des Baissesignals kommt (Fall 2).

Das Baissesignal wird dann und nur dann bestätigt, wenn der Perioden-Tiefstpreis Z_1 in jeder der auf das Baissesignal folgenden Perioden t+1, t+2 und t+3 um mehr als 10% unter den Signalwert $Z_{4,t}$ gefallen ist (Fall 3). Die Baissekonstruktion gemäß Z_{205}

3) Solche Festlegungen sind nur scheinbar überflüssig. Sollen Algorithmen computergerecht sein, so müssen sie vollständig sein. Andernfalls erzeugt der Rechner Fehlermeldungen oder, was weit gefährlicher ist, führt aufgrund maschineninterner Standardroutinen unkontrollierte Verarbeitungsschritte aus.

setzt also voraus, daß in einem überschaubaren Zeitraum nach Eintritt des Baissesignals der Preis tatsächlich nennenswert zurückfällt.

Wie oben ausgeführt, kann man jedoch auch einen unterbliebenen Preisanstieg, also eine Preisstagnation, als eine Art Baisse auffassen, zumindest in einem relativen Sinne. Eine Aktie z.B., deren Kurs stagniert, fällt im Vergleich zu anderen Aktien, deren Kurse steigen, zurück. Diese **relative oder versteckte Baisse** wird durch Gleichung Z_{206} erfaßt:

$$Z_{206,t} = \begin{cases} 0 \text{ für } Z_{203,t} \\ 0 \text{ für } (Z_{2,t+1 \vee t+2 \vee t+3} \geq 1.03 Z_{4,t}) \wedge (Z_{203,t=1}) \\ 1 \text{ für } (Z_{2,t+1 \wedge t+2 \wedge t+3} < 1.03 Z_{4,t}) \wedge (Z_{203,t=1}) \end{cases}$$

Ist überhaupt kein Baissesignal aktiviert worden, so kann es auch keine Bestätigung geben (Fall 1). Hat es zwar ein Baissesignal gegeben, ist aber in wenigstens einer der drei auf das Baissesignal folgenden Perioden der Perioden-Höchstpreis Z_2 signifikant (d.h. um mindestens 3%) über den Signalwert $Z_{4,t}$ gestiegen, so wird das Baissesignal gleichfalls nicht bestätigt (Fall 2). Zu einer Bestätigung kommt es nur dann, wenn in keiner der drei auf das Signal folgenden Perioden der Perioden-Höchstpreis Z_2 den Signalwert $Z_{4,t}$ signifikant übersteigt (Fall 3). Nach Z_{206} setzt also die Bestätigung des Baissesignals voraus, daß der Preis stagniert, d.h., nicht über $1.03Z_4$ ansteigt.

Die nächsten Schritte im Testalgorithmus bestehen nun darin, sämtliche Bestätigungen der Baissesignale aufzusummieren. Dabei muß, entsprechend der beiden verwendeten Baissedefinitionen, zwischen **tiefstpreisgestützten Bestätigungen** Z_{207} und **höchstpreisgestützten Bestätigungen** (Z_{208}) unterschieden werden:

$$Z_{207,t} = \Sigma Z_{205,t}$$
$$Z_{208,t} = \Sigma Z_{206,t}$$

Anschließend werden die Bestätigungen in Prozent der Signalmenge umgerechnet. Z_{209} bestimmt hierbei den Anteil der tiefstpreisgestützten Bestätigungen, Z_{210} den Anteil der höchstpreisgestützten Bestätigungen:

$$Z_{209,t} = (100 Z_{207,t})/Z_{204,t}$$
$$Z_{210,t} = (100 Z_{208,t})/Z_{204,t}$$

Umfangreiche **Tests** des Baissesignals Z_1/Z_4 haben ergeben, daß der Prozentsatz der höchstpreisgestützten Bestätigungen weit höher liegt (zumeist bei knapp 50%) als der Prozentsatz der tiefstpreisgestützten Bestätigungen (meist unter 10%). Das heißt: Rund die Hälfte aller Baissesignale erweist sich als richtig, wenn man die nach Eintritt des Baissesignals realisierten Perioden-Höchstpreise als Bestätigungskriterium heranzieht.[4)]

Andererseits kommt es nur in höchstens einem von zehn Fällen vor, daß der Preis nach erfolgtem Baissesignal in jeder der nachfolgenden drei Perioden um mehr als 10% unter die Preisschwelle $Z_{4,t}$ zurückfällt. Dieses tiefstpreisgestützte Kriterium ist zugegebenermaßen ein sehr strenges. Denn es könnte z.B. sein, daß der Preis zwar in einer der drei Folgeperioden sehr stark zurückfällt, in den anderen aber wieder in die Nähe der Preisschwelle Z_4 vorrückt. Das Baissesignal würde dennoch keine Bestätigung erfahren. Da aber andererseits das höchstpreisorientierte Testkriterium recht bescheidene Testanforderungen stellt und selbst diese nur in rund der Hälfte der eingetretenen Signale tatsächlich erfüllt werden, darf wohl der Schluß gezogen werden, daß der Baissesignaltest Z_1/Z_4 die diesem *crossover* zugesprochene Signalfunktion nicht bestätigt.

Auch der FAZ-Gesamtindex wurde einem solchen Baissesignaltest unterzogen, und zwar für die Zeit von 1972 bis zur Jahresmitte 1984. Von den insgesamt 24 Baissesignalen wurde nur eines mit Hilfe der Tiefstpreisbedingung Z_{205} bestätigt, während immerhin 14 aufgrund der Höchstpreisbedingung Z_{206} eine Bestätigung erfuhren. Von einer überzeugenden **Trennfunktion des Z_4-Schwellenwerts** kann aber auf jeden Fall keine Rede sein. Das insbesondere in der chartistischen Mundpropaganda so hochgepriesene 60-Tage-Durchschnittskriterium vermag offenbar Auf- und Abschwungphasen der Märkte nicht zuverlässig zu trennen.

Nun ist die in Z_{205} geforderte Mindestspanne für Preisrückschläge von 10% außerdem recht bescheiden gewählt. Als Bestätigung für

4) Konkret: In einem von zwei Fällen steigt der Preis in den drei auf das Baissesignal folgenden Perioden nicht mehr signifikant über die durch $Z_{4,t}$ markierte Preisschwelle; der Preis stagniert also oder fällt deutlich zurück.

eine Baisse könnte man durchaus mehr verlangen, z.B. mindests 20%. Ein entsprechender Algorithmus ist leicht formuliert, und zwar analog zu Z_{205}:

$$Z_{212,t} = \begin{cases} 0 \text{ für } Z_{203,t} \\ 0 \text{ für } (Z_{1,t+1 \vee t+2 \vee t+2} \geq 0.8Z_{4,t}) \wedge (Z_{203,t}=1) \\ 1 \text{ für } (Z_{1,t+1 \wedge t+2 \wedge t+3} < 0.8Z_{4,t}) \wedge (Z_{203,t}=1) \end{cases}$$

Der aufgrund der nunmehr verschärften Tiefstpreisbedingung sich ergebende Prozentsatz der bestätigten Baissesignale errechnet sich gemäß

$$Z_{213,t} = (100Z_{212,t})/Z_{204,t}.$$

Es erübrigt sich fast, darauf hinzuweisen, daß die Ausbeute an Bestätigungen unter diesen verschärften Bedingungen noch dürftiger ausfällt. Im erwähnten Beispiel des FAZ-Indexes war keine einzige Bestätigung zu erhalten.

3.2.9.2 Baissesignal-Test mit Z_5 als Schwellenpunkt

Das schlechte Abschneiden des Baissesignal-Kriteriums Z_{203} mag damit zusammenhängen, daß Z_4 ein sehr kurzfristiger Reihendurchschnitt ist, in dem die störende Zufallskomponente noch erhebliches Gewicht besitzt. In dieser Hinsicht besser abschneiden dürfte Z_5, der 6-Perioden-Durchschnitt. Bei Verwendung von einem Monat als Einheitspreriode entsprechen diesem Zeitraum rund 120 Markt- oder Börsentage.

Die **Testalgorithmen** sind analog aufgebaut wie im Baissesignaltest mit Z_4 und werden daher im folgenden ohne nähere Kommentierung wiedergegeben:

$$Z_{214,t} = \begin{cases} 0 \text{ für } Z_{1,t} \geq 0.97Z_{5,t} \\ 0 \text{ für } (Z_{1,t} < 0.97Z_{5,t}) \wedge Z_{1,t-1} < 0.97Z_{5,t-1} \\ 1 \text{ für } (Z_{1,t} < 0.97Z_{5,t}) \wedge Z_{1,t-1} \geq 0.97Z_{5,t-1} \end{cases}$$

$$Z_{215,t} = \Sigma Z_{214,t}$$

$$Z_{216,t} = \begin{cases} 0 \text{ für } Z_{214,t} = 0 \\ 0 \text{ für } (Z_{1,t+1 \vee t+2 \vee t+3} \geq 0.9Z_{5,t}) \wedge (Z_{214,t}=1) \\ 1 \text{ für } (Z_{1,t+1 \wedge t+2 \wedge t+3} < 0.9Z_{5,t}) \wedge (Z_{214,t}=1) \end{cases}$$

$$Z_{217,t} = \begin{cases} 0 \text{ für } Z_{214,t} = 0 \\ 0 \text{ für } (Z_{2,t+1 \vee t+2 \vee t+3} \geq 1.03Z_{5,t}) \wedge (Z_{214,t}=1) \\ 1 \text{ für } (Z_{2,t+1 \wedge t+2 \wedge t+3} < 1.03Z_{5,t}) \wedge (Z_{214,t}=1) \end{cases}$$

$$Z_{218,t} = \Sigma Z_{216,t} \text{ über alle } t$$
$$Z_{219,t} = \Sigma Z_{217,t}$$
$$Z_{220,t} = (100 Z_{218,t})/Z_{215,t}$$
$$Z_{221,t} = (100 Z_{219,t})/Z_{215,t}$$

$$Z_{222,t} = \begin{cases} 0 \text{ für } Z_{214,t} = 0 \\ 0 \text{ für } (Z_{1,t+1 \vee t+2 \vee t+3} \geq 0.8 Z_{5,t}) \wedge (Z_{214,t}=1) \\ 1 \text{ für } (Z_{1,t+1 \wedge t+2 \wedge t+3} < 0.8 Z_{5,t}) \wedge (Z_{214,t}=1) \end{cases}$$

$$Z_{223,t} = \Sigma Z_{222,t} \text{ über alle } t$$

$$Z_{224,t} = (100 Z_{223,t})/Z_{215,t}$$

Die **Auswertung** liefert hier ein etwas günstigeres Bild. Insgesamt treten weit weniger Signale auf. Beim FAZ-Index waren es in der genannten Referenzperiode nur 12 anstatt 24 Baissesignale. Die Anzahl der tiefstpreisgestützten Bestätigungen ist auch hier niedrig im Vergleich zu den Höchstpreisbestätigungen. Durch die Tiefstpreisbedingung bestätigt werden zwischen 5% und 15% der Baissesignale. Durch die Höchstpreisbedingung hingegen erfahren meist mehr als 50% der Baissesignale eine Bestätigung. Beim FAZ-Index gab es bei insgesamt 12 Signalen eine Tiefstpreisbestätigung, jedoch 9 Höchstpreisbestätigungen.

Dies zeigt, daß gemessen an dem zwar vergleichsweise weichen, aber durchaus realistischen Höchstpreis-Testkriterium doch zum Teil weit mehr als die Hälfte - beim FAZ-Index waren es 75% - der Z_1/Z_5-Baissesignale eine Bestätigung erfahren. Damit erfüllt der Z_5-Schwellenwert seine Trennfunktion zumindest deutlich besser als der Z_4-Schwellenwert.

3.2.9.3 Baissesignal-Test mit Z_6 als Schwellenpunkt

Der wohl gebräuchlichste Crossover-Punkt ist der schon mehrfach erwähnte 200-Tage-Durchschnitt einer Preisreihe. Bei Verwendung von Monaten als Einheitsprerioden entspricht Z_6, der 12-Perioden-Mittelwert, ungefähr diesem Standard-Referenzzeitraum. Die entsprechenden Algorithmen lauten:

$$Z_{225,t} = \begin{cases} 0 \text{ für } Z_{1,t} \geq 0.97 Z_{6,t} \\ 0 \text{ für } (Z_{1,t} < 0.97 Z_{6,t}) \wedge (Z_{1,t-1} < 0.97 Z_{6,t-1}) \\ 1 \text{ für } (Z_{1,t} < 0.97 Z_{6,t}) \wedge (Z_{1,t-1} \geq Z_{6,t-1}) \end{cases}$$

$$Z_{226,t} = \Sigma Z_{225,t} \text{ über alle } t$$

$$Z_{227,t} = \begin{cases} 0 \text{ für } Z_{225,t} \\ 0 \text{ für } (Z_{1,t+1 \vee t+2 \vee \ldots \vee t+6} \geq 0.9 Z_{6,t}) \wedge (Z_{225,t}=1) \\ 1 \text{ für } (Z_{1,t+1 \wedge t+2 \wedge \ldots \wedge t+6} < 0.9 Z_{6,t}) \wedge (Z_{225,t}=1) \end{cases}$$

$$Z_{228,t} = \begin{cases} 0 \text{ für } Z_{225,t} = 0 \\ 0 \text{ für } (Z_{2,t+1 \vee t+2 \vee \ldots \vee t+6} \geq 1.03 Z_{6,t}) \wedge (Z_{225,t}=1) \\ 1 \text{ für } (Z_{2,t+1 \wedge t+2 \wedge \ldots \wedge t+6} < 1.03 Z_{6,t}) \wedge (Z_{225,t}=1) \end{cases}$$

$$Z_{229,t} = \Sigma Z_{227,t} \text{ über alle } t$$
$$Z_{230,t} = \Sigma Z_{228,t} \text{ über alle } t$$
$$Z_{231,t} = (100 Z_{229,t}) / Z_{226,t}$$
$$Z_{232,t} = (100 Z_{230,t}) / Z_{226,t}$$

$$Z_{233,t} = \begin{cases} 0 \text{ für } Z_{225,t} = 0 \\ 0 \text{ für } (Z_{1,t+1 \vee t+2 \vee \ldots \vee t+6} \geq 0.8 Z_{6,t}) \wedge (Z_{225,t}=0) \\ 1 \text{ für } (Z_{1,t+1 \wedge t+2 \wedge \ldots \wedge t+6} < 0.8 Z_{6,t}) \wedge (Z_{225,t}=1) \end{cases}$$

$$Z_{234,t} = \Sigma Z_{233,t} \text{ über alle } t$$
$$Z_{235,t} = (100 Z_{234,t}) / Z_{226,t}$$ [5)]

5) Betrachtet man die Algorithmen Z_{227}, Z_{228} und Z_{233} etwas genauer, könnte der Eindruck entstehen, die Testanordnung sei verschärft worden aufgrund der Ausdehnung des Bestätigungszeitraums von bisher drei auf jetzt sechs Perioden. Dieser Eindruck ist jedoch insofern unzutreffend, weil Z_6 im Vergleich zu Z_5 und erst recht im Vergleich zu Z_4 wesentlich inflexibler reagiert. Konkret bedeutet dies, daß eine Zeitreihe z.B. längere Zeit hindurch haussieren kann, ohne daß der 12-Perioden-Durchschnitt Z_6 einigermaßen Schritt halten könnte. Der Abstand zwischen den aktuellen Preisrealisationen und dem Z_6-Preisdurchschnitt ist in der Hausse also beträchtlich. (Analoges gilt selbstverständlich in der Baisse.) Kommt es im Verlauf der Hausse nun zu einem Preisrückschlag, in der Börsensprache **"technische Reaktion"** genannt, so besteht vorerst keine unmittelbare Gefahr, daß Z_6 unterschritten wird. Bevor sich die Preiskurve dem Z_6-Wert nähert, dürfte die haussebedingte Überhitzung vom Markt gewichen sein, so daß eine Stabilisierung des Preises oder ein erneuter Preisanstieg einsetzen kann. Im Falle eines vergleichsweise kürzeren gleitenden Durchschnitts, z.B. Z_4, genügen hingegen bereits kleinere Preisrückgänge, um einen *crossover* zu bewirken, denn die Z_4-Kurve wird in der Hausse ungleich schneller "nachgezogen" als die Z_6-Kurve. Dies bedeutet auch, daß ein Z_6-*crossover* schwerer wiegt als ein Z_4-*crossover*, d.h., theoretisch präjudiziert ein Z_6-*crossover* eine nachhaltigere Abwärtsbewegung - nach vorausgegangener Hausse - als ein Z_4-*crossover*. Es liegt daher nahe, von diesem Signal zu verlangen, daß es auch tatsächlich nachhaltig Richtungsänderungen signalisiert. Daher empfiehlt es sich, die Bestätigung für einen längeren Zeitraum - hier wurden sechs Perioden als ausreichend angesehen - zu verlangen.

Die **Auswertung** zeigt, daß dem Z_6-Schwellenpunkt durchaus eine beachtliche Trennfunktion zukommt. Die sehr strenge, tiefstkursgestützte Bestätigung des Baissesignals wird jedoch auch hier nur recht selten erreicht; die Bestätigungsquote liegt aber immerhin bei rund 20% (beim FAZ-Index allerdings nur bei knapp 15%). Die realistischere Höchstkursbedingung wird jedoch in rund 70% aller Fälle erfüllt. Das heißt: Von 10 Baissesignalen erwiesen sich im Test 7 als richtig, hingegen 3 als Fehlsignale.

Wir wollen nun im nächsten Abschnitt noch klären, ob sich durch Verwendung des mittleren Periodendurchschnitts Z_{11} als Schwellenwert noch eine verbesserte Trennung von Auf- und Abschwungphasen erreichen läßt.

3.2.9.4 Baissesignal-Test mit Z_{11} als Schwellenpunkt

Im Rahmen des MAM spielt der Z_{11}-Reihendurchschnitt die Rolle des *medium mediorum*. Es handelt sich um einen Reihendurchschnitt, der selbst wieder als Durchschnitt aus verschiedenen Reihendurchschnitten gebildet wird. Z_{11} repräsentiert daher nicht nur einen Durchschnitt der Reihenursprungswerte, sondern zugleich einen Durchschnitt unterschiedlicher Referenzperioden.[6]

Es fragt sich jetzt, ob dieser summarische Reihen-Mittelwert Z_{11} die Aufgabe, Auf- und Abschwungphasen einer Zeitreihe zu trennen, zuverlässiger erfüllen kann als die bislang vorgestellten Reihenmittelwerte. Zunächst legen wir wiederum völlig analog die entsprechenden Algorithmen fest:

$$Z_{236,t} = \begin{cases} 0 \text{ für } Z_{1,t} \geq 0.97 Z_{11,t} \\ 0 \text{ für } (Z_{1,t} < 0.97 Z_{11,t}) \wedge (Z_{1,t-1} < 0.97 Z_{11,t-1}) \\ 1 \text{ für } (Z_{1,t} < 0.97 Z_{11,t}) \wedge (Z_{1,t-1} \geq 0.97 Z_{11,t-1}) \end{cases}$$

$$Z_{237,t} = \Sigma Z_{236,t} \text{ über alle } t$$

6) Auf diese Weise wird dem Umstand, daß die "richtige" oder "optimale" Referenzperiode nicht bekannt ist, Rechnung getragen. Aus alternativen Referenzperioden, von denen jede einzelne für den Entscheidenden Bedeutung haben kann, je nach seinem Planungs- und Entscheidungshorizont, wird eine durchschnittliche Referenzperiode ermittelt, die zumindest der Durchschnitt der Entscheidenden für relevant halten dürfte.

$$Z_{238,t} = \begin{cases} 0 \text{ für } Z_{236,t} = 0 \\ 0 \text{ für } (Z_{1,t+1 \vee t+2 \vee \ldots \vee t+6} \geq 0.9 Z_{11,t}) \wedge (Z_{236,t}=1) \\ 1 \text{ für } (Z_{1,t+1 \wedge t+2 \wedge \ldots \wedge t+6} < 0.9 Z_{11,t}) \wedge (Z_{236,t}=1) \end{cases}$$

$$Z_{239,t} = \begin{cases} 0 \text{ für } Z_{236,t} = 0 \\ 0 \text{ für } (Z_{2,t+1 \vee t+2 \vee \ldots \vee t+6} \geq 1.03 Z_{11,t}) \wedge (Z_{236,t}=1) \\ 1 \text{ für } (Z_{2,t+1 \wedge t+2 \wedge \ldots \wedge t+6} < 1.03 Z_{11,t}) \wedge (Z_{236,t}=1) \end{cases}$$

$$Z_{240,t} = \Sigma Z_{238,t} \text{ über alle } t$$
$$Z_{241,t} = \Sigma Z_{239,t} \text{ über alle } t$$
$$Z_{242,t} = (100 Z_{240,t})/Z_{237,t}$$
$$Z_{243,t} = (100 Z_{241,t})/Z_{237,t}$$

$$Z_{244,t} = \begin{cases} 0 \text{ für } Z_{236,t} = 0 \\ 0 \text{ für } (Z_{1,t+1 \vee t+2 \vee \ldots \vee t+6} \geq 0.8 Z_{11,t}) \wedge (Z_{236,t}=1) \\ 1 \text{ für } (Z_{1,t+1 \wedge t+2 \wedge \ldots \wedge t+6} < 0.8 Z_{11,t}) \wedge (Z_{236,t}=1) \end{cases}$$

$$Z_{245,t} = \Sigma Z_{244,t} \text{ über alle } t$$
$$Z_{246,t} = (100 Z_{245,t})/Z_{237,t}.$$

Die **Auswertung** bringt auch hier keine signifikanten Bestätigungen des Baissesignals nach der strengen Tiefstkursbedingung Z_{238}, wohl aber nach der weniger strengen Höchstkursbedingung Z_{239}. Hier kann in rund zwei Dritteln aller Fälle mit einer Bestätigung gerechnet werden. Dies bedeutet, daß die Baissesignale, die durch den Z_{11}-Schwellenwert gegeben werden, zu rund 67% korrekt sind und in nur rund 33% Fehlsignale darstellen. Damit ist die Performance des Z_{11}-Mittelwertes in bezug auf die Identifizierung von Baissephasen etwa gleich gut wie diejenige des Z_6-Wertes.

Nunmehr läßt sich folgendes vorsichtige und **vorläufige Resumee** ziehen: Die gleitenden Durchschnitte einer Zeitreihe sind nur bedingt geeignet, Auf- und Abschwungbereiche voneinander zu trennen. Dieser Aufgabe besser gerecht werden gleitende Durchschnitte, die zwölf oder mehr Perioden umfassen. Kurzperiodige gleitende Durchschnitte vermögen die Trennfunktion nicht befriedigend zu erfüllen. Sehr langfristige - d.h. viele Perioden umfassende - gleitende Durchschnitte sind zu unbeweglich, um zyklische Wenden rechtzeitig anzuzeigen.[7][8]

7) Diesbezügliche Tests wurden durchgeführt; auf die Wiedergabe der konzeptionell identischen Algorithmen wird hier verzichtet.
8) Abschließend sei betont, daß die bislang dargestellten Testverfahren **invariant bezüglich der Trendsituation** einer Zeitreihe sind. Dieses undifferenzierte Abgreifen einer Zeitreihe im Hinblick auf Schnittstellen zwischen Mittelwertkurven und Ursprungs-

3.2.9.5 Haussesignal-Test mit Z_4 als Schwellenpunkt

Reihenmittelwerte haben, zumindest bei Zugrundelegung "nicht zu kurzer" und "nicht zu langer" Stützzeiträume, durchaus in signifikantem Ausmaß die Fähigkeit, Abschwungphasen (Baissen) zu identifizieren. Es erhebt sich jetzt die Frage, ob diese Reihenmittelwerte auch in der Lage sind, Aufschwungphasen (Haussen) ähnlich treffsicher zu identifizieren. Der Klärung dieser Frage dienen zahlreiche Haussesignal-Tests, deren erster wiederum den Z_4-Reihenmittelwert verwendet. Die Testalgorithmen sind analog zu den Baissesignal-Tests aufgebaut, so daß hier jeweils nur noch kurze Kommentierungen erforderlich sind.

Der erste Schritt besteht in der Definition eines **Haussesignals.** Es soll angenommen werden, daß ein Haussesignal dann und nur dann gegeben wird, wenn der Periodenhöchstkurs Z_2 signifikant, d.h. um mehr als 3%, über den in dieser Periode geltenden 3-Perioden-Mittelwert Z_4 steigt, und wenn in der Vorperiode eine solche Situation nicht bestanden hat:

$$Z_{247,t} = \begin{cases} 0 \text{ für } Z_{2,t} \geq 1.03Z_{4,t} \\ 0 \text{ für } (Z_{2,t} > 1.03Z_{4,t}) \wedge (Z_{2,t-1} > 1.03Z_{4,t-1}) \\ 1 \text{ für } (Z_{2,t} > 1.03Z_{4,t}) \wedge (Z_{2,t-1} \leq 1.03Z_{4,t-1}) \end{cases}$$

Die Summe der Haussesignale ist

$$Z_{248,t} = \Sigma Z_{247,t} .$$

Ob das Haussesignal durch die nachfolgende Reihenentwicklung bestätigt wird, soll wiederum anhand zweier Bestätigungskriterien geprüft werden: Das erste - sehr strenge - Kriterium verlangt, daß

reihen ist jedoch angreifbar. Es läßt sich zeigen, daß die **Verläßlichkeit solcher Schnittstellen** umso mehr zunimmt, je ausgeprägter die Trenddynamik ist. Liegt hingegen ein weitgehend "neutraler" Trend vor, d.h., es ist weder eine klare Aufwärts- noch eine klare Abwärtsdynamik erkennbar, dann sind die Schnittstellen in hohem Maße unzuverlässig. Der globale Baissesignal-Test unterscheidet nicht zwischen trendstarken und trendneutralen Phasen. Die Testergebnisse und damit die Verläßlichkeit der Baissesignale lassen sich jedoch entscheidend verbessern, wenn die Signifikanz der Signale von vornherein auf trendstarke Zeitreihenphasen beschränkt wird. Da dieses **Signifikanzproblem** auch bei den nachfolgenden Testverfahren eine gleichermaßen zentrale Rolle spielt, soll seine abschließende Diskussion zunächst noch zurückgestellt werden.

in den drei auf das Haussesignal folgenden Perioden die Reihenmaxima in jeder Periode mehr als 10% über dem Wert liegt, den Z_4 in der Signalperiode anngenommen hat:

$$Z_{249,t} = \begin{cases} 0 \text{ für } Z_{247,t} = 0 \\ 0 \text{ für } (Z_{2,t+1 \vee t+2 \vee t+3} \leq 1.1 Z_{4,t}) \wedge (Z_{247,t}=1) \\ 1 \text{ für } (Z_{2,t+1 \wedge t+2 \wedge t+3} > 1.1 Z_{4,t}) \wedge (Z_{247,t}=1) \end{cases}$$

Die zweite, wesentlich weichere Bedingung verlangt nur, daß nach erfolgtem Haussesignal in den drei anschließenden Perioden die Reihenminima Z_1 nicht signifikant (3%) unter $Z_{4,t}$, den 3-Perioden-Durchschnitt in der Periode t, zurückfallen dürfen:

$$Z_{250,t} = \begin{cases} 0 \text{ für } Z_{247,t}=0 \\ 0 \text{ für } (Z_{1,t+1 \vee t+2 \vee t+3} \leq 0.97 Z_{4,t}) \wedge (Z_{247,t}=1) \\ 1 \text{ für } (Z_{1,t+1 \wedge t+2 \wedge t+3} > 0.97 Z_{4,t}) \wedge (Z_{247,t}=1) \end{cases}$$

Im Gegensatz zum Baissesignal-Test ist jetzt die Höchstkursbedingung Z_{249} die strenge, die Tiefstkursbedingung Z_{250} die weiche Bedingung. Das liegt selbstverständlich an den vertauschten Bewegungsrichtungen in der Baisse und in der Hausse. In der bereits bekannten Weise erfolgt wiederum die Bestimmung der Bestätigungen, sowohl absolut als auch relativ zur Gesamtzahl der Signale:

$$Z_{251,t} = \Sigma Z_{249,t} \text{ über alle } t$$
$$Z_{252,t} = \Sigma Z_{250,t} \text{ über alle } t$$
$$Z_{253,t} = (100 Z_{251,t}) / Z_{248,t}$$
$$Z_{254,t} = (100 Z_{252,t}) / Z_{248,t}$$

Die verschärfte Maxima-Bedingung verlangt, daß die Reihenmaxima in jeder der drei Referenzperioden mehr als 20% über dem Signalwert $Z_{4,t}$ liegen müssen:

$$Z_{255,t} = \begin{cases} 0 \text{ für } Z_{247,t} = 0 \\ 0 \text{ für } (Z_{2,t+1 \vee t+2 \vee t+3} \leq 1.2 Z_{4,t}) \wedge (Z_{247,t}=1) \\ 1 \text{ für } (Z_{2,t+1 \wedge t+2 \wedge t+3} > 1.2 Z_{4,t}) \wedge (Z_{247,t}=1) \end{cases}$$

Die Summe dieser unter verschärften Bedingungen erzielten Bestätigungen ist

$$Z_{256,t} = \Sigma Z_{255,t},$$

die entsprechende Quote wird bestimmt durch

$$Z_{257,t} = (100 Z_{256,t}) / Z_{248,t}.$$

Was die Erfüllung der strengen und schwachen Bestätigungsbedingungen anlangt, sind hier die Ergebnisse in der Tendenz gleich wie im Baissesignal-Test: Nach den Maßstäben der strengen Bedingung ist überhaupt nicht oder sehr selten eine Signalbestätigung zu erhalten. Die verschärfte strenge Bedingung Z_{255} ist praktisch nie erfüllt.

Betrachtet man jedoch die Trefferquote des Haussesignals anhand der weicheren Bedingung Z_{250}, so zeigt sich doch eine recht ordentliche Performance. Der FAZ-Index brachte es im Zeitraum 1972 bis Mitte 1984 auf immerhin 10 nach dieser Bedingung bestätigten von insgesamt 15 Haussesignalen. Von drei Signalen erwiesen sich somit zwei als richtig. Gemessen an der Kurzfristigkeit und der hierdurch implizierten Zufallsbelastung des Z_4-Wertes ist dieses Ergebnis recht beachtlich.

Wir wollen jetzt sehen, ob der stärker zufallsbereinigte Z_5-Mittelwert die ihm zugewiesenen Trennaufgaben noch besser zu erfüllen vermag.

3.2.9.6 Haussesignal-Test mit Z_5 als Schwellenpunkt

Die entsprechenden Algorithmen lauten jetzt:

$$Z_{258,t} = \begin{cases} 0 \text{ für } Z_{2,t} \leq 1.03Z_{5,t} \\ 0 \text{ für } (Z_{2,t} > 1.03Z_{5,t}) \wedge Z_{2,t-1} > 1.03Z_{5,t-1} \\ 1 \text{ für } (Z_{2,t} > 1.03Z_{5,t}) \wedge (Z_{2,t-1} \leq 1.03Z_{5,t-1}) \end{cases}$$

$$Z_{259,t} = \Sigma Z_{258,t} \text{ über alle } t$$

$$Z_{260,t} = \begin{cases} 0 \text{ für } Z_{258,t} = 0 \\ 0 \text{ für } (Z_{2,t+1 \vee t+2 \vee t+3} \leq 1.1Z_{5,t}) \wedge (Z_{258,t}=1) \\ 1 \text{ für } (Z_{2,t+1 \wedge t+2 \wedge t+3} > 1.1Z_{5,t}) \wedge (Z_{258,t}=1) \end{cases}$$

$$Z_{261,t} = \begin{cases} 0 \text{ für } Z_{258,t} = 0 \\ 0 \text{ für } (Z_{1,t+1 \vee t+2 \vee t+3} \leq 0.97Z_{5,t}) \wedge (Z_{258,t}=1) \\ 1 \text{ für } (Z_{1,t+1 \wedge t+2 \wedge t+3} > 0.97Z_{5,t}) \wedge (Z_{258,t}=1) \end{cases}$$

$$Z_{262,t} = \Sigma Z_{260,t} \text{ über alle } t$$
$$Z_{263,t} = ZZ_{261,t} \text{ über alle } t$$
$$Z_{264,t} = (100Z_{262,t})/Z_{259,t}$$
$$Z_{265,t} = (100Z_{263,t})/Z_{259,t}$$

$$Z_{266,t} = \begin{cases} 0 \text{ für } Z_{258,t} = 0 \\ 0 \text{ für } (Z_{2,t+1 \vee t+2 \vee t+3} \leq 1.2Z_{5,t}) \wedge (Z_{258,t}=1) \\ 1 \text{ für } (Z_{2,t+1 \wedge t+2 \wedge t+3} > 1.2Z_{5,t}) \wedge (Z_{258,t}=1) \end{cases}$$

$$Z_{267,t} = \Sigma Z_{266,t} \text{ über alle } t$$

$Z_{268,t} = (100Z_{267,t})/Z_{259,t}$

Die Performance des Schwellenwerts Z_5 bei der Diagnose von Aufschwung- und Haussephasen kann sich durchaus sehen lassen. Zwar ist die Bestätigung der Haussesignale nach der strengen Maxima-Bedingung nur selten zu erhalten; hingegen gelingt die Bestätigung nach dem völlig ausreichenden, aber weniger streng gefaßten Minima-Kriterium sehr häufig. Die Trefferquote liegt meist deutlich über 70%. Der FAZ-Index z.B. brachte zwischen 1972 und 1984 13 derartige Haussesignale, von denen immerhin 10, das entspricht rund 77%, bestätigt wurden.

Im übrigen läßt sich, wie bei den Testsignalen auch, die Treffsicherheit der Schwellendiagnose und -prognose beim Übergang von dem sehr kurzperiodigen Z_4-Reihendurchschnitt zu dem doppelt so langen Reihendurchschnitt Z_5 deutlich verbessern. Auch dies ist fraglos der besseren Immunisierung des Z_5-Werts gegenüber Zufallseinflüssen zuzuschreiben.

3.2.9.7 Haussesignal-Test mit Z_6 als Schwellenpunkt

Wenden wir uns jetzt dem in der praktischen Chartanalyse so beliebten 200-Tage-Durchschnitt zu, den wir durch Z_6, den 12-Perioden-Mittelwert, approximieren wollen. Dabei wird eine Einheitsperiode gleich einem Monat gesetzt. Die Algorithmen für einen Z_6-gestützten Haussesignal-Test sind im wesentlichen identisch mit den Testalgorithmen für den Z_4 und den Z_5-Fall. Der einzige Unterschied besteht, neben der Verwendung des spezifischen Schwellenpunkts Z_6, in der Verlängerung der Bestätigungsperiode, und zwar von drei auf sechs Einheitsperioden.

Wie bei der Diskussion des symmetrischen Baissesignals bereits ausgeführt wurde, liegt die Begründung für eine **Verlängerung der Testperiode** in der vergleichsweise großen Trägheit des Z_6-Reihendurchschnitts. Befindet sich eine Zeitreihe in einer Baissephase, so gelingt ihr die Richtungsänderung erfahrungsgemäß nicht beim ersten Anlauf; die abwärtsgerichtete zyklische und möglicherweise auch trendbedingte Dynamik muß zuerst gebrochen werden. Bei Preisreihen, die sich in einer fortgeschrittenen Baissephase befinden, lassen sich hier typischerweise kurzfristige Preissteigerungen beobachten, die alsbald wieder zusammenbrechen. Die Chartanalytiker sprechen in diesem Zusammenhang von **"Bodenbildung"** *("bottoming out")*.

Während dieser kurzfristigen Preiserholungen kann es durchaus vorkommen, daß der Z_4- oder auch der Z_5-Reihendurchschnitt nach oben durchbrochen wird, was dann möglicherweise voreilig als Haussesignal gewertet werden kann, zumindest dann, wenn die Erholungstendenz einige Zeit anhält. Ob allerdings ein nachhaltiger Durchbruch durch die Z_6-Reihe gelingt, ist fraglich, denn nach einer ausgeprägten Baisse liegt der Z_6-Schwellenwert sehr weit über den aktuellen Reihenmittelwerten. Bevor man einer durch einen Z_6-Schwellenübertritt signalisierten Hausse vertrauen kann, sollte daher eine ausgiebige Bestätigung dieses Signals abgewartet werden. Das aber heißt insbesondere, daß der Markt erst beweisen muß, daß er einen dauerhaft über Z_6 liegenden Preis tatsächlich akzeptiert.

Für die sehr **zögerlichen Richtungsänderungen** von Märkten lassen sich durchaus einleuchtende Begründungen finden. Marktpreise sind wohl die offenkundigsten und am schnellsten verfügbaren Marktinformationen, zu der Marktteilnehmer in großer Zahl überhaupt Zugang haben. Im Falle hochorganisierter Märkte wie den Börsen gilt dies in verstärktem Maße. Steigt z.B. der Kurs einer Aktie, so ist dies ein Faktum, das selbst der hartnäckigsten Börsenpessimist zur Kenntnis nehmen muß. Man mag die Berechtigung des eingetretenen Kursanstiegs aufgrund fundamentaler Erwägungen in Zweifel ziehen, an der Faktizität der Kursentwicklung kommt man jedoch nicht vorbei.

Während sich nun die durch fundamentale Argumente nicht belastete (und nicht verunsicherte) Marktteilnehmer von dem beobachteten Preisanstieg zu Käufen verleiten lassen und so der Preisauftriebstendenz noch weitere Schubkraft verleihen, werden die pessimistischen Marktteilnehmer entweder weiter Kaufzurückhaltung üben oder aber, unter Ausnutzung der gestiegenen Preise, Verkäufe vornehmen, die bisher wegen der stark verfallenen Preise zurückgestellt worden sind. Dieser Verkaufsdruck mag sich dadurch noch verstärken, daß früher zu weit überhöhten Preisen eingegangene Engagements bei der erstbesten Gelegenheit, d.h. bei der ersten Preiserholung, hastig gelöst werden. Dabei bricht die erste Preiserholung erst einmal wieder in sich zusammen.

Nun hat der Markt aber bereits ein neues Datum, das für die Marktteilnehmer von großer Wichtigkeit ist: Der Markt hat nunmehr einen Tiefstpreis herausgebildet, auf dessen Grundlage eine Erholung stattgefunden hat. Fällt der Preis nach dem Scheitern des ersten Erholungsversuchs wiederum auf dieses Niveau zurück, so werden zumindest einige Marktteilnehmer erwarten, daß sich der Preis auf diesem Niveau ein zweites Mal fängt. Ermutigt durch diese Hoffnung werden wiederum vorsichtige Käufe gewagt, die insbesondere bei schwachem Abgabedruck leicht ausreichen, um den Preis schnell wieder in die Höhe zu treiben.

Ein nachlassender Abgabedruck ist deshalb wahrscheinlich, weil im Zuge der vorausgegangenen Erholung die verängstigten Marktteilnehmer ihre Chance zum Ausstieg hatten und wohl auch nutzten. Dies führt dazu, daß, um im Börsen-Jargon zu sprechen, der Markt "austrocknet". Bei kleinen Umsätzen bauen die Optimisten kleine Anlaufpositionen auf, Material wird zu Schleuderpreisen "eingesammelt" (**Akkumulationsphase**). Allmählich gewinnt die Überzeugung, daß der Markt tatsächlich einen Boden gefunden hat, immer mehr Anhänger, so daß verstärkt gekauft wird. Dadurch kann der Preis beim zweiten, vielleicht auch erst beim dritten Anlauf nach oben durchbrechen und die Preiswende ist damit vollzogen; die Hausse nimmt ihren Lauf.

Der Preisauftrieb verstärkt sich markttechnisch dadurch noch, daß die ewig Ängstlichen und Unentschlossenen sich in der Spätphase der Hausse dann schließlich doch noch aus der Reserve locken lassen und - freilich viel zu spät - Käufe vornehmen. Nachdem offenkundig geworden ist, welche Wertsteigerung hat erzielt werden können, läßt sich auch der letzte Zauderer schließlich dazu hinreißen, an dem gewinnträchtigen Spiel teilzunehmen. Diejenigen jedoch, die bereits von Anfang an dabei gewesen sind, können nun durchaus dazu übergehen, stattliche Gewinne durch Verkäufe zu realisieren.

Die Börse spricht in diesem Zusammenhang davon, daß Material von starken in schwache Hände übergeht: Die professionellen Marktteilnehmer "verteilen" ihr Material (**Distributionsphase**), die Amateure nehmen es gierig auf. Der Preisauftrieb hält zunächst noch an, bald erlahmen jedoch die Auftriebskräfte. Setzt nun der erste kräftige Preisrückgang ein, so wird dieser nicht wenige Marktteilnehmer verunsichern, die dann verstärkt zu Gewinnmitnahmen bzw. Positionsglattstellungen übergehen. Andere Marktteilnehmer hingegen, die an der ganzen Hausse nur als Zuschauer teilgenommen haben, werden den Preisrückgang als willkommene Gelegenheit ansehen, doch noch vergleichsweise günstig, wenngleich sehr spät, auf den Börsenzug aufspringen. Der Preisrückschlag wird somit wieder ausgebügelt, die Preise fangen sich wieder.

Doch auch hier hat der Markt ein neues Datum, diesmal in Gestalt eines Höchstpreises, an dem der Preisauftrieb erst einmal zum Stillstand gekommen ist. Einige Marktteilnehmer werden glauben - zumal dann, wenn sie zuvor den Ausstieg verpaßt haben - jetzt sei der günstigste Augenblick für Verkäufe gekommen; der Verkaufsdruck nimmt zu. Die Chartanalytiker sprechen in diesem Zusammenhang davon, es habe sich ein Preiswiderstand, ein Preisgipfel *("top")* gebildet. Mehr oder weniger mag allgemeine Panikstimmung die Marktteilnehmer befallen, so daß die Preise ins scheinbar Bodenlose stürzen. Doch irgendwann beginnt das Spiel von neuem...

Betrachten wir nun die Algorithmen für den Haussesignal-Test auf der Grundlage des Z_6-Schwellenwerts:

$$Z_{269,t} = \begin{cases} 0 \text{ für } Z_{2,t} \leq 1.03 Z_{6,t} \\ 0 \text{ für } (Z_{2,t} > 1.03 Z_{6,t}) \wedge (Z_{2,t-1} > Z_{6,t-1}) \\ 1 \text{ für } (Z_{2,t} > 1.03 Z_{6,t}) \wedge (Z_{2,t-1} \leq 1.03 Z_{6,t-1}) \end{cases}$$

$$Z_{270,t} = \Sigma Z_{269,t} \text{ über alle } t$$

$$Z_{271,t} = \begin{cases} 0 \text{ für } Z_{269,t} = 0 \\ 0 \text{ für } (Z_{2,t+1 \vee t+2 \vee \ldots \vee t+6} \leq 1.1 Z_{6,t}) \wedge (Z_{269,t} = 1) \\ 1 \text{ für } (Z_{2,t+1 \wedge t+2 \wedge \ldots \wedge t+6} > 1.1 Z_{6,t}) \wedge (Z_{269,t} = 1) \end{cases}$$

$$Z_{272,t} = \begin{cases} 0 \text{ für } Z_{269,t} = 0 \\ 0 \text{ für } (Z_{1,t+1 \vee t+2 \vee \ldots \vee t+6} \leq 0.97 Z_{6,t}) \wedge (Z_{269,t} = 1) \\ 1 \text{ für } (Z_{1,t+1 \wedge t+2 \wedge \ldots \wedge t+6} > 0.97 Z_{6,t}) \wedge (Z_{269,t} = 1) \end{cases}$$

$$Z_{273,t} = \Sigma Z_{271,t} \text{ über alle } t$$
$$Z_{274,t} = \Sigma Z_{272,t} \text{ über alle } t$$
$$Z_{275,t} = (100 Z_{273,t}) / Z_{270,t}$$

$Z_{276,t} = (100Z_{274,t})/Z_{270,t}$

$$Z_{277,t} = \begin{cases} 0 \text{ für } Z_{269,t} = 0 \\ 0 \text{ für } (Z_{2,t+1} \vee_{t+2} \vee \ldots \vee_{t+6} \leq 1.2Z_{6,t}) \wedge (Z_{269,t}=1) \\ 1 \text{ für } (Z_{2,t+1} \wedge_{t+2} \wedge \ldots \wedge_{t+6} > 1.2Z_{6,t}) \wedge (Z_{269,t}=1) \end{cases}$$

$Z_{278,t} = \Sigma Z_{277,t}$ über alle t
$Z_{279,t} = (100Z_{278,t})/Z_{270,t}$

Die **Auswertung** des Z_6-Haussekriteriums ergibt zunächst, was nicht überraschend ist, eine Verringerung der Signale im Vergleich zu den Z_4- und Z_5-Kriterien. Bestätigungen nach der strengen Bedingung sind wiederum kaum zu erhalten. Dagegen ergibt sich bei Zugrundelegung des Testkriteriums Z_{272}, das weniger rigorose Anforderungen stellt, eine erfreulich hohe Bestätigungsquote.

Im Falle des FAZ-Indexes liegt sie bei rund 78% (9 Signale, 7 Bestätigungen). Damit kann man wohl auch in bezug auf den Schwellenpunkt Z_6 davon ausgehen, daß dieser Reihenmittelwert die ihm zugeschriebene Haussesignalfunktion recht zufriedenstellend erfüllt. Wir wollen auch den Haussesignal-Test wiederum erst abschließen, nachdem das fiktive Reihenmittel Z_{11} noch auf seine Signaleffizienz hin untersucht worden ist. Dies soll im nächsten Abschnitt geschehen.

3.2.9.8 Haussesignal-Test mit Z_{11} als Schwellenpunkt

Die Testanordnung für den Z_{11}-gestützten Haussesignal-Test sieht im einzelnen wie folgt aus:

$$Z_{280,t} = \begin{cases} 0 \text{ für } Z_{2,t} \leq 1.03Z_{11,t} \\ 0 \text{ für } (Z_{2,t} > 1.03Z_{11,t}) \wedge (Z_{2,t-1} > 1.03Z_{11,t-1}) \\ 1 \text{ für } (Z_{2,t} > 1.03Z_{11,t}) \wedge (Z_{2,t-1} \leq 1.03Z_{11,t-1}) \end{cases}$$

$Z_{281,t} = \Sigma Z_{280,t}$ für alle t

$$Z_{282,t} = \begin{cases} 0 \text{ für } Z_{280,t} = 0 \\ 0 \text{ für } (Z_{2,t+1} \vee_{t+2} \vee \ldots \vee_{t+6} \leq 1.1Z_{11,t}) \wedge (Z_{280,t}=1) \\ 1 \text{ für } (Z_{2,t+1} \wedge_{t+2} \wedge \ldots \wedge_{t+6} > 1.1Z_{11,t}) \wedge (Z_{280,t}=1)^{9)} \end{cases}$$

9) Die Bedingung Z_{282} ist in mehrfacher Hinsicht äußerst streng. Eine Hausse würde z.B. dann nicht bestätigt, wenn der Preis nach erfolgtem Haussesignal zwar spektakulär, etwa um 50% ansteigen, nicht aber einheitlich in allen sechs auf das Haussesignal folgenden Perioden mehr als 10% über dem im Signalzeitpunkt geltenden Z_{11}-Wert liegen würde. Auch würde das Haussesignal keine Bestätigung finden, wenn der Reihenanstieg erst nach den geforderten

$$Z_{283,t} = \begin{cases} 0 \text{ für } Z_{280,t} = 0 \\ 0 \text{ für } (Z_{1,t+1 \vee t+2 \vee \ldots \vee t+6} \leq 0.97 Z_{11,t}) \wedge (Z_{280,t} = 1) \\ 1 \text{ für } (Z_{1,t+1 \wedge t+2 \wedge \ldots \wedge t+6} > 0.97 Z_{11,t}) \wedge (Z_{280,t} = 1) \end{cases}$$

Gemäß Z_{283} wird die Hausse dann bestätigt, wenn die Zeitreihe in der Folge des Haussesignals - präzis: in den sechs Perioden nach Eintritt des Haussesignals - nicht nennenswert unter den Signalwert zurückfällt. Dabei bleibt freilich völlig offen, ob überhaupt ein beachtenswerter Reihenanstieg stattfindet. Es wird ja nur gefordert, daß die Reihe nicht wieder zurückfällt. Somit ist auch dieses Bestätigungskriterium nicht völlig frei von Einwänden.

Es wäre jedoch eine Illusion zu glauben, man könne ein Bestätigungskriterium finden, das über derartige Einwände erhaben sei. Im Rahmen des MAM-Testprogramms wurde daher auch nicht der fruchtlose Weg beschritten, nach weiteren alternativen Bestätigunskriterien zu suchen.[10] Die restlichen Algorithmen lauten:

$Z_{284,t} = \Sigma Z_{282,t}$ über alle t
$Z_{285,t} = \Sigma Z_{283,t}$ über alle t
$Z_{286,t} = (100 Z_{284,t}) / Z_{281,t}$
$Z_{287,t} = (100 Z_{285,t}) / Z_{281,t}$.

sechs Perioden erfolgte. Diese Diskussion belegt, wie schwierig es ist, selbst so einfach erscheinende Frage, wie die Frage, ob nun eine Hausse vorliegt oder nicht, sowohl eindeutig als auch sachlich plausibel zu beantworten. Eine eindeutige Antwort läßt sich durch die Fixierung eines Algorithmus in der Art des Z_{282} zwar gewinnen, doch können zugleich Zweifel angemeldet werden bezüglich der Plausibilität des Bestätigungskriteriums. Verallgemeinernd kann man sagen, daß es überhaupt keine **allgemein anerkannten Testverfahren** geben kann, weil - bzw. solange - es keine objektiv und allgemein anerkannte Definition des Testgegenstandes gibt. Darüber z.B., was eine **Hausse** ist, kann man sehr verschiedener Meinung sein. Ein wesentlich vernünftigeres, wenn nicht sogar wesentlich realistischeres **Hausse-Testkriterium** scheint die Beobachtung der Reihenminima (z.B. Tiefstkurse) im Gefolge eines Haussesignals zu sein. Fallen die Minima nicht wieder unter eine als kritisch angesehene Schranke zurück, so kann von einer Dominanz der Auftriebs- und Haussetendenzen ausgegangen werden. Darauf hebt das Minima-Kriterium ab.

10) Gleichwohl gibt es eine Chance, die vom MAM voll wahrgenommen wird, die Verläßlichkeit der Schwellenpunkte noch besser abschätzen zu können. Hierzu muß die Testanordnung jedoch um eine **Zielfunktion** erweitert werden. Auf diese Weise gelangt man zu **operativen Marktstrategien**, die etwa mit dem Ziel der Renditemaximierung betrieben werden. In einem solchen "Setting" läßt sich dann einfach fragen, welche Strategie - speziell: welche schwellenpunktgestützte Strategie - *ex post* den maximalen Zielerreichungsgrad aufzuweisen hat. Bei der Diskussion des Strategie-Teils des MAM wird hierzu noch manches zu sagen sein.

$$Z_{288,t} = \begin{cases} 0 \text{ für } Z_{280,t} = 0 \\ 0 \text{ für } (Z_{2,t+1} \vee t+2 \vee \ldots \vee t+6 \leq 1.2 z_{11,t}) \wedge (Z_{280,t} = 1) \\ 1 \text{ für } (Z_{2,t+1} \wedge t+2 \wedge \ldots \wedge t+6 > 1.2 Z_{11,t}) \wedge (Z_{280,t} = 1) \end{cases}$$

$$Z_{289,t} = \Sigma Z_{288,t} \text{ über alle } t$$
$$Z_{290,t} = (100 Z_{289,t}) / Z_{281,t}$$

Die **Auswertung** erbringt auch hier einen nur vernachlässigungswürdigen Anteil der Bestätigungen nach dem Maxima-Kriterium Z_{282} und praktisch keine Bestätigungen nach dem verschärften Maxima-Kriterium Z_{288}. Auf der anderen Seite sind auch hier die nach dem Minima-Kriterium Z_{283} erreichbaren Bestätigungen recht zahlreich. Die Quote schwankt ungefähr zwischen zwei Dritteln und drei Vierteln. Auch die Tendenz zur Verringerung der Signale bei Verlängerung der Mittelwert-Stützperiode wird wiederum klar bestätigt. Z.B. brachte der FAZ-Index im Testzeitraum 1972-1984 aufgrund von Z_4 15, aufgrund von Z_5 13, aufgrund von Z_6 9 und schließlich aufgrund von Z_{11} nur noch 5 Haussesignale.

Welches **Fazit** läßt sich nun aus den Baisse- und Haussesignal-Tests ziehen? Zunächst fällt auf, daß je nach Baisse- bzw. Haussedefinition die durch den Schwellenübertritt signalisierte Reihenentwicklung sehr schlecht bzw. einigermaßen gut bestätigt wird. Verwendet wurden zwei Definitionen, die beide plausibel, jedoch nicht frei von Einwänden sind.

Verwendet man die "wohlwollendere" Definition, so zeigt sich eine zwar nicht stark ausgeprägte, aber doch unverkennbare Performance-Überlegenheit mittelfristig ausgelegter Reihendurchschnitte. Unter mittelfristig ist hierbei eine Periodenlänge von rund 12 bis 24 Einheitsperioden zu verstehen. Kürzer periodisierte Mittelwerte neigen, aufgrund der noch vergleichsweise starken Zufallskomponente, verstärkt zu Fehlsignalen. Länger periodisierte Mittelwerte hingegen weisen, neben der erhöhten Tendenz zu Fehlsignalen, eine zu große Trägheit auf, um als zyklische Schwellenpunkte funktionsfähig zu sein.[11]

11) Die durchgeführten Baisse- und Haussesignal-Tests verzichten auf eine Differenzierung der Testanordnung im Hinblick auf den Reihentrend. Unabhängig hiervon durchgeführte Tests scheinen jedoch zu belegen, daß **der Trend die Trennfunktion der Schwellenpunkte entscheidend beeinflußt**. Konkret bedeutet dies, daß einem Schwellenübertritt umso größeres Gewicht zukommt, je stärker die

Es erscheint wenig zweckmäßig, sich einer prinzipiell nie zu beendenden Suche nach immer neuen Testvarianten hinzugeben. Aussichtsreicher dürfte es hingegen sein, ausgewählte strategisch-taktische Varianten auf ihre Zielverträglichkeit hin zu untersuchen. Auf diese Weise lassen sich die definitorischen und konzeptionellen Probleme der vergleichsweise simplen, schwellenpunkt-gestützten Crossover-Tests geschickt umgehen.

Bei allen Bedenken gegen die **konzeptionelle Solidität der Schwellenwertanalyse** kann jedoch soviel als gesichert gelten: Zeitreihen verfügen offenbar über kritische Schwellenwerte (Schwellenpunkte), nach deren Verletzung eine Richtungsänderung der Zeitreihe mit hoher Wahrscheinlichkeit eintritt.

Dadurch wird die **marktpsychologisch fundierte These** gestützt, wonach die Marktteilnehmer prinzipiell dazu neigen, eine am Markt erkennbare Richtung erst einmal in die Zukunft fortzuschreiben. An der Richtungsprognose wird auch bei Preisschwankungen festgehalten, solange diese Schwankungen ein als tolerabel erachtetes Maß nicht unterschreiten. Wird die Toleranz verletzt, wird die bisherige Richtungsprognose abrupt durch die gegenteilige ersetzt.

Demnach dürften Marktteilnehmer im Durchschnitt dazu neigen, eine klare Trennungslinie zwischen Auf- und Abschwung zu ziehen. Dies macht es auch verständlich, wieso die jeweilige Preisentwicklung eine so erstaunliche Resistenz zeigt. Ist ein Markt für die Mehrheit ein Baissemarkt, dann können die Preise schlechterdings nicht steigen. Hält die Mehrheit hingegen einen Markt für einen Haussemarkt, dann werden Preisrückgänge sofort durch massive Käufe aufgefangen. Dies läßt sich anhand unzähliger Beispiele belegen, und zwar nicht nur auf den Vermögensmärkten.

3.2.9.9 Zyklusphasentests

Die Baisse- und Haussesignal-Tests heben ab auf den *crossover* zwischen der aktuellen Reihenrealisation und einem gleitenden Durch-

Trenddynamik ist. Mithin steht zu erwarten, daß die Testergebnisse bei entsprechender Differenzierung je nach Trendsituation noch deutlich verbessert werden könnten.

schnitt. Der gleitende Durchschnitt dient hierbei als weitgehend zufallsbereinigtes Referenzniveau, dessen Über- bzw. Unterschreitung als signifikantes, d.h. richtungbestimmendes Reihenereignis angesehen wird.

Ein gravierender Nachteil dieses Verfahrens besteht darin, daß zwar die als Referenzniveaus fungierenden Reihenmittelwerte in der Regel kaum noch Zufallseinflüsse in nennenswertem Umfang widerspiegeln, daß aber die aktuellen Reihenrealisationen, die mit diesem Referenzniveau verglichen werden, keinerlei Zufallsbereinigung aufweisen. Daraus läßt sich folgern, daß ein *crossover* zwischen Ursprungsreihe und Mittelwert stark zufallsbedingt sein kann und daher nicht als verläßliches Richtungssignal dienen kann.

Wir haben gesehen, daß die Baisse- und Haussesignal-Tests, allerdings nur bei "weicher" Auslegung, die signifikante Trennfunktion der gleitenden Reihenmittel durchaus zu bestätigen scheinen. Die Trefferquote kommt allerdings selten über 75% hinaus, d.h., unter 100 Signalen finden sich immerhin 25 Fehlsignale.

Es liegt nun nahe zu versuchen, ob die Trefferquote nicht etwa dadurch nachhaltig verbessert werden kann, daß man die Zufallskomponente noch kompromißloser eliminiert und *crossovers* nur zwischen zufallsbereinigten Reihen zuläßt. Die jeweilige **Zyklusphase**, in der sich eine Zeitreihe befindet, wird in diesem Fall so bestimmt, daß *crossovers* zwischen Reihenmittelwerten ermittelt werden. Da kürzerperiodige Mittelwerte sich im Zeitablauf schneller verändern können als längerperiodige Reihenmittel, kommt es zu Schnittstellen (*crossovers*) zwischen unterschiedlich periodisierten Mittelwertreihen. Welche *crossovers* besondere Beachtung verdienen, ist aufgrund theoretischer Erwägungen von vornherein nicht zu klären. Diese Frage kann allenfalls durch die empirische *ex-post*-Datenanalyse einer vorläufigen Klärung zugeführt werden.

Da wiederum nicht alle denkbaren *crossovers* getestet werden können, ist auch hier die Beschränkung auf eine überschaubare Auswahl unerläßlich. Analog zu den Baisse- und Haussesignaltests werden im Rahmen des MAM acht Zyklusphasen-Tests durchgeführt, jeweils vier für die Baisse und die Hausse.

3.2.9.9.1 Baissephasentest auf der Grundlage von Z_4/Z_6-Crossovers

Ein erster Versuch der **Zyklusphasen-Diagnose** soll mit Hilfe der Reihenmittelwerte Z_4 und Z_6 unternommen werden. Nach dieser Konzeption wird eine Baissephase dadurch signalisiert, daß der vergleichsweise bewegliche 3-Perioden-Reihendurchschnitt Z_4 den vergleichsweise unbeweglichen 12-Perioden-Reihendurchschnitt Z_6 von oben nach unten schneidet. Als Signifikanzniveau wird hier wiederum eine Abweichungsspanne von 3% unterstellt. Das **Baissephasensignal** läßt sich jetzt wie folgt definieren:

$$Z_{291,t} = \begin{cases} 0 \text{ für } Z_{4,t} \geq 0.97Z_{6,t} \\ 0 \text{ für } (Z_{4,t} < 0.97Z_{6,t}) \wedge (Z_{4,t-1} < 0.97Z_{6,t-1}) \\ 1 \text{ für } (Z_{4,t} < 0.97Z_{6,t}) \wedge (Z_{4,t-1} \geq 0.97Z_{6,t-1}) \end{cases}$$

Ein Baissephasensignal tritt also dann und nur dann auf, wenn die Z_4-Reihendurchschnittskurve deutlich, d.h. um mehr als 3% unter die Z_6-Reihendurchschnittskurve fällt. Dabei darf Z_4 in der Vorperiode noch nicht "deutlich" unter Z_6 gelegen haben. Durch diese Zusatzbedingung wird vermieden, daß Baissephasen-Signale wiederholt auftreten, obwohl es sich um dieselbe Baissephase handelt. Ein **Phasensignal** wird demnach nur einmal gegeben, und zwar im Zeitpunkt des *crossovers*.

Die Summe der Baissephasen-Signale ist

$Z_{292,t} = \Sigma Z_{291,t}$ über alle t.

Nun geht es wieder darum, einen plausiblen Bestätigungsmodus zu finden. Die bequeme Unterscheidung zwischen einem Minima- und Maxima-Kriterium entfällt hier, weil es hierfür bei einer Mittelwertreihe keine Ansatzpunkte gibt. Um jedoch analog zum Baisse- und Haussesignal-Test den **Phasentest unter weicheren und härteren Bedingungen** durchführen zu können, ist hier als Testverschärfung die Verlängerung der Testperiode gewählt worden. Bei Zugrundelegung eines Testzeitraums von drei Einheitsperioden gilt das Baissephasen-Signal als bestätigt, wenn

$$Z_{293,t} = \begin{cases} 0 \text{ für } Z_{291,t} = 0 \\ 0 \text{ für } [(Z_{4,t+1} \geq 1.03Z_{6,t+1}) \vee \ldots \vee (Z_{4,t+3} \geq 1.03Z_{6,t+3})] \\ \qquad (Z_{291,t} = 1) \\ 1 \text{ für } [(Z_{4,t+1} < 1.03Z_{6,t+1}) \wedge \ldots \wedge (Z_{4,t+3} < 1.03Z_{6,t+3})] \\ \qquad (Z_{291,t} = 1). \end{cases}$$

Das heißt: Vom Eintritt einer Zeitreihe in eine Abschwung- oder Baissephase wird ausgegangen, wenn der Z_4-Reihendurchschnitt in den drei auf das Baissesignal folgenden Perioden nicht um mindestens 3% über den Z_6-Reihendurchschnitt ansteigt.

Das Bestätigungskriterium soll nun über eine Ausdehnung des Testzeitraums auf sechs Einheitsperioden verschärft werden:

$$Z_{294,t} = \begin{cases} 0 \text{ für } Z_{291,t} = 0 \\ 0 \text{ für } [(Z_{4,t+1} \geq 1.03 Z_{6,t+1}) \vee \ldots \vee (Z_{4,t+6} \geq 1.03 Z_{6,t+6})] \\ \qquad (Z_{291,t} = 1) \\ 1 \text{ für } [(Z_{4,t+1} < 1.03 Z_{6,t+1}) \wedge \ldots \wedge (Z_{4,t+6} < 1.03 Z_{6,t+6})] \\ \qquad (Z_{291,t} = 1) \end{cases}$$

In diesem Fall gilt eine Baisse nur dann als bestätigt, wenn der vergleichsweise bewegliche Reihendurchschnitt Z_4 in keiner der auf das Baissephasensignal folgenden sechs Perioden deutlich - d.h. um mindestens 3% - über den vergleichsweise unbeweglichen Reihendurchschnitt Z_6 steigt. Ist $Z_{294} = 1$, das verschärfte Bestätigungskriterium also erfüllt, so hat sich der Abschwung als nachhaltig erwiesen. Im Hinblick auf eine Phasenabgrenzung erscheint es durchaus sinnvoll, auf der **Nachhaltigkeit** einer Bewegung zu bestehen, denn der Phasenabgrenzung entspricht gedanklich eine Periodenabgrenzung. Von einem Zyklus zu reden hat nur einen Sinn, wenn wenigstens einigermaßen Klarheit über die **Periodenlänge** einzelner Zyklusphasen besteht.

Nun summiert man wiederum die Anzahl der Bestätigungen und mißt deren Anteil an der Gesamtzahl der Signale (Bestätigungsquote):

$$Z_{295,t} = \Sigma Z_{239,t} \text{ über alle } t$$
$$Z_{296,t} = \Sigma Z_{294,t} \text{ über alle } t$$
$$Z_{297,t} = (100 Z_{295,t})/Z_{292,t}$$
$$Z_{298,t} = (100 Z_{296,t})/Z_{292,t}$$

Die **Auswertung** zeigt, daß der Z_4/Z_6-Baissephasen-Test überaus positive Ergebnisse bringt, d.h., die gegebenen Baissesignale erweisen sich als fast ausnahmslos richtig im Sinne der Bestätigungskriterien Z_{293} und Z_{294}. Die Verlängerung der Testperiode bringt kaum schlechtere Ergebnisse. Zumeist ist die Bestätigung nach beiden Kriterien zu erhalten. Der Baissephasen-Test des FAZ-Indexes in der Zeit von 1972 bis Anfang 1984 brachte vier ausgewiesene Baissesignale; alle erfuhren eine Bestätigung, sowohl im dreiperiodigen als auch im sechsperiodigen Testzeitraum. Bei einzelnen Aktien sind die Ergebnisse kaum anders.

3.2.9.9.2 Baissephasentest auf der Grundlage von Z_6/Z_7-Crossovers

Die Reihenmittelwerte Z_5 und Z_7 weisen im Vergleich zu den Korrelaten der Z_4/Z_6-Kombination die doppelte Periodenlänge auf und zeichnen sich deshalb durch äußerste Trägheit und Inflexibilität aus. Die ganz offensichtliche Konsequenz hiervon dürfte sein, daß Z_5/Z_7-*crossovers* wesentlich seltener stattfinden als Z_4/Z_6-*crossovers*. Eine weitere Folge der größeren Inflexibilität wird jedoch auch sein, daß **zyklische Wendepunkte erst reichlich verspätet** angezeigt werden. Dieser Nachteil wäre nur zu rechtfertigen, wenn die Signal-Fehlerquote verringert werden könnte. Die Z_4/Z_6-Baissesignale sind jedoch bereits praktisch fehlerlos, so daß eine wesentliche Verbesserung überhaupt nicht möglich ist.

Abgesehen von diesem pragmatischen Aspekt ist es jedoch zumindest von akademischem Interesse zu erfahren, welche Signalperformance schwerfälligere Mittelwertkombinationen aufzuweisen haben. In diesem und in den nächsten beiden Abschnitten sollen daher noch drei weitere Kombinationen überprüft werden.

Die analogen Algorithmen lauten jetzt:

$$Z_{299,t} = \begin{cases} 0 \text{ für } Z_{5,t} \geq 0.97Z_{7,t} \\ 0 \text{ für } (Z_{5,t} < 0.97Z_{7,t}) \wedge (Z_{5,t-1} < 0.97Z_{7,t-1}) \\ 1 \text{ für } (Z_{5,t} < 0.97Z_{7,t}) \wedge (Z_{5,t-1} \geq 0.97Z_{7,t-1}) \end{cases}$$

$$Z_{300,t} = \Sigma Z_{299,t}$$ [12)]

12) Bei der Formulierung des Bestätigungskriteriums erschien es zweckmäßig, die Testperiode zu verdoppeln. Die Begründung hierfür erfolgt analog zu der Argumentation im Rahmen der Baissesignal-Tests: Wenn die *crossovers* durch die Wahl verstärkt inflexibler Reihendurchschnitte erschwert werden, so bedeutet dies, daß durch Zufallseinflüsse ausgelöste Schnitte der Mittelwertkurven praktisch ausgeschlossen werden können. Im Falle einer (nahezu) trendfreien Reihenentwicklung ist diese Aussage allerdings zu relativieren. Hier decken sich die Reihenmittelwerte weitgehend, und es genügen schon kleine Ausschläge der Ursprungsreihe, um einen *crossover* der Mittelwertkurven auszulösen. Das **Problem der Trendschwäche** ist jedoch ein **generelles Problem der Crossover-Analyse.** Es wurde als solches daher auch bereits mehrfach hervorgehoben. Die sinnvolle Anwendung der Zeitreihenanalyse setzt selbstverständlich voraus, daß der Untersuchungsgegenstand nicht aus völlig **statisch-stationären Zeitreihen** besteht. Zustandsgleiche Zeitrei-

$$Z_{301,t} = \begin{cases} 0 \text{ für } Z_{299,t} = 0 \\ 0 \text{ für } [(Z_{5,t+1} \geq 1.03Z_{7,t+1}) \vee \ldots \vee (Z_{5,t+6} \geq 1.03Z_{7,t+6})] \\ \qquad (Z_{299,t} = 1) \\ 1 \text{ für } [(Z_{5,t+1} < 1.03Z_{7,t+1}) \wedge \ldots \wedge (Z_{5,t+6} < 1.03Z_{7,t+6})] \\ \qquad (Z_{299,t} = 1) \end{cases}$$

$$Z_{302,t} = \begin{cases} 0 \text{ für } Z_{299,t} = 0 \\ 0 \text{ für } [(Z_{5,t+1} \geq 1.03Z_{7,t+1}) \vee \ldots \vee (Z_{5,t+12} \geq 1.03Z_{7,t+12})] \\ \qquad (Z_{299,t} = 1) \\ 1 \text{ für } [(Z_{5,t+1} < 1.03Z_{7,t+1}) \wedge \ldots \wedge (Z_{5,t+12} < 1.03Z_{7,t+12})] \\ \qquad (Z_{299,t} = 1) \end{cases}$$

$$Z_{303,t} = \Sigma Z_{301,t} \text{ über alle } t$$
$$Z_{304,t} = \Sigma Z_{302,t} \text{ über alle } t$$
$$Z_{305,t} = (100Z_{303,t})/Z_{300,t}$$
$$Z_{306,t} = (100Z_{304,t})/Z_{300,t}$$

Wie erwartet, treten die Signale im Z_5/Z_7-Baissephasen-Test weit spärlicher auf als im Z_4/Z_5-Baissephasen-Test. Die Bestätigungsquote ist aber, trotz der verdoppelten Bestätigunsperiode, unverändert sehr hoch. Selbst das verschärfte Bestätigunskriterium Z_{302} wird sehr häufig erfüllt.

Die **geringe Häufigkeit dieses Baissephasensignals** hat zweifellos Vor- und Nachteile. Für Marktteilnehmer, die nur die groben Konturen der Marktentwicklung erkennen wollen, ist das Z_5/Z_7-Kriterium sicher eine willkommene Entscheidungshilfe, die außerdem Transaktionskosten sparen hilft; denn Transaktionen finden nur statt, wenn sich am Markt markante und nachhaltige Richtungsänderungen abzeichnen.

Andere Marktteilnehmer mögen hingegen gerade an den kleineren Marktbewegungen interessiert sein, weil diese kurzfristige Marktchancen eröffnen. Die Zahl der spekulativen Transaktionen, insbesondere auf den Vermögensmärkten, steigt hier zwar notwendigerweise an, was zu Kostenbelastungen führt. Andererseits ist mit Entlastungen zu rechnen, da eine sensible Baissephasen-"Signalanlage" sehr frühzeitig Verkäufe auslöst und dadurch für zügige Kapitalfreisetzung sorgt. Das Problem der Kapitalbindung

hen bedürfen keiner Analyse. Kommt ein Schnittpunkt dann tatsächlich doch einmal zustande, so dürfte allein schon diese Tatsache die Nachhaltigkeit der vermuteten Richtungsänderung unterstreichen. Ob die Bewegungsänderung wirklich so nachhaltig ist, wie erwartet werden kann, muß sich freilich auch hier erst herausstellen. Dies zu prüfen, ist Zweck der Bestätigungskriterien Z_{301} und Z_{302}.

bzw. -freisetzung wird im Hinblick auf die renditemäßige Bewertung alternativer Marktstrategien noch eine zentrale Rolle spielen.

3.2.9.9.3 Baissephasen-Test auf der Grundlage von Z_6/Z_9-Crossovers

Der 12-Perioden-Durchschnitt - bei Verwendung von Monaten als Einheitsperiode handelt es sich um den 200-Tage-Durchschnitt - wird von vielen als der ideale Mittelwert betrachtet. Welche Signalfunktion kommt nun diesem Reihendurchschnitt bei der Diagnose und Prognose von Zyklusphasen zu? Um dies zu testen, muß ein zweiter Reihendurchschnitt gefunden werden, der sich durch eine vergleichsweise niedrige Flexibilität auszeichnet. Hier wurde Z_9, der 48-Perioden-Durchschnitt, als Referenzreihe gewählt. Die Algorithmen lauten jetzt:

$$Z_{307,t} = \begin{cases} 0 \text{ fur } Z_{6,t} \geq 0.97Z_{9,t} \\ 0 \text{ für } (Z_{6,t}<0.97Z_{9,t}) \wedge (Z_{6,t-1}<0.97Z_{9,t-1}) \\ 1 \text{ für } (Z_{6,t}<0.97Z_{9,t}) \wedge (Z_{6,t-1}\geq 0.97Z_{9,t-1}) \end{cases}$$

$$Z_{308,t} = \Sigma Z_{307,t} \text{ über alle } t$$

$$Z_{310,t} = \begin{cases} 0 \text{ für } Z_{307,t} = 0 \\ 0 \text{ für } [(Z_{6,t+1}\geq 1.03Z_{9,t+1}) \vee \ldots \vee (Z_{6,t+12}\geq 1.03Z_{9,t+12})] \\ \qquad (Z_{307,t} = 1) \\ 1 \text{ für } [(Z_{6,t+1}<1.03Z_{9,t+1}) \wedge \ldots \wedge (Z_{6,t+12}<1.03Z_{9,t+12})] \\ \qquad (Z_{307,t} = 1) \end{cases}$$

$$Z_{310,t} = \begin{cases} 0 \text{ für } Z_{307,t} = 0 \\ 0 \text{ für } [(Z_{6,t+1}\geq 1.03Z_{9,t+1}) \vee \ldots \vee (Z_{6,t+24}\geq 1.03Z_{9,t+24})] \\ \qquad (Z_{307,t} = 1) \\ 1 \text{ für } [(Z_{6,t+1}<1.03Z_{9,t+1}) \wedge \ldots \wedge (Z_{6,t+24}<1.03Z_{9,t+24})] \\ \qquad (Z_{307,t} = 1) \end{cases}$$

$$Z_{311,t} = \Sigma Z_{309,t} \text{ über alle } t$$
$$Z_{312,t} = \Sigma Z_{310,t} \text{ über alle } t$$
$$Z_{313,t} = (100Z_{311,t})/Z_{308,t}$$
$$Z_{314,t} = (100Z_{312,t})/Z_{308,t}.$$

Erwartungsgemäß ist die Ausbeute an Signalen bei Zugrundelegung der Z_6/Z_9-Kombination äußerst spärlich. Die Bestätigungen sind jedoch unverändert gut. Ähnlich wie das Z_5/Z_7-Kriterium scheint auch der hier untersuchte *crossover* nur für sehr langfristig disponierende Marktteilnehmer von Interesse zu sein.[13)]

13) Dies mag zumindest im Hinblick auf die Vorteile einer flexiblen Anlagestrategie auf den Vermögensmärkten für die Marktteilnehmer eine zu gravierende Einschränkung darstellen. Bei der Untersuchung makroökonomischer Zeitreihen mag das Hauptaugenmerk hingegen durchaus auf langfristige Entwicklungen bzw. deren Veränderung gerichtet sein. In diesem Fall liefert ein bewegungsresi-

3.2.9.9.4 Baissephasentest auf der Grundlage von Z_{11}/Z_{10}-Crossovers

Um das Bild abzurunden, soll nun noch ein letzter Baissephasen-Test durchgeführt werden, und zwar unter Verwendung des Reihenmittelwerts Z_{11} und des sehr langfristigen 96-Perioden-Durchschnitts Z_{10}. Bei Verwendung von Monaten als Einzelperioden umfaßt der Z_{10}-Reihendurchschnitt eine Stützperiode von acht Jahren.

Dies dürfte für die meisten sozioökonomischen Zeitreihen eine obere Grenze dessen darstellen, was man vernünftigerweise noch als Referenzzeitraum heranziehen kann. Unterstellt man die Hypothese, **daß Marktverhalten sich auf Marktdurchschnitte stützt**, so muß man realistischerweise einräumen, daß die Marktteilnehmer bei der Bildung ihrer Vorstellungen über Durchschnitte nicht auf beliebig lange Referenzzeiträume zurückgreifen. Was "zu weit" in der Vergangenheit liegt, wird bewußt oder unbewußt vergessen und geht in keine Durchschnittsüberlegungen mehr ein.

Die Algorithmen lauten hier:

$$Z_{315,t} = \begin{cases} 0 \text{ für } Z_{11,t} \geq 0.97Z_{10,t} \\ 0 \text{ für } (Z_{11,t} < 0.97Z_{10,t}) \wedge (Z_{11,t-1} < 0.97Z_{10,t-1}) \\ 1 \text{ für } (Z_{11,t} < 0.97Z_{97,t}) \wedge (Z_{11,t-1} \geq 0.97Z_{10,t-1}) \end{cases}$$

$Z_{316,t} = \Sigma Z_{315,t}$ über alle t[14]

stentes Crossover-Kriterium, das nur bei deutlichen und dauerhaften Richtungsänderungen anspricht, eine solide Beurteilungsgrundlage.

14) Die Stützperioden sind bei Z_{10} und Z_{11} höher als bei allen bisher untersuchten Baissephasensignalen. Aus diesem Grund reagieren Z_{10} und Z_{11} äußerst träge auf Richtungsänderungen der Preisreihe. Kommt ein *crossover* zwischen Z_{10} und Z_{11} zustande, so kann erwartet werden, daß hierdurch eine Richtungsänderung signalisiert wird, die von erheblicher Dauer ist. Wäre dies nicht so, dann müßte dieses Baissephasensignal als weitgehend unbrauchbar ausscheiden. Für Marktteilnehmer, die daraufhin am Markt auf die Verkäuferseite überwechseln, erweist sich dieser Schritt nur dann als richtig, wenn tatsächlich ein lang anhaltender Preisverfall oder zumindest eine dauerhafte Preisstagnation stattfindet. Denn dreht der Markt bald wieder nach oben, steigen die Preise also wieder, so wären die Z_{10}/Z_{11}-Akteure in doppelter Hinsicht die Verlierer: Erstens fand der Wechsel von Kauf- zur Verkaufposition naturgemäß sehr spät statt, denn Z_{11} und Z_{10} geben das Crossover-Signal aufgrund ihrer sehr langsamen Reaktion erst sehr spät. Zweitens erfolgte die Korrektur der Schieflage aus denselben Gründen stark verzögert, denn die Preiserholung findet erst nach vielen Perioden der Anpassung ihren Niederschlag in den Reihenmittelwerten Z_{10} und Z_{11}. Schon allein dieser pragmatisch-operative Aspekt gebietet es,

$$Z_{317,t} = \begin{cases} 0 \text{ für } Z_{315,t} = 0 \\ 0 \text{ für} [(Z_{11,t+1} \geq 1.03 Z_{10,t+1}) \vee \ldots \\ \quad \ldots \vee (Z_{11,t+22} \geq 1.03 Z_{10,t+22})] \wedge (Z_{315,t} = 1) \\ 1 \text{ für } [(Z_{11,t+1} < 1.03 Z_{10,t+1}) \wedge \ldots \\ \quad \ldots \wedge (Z_{11,t+22} < 1.03 Z_{10,t+22})] \wedge (Z_{315,t} = 1) \end{cases}$$

$$Z_{318,t} = \begin{cases} 0 \text{ für } Z_{315,t} = 0 \\ 0 \text{ für } [(Z_{11,t+1} \geq 1.03 Z_{10,t+1}) \vee \ldots \\ \quad \ldots \vee (Z_{11,t+44} \geq 1.03 Z_{10,t+44})] \wedge (Z_{315,t} = 1) \\ 1 \text{ für } [(Z_{11,t} < 1.03 Z_{10,t+1}) \wedge \ldots \\ \quad \ldots \wedge (Z_{11,t+44} < 1.03 Z_{10,t+44})] \wedge (Z_{315,t} = 1) \end{cases}$$

$$Z_{319,t} = \Sigma Z_{317,t} \text{ für alle } t$$
$$Z_{320,t} = \Sigma Z_{318,t} \text{ für alle } t$$
$$Z_{321,t} = (100 Z_{319,t}) / Z_{316,t}$$
$$Z_{322,t} = (100 Z_{320,t}) / Z_{316,t}$$

Die **empirische Auswertung** des Z_{11}/Z_{10}-Baissephasen-Tests bleibt zumeist ohne Ergebnis, d.h., es werden in der Regel überhaupt keine Signale beobachtet. Das kann selbstverständlich nicht überraschen, denn um einen *crossover* wenigstens theoretisch ausweisen zu können, braucht eine Reihe eine Mindestvorlaufzeit von 96 Perioden; nach 96 Perioden liegt Z_{10} überhaupt erst vor.[15)16)] Sollten diese *crossovers* einmal tatsächlich zustandekommen, so sind sie äußerst zuverlässig. Auch hier liegt die Trefferquote im durchschnitt nahe bei 100%.

Als **Zwischenergebnis** läßt sich notieren, daß Baissephasensignale, die aus Schnittpunkten von Reihenmittelwertfunktionen abgeleitet werden, überaus zuverlässig und treffsicher sind. Die Trefferquote liegt nahe bei 100%, selbst unter verschärften Bestätigungsbedingungen. Dies bedeutet im Vergleich zu den Baissesignalen, die am *crossover* der Ursprungsreihe anknüpfen, eine wesentliche Lei-

die Bestätigungsanforderungen an das Z_{315}-Baissephasensignal sehr hochzuschrauben. Das kann konstruktionsbedingt hier nur bedeuten, daß der **Bestätigungszeitraum** entsprechend **stark ausgedehnt** wird. Als zeitliches Minimum für eine Bestätigung sollen hier 22 Einheitsperioden gewählt werden. Dies hängt damit zusammen, daß die mittlere Stützperiode des Z_{11}-Mittelwerts rund 22 Perioden umfaßt.

15) Hilfsweise kann anstelle von Z_{10} ein Reihendurchschnitt verwendet werden, der über sämtliche erfaßten Einheitsperioden gebildet wird. Dies ist als Näherung akzeptabel; diese Methode soll jedoch hier nicht weiter verfolgt werden.

16) Die Seltenheit von Z_{11}/Z_{10}-*crossovers* liegt darüber hinaus freilich auch daran, daß beide Reihenmittelwerte sich sehr langsam verändern. Verfügt die Ursprungsreihe zudem noch über einen ausgeprägten Trend, dann liegen Z_{10} und Z_{11} ohnehin weit auseinander. Bevor es zu einem Schnittpunkt kommt, muß die Ursprungsreihe bereits spektakuläre Richtungsänderungen vollzogen haben.

stungsverbesserung, insbesondere im Vergleich zu den strengen Baissesignal-Tests.

Die verbesserte Performance der Baissephasen-Signale hat freilich ihren Preis. Während höchst- bzw. tiefstpreisgestützte Baissesignale bei starken Preisausschlägen ohne Verzögerung ihre Signalfunktion wahrnehmen, brauchen Baissephasen-Signale hierzu unvergleichlich mehr Zeit. Dies kann sich als großer Nachteil bemerkbar machen.

Angenommen, es werden Monate als Einheitsperioden verwendet. Fällt nun z.B. der Kurs einer Aktie innerhalb weniger Tage schier ins Bodenlose, so hat dies auf die gleitenden Durchschnitte zunächst überhaupt keinen Einfluß, da diese erst nach Vollendung einer Monatsperiode angepaßt werden. Das Baissephasensignal läßt also auf sich warten, möglicherweise bis es zu spät ist.

Nun kann man allerdings einwenden, solche dramatischen Preisausschläge seien eher die Ausnahme als die Regel; daher falle diese systematische Schwäche der Phasensignale nicht sonderlich ins Gewicht, zumal hektische Preisausschläge oft Übertreibungen des Marktes darstellen, auf die der Börsenteilnehmer besser nicht reagiert, schon gar nicht prozyklisch. Es muß auch zugegeben werden, daß maxima- und minimagestützte Signale wie die Baissesignale prozyklisches und daher häufig falsches Agieren am Markt fördern.

Auch in dieser Streitfrage kann hier noch nicht das letzte Wort gesprochen werden. Beide Crossover-Konzeptionen müssen erst noch auf den Prüfstand strategischer Marktmodelle; erst dort kann sich erweisen, welche Konzeption bei Zugrundelegung bestimmter Zielhypothesen die leistungsfähigere ist.

3.2.9.9 5 Haussephasen-Test auf der Grundlage von Z_4/Z_6-Crossovers

Intuitiv wird man erwarten, daß Hausse- und Baissephasen-Kriterien vergleichbare Qualitäten aufweisen. Ob diese Symmetrieannahme gerechtfertigt ist, kann freilich nur der empirische Test zeigen. Deshalb sollen auch Haussephasen-Tests für vergleichbare Mittelwertkombinationen durchgeführt werden. Die Z_4/Z_6-Kombination ist die anpassungsfreudigste aller im Testmenü enthaltener Kombinationen. Das Z_4/Z_6-Haussephasen-Signal wird wie folgt definiert:

$$Z_{323,t} = \begin{cases} 0 \text{ für } Z_{4,t} \leq 1.03 Z_{6,t} \\ 0 \text{ für } (Z_{4,t} > 1.03 Z_{6,t}) \wedge (Z_{4,t-1} > 1.03 Z_{6,t-1}) \\ 1 \text{ für } (Z_{4,t} > 1.03 Z_{6,t}) \wedge (Z_{4,t-1} \leq 1.03 Z_{6,t-1}) \end{cases}$$

Ein Haussephasen-Signal in dieser Fassung liegt also dann und nur dann vor, wenn der 3-Perioden-Mittelwert Z_4 den 12-Perioden-Mittelwert Z_6 um mehr als 3% übersteigt und dies in der Vorperiode nicht der Fall gewesen ist. Die Summe der Baissephasensignale ist

$$Z_{324,t} = \Sigma Z_{323,t} \text{ über alle } t.$$

Als bestätigt gilt dieses Haussephasen-Signal, wenn in mindestens drei Perioden nach Eintritt des Signals kein *crossover* in die Gegenrichtung stattfindet. Das heißt: Z_4 darf in drei Perioden nach dem Signal nicht nennenswert (3% oder mehr) unter Z_6 (in der jeweiligen Periode) zurückfallen:

$$Z_{325,t} = \begin{cases} 0 \text{ für } Z_{323,t} = 0 \\ 0 \text{ für } [(Z_{4,t+1} \leq 0.97 Z_{6,t+1}) \vee \ldots \vee (Z_{4,t+3} \leq 0.97 Z_{6,t+3})] \\ \qquad (Z_{323,t} = 1) \\ 1 \text{ für } [(Z_{4,t+1} > 0.97 Z_{6,t+1}) \wedge \ldots \wedge (Z_{4,t+3} > 0.97 Z_{6,t+3})] \\ \qquad (Z_{323,t} = 1) \end{cases}$$

Zur Verschärfung der Bestätigungsanforderungen wird der Bestätigungszeitraum verdoppelt:

$$Z_{326,t} = \begin{cases} 0 \text{ für } Z_{323,t} = 0 \\ 0 \text{ für } [(Z_{4,t+1} \leq 0.97 Z_{6,t+1}) \vee \ldots \vee (Z_{4,t+6} \leq 0.97 Z_{6,t+6})] \\ \qquad (Z_{323,t} = 1 \\ 1 \text{ für } [(Z_{4,t+1} > 0.97 Z_{6,t+1}) \wedge \ldots \wedge ((Z_{4,t+6} \leq 0.97 Z_{6,t+6})] \\ \qquad (Z_{323,t} = 1) \end{cases}$$

Die Bestätigungen werden ermittelt gemäß

$$Z_{327,t} = \Sigma Z_{325,t} \text{ über alle } t$$
$$Z_{328,t} = \Sigma Z_{326,t} \text{ über alle } t,$$

die entsprechenden Bestätigungsquoten lauten:

$Z_{329,t} = (100Z_{327,t})/Z_{324,t}$
$Z_{330,t} = (100Z_{328,t})/Z_{324,t}$

Die Performance dieses Haussephasen-Signals ist hervorragend. Die Bestätigungsquote liegt zumindest im Falle der weicheren Bestätigungsbedingung Z_{325} bei 100% oder nur knapp darunter. Selbst unter den verschärften Bestätigungsbedingungen Z_{326} liegt die Trefferquote nur geringfügig niedriger. Z.B. gab der FAZ-Index in dem Testzeitraum 1972-1984 sechs derartige Haussesignale, von denen alle nach beiden Kriterien bestätigt wurden.

3.2.9.9.6 Haussephasen-Test auf der Grundlage von Z_5/Z_7-Crossovers

Greifen wir als nächstes die "gezähmte" Mittelwertkombination Z_5/Z_7 heraus und untersuchen, wie sie mit dem Problem der Haussephasen-Diagnose fertig wird. Die völlig analogen Algorithmen werden hier kommentarlos wiedergegeben.

$$Z_{331,t} = \begin{cases} 0 \text{ für } Z_{5,t} \leq 1.03\,Z_{7,t} \\ 0 \text{ für } (Z_{5,t} > 1.03Z_{7,t}) \wedge (Z_{5,t-1} > 1.03Z_{7,t-1}) \\ 1 \text{ für } (Z_{5,t} > 1.03Z_{7,t}) \wedge (Z_{5,t-1} \leq 1.03Z_{7,t-1}) \end{cases}$$

$Z_{332,t} = \Sigma Z_{331,t}$ über alle t

$$Z_{333,t} = \begin{cases} 0 \text{ für } Z_{331,t} = 0 \\ 0 \text{ für } [(Z_{5,t+1} \leq 0.97Z_{7,t+1}) \vee \ldots \vee (Z_{5,t+6} \leq 0.97Z_{7,t+6})] \\ \qquad (Z_{331,t} = 1) \\ 1 \text{ für } [(Z_{5,t+1} > 0.97Z_{7,t+1}) \wedge \ldots \wedge (Z_{5,t+6} > 0.97Z_{7,t+6})] \\ \qquad (Z_{331,t} = 1) \end{cases}$$

$$Z_{334,t} = \begin{cases} 0 \text{ für } Z_{331,t} = 0 \\ 0 \text{ für } [(Z_{5,t+1} \leq 0.97Z_{7,t+1}) \vee \ldots \vee (Z_{5,t+12} \leq 0.97Z_{7,t+12})] \\ \qquad (Z_{331,t} = 1) \\ 1 \text{ für } [(Z_{5,t+1} > 0.97Z_{7,t+1}) \wedge \ldots \wedge (Z_{5,t+12} > 0.97Z_{7,t+12})] \\ \qquad (Z_{331,t} = 1) \end{cases}$$

$Z_{335,t} = \Sigma Z_{333,t}$ für alle t
$Z_{336,t} = \Sigma Z_{334,t}$ für alle t
$Z_{337,t} = (100Z_{335,t})/Z_{332,t}$
$Z_{338,t} = (100Z_{336,t})/Z_{332,t}$.

Erwartungsgemäß sind die Signale im Z_5/Z_7-Haussephasen-Test nicht so zahlreich wie bei Zugrundelegung der vergleichsweise beweglicheren Reihenmittelwerte Z_4 und Z_6; die Zahl der Signale wird fast halbiert. Das bedeutet, daß das Z_5/Z_7-Haussephasen-Kriterium kleinere und nur kurzlebige Aufschwungphasen ignoriert oder, anders ausgedrückt, nur auf stark ausgeprägte Aufschwünge anspricht. Die Bestätigungsquoten liegen wiederum sehr dicht bei 100%, selbst unter verschärften Bedingungen gemäß Z_{334}. Somit erweist sich auch dieses Haussephasen-Kriterium als überaus zuverlässig.

3.2.9.9.7 Haussephasen-Test auf der Grundlage von Z_6/Z_9-Crossovers

Noch unbeweglicher als die Z_5/Z_7-Kombination ist die Z_6/Z_9-Kombination, also die simultane Betrachtung der zeitlichen Entwicklung des 12-Perioden- und des 48-Perioden-Reihendurchschnitts. Aufgrund der großen Trägheit dieser Reihenmittelwerte dürften selbst einigermaßen nachhaltige Aufschwungphasen dem Glättungseffekt zum Opfer fallen und keinen Schnitt der Mittelwertkurven hervorrufen. Zu einem *crossover* wird es vielmehr nur kommen, wenn die Ursprungsreihe ihre Richtung sehr deutlich ändert und diese Richtungsänderung auch längere Zeit Bestand hat.

Die Algorithmen lauten:

$$Z_{339,t} = \begin{cases} 0 \text{ für } Z_{6,t} \le 1.03 Z_{9,t} \\ 0 \text{ für } (Z_{6,t} > 1.03 Z_{9,t}) \wedge (Z_{6,t-1} > Z_{9,t-1}) \\ 1 \text{ für } (Z_{6,t} > 1.03 Z_{9,t}) \wedge (Z_{6,t-1} \le 1.03 Z_{9,t-1}), \end{cases}$$

$$Z_{340,t} = \Sigma Z_{339,t}{}^{1)}$$

$$Z_{341,t} = \begin{cases} 0 \text{ für } Z_{339,t} = 0 \\ 0 \text{ für } [(Z_{6,t+1} \le 0.97 Z_{9,t+1}) \vee \ldots \vee (Z_{6,t+12} \le 0.97 Z_{9,t+12})] \\ \qquad (Z_{339,t} = 1) \\ 1 \text{ für } [(Z_{6,t+1} > 0.97 Z_{9,t+1}) \wedge \ldots \wedge (Z_{6,t+12} > 0.97 Z_{9,t+12})] \\ \qquad (Z_{339,t} = 1) \end{cases}$$

$$Z_{342,t} = \begin{cases} 0 \text{ für } Z_{339,t} = 0 \\ 0 \text{ für } [(Z_{6,t+1} \le 0.97 Z_{9,t+1}) \vee \ldots \vee (Z_{6,t+24} \le 0.97 Z_{9,t+24})] \\ \qquad (Z_{339,t} = 1) \\ 1 \text{ für } [(Z_{6,t+1} > 0.97 Z_{9,t+1}) \wedge \ldots \wedge (Z_{9,t+24} > 0.97 Z_{9,t+24})] \\ \qquad (Z_{339,t} = 1) \end{cases}$$

$$Z_{343,t} = \Sigma Z_{341,t} \text{ für alle } t$$
$$Z_{344,t} = \Sigma Z_{342,t} \text{ für alle } t$$
$$Z_{345,t} = (100 Z_{343,t}) / Z_{340,t}$$
$$Z_{346,t} = (100 Z_{344,t}) / Z_{340,t}$$

Erwartungsgemäß tritt das so definierte Haussephasen-Signal nur äußerst selten auf. Nur lang anhaltende Aufwärtsbewegungen werden

1) Soll ein solches Signal, das konstruktionsbedingt immer mit erheblicher Verzögerung - relativ zur Entwicklung der Ursprungsreihe - eintritt, als Grundlage für Marktentscheidungen überhaupt relevant sein, dann muß die prognostizierte Zyklusphase längere Zeit Bestand haben. Als Mindestzeitraum für eine Bestätigung verlangen wir also diesmal 12 Perioden; das verschärfte Kriterium sieht sogar 24 Perioden der Zyklusbeständigkeit vor.

signalisiert, kurzlebige Aufschwünge hingegen werden aufgrund des Durchschnittseffekts "ausgebügelt". Die Bestätigungsquote liegt wiederum bei annähernd 100%.[2]

3.2.9.9.8 Haussephasen-Test auf der Grundlage von Z_{11}/Z_{10}-Crossovers

Die Algorithmen für den schwerfälligen Z_{11}/Z_{10}-Crossover lauten:

$$Z_{347,t} = \begin{cases} 0 \text{ für } Z_{11,t} \leq 1.03Z_{10,t} \\ 0 \text{ für } (Z_{11,t} > 1.03Z_{10,t}) \wedge (Z_{11,t-1} > 1.03Z_{10,t-1}) \\ 1 \text{ für } (Z_{11,t} > 1.03Z_{10,t}) \wedge (Z_{11,t-1} \leq 1.03Z_{10,t-1}) \end{cases}$$

$$Z_{348,t} = \Sigma Z_{347,t} \text{ über alle } t^{3)}$$

$$Z_{349,t} = \begin{cases} 0 \text{ für } Z_{347,t} = 0 \\ 0 \text{ für } [(Z_{11,t+1} \leq 0.97Z_{10,t+1}) \vee \ldots \\ \qquad \ldots \vee (Z_{11,t+22} \leq 0.97Z_{10,t+22})] \wedge (Z_{347,t} = 1) \\ 1 \text{ für } [(Z_{11,t+1} > 0.97Z_{10,t+11}) \wedge \ldots \\ \qquad \ldots \wedge (Z_{11,t+22} > 0.97Z_{10,t+22})] \wedge (Z_{347,t} = 1) \end{cases}$$

$$Z_{350,t} = \begin{cases} 0 \text{ für } Z_{347,t} = 0 \\ 0 \text{ für } [(Z_{11,t+1} \leq 0.97Z_{10,t+1}) \vee \ldots \\ \qquad \ldots \vee (Z_{11,t+44} \leq 0.97Z_{10,t+44})] \wedge (Z_{347,t} = 1) \\ 1 \text{ für } [(Z_{11,t+1} > 0.97Z_{10,t+1}) \wedge \ldots \\ \qquad \ldots \wedge (Z_{11,t+44} \leq 0.97Z_{10,t+44})] \wedge (Z_{347,t} = 1) \end{cases}$$

$$Z_{351,t} = \Sigma Z_{349,t} \text{ über alle } t,$$
$$Z_{352,t} = \Sigma Z_{350,t} \text{ über alle } t.$$

$$Z_{353,t} = (100Z_{351,t})/Z_{348,t}$$
$$Z_{354,t} = (100Z_{352,t})/Z_{348,t}.$$

Ähnlich wie beim Z_6/Z_9-Kriterium haben auch beim Z_{11}/Z_{10}-Haussephasen-Kriterium Signale Seltenheitswert. Wo sie jedoch auftreten, werden sie fast ausnahmslos bestätigt. Beim FAZ-Index z.B. kam das

2) Der FAZ-Index gab erst im April 1983 ein Haussephasen-Signal, also vier Monate später als gemäß dem Z_4/Z_6-Haussephasen-Kriterium Z_{323}. Als Beginn der "Jahrhundert-Hausse" der deutschen Aktienbörse wird allgemein der Oktober 1982 angenommen. Selbst das sehr bedächtige Z_6/Z_9-Kriterium hat somit die Hausse noch rechtzeitig angezeigt, und zwar bei einem FAZ-Indexstand von ca. 300. Ein vorläufiges Ende fand die deutsche Aktienhausse erst im März 1986 bei einem Indexstand von 753.

3) Da Z_{11} über einen mittleren Stützzeitraum von 21.5 Einheitsperioden verfügt und daher äußerst zaghaft auf Richtungsänderungen der Ursprungsreihe reagiert, wollen wir einen mindestens 22 Einheitsperioden umfassenden Bestätigungszeitraum fordern. Die strengere Bedingung sieht daher vor, daß die signalisierte Hausse mindestens 44 Perioden Bestand hat.

Haussephasensignal Z_{347} im März 1983, also sogar noch einen Monat früher als aufgrund des Z_6/Z_9-Kriteriums.[4]

Als **Fazit** läßt sich festhalten, daß die Crossover-Analyse auf der Grundlage gleitender Reihendurchschnitte ein hervorragendes Instrument zur Bestimmung von Zyklusphasen darstellt. Fehlsignale treten praktisch nicht auf. Diese zwar überaus erfreuliche empirische Entdeckung bedarf jedoch einer sehr sorgfältigen Bewertung. Die Phasendiagnose und - in abgeschwächter Form - auch die Phasenprognose kann erst *ex post* aufgrund der beobachteten Reihenentwicklung getroffen werden. Die hierbei in Kauf zu nehmenden zeitlichen Verzögerungen sind zum Teil beträchtlich. Dies ist die systematische und daher nicht zu eliminierende Schwäche aller Crossover-Signale. Salopp ausgedrückt: Sie sind prozyklisch und schlagen daher erst Alarm, nachdem das Kind in den Brunnen gefallen ist. Das muß, zumindest für die Belange der markttechnischen Analyse, nicht zu spät sein, zumal dann nicht, wenn die mit dem Signal verbundene Tendenzaussage längere Zeit gültig bleibt.[5]

3.2.9.10 Überprüfung hypothetischer Unterstützungs- und Widerstandspunkte

Das gedankliche Korrelat zur Crossover-Analyse stellt die Untersuchung markanter Unterstützungs- und Widerstandspunkte einer Zeitreihe dar. Darunter werden fiktive Grenzwerte verstanden, die eine Zeitreihe zwar erreicht, in der Regel aber nicht über- bzw. unterschreitet. Kommt es in Ausnahmefällen zu einer Grenzwertver-

4) Dies ist auf den ersten Blick überraschend, denn die Kombination Z_{11}/Z_{10} basiert auf einem wesentlich längeren Stützzeitraum als die Kombination Z_6/Z_9. Die größere Trägheit einer Reihenkombination hat jedoch zwei Seiten: Zwar verändern sich die einzelnen Reihenmittelwerte vergleichsweise langsamer, doch ist eben aus diesem Grund der Abstand zwischen den beiden Mittelwertreihen kleiner. Dies wiederum impliziert aber, daß eine geringere "Wegstrecke" bis zum *crossover* zurückgelegt werden muß. Auch wenn sich die Reihen nur sehr langsam aufeinander zu bewegen, mag der geringere Reihenabstand vergleichsweise weniger Zeit zu seiner Überwindung beanspruchen als im Falle von Mittelwertreihen, die sich zwar schnell anpassen, die aber weiter auseinanderliegen.

5) Wie mehrfach betont, kann an dieser Stelle über die operative Leistungsfähigkeit prozyklischer Signale noch kein endgültiges Urteil gefällt werden. Hierzu bedarf es der Umsetzung dieser Signale in marktstrategische Handlungsanweisungen, die ihrerseits erst durch Präzisierung einer Zielfunktion operational gefaßt werden können.

letzung, so wäre dies als bedeutsames, die zukünftige Entwicklung der Zeitreihe eindeutig präjudizierendes Ereignis zu werten.

In der **technisch orientierten Marktanalyse** spielen Unterstützungs- und Widerstandspunkte eine große Rolle. Der Vorliebe der Chartisten für das Plakative ist es zuzuschreiben, daß hauptsächlich nach offenkundigen, bei der Betrachtung einer Zeitreihengraphik dem geübten Auge sofort auffallenden "Unterstützungs-" und "Widerstandslinien" Ausschau gehalten wird. Diese werden, je nach dem optischen Erscheinungsbild einer Zeitreihe, als untere oder obere - positiv geneigte, negativ geneigte oder auch horizontale - Begrenzungslinien der Graphik angepaßt.

Der Willkür sind hierbei freilich Tür und Tor geöffnet, schon allein deshalb, weil völlig unklar ist, auf welchen zeitlichen Rahmen eine solche Begrenzungslinie bezogen werden soll. Häufig behilft sich die Praxis in dieser Frage dann so, daß kurz-, mittel- und langfristige Begrenzungslinien eingezeichnet werden, was immer dies im einzelnen bedeuten mag.[6]

Neben diesen optisch verifizierbaren "offenen" Begrenzungen einer Zeitreihe gibt es weniger offenkundige, durch bloßen Augenschein kaum erkennbare **"versteckte" Unterstützungs- und Widerstandspunkte**, die von der ans Figürliche gewöhnten Chartanalyse in der Regel weniger beachtet werden. Die Existenz solcher Unterstützungs- und Widerstandspunkte läßt sich aufgrund der Ergebnisse der Crossover-Analyse vermuten.[7]

Ein selbst von den Chartisten viel beachteter Unterstützungs- und Widerstandspunkt ist der gleitende 200-Tage-Durchschnittswert einer Zeitreihe. Diesem wird zugetraut, daß er die Reihenvolatilität sicher begrenzt, entweder nach unten oder nach oben, je nachdem,

6) Außerdem ist nicht einsichtig, warum solche Bereichsabgrenzungen einer Zeitreihe ausschließlich linear verlaufen müssen. Eine Gerade ist zwar einfach zu zeichnen. Realistischer dürfte aber ein nicht-linearer Verlauf allemal sein, von wenigen Ausnahmen abgesehen.

7) Crossovers finden, zumindest, wenn man für eine ausreichende Zufallsbereinigung und Glättung der beteiligten Reihen Sorge trägt, nicht gerade häufig statt. Daraus kann man schließen, daß die für das Zustandekommen eines *crossovers* entscheidende Schnittstelle die Richtungskomponente der Reihendynamik stabilisieren hilft.

ob sich die Ursprungsreihe oberhalb oder unterhalb dieses Reihenmittelwerts befindet.[8]

Die nachfolgenden Tests, wiederum durchgeführt für eine Auswahl potentieller Unterstützungs- und Widerstandspunkte, soll Klarheit darüber schaffen, was von der hypothetischen Unterstützungs- und Widerstandsfunktion dieser Schwellenpunkte zu halten ist.

3.2.9.10.1 Reihenunterstützung durch Z_4

Der 3-Perioden-Reihen-Durchschnitt Z_4 ist wohl der beweglichste Mittelwert, der für den Test einer hypothetischen **Unterstützungsfunktion** noch in Frage kommt. Allzu viel kann man von dieser hypothetischen Stütze ohnehin nicht erwarten, denn der Unterschied zwischen der Urspungsreihe und Z_4 ist denkbar gering.

Die **Konstruktion eines geeigneten Tests** ist nicht gerade einfach. Erhebliche Schwierigkeiten bereitet die plausible Fassung des Sachverhalts, den man so unscharf mit "Unterstützung" umschreibt. Zuerst muß der relevante Bereich für den Test abgesteckt werden. Hierzu wird ein Intervall von ±10% zugrundegelegt, dessen Mittelpunkt durch Z_4 gebildet wird. Außerhalb dieses Referenzbereichs ist ein Test nicht möglich, ein Unterstützungssignal kann daher weder auftreten, noch bestätigt noch widerlegt werden. Liegt die aktuelle Reihenrealisation zwar innerhalb des Referenzbereichs, wurde aber bereits in der Vorperiode der 3-Perioden-Durchschnitt signifikant verletzt, so erübrigt sich ein Test, denn die Unterstützung ist offensichtlich bereits in der Vorperiode gescheitert. Ein Test ist schließlich nur möglich, wenn die aktuelle Reihen-

8) Haussiert z.B. eine Aktie seit geraumer Zeit, so kann der Kurs zwischendurch im Zuge einer "technischen Reaktion" durchaus kräftig zurückfallen. Da dem 200-Tage-Durchschnitt die Fähigkeit zur Stabilisierung der Reihendynamik zugesprochen wird, erwarten Chartisten ein Ende des Kursrückgangs in der Nähe - zumindest nicht nennenswert unter - der 200-Tage-Kurve. Ist der Schwächeanfall des Marktes ausgestanden, kann dann die Kurskurve in der bisher schon dominierenden Richtung weiterlaufen, nämlich nach oben. Befindet sich eine Zeitreihe im Abschwung (in der Baisse), so gilt eine analoge Vermutung: Die Zeitreihe kann zwar an die 200-Tage-Kurve herankommen; der dort einsetzende Marktwiderstand drückt die Reihe jedoch alsbald wieder nach unten, so daß die dominante Abwärtsbewegung fortgesetzt wird.

realisation im Referenzbereich liegt und nicht bereits in der Vorperiode ein negatives Testergebnis zu verzeichnen gewesen ist.

Der Algorithmus für das **Unterstützungssignal** lautet mithin:

$$Z_{355,t} = \begin{cases} 0 \text{ für } (Z_{1,t}<0.9Z_{4,t}) \vee (Z_{1,t}>1.1Z_{4,t}) \\ 0 \text{ für } (0.9Z_{4,t}\leq Z_{1,t}\leq 1.1Z_{4,t}) \wedge (Z_{1,t-1}<0.97Z_{4,t-1}) \\ 1 \text{ für } (0.9Z_{4,t}\leq Z_{11,t}\leq 1.1Z_{4,t}) \wedge (Z_{1,t-1}\geq 0.97Z_{4,t-1}) \end{cases}$$

Die Summe der Signale ist

$Z_{356,t} = \Sigma Z_{355,t}$ über alle t.

Nun muß ein Algorithmus gefunden werden, der eindeutig festlegt, wann ein **Unterstützungssignal als bestätigt** gilt. Erst jetzt wird vollends klar, welchen Zweck der in Z_{355} festgelegte **Relevanzbereich** erfüllt. Ob Z_4 eine bisher aufschwingende Zeitreihe tatsächlich nach unten abstützt, kann nur geprüft werden, wenn die Möglichkeit zur Überprüfung geschaffen wird. Es könnte ja z.B. sein, daß Z_1 von einer Periode zur anderen sehr stark zurückfällt. Dann lag Z_1 in der Vorperiode noch deutlich oberhalb von Z_4, in der aktuellen Periode hingegen liegt Z_1 hingegen deutlich unter Z_4. Der Testalgorithmus hätte also keine Chance, die Nicht-Erfüllung der Unterstützungsfunktion zu erkennen, wenn er nicht innerhalb einer hinreichend breiten Spanne den Z_1-Wert abgreifen würde. Durch die Wahl eines **ausreichend dimensionierten Testbereichs** - zweimal 10% bezogen auf Z_4 - dürfte das Signalkriterium fast ausnahmslos greifen, freilich auch - was völlig beabsichtigt ist - in den Fällen, in denen das Signal keine Bestätigung findet.

Als **Bestätigung** wird verlangt, daß Z_1, im Falle einer Annäherung an Z_4, bei diesem Wert haltmacht, d.h. konkret, um nicht mehr als 3% unter diesen Wert zurückfällt:

$$Z_{357,t} = \begin{cases} 0 \text{ für } (Z_{355,t} = 0) \\ 0 \text{ für } (Z_{1,t}<0.97Z_{4,t}) \wedge (Z_{355,t} = 1) \\ 1 \text{ für } (Z_{1,t}\geq 0.97Z_{4,t}) \wedge (Z_{355,t} = 1) \end{cases}$$ [9)]

9) Man beachte, daß es wenig Sinn macht, eine Bestätigung des Unterstützungssignals über mehrere Perioden hinweg zu verlangen. Denn entscheidend ist allein, ob der Rückgang einer Zeitreihe "korrekt", d.h. bei Annäherung an den mutmaßlichen Unterstützungswert, gestoppt werden konnte. Sollte sich in einer der Folgeperioden herausstellen, daß Z_1 nun doch um mehr als 3% unter Z_4 fällt, dann wird ohnehin unverzüglich die Nicht-Bestätigung gemeldet. Unterstützungssignale werden somit solange gegeben und bestätigt - möglicherweise mehrere Perioden hindurch - wie sich Z_1 im Referenzbereich befindet, aber nicht nennenswert unter Z_4 fällt.

Die Summe der bestätigten Unterstützungssignale ist

$Z_{358,t} = \Sigma Z_{357,t}$ über alle t.

Die Bestätigungsquote errechnet sich als

$Z_{359,t} = (100 Z_{358,t})/Z_{356,t}$.

Betrachten wir nun die **Ergebnisse des Unterstützungstests.** Zunächst fällt die hohe Zahl der beobachteten Signale auf. Dies ist jedoch aufgrund der Konstruktion des Testalgorithmus leicht erklärlich, denn Periode für Periode wird ein Unterstützungssignal gegeben, sofern Z_1 im Testbereich (±10% auf Basis Z_4) liegt und sofern nicht bereits in der Vorperiode ein die Unterstützung widerlegender *crossover* stattgefunden hat.

Die **Bestätigungsquoten** sind allerdings in vielen Fällen nicht überragend; häufig liegen sie bei rund 50%. Bei aggregierten Indexreihen, die selbst das Zufallselement in gewissem Maße reduzieren, liegt die Trefferquote deutlich höher. So erbrachte der FAZ-Index im Testzeitraum 1972-1984 insgesamt 106 Unterstützungssignale, von denen 83 (78,3%) bestätigt wurden.

Alles in allem erweist sich jedoch Z_4 als eine Mittelwertreihe, die sich zu eng an die Ursprungsreihe anschmiegt und darüber hinaus zu stark zufallsbelastet ist, um eine verläßliche Unterstützungsfunktion wahrnehmen zu können. Wir dürfen hoffen, daß sich die Ergebnisse bei stärker zufallsbereinigten Mittelwertreihen verbessern.

3.2.9.10.2 Reihenunterstützung durch Z_5

Überprüfen wir nun, wie gut Z_5 die Unterstützungsfunktion wahrzunehmen vermag. Die analogen Algorithmen lauten wie folgt:

$$Z_{360,t} = \begin{cases} 0 \text{ für } (Z_{1,t} < 0.9 Z_{5,t}) \vee (Z_{1,t} > 1.1 Z_{5,t}) \\ 0 \text{ für } (0.9 Z_{5,t} \leq Z_{1,t} \leq 1.1 Z_{5,t}) \wedge (Z_{1,t-1} < 0.97 Z_{5,t-1}) \\ 1 \text{ für } (0.9 Z_{5,t} \leq Z_{1,t} \leq 1.1 Z_{5,t}) \wedge (Z_{1,t-1} \geq 0.97 Z_{5,t-1}) \end{cases}$$

$Z_{361,t} = \Sigma Z_{360,t}$ über alle t.

$$Z_{362,t} = \begin{cases} 0 \text{ für } (Z_{360,t} = 0) \\ 0 \text{ für } (Z_{1,t} < 0.97 Z_{5,t}) \wedge (Z_{360,t} = 1) \\ 1 \text{ für } (Z_{1,t} \geq 0.97 Z_{5,t}) \wedge (Z_{360,t} = 1) \end{cases}$$

$Z_{363,t} = \Sigma Z_{362,t}$ über alle t,

$Z_{364,t} = (100Z_{363,t})/Z_{360,t}$.

Die **empirische Auswertung** ergibt eine im Durchschnitt nur geringfügig verringerte Anzahl von Unterstützungssignalen. Dies liegt daran, daß auch Z_5 noch recht beweglich ist, trotz der im Vergleich zu Z_4 intensivierten Verstetigung. Auch wenn die Urspungsreihe nur leicht zurückfällt, dürfte sie somit in den Bereich sowohl von Z_4 als auch von Z_5 gelangen; in beiden Fällen wird daher eine Testsituation ausgewiesen.

Was die Treffsicherheit anlangt, bedeutet Z_5 eine klare Verbesserung im Vergleich zu Z_4. Die Trefferquote liegt nur selten unter 75%. Der FAZ-Index brachte es im Testzeitraum 1972-1984 auf 88 Signale, von denen 77 (87,5%) bestätigt wurden. Das sind recht ansehnliche Werte. Der 6-Perioden-Reihendurchschnitt Z_5 scheint daher eine Basis für Reihenabschwünge darzustellen. Fällt eine Reihe auf diese Basis zurück, so kann in duchschnittlich acht von zehn Fällen damit gerechnet werden, daß der Abschwung hier zumindest ein vorläufiges Ende findet.

3.2.9.10.3 Reihenunterstützung durch Z_6

Die auch von Chartisten viel beachtete "versteckte" Unterstützungslinie Z_6 - diesem Mittelwert entspricht bei monatlicher Periodisierung der 200-Tage-Durchschnitt - soll nun auf ihre angeblichen Stützqualitäten hin untersucht werden. Die entsprechenden Algorithmen lauten jetzt:

$$Z_{365,t} = \begin{cases} 0 \text{ für } (Z_{1,t}<0.9Z_{6,t}) \vee (Z_{1,t}>1.1Z_{6,t}) \\ 0 \text{ für } (0.9Z_{6,t} \le Z_{1,t} \le 1.1Z_{6,t}) \wedge (Z_{1,t-1}<0.97Z_{6,t-1}) \\ 1 \text{ für } (0.9Z_{6,t} \le Z_{1,t} \le 1.1Z_{6,t}) \wedge (Z_{1,t-1} \ge 0.97Z_{6,t-1}) \end{cases}$$

$Z_{366,t} = \Sigma Z_{365,t}$ über alle t

$$Z_{367,t} = \begin{cases} 0 \text{ für } (Z_{365,t} = 0) \\ 0 \text{ für } (Z_{1,t}<0.97Z_{6,t}) \wedge (Z_{365,t} = 1) \\ 1 \text{ für } (Z_{1,t} \ge 0.97Z_{6,t}) \wedge (Z_{365,t} = 1) \end{cases}$$

$Z_{368,t} = \Sigma Z_{367,t}$ über alle t

$Z_{369,t} = (100Z_{368,t})/Z_{366,t}$.

Die **Auswertung** ergibt eine deutliche Reduzierung der Signale im Vergleich zu den Reihenmittelwerten Z_4 und Z_5 bei einer nochmaligen Verbesserung der Zuverlässigkeit des Unterstützungssignals. Im allgemeinen liegt die Bestätigungsquote über 80%. Beim FAZ-Index waren von insgesamt 73 Signalen 67 (91.8%) korrekt. Demnach bestätigt sich, daß der 200-Tage-Durchschnitt eine durchaus signifikante Reihenunterstützung leistet. Fällt eine aufschwingende Reihe zurück, so bleibt sie mit hoher Wahrscheinlichkeit in unmittelbarer Nähe von Z_6 "hängen". Um das Bild über die Stützfunktion von Mittelwertreihen abzurunden, sollen nun abschließend noch die Stützqualitäten der Z_9- und Z_{11}-Mittelwerte geprüft werden.

3.2.9.10.4 Reihenunterstützung durch Z_9

Zunächst muß wiederum ein relevanter Unterstützungsbereich festgelegt werden:

$$Z_{370,t} = \begin{cases} 0 \text{ für } (Z_{1,t}<0.9Z_{9,t})\vee(Z_{1,t}>1.1Z_{9,t}) \\ 0 \text{ für } (0.9Z_{9,t}\leq Z_{1,t}\leq 1.1Z_{9,t})\wedge(Z_{1,t-1}<0.97Z_{9,t-1}) \\ 1 \text{ für } (0.9Z_{9,t}\leq Z_{1,t}\leq 1.1Z_{9,t})\wedge(Z_{1,t-1}\leq 0.97Z_{9,t-1}) \end{cases}$$

Die übrigen Algorithmen lauten:

$$Z_{371,t} = \Sigma Z_{370,t} \text{ über alle } t$$

$$Z_{372,t} = \begin{cases} 0 \text{ für } (Z_{370,t} = 0) \\ 0 \text{ für } (Z_{1,t}<0.97Z_{9,t})\wedge(Z_{370,t} = 1) \\ 1 \text{ für } (Z_{1,t}\geq 0.97Z_{9,t})\wedge(Z_{370,t} = 1) \end{cases}$$

$$Z_{373,t} = \Sigma Z_{372,t} \text{ über alle } t,$$
$$Z_{374,t} = (100Z_{373,t})/Z_{371,t}.$$

Erwartungsgemäß ist bei dem sehr inflexiblen 48-Perioden-Durchschnitt Z_9 die Zahl der Unterstützungssituationen wesentlich kleiner als im Falle der flexibleren Reihendurchschnitte. In bezug auf die Bestätigungen können sich die Ergebnisse jedoch auch hier sehen lassen. Die Bestätigungsquote liegt meist deutlich über 80%. Im Falle des FAZ-Indexes beträgt sie genau 80% (25 Signale, 20 Bestätigungen). Wir wollen abschließend noch prüfen, ob das *medium mediorum* Z_{11} im Vergleich zu den bisher untersuchten Mittelwerten noch bessere Stützqualitäten aufweist.

3.2.9.10.5 Reihenunterstützung durch Z_{11}

Die Testalgorithmen sind in diesem Fall wie folgt anzusetzen:

$$Z_{375,t} = \begin{cases} 0 \text{ für } (Z_{1,t}<0.9Z_{11,t})\vee(Z_{1,t}>1.1Z_{11,t}) \\ 0 \text{ für } (0.9Z_{11,t}\leq Z_{1,t}\leq 1.1Z_{11,t})\wedge(Z_{1,t-1}<0.97Z_{11,t-1}) \\ 1 \text{ für } (0.9Z_{11,t}\leq Z_{1,t}\leq 1.1Z_{11,t})\wedge(Z_{1,t-1}\geq 0.97Z_{11,t-1}) \end{cases}$$

$$Z_{376,t} = \Sigma Z_{375,t} \text{ über alle } t$$

$$Z_{377,t} = \begin{cases} 0 \text{ für } (Z_{375,t} = 0) \\ 0 \text{ für } (Z_{1,t} < 0.97 Z_{11,t}) \wedge (Z_{375,t} = 1) \\ 1 \text{ für } (Z_{1,t} \geq 0.97 Z_{11,t}) \wedge (Z_{375,t} = 1) \end{cases}$$

$$Z_{378,t} = \Sigma Z_{377,t} \text{ über alle } t,$$
$$Z_{379,t} = (100 Z_{378,t})/Z_{377,t}.$$

Der **empirische Befund** ist nicht überraschend. Die Anzahl der Signale ist zwar höher als bei Zugrundelegung des sehr schwach reagiblen Reihenmittelwerts Z_9, doch deutlich niedriger als im Falle der übrigen, vergleichsweise beweglichen Reihenmittelwerte. Dahinter verbirgt sich die empirische Tatsache, daß in sehr starken Aufschwungphasen die Aufwärtsbewegung nur durch schwache Rückschläge unterbrochen wird. Diese reichen dann oft nicht aus, eine Zeitreihe auch nur in die Nähe von Z_{11} zu bringen, eine testfähige Unterstützungssituation tritt daher gar nicht auf.

Die **Bestätigungsquoten** liegen wiederum sehr hoch. Der FAZ-Index bringt es immerhin auf 90% bestätigte Signale. Auch die übrigen Auswertungsergebnisse zeigen Bestätigungsquoten von zumeist deutlich über 80%. Ob nun Z_{11} die Unterstützungsfunktion am besten erfüllt - ernsthaftester Konkurrent ist Z_6 - läßt sich nicht eindeutig klären, auch wenn eine gewisse marginale Überlegenheit des Z_{11}-Wertes zu bestehen scheint.

Als **Fazit** läßt sich immerhin soviel festhalten, daß die Reihenmittelwerte - zumindest bei ausreichend breiter Periodenbasis - gute bis sehr gute Reihenunterstützung leisten. Aufschwingende Zeitreihen werden also durch bestimmte Zeitreihenmittelwerte zuverlässig nach unten abgestützt.

Daß diese Stütze sich nicht immer als tragfähig erweist, hat die Crossover-Analyse gezeigt. Entscheidend ist aber, daß ausgewählte Reihenmittelwerte offenbar ziemlich genau die Grenze markieren, die einen Baissemarkt von einem Haussemarkt bzw. den Abschwung vom Aufschwung trennt. Dies erhärtet wiederum die These, wonach Marktteilnehmer in Aufschwüngen oder Abschwüngen zu denken pflegen, also einer mehr oder weniger stark ausgeprägten **dualen Markteinstellung** huldigen.

Verhaltenstheoretisch bedeutet dies, daß Marktteilnehmer sich tendenziell als Haussiers oder als Baissiers verhalten und daß es dazwischen kein mehrheitlich akzeptiertes Marktverhalten gibt. Eine aufschwingende Reihe wird daher von einer mehrheitlich vertretenen Aufschwungsvermutung gestützt, und zwar solange, bis ein Ereignis eintritt, das diese Aufschwungsvermutung zerstört. Dies geschieht offenbar nicht graduell, sondern eher abrupt, sobald nämlich die Zeitreihe einen kritischen Wert - den Schwellenpunkt - passiert.

Wir müssen im folgenden nun noch prüfen, ob ausgewählte Reihenmittelwerte auch in umgekehrten Zeitreihensituationen, d.h. in Abschwungphasen, ebenso zuverlässig ihre zyklische Trennfunktion wahrnehmen. Zu fragen ist jetzt nach der Bedeutung ausgewählter Mittelwerte als Reihenwiderstände.

3.2.9.10.6 Reihenwiderstand durch Z_4

Die **Widerstandsfunktion** alternativer Reihenmittelwerte läßt sich in analoger Weise prüfen wie die Unterstützungsfunktion. Das konzeptionelle Problem, was genau eigentlich geprüft werden soll, stellt sich hier ebenso wie das Problem einer exakten Definition des Widerstandssignals.

Auch hier wird davon ausgegangen, daß die Rolle eines Reihenmittelwerts als Widerstand für die Aufwärtsentwicklung einer Zeitreihe nur geprüft werden kann, wenn zuvor ein sinnvoll abgegrenzter Prüf- oder Relevanzbereich festgelegt worden ist. Denn ob ein Reihenmittelwert den Reihenauftrieb blockiert oder ob dies nicht der Fall ist, läßt sich immer nur dann prüfen, wenn die Reihe überhaupt in die Nähe des widerstandsverdächtigen Mittelwerts gelangt.

Wir unterstellen auch hier wiederum einen **Relevanzbereich** von zweimal 10% Breite, bezogen auf den jeweiligen Mittelwert. Ein Widerstandssignal wird dann und nur dann ausgelöst, wenn das Periodenmaximum Z_2 der Zeitreihe in den Relevanzbereich eindringt und in der Vorperiode nicht bereits eine Verletzung der Widerstandsfunktion beobachtet worden ist:

$$Z_{380,t} = \begin{cases} 0 \text{ für } (Z_{2,t} < 0.9Z_{4,t}) \vee (Z_{2,t} > 1.1Z_{4,t}) \\ 0 \text{ für } (0.9Z_{4,t} \leq Z_{2,t} \leq 1.1Z_{4,t}) \wedge (Z_{2,t-1} > 1.03Z_{4,t-1}) \\ 1 \text{ für } (0.9Z_{4,t} \leq Z_{2,t} \leq 1.1Z_{4,t}) \wedge (Z_{2,t-1} \leq 1.03Z_{4,t-1}) \end{cases}$$

Nun summiert man die Widerstandssignale über alle t:

$Z_{381,t} = \Sigma Z_{380,t}$ über alle t

Als bestätigt gilt ein Widerstandssignal dann, wenn Z_4 den Anstieg von Z_2 tatsächlich abblocken konnte, d.h. präzis, wenn Z_2 nicht mehr als 3% über Z_4 steigt:

$$Z_{382,t} \begin{cases} 0 \text{ für } (Z_{380,t} = 0) \\ 0 \text{ für } (Z_{2,t} > 1.03 Z_{4,t}) \wedge (Z_{380,t} = 1) \\ 1 \text{ für } (Z_{2,t} \leq 1.03 Z_{4,t}) \wedge (Z_{380,t} = 1) \end{cases}$$

Die Summe der bestätigten Widerstandssignale ist

$Z_{383,t} = \Sigma Z_{382,t}$ über alle t,

die Bestätigungsquote errechnet sich als

$Z_{384,t} = (100 Z_{383,t}) / Z_{381,t}$.

Es ist kaum zu erwarten, daß Z_4 die Widerstandsfunktion gut erfüllt. Aufgrund der großen Beweglichkeit dieses Mittelwerts bleiben dieser und die Original-Reihe stets auf Tuchfühlung. Somit reichen bereits kleinere Ausschläge der Zeitreihe aus, um Z_4 zu verletzen. Allerdings liegt die Bestätigungsquote doch immerhin bei rund 60% und somit etwas höher als im Unterstützungsfall.

Beim FAZ-Index findet man sogar rund 84% der gegebenen Widerstandssignale bestätigt. Freilich sind Index-Reihen und Einzelreihen im Hinblick auf ihr Schwankungsverhalten nicht voll vergleichbar. Eine Index-Reihe, wie der FAZ-Index, ist aus sehr vielen Einzelreihen zusammengesetzt. Sie verläuft konstruktionsbedingt im Vergleich zu Einzelreihen wesentlich glatter, da zumindest ein Teil der Zufallskomponente eliminiert wird.

Zunächst mag es als Kuriosum erscheinen, daß Z_4 die Widerstandsfunktion besser erfüllt als die Unterstützungsfunktion. Eine schlüssige Erklärung hierfür ist schwer zu finden. Möglicherweise hängt dieses Phänomen damit zusammen, daß zumindest sehr viele **Zeitreihen eine natürliche Untergrenze, wohl aber keine natürliche Obergrenze besitzen.**[10]

10) Nehmen wir zur Veranschaulichung die Kursreihe einer Aktie. Es steht fest, daß diese Reihe nie den Wert 0 unterschreiten kann. Zur Bestimmung der Kursobergrenze gibt es keine vergleichbar objektiven Kriterien *("the sky is the limit")*. In bezug auf das Schwankungsverhalten einer Zeitreihe mag diese Tatsache bedeuten, daß die Schwankungen bei Annäherung an die natürliche Untergrenze null moderater werden, während sie umgekehrt in historisch sehr

3.2.9.10.7 Reihenwiderstand durch Z_5

Erheblich bessere Bestätigungen darf man erwarten, wenn ein Mittelwert mit breiterer Periodenabstützung gewählt wird, denn hier dürften die Zufallseinflüsse stärker dezimiert sein. Die Algorithmen lauten hier:

$$Z_{385,t} = \begin{cases} 0 \text{ für } (Z_{2,t} < 0.9Z_{5,t}) \vee (Z_{2,t} > 1.1Z_{5,t}) \\ 0 \text{ für } (0.9Z_{5,t} \leq Z_{2,t} \leq 1.1Z_{5,t}) \wedge (Z_{2,t-1} > 1.03Z_{5,t-1}) \\ 1 \text{ für } (0.9Z_{5,t} \leq Z_{2,t} \leq 1.1Z_{5,t}) \wedge (Z_{2,t-1} \leq 1.03Z_{5,t-1}) \end{cases}$$

$$Z_{386,t} = \Sigma Z_{385,t} \text{ über alle } t$$

$$Z_{387,t} = \begin{cases} 0 \text{ für } (Z_{385,t} = 0) \\ 0 \text{ für } (Z_{2,t} > 1.03Z_{5,t}) \wedge (Z_{385,t} = 1) \\ 1 \text{ für } (Z_{2,t} \leq 1.03Z_{5,t}) \wedge (Z_{385,t} = 1) \end{cases}$$

$$Z_{388,t} = \Sigma Z_{387,t} \text{ über alle } t$$
$$Z_{389,t} = (100Z_{388,t})/Z_{386,t}$$

Erwartungsgemäß liegen die Bestätigungsquoten jetzt deutlich höher im Vergleich zu der Z_4-Widerstandsfunktion. Im allgemeinen kann man durchaus mit einer Bestätigungsquote von 75% rechnen. Im Falle des FAZ-Indexes hat sich jedoch die bereits bei Z_4 recht hohe Bestätigungsquote kaum noch nennenswert verbessert (auf knapp 85%). Dies liegt an den bereits im letzten Abschnitt dargelegten Gründen. Alles in allem läßt sich festhalten, daß der Reihenmittelwert Z_5 ernst zu nehmenden Reihenwiderstand leistet. Wir wollen nun prüfen, ob sich die Widerstandsprognose bei Verwendung noch stärker geglätteter Reihenmittelwerte noch weiter verbessern läßt.

3.2.9.10.8 Reihenwiderstand durch Z_6

Die entsprechenden Algorithmen lauten hier:

$$Z_{390,t} = \begin{cases} 0 \text{ für } [Z_{2,t} < 0.9Z_{6,t}) \vee (Z_{2,t} > 1.1Z_{6,t})] \\ 0 \text{ für } [(0.9Z_{6,t} \leq Z_{2,t} \leq 1.1Z_{6,t}) \wedge (Z_{2,t-1} > 1.03Z_{6,t-1})] \\ 1 \text{ für } [(0.9Z_{6,t} \leq Z_{2,t} \leq 1.1Z_{6,t}) \wedge (Z_{2,t-1} \leq 1.03Z_{6,t-1})] \end{cases}$$

$$Z_{391,t} = \Sigma Z_{390,t} \text{ über alle } t$$

$$Z_{392,t} = \begin{cases} 0 \text{ für } Z_{390,t} = 0 \\ 0 \text{ für } [(Z_{2,t} > 1.03Z_{6,t}) \wedge (Z_{390,t} = 0)] \\ 1 \text{ für } [(Z_{2,t} \leq 1.03Z_{6,t}) \wedge (Z_{390,t} = 1)] \end{cases}$$

---

hohen Wertebereichen eher stärker und hektischer werden. Dies wiederum impliziert, daß Mittelwert-Crossovers im unteren Zeitreihenbereich weniger wahrscheinlich sind als im oberen Zeitreihenbereich. Absolut verläßliche Belege hierfür lassen sich allerdings nicht anführen.

$Z_{393,t} = \Sigma Z_{392,t}$ über alle t
$Z_{394,t} = (100 Z_{393,t})(Z_{391,t})^{-1}$

Die Bestätigungsquoten erreichen nun erwartungsgemäß ein beachtliches Niveau. Im allgemeinen werden rund 80% der Signale bestätigt. Der FAZ-Index erreicht sogar eine Bestätigungsquote von nahezu 87%. Die große Beliebtheit, die der 200-Tage-Durchschnitt als Instrument zur Trennung von Abschwung- und Aufschwungphasen genießt, ist insoweit gerechtfertigt.[11]

3.2.9.10.9 Reihenwiderstand durch Z_9

Z_9, der 48-Perioden-Durchschnitt, ist ein sehr träger Mittelwert, was für die Widerstandsanalyse in zweierlei Hinsicht bedeutsam ist. Erstens kann sich die Ursprungsreihe - das ist in diesem Zusammenhang insbesondere der Z_2-Wert - sehr weit von Z_9 entfernen, ohne daß Z_9 kurzfristig spürbar reagiert. Zweitens kann sich die Urspungsreihe im Anschluß an eine ausgeprägte Rückbildungsphase wieder deutlich nach oben entwickeln, ohne daß Z_9 tangiert oder gar geschnitten würde. Der Abstand zwischen Z_9 und der Ursprungsreihe ist zumindest bei dynamischer und vor allem trendbetonter Reihenentwicklung so groß, daß die Chance eines Zusammentreffens vergleichsweise gering ist. Deshalb kann man erwarten, daß die Anzahl der Widerstandssignale - analog zur Anzahl der Unterstützungssignale - im Vergleich zu anderen, beweglicheren Mittelwerten niedrig liegt.

Die Test-Algorithmen sind folgendermaßen anzusetzen:

$$Z_{395,t} = \begin{cases} 0 \text{ für } (Z_{2,t} < 0.9 Z_{9,t}) \vee (Z_{2,t} > 1.1 Z_{9,t}) \\ 0 \text{ für } (0.9 Z_{9,t} \leq Z_{2,t} \leq 1.1 Z_{9,t}) \wedge (Z_{2,t-1} > 1.03 Z_{9,t-1}) \\ 1 \text{ für } (0.9 Z_{9,t} \leq Z_{2,t} \leq 1.1 Z_{9,t}) \wedge (Z_{2,t-1} \leq 1.03 Z_{9,t-1}) \end{cases}$$

$Z_{396,t} = \Sigma Z_{395,t}$ über alle t.

$$Z_{397,t} = \begin{cases} 0 \text{ für } (Z_{395,t} = 0) \\ 0 \text{ für } (Z_{2,t} > 1.03 Z_{9,t}) \wedge (Z_{395,t} = 1) \\ 1 \text{ für } (Z_{2,t} \leq 1.03 Z_{9,t}) \wedge (Z_{395,t} = 1) \end{cases}$$

$Z_{398,t} = \Sigma Z_{397,t}$ über alle t
$Z_{399,t} = (100 Z_{398,t}) / Z_{396,t}$

Wie erwartet, ist die Zahl der Signale bei der Wahl von Z_9 als Widerstand scharf rückläufig. Während der FAZ-Index bei Verwendung

11) Bei Verwendung von Monatsdaten umfaßt Z_6 ca. 200 Börsentage.

von Z_4 noch 95 Signale brachte, lieferte Z_9 im Vergleichszeitraum nur 41 Signale. Davon wurden allerdings 40 bestätigt; dies entspricht einer extrem hohen Bestätigungsquote von nahezu 98%. Leider läßt sich dieses günstige Ergebnis nicht auch für die Einzelreihen ableiten. Hier streuen die Bestätigungsquoten ziemlich stark und erreichen nicht selten Tiefstwerte von nahe 50%. Im Durchschnitt dürfte die Bestätigungsquote bei rund 65% liegen.

Eine einfache Erklärung für die vergleichsweise schlechte Widerstandsperformance des Z_9-Mittelwerts gibt es sicher nicht, zumal die Unterstützungsperformance wesentlich besser ist. Möglicherweise liegt der Grund wiederum in der asymmetrischen Grenzwertbestimmung für Zeitreihen. Für die meisten sozio-ökonomischen Zeitreihen und für alle Preisreihen gilt der Wert 0 als absolut sichere Untergrenze. Die Obergrenze hingegen ist nicht einmal entfernt so präzis zu bestimmen.[12]

Der größte Teil der Widerstandssignale rührt aus Reihensituationen her, die durch schwache Dynamik geprägt sind. Hier überwiegen infolge des dominierenden Zufallseinflusses die Fehlsignale, was die schlechte Widerstandsperformance des Z_9-Wertes erklären mag.[13]

12) Fällt nun eine Zeitreihe unter Z_9, so muß man prinzipiell zwei Fälle unterscheiden. Im einen Fall verfügt die Zeitreihe über keine ausgeprägte Dynamik; die Trend- und Zykluskomponenten sind nur schwach. Ein *crossover* über Z_9 ist praktisch ohne Bedeutung, weil mehr oder weniger alle Mittelwerte auf gleichem Niveau liegen - man könnte in diesem Zusammenhang von einem **Reihengleichgewicht** sprechen. Reihenschwankungen führen hier zwar häufig zu *crossovers*; diese sind aber im wesentlichen auf Zufallseinflüsse zurückzuführen. Diagnostische oder gar prognostische Bedeutung kommt diesen *crossovers* daher nicht zu. Gleichwohl registriert das Widerstandskriterium eine testfähige Widerstandssituation, meldet ein Widerstandssignal, das sich dann mit hoher Wahrscheinlichkeit als Fehlsignal herausstellt. Im zweiten Fall verfügt die Reihe hingegen über eine ausgeprägte Dynamik, sowohl in trendmäßiger als auch in zyklischer Hinsicht. Kommt es jetzt zu einem *crossover* über Z_9 (von oben nach unten), dann muß die Reihe bereits sehr stark zurückgefallen sein. Andernfalls wäre sie überhaupt nicht in die Nähe von Z_9 gelangt, geschweige denn unter Z_9 gefallen. Der *crossover*, sofern er stattfindet, ist hoch bedeutsam (verläßliches Abschwung- oder Baissesignal). Ist die Reihe erst einmal vom Baissestrudel erfaßt, so tut sie sich äußerst schwer, wieder nach oben zu kommen. Es ist unwahrscheinlich, daß die Reihe in unmittelbare Nähe von Z_9 gerät, geschweige denn über Z_9 hinauskommt. In aller Regel wird also eine testfähige Widerstandssituation nicht eintreten und daher vom Testkriterium her auch nicht registriert.

13) Die gute Performance im Falle des FAZ-Indexes stellt hierzu keinen Widerspruch dar, da aggregierte Index-Reihen das Zufalls-

3.2.9.10.10 Reihenwiderstand durch Z_{11}

Z_{11} basiert auf einem mittleren Stützzeitraum von rund 22 Einheitsperioden und ist daher stärker geglättet als die anderen, hier untersuchten Mittelwerte, mit Ausnahme des 48-Perioden-Durchschnitts Z_9. Die Algorithmen lauten hier:

$$Z_{400,t} = \begin{cases} 0 \text{ für } (Z_{2,t}<0.9Z_{11,t}) \vee (Z_{11,t}>1.1Z_{11,t}) \\ 0 \text{ für } (0.9Z_{11,t}\leq Z_{2,t}\leq 1.1Z_{11,t}) \wedge (Z_{2,t-1}>1.03Z_{11,t-1}) \\ 1 \text{ für } (0.9Z_{11,t}\leq Z_{2,t}\leq 1.1Z_{11,t}) \wedge (Z_{2,t-1}\leq 1.03Z_{11,t-1}) \end{cases}$$

$$Z_{401,t} = \Sigma Z_{400,t} \text{ über alle } t$$

$$Z_{402,t} \begin{cases} 0 \text{ für } (Z_{400,t} = 0) \\ 0 \text{ für } (Z_{2,t}>1.03Z_{11,t}) \wedge (Z_{400,t} = 1) \\ 1 \text{ für } (Z_{2,t}\leq 1.03Z_{11,t}) \wedge (Z_{400,t} = 1) \end{cases}$$

$$Z_{403,t} = \Sigma Z_{402,t} \text{ über alle } t,$$
$$Z_{404,t} = (100Z_{403,t})/Z_{401,t}.$$

Zwar treten - aufgrund des gegenüber Z_9 verkürzten Stützzeitraums und der hierdurch implizierten größeren Flexibilität von Z_{11} - Widerstandssignale vergleichsweise häufiger auf, doch eine spürbare Verbesserung der Bestätigungsquote tritt nicht ein. Bei Einzelreihen kann nur mit einer Bestätigungsquote von ungefähr 60% gerechnet werden. Dies bedeutet, daß etwas weniger als die Hälfte aller Signale Fehlsignale sind.

Aggregierte Reihen zeigen jedoch auch hier wieder deutlich bessere Werte. Der FAZ-Index z.B. bringt es im Testzeitraum 1972-1984 immerhin auf 38 bestätigte Signale von insgesamt 43 Widerstandssignalen; das entspricht einem Anteil von rund 88%.

Wir können folgendes **Fazit** ziehen: Reihenmittelwerte sind - sofern sie auf nicht zu kurzen und nicht zu langen Stützzeiträumen beruhen - in unterschiedlicher Weise geeignet, Auf- und Abschwungphasen einer Zeitreihe voneinander zu trennen und die jeweilige Zyklusphase zu stabilisieren. Die Stabilisierung erfolgt dadurch, daß die durch die Reihenmittelwerte festgelegten Unterstützungs- und Widerstandspunkte Umkehrbewegungen einer Zeitreihe blockieren und dadurch den Bestand der eingeschlagenen Richtung sichern.

element weitgehend unterdrücken. Damit entfällt hier der wohl entscheidende Grund für die bei Einzelreihen beobachtete mangelhafte Erfüllung der Widerstandsfunktion.

Die besten Ergebnisse werden erzielt mit Durchschnittswerten, deren Stützzeitraum 12 bis 24 Einheitsperioden umfaßt. Dies dürfte damit zusammenhängen, daß "kurze" Mittelwerte noch zu stark Zufallseinflüssen unterliegen und außerdem zu eng mit der Ursprungsreihe gekoppelt sind. "Lange" Mittelwerte hingegen sind zwar weitestgehend zufallsbereinigt, aber gleichzeitig zu stark von der Ursprungsreihe abgekoppelt, um als zyklischer Referenzpunkt noch eine Rolle zu spielen.

Unterstützungssignale sind - zumindest im Falle von Einzelreihen - treffsicherer als Widerstandssignale. Als Erklärung hierfür ist das **Phänomen der asymmetrischen Reihenbegrenzung** angeboten worden: Die Untergrenze ist meist mit absoluter Sicherheit bekannt - in der Regel ist sie null -, die Obergrenze hingegen nicht. Für eine abschwingende Zeitreihe bedeutet dies, daß der Spielraum nach unten zunehmend enger wird. Für die Reihenbewegung bedeutet dies, daß die Reihe entweder auf niedrigem Niveau "Boden" findet oder aber zügig die zyklische Wende vollzieht. In beiden Fällen gaben die Reihenmittelwerte keinen soliden Widerstand ab. Im ersten Fall nicht, weil die Mittelwerte selbst auf tiefem Niveau angelangt sind und daher bereits zufällige Störeinflüsse ausreichen, um einen *crossover* auszulösen. Im zweiten Fall nicht, weil die Reihe eine echte zyklische Umkehr einleitet. Eine aufschwingende Reihe hingegen findet nach oben keine Eingrenzung ihres Bewegungsspielraums vor; ein "Festgenageltsein" der Reihe auf hohem Niveau mit der unvermeidlichen Konsequenz von Mittelwert-Crossovers und der hierdurch ausgelösten Fehlsignale ist hier vergleichsweise selten. Entweder fällt die Reihe deutlich zurück und realisiert eine echte zyklische Wende oder aber sie wird am Mittelwert aufgefangen und steigt anschließend weiter.

Unterstützungsfehlsignale sind daher seltener als Widerstandsfehlsignale, ebenso wie Baisse-Fehlsignale seltener auftreten als Hausse-Fehlsignale. Beachtet man diese Einschränkungen, so können Reihenmittelwerte durchaus als brauchbare Instrumente zur Bestimmung zyklischer Wendepunkte herangezogen werden.

3.3 Kritische Bereiche einer Zeitreihe

Die herkömmliche Vorstellung von der Dynamik sozioökonomischer Zeitreihen ist stark geprägt von den Kategorien "Aufschwung" und "Abschwung". Die wohl elementarste dynamische Erscheinung, deren Auftreten gewiß nicht auf den sozioökonomischen Bereich beschränkt ist, sondern in praktisch allen Lebensbereichen beobachtet werden kann, ist die **Wellenbewegung**, also der **Zyklus**. Daneben spielt der **Trend** eine eher untergeordnete Rolle im Bewußtsein des kontemplativen Analytikers, obwohl Trendprozesse eher langfristig angelegt sind. Aber vielleicht ist es gerade diese Langfristigkeit des Trends, die ihn für den in allererster Linie an der nächsten Zukunft interessierten Betrachter so wenig attraktiv macht.

Hinzu kommt jedoch noch ein weiteres: Ist erst einmal klar, in welcher Zyklusphase sich eine Zeitreihe befindet, so spielt der Trend in diagnostischer und prognostischer Hinsicht in der Tat eine untergeordnete Rolle, zumal dann, wenn man glaubt, über ein treffsicheres Instrument zur Bestimmung zyklischer Wendepunkte zu verfügen. Warum auf den Trend und damit auf die fernere Zukunft setzen, wenn der Zyklus über die nahe Zukunft so zuverlässig Aufschluß gibt?

Bei **langfristigen Planungsentscheidungen** mag der Trend sicher eine gewichtige, vielleicht sogar die ausschlaggebende Rolle spielen, bei Marktdispositionen - zumal wenn sie spekulativen Charakter haben,- ist die in nächster Zukunft zu erwartende Marktentwicklung entscheidend. Wer morgen einen Ausflug unternehmen möchte, braucht eine kurzfristige Wetterprognose. Die langfristige Prognose, daß wir im Trend auf eine neue Eiszeit zusteuern, die wahrscheinlich in 4000 Jahren hereinbricht, nützt ihm nichts.

Im Hinblick auf das Denken in mehr oder weniger kurzfristigen Auf- und Abschwüngen war es durchaus konsequent, bei der Konstruktion des markttechnischen Analysemodells erst einmal zu prüfen, ob und ggf. mit welcher Trefferquote **zyklische Wendepunkte** einer Zeitreihe identifiziert werden können. Wie oben gezeigt wurde, gelingt die **Identifikation** solcher **kritischer Schwellenpunkte** zum Teil erstaunlich gut. Die Untersuchung hat jedoch auch die systematischen Schwächen einer solchen Schwellenpunktanalyse offengelegt, wenngleich die zuweilen guten Testergebnisse diese Schwächen verdecken mögen.

Eine dieser Schwächen besteht insbesondere darin, daß Zeitreihen, die **kein stabiles und reguläres Zyklenmuster** aufweisen und gleichzeitig keine nennenswerte Trenddynamik erkennen lassen, für eine sinnvolle Zyklenanalyse nicht oder nur sehr eingeschränkt in Frage kommen. Man stelle sich eine Zeitreihe vor, die über Jahre hinweg praktisch keine Niveauveränderung zeigt. Sämtliche Mittelwerte fallen dann im wesentlichen zusammen. Eine **Crossover-**, **Unterstützungs-** und **Widerstandsanalyse** hat hier keinen Sinn, denn die beobachtete Reihendynamik läßt sich nicht in Trend- und Zykluskategorien fassen, sondern allenfalls durch Zufallseinflüsse erklären.

Lockert man die krasse Annahme der faktischen Bewegungslosigkeit einer Zeitreihe dahingehend, daß solche Zeitreihen mit eingeschlossen werden, die mehr oder weniger stark, aber unsystematisch und im wesentlichen trendfrei um die Mittelwerte schwanken, so ist das Umfeld für die **Wendepunktanalyse** keineswegs günstiger. Schließlich ist es nichts außergewöhnliches, wenn eine Reihe um ihren Mittelwert schwankt. Worauf es in prognostischer Hinsicht aber ankommt, ist die Frage nach der Bewegungsintensität, mit der im Falle eines Mittelwertübertritts in der signalisierten Richtung zu rechnen ist.

Selbst wenn es auf diese Frage eine befriedigende Antwort gibt, ist der Crossover-Zeitpunkt ein schlechter Entscheidungszeitpunkt. Crossover-Signale sind **prozyklische Signale**, die eine bestimmte Richtung erst dann anzeigen und als einigermaßen verläßlich einstufen, nachdem die Bewegung bereits ein gutes Stück in diese Richtung gelaufen ist. Für einen Marktdisponenten z.B. bedeutet dies, daß er im Aufschwung zu spät kauft und im Abschwung zu spät verkauft.

Eine **erfolgreiche Marktstrategie** müßte daher grundsätzlich anders konzipiert werden: Nicht die Schwellenpunkte, sondern die mutmaßlichen Grenzpunkte einer Zeitreihe markieren die Stationen, an denen die Marktteilnehmer Kauf- bzw. Verkaufentscheidungen zu treffen haben. Nur auf diese Weise gelingt es, die ganze Bandbreite der zyklischen Preisbewegung - und nicht nur günstigstenfalls die Hälfte hiervon - zu nutzen.

Als alternatives Prinzip der Zyklusdiagnose und -prognose soll daher jetzt das **Bandbreiten- oder Korridorprinzip** eingeführt werden. Es besteht darin, die Lokalität zyklischer Wendepunkte an die Peripherie des Schwankungsspektrums einer Zeitreihe zu verlegen. Das zeitreihenanalytische Problem verlagert sich somit von der Bestimmung kritischer Schwellenpunkte zur Bestimmung kritischer Bandbreiten.

Das markttechnische Analysemodell bietet hierfür in Gestalt der **Amplituden- und Volatilitätsfaktoren** geeignete Ansatzpunkte. Insbesondere der mittlere Schwankungsfaktor Z_{134} stellt ein globales Maß der Schwankungsintensität einer Zeitreihe dar. Erreicht eine Zeitreihe den oberen Rand ihrer geschätzten Bandbreite, kann mit einer vorläufigen Beendigung des Aufschwungs und einem möglicherweise beginnenden Abschwung gerechnet werden.

Die **Bandbreitenkonzeption** hat im übrigen - wie die Crossover-Konzeption auch - den nicht zu unterschätzenden Vorteil der objektiven Überprüfbarkeit. Ist ein Korridor definitorisch festgelegt, so kann ohne Problem getestet werden, wie gut - bzw. wie schlecht - er die Reihendynamik "einzuzäunen" vermag.

Dieses *"fencing-in"* insbesondere makroökonomischer Zeitreihen ist ein wohlbekanntes, aber bislang nur unbefriedigend gelöstes Problem sowohl der theoretischen als auch der empirischen **Konjunkturanalyse**. Daß sozioökonomische Prozesse eine Untergrenze *("floor")* und eine Obergrenze *("ceiling")* haben, ist nicht nur einleuchtend, sondern empirisch unzählige Male dokumentiert. Diese Erkenntnis ist in so starkem Maße Allgemeingut, daß sie sich in volkstümlichen Redensarten wie "die Bäume wachsen nicht in den Himmel" oder "was einen Anfang hat, hat auch ein Ende" niedergeschlagen haben. Schließlich ist die **Tatsache der Endlichkeit** wohl eines der grundlegendsten Gesetze weltlicher Existenz.

Solange solche Gesetze aber nicht präzisiert werden, bleiben sie nichts weiter als bloße Leerformeln. Gelingt es jedoch, beobachtbaren Erscheinungen empirisch gehaltvolle Grenzen zuzuordnen, so wird das bislang nur schemenhaft Faßbare scharf konturiert. Die Festlegung von Bandbreiten für die wahrscheinlichen Ausprägungen empirischer Phänomene stellt zugleich die Grenzziehung dar zwischen Mystizismus einerseits und theoretischer und empirischer Wissenschaft andererseits.

Die großen Vorteile einer verläßlichen Bestimmung oberer und unterer Grenzen sozioökonomischer Entwicklungsprozesse liegen auf der Hand: Der Wirtschaftspolitiker mag hieraus seinen Handlungsbedarf und eine adäquate Dosierung seiner Maßnahmen ableiten. Der Unternehmer mag den günstigsten Zeitpunkt für die Beschaffung von Fremdmitteln anhand einer Korridorschätzung für den Kapitalmarktzins bestimmen. Der Spekulant auf den Vermögensmärkten schließlich erkennt aus den entsprechenden Bandbreiten für die Preise und Kurse der Vermögenstitel die optimalen Kauf- und Verkaufzeitpunkte. Die Beispiele potentieller Anwendungen ließen sich beliebig fortsetzen.

3.3.1 Kriterien der Zoneneinteilung von Zeitreihen

Der Phantasie sind bei der Festlegung plausibler Bandbreiten für Zeitreihen praktisch keine Grenzen gesetzt. Zunächst ist nur soviel klar, daß die Bandbreite angemessen dimensioniert sein muß. Wird der Korridor zu breit gewählt, dann wird er zwar die zu begrenzenden Zeitreihen mit hoher Wahrscheinlichkeit umgeben, seine prognostische Funktion ist jedoch stark eingeschränkt.[1)]

Wird der Korridor hingegen zu schmal gewählt, ist die Wahrscheinlichkeit, daß eine Zeitreihe darin verbleibt, nur vergleichsweise gering. Die **vorgetäuschte Prognosegenauigkeit** mag zu Entscheidungen verleiten, die sich im nachhinein als falsch herausstellen. Die Prognose war dann zwar genau, aber eben falsch. Genaue, aber falsche Prognosen sind für den Prognosebedürftigen selbstverständlich genauso tückisch wie richtige, aber ungenaue Prognosen; mit beiden kann er letztlich nichts anfangen. Somit muß eine sinn-

1) Die Prognose, der Rohölpreis werde sich in den Grenzen von 5$ und 50$ je Gallone bewegen, ist zwar mit hoher Wahrscheinlichkeit richtig, praktisch aber wertlos, da sie kaum verwertbare Ansatzpunkte für ein erfolgreiches Marktverhalten bietet.

volle Bandbreitenkonzeption einen **operablen Mittelweg zwischen Prognosegenauigkeit und Prognosewahrheit** finden.

Eine weitere, sehr wichtige Frage im Zusammenhang mit der Konstruktion eines Zeitreihenkorridors ist die Frage nach dessen **Fristigkeit**. Im Kern geht es darum, welche "Reichweite" die Bandbreitenprognose haben soll. Eng damit verknüpft ist das Problem der **Korridorflexibilität**. Besteht das Prognoseziel z.B. darin, den Ölpreis der nächsten zwei Wochen vorauszusagen, dann mag man mit einem relativ engen Korridor durchaus zurechtkommen. Soll jedoch die Preisspanne für Rohöl während der nächsten zwei Jahre vorausgesagt werden, dann wird man um einen breiteren Korridor nicht herumkommen, wenn sich die Korridorschätzung einige Aussicht auf Bestätigung bewahren möchte.

Gleichzeitig wird aber bei längerfristigen Prognosen das **Problem der Prognosefortschreibung** virulent. Es hätte wenig Sinn, eine Zwei-Jahres-Prognose zu erstellen und diese während des Prognosezeitraums - neuen Einsichten und Erkenntnissen zum Trotz - nicht anzupassen. Wie aber soll die Anpassung, die Prognosefortschreibung erfolgen? Eine heute abgegebene Prognose, die bereits morgen revidiert wird, ist kaum etwas wert. Eine Prognose ist als Entscheidungsgrundlage nur tauglich, wenn sie zumindest eine gewisse Bestandskraft besitzt. Prognosen, die sozusagen am Pulsschlag des aktuellen Geschehens hängen, sind wertlos, weil sie letztlich nur das aktuelle Geschehen nachzeichnen und daher nichts weiter als jederzeit widerrufbare Bestandsvermutungen darstellen. Eine sinnvolle Bandbreitenkonzeption muß also auch einen Mittelweg zwischen der Bestandskraft (Stabilität) der prognostischen Aussage und der Fortschreibung (Anpassung) der Prognose finden.

Die Tatsache, daß die **Bandbreitenkonzeption** eine Alternative zur Crossover-Konzeption darstellt, bedeutet nicht, daß im Rahmen der Bandbreitenbetrachtung die **Zyklusphasen-Idee** aufgegeben worden wäre, im Gegenteil: Zur Bestimmung der Bandbreite muß - neben anderen Kriterien - ein Schwankungsmaß herangezogen werden. Das MAM verwendet den globalen Schwankungsfaktor Z_{134} - oder eine Variante hiervon -, um die Bandbreite symmetrisch - d.h. unter Verwendung eines bestimmten Mittelwerts als Symmetrieachse - abzustecken.

Dies impliziert, daß die Bandbreite selbst in zwei Zonen zerfällt, nämlich **eine Aufschwung- und eine Abschwungzone**, die zudem scheinbar gleich breit sind. Der Schein trügt indes, denn die Anwendung des Schwankungsfaktors, einmal als Multiplikator, zum andern als Divisor, liefert unterschiedlich breite Teilkorridore. Ein einfaches Beispiel mag dies verdeutlichen. Angenommen, der globale Schwankungsfaktor betrage 1.5; der Mittelwert sei 100. Dann ist die Bandbreite mit 66.7/150 anzusetzen. Die Abschwungzone ist also 33.3, die Aufschwungzone hingegen 50 Maßeinheiten breit.[2] Die **Symmetrieannahme** ist also in einem relativen Sinn zu verstehen, d.h. so, daß zur Bestimmung der Aufschwung- und Abschwungzone zwar jeweils derselbe Schwankungsfaktor verwendet wird, im einen Fall jedoch als Multiplikator, im anderen Fall dagegen als Divisor. Hierdurch werden die Breiten der Teilzonen relativ angeglichen, während sie absolut verschieden sind.

Diese einfache arithmetische Tatsache, wonach ein bestimmter Faktor, als Multiplikator verwendet, eine stärkere absolute Wirkung hat, als wenn derselbe Faktor als Divisor fungiert, hat sich das MAM mehrfach zunutze gemacht. Will man Zeitreihenschwankungen vergleichbar machen, so stellt sich die Frage, ob **absolute oder relative Vergleiche** angestellt werden können. Man erkennt sehr schnell, daß Vergleiche absoluter Reihenabstände keinen Sinn ergeben, ja zuweilen sogar unmöglich sind.[3]

Nun ist es freilich nicht von vornherein klar, ob Marktteilnehmer in absoluten oder in relativen Kategorien zu denken gewohnt sind. Manch ein Börsianer mag sich vorstellen, daß 20 DM Kursverlust das genaue Gegenteil darstellen von 20 DM Kursgewinn. Dies ist zwar im absoluten Sinne richtig. Für die Marktentscheidung relevant sind

2) Bezieht man die Teilzonenbreite auf die jeweilige Untergrenze, also 33.3 auf 66,7 und 50 auf 100, so ist der relative Aufschlag selbstverständlich gleich groß, nämlich 50%.

3) Eine Aktie z.B., die zum Kurs von 100 gehandelt wird, kann durchaus um 200 Punkte auf 300 steigen, sie kann aber nicht um 200 fallen, sondern maximal um 100 Punkte auf 0. Also ist offenbar der Kursanstieg um absolut 200 nicht vergleichbar mit einem Kursrückgang um gleichfalls absolut 200. Viel eher vergleichbar erscheint hingegen die Kursverdreifachung (von 100 auf 300) mit einer Kursdrittelung (von 100 auf 33.3). In beiden Fällen ist der Faktor 3 involviert, im einen Fall mit positiver, im andern Fall mit negativer Hochzahl 1. In beiden Fällen beträgt auch die Kursdifferenz, jeweils bezogen auf den nächst niedrigen Wert, 200% (66.7 aus 33.3 bzw. 200 aus 100).

jedoch nicht absolute, sondern relative Änderungen. Eine Aktie, die von 2 DM auf auf 2.10 DM steigt, bringt ihrem Inhaber dieselbe (prozentuale) Wertsteigerung wie eine andere Aktie, die von 2000 DM auf 2100 DM steigt.

Der symmetrische Einsatz von Schwankungsfaktoren gewährleistet die relative Gleichheit und damit auch die relative Vergleichbarkeit von Aufschwung- und Abschwungzonen; er gewährleistet aber auch, daß die Bandbreitenuntergrenze einer Zeitreihe zwar nahe an null herankommt, null aber nie unterschreiten kann, während andererseits für die Bandbreitenobergrenze keine solchen Einschränkungen bestehen. Wie schon an früherer Stelle erwähnt, sind die meisten Zeitreihen[4] durch diese ungleiche **Grenzwertcharakteristik** *("zero is the bottom, the sky is the top")* gekennzeichnet. Eine glaubwürdige Korridorkonzeption muß auch diesem Umstand Rechnung tragen.

Ein weiteres Kriterium, das bei der Suche nach einer tragfähigen Korridorkonzeption große Beachtung verdient, ist die **Interaktion zwischen Zyklus und Trend**. Diese beiden dynamischen Elemente gehen regelmäßig eine sehr komplexe Gemengelage ein, deren Strukturierung erhebliche Schwierigkeiten bereiten kann. Für den Analytiker sind die beiden Komponenten der Reihendynamik deshalb von Bedeutung, weil der Trend das Niveau, der Zyklus die Amplitude der Reihenschwankung bestimmt. Bei der Bandbreitenschätzung muß somit der Trend zur **Niveaubestimmung des Schätzkorridors** herangezogen werden, während deren Breite unter Heranziehung der zyklischen Komponente ermittelt werden muß.

Damit sollen diese einführenden Bemerkungen zum Problem der Bandbreitenschätzung abgeschlossen werden. Im folgenden werden spezifische Bandbreitenkonzeptionen dargestellt und einem vorläufigen Leistungstest unterworfen.

4) Eine Ausnahme bilden insbesondere "künstliche" Zeitreihen wie z.B. Stimmungsindikatoren und Klimaindices, die häufig so konstruiert sind, daß sich die Schwankungen um eine Null-Linie herum abspielen. In diesem Fall liegt die Untergrenze selbstverständlich im negativen Bereich.

3.3.2 Zyklusgestützte Bandbreiten-Schätzverfahren

Um die mutmaßliche Bandbreite von Reihenschwankungen abzugreifen, bietet sich zunächst das historisch dokumentierte Schwankungsverhalten der Zeitreihen als Informationsquelle an. Wie im letzten Abschnitt dargelegt wurde, benötigt man zur Korridorschätzung darüber hinaus noch Informationen über den Trend, da dieser zwar nicht die Breite, wohl aber die Lage des Korridors beeinflußt. Verfügt eine Zeitreihe jedoch weder über einen deutlich ausgeprägten Aufwärts- noch über einen deutlich ausgeprägten Abwärtstrend, liegt also im wesentlichen ein "horizontaler" Trend vor, so entfällt das Problem der Positionsbestimmung weitgehend; der Schwankungskorridor ist dann im Kern zyklisch determiniert.

In diesem Zusammenhang ist noch zweierlei anzumerken. Erstens enthält das MAM keine Bandbreitenvariante, die völlig trendfrei ist. Dies trifft selbst auf eine trendbereinigte Variante zu, die später noch zu diskutieren sein wird, denn selbst hier wird der Trend nicht restlos ausgeschaltet.[5] Im allgemeinen verwenden weitgehend trendfreie oder zyklusbetonte Korridorschätzungen einen Mittelwert, um den herum der Korridor aufgebaut wird. Dieser Mittelwert, z.B. der mittlere Periodendurchschnitt Z_{11}, unterliegt selbst in hohem Maße Trendeinflüssen.

Zweitens sei darauf hingewiesen, daß selbst bei trendbetonten Reihen eine mehr oder weniger starke Unterdrückung des Trends aus strategisch-taktischen Gründen wünschenswert sein kann. Unter Verwendung eines relativ trägen Reihenmittelwerts kann ein Raster aufgebaut werden, dessen Beweglichkeit in vertikaler Richtung stark eingeschränkt ist. Die einzelnen Felder dieses Rasters helfen dann möglicherweise bei der Entscheidungsfindung bzw. bei der Dispositionskontrolle.[6]

5) Eine restlose **Trendbereinigung** behaupten zu wollen, wäre im übrigen auch vermessen, da eine ausschließliche Definition des Trends nicht existiert.

6) Steigt z.B. der Kurs einer Aktie von einem Rasterfeld in das nächst höhere Feld, so mag man dies als **Kaufsignal** interpretieren, wenn der Kurs zuvor längere Zeit in dem niedrigeren Feld gependelt und anschließend nach oben ausgebrochen ist. Umgekehrt mag man es als **Verkaufsignal** interpretieren, wenn der Kurs einer Aktie nach längerem Aufenthalt in einem eng begrenzten Bereich nach unten, in ein tiefer liegendes Feld abrutscht. Der amerikanische Schautänzer

Diese **Rastermethode** stellt ein einfaches Hilfsmittel dar, um die Reihenbewegung in überschaubare Zonen einzuteilen. Wechselt die Reihe von einer zu einer anderen Zone über, so läßt sich dies möglicherweise als ein Ereignis werten, das in signifikanter Weise über die künftige Reihenentwicklung Aufschluß gibt. Dabei gilt es als nebensächlich, ob der Felderwechsel auf trendmäßige oder zyklische Impulse zurückgeht. Für den Marktdisponenten bietet das **Vielfelderschema** außerdem den nicht zu unterschätzenden taktischen Vorteil der Verlustbegrenzung. Fällt der Kurs in ein tiefer liegendes Feld, so wird dies als Frühsignal einer beginnenden Preisschwäche gewertet; etwa gehaltene Bestände werden somit abgebaut oder gänzlich aufgelöst.

Ein nach diesem **Rasterprinzip** konstruiertes Bandbreitenschema hat folgendes Ausehen:

$$Z_{405,t} = Z_{11,t} \cdot Z_{134,t}{}^{0.25}$$
$$Z_{406,t} = Z_{11,t} / Z_{134,t}{}^{0.25}$$
$$Z_{407,t} = Z_{134,t}{}^{0.5}$$
$$Z_{408,t} = Z_{11,t} / Z_{134,t}{}^{0.5}$$
$$Z_{409,t} = Z_{11,t} \cdot Z_{134,t}{}^{0.75}$$
$$Z_{410,t} = Z_{11,t} / Z_{134,t}{}^{0.75}$$
$$Z_{411,t} = Z_{11,t} \cdot Z_{134,t}$$
$$Z_{412,t} = Z_{11,t} / Z_{134,t}$$
$$Z_{413,t} = Z_{11,t} \cdot Z_{134,t}{}^{1.25}$$
$$Z_{414,t} = Z_{11,t} / Z_{134,t}{}^{1.25}$$
$$Z_{415,t} = Z_{11,t} \cdot Z_{134,t}{}^{1.5}$$
$$Z_{416,t} = Z_{11,t} / Z_{134,t}{}^{1.5}$$

Diese Korridorfamilie besticht durch ihren klaren, systematischen Aufbau. Die Zeitreihe wird hierdurch sozusagen in Planquadrate eingeteilt, wobei *per definitionem* ein neuer Reihenabschnitt beginnt, sobald die Reihe von einem Planquadrat in ein anderes überwechselt.

Es liegt auf der Hand, daß mit dieser Reißbrettgeometrie die komplexen Ablaufstrukturen von Zeitreihen nicht angemessen konturiert werden können. Den Taktiker interessiert dies freilich nicht. Ihm genügt es, wenn er einen klar umrissenen Operationsplan für seine Marktaktivitäten vorgelegt bekommt. Will man prüfen, ob eine auf diesem Rasterprinzip fußende Marktstrategie tatsächlich Markter-

N. DARVAS hat angeblich mit einer ähnlichen konzipierten "Box-Strategie" beachtliche Reichtümer an der Börse erworben.

folge verspricht, so muß hierzu eine präzise **Trading-Regel** ausgearbeitet werden. Diese ist notwendigerweise prozyklisch ausgelegt, wenn das gesamte Felderschema in die markttaktischen Überlegungen mit einbezogen werden soll.

Auch ohne aufwendige Testverfahren läßt sich mit hoher Wahrscheinlichkeit vermuten, daß eine solche Trading-Regel - zumindest im Vergleich zu einer *buy-and-hold*-Strategie - keine Vorteile bringt. Die Felderstruktur ist derart engmaschig, daß Fehlsignale in großer Zahl nicht ausbleiben können. Das Felderschema mag allenfalls einen organisatorischen Zweck erfüllen, indem es die Möglichkeit schafft, den Standort einer Zeitreihe in jedem Zeitpunkt und in standardisierter ("kartographischer") Weise anzugegen.[7]

Gibt man das Felderschema auf und greift statt dessen einen hinreichend breiten Korridor heraus, z.B. Z_{411}-Z_{412}, so mag hiermit durchaus eine zufriedenstellende Reihenbegrenzung gelingen. Diese bietet sich dann als Grundlage für eine antizyklische Marktstrategie an. Nähert sich die Preisreihe der Korridor-Untergrenze, so gilt der betreffende Vermögenswert als preisgünstig und wird gekauft. Nähert sich hingegen die Preisreihe der Korridor-Obergrenze an, so gilt das in Frage stehende Gut als gut bezahlt oder gar überteuert, weshalb es verkauft wird.

Schließlich läßt sich hiermit prinzipiell noch eine **prozyklische Strategie** verbinden, die dann Aktivitäten auslöst, sobald die Korridorgrenzen überschritten werden. Bricht z.B. der Preis aus dem typischen Schwankungsbereich nach oben aus, so mag man dies als Indiz für eine sich anbahnende Neubewertung, d.h. Höherbewertung, ansehen und daher spekulative Käufe erwägen. Ein anderes Beispiel: Bricht die Inflationsrate aus ihrem typischen Schwankungsbereich nach oben aus, so mag hierin der Wirtschaftspolitiker ein Indiz für eine sich dramatisch verschärfende Geldentwertung erkennen, das entsprechend scharfe Gegenmaßnahmen nahelegt.

7) Damit wird eine solide Grundlage für möglicherweise fruchtbare Reihenvergleiche geschaffen. Es mag durchaus aufschlußreich sein, daß sich z.B. in einem bestimmten zeitpunkt die Bayer-Aktie im Feld $Z_{11} \cdot Z_{134}^{0.5}$ bis $Z_{11} \cdot Z_{134}^{0.75}$ befindet, während der Kurs der Mannesmann-Aktie im selben Zeitpunkt im Feld $Z_{11}/Z_{134}^{0.25}$ bis $Z_{11} \cdot Z_{134}$ liegt.

Bei der Beobachtung von Zeitreihen fällt auf, daß sich häufig Perioden hektischer Reihenentwicklung mit Perioden sehr beschaulicher Reihenentwicklung abwechseln. Deshalb kann es von Nutzen sein, unterschiedlich breite Korridore zu konstruieren. Der schmale Korridor ist dann sozusagen für die ruhigen, der breite Korridor für die stürmischen Entwicklungsstadien einer Zeitreihe reserviert. Während Z_{411}-Z_{412} so breit ausgelegt ist, daß selbst hektische Ausschläge der Zeitreihe noch "im Rahmen" bleiben dürften, erweist sich dieser Korridor als viel zu breit, wenn die Zeitreihe durch ruhigeres Fahrwasser steuert.

Insbesondere auf den Finanzmärkten sind scharfe Zäsuren zwischen Phasen hektischer und Phasen ruhiger Preisentwicklung recht häufig zu beobachten. Die in **Konsolidierungsphasen** um sich greifende Preislethargie ist Grund genug für Spekulanten, dem Markt fernzubleiben; es ist schlicht "nichts los". Andererseits besteht ein gesteigertes Interesse daran, den Zeitpunkt nicht zu verpassen, in dem der Markt zu neuem Leben erwacht.

Zu diesem Zweck kann ein vergleichsweise enger **Konsolidierungskorridor** entwickelt werden, der in der Lage sein muß, Anfang und Ende der Konsolidierungsphasen treffsicher anzuzeigen. Einer der hierfür im Rahmen des MAM entwickelten Korridore verzichtet ganz auf die unmittelbare Berücksichtigung von Trendeinflüssen, sondern verläßt sich vielmehr ausschließlich auf ein Reihenmittel. Besonders gute Testergebnisse wurden erzielt mit einer Mischung aus dem 12-Perioden-Durchschnitt Z_6 und dem mittleren Periodendurchschnitt Z_{11}; das Schwankungsmaß wurde drastisch reduziert:

$$Z_{417,t} = 0.5(Z_{6,t} + Z_{11,t})/(1 + 0.1Z_{134,t})$$
$$Z_{418,t} = 0.5(Z_{6,t} + Z_{11,t})(1 + 0.1Z_{134,t})$$

Liegt der globale Schwankungsfaktor bei 1.6, was z.B. für Aktien ein recht typischer Wert ist, dann beträgt die durchschnittliche Breite des Konsolidierungskorridors 32%, d.h., vom Mittelpunkt des Korridors nach beiden Seiten jeweils 16%. Die durchschnittliche Breite des äußeren, auch dynamische Reihenphasen eingrenzenden Korridors Z_{411}-Z_{412} beträgt hingegen 120%.

Abschließend muß die **Bedeutung zyklusbetonter Korridore** als begrenzt eingestuft werden. Der Verzicht auf eine explizite Berücksichtigung von Trendeinflüssen führt dazu, daß die Korridore sehr breit ausgelegt sein müssen, um auch längerfristig als zuverlässige Reihenbegrenzung dienen zu können. Eine deutliche Verengung der Bandbreite ist nur im Falle der Eingrenzung spezifischer, zumeist kurzfristiger Reihenstadien möglich. Hier findet das Zyklus-Konzept idelae Einsatzbedingungen vor, denn in Konsolidierungsphasen ist defintionsgemäß kein nennenswerter Trendeinfluß spürbar, die Vernachlässigung des Trends kann sich daher auch nicht störend auswirken.

3.3.3 Trendgestützte Bandbreiten-Schätzverfahren

Trend und Zyklus wirken bei der Bestimmung der Reihendynamik zusammen. Deshalb kann kein ernsthaftes Korridorschätzverfahren den Zyklus oder den Trend gänzlich vernachlässigen. Trendgestützte Bandbreitenschätzung impliziert daher ebensowenig einen Verzicht auf zyklische Einflußfaktoren wie zyklusgestützte Bandbreitenschätzung eine restlose Elimination von Trendeinflüssen bedeutet. Die jeweiligen Attribute machen nur deutlich, welcher dynamische Komplex im Vordergrund stehen soll.[8)]

Die Trenddynamik wird im wesentlichen eingefangen durch den Basistrend-Indikator Z_{124} und den Momentum-Indikator Z_{133}. Beide Trendkriterien müssen im Verbund betrachtet werden, weil der Basistrend nur solange unangefochten das Niveau einer Zeitreihe bestimmt, wie sich keine Trendumkehr abzeichnet. Ob dies der Fall ist, signalisiert der Momentum-Indikator. Ihm kommt die Aufgabe zu, sich abzeichnende Basistrendänderungen unverzüglich und stufenlos anzuzeigen.

In konsequenter Fortführung der zyklusbetonten Korridorschätzung gemäß Z_{417} und Z_{418} kann nun eine trenddynamische Anpassung versucht werden. Die Idee eines vergleichsweise schmalen Konsolidie-

8) Dies wird weithin auch von berufenen Vertretern des Anlagegeschäfts so gesehen. So schreibt z.B. die Baden-Württembergische Bank in ihrem Börsenbrief Nr. 22 vom 04.12.1986 über die momentane Situation der deutschen Börse: "Insofern stößt - um ein Bild des Professors und Ex-Ministers Karl Schiller zu verwenden - die Schlange der Kurse an den oberen Rand des trendbestimmenden Tunnels." Die Kursentwicklung wird demnach als zyklische Bewegung verstanden, die durch einen langfristigen, d.h. trendverbundenen Korridor ("Tunnel") eingegrenzt wird.

rungsbereiches kann hierbei fruchtbar mit eingebaut werden, und zwar so, daß pauschal eine 10%-ige Abweichung vom Mittelwert Z_{11} (nach beiden Seiten) unterstellt wird. Die darüber hinausgehende Schwankungsdynamik der Zeitreihe wird als Konglomerat aus Basistrend, Momentum und globaler Schwankungsintensität aufgefaßt.

Es fragt sich jetzt, in welcher Weise die Trenddynamik die zyklische Schwankungskomponente zu modifizieren vermag. In diesem Zusammenhang erscheint die Hypothese plausibel, daß eine nach oben gerichtete Trenddynamik der abwärtsgerichteten zyklischen Dynamik umso mehr Paroli bieten kann, je stärker der "Aufwärtstrend" ist. Gleichzeitig verstärkt eine positive Trenddynamik die zyklischen Auftriebskräfte. Im Falle eines "Abwärtstrends" gilt dann die umgekehrte Argumentation. Der Basistrend wird - wegen seiner größeren Beständigkeit und seiner vermuteten längerfristigen Bedeutung - mit dem eineinhalbfachen Gewicht des Momentums versehen, so daß die Summe der Gewichte 2.5 beträgt. Die Trenddynamik wird somit als gewogener Durchschnitt aus Basistrend und Momentum berechnet. Die Bandbreiten-Untergrenze läßt sich jetzt ansetzen als

$$Z_{419,t} = \begin{cases} Z_{11,t}[1+0.01[(Z_{124,t}+Z_{133,t})/2.5Z_{134,t})-10]] \\ \quad \text{für } Z_{124,t} + Z_{133,t} \geq 0 \\ Z_{11,t}/[1+0.01[|(Z_{124,t}+Z_{133,t})Z_{134,t}/2.5-10|]] \\ \quad \text{für } Z_{124,t} + Z_{133,t} < 0. \end{cases}$$

Die Bandbreiten-Obergrenze folgt in analoger Weise:

$$Z_{420,t} = \begin{cases} Z_{11,t}[1+0.01[(Z_{124,t}+Z_{133,t})Z_{134,t}/2.5+10]] \\ \quad \text{für } Z_{124,t} + Z_{133,t} \geq 0 \\ Z_{11,t}/[1+0.01[|(Z_{124,t}+Z_{133,t})Z_{134,t}/2.5+10|]] \\ \quad \text{für } Z_{124,t} + Z_{133,t} < 0 \end{cases}$$

Das MAM geht den Weg der **sukzessiven Optimierung**, d.h., es versucht sich in iterativen kleinen Schritten der Realität anzunähern. Der Weg dorthin ist nicht geradlinig, sondern ist durch Fortschritte und Rückschritte geprägt. Der Optimierungsprozeß muß im Grunde solange fortgesetzt werden, wie *per saldo* die Fortschritte überwiegen und hierdurch eine bessere Annäherung an reale Gegebenheiten gelingt. Da eine Zeitreihe vielen Einflüssen in nahezu unzähligen Kombinationen unterliegt, kann nicht erwartet werden, daß eine willkürlich herausgegriffene, wenngleich plausibel erscheinende Kombination auf Anhieb optimale Ergebnisse bringt.

Außerdem spricht viel für eine aggregierte **Lösung des Optimierungsproblems**. Das heißt: Das Optimum ist vermutlich ein recht komplexer Durchschnitt alternativer Lösungsansätze, von denen jeder für sich allein genommen hinreichend plausibel sein muß. Sobald neue Lösungsalternativen - wie hier für das Bandbreitenproblem - erarbeitet worden sind, bietet sich daher die Konzipierung einer neuen aggregierten Lösung an, die möglicherweise leistungsfähiger ist als die einzelnen Alternativen bei isolierter Anwendung.

Bei der Konstruktion eines Korridor-Aggregats können wir auch auf ältere Grenzwertbestimmungen zurückgreifen, nämlich auf die Bandbreiten-Untergrenze Z_{136}, die Bandbreiten-Obergrenze Z_{135}, das durchschnittliche Kauflimit Z_{144}, das kurzfristig optimale Kaufniveau Z_{171} sowie das modifizierte Kauflimit Z_{201} und das modifizierte Verkauflimit Z_{202}. Eine erste aggregierte Bandbreitenschätzung ergibt jetzt die Untergrenze

$$Z_{421,t} = 0.2(Z_{136,t} + Z_{171,t} + Z_{201,t} + Z_{417,t} + Z_{419,t})$$

bzw. die Obergrenze

$$Z_{422,t} = 0.2(Z_{135,t} + Z_{144,t} + Z_{202,t} + Z_{418,t} + Z_{420,t}).$$

Im **empirischen Test** hat sich die Bandbreite Z_{421}-Z_{422} zumindest im mittelfristigen Prognosebereich als recht brauchbar erwiesen. Die Korridorbreite ist moderat, womit eine unverzichtbare Eigenschaft jedes operablen Prognoseinstruments erfüllt ist. Die Korridorflexibilität ist begrenzt, die Korridorstabilität - ein weiteres instrumentales Erfordernis - also hinreichend gewährleistet. Als Anpassungsbremse fungiert insbesondere der zyklus-determinierte Korridor Z_{417}-Z_{418}.

Häufig werden freilich die Korridorgrenzen nicht erreicht, so daß im Rahmen markttaktischer Überlegungen, die auf die Bestimmung des optimalen Kauf- und Verkaufzeitpunkts abzielen, über eine Korridorverengung nachgedacht werden muß. Als brauchbarer Mittelweg hat sich ein **Verengungsschlüssel von 3:1** erwiesen, d.h., man bildet den Durchschnitt aus der dreifachen Untergrenze und der einfachen Obergrenze:

$$Z_{423,t} = 0.25(3Z_{421,t} + Z_{422,t})$$

Z_{423} kann als eine Fortentwicklung des Kaufniveaus Z_{153} interpretiert werden. In analoger Weise läßt sich das Verkaufniveau Z_{154} jetzt weiter entwickeln zu

$$Z_{424,t} = 0.25(Z_{421,t} + Z_{422,t}).$$

Der Korridor Z_{419}-Z_{420} soll nun nochmals als Ausgangspunkt für weiterführende Überlegungen dienen. Die in diesem Ansatz verwendete Mittelwertkomponente ist sowohl konzeptionell als auch vom empirischen Befund her beachtenswert. Der mittlere Periodendurchschnitt Z_{11} ist wegen seiner herabgesetzten Flexibilität nur unzureichend in der Lage, in Zeiten stark trendbetonter Reihenentwicklung das durchschnittliche Reihengeschehen adäquat wiederzugeben. Eine trendbedingte Anpassung erscheint daher dringend geboten. Eine solche Anpassung wird bei der Berechnung des Z_{419}-Z_{420}-Korridors vorgenommen, und zwar so, daß der **Trendeinfluß durch die zyklische Komponente relativiert** wird. Dies geschieht deshalb, weil ein starker Trend durch eine noch stärkere zyklische Komponente - zumindest vorübergehend - neutralisiert oder sogar überkompensiert werden kann:

$$Z_{425,t} = \begin{cases} Z_{11,t}\{1+0.01[(Z_{124,t}+Z_{133,t})/2.5Z_{134,t}]\} & \text{für } Z_{124,t} + Z_{133,t} \geq 0 \\ Z_{11,t}/\{1+0.01[|(Z_{124,t}+Z_{133,t})2.5Z_{134,t}|]\} & \text{für } Z_{124,t} + Z_{133,t} < 0 \end{cases}$$

Z_{425} kann man als **trendangepaßtes mittleres Niveau einer Zeitreihe** bezeichnen. Wo das "Zentrum" einer Reihe liegt, ist vom Trend, der aufwärts- oder abwärtsgerichtet sein kann, und von zyklischen Kräften abhängig. Beide dynamischen Komponenten sind in Z_{425} berücksichtigt. Trifft man mit Z_{425} sozusagen ins Herz einer Zeitreihe, so kann man hoffen, auch mit einer vergleichsweise schmalen Bandbreite den Schwankungsbereich der Reihe einfangen zu können; ein "Sicherheitsaufschlag" wegen ungenauer Reihenzentrierung entfällt.

Die zufällige Reihenschwankung läßt sich - wie umfangreiche Modellsimulationen gezeigt haben - durch den Ausdruck $0.1Z_{134}$ gut erfassen. Bei $Z_{134}=1.5$ beträgt die Zufallskomponente somit 15%, die Reihe kann 15% nach beiden Seiten zufallsbedingt von ihrem Mittelwert abweichen. Nun soll hier nicht ein Konsolidierungskorridor entworfen werden, der - wie z.B. der Korridor Z_{417}-Z_{418} - die Reihenentwicklung nur in ruhigen Phasen einzufangen vermag, sondern ein möglichst universell gültiger Korridor. Deshalb muß die Korridorbreite ausgeweitet werden. Als Minimum erscheint die doppelte Zufallstoleranz plausibel. Die Korridor-Obergrenze ist dann

$$Z_{426,t} = Z_{425,t}(1 + 0.2Z_{134,t});$$

Die Korridoruntergrenze ist festgelegt durch

$$Z_{427,t} = Z_{425,t}/(1 + 0.2Z_{134,t}).$$

Innerhalb dieses äußeren Korridors mag die Eingrenzung eines **Konsolidierungskorridors** sinnvoll sein, der die vergleichsweise engeren Grenzen

$$Z_{428,t} = Z_{425,t}/(1 + 0.1Z_{134,t}) \text{ und}$$
$$Z_{429,t} = Z_{425,t}(1 + 0.1Z_{134,t})$$

aufweist. Für eine **marginale Trading-Strategie**, die auf die Ausnutzung geringer und geringster Preisschwankungen gerichtet ist, bedarf es noch einer weiteren Verengung, die wiederum zweckmäßig nach dem 3:1-Schlüssel vorgenommen wird:

$$Z_{430,t} = 0.25(3Z_{428,t} + Z_{429,t})$$
$$Z_{431,t} = 0.25(Z_{428,t} + 3Z_{429,t})$$

Der Z_{430}-Z_{431}-Korridor erlaubt ein sehr **flexibles Management spekulativer Vermögensanlagen**. Ziel ist nicht die Ausschöpfung möglichst großer Preis- und Wertdifferenzen, sondern die **Minimierung** der **Kapitalbindungsdauer**. Um dieses Ziel zu erreichen, begnügt sich der Spekulant, der sich hier nahezu als Arbitrageur verhält, mit der Ausnutzung kleiner Preisdifferenzen, die jedoch nach Abzug der Transaktionskosten im Durchschnitt immer noch positiv sein müssen.

Eine solche, auf geringe transaktionsspezifische Wertzuwächse gerichtete **Spekulationsstrategie** hat durchaus große Vorteile. Zwar bleibt je Transaktion voraussetzungsgemäß "nicht viel hängen", doch wird andererseits das Vermögensrisiko durch minimierte Anlagedauer nicht unerheblich reduziert. Diese **temporale Komponente des Risikos** wird in der traditionellen Portfolio- und Kapitalmarkttheorie weitgehend vernachlässigt, obwohl sie evident und sehr real ist. Eine Anlageform mit hoher Ertragsstreuung gilt gemäß der gängigen Auffassung als sehr riskant. Nun ist es aber sehr unwahrscheinlich, daß ein Anleger von dieser Ertragsdispersion in nennenswertem Umfang getroffen wird, wenn er das Anlageobjekt nur sehr kurzfristig, möglicherweise nur wenige Tage oder gar Stunden, sein eigen nennt.

Im übrigen wird auch die **Renditewirkung einer minimierten Kapitalbindungsdauer** viel zu wenig beachtet. Wer im Durchschnitt pro Börsenwoche nach Abzug aller Transaktionskosten netto 1% Wertzuwachs erzielt, bringt es auf eine Jahresrendite von immerhin rund 50%. Ob eine auch nur annähernd vergleichbare jährliche Kapitalverzinsung mit langfristigen Anlagestrategien erwirtschaftet werden kann, muß bezweifelt werden. Genaueren Aufschluß hierüber wird wiederum nur der vergleichende Test alternativer strategischer Marktkonzeptionen bringen.

Eine ähnliche Struktur wie der Korridor Z_{426}-Z_{427} hat eine alternative Bandbreitenkonzeption, die als trendbedingtes *High-Low-Potential* bezeichnet werden soll und das sich im Rahmen der MAM-Korridor-Testläufe sehr gut bewährt hat. Der Versuch, die Trendkomponente zyklisch dadurch zu relativieren, daß - wie im Falle Z_{425} - der globale Schwankungsfaktor Z_{134} als Deflator benutzt wird, soll jetzt einem alternativen Verfahren Platz machen.

Zur Trendanpassung des mittleren Periodendurchschnitts Z_{11} wird wiederum die Summe aus Basistrend und Momentum, die sog. **Trend-**

Performance, verwendet. Die Dämpfung des Trendeinflusses erfolgt in zweifacher, bei negativer Trend-Performance sogar in dreifacher Weise. Zunächst wird die Trend-Performance durch 100 dividiert und durch Addition von 1 in einen Trendfaktor umgewandelt. In einem zweiten Schritt wird durch Ziehen der vierten Wurzel der entscheidende Dämpfungseffekt ausgelöst. Im Falle negativer Trend-Performance wird durch den Trendfaktor dividiert, wodurch der negative Trendeinfluß unter Beachtung der oben erwähnten asymmetrischen Grenzwertsituation[9] von Zeitreihen erneut abgeschwächt wird. Der Mittelwert für die Berechnung des *High-Low-Potentials* (HLP) lautet daher:

$$Z_{432,t} = \begin{cases} Z_{11,t}[1 + 0.01(Z_{124,t} + Z_{133,t})]^{0.25} & \text{für } Z_{124,t} + Z_{133,t} \geq 0 \\ Z_{11,t}/[1 + 0.01(|Z_{124,t} + Z_{133,t}|)]^{0.25} & \text{für } Z_{124,t} + Z_{133,t} < 0 \end{cases}$$

Die Grenzen des HLP-Korridors werden wiederum so eng wie möglich gezogen. Als Alternative zum doppelten "Zufallsabstand", wie er im Falle des Korridors Z_{426}-Z_{427} verwendet wurde, wird jetzt der einfach radizierte globale Schwankungsabstand genommen; die quantitativen Unterschiede sind in der Regel gering, so daß beide Verfahren austauschbar erscheinen:

$$Z_{433,t} = Z_{432,t}/Z_{134,t}^{0.5}$$
$$Z_{434,t} = Z_{432,t} \cdot Z_{134,t}^{0.5}$$

Die Erfahrungen mit dem HLP-Korridor können als außerordentlich positiv bezeichnet werden. Sowohl die Korridorbreite als auch die Korridorflexibilität scheinen nahe am Optimum zu liegen. Zeitreihen fügen sich im allgemeinen sehr gut in die vom HLP-Korridor gezogenen Grenzen ein. Das bedeutet zweierlei: Erstens wird die Bandbreite in der Regel nicht verlassen, zweitens wird sie aber auch in überschaubaren Zeiträumen durchlaufen. Der optische Befund wird, wie sich später zeigen wird, im Rahmen einer HLP-gestützten Marktstrategie voll bestätigt. Die HLP-Strategie erweist sich als eines der zuverlässigsten Verfahren, dauerhaft Gewinne an den Vermögensmärkten zu erwirtschaften.

9) Die Reihenuntergrenze ist in der Regel null, die Reihenobergrenze hingegen theoretisch offen.

Der Gedanke, den Schwankungsbereich einer Zeitreihe nach dem **"Zwiebelprinzip"** in übereinanderliegende Schichten einzuteilen, ist erstmalig bei der Diskussion der zyklusgestützten Bandbreiten-Schätzverfahren aufgegriffen worden. Dort wurde festgestellt, daß sich ein weitgehend trendfreies und zudem engmaschiges **Rastersystem** kaum dazu eignet, verläßlich Zeitreihenzonen zu markieren. Als Reihenbegrenzung in Frage kommen allenfalls die äußeren Schichten eines solchen Rasters.

Die Vorstellung, man könne signifikant verschiedene Reihenzonen durch Überstülpen eines Rasters identifizieren, ist freilich verlockend, allein schon wegen der **Ordnungsfunktion**, die ein solches Raster möglicherweise erfüllen kann. Die **"Rastertheorie"** läßt sich vielleicht dadurch retten, daß zwar die äußeren Rasterbereiche in ihrer großen Stabilität erhalten bleiben, die inneren Rasterbereiche jedoch unter Einbeziehung von Trendeinflüssen flexibilisiert werden. Dabei ist offenbar ein umso präziseres *fine tuning* des mehrzonalen Schemas erforderlich, je mehr man zu den zentralen Bereichen der Reihenbewegung vorstößt.

Zur Festlegung der äußeren Grenzen des Rasterschemas wollen wir wiederum den Korridor Z_{411}-Z_{412} verwenden, der so breit ist, daß selbst stark trendgestützten Bewegungen der Ausbruch aus dem Korridor nur schwer gelingen dürfte. Nach der 3:1-Regel wollen wir sogar noch eine Verengung wagen, indem wir die Grenzen wie folgt festlegen:

$$Z_{435,t} = 0.25(3Z_{411,t} + Z_{412,t})$$
$$Z_{43.6,t} = 0.25(3Z_{412,t} + Z_{411,t})$$

Zieht man jetzt die Korridorgrenzen noch enger, so muß unbedingt für eine wohldosierte **Flexibilisierung** gesorgt werden. Zu diesem Zweck geben wir die pauschale Verrechnung von Basistrend und Momentum auf, und zwar deshalb, weil sich der Basistrend wesentlich langsamer an ein verändertes dynamisches Umfeld anpaßt als das wesentlich beweglichere Momentum.

Bei dem Versuch, die Korridorgrenzen beweglicher zu machen, müssen gegen die **Gefahren einer kurzfristigen Übersteuerung** Vorkehrungen getroffen werden. Dies ist vor allem auch deshalb wichtig, weil alle verwendeten Indikatoren auf historischen Reihendaten basieren und sich deshalb selbst bei einer gegenwärtig stark abweichenden Reihenentwicklung erst mehr oder weniger verzögert auf die neue Situation einstellen. Die Indikatoren produzieren somit ausnahmslos, wenngleich mit unterschiedlicher Intensität, störende **Nachhalleffekte**.

Besonders gefährlich kann dieser Nachhalleffekt bei kurzfristigen Indikatoren werden, die nur die kurzfristige Entwicklung einfangen und sich zwar zügig, aber doch erst verspätet ändern. Dies trifft auf das Momentum zu, nicht hingegen auf den Basistrend. Dieser Indikator ändert sich zwar sehr langsam, bezieht sich aber auch auf die langfristige Reihenentwicklung und darf aus diesem Grund auf kurzfristige Reihenbewegungen auch nicht merklich ansprechen. Es erscheint daher zweckmäßig, den Basistrend in seiner Flexibilisierungsfunktion stärker zur Geltung kommen zu lassen als das Momentum; anders ausgedrückt: Das Momentum muß stärker gedämpft werden als der Basistrend.

Bei der Festlegung der Korridor-Obergrenze unterscheiden wir vier verschiedene Trendsituationen:

$$Z_{437,t} = Z_{134,t}^{0.5} \begin{cases} Z_{11,t}(1+0.01Z_{124,t})^{0.5}(1+0.01Z_{133,t})^{0.25} \\ \qquad \text{für } (Z_{124,t} \geq 0) \wedge (Z_{133,t} \geq 0) \\ Z_{11,t}(1+0.01Z_{124,t})^{0.5}/(1+0.01|Z_{133,t}|)^{0.25} \\ \qquad \text{für } (Z_{124,t} \geq 0) \wedge (Z_{133,t} < 0) \\ Z_{11,t}(1+0.01Z_{133,t})^{0.25}/(1+0.01|Z_{124,t}|)^{0.25} \\ \qquad \text{für } (Z_{124,t} < 0) \wedge (Z_{133,t} \geq 0) \\ Z_{11,t}(1+0.01|Z_{124,t}|)^{0.5}/(1+0.01|Z_{133,t}|)^{0.25} \\ \qquad \text{für } (Z_{124,t} < 0) \wedge (Z_{133,t} < 0) \end{cases}$$

Die Korridor-Untergrenze wird in analoger Weise festgelegt:

$$Z_{438,t} = Z_{134,t}^{-0.5} \begin{cases} Z_{11,t}(1+0.01Z_{124,t})^{0.5}(1+0.01Z_{133,t})^{0.25} \\ \qquad \text{für } (Z_{124,t} \geq 0) \wedge (Z_{133,t} \geq 0) \\ Z_{11,t}(1+0.01Z_{124,t})^{0.5}/(1+0.01|Z_{133,t}|)^{0.25} \\ \qquad \text{für } (Z_{124,t} \geq 0) \wedge (Z_{133,t} < 0) \\ Z_{11,t}(1+0.01Z_{133,t})^{0.25}/(1+0.01|Z_{124,t}|)^{0.25} \\ \qquad \text{für } (Z_{124,t} < 0) \wedge (Z_{133,t} \geq 0) \\ Z_{11,t}(1+0.01|Z_{124,t}|^{0.5}/(1+0.01|Z_{133,t}|)^{0.25} \\ \qquad \text{für } (Z_{124,t} < 0) \wedge (Z_{133,t} < 0) \end{cases}$$

Der Korridor Z_{437}-Z_{438} weist, bezogen auf seine Untergrenze, nur die halbe globale Schwankungsbreite ($2Z_{134}$) auf. Im Vergleich zu dem sehr starren äußeren Korridor bedeutet dies bereits eine beträchtliche Verengung. Geht man davon aus, daß der Z_{437}-Z_{438}-Korridor weitgehend optimal angepaßt ist, so mag eine weitere Verengung noch vertretbar erscheinen. Dies gilt insbesondere dann, wenn man hierdurch den überwiegenden "Aufenthalt" einer Zeitreihe zu erfassen sucht. In diesem Fall kommt es nicht darauf an, die Grenzen der Zeitreihenbewegung auszuloten, sondern die am meisten frequentierten Bereiche. Eine derartige Verengung läßt sich wiederum mit der 3:1-Regel vollziehen:

$$Z_{439,t} = 0.25(3Z_{437,t} + Z_{438,t})$$
$$Z_{440,t} = 0.25(3Z_{438,t} + Z_{437,t})$$

Eine zusätzliche Reduzierung etwa noch bestehender Schätzfehler kann man dann erwarten, wenn man durch Aggregation mehrerer vergleichbarer Einzelkorridore einen durchschnittlichen Korridor bestimmt. Hierzu verwenden wir die Korridore Z_{435}-Z_{436}, Z_{437}-Z_{438}, Z_{439}-Z_{440} sowie die bereits früher entwickelte Variante Z_{428}-Z_{429}:

$$Z_{441,t} = 0.25(Z_{435,t} + Z_{437,t} + Z_{439,t} + Z_{429,t})$$
$$Z_{442,t} = 0.25(Z_{436,t} + Z_{438,t} + Z_{440,t} + Z_{428,t})$$

Da in den Durchschnittskorridor auch vergleichsweise weit gefaßte Bandbreiten eingehen, dürfte eine Verengung möglich und wünschenswert sein:

$$Z_{443,t} = 0.25(3Z_{441,t} + Z_{442,t})$$
$$Z_{444,t} = 0.24(3Z_{442,t} + Z_{441,t})$$

Die in bezug auf diese Korridor-Familie gehegten Erwartungen erfüllen sich weitgehend: Die äußere, nur indirekt vom Trend beeinflußte Variante Z_{411}-Z_{412} erweist sich als breit genug, um selbst vehementen Reihenbewegungen noch Platz zu bieten. Dies gilt sogar noch, freilich mit einigen Abstrichen, für die verengte Variante Z_{435}-Z_{436}. Der innere, durch die unmittelbare Berücksichtigung des Trendeinflusses flexibilisierte Korridor Z_{437}-Z_{438} schmiegt sich erstaunlich gut an die Zeitreihen an. Freilich hat dieser gute Fit seinen Preis; er ist in Form einer verringerten Korridorstabilität zu entrichten. Was die Stabilität anlangt, ist der Durchschnittskorridor Z_{441}-Z_{442} positiv zu beurteilen. Trotz seiner recht engen Grenzen ist er erstaunlich stabil. Dies liegt nicht zuletzt an der Einbeziehung der zyklusbetonten Variante Z_{435}-Z_{436}.

Alles in allem hat sich der Weg als richtig erwiesen, die sich eng an den Reihenverlauf anschmiegenden Korridore durch eine direkte und fein abgestufte Berücksichtigung der Trendeinflüsse - in Gestalt des Basistrends und des Momentums - zu flexibilisieren. Die äußeren, vergleichsweise weit auseinanderliegenden Grenzen der Reihenbewegung können demgegenüber mit weit größerer Stabilität ausgestattet werden.[10]

Bei dem soeben dargestellten Verfahren einer sukzessiven und iterativen Korridorverengung wurde auf eine **Saldierung zyklischer und trendmäßiger Bewegungselemente** gänzlich verzichtet. Hingegen wurde bei Z_{425} und den hierauf basierenden Korridoren auf eine Relativierung der Trendkomponente durch die zyklische Komponente Wert gelegt. Dies geschah jedoch in recht pauschaler und zugleich einseitiger Weise, indem bei positiver Trend-Performance die Trenddynamik im Ausmaß des globalen Schwankungsfaktors gedämpft, bei negativer Trend-Performance hingegen verstärkt wurde.

Die **Trenddynamik**, gemessen durch die Trend-Performance - das ist die Summe aus Basistrend Z_{124} und Momentum Z_{133} - hat jedoch weit mehr signifikant verschiedene Ausprägungen als "positiv" und "negativ". Ohne die Bedingungskonstellationen über Gebühr auszuweiten, lassen sich doch immerhin **fünf verschiedene Fälle** sinnvoll auseinanderhalten, insbesondere im Hinblick auf die mögliche Überlagerung mit der zyklischen Komponente.

Ist die Trend-Performance null (Fall 1), gilt also $Z_{124}+Z_{133}=0$, dann ist offenbar die zyklische Komponente die alleinige, rich-

10) Deshalb mag man das im Währungsmanagement gebräuchliche Bild von der **"Schlange im Tunnel"** auch hier verwenden: Zeitreihen bewegen sich typischerweise innerhalb einer engen, in vertikaler Richtung aber schwankenden Bandbreite; hierdurch entsteht das Bild einer Schlange. Der Bewegungsspielraum der Schlange ist jedoch nach oben und unten begrenzt durch - zumindest kurzfristig - unverrückbare Grenzen, die bildhaft an einen Tunnel erinnern mögen.

tungweisende dynamische Kraft. Ist die Trend-Performance positiv und stärker als die zyklische Komponente (Fall 2), dann dürfte die Trendkomponente den dynamischen Verlauf der Zeitreihe dominieren. Ist die Trend-Performance negativ, absolut aber stärker als die zyklische Komponente (Fall 3), dann dürfte die Trendkomponente gleichfalls das Geschehen bestimmen. Ist umgekehrt die zyklische Komponente stärker als die Trendkomponente, diese aber zumindest noch positiv (Fall 4), so wird das Reihengeschehen überwiegend vom Zyklus beherrscht. Ist schließlich die Trend-Performance absolut schwächer als die zyklischen Kräfte und darüber hinaus negativ (Fall 5), so überwiegt auch hier der zyklische Einfluß. Bei der Bestimmung der Korridorgrenzen empfiehlt sich - außer im Fall 1 - eine asymmetrische Behandlung:

$$Z_{445,t} = \begin{cases} Z_{11,t}(1+0.1Z_{134,t}) \text{ für } Z_{124,t}+Z_{133,t}=0 \\ Z_{11,t} \text{ für} \{[1+0.005(|Z_{124,t}+Z_{133,t}|)]>(1+0.1Z_{134,t})\}\ldots \\ \quad \ldots\wedge[(Z_{124,t}+Z_{133,t})<0] \\ Z_{11,t}(1+0.1Z_{134,t}) \text{ für } (1+0.1Z_{134,t})\ldots \\ \quad \ldots>[1+0.005(Z_{124,t}+Z_{133,t})]>0 \\ Z_{11,t}\{1+(1+0.1Z_{134,t}-[1+0.005(|Z_{124,t}+Z_{133,t}|)]\}\ldots \\ \quad \text{für } \{(1+0.1Z_{134,t})>[1+0.005(|Z_{124,t}+Z_{133,t}|)]\}\ldots \\ \quad \ldots\wedge[(Z_{124,t}+Z_{133,t})<0] \end{cases}$$

$$Z_{446,t} = \begin{cases} Z_{11,t}/(1+0.1Z_{134,t}) \text{ für } Z_{124,t}+Z_{133,t}=0 \\ Z_{11,t} \text{ für } [1+0.005(Z_{124,t}+Z_{133,t})]>(1+0.1Z_{134,t}) \\ Z_{11,t}/[1+0.005(|Z_{124,t}+Z_{133,t}|)] \\ \quad \text{für } \{[1+0.005(|Z_{124,t}+Z_{133,t}|)]>(1+0.1Z_{134,t})\}\ldots \\ \quad \ldots\wedge[(Z_{124,t}+Z_{133,t})<0] \\ Z_{11,t}/\{1+(1+0.1Z_{134,t})-[1+0.005(Z_{124,t}+Z_{133,t})]\} \\ \quad \text{für } (1+0.1Z_{134,t})>[1+0.005(Z_{124,t}+Z_{133,t})]>0 \\ Z_{11,t}/(1+0.1Z_{134,t}) \text{ für } \{(1+0.1Z_{134,t})\ldots \\ \quad \ldots>[1+0.005(|Z_{124,t}+Z_{133,t}|)]\}\ldots \\ \quad \ldots\wedge[(Z_{124,t}+Z_{133,t})<0] \end{cases}$$

Die Grenzen des Korridors Z_{445}-Z_{446} wurden sehr eng gezogen. Sofern keine Trendkräfte beobachtet werden können, wird nur eine Schwankung in Höhe von $0.1Z_{134}$% um den Reihenmittelwert Z_{11} zugelassen. Zur Berechnung der Trenddynamik wird der einfache Durchschnitt aus Basistrend und Momentum gebildet und in Prozentwerte umgerechnet. Dadurch wird der unmittelbare Vergleich mit der ebenfalls in Prozentwerten ausgedrückten zyklischen Dynamik möglich. Bei überwiegender Trenddynamik wird die zyklische Bandbreite nach oben bzw. unten angepaßt.

Der **empirische Befund** ist durchaus zufriedenstellend. Der Korridor Z_{445}-Z_{446} schmiegt sich sehr eng an die Reihenentwicklung an. Andererseits ist die Bandbreite so schmal bemessen, daß Ausbrüche der Reihe aus dem Korridor nicht gerade selten vorkommen, und dies, obwohl für eine beträchtliche Flexibilisierung gesorgt wurde. Der Korridor eignet sich daher hauptsächlich für die kurzfristige Prognose. Unter marktstrategischen und -taktischen Gesichtspunkten bietet der Korridor einen verläßlichen Orientierungsrahmen für die Formulierung kurzfristig ausgelegter **Trading-Regeln**.

Nachdem wir jetzt einige **trendgestützten Korridorsysteme** untersucht haben, die besonderen Wert auf "hautnahen" Kontakt mit der Ursprungsreihe legen und zu diesem Zweck ein hohes Stabilitätsopfer bringen müssen, scheint es jetzt an der Zeit, sich im Rahmen trendgestützter Schätzverfahren Korridoren zuzuwenden, die der Stabilität Vorrang vor der Flexibilität und dem bestmöglichem Fit einräumen. Es ist fast überflüssig zu betonen, daß derartige Korridore notwendigerweise breiter dimensioniert sein müssen. Ihre hohe **(vertikale) Stabilität** läßt sie aber insbesondere für langfristige Prognosen und darauf aufgebaute langfristige Marktstrategien geeignet erscheinen.

Ein direkter Weg zu einem stabilen, trendgestützten Korridor führt konsequenterweise über den Basistrend Z_{124}. Dieser Trendindikator ist im Zeitablauf äußerst stabil und erweist sich selbst gegenüber hektischen, aber kurzlebigen Reihenausschlägen als überaus resistent. Um die Stabilität dieses Trendkriteriums noch zu erhöhen, empfiehlt sich der Einsatz eines Glättungsparameters. Ein sehr einfaches, aber wirksames Verfahren besteht in der Radizierung des Basistrendfaktors $(1+0.01Z_{124})$. Die quadratische Radizierung hat den Vorteil, daß die absoluten Quantitäten des auf diese Weise angepaßten Trendfaktors in einem plausiblen Wertebereich liegen.

In einem ersten Schritt nehmen wir eine Trendanpassung des Reihenmittelwerts Z_{11} vor, und zwar so, daß ausschließlich der Basistrend als Trendkorrekturgröße Berücksichtigung findet:

$$Z_{447,t} = \begin{cases} Z_{11,t}(1+0.01Z_{124,t}{}^{0.5} & \text{für } Z_{124,t} \geq 0 \\ Z_{11,t}/(1+0.01|Z_{124,t}|)^{0.5} & \text{für } Z_{124,t} < 0 \end{cases}$$

Der entsprechende **trendgestützte Langfristkorridor** läßt sich nun wie folgt ansetzen:

$$Z_{448,t} = Z_{447,t}/Z_{134,t}{}^{0.5}$$
$$Z_{449,t} = Z_{447,t} \cdot Z_{134,t}{}^{0.5}$$

Dieser Korridor bietet bei einer durchaus noch erträglichen vertikalen Ausdehnung eine sehr verläßliche Orientierung über den langfristig gültigen Bewegungsrahmen einer Zeitreihe. Die mäßige Korridorbreite verbunden mit der stark herabgesetzten Korridorflexibilität führt freilich nicht selten dazu, daß die Korridorgrenzen überschritten werden. Dies gilt insbesondere dann, wenn die Reihe eine dem Trend entgegengesetzte Bewegung mit starker Intensität ausführt. Zumeist sind die "Grenzverletzungen" nur vorübergehender Natur. Der Basistrend setzt sich alsbald wieder durch und bringt die Reihe wieder auf den dominierenden Entwicklungspfad zurück.

Dies ist im übrigen ein Indiz dafür, daß **Trendbrüche** im sozialökonomischen Bereich alles andere als wahrscheinlich sind. Zwar kann es zu sehr heftigen Trendabweichungen kommen, doch diese werden zumeist zügig korrigiert. Das bedeutet allerdings nicht, daß der vorherrschende Basistrend durch wiederholte einseitige Trendabweichungen nicht nachhaltig beeinflußt werden könnte. Es bedeutet aber, daß Trends nicht abrupt gebrochen, d.h. auf Gegenkurs gebracht werden können, wie die Trendbruchanalyse glauben machen möchte.

In ausgiebigen Testläufen hat sich allerdings gezeigt, daß der Korridor Z_{448}-Z_{449} einen eigentümlichen *bias* aufweist; er liegt nämlich grundsätzlich zu hoch.[11] Aus diesem Grund empfiehlt sich

11) Dies dürfte wiederum mit der wiederholt erwähnten **asymmetrischen Grenzwertsituation** von Zeitreihen zu tun haben. Während die Untergrenze der meisten sozioökonomischen Zeitreihen bei null liegt und damit eindeutig fixiert ist, kann die Obergrenze fast beliebig hoch liegen. Die auf dem historischen Reihenverlauf basierenden Trendindikatoren reflektieren diesen Umstand sehr deutlich: "Nach oben" sind diese Indikatoren sehr beweglich und können absolut sehr hohe Werte annehmen; "nach unten" hingegen zeigen

der Test eines alternativen Korridors, der zwar denselben trendangepaßten Reihenmittelwert verwendet, jedoch den globalen - ungedämpften - Schwankungsfaktor als Deflator verwendet. Auf diese Weise wird Z_{447}, der angepaßte Reihenmittelwert, zur Korridorobergrenze; die Untergrenze hingegen ist festgelegt durch

$$Z_{450,t} = Z_{447,t}/Z_{134,t}.$$

Die **empirische Auswertung** zeigt, daß der Korridor Z_{447}-Z_{450} bei stark basistrend-positiven Reihen einen guten Fit ergibt, während basistrend-negative Reihen in Turnaround-Situationen die Korridorobergrenze verletzen. Überraschen kann dies kaum, denn die zyklisch bedingte Schwankungsintensität wird nur nach unten, nicht jedoch nach oben berücksichtigt. Dies ist solange in Ordnung, wie der negative Basistrend einer Reihe unangefochten fortbesteht. Bahnt sich jedoch eine Trendwende an, ein sog. *turnaround*[12], dann verläßt die Reihe den Korridor nach oben. Wegen seiner Basistrendabhängigkeit reagiert der Korridor hierauf nur zögerlich.

Unter **marktstrategischen Gesichtspunkten** bietet dieser Korridor indessen unübersehbare Vorteile. Auf spekulativen Vermögensmärkten liefert er einen idealen Rahmen für risikoarme antizykklische Spekulationen. Wird eine Aktie am unteren Rand dieses Korridors gekauft, kann man in aller Regel davon ausgehen, daß der Kurs "unten" ist und daher ein Engagement kaum noch Verlustrisiken birgt. Andererseits darf man erwarten, daß die Korridorobergrenze selbst bei trendschwachen Aktien erreicht werden kann, so daß eine Lösung des Engagements in der Regel mit Gewinn möglich sein dürfte.[13]

dieselben Indikatoren erhebliche Resistenz, d.h., sie nehmen absolut vergleichsweise nur kleine Werte an. Es kommt z.B. immerhin vor, daß der Basistrend-Indikator bei Aktienkursreihen in den Wertebereich über +200 vorstößt, während umgekehrt kaum negative Basistrendwerte unter -50 beobachtet werden konnten.

12) In diesem Fall ist das Momentum Z_{133} typischerweise stark positiv.

13) In welcher Form das zyklische Element nun berücksichtigt werden soll, mehr im Stile des Korridors Z_{448}-Z_{449} oder mehr im Stile des Korridors Z_{447}-Z_{450}, ist eine Frage, die sich letztlich nur empirisch befriedigend beantworten läßt. Im ersten Fall besteht ein *"upper bias"*, im zweiten Fall ein *"lower bias"*. Erst im Rahmen strategischer Modellüberlegungen kann geklärt werden, mit welcher trendgestützten Variante die besten Marktergebnisse erzielt werden können.

Wir wollen uns jetzt einer weiteren basistrend-gestützten Variante zuwenden, die den Basistrend zwar als treibende und lenkende Kraft anerkennt, ihn aber in seiner Durchschlagskraft weiter abmildert; hierzu wird der Basistrendfaktor $(1+0.01Z_{124})$ doppelt radiziert:

$$Z_{451,t} = \begin{cases} Z_{11,t}(1+0.01Z_{124,t})^{0.25} & \text{für } Z_{124,t} \geq 0 \\ Z_{11,t}/(1+0.01|Z_{124,t}|)^{0.25} & \text{für } Z_{124,t} < 0 \end{cases}$$

Die basistrendbedingte Anpassung des Reihenmittelwerts Z_{11} ergibt Z_{451}; dieser Wert wiederum dient als Mittelpunkt der sog. **Normalzone:**

$$Z_{452,t} = Z_{451,t}/(1 + 0.2Z_{134,t})$$
$$Z_{453,t} = Z_{451,t}(1 + 0.2Z_{134,t})$$

Die Normalzone hat sich als eine gut passende Ummantelung für Zeitreihen erwiesen. Dieser Korridor weist bei minimaler Bandbreite ein hohes Maß an Stabilität auf; die Bandbreiten-Stabilitäts-Relation erscheint also kaum noch verbesserungsfähig. Bei stark basistrend-dynamischen Reihen hat die Normalzone allerdings Schwierigkeiten, mit der Entwicklung Schritt zu halten. Die Reihen brechen dann zumeist nachhaltig aus der Normalzone aus und ziehen sich erst bei zyklischen Gegenbewegungen wiederum dorthin zurück.

Z_{451} ist ein bemerkenswerter Reihenmittelwert, der, wie umfangreiche Tests gezeigt haben, eine signifikante zyklische Trennfunktion ausübt, d.h., Reihenbewegungen erfahren Unterstützung oder Widerstand durch diesen Wert, je nachdem, ob sich die Reihe von oben oder von unten annähert. Wie bereits früher im Zusammenhang mit den Hausse- und Baissesignal-Tests (Crossover-Tests) betont wurde, ist die **Stütz- und Widerstandsfunktion** in trendschwachen Reihenabschnitten weniger stark ausgeprägt als in trendbetonten Reihenabschnitten.

Insofern besteht ein deutlicher **Regime-Sprung zwischen einer spezifisch zyklischen und einer spezifisch trenddeterminierten Reihenentwicklung.** Im ersten Fall stellen *crossovers* keine richtungweisenden Signale dar, sondern sind lediglich Ausdruck der stets vorhandenen zyklischen und zufallsbedingten Dynamik. Erst bei Vorliegen einer hinreichend deutlich positiven oder negativen Trendorientierung können mutmaßliche Unterstützungs- und Widerstandsniveaus zur Geltung kommen.

Dies gilt auch für den basistrendgeprägten Mittelwert Z_{451}. Es bietet sich daher an, eine **Mittelwertzone** festzulegen, deren Breite mit der Trendstärke abnimmt und bei ausreichender Trenddynamik auf null zusammenschmilzt. In diesem Zusammenhang wäre es kaum angebracht, nur auf den Basistrend zu achten und das Momentum zu vernachlässigen. Die Mittelwertzone wird zunächst mit einer maximalen Breite von zweimal $10Z_{134}$%, bezogen auf Z_{451}, ausgestattet. Liegt eine spürbare Trenddynamik vor, dann wird die Mittelwertzone in folgender Weise verengt:

$$Z_{454,t} = \begin{cases} Z_{451,t}/[1+0.01(10Z_{134,t}-|0.5Z_{124,t}|-|0.5Z_{133,t}|)] & \text{für } [\ldots] \geq 0 \\ Z_{451,t} & \text{für } [\ldots] < 0 \end{cases}$$

$$Z_{455,t} = \begin{cases} Z_{451,t}[1+0.01(10Z_{134,t}-|0.5Z_{124,t}|-|0.5Z_{133,t}|)] & \text{für } [\ldots] \geq 0 \\ Z_{451,t} & \text{für } [\ldots] < 0 \end{cases}$$

Sofern die jeweils hälftig genommenen absoluten Werte des Basistrends und des Momentums sich zu einem Betrag addieren, der $10Z_{134}$ entspricht oder größer ist, dann existiert keine **Mittelwertzone**, oder, anders ausgedrückt, diese fällt mit Z_{451} zusammen. In allen übrigen Fällen existiert eine mehr oder weniger breite Mittelwertzone. Ihre maximale Breite erreicht sie dann, wenn sich die absoluten Werte von Basistrend und Momentum zu null addieren.[14]

Ein ähnliches Verfahren zur Bestimmung eines Unschärfebereiches, der auf die allgemeine Trendschwäche zurückzuführen ist, verwendet den bereits früher eingeführten, dynamisch angepaßten Mittelwert, der zur Ableitung des Korridors Z_{437}-Z_{438} herangezogen wurde, nämlich

14) Es kommt nicht darauf an, daß die Trend-Performance $Z_{124}+Z_{133}$ gleich Null ist. Entscheidend ist vielmehr, daß die beiden Trendindikatoren überhaupt von null verschieden sind. Denn es geht nicht um die Summe der Trendkräfte, sondern darum, ob überhaupt Trendkräfte existieren, gleich welcher Richtung.

$Z_{437,t}/Z_{134,t}{}^{0.5} = Z_{438,t} \cdot Z_{134,t}{}^{0.5}$.

Unter Verwendung dieses Mittelwerts erhalten wir als alternative **Unschärfezone**:

$$Z_{456,t} = \begin{cases} Z_{437,t}/Z_{134,t}{}^{0.5}/[1+0.01(Z_{134,t}-|0.5Z_{124,t}|\ldots \\ \qquad \ldots-|0.5Z_{133,t}|)] \text{ für } [\ldots] \geq 0 \\ Z_{437,t}/Z_{134,t}{}^{0.5} \text{ für } [\ldots] < 0 \end{cases}$$

$$Z_{457,t} = \begin{cases} Z_{437,t}/Z_{134,t}{}^{0.5}[1+0.01(10Z_{134,t}-|0.5Z_{124,t}|\ldots \\ \qquad \ldots-|0.5Z_{133,t}|)] \text{ für } [\ldots] \geq 0 \\ Z_{437,t}/Z_{134,t}{}^{0.5} \text{ für } [\ldots] < 0 \end{cases}$$

Auch hier gilt, daß die **Unschärfezone** verschwindet, sobald die Trenddynamik hinreichend stark ausgebildet ist.[15]

Zur Gruppe der trendgestützten Korridore gehören noch weitere Varianten. Zunächst soll die Möglichkeit diskutiert werden, **Basistrend, Momentum und zyklische Komponente zu einem Korrekturfaktor zusammenzufassen**. Sind diese dynamischen Einflußfaktoren in der Summe positiv, so erfolgt eine stärkere Dämpfung, als wenn sie in der Summe negativ sind. Dies geschieht im Hinblick auf die Verwendung dieses Korridors als Grundlage für Marktentscheidungen. Sofern das Vorsichtsmotiv eine große Rolle spielt, sind besonders strenge Schutzmaßnahmen gegen voreilige Engagements in baisse-dynamischen Märkten angezeigt. Umgekehrt dürfte in hausse-dynamischen Märkten das Vorsichtsmotiv kein allzu langes Festhalten an spekulativen Positionen nahelegen, sondern vielmehr eine zügige Realisation von Gewinnen in Preisbereichen, deren Erreichen als weitgehend sicher gelten kann. Die Obergrenze dieses Korridors ist definiert als

$$Z_{458,t} = \begin{cases} Z_{11,t}\ [1+0.01(Z_{124,t}+0.5Z_{133,t}-20Z_{134,t})]^{0.25} \\ \qquad \text{für } (Z_{124,t}+0.5Z_{133,t}-20Z_{134,t}) \geq 0 \\ Z_{11,t}/[1+0.01(|Z_{124,t}+0.5Z_{133,t}-20Z_{134,t}|)]^{0.5} \\ \qquad \text{für } /Z_{124,t}+0.5Z_{133,t}-20Z_{134,t}) < 0. \end{cases}$$

15) Es läßt sich in analoger Weise noch eine dritte Schätzung des **Unschärfebereichs** durchführen und anschließend eine durchschnittliche Unschärfezone ableiten. Dies kann jedoch erst später erfolgen, nachdem ein globaler Indikator der Reihenperformance entwickelt worden ist, der umfassender ist als bisher vorliegende vergleichbare Indikatoren.

Um die Obergrenze zu bestimmen, wird ein sehr bescheidener Aufschlag gewählt:

$$Z_{459,t} = Z_{458,t}(1+0.2Z_{134,t})$$

Von seiner ganzen Konzeption her bietet der Korridor Z_{458}-Z_{459} einen für kurzfristige Marktdispositionen geeigneten Orientierungsrahmen. Obwohl das Gewicht des Momentums herabgesetzt wurde, ist der Korridor ausreichend flexibel, um trotz seiner schmalen Bandbreite in der Regel den Reihenkontakt wahren zu können.

Fast identisch strukturiert, nur unter separater Berücksichtigung der zyklischen Komponente, ist der nachfolgende Korridor. Zuerst muß hier die Korridormitte definiert werden als:

$$Z_{460,t} = \begin{cases} Z_{11,t}[1+0.01(Z_{124,t}+Z_{133,t})]^{0.25} & \text{für } Z_{124,t}+Z_{133,t} \geq 0 \\ Z_{11,t}/[1+0.01(|Z_{124,t}+Z_{133,t}|)]^{0.5} & \text{für } Z_{124,t}+Z_{133,t} < 0 \end{cases}$$

Die Korridorgrenzen ergeben sich dann als:

$$Z_{461,t} = Z_{460,t}/Z_{134,t}{}^{0.5}$$
$$Z_{462,t} = Z_{460,t} \cdot Z_{134,t}{}^{0.5}$$

Eine leicht verbreiterte Variante hiervon hat die Grenzen

$$Z_{463,t} = Z_{461,t}/(1+0.1Z_{134,t})$$
$$Z_{464,t} = Z_{462,t}(1+0.1Z_{134,t}).$$

Eine leicht veränderte, gleichfalls trendperformance-gestützte Variante wurde wie folgt angesetzt; die Obergrenze wird ausschliesslich durch die nur schwach gedämpfte Trend-Performance festgelegt, also unter Ausschluß der zyklischen Komponente:

$$Z_{465,t} = \begin{cases} Z_{11,t}[1+0.01(Z_{124,t}+Z_{133,t})]^{0.5} & \text{für } Z_{124,t}+Z_{133,t} \geq 0 \\ Z_{11,t}/[1+0.01(|Z_{124,t}+Z_{133,t}|)]^{0.5} & \text{für } Z_{124,t}+Z_{133,t} < 0 \end{cases}$$

Die Untergrenze wird in vergleichsweise geringem Abstand festgelegt durch

$$Z_{466,t} = Z_{465,t}/(1+0.2Z_{134,t}).$$

Eine wesentlich breitere Zone erhält man, wenn, ausgehend von den Grenzwerten Z_{465} und Z_{466}, mit dem globalen Schwankungsfaktor deflationiert bzw. inflationiert wird:

$$Z_{467,t} = Z_{465,t}/Z_{134,t}$$
$$Z_{468,t} = Z_{466,t} \cdot Z_{134,t}$$

Zusätzlich zu Z_{468} wurde, im Hinblick auf spätere strategische Tests, ein leicht veränderter Obergrenzwert festgelegt:

$$Z_{469,t} = Z_{465,t}(1+0.1Z_{134,t})$$

Da sich Z_{466} zu häufig als zu tief angesetzt erwiesen hat, wurde der etwas höher liegende Untergrenzwert

$$Z_{470,t} = Z_{465,t}/(1+0.1Z_{134,t})$$

festgelegt.

Im Hinblick auf die Ausformulierung antizyklischer Strategien hat sich eine leichte Modifikation des *High-Low-Potentials* Z_{433}-Z_{434} als nützlich erwiesen, dergestalt, daß die Bandbreite nach oben verkleinert und nach unten zweigeteilt wird. Unter Verwendung desselben Korridormittelwerts Z_{432} wie im Falle des HLP-Korridors erhält man jetzt für den zweistufigen Untergrenzbereich

$$Z_{471,t} = Z_{432,t}/(1+0.1Z_{134,t}) \text{ bzw.}$$
$$Z_{472,t} = Z_{471,t}/(1+0.1Z_{134,t}).$$

Die Obergrenze wird auf

$$Z_{473,t} = Z_{432,t}(1+0.1Z_{134,t})$$

festgelegt.

Um eine **flexible Marktstrategie**, insbesondere auf spekulativen Vermögensmärkten, verfolgen zu können, ist eine vergleichsweise **enge Preisgrenzenfixierung** unerläßlich. Werden die - antizyklisch ausgelegten - Marktaktivitäten vom Erreichen oberer und unterer Preisgrenzen abhängig gemacht, so müssen diese so eng gezogen werden, daß die Wahrscheinlichkeit, diese Grenzwerte zu erreichen, sehr hoch ist. Andererseits müssen die Grenzen so weit auseinanderliegen, daß die Preisspanne eine auskömmliche Spekulationsrendite abwerfen kann und daß spekulative Transaktionen nicht voreilig abgeschlossen werden, d.h., bevor der Markt die jeweilige Preisbewegung im wesentlichen beendet hat.

Es wurde bereits mehrfach betont, daß die einzelnen Korridorschätzungen **spezifische Schätzungenauigkeiten** aufweisen können, deren Reduzierung oder gar vollkommene Elimination allein aufgrund theoretischer Plausibilitätsüberlegungen nicht gelingt. Man darf jedoch erwarten, daß die **Aggregation einzelner Schätzvarianten** der Fehlerbegrenzung förderlich ist. Da die einzelnen Korridore nicht denselben Flexibilitätsgrad aufweisen, bewirkt die Aggregation im übrigen auch eine höhere Stabilität der aggregierten Bandbreite im Vergleich zu weniger stabilen Komponenten des Aggregats. Die auf sieben Einzelkorridoren aufbauende Bandbreite hat folgende Grenzwerte:

$$Z_{474,t} = (Z_{171,t}+Z_{201,t}+Z_{417,t}+Z_{419,t}+Z_{421,t}+Z_{428,t}+Z_{446,t})/7$$
$$Z_{475,t} = (Z_{144,t}+Z_{202,t}+Z_{418,t}+Z_{420,t}+Z_{422,t}+Z_{429,t}+Z_{445,t})/7$$

Dieser Korridor besitzt eng angepaßte Grenzen. Seine Stabilität ist trotzdem beachtlich. Insofern eignet sich der Korridor auch zur Markierung der Grenzen zwischen ruhiger und hektischer Reihenbewegung. Bricht die Reihe aus dem Korridor aus, so ist dies meist ein verläßliches Zeichen einer sich anbahnenden kräftigen Aufwärts- bzw. Abwärtsbewegung.

3.3.4 Extrapolative Bandbreiten-Schätzverfahren

Wir haben bisher zyklus- und trendgestützte Bandbreiten-Schätzverfahren in verschiedenen Varianten vorgestellt. Während zyklusgestützte Korridore vergleichsweise inflexibel sind, da sie Trendeinflüsse nur indirekt über die Mittelwertkomponente berücksichtigen, zeichnen sich trend- und insbesondere trendperformance-gestützte Korridore durch ein höheres Maß an Flexibilität aus, bedingt durch die unmittelbare Einbeziehung von trenddynamischen Elementen. Der ***trade-off*** **zwischen Korridorflexibilität und Korridorstabilität** führt dazu, daß die inflexiblen zyklusgestützten Korridore eher breit, die flexiblen trendgestützten Korridore hingegen eher schmal ausfallen.

Der Benutzer von Prognosen ist verständlicherweise an möglichst stabilen und durch möglichst schmale Bandbreiten gekennzeichneten Prognosen interessiert. Bei gleichem Wahrheitsgehalt alternativer Prognosen ist diejenige am "benutzerfreundlichsten", die ein Höchstmaß an Beständigkeit mit einem Höchstmaß an Präzision vereinigt.

Da man das eine stets nur auf Kosten des anderen haben kann, stellt die **Auswahl des besten Prognoseverfahrens kein einfaches Maximierungsproblem** dar, sondern ein schwieriges Entscheidungsproblem. Dieses läßt sich ohne Kenntnis der Zielfunktion des Prognosebenutzers nicht lösen. Eine abschließende Bewertung alternativer Korridorkonzeptionen läßt sich erst vornehmen, nachdem diese im Rahmen strategischer, zielgebundener Marktaktivitäten auf ihre Leistungsfähigkeit geprüft worden sind.

Bevor geeignete Strategiemodelle entworfen werden können, sind jedoch noch zwei Korridor-Schätzverfahren zu entwickeln, die sich von den bisherigen in grundsätzlichen Punkten unterscheiden. Es handelt sich hierbei einmal um das extrapolative und das im nächsten Abschnitt darzulegende globale Bandbreiten-Schätzverfahren.

Das **extrapolative Bandbreiten-Schätzverfahren** greift die periodenspezifischen Zeitreihenminima und -maxima ab. Der Referenzzeitraum umfaßt die aktuelle Periode sowie 96 vergangene Perioden. Aus diesen Daten wird eine Mittelwertsumme errechnet, und zwar in der Weise, daß für jeweils länger werdende Zeitraumsegmente das jeweilige segmentspezifische Mittel aus sämtlichen Minima und Maxima ermittelt wird.[1]

Der **durchschnittliche Mittelwert** ist definiert als

$$
\begin{aligned}
Z_{476,t} = {} & [(Z_{1,t}+Z_{2,t})/2 + (Z_{1,t}+Z_{1,t-1}+Z_{2,t}+Z_{2,t-1})/4 \ldots \\
& \ldots + (Z_{1,t}+Z_{1,t-1}+Z_{1,t-2}+Z_{2,t}+Z_{2,t-1}+Z_{2,t-2})/6 + \ldots \\
& \ldots + (Z_{1,t}+\ldots+Z_{1,t-96}+Z_{2,t}+\ldots+Z_{2,t-96})/194]/97.
\end{aligned}
$$

Im nächsten Schritt werden die Differenzen zwischen den periodenspezifischen Reihendurchschnitten ermittelt, in prozentuale Veränderungsraten umgerechnet, entsprechend ihrer Gegenwartsnähe gewichtet und zu einem gewogenen Durchschnitt zusammengefaßt:

$$
\begin{aligned}
Z_{477,t} = {} & [9600(Z_{476,t}-Z_{476,t-1})/Z_{476,t-1} \ldots \\
& \ldots+9500(Z_{476,t-1}-Z_{476,t-2})/Z_{476,t-2} \ldots \\
& \ldots+9400(Z_{476,t-2}-Z_{476,t-3})/Z_{476,t-3}+\ldots \\
& \ldots+(Z_{476,t-95}-Z_{476,t-96})/Z_{476,t-96}]/4656
\end{aligned}
$$

Entsprechend der Summenformel für arithmetische Reihen ist durch die Summe der Gewichte (4656) zu dividieren. Die Gewichte selbst bilden die fallende arithmetische Reihe 96,95,...,1. Die aktuellen Änderungen der Durchschnittswerte erhalten somit das stärkste Gewicht. Damit wird das in Z_{476} festgeschriebene Übergewicht vergangener, d.h. mittel- und langfristig abgestützter Reihenrealisationen, zum Teil wieder ausgeglichen, denn für die **Festlegung der Richtungskomponente** - nicht des Niveaus! - des durchschnittlichen Mittelwerts wird am stärksten auf aktuelle Reihenausprägungen zurückgegriffen. Z_{477} mißt somit die durchschnittliche Änderungsrate des durchschnittlichen Mittelwerts Z_{476} von einer Periode zur andern. Dieser Sachverhalt läßt sich auch durch den Änderungsfaktor

$$Z_{478,t} = 1 + 0.01Z_{477,t}$$

ausdrücken. Stärkere Änderungen dieses Wachstumsfaktors sind selbst bei deutlichen Veränderungen des Reihenverhaltens konstruk-

1) Der Umstand, daß sich die Mittelwerte derjenigen Segmente, die viele Einheitsperioden umfassen, langsamer ändern als die Mittelwerte derjenigen Segmente, die wenige Einheitsperioden umfassen, führt dazu, daß der durchschnittliche Mittelwert von den trägeren Mittelwertkomponenten dominiert wird. Dadurch soll sichergestellt werden, daß die aktuelle Reihensituation nur dann einen spürbaren Einfluß auf den Reihenmittelwert hat, wenn sie sich als nachhaltig herausstellen sollte.

tionsbedingt kaum zu erwarten. Daher erscheint es vertretbar, den nach Verstreichen der nächsten sechs Perioden vermutlich gültigen durchschnittlichen Mittelwert extrapolativ zu bestimmen als

$$Z_{476.t+6} = Z_{476.t} \cdot Z_{478.t}{}^{6}.$$

Der extrapolative Ansatz geht nicht nur bei der Bestimmung des Reihenmittels, sondern auch bei der Messung der globalen Reihenschwankung eigene Wege. Ausgangspunkt für die Schwankungsanalyse ist der Vergleich periodenspezifischer Reihendurchschnitte mit dem durchschnittlichen Reihenmittel Z_{476}. Diese Abweichung, von der nur die absolute Größe interessiert, wird in eine Prozentzahl umgerechnet und bei Gegenwartsnähe stark, bei Gegenwartsferne schwach gewichtet:

$$\begin{aligned} Z_{479.t} = \{ & 9600[\,|0.5(Z_{1.t}+Z_{2.t})-Z_{476.t}|\,]/Z_{476.t} \ldots \\ & \ldots+9500[\,|0.5(Z_{1.t-1}+Z_{2.t-1})-Z_{476.t-1}|\,]/Z_{476.t-1} \ldots \\ & \ldots+9400[\,|0.5(Z_{1.t-2}+Z_{2.t-2})-Z_{476.t-2}|\,]/Z_{476.t-2} \ldots+ \\ & \ldots+[\,|0.5(Z_{1.t-95}+Z_{2.t-95})-Z_{467.t-95}|\,]/Z_{476.t-95}\}/4656 \end{aligned}$$

Die Summe der Gewichte 96,95,...,1 ist wiederum 4656. Demnach mißt Z_{479} die durchschnittliche prozentuale Abweichung zwischen Perioden-Mittelkurs $0.5(Z_1+Z_2)$ und durchschnittlichem Mittelkurs Z_{476}. Hierbei sind sowohl positive als auch negative Abweichungen gemessen worden. Der globale Schwankungsfaktor ergibt sich dann als

$$Z_{480.t} = 1 + 0.01Z_{479.t}.$$

Nun sind die Vorarbeiten für eine Bandbreiten-Schätzung abgeschlossen. Der Korridor-Mittelwert Z_{476} ist ebenso bekannt wie das globale Schwankungsmaß Z_{479} bzw. Z_{480}. Die untere Grenze der entsprechenden Bandbreite lautet

$$Z_{481.t} = Z_{476.t}/Z_{480.t},$$

die Obergrenze ist

$$Z_{482.t} = Z_{476.t} \cdot Z_{480.t}.$$

Extrapoliert man die Korridorgrenzen bis in die sechste nachfolgende Periode, so erhält man

$$Z_{483.t} = Z_{476.t+6}/Z_{480.t} \text{ und}$$
$$Z_{484.t} = Z_{476.t+6} \cdot Z_{480.t}.$$

Das globale Schwankungsmaß ist als gewogener Durchschnitt konzipiert. Es mag nun aber die Frage auftauchen, welches Ausmaß die im historischen Rückblick größte Mittelwertabweichung gehabt hat. Eine Antwort auf diese Frage ist dann wichtig, wenn man die maximale, historisch dokumentierte Bandbreite einer Reihe als **Testkriterium für die Reihenstationarität** verwenden will.

Als stationär gilt eine Zeitreihe dann, wenn sie durch bestimmte, im Zeitablauf unveränderliche Parameter beschrieben werden kann. Das globale Schwankungsmaß mag man als einen solchen Parameter auffassen. Bricht nun eine Zeitreihe aus dem durch das globale - oder gar durch das maximale, historisch dokumentierte - Schwankungsmaß fixierten Korridor aus, so mag man dies als Indiz für den Beginn einer grundlegend neuen Ära im "Leben" der Zeitreihe ansehen.[2]

Wir ermitteln jetzt die maximale, historisch dokumentierte Schwankung als

$$Z_{485,t} = \max\{100[|0.5(Z_{1,T}+Z_{2,T})-Z_{476,T}|]/Z_{476,T}\},\ t \geq T \geq 96.$$

Die entsprechenden Korridorgrenzen lauten jetzt:

$$Z_{486,t} = Z_{476,t}/Z_{485,t}$$
$$Z_{487,t} = Z_{476,t} \cdot Z_{485,t}$$

Durch die Konstruktion des Reihenmittelwert Z_{476} wird gewissermaßen die in der Vergangenheit dominante Mittelwertsituation fortgeschrieben ("extrapoliert"). Aktuelle Reihenrealisationen haben für diesen Mittelwert allenfalls marginale Bedeutung. Die auf dem Mittelwert Z_{476} basierenden Korridore Z_{481}-Z_{482} bzw. Z_{486}-Z_{487} spiegeln somit verstärkt die Hypothese wieder, daß Zeitreihen im wesentlichen stationär sind, d.h., lediglich die vergangene Entwicklung reproduzieren.[3]

2) Als Beispiele wären zu nennen die nachhaltige und fundamentale Verbesserung oder Verschlechterung wirtschaftspolitischer Zielgrößen, etwa das Hineinwachsen des Arbeitslosenproblems in neue Dimensionen (in der Bundesrepublik Deutschland Mitte der siebziger Jahre), die nachhaltige und fundamentale Neubewertung von Vermögenswerten, etwa die Neubewertung der Edelmetalle Ende der siebziger Jahre oder die Neubewertung der PKI-Aktie zu Beginn der achziger Jahre. In sozioökonomischen Makroanalysen spricht man in diesem Zusammenhang gern von **Strukturbrüchen**, in der Analayse spekulativer Vermögensmärkte werden hingegen häufiger die bezeichnenden Vokabeln ***"breakout"*** oder ***"runaway"*** gebraucht.
3) Die **Stationaritätsannahme** ist allerdings nicht extrem streng, denn **Anpassungen der Reihenparameter** - Reihenmittelwert und Schwankungsmaß - sind durchaus zugelassen. Ein solcher Anpassungs-

Der **empirische Befund zum Extrapolitionskorridor** ist sehr ermutigend: Normalerweise bleiben Reihen zumindest innerhalb der breiten, durch Z_{486}-Z_{487} markierten Grenzen. Kommt es zu einem Ausbruch, dann verändert die Reihe ihr Verhalten zumeist grundlegend, sowohl was das Reihenniveau als auch die Reihenschwankung anlangt.[4)]

Wenn nun der Mittelwert Z_{476} als Angelpunkt der Reihenstationarität angesehen werden kann, so liegt es nahe, Bandbreiten-Experimente auch unter Verwendung des Standardmaßes für die Reihenschwankung, nämlich Z_{134}, durchzuführen und ggf. gleichzeitig eine maßvolle, basistrend-gestützte Anpassung des extrapolativen Mittelwerts vorzunehmen.

Damit wird das extrapolative Prinzip zumindest teilweise wieder durchbrochen und man könnte sich fragen, welchen Sinn eine solche **Prinzipienvermischung** haben soll. Die Antwort ist einfach: Bei der Konstruktion von Reihenkorridoren gibt es keine ausschließliche Gültigkeit beanspruchenden Prinzipien. Es gibt aber eine Vielzahl konkurrierender Prinzipien, die alle mehr oder weniger plausibel erscheinen. Die einzige Möglichkeit, der Wahrheit nahe zu kommen, besteht darin, in tentativen und iterativen kleinen Schritten eine Art **Sensibilitätsanalyse** zu betreiben, die Aufschluß über die Reaktion bestimmter Konstruktionen auf die Hinzufügung neuer Bauelemente gibt. Gelingt es auf diese Weise zugleich, den statistischen Fit zu verbessern bzw. strategisch verwertbare Markierungspunkte anzubringen, dann kommt man dem Ziel der Wahrheitsfindung ebenso näher wie dem **Ziel der Strategie- und Verhaltensoptimierung**.

Versieht man das extrapolative Reihenmittel Z_{476} mit einem Trendaufschlag, so erhält man

prozeß, sofern er überhaupt stattfindet, muß jedoch äußerst "diszipliniert", d.h. vor allem ohne abrupte und krasse Veränderungen, ablaufen. Bricht die Reihe aus den sehr inflexiblen Grenzen aus, gilt die Stationarität als nicht länger gewahrt.

4) Ein sehr anschauliches Beispiel liefert die Audi-Aktie, die nach jahrelanger lethargischer Kursentwicklung ab Frühjahr 1983 eine Preisdynamik entfaltete, die innerhalb von nur zwei Jahren zu einer Verachtfachung des Kursniveaus führte.

$$Z_{488,t} = \begin{cases} Z_{476,t}(1+0.01Z_{124,t}) & \text{für } Z_{124,t} \geq 0 \\ Z_{476,t}/(1+0.01|Z_{124,t}|) & \text{für } Z_{124,t} < 0. \end{cases}$$

Die Trendanpassung, so darf man hoffen, wird zusätzlichen Spielraum für eine Verengung des Korridors schaffen. Deshalb wollen wir zur Festlegung der Bandbreiten nicht den ungeschmälerten, sondern den einfach radizierten globalen Schwankungsfaktor Z_{134} verwenden. Die Untergrenze ist dann

$$Z_{489,t} = Z_{488,t}/Z_{134,t}^{0.5}.$$

Die Obergrenze wird festgelegt durch

$$Z_{490,t} = Z_{488,t} \cdot Z_{134,t}^{0.5}.$$

Versucht man eine weitere Verengung gemäß der 3:1-Regel, so folgt

$$Z_{491,t} = 0.25(3Z_{489,t}+Z_{490,t})$$
$$Z_{492,t} = 0.25(3Z_{490,t}+Z_{489,t})$$

Auch diese Korridore erweisen sich als brauchbare Prognosehilfen, vorwiegend allerdings im kurzfristigen Bereich. Die vergleichsweise schmale Bandbreite kann bei starken Veränderungen der Trenddynamik, die sich zunächst im Momentum, kaum jedoch im Basistrend niederschlagen, ein Ausbrechen der Reihe häufig nicht verhindern.

Es muß grundsätzlich davor gewarnt werden, eine als Breakout-Test konzipierte Testanordnung durch Einbringung flexibilisierender Elemente zu verwässern. Das Ergebnis ist dann oft weder unter Flexibilitäts- noch unter strukturbruchanalytischen Aspekten sonderlich zufriedenstellend: Die Flexibilität reicht nicht aus, um die Reihe zu "domestizieren", andererseits sind die Breakout-Grenzen so fließend, daß die Ausbruchsignale zu spät kommen. Die Testergebnisse zeigen, daß die sinnvole Wahl zwischen folgenden drei Alternativen zu treffen sein dürfte: Der Korridor ist entweder von

- großer Breite und großer Stabilität
- mittlerer Breite und mittlerer Stabilität
- geringer Breite und geringer Stabilität.

Alle Versuche, den gleichgerichteten Zusammenhang zwischen Korridorbreite und Korridorstabilität im Interesse größerer Prognosegenauigkeit aufzuheben, gleichen dem Versuch, die Quadratur des

Kreises zu lösen. In dem nachfolgenden Langfrist-Korridor werden aus diesem Grunde auch nur weitgehend homogene Bandbreiten-Konzeptionen zusammengefaßt; zu einem störenden Verwässerungseffekt kann es daher nicht kommen:

$$Z_{493,t} = 0.25(Z_{436,t}+Z_{481,t}+Z_{486,t}+Z_{489,t})$$
$$Z_{494,t} = 0.25(Z_{435,t}+Z_{482,t}+Z_{487,t}+Z_{490,t})$$

Auch dieser summarische Korridor verfügt über gute Langfrist-Qualitäten. Dies bedeutet zweierlei: Erstens ist er breit genug, um bei mäßiger Dynamik das Bewegungsspektrum einer Zeitreihe auch auf längere Sicht zuverlässig einzugrenzen, und zwar trotz hoher Korridorstabilität. Zweitens markiert der Korridor die Grenzen, bei deren Überschreitung eine Strukturbruchdiagnose gestellt werden kann, d.h., bricht die Reihe aus dem Korridor aus, dann bahnt sich mit hoher Wahrscheinlichkeit eine grundlegende strukturelle Veränderung der betreffenden Zeitreihe an.

3.3.5 Gesamtindikatorgestützte Bandbreiten-Schätzverfahren

Die bisherigen Verfahren der Korridor-Ermittlung stützten sich im wesentlichen auf sehr spezifische Eigenschaften einer Zeitreihe, nämlich den Zyklus, den Trend oder die extrapolative Mittelwert-Dynamik. Bereits in früheren Entwicklungsstadien des MAM wurde jedoch immer wieder der Versuch unternommen, die **Strukturparameter der Reihendynamik** in globaler Weise zu erfassen, d.h. durch Aggregation von Einzelindikatoren zu Gesamtindikatoren. Diese Methode verdient insofern besondere Beachtung, weil die Realisationen einer Zeitreihe das Ergebnis sehr komplexer Zusammenhänge sind, deren Darstellung durch einzelne Indikatoren stark vereinfachenden und approximativen Charakter hat.

Methodisch kann man diesen Mangel indirekt teilweise dadurch beheben, daß man verschiedene, einzelindikator-gestützte Schätzergebnisse, z.B. im Rahmen der Bandbreiten-Schätzung, aggregiert in der Erwartung, auf diese Weise ein breiteres Verursachungsspektrum abzudecken. Die direktere und konsequentere Methode besteht nun freilich darin, vorab einen **globalen Struktur- und Dynamikindikator** zu entwickeln, der alle wesentlichen Eigenschaften einer Zeitreihe in aggregierter Form widerspiegelt.

Diese **Gesamtindikator-Lösung** ist gewiß konzeptionell überaus reizvoll. Ihre theoretische und praktische Realisierbarkeit setzt jedoch die Bewältigung vielfältiger **Konsistenzprobleme** voraus. Besondere Schwierigkeiten bereitet die Entwicklung eines ausgewogenen Gewichtungsschemas für die zahlreichen, durch einzelne Indikatoren niedergelegten Eigenschaftsbeschreibungen einer Zeitreihe.

Es ist schon schwierig genug, einzelne Zeitreiheneigenschaften zu identifizieren und voneinander abzugrenzen. Die Suche nach der "wahren" Eigenschaftsstruktur ist allerdings ein nahezu aussichtsloses Unterfangen, zumal verläßliche theoretische Anhaltspunkte nicht zur Verfügung stehen. Erst nach sehr zeitraubenden Simulationen ist es gelungen, einen Gesamtindikator zu entwickeln, der trotz seiner großen Komplexität eine zutreffende summarische "Zustandsbeschreibung" der Reihendynamik liefert.

3.3.5.1 Der markttechnische Rangkoeffizient - ein komplexer Gesamtindikator der Reihendynamik

Der Rangkoeffizient dient zunächst dem vordergründigen Anliegen, einzelne Zeitreihen entsprechend ihrer dynamischen Eigenschaften in eine Rangfolge zu bringen. Insbesondere auf spekulativen Vermögensmärkten wird hierdurch möglicherweise eine bedeutsame Entscheidungshilfe gegeben, denn auf diese Weise gelingt z.B. die Identifikation der Vermögensobjekte mit der stärksten Marktdynamik.

Nach dem **Prinzip der relativen Stärke** müßte ein Spekulant dann auf diejenigen Spekulationsobjekte setzen, die durch eine außergewöhnlich positive Markttdynamik auffallen. In weiterführenden Überlegungen läßt sich das Rangkriterium, ähnlich wie das Trendkriterium, dazu verwenden, den Reihenmittelwert optimal anzupassen. Wenn dies gelingt, führt ein weiterer Schritt zur Ermittlung von Bandbreiten, die möglicherweise den bisher entwickelten, einzelindikator-gestützten Varianten überlegen sind. In den folgenden Unterabschnitten werden die einzelnen Komponenten des markttechnischen Rangindikators dargestellt.

3.3.5.1.1 Globale Crossover-Performance

Die reihendynamische Signalfunktion sog. *crossovers* - das sind Schnittstellen zwischen der Originalreihe und bestimmten Reihenmittelwerten oder Axialwerten - wurde bereits an früherer Stelle, z.B. im Rahmen der Baisse- und Haussesignal-Tests, aufgegriffen. Im vorliegenden Zusammenhang gilt ein *crossover* dann als vollzogen, wenn der Perioden-Durchschnitt Z_3 über einen (längerfristigen) Mittel- oder Axialwert steigt bzw. unter diesen fällt. Ein positiver (negativer) *crossover* - Z_3 ist größer (kleiner) als der Referenzwert - gilt als Zeichen markttechnischer Stärke (Schwäche). Ist die *crossover*-Richtung nicht identifizierbar, weil Z_3 und der Referenzwert zusammenfallen, dann befindet sich die Reihe in neutraler Crossover-Position.[5]

Die **Algorithmen** für die Crossover-Performance lauten:

$$Z_{495,t} = \begin{cases} +1 \text{ für } Z_{4,t} < Z_{3,t} \\ 0 \text{ für } Z_{4,t} = Z_{3,t} \\ -1 \text{ für } Z_{4,t} > Z_{3,t} \end{cases}$$

$$Z_{496,t} = \begin{cases} +1 \text{ für } Z_{5,t} < Z_{3,t} \\ 0 \text{ für } Z_{5,t} = Z_{3,t} \\ -1 \text{ für } Z_{5,t} > Z_{3,t} \end{cases}$$

$$Z_{497,t} = \begin{cases} +1 \text{ für } Z_{6,t} < Z_{3,t} \\ 0 \text{ für } Z_{6,t} = Z_{3,t} \\ -1 \text{ für } Z_{6,t} > Z_{3,t} \end{cases}$$

$$Z_{498,t} = \begin{cases} +1 \text{ für } Z_{7,t} < Z_{3,t} \\ 0 \text{ für } Z_{7,t} = Z_{3,t} \\ -1 \text{ für } Z_{7,t} > Z_{3,t} \end{cases}$$

$$Z_{499,t} = \begin{cases} +1 \text{ für } Z_{8,t} < Z_{3,t} \\ 0 \text{ für } Z_{8,t} = Z_{3,t} \\ -1 \text{ für } Z_{8,t} > Z_{3,t} \end{cases}$$

$$Z_{500,t} = \begin{cases} +1 \text{ für } Z_{9,t} < Z_{3,t} \\ 0 \text{ für } Z_{9,t} = Z_{3,t} \\ -1 \text{ für } Z_{9,t} > Z_{3,t} \end{cases}$$

$$Z_{501,t} = \begin{cases} +1 \text{ für } Z_{10,t} < Z_{3,t} \\ 0 \text{ für } Z_{10,t} = Z_{3,t} \\ -1 \text{ für } Z_{10,t} > Z_{3,t} \end{cases}$$

$$Z_{502,t} = \begin{cases} +1 \text{ für } Z_{11,t} < Z_{3,t} \\ 0 \text{ für } Z_{11,t} = Z_{3,t} \\ -1 \text{ für } Z_{11,t} > Z_{3,t} \end{cases}$$

5) Bei der Computer-Implementierung spielt dieser Fall keine Rolle, da er bei nahezu rundungsfreier Rechnung praktisch ausgeschlossen werden kann.

$$Z_{503,t} = \begin{cases} +1 & \text{für } Z_{190,t} < Z_{3,t} \\ 0 & \text{für } Z_{190,t} = Z_{3,t} \\ -1 & \text{für } Z_{190,t} > Z_{3,t} \end{cases}$$

$$Z_{504,t} = \begin{cases} +1 & \text{für } Z_{192,t} < Z_{3,t} \\ 0 & \text{für } Z_{192,t} = Z_{3,t} \\ -1 & \text{für } Z_{192,t} > Z_{3,t} \end{cases}$$

$$Z_{505,t} = \begin{cases} +1 & \text{für } Z_{194,t} < Z_{3,t} \\ 0 & \text{für } Z_{194,t} = Z_{3,t} \\ -1 & \text{für } Z_{194,t} > Z_{3,t} \end{cases}$$

$$Z_{506,t} = \begin{cases} +1 & \text{für } Z_{196,t} < Z_{3,t} \\ 0 & \text{für } Z_{196,t} = Z_{3,t} \\ -1 & \text{für } Z_{196,t} > Z_{3,t} \end{cases}$$

Bei der Ermittlung der globalen Crossover-Performance wird nicht nur geprüft, welches Durchschnittsbild die einzelnen Crossover-Kriterien in einer bestimmten Periode vermitteln, sondern auch, ob die gegenwärtig diagnostizierte Crossover-Situation bereits in den vergangenen 11 Perioden gegolten hat. Auf diese Weise wird die Beständigkeit der Crossover-Performance getestet:

$$Z_{507,t} = [12(Z_{495,t}+Z_{496,t}+...+Z_{506,t})+(11Z_{495,t-1}+...+Z_{506,t-1})..$$
$$...+(Z_{495,t-11}+...+Z_{506,t-11})]/13$$

Der Divisor 13 erklärt sich wie folgt: Die Summe der Gewichte 12,11,...,1 ist 78. Um der globalen Crossover-Performance im Rahmen des Rangindikators ein angemessenes Strukturgewicht zu sichern, wird die Crossover-Komponente mit dem Steigerungsfaktor 6 versehen. Deshalb muß die eckige Klammer in Z_{507} mit 6/78=1/13 multipliziert werden.

Eine gute Crossover-Performance und damit einen hohen Z_{507}-Wert weist eine Zeitreihe nur dann auf, wenn sie sich beständig aufwärts bewegt, und zwar ohne nennenswerte Rückbildungsphasen. Fällt die Reihe im Anschluß an eine längere Aufwärtsbewegung stark zurück, dann wird die (am stärksten gewichtete) aktuelle Crossover-Performance unverzüglich negativ; der globale Performance-Wert wird zwar fallen, aber vermutlich zunächst noch positiv bleiben.[6]

6) Auf diese Weise wird verhindert, daß sich vorübergehende Schwächephasen einer Zeitreihe über Gebühr niederschlagen. Eine negative Performance wird erst ausgewiesen, wenn sich die negativen Crossovers als nachhaltig erweisen sollten. Das Z_{507}-Kriterium enthält somit einen Bestätigungsmechanismus, der gegen voreilige Schlußfolgerungen schützt. Dies ist insbesondere im Hinblick auf die Meinungsbildung auf spekulativen Vermögensmärkten ein großer

3.3.5.1.2 Globale Basistrend-Performance

Bei der Messung der globalen Trendperformance geht es um ein Abgreifen des Basistrends und des Momentums während der jüngeren Reihengeschichte. Es hat sich als vorteilhaft erwiesen, dieses Performance-Kriterium durch periodenspezifische Änderungsraten zu konkretisieren. Dabei werden den Basistrend- und Momentumänderungen umso kleinere Gewichte beigemessen, je weiter sie in der Vergangenheit liegen. Sofern 96 Einheitsperioden als Referenzzeitraum vorliegen, hat das größte Gewicht den Wert 96.[7] Die Basistrend-Performance wird wie folgt bewertet:

$$Z_{508.t} = 0.04[96(Z_{124.t}-Z_{124.t-1})+95(Z_{124.t-1}-Z_{124.t-2})+\ldots \\ \ldots+(Z_{124.t-95}-Z_{124.t-96})]$$

Bei einer Summe der Gewichte 96,95,...,1 von 4656 erwies sich ein Steigerungsfaktor von rund 200 als brauchbar, um einen angemessenen Strukturanteil der Basistrend-Performance innerhalb des Rangindikators sicherzustellen.[8]

3.3.5.1.3 Globale Trendwende-Performance

Der Trendwende-Indikator, das Momentum Z_{133}, zeigt Änderungen des Basistrends Z_{124} frühzeitig an. Im Rahmen kurzfristiger Prognosen sind Basistrendänderungen bedeutsamer als der Basistrend selbst, da eine Zeitreihe sich vorübergehend von ihrer langfristig gültigen Grundrichtung deutlich lösen kann. Selbst die vergleichsweise hohe Sensibilität des Momentums reicht möglicherweise noch nicht

Vorteil, denn allzu hastige Reaktionen des Marktteilnehmers können zum Scheitern selbst konzeptionell guter Marktstrategien führen.

7) Bei kürzeren Referenzzeiträumen beginnt man mit einem entsprechend niedrigeren Wert.

8) Im Vergleich zur Crossover-Performance wird somit die Basistrend-Performance nur etwa gut halb so stark gewichtet. Dies hat zwei Gründe: Erstens geht auch die Trendwende-Performance in den Rangindikator ein. Das Momentum geht unmittelbar aus Basistrendänderungen hervor, so daß sich die Basistrend- und Trendwende-Performance zumindest teilweise auf denselben Sachverhalt beziehen. Eine Mehrfachbewertung muß daher vermieden werden. Zweitens bezieht sich der Basistrend auf die langfristige Reihendynamik, die im Rahmen einer eher kurz- und mittelfristig orientierten Performance-Beurteilung etwas in den Hintergrund treten sollte, denn der Rangkoeffizient ist, wie sich später zeigen wird, als einigermaßen flexibles Diagnose- und Prognoseinstrument konzipiert.

aus, um kurzfristigen Trendabweichungen unverzüglich Nachdruck zu verleihen.

Der Trendwende-Performance-Indikator schließt diese "Erfassungslücke". Er spielt gewissermaßen die Rolle eines **Akzelerators**, denn er mißt nicht primär die Basistrendänderung, sondern die Geschwindigkeit dieser Veränderung. Gewichtet wird wiederum mit zur Vergangenheit hin fallenden Gewichten, beginnend mit 12:

$$Z_{509,t} = [12(Z_{133,t}-Z_{133,t-1})+11(Z_{133,t-1}-Z_{133,t-2}+\ldots$$
$$\ldots+(Z_{133,t-11}-Z_{133,t-12})]/13$$

Durch den Divisor 13 erhält dieser Teilindikator innerhalb des Gesamtindikators dasselbe Gewicht wie die Crossover-Performance und ungefähr das doppelte Gewicht wie die Basistrend-Performance.[9]

3.3.5.1.4 Globale Attraktion

Die **Attraktion** mißt die vermutete Anziehungskraft, die vom Zentrum einer Zeitreihe ausgeht. Man versucht, dieses Zentrum durch Mittelwerte zu approximieren. Die Grundüberlegung ist einfach: Wenn eine Zeitreihe um einen gedachten Mittelpunkt schwingt, dann ist die Rückkehr zu diesem Mittelpunkt umso wahrscheinlicher, je weiter sich die Reihe von ihrem Zentrum entfernt. Die Attraktion stellt somit eine natürliche Bremse für jeden dynamischen Prozeß dar.

Je stärker z.B. die Aufwärtsbewegung ist, desto stärker werden die Attraktionskräfte, die schließlich dem Aufschwung die Kraft rauben und die Reihe zu einer Umkehrbewegung veranlassen können. Wo genau das Zentrum einer Reihe liegt, ist freilich nicht bekannt. Deshalb empfiehlt sich die Durchschnittsbildung über alternative plausible Mittelwertkonzeptionen. Auf diese Weise dürfte man dem Mittelpunkt einer Zeitreihe recht nahe kommen. Im folgenden bilden wir das arithmetische Mittel aus 9 spezifischen Mittelwertabweichungen, die jeweils auf Prozentbasis umgerechnet werden:

9) Dies entspricht dem Ziel einer maßvollen Flexibilisierung des Gesamtindikators. Wenngleich Z_{509} ein hochsensibler Dynamik-Indikator ist, wird eine Überbewertung des aktuellen Reihengeschehens dadurch verhindert, daß eine Durchschnittsbildung über 12 vorausgegangene Perioden erfolgt. Hierdurch dürften erratische Veränderungen der Reihendynamik weitgehend herausgefiltert werden.

$$Z_{510,t} = 100[(Z_{4,t}-Z_{3,t})/Z_{4,t}+(Z_{5,t}-Z_{3,t})/Z_{5,t}+(Z_{6,t}-Z_{3,t})/Z_{6,t}+ \\ \ldots+(Z_{7,t}-Z_{3,t})/Z_{7,t}+(Z_{8,t}-Z_{3,t})/Z_{8,t}+(Z_{9,t}-Z_{3,t})/Z_{9,t}+ \\ \ldots+(Z_{10,t}-Z_{3,t})/Z_{10,t}+(Z_{11,t}-Z_{3,t})/Z_{11,t}+ \\ \ldots+(Z_{476,t}-Z_{3,t})/Z_{476,t}]/9$$

Die **Attraktion** wird somit gemessen als durchschnittliche prozentuale Abweichung des Perioden-Durchschnitts Z_3 von alternativen Reihenmittelwerten, die ihrerseits durch Mittelwerte approximiert worden sind. Eine aufschwingende Reihe weist regelmäßig eine negative, eine abschwingende Reihe eine positive Attraktion auf. Die Attraktionskomponente des Rangindikators sorgt daher auch dafür, daß ein Reihenprozeß nicht einseitig beurteilt wird. Die Attraktion wird hierdurch zum *"memento mori"* im Aufschwung bzw. zum Hoffnungsträger im Abschwung. Man könnte die Attraktion auch als **eingebauten Stabilisator der Reihendynamik** bezeichnen.

3.3.5.1.5 Globale Stärke bzw. Schwäche

Die Attraktion ist insbesondere dann eine ernst zu nehmende Kraft, wenn eine Zeitreihe sich spontan, d.h. ohne entsprechende Trendunterstützung, von ihrem mutmaßlichen Zentrum entfernt. Die unfundierte Mittelwertabweichung wird dann zumeist sehr schnell durch eine entsprechende Gegenbewegung korrigiert.[10)]

Dies ist freilich anders, wenn sich etwaige Auf- bzw. Abwärtsbewegungen einer Zeitreihe verfestigen. In diesem Fall könnte man von einer **strukturellen Verfestigung der Aufwärts- bzw. Abwärtsbewegung** sprechen. Markttechnisch gesehen ist ein gefestigter Aufschwung nichts anderes als Ausdruck markttechnischer Stärke, ein gefestigter Abschwung hingegen Ausdruck markttechnischer Schwäche. Inwieweit eine Zeitreihe der Attraktion stärke- bzw. schwächebedingt widerstehen kann, wird im Rahmen des Gesamtindikators durch einen eigenständigen Teilindikator gemessen. Dieser wird wie folgt algorithmisiert:

10) Auf Aktienmärkten sind derartige Gegenbewegungen relativ häufig zu beobachten. So hat z.B. die Aktie der Schwäbischen Zellstoff AG die ungefähre Kursspanne 160/300 zwischen 1972 und 1987 sehr häufig durchlaufen, ohne dabei jeweils einen eindeutigen Aufwärts- oder Abwärtstrend etablieren zu können. Der Kurs sprang wiederholt unvermittelt an die Grenzen, zog sich dann aber ebenso schnell wieder auf den Mittelkurs zurück; die Attraktionskräfte konnten also ungehindert zur Geltung kommen.

$$Z_{511,t} = 3iZ_{3,t}(Z_{11,t}-Z_{3,t}-Z_{4,t}-Z_{5,t}-Z_{6,t})/[(Z_{4,t}+Z_{5,t}+Z_{6,t}\ldots -3Z_{3,t})Z_{11,t}], \text{ wobei}$$

$$i = \begin{cases} +1 \text{ für } Z_{11,t} < \min\{Z_{3,t};Z_{4,t};Z_{5,t};Z_{6,t}\} \\ -1 \text{ für } Z_{11,t} > \max\{Z_{3,t};Z_{4,t};Z_{5,t};Z_{6,t}\} \end{cases}$$

Befindet sich z.B. eine Reihe deutlich im Aufschwung, dann sind die beiden Ausdrücke in runder Klammer in Z_{511} jeweils negativ, denn die Mittelwerte mit kürzerem Stützzeitraum liegen höher als die Mittelwerte mit längerem Stützzeitraum. Die Binärvariable i ist in diesem Fall positiv, da sowohl Z_3 als auch Z_4, Z_5 und Z_6 größer sind als Z_{11}.[11]

3.3.5.1.6 Globale quantitative Minimax-Performance

Das quantitative Minimax-Kriterium prüft, ob sich eine Zeitreihe in der jüngeren Vergangenheit überwiegend in der Nähe der Reihenminima oder in der Nähe der Reihenmaxima bewegt hat. Im Grunde handelt es sich um ein **Oszillationskriterium**, das Aufschluß über die kurzfristige Orientierung einer Reihe geben soll.

Chartanalytiker betonen, daß Spekulationsobjekte, deren Preise sich in der Nähe historischer Höchstpreise befinden oder gar selbst solche Höchstpreise darstellen, hierdurch besondere Marktstärke verraten und daher für weitere Preissteigerungen "gut" sind. Wie bei so vielen Regeln der Chartanalyse besteht auch dieses "Gesetz" zumindest teilweise aus einer Tautologie. Vermögensobjekte, deren Preise kontinuierlich steigen, müssen zwangsläufig immer höhere und möglicherweise neue Höchstpreise erreichen. Diese Aussage ist logisch richtig, nicht jedoch der verallgemeinernde Umkehrschluß: Alle Vermögenswerte, die neue Höchstpreise erreichen, steigen weiter im Preis. Trotzdem ist nicht zu bestreiten, daß eine Reihe, die sich längere Zeit hindurch auf Höchstniveau halten kann, eine als stark interpretierbare Dynamik entfaltet,

11) Der Multiplikator $3iZ_3/Z_{11}$ ist somit positiv und wegen $Z_3 > Z_{11}$ außerdem größer als 3. Bei hinreichend starkem Aufschwung ist die Differenz in der ersten runden Klammer größer als die Differenz in der zweiten runden Klammer. Die globale Stärke kann dann leicht Werte im Bereich von +10 bis +20 erreichen und stellt dann ein quantitativ vergleichbares Pendant zu der in diesem Fall notwendigerweise negativen Attraktion dar.

denn sie beweist immerhin eine bemerkenswerte Widerstandskraft gegen eine nicht gerade geringe Attraktion.[12]

Bei der Algorithmisierung des Minimax-Indikators wird der Perioden-Durchschnitt Z_3 mit dem Perioden-Minimum Z_{147} und dem Perioden-Maximum Z_{148} verglichen, und zwar über 12 Einheitsperioden. Die Gewichte fallen wiederum zur Vergangenheit hin ab. Die Minimum- und Maximumabweichungen werden in Prozentwerte umgerechnet:

$$\begin{aligned} Z_{512,t} = {} & 100\{12[(Z_{3,t}-Z_{148,t}/Z_{148,t}+(Z_{3,t}-Z_{147,t})/Z_{147,t}]\ldots \\ & \ldots+11[(Z_{3,t-1}-Z_{148,t-1})/Z_{148,t-1}\ldots \\ & \ldots+(Z_{3,t-1}-Z_{147,t-1})/Z_{147,t-1}]+\ldots \\ & \ldots+[(Z_{3,t-11}-Z_{148,t-11})/Z_{148,t-11}\ldots \\ & \ldots+(Z_{3,t-11}-Z_{147,t-11})/Z_{147,t-11}]\}/26 \end{aligned}$$

Die Summe der Gewichte 12,11,...,1 ist wiederum 78. Zusammen mit einem Steigerungsfaktor von 3 erhält Z_{512} einen Strukturkoeffizienten von 3/78=1/26. Das Strukturgewicht des Minimax-Kriteriums innerhalb des Rangindikators ist ungefähr auf mittlerem Niveau. Dadurch kommt zum Ausdruck, daß dem Minimax-Kriterium bei der Rangklassifizierung der Reihendynamik durchschnittliche Beachtung geschenkt wird. Z_{512} erreicht dann sehr hohe (niedrige) Werte, wenn sich eine Zeitreihe mehrere Perioden hindurch in der Nähe oberer (unterer) Extremalwerte bewegt.

3.3.5.1.7 Globale qualitative Minimax-Performance

Neben der quantitativen Minimax-Performance, die an gemessenen Abständen von Extremalwerten anknüpft, spielt ein eher als qualitativ zu bezeichnendes Minimax-Kriterium eine Rolle, das über längere Zeiträume hinweg lediglich prüft, ob eine Reihe sich mehr in der Nähe der 12-Perioden-Maxima oder in der Nähe der 12-Perioden-

12) Man könnte vermuten, die Minimax-Performance sei durch das Stärke/Schwäche-Kriterium Z_{511} bereits hinreichend abgedeckt. Dies trifft jedoch, wenn überhaupt, nur zum Teil zu, denn Z_{511} stellt an die Marktstärke bzw. Marktschwäche wesentlich schärfere Anforderungen als das Minimax-Kriterium. Während bei Z_{511} die Marktstärke/Marktschwäche bereits "bewiesen" wurde durch eine entsprechende Konstellation verschiedener Reihenmittelwerte, stellt das Minimax-Kriterium diesbezüglich nur erste, noch wenig fundierte Vermutungen an. Erreicht z.B. eine Aktie einen neuen historischen Höchstkurs, so mag man daran die vage Erwartung weiterer Kurssteigerungen knüpfen. Aber erst, nachdem diese dann tatsächlich eingetreten sind, bescheinigt das Z_{511}-Kriterium markttechnische Stärke. Eine nicht vertretbare Überlappung beider Kriterien ist somit nicht zu befürchten.

Minima aufgehalten hat, ohne den genauen Abstand zwischen den Reihenrealisationen und den Reihenextrema zu bewerten. Auf diese Weise wird erkennbar, ob eine Reihe in der Tendenz nach oben oder nach unten strebt. Der Indiaktor ist wie folgt anzusetzen:

$Z_{513,t} = g_{max,t} \Sigma g_t i_t / \Sigma g_t$ über alle t

Hierbei bezeichnet g_t die Gewichtung der Periode t. Umfaßt die Stützperiode 96 Einheitsperioden, so beginnen die Gewichte mit $g_{max}=96$ und fallen zur Vergangenheit hin ab, bis sie schließlich den Wert 1 erreichen. Summiert wird über alle t Einheitsperioden des gesamten Stützzeitraums. Für die Binärvariable i gilt folgende Restriktion:

$$i_t = \begin{cases} +1 \text{ für } (Z_{3,t}-Z_{148,t})/Z_{148,t} + (Z_{3,t}-Z_{147,t})/Z_{147,t} > 0 \\ -1 \text{ für } (Z_{3,t}-Z_{148,t})/Z_{148,t} + (Z_{3,t}-Z_{147,t})/Z_{147,t} < 0 \end{cases}$$

i ist somit positiv, wenn Z_3 in einer bestimmten Periode t näher beim 12-Perioden-Maximum Z_{148} als beim 12-Perioden-Minimum Z_{147} liegt; im umgekehrten Fall ist i negativ.[13]

3.3.5.1.8 Globale Trendkonformität

Der Trendkonformitätsindikator zielt auf eine ähnliche Reiheneigenschaft ab wie das qualitative Minimax-Kriterium. Anstelle aber einen Vergleich mit den Perioden-Minima und -maxima anzustellen, hebt das Trendkonformitätsmaß auf die Position einer Zeitreihe innerhalb des Z_{493}-Z_{494}-Korridors ab. Die Lage einer Zeitreihe innerhalb dieses sehr stabilen und vergleichsweise breiten Korridors wird als Indiz für die technische Stärke bzw. Schwäche einer Reihe gewertet.

Der Trendkonformitätsindikator ist langfristig angelegt. Er greift, sofern die Datenbasis hierzu ausreicht, 96 Einheitsperioden ab. Die Gewichtung fällt wiederum linear zur Vergangenheit

13) Angenommen, eine Zeitreihe befinde sich 96 Perioden hindurch stets tendenziell in der Nähe ihrer oberen Extremwerte; dann nimmt der aus den beiden Summen in Z_{513} gebildete Quotient den Wert 1 an. Wegen $g_{max}=96$ ist auch $Z_{513}=96$. Eine derartige ununterbrochene Haussetendenz ist gewiß äußerst selten, so daß selbst bei aufschwingenden Zeitreihen Z_{512} einen wesentlich niedrigeren Wert annehmen dürfte. Läßt die Zeitreihe überhaupt keine klare Orientierung erkennen, tendiert Z_{513} gegen null.

hin ab. In jeder Periode wird der Abstand des Perioden-Durchschnitts sowohl von der Korridorobergrenze als auch von der Korridoruntergrenze bestimmt, in Prozentwerte umgerechnet und anschließend addiert. Ist die resultierende Kennziffer positiv, dann gilt dies als periodenspezifische Aufwärtstrendbestätigung, und zwar umso mehr, je weiter Z_3 von Z_{493} entfernt ist:

$$
\begin{aligned}
Z_{514,t} = \{&100[96(Z_{3,t}-Z_{494,t})/Z_{494,t}+(Z_{3,t}-Z_{493,t})/Z_{493,t}]\ldots\\
&\ldots+[95(Z_{3,t-1}-Z_{494,t-1})/Z_{494,t-1}\ldots\\
&\ldots+(Z_{3,t-1}-Z_{493,t-1})/Z_{493,t-1}+\ldots\\
&\ldots+[(Z_{3,t-95}-Z_{494,t-95})/Z_{494,t-95}\ldots\\
&\ldots+(Z_{3,t-95}-Z_{493,t-95})/Z_{493,t-95}]\}/4656
\end{aligned}
$$

Die Trendkonformität wird somit durch einen Positionsindikator gemessen, der die Lage einer Zeitreihe innerhalb der Bandbreite $Z_{493}-Z_{494}$ bewertet, und zwar in jeder Periode des Referenzzeitraums. Mit Hilfe des Divisors 4656, der die Summe der Gewichte darstellt, wird die durchschnittliche Positionsbewertung ermittelt.

3.3.5.1.9 Globale Zyklusphasen-Performance

In welchem "technischen Zustand" sich eine Zeitreihe befindet, hängt nicht zuletzt auch von der Intensität und Richtung der zyklischen Dynamik ab. Über die momentane Richtung des Zyklus, also darüber, ob Aufschwung- oder Abschwungkräfte dominieren, informiert die **Zyklusphase**. Wie stark die jeweilige **Phasendynamik** ist, läßt der Abstand zwischen alternativen, auf verschiedenen Stützzeiträumen beruhenden Reihenmittelwerten bzw. zwischen Reihenmittelwerten und Axialwerten erkennen. Der jeweilige Abstand wird auf die gemeinsame Bezugsbasis Z_{11} bezogen und als v.H.-Satz ausgedrückt. Schließlich wird mit dem Faktor 4 deflationiert, um dem Zyklusphasen-Indikator ein angemessenes Gewicht innerhalb des globalen Rangindikators beizumessen:[14]

$$
\begin{aligned}
Z_{515,t} = 25[&(Z_{4,t}-Z_{6,t})+(Z_{4,t}-Z_{190,t})+(Z_{5,t}-Z_{7,t})+(Z_{5,t}-Z_{11,t})\ldots\\
&\ldots+(Z_{5,t}-Z_{192,t})+(Z_{6,t}-Z_{9,t})+(Z_{6,t}-Z_{194,t})\ldots\\
&\ldots+(Z_{7,t}-Z_{10,t})+(Z_{7,t}-Z_{196,t})]/Z_{11,t}
\end{aligned}
$$

14) Die Deflationierung ist deshalb unumgänglich, weil andernfalls die mögliche Kumulierung von Zyklusphasenbewertungen ein sachlich ungerechtfertigtes Anschwellen dieses Indikators auslösen würde. Jedes Abstandsmaß bezieht sich auf dieselbe Erscheinung, nämlich den Aufschwung. Die Addition der quantitativen Abstandsmaße würde einer unzulässigen Mehrfachbewertung gleichkommen.

3.3.5.1.10 Globale Overshooting/Undershooting-Performance

Als ***Overshooting*** wird hier der Ausbruch einer Zeitreihe aus einer funktional festgelegten Bandbreite verstanden, sofern der Ausbruch nach oben erfolgt. Bricht die Reihe hingegen nach unten aus, so soll dieser Vorgang als ***Undershooting*** bezeichnet werden.[15]

Für den nachfolgend dargestellten Indikator ist die Frage, ob sich ein Ausbruch als nachhaltig erweist, nicht entscheidend. Es geht vielmehr darum, den Ausbruch als solchen zu werten, und zwar im Ausmaß der Entfernung vom Referenzbereich. Konkret wird gemessen, wie weit der Perioden-Höchstwert Z_2 über die Korridorobergrenze Z_{475} gestiegen bzw. wie weit der Perioden-Tiefstwert Z_1 unter die Korridoruntergrenze Z_{474} gefallen ist. Der Indikator gibt den jeweiligen prozentualen Abstand wieder. Im Overshooting-Fall lautet er:

$$Z_{516,t} = \begin{cases} 0 \text{ für } Z_{2,t} \leq Z_{475,t} \\ 100(Z_{2,t} - Z_{475,t})/Z_{475,t} \text{ für } Z_{2,t} > Z_{475,t} \end{cases}$$

Die Undershooting-Situation wird wie folgt bewertet:

$$Z_{517,t} = \begin{cases} 0 \text{ für } Z_{1,t} \geq Z_{474,t} \\ 100(Z_{1,t} - Z_{474,t}) \text{ für } Z_{1,t} < Z_{474,t} \end{cases}$$

3.3.5.1.11 Globaler Rangindikator

Nun liegen die einzelnen Komponenten des Rangindikators vor. Es waren zahlreiche Testläufe unter stets wechselnden Reihenbedingungen nötig, um die einzelnen Komponenten so aufeinander abzustimmen, daß der Gesamtindikator durchgängig ein plausibles Verhalten zeigte. Die Gefahr, daß einzelne Komponenten je nach Reihensituation in den Vordergrund rücken und andere Komponenten "erdrücken",

15) Der *"breakout"* einer Reihe wird häufig als **Frühsignal** einer starken Aufwärts- bzw. Abwärtsbewegung gewertet. Allzu großes Vertrauen verdienen Breakout-Signale allerdings nicht. In den durchgeführten Tests konnte nur relativ selten Signifikanz nachgewiesen werden. Wie gut oder wie schlecht solche Signale sind, hängt freilich in erster Linie von dem gewählten Korridor ab. Der Korridor Z_{474}-Z_{475}, der aus sechs vergleichsweise engen und flexiblen Bandbreiten zusammengesetzt ist, erwies sich als einigermaßen zuverlässiger Referenzbereich für *breakouts*.

ist überaus groß. Es versteht sich von selbst, daß in einem solchen Fall die ganze Konstruktion hinfällig wird.

Der Rangindikator ist nur brauchbar, wenn er selbst in extremen Reihensituationen plausibel reagiert. Er darf weder über- noch untersteuern. Daß auch er einen gewissen **Nachhall-Effekt** aufweist, ist nicht zu vermeiden. Dies liegt erstens daran, daß sämtliche Indikatoren auf historischen Daten, also auf der Vergangenheitsentwicklung beruhen. Es liegt aber auch zweitens daran, daß ein prognostisch verwertbarer Indikator eine gewisse Stabilität aufweisen muß. Wenn sich ein Indikator widerstandslos an die aktuelle Entwicklung anhängt, verliert er jeglichen Wert. Die Qualität eines Reihenindikators hängt davon ab, wie gut er zwischen wesentlichen und unwesentlichen Veränderungen einer Zeitreihe zu unterscheiden vermag. Wesentliche Veränderungen muß er unverzüglich "melden", unwesentliche hingegen muß er ignorieren.

Bei der endgültigen Ausformulierung des Rangindikators wurde die globale Schwankungsintensität einer Zeitreihe (Z_{134}) als zusätzliche Komponente mit eingebaut, allerdings in stark gedämpfter Form. Der Einbau erwies sich deshalb als ratsam, weil die im Rangkoeffizienten zusammengefaßten Dynamikfaktoren überwiegend langfristiger, d.h. trendmäßiger Natur sind. Diese Faktoren kommen vermutlich in Zeitreihen mit starker zyklischer Komponente besser zur Geltung als in Reihen mit schwacher zyklischer Komponente. Die globale quantitative und qualitative Trenddynamik (Z_{124} und Z_{125}) sowie die globale Trendwende-Dynamik (Z_{133}) stellen gewissermaßen den Kern der trendbedingten Reihendynamik dar. Aus diesem Grund wurden auch diese Indikatoren in den Rangindikator eingebaut:

$$Z_{518,t} = Z_{134,t}{}^{0.25}(Z_{507,t}+Z_{508,t}+Z_{509,t}+Z_{510,t}+Z_{511,t}+Z_{512,t} \ldots$$
$$\ldots+Z_{513,t}+Z_{514,t}+Z_{516,t}+Z_{517,t}+Z_{124,t}+Z_{125,t}+Z_{133,t})$$

Die Anwendungsmöglichkeiten des Rangindikators liegen auf der Hand. Zunächst liegt es nahe, vergleichbare Reihen, z.B. die Kursreihen verschiedener Aktien, in eine Rangfolge zu bringen. Einem Aktieninvestor mag es ratsam erscheinen, grundsätzlich nur solche Aktien im Portefeuille zu halten, die sich durch ausgeprägte Marktstärke, d.h. einen hohen Wert des Rangindikators, auszeichnen, denn offenbar sind hier die Kursgewinnchancen besonders günstig.

Doch eben dieses Beispiel zeigt, daß ein solches Vorgehen nicht unproblematisch ist. Denn auch die Aktie mit der stärksten Dynamik kann billig oder teuer sein. Ein Anleger ist also gut beraten, auch für markttechnisch "hochwertige" Aktien nicht jeden Preis zu zahlen. Wo aber liegt dann genau die Grenze zwischen "preiswert" und "überteuert"? Um hierauf eine befriedigende Antwort zu erhalten, muß wiederum auf die Bandbreiten-Konzeption zurückgegriffen werden. Aktien gleich welcher technischer Qualität unterliegen zyklischen Schwankungen und können daher kurzfristig über- bzw. unterbewertet sein. Man muß daher versuchen, mit Hilfe des Rangkoeffizienten Bandbreiten zu finden, die den Schwankungsbereich von Zeitreihen verläßlich eingrenzen. Diesem Problem wollen wir uns im nächsten Abschnitt zuwenden.

3.3.5.2 Ranggestützte Bandbreiten-Schätzverfahren

Um den Rangkoeffizienten zur Bandbreiten-Schätzung heranziehen zu können, benötigt man zunächst einen geeignet erscheinenden Mittelwert. Der aus verschiedenen Reihenmittelwerten gebildete Durchschnitt Z_{11} hat sich bei trendbetonten Zeitreihen als Zentrum der Reihenschwankung nicht bewährt; viel eher kommt dem Z_{11}-Wert in solchen Fällen Unterstützungs- oder Widerstandstandsfunktion zu.

Ein Mittelpunkt für die Reihenschwankung muß der Trenddynamik zumindest in gewissem Umfang folgen. Faßt man den Rangindikator als multiplikativen Koeffizienten, so kommt zunächst die Form $(1+0.001Z_{518})$ in Betracht. Es zeigt sich jedoch, daß diese Fassung eine weit überzogene Dynamisierung bewirkt. Will man den Rangindikator nicht nur als Ordinalskala, sondern als numerisch interpretierbare Kardinalskala verwenden, dann muß zuvor eine Transformation erfolgen.

Zunächst könnte man vermuten, die in Z_{518} enthaltene zyklische Komponente müsse wieder ausgeschaltet werden, da zum Zwecke der Mittelwertbestimmung die zyklische Komponente irrelevant ist. Dies mag zwar zutreffen, doch dadurch allein wird der Rangkoeffizient noch nicht auf einen plausiblen Wertebereich begrenzt. Paradoxerweise ist die Wahl schließlich doch auf ein Verfahren gefallen, das eine zyklische Bereinigung durchführt, allerdings mit Hilfe der "ungekürzten" Fassung des globalen Schwankungsindikators Z_{134}. Offenbar enthält der Rangindikator doch mehr zyklische Elemente als ursprünglich vermutet. Diese müssen im Wege der Mittelwertbestimmung, wie soeben festgestellt wurde, ausgeschaltet werden, denn der Mittelwert ist der Fixpunkt und damit das Gegenstück der zyklischen Bewegung. Den modifizierten Rangkoeffizienten legen wir somit fest als

$$Z_{519,t} = \begin{cases} 1+0.001Z_{518,t}/Z_{134,t} & \text{für } Z_{518,t} \geq 0 \\ [1+0.001(|Z_{518,t}/Z_{134,t}|)]^{-1}. & \end{cases}$$

Der rangdynamisierte Reihenmittelwert folgt jetzt als

$$Z_{520,t} = Z_{11,t} \cdot Z_{519,t}.$$

Daß der Rangindikator aufgrund seiner Konstruktionselemente einen durchschnittlichen Flexibilisierungsgrad aufweist, sollten die auf Z_{520} fußenden Korridore von mittlerer Bandbreite sein. Eine erste Möglichkeit, eine solche Bandbreite zu konkretisieren, besteht darin, den Mittelwert mit einem am globalen Schwankungsmaß orientierten Schwankungskorridor zu umlagern:

$$Z_{521,t} = Z_{520,t}/(1+0.2Z_{134,t})$$
$$Z_{522,t} = Z_{520,t}(1+0.2Z_{134,t})$$

Bessere empirische Ergebnisse als mit diesem Korridor wurden mit einem Aggregat erzielt, das zusätzlich drei Korridore verwendet, von denen zwei den Gesichtspunkt der Trenderfassung in den Vordergrund rücken, während der dritte Korridor eher die zyklische Komponente betont und daher breiter ausfällt:

$$Z_{523,t} = 0.25(Z_{412,t}+Z_{433,t}+Z_{458,t}+Z_{521,t})$$
$$Z_{524,t} = 0.25(Z_{411,t}+Z_{434,t}+Z_{459,t}+Z_{522,t})$$

In extremen Reihensituationen neigen zwei der hier verwendeten Korridore, nämlich Z_{433}-Z_{434} und Z_{521}-Z_{522}, zur Übersteuerung. Dies ist im Prinzip eine unerwünschte Eigenschaft, die jedoch hier zur Ableitung eines extremalen Korridors genutzt werden kann. Es hat sich nämlich gezeigt, daß eine Zeitreihe praktisch nie zugleich aus den beiden genannten Korridoren und dem Z_{411}-Z_{412}-Korridor ausbricht. Kommt dennoch ein Ausbruch zustande, so kann dies als nahezu untrügliches Zeichen dafür gewertet werden, daß die Reihe nunmehr in völlig neue Regionen vorstoßen wird. Die Grenzen des **Breakout-Korridors** werden wie folgt bestimmt:

$$Z_{525,t} = \min\{Z_{412,t};\ Z_{433,t};\ Z_{521,t}\}$$
$$Z_{526,t} = \max\{Z_{411,t};\ Z_{434,t};\ Z_{522,t}\}$$

Dieser Korridor war in der Lage, selbst verheerende Kurszusammenbrüche, wie sie z.B. die Aktien der AEG oder der Bremer Vulkan-Werft erlebt haben, innerhalb seiner Grenzen unterzubringen.[16] Am anderen Ende des Spektrums ranggestützter Korridore liegt eine äußerst schmale **Unschärfezone**, die unmittelbar verglichen werden kann mit den bereits früher entwickelten Unschärfebereichen Z_{454}-Z_{455} und Z_{456}-Z_{457}.

Unschärfezonen haben den Zweck, ruhige, "undynamische" Abschnitte einer Zeitreihe einzugrenzen. Auf den Finanzmärkten würde man solche Bereiche als **Konsolidierungszonen** und die dazu gehörenden Zeitabschnitte als **Konsolidierungsphasen** bezeichnen. Analytisch gesehen ist eine Zeitreihenentwicklung immer dann unscharf, wenn ein für scharfe Konturen sorgender Trend fehlt. Mißt man den Trend durch den Rangindikator Z_{518}, so erscheint folgende Fassung des Unschärfeprinzips realistisch:

$$Z_{527,t} = \begin{cases} Z_{520,t}/(1+0.1Z_{134,t}-|0.001Z_{518,t}/Z_{134,t}|) \\ \qquad \text{für } |0.001Z_{518,t}/Z_{134,t}| \leq 0.1Z_{134,t} \\ Z_{520,t} \quad \text{für } |0.001Z_{518,t}/Z_{134,t}| > 0.1Z_{134,t} \end{cases}$$

$$Z_{528,t} = \begin{cases} Z_{520,t}(1+0.1Z_{134,t}-|0.001Z_{518,t}/Z_{134,t}|) \\ \qquad \text{für } |0.001Z_{518,t}/Z_{134,t}| > 0.1Z_{134,t} \\ Z_{520,t} \quad \text{für } |0.001Z_{518,t}/Z_{134,t}| > 0.1Z_{134,t} \end{cases}$$

Eine unscharfe Reihensituation liegt somit nur dann vor, wenn die Zufallskomponente, die hier mit einem Zehntel des globalen Schwankungsmaßes angesetzt wird, größer ist als die dynamische Komponente, die durch den Ausdruck zwischen den Absolutstrichen wiedergegeben wird.[17] Faßt man die drei nun zur Verfügung stehenden

16) Die Breite des Korridors ist zwar beträchtlich, doch geht sie nur in äußerst trendbetonten Bewegungen über den von der Bandbreite Z_{411}-Z_{412} vorgezeichneten Spielraum hinaus; dieser aber entspricht genau dem globalen Schwankungsmaß und kann insofern gewiß nicht als exzessiv bezeichnet werden. Was den Korridor jedoch so bemerkenswert macht, ist der Umstand, daß er selbst unter extremen Bedingungen eine verläßliche Grenzmarkierung zustandebringt. Eine Reihe mag zwar längere zeit an der Grenze entlanglaufen, eine Grenzüberschreitung kommt jedoch nur äußerst selten vor.

17) Für die Unschärfe ist es also unerheblich, welche Richtung die Reihendynamik aufweist; entscheidend ist nur, ob überhaupt eine trendmäßige Dynamik erkennbar ist. Bei ausreichender Dynamik werden die zufälligen Störfaktoren überspielt und die Unschärfe verschwindet völlig.

Schätzergebnisse über Unschärfebereiche zusammen, so erhält man die Grenzwerte

$$Z_{529,t} = \min\{Z_{454,t},\ Z_{456,t},\ Z_{527,t}\}$$
$$Z_{530,t} = \max\{Z_{455,t},\ Z_{457,t},\ Z_{528,t}\}.$$

Diese Bandbreite ist so dimensioniert, daß selbst Zeitreihen mit einer gewissen trendmäßigen und zyklischen Dynamik darin noch Platz finden. Auf spekulativen Vermögensmärkten eignet sich dieser Korridor als Orientierungsrahmen für **kurzfristiges Trading**.

Derartige Transaktionen können überaus reizvoll sein, selbst wenn nach Deckung der Transaktionskosten nur ein bescheidener Nettoerlös übrig bleibt. Der Reiz solcher Geschäfte, d.h. der Schlüssel zu ihrer Rentabilitätsträchtigkeit, liegt in der im allgemeinen kurzen Kapitalbindungsdauer. Kleinere Marktschwankungen kommen, im Gegensatz zu großen Preisbewegungen, vergleichsweise häufig vor und sind daher naturgemäß kurzlebig. Dies gewährleistet einen schnellen Umschlag des investierten Kapitals.

In Reihen mit starkem Aufwärtstrend übernimmt Z_{530}, die Obergrenze des Unschärfebereiches Z_{529}-Z_{530}, eher die Rolle eines Mittelwerts. Dies ist nicht überraschend, weil in einer solchen Situation annahmegemäß keine Reihenunschärfe mehr besteht; anders ausgedrückt: Die Reihe bricht aus dem bei Unschärfe existierenden Korridor zumindest eine Weile aus. Ob in aufwärtstrend-bestimmten Reihenphasen die Reihe tatsächlich um Z_{530} schwankt, läßt sich anhand des Korridors

$$Z_{531,t} = Z_{530,t}/(1+0.1Z_{134,t})$$
$$Z_{532,t} = Z_{530,t}(1+0.1Z_{134,t})$$

nachprüfen. Die **Mittelwertfunktion** von Z_{530} in trendpositiven Reihenabschnitten läßt sich gut nachweisen.

Ein im Vergleich dazu wesentlich breiterer Korridor wurde mit dem Ziel konstruiert, einen verläßlichen Rahmen für die Reihenschwankung so festzulegen, daß er unabhängig von der jeweils vorherrschenden Reihendynamik Geltung besitzt.[18] Die Bandbreite wird im vollen Umfang des globalen Schwankungsmaßes festgelegt:

18) Der Preis, der für die Erfüllung dieses Allgemeingültigkeitspostulats zu zahlen ist, besteht in einer ausgeweiteten Bandbreite und damit in einer verringerten Prognosegenauigkeit.

$$Z_{533,t} = Z_{520,t}/Z_{134,t}$$
$$Z_{534,t} = Z_{521,t} \cdot Z_{134,t}$$

Die Korridorgrenzen erhält man also dadurch, daß man ausgehend von der Untergrenze des engen Korridors Z_{521}-Z_{522} den vollen Schwankungssatz aufschlägt bzw. ausgehend vom rangkorrigierten Reihenmittelwert Z_{520} mit dem vollen Schwankungssatz "diskontiert". Es zeigt sich, daß der Korridor Z_{533}-Z_{534} den Zeitreihen selbst in hochdynamischen Phasen ausreichenden Bewegungsspielraum zumißt, so daß Ausbrüche nur selten zu beobachten sind. Dadurch, daß zur Berechnung der Korridorgrenzen verschiedene Referenzwerte - Z_{520} bzw. Z_{521} - genommen werden, gelingt es, die Bandbreite trotz der ungedämpften Anwendung des Schwankungsfaktors in recht ansprechenden, d.h. engen Grenzen zu halten. Diese erweisen sich - und dies ist insbesondere unter dem operativ-strategischen Gesichtspunkt von Bedeutung - als überaus zuverlässig.

Wer darauf eine **Handelsstrategie auf den Finanzmärkten** aufbaut, wird zwar häufig nicht zum Zuge kommen, da die Grenzen nicht erreicht werden. Werden sie aber erreicht, dann erweisen sich die hierauf gestützten Kauf- bzw. Verkaufentscheidungen selten als falsch. Das bedeutet, daß eine Zeitreihe, die an die Grenzen Z_{533}-Z_{534} vorstößt, in der Regel ihr dynamisches Potential voll ausgeschöpft hat, und zwar nicht nur momentan, sondern auf absehbare Zeit; das sind immerhin etliche Einheitsperioden.

Bevor wir uns einer etwas stärker veränderten Bandbreiten-Konzeption zuwenden, soll noch auf einen Zeitreihenparameter eingegangen werden, der in der charttechnischen Diskussion im allgemeinen als **Reaktionsbasis** oder **Reaktionsniveau** bezeichnet wird. Darunter wird ein Zeitreihenniveau verstanden, das in trendbetonten Reihenphasen als Untergrenze einer aufschwingenden Reihe bzw. Obergrenze einer abschwingenden Reihe angesehen wird.

Auf spekulativen Vermögensmärkten sind derartige Reaktionsniveaus von besonderem Interesse, da sie erstens ein günstiges Einstiegsniveau (in Haussephasen) bzw. Ausstiegsniveau (in Baissephasen) markieren und zweitens die Richtungsbeständigkeit der herrschenden Reihenbewegung einer Art Nagelprobe unterziehen. In der charttechnischen Praxis ist es allerdings üblich, in jedem Zeitpunkt ein exaktes Niveau anzugeben, bei dessen Unter- bzw. Überschreitung die "Notbremse" gezogen wird in Gestalt eilig vorgenommener Verkäufe bzw. Rückkäufe.

Die im Rahmen des MAM gewonnen Testergebnisse legen die Vermutung nahe, daß der Versuch, Reaktionsniveaus exakt und zugleich verläßlich festzulegen, nur geringe Erfolgsaussichten haben. Überraschen kann dies freilich kaum, denn Märkte sind keine Organe, die nach exakten, deterministisch festlegbaren Gesetzen funktionieren. Will man die Grenzen des Marktgeschehens mit einiger Aussicht auf Erfolg ausloten, so kann dies nur näherungsweise geschehen. Deshalb verdienen nicht bestimmte Punkte, sondern allenfalls bestimmte Bereiche einer Zeitreihe bevorzugte Beachtung.[19] Wir legen zunächst das Reaktionsniveau als Durchschnitt mehrerer, plausibel erscheinender Alternativen fest:

$$Z_{534.t} = 0.25(Z_{11.t}+Z_{451.t}+Z_{465.t}+Z_{530.t})$$

Der Rangindikator ist nur in Z_{530} enthalten. Die anderen Komponenten sind weitgehend trendfrei (Z_{11}), basistrendbestimmt (Z_{451}) bzw. trendperformance-bestimmt (Z_{465}). Soll die Richtungskomponente einer Zeitreihenbewegung intakt bleiben, so müssen die Reihenrealisationen "irgendwo" in der Nähe von Z_{534} "hängenbleiben". Der Rückzug einer aufschwingenden Reihe muß also in der Nähe von Z_{534} beendet sein, sofern der Rückgang als "technische Reaktion" im Rahmen eines intakten Aufschwungs gewertet werden soll. Da die Originalreihe selbst nicht zufallsbereinigt ist, muß ein Toleranz-

19) Hierzu stellen die bereits früher abgeleiteten, zum Teil recht positiven Diagnose- und Prognoseleistungen alternativer Crossover-Kriterien keinen Widerspruch dar. Die Crossover-Analyse setzt zwar an Schnittpunkten an, doch muß man sich klarmachen, daß es um die Schnittpunkte weitgehend zufallsbereinigter Mittelwertreihen geht. Wird auf diese Bereinigung verzichtet, sind *crossovers* zumeist wenig zuverlässig. Dies gilt verstärkt, wenn eine Zeitreihe keine klar gerichtete Trenddynamik vorzuweisen hat, denn in diesem Fall sind *crossovers* entweder zufallsbedingt oder eine natürliche Folge des Zyklus. Im ersten Fall geben sie falsche, im zweiten Fall verspätete Signale und sind daher weitgehend wertlos. Die Crossover-Analyse ist also im Prinzip nur dann zuverlässig, wenn auf Schnittstellen zwischen stark geglätteten Reihen zurückgegriffen wird. Ob nun dem Zufallselement durch Glättungsverfahren oder aber durch die explizite Vorgabe einer Toleranz in Gestalt einer Bandbreite Rechnung getragen wird, ist eine Frage nach der Zweckmäßigkeit alternativer Methoden, die jeweils dasselbe Problem entschärfen wollen. Dieses besteht in der Schwierigkeit oder gar Unmöglichkeit, kritische Punkte einer Zeitreihe exakt zu markieren

bereich für Abweichungen von Z_{534} vorgegeben werden. Simulationen haben ergeben, daß bessere Ergebnisse zu erwarten sind, wenn die Trendperformance-Komponente in Z_{534} verstärkt wird; deshalb passen wir die Reaktionsbasis entsprechend an:

$$Z_{535,t} = 0.5(Z_{465,t} + Z_{534,t})$$

Die Grenzen des Toleranzbereichs werden festgelegt als:

$$Z_{536,t} = Z_{535,t}/(1+0.1Z_{134,t})$$
$$Z_{537,t} = Z_{535,t}(1+0.1Z_{134,t})$$

Wie sich später im Rahmen strategischer Überlegungen zeigen wird, läßt sich diese Reaktions- und Konsolidierungszone sinnvoll in Marktdispositionen einbauen.

Wir wenden uns jetzt einem Korridorschätzverfahren zu, das zwar auch sehr stark auf den Rangkoeffizienten zurückgreift, daneben aber auch den Basistrend und das Momentum zur Niveaubestimmung des Korridors heranzieht. Wichtiger als diese neue Kombination ist jedoch die spezifische Art der Bandbreiten-Schätzung. Verwendet wird hierzu nicht, wie bei den bisher dargestellten Korridoren fast ausnahmslos, der globale Schwankungsfaktor Z_{134} bzw. ein Teil hiervon, sondern eine Art Risikofaktor, der seine Größe unmittelbar aus einem Korridorvergleich ableitet.

Wie groß das Rückschlagsrisiko einer Zeitreihe ist, wird anhand eines Vergleichs zwischen der Obergrenze des basistrendgestützten Korridors Z_{452}-Z_{453} und der Untergrenze des Breakout-Korridors Z_{525}-Z_{526} ermittelt. Da ein Ausbruch der Reihe aus dem Breakout-Korridor mit hoher Wahrscheinlichkeit ausgeschlossen werden kann, ist Z_{525} als überaus zuverlässige Untergrenze für Reihenrückschläge anzusehen. Z_{453} hingegen kann als realistische obere Reihenbegrenzung gelten. Zuweilen steigen Zeitreihen zwar darüber, doch meist nur in geringem Ausmaß. Auf der anderen Seite ist aber einigermaßen sicher, daß die Zeitreihe wenigstens bis in die Nähe dieses Niveaus im Verlauf einer zyklischen Bewegung steigen kann.

Das reihenspezifische Rückschlagsrisiko wird jetzt durch den Quotienten Z_{453}/Z_{525} festgelegt.[20] Auf dem Simulationswege muß jetzt bestimmt werden, wie sich dieses Risiko zur Bestimmung plausibler Ober- und Untergrenzen einsetzen läßt. Dabei ist insbesondere die Frage nach der "korrekten" Korridorbreite von zentraler Bedeutung.

Es hat sich gezeigt, daß zur Untergrenzbestimmung ein faktorieller Risikoaufschlag von 1.5 und zur Obergrenzbestimmung ein solcher von 0.75 vernünftige Ergebnisse liefert. Um die Struktur des Ansatzes deutlich zu machen, soll jetzt zunächst der Algorithmus dargestellt werden. In einem ersten Schritt muß eine rang-, basistrend- und momentumgestützte Anpassung des Z_{453}-Wertes erfolgen:

$$Z_{538,t} = \begin{cases} Z_{453,t}\,[1+0.001(Z_{124,t}+Z_{133,t}+Z_{519,t})] & \text{für } Z_{124,t}+Z_{133,t}+Z_{519,t} \geq 0 \\ Z_{453,t}/[1+0.001(|Z_{124,t}+Z_{133,t}+Z_{519,t}|)] & \text{für } Z_{124,t}+Z_{133,t}+Z_{519,t} < 0 \end{cases}$$

Als nächstes erfolgt die Bestimmung der Untergrenze (Risikoaufschlag 1.5):

$$Z_{539,t} = Z_{538,t}/(1.5Z_{453,t}/Z_{525,t})^{0.5}$$

Die Obergrenze (Risikoaufschlag 0.75) folgt analog:

$$Z_{540,t} = Z_{538,t}/(0.75Z_{453,t}/Z_{525,t})^{0.5}$$

Ein Zahlenbeispiel mag die Zusammenhänge verdeutlichen. Wir unterstellen: $Z_{124}=80$; $Z_{133}=-20$; $Z_{519}=140$; $Z_{453}=210$; $Z_{525}=90$. Dann ist $Z_{124}+Z_{133}+Z_{519}=200$. Daraus folgt $Z_{538}=1.2\cdot210=252$. Damit ist $Z_{539}=252\cdot0.534=134.7$. Entsprechend folgt $Z_{540}=252\cdot0.756=190.5$. Beziehen sich diese Daten auf die Kurse einer Aktie, dann ist jetzt folgende Aussage möglich: Der Kurs der betreffenden Aktie wird sich vermutlich in einem Kursbereich mit den ungefähren Grenzen 135 und 190 bewegen. Käufe sollten in der Nähe von 135, Verkäufe in der Nähe von 190 erfolgen. Sollte der Kurs bis 210 anziehen, was gemäß $Z_{453}=210$ immerhin möglich erscheint, beträgt hier das

20) Hierdurch wird das globale Schwankungsmaß, das zur Schätzung der beteiligten Korridore verwendet wird, auf indirekte Weise berücksichtigt.

Kursrisiko maximal 2.33..., d.h., der Kurs kann "theoretisch" höchstens bis 90, also um 57% zurückfallen.[21]

Der **empirische Befund** zum Korridor Z_{538}-Z_{539} ist überwiegend positiv. Allerdings neigt der Korridor ziemlich stark zum Übersteuern, d.h., er neigt dazu, eine stark ausgeprägte Dynamik u.U. länger als erwünscht fortzuschreiben. War die Reihendynamik in der Vergangenheit sehr stark positiv, so führt die Indikatorresistenz - das gilt insbesondere für Z_{124} - dazu, daß eine eventuell eingetretene dynamische Wende erst zu spät beachtet wird. Ein möglicher Ausweg bestünde darin, den ohnehin nicht sehr breiten Korridor etwas zu verbreitern. Im Rahmen des Finanzmarktmanagements lassen sich mit diesem Korridor jedoch im allgemeinen sehr ordentliche Ergebnisse erzielen.

3.3.6 Extremalwertgestützte Bandbreiten-Schätzverfahren

Alternative Reihenkorridore zeichnen sich durch unterschiedliche Flexibilitätsgrade aus. Durch ausreichende Flexibilisierung läßt sich zwar eine weitgehende Kongruenz zwischen Reihe und Stützkorridor erreichen, doch nur um einen sehr hohen Preis. Dieser besteht in einer drastischen Reduzierung der zeitlichen Reichweite von Prognosen. Wenn in jeder Periode mit einer mehr oder weniger einschneidenden Revision der Prognosen aus der Vorperiode gerechnet werden muß, wird die Verläßlichkeit von Vorhersagen stark eingeschränkt: In der jeweiligen Periode sind die Prognosen zwar zumeist richtig (aber wertlos), in der nächsten Periode sind sie möglicherweise aber bereits überholt und werden durch neue ersetzt.

Aus diesem Grund besteht ein großes Bedürfnis an "stabilen" Prognosen, also solchen Vorhersagen, die auch noch in absehbarer Zukunft ihre Gültigkeit bewahren. Die **Praktiker der technischen Analyse** verweisen in diesem Zusammenhang immer wieder auf die Bedeutung historischer Reihenminima und -maxima. Hat man z.B. eine Kursreihe vor sich, so bieten die historischen Höchst- und Tiefst-

21) Arithmetisch besteht folgender Zusammenhang: $(1-0.57)\cdot 210 = 90$ und $2.33\cdot 90 = 210$.

kurse einen ersten Anhaltspunkt über den Kursrahmen, auf den sich der Investor einstellen sollte.[22)]

Jedermann weiß, daß diese **einfache Börsenregel** alles andere als zuverlässig ist, wenngleich es genügend Beispiele geben mag, die ihre Gültigkeit zu belegen scheinen. Die Charttechniker sehen hierin freilich keine Schwäche des Prinzips, im Gegenteil: Werden historische Extremalwerte über- bzw. unterschritten, dann gilt dies als klares Aufschwung(Hausse-)signal bzw. Abschwung(Baisse-)signal. Denn wenn eine Kursreihe - gegen den Widerstand der in der Nähe von Extremalpunkten zu erwartenden inversen Marktreaktion - in bisher nicht gekannte Kursbereiche vorstößt, dann muß dies den "Aufbruch zu neuen Ufern" bedeuten.

Auch wenn solche oder ähnliche Auffassungen in Chartistenkreisen große Zustimmung finden dürften, halten sie einer kritischen Prüfung nur schwerlich stand. Ein schlagendes Argument gegen das "**Extremalwertprinzip**" liefert der Zeitreihentrend. Bewegt sich eine Reihe im Aufwärtstrend, so ist es ganz natürlich, daß in kurzen zeitlichen Abständen stets neue Höchstwerte erreicht werden. Anzunehmen, daß dies jedesmal aufs neue einen Aufbruch zu neuen Ufern bedeute, ist ebenso abwegig wie die Vermutung, der Trend müsse sich "naturgesetzlich" beliebig lange fortsetzen.

Wir haben schon mehrfach darauf hingewiesen, daß scharfe Demarkationslinien - etwa zwischen Aufschwung und Abschwung oder zwischen "historischem" und "neuem" Schwankungsbereich - als Instrumente der markttechnischen Analyse fehl am Platze sind. Derartige **Schwarz-Weiß-Kriterien** mögen zwar gut die Mentalität vieler Marktbeobachter und Marktteilnehmer widerspiegeln. Sie mögen auch Aus-

22) Wenn viele Marktteilnehmer die Extremalpunkte beachten, was aufgrund der starken Verbreitung technischer Verfahren durchaus wahrscheinlich ist, dann ist darüber hinaus mit einer wiederkehrenden Bestätigung der Reihenextrema zu rechnen. Erreicht ein Aktienkurs ein neues Niveau, bei dem bereits früher eine Marktwende eingetreten ist, dann werden zumindest einige Marktteilnehmer mit einer Wiederholung dieses Ereignisses rechnen und entsprechend disponieren, bei Erreichen historischer Höchstkurse also verkaufen und bei Erreichen historischer Tiefstkurse kaufen. Die aufmerksame, aber skeptische Masse der Marktteilnehmer wird, sobald sie eine Bestätigung des Kursgipfels bzw. des Kursbodens zu erkennen glaubt, eiligst den mutigen Pionieren folgen und dadurch endgültig die Wende vollziehen.

druck des Wunsches sein, für "klare Verhältnisse" in der Marktbeurteilung zu sorgen. Allgemeinen Geltungsanspruch können solche Kriterien jedoch gewiß nicht beanspruchen.

Trotzdem erscheint es angebracht, den Extremalwert-Gedanken im Rahmen der Korridorschätzung aufzugreifen. Zunächst liegt es nahe, extremalwert-gestützte Reihenmittelwerte festzulegen. Legt man einen zwölf-periodigen Referenzzeitraum zugrunde, dann erhält man:

$$Z_{541,t} = 0.5(Z_{147,t} + Z_{148,t})$$

Dehnt man den Referenzzeitraum auf 48 Perioden aus, so gilt:

$$Z_{542,t} = 0.5(Z_{174,t} + Z_{175,t})$$

Um jeden dieser Mittelwerte könnte man jetzt einen Korridor legen, indem ein bestimmtes Schwankungsmaß unterstellt wird. Da jedoch die relevante Referenzperiode für Marktanalysen in der Regel mehr als nur 12 Einheitsperioden (im allgemeinen Monate), wohl aber häufig auch weniger als 48 Einheitsperioden (im allgemeinen Monate) umfassen dürfte, verwenden wir den Durchschnitt der soeben abgeleiteten Mittelwerte:

$$Z_{543,t} = 0.5(Z_{541,t} + Z_{542,t})$$

Bei Verwendung von Monatsdaten würde hier ein Referenzzeitraum unterstellt, der durchschnittlich 30 Monate umfaßt. Zumindest für Finanzmarktanalysen scheint dies ein vernünftiger Mittelwert zu sein. Ist das Ziel die Konstruktion eines Korridors, der als Ausbruchkriterium in Frage kommt, so muß konsequenterweise die gesamte globale Reihenschwankung, wie sie in Z_{134} erfaßt ist, angesetzt werden:

$$Z_{544,t} = Z_{543,t}/Z_{134,t}$$
$$Z_{545,t} = Z_{542,t} \cdot Z_{134,t}$$

Dieser Korridor erweist sich als recht stabil, denn selbst dann, wenn die Reihe in den oberen oder unteren Grenzbereich vorstößt, bleibt zumindest einer der Extremalwerte als Konstante erhalten. Trotzdem bringt der Korridor nur äußerst selten Ausbruchsignale hervor.[23)]

23) Dies liegt einmal an seiner beträchtlichen Breite. Diese weitet sich außerdem quasi automatisch aus, sobald die Reihe in extreme Regionen vorstößt, weil dadurch der globale Schwankungsfaktor zwangsläufig vergrößert wird. Dies setzt allerdings voraus,

Wie oben erwähnt, ergibt es keinen rechten Sinn, die Ausbruchniveaus einer Reihe kurzerhand mit den historischen Reihenextrema gleichzusetzen. Wenn der Ausbruch etwas nahezu Einmaliges im Leben einer Zeitreihe sein soll, dann können trendbedingte Erhöhungen historischer Reihenmaxima bzw. Senkungen historischer Reihenminima kein signifikantes Ausbruchsignal darstellen. Zu genau solchen Signalen kommt es aber bei trendbetonten Reihen fortlaufend.

Eine konzeptionelle Möglichkeit, diesen systematischen Fehler zu beheben, besteht nun darin, den umgekehrten Weg einzuschlagen, also nicht das Reihenmaximum, sondern das Reihenminimum als Kriterium für den Ausbruch nach oben zu verwenden. Hierzu muß das Reihenminimum freilich mit einem Aufschlag versehen werden, den man zweckmäßigerweise wiederum am globalen Schwankungsfaktor orientiert. Eine Beendigung des Aufschwungs könnte man z.B. annehmen, wenn die Reihe deutlich unter ihr 12-Perioden-Maximum zurückfällt:

$$Z_{546,t} = Z_{148,t}/(1+0.2Z_{134,t})$$

Entsprechend könnte man annehmen, daß ein Abschwung beendet ist, wenn eine Zeitreihe deutlich über ihr 12-Perioden-Minimum steigt:

$$Z_{547,t} = Z_{147,t}(1+0.2Z_{134,t})$$

Es wird wohl nur eingefleischte Chartisten überraschen, daß sich dieses Kriterium als insgesamt unbrauchbar erweist. Einigermaßen leistungsfähig ist es allenfalls - und auch dies kann nach den bisherigen Erfahrungen nicht überraschen - im Falle trendbetonter Zeitreihen. In diesem Fall lassen sich Aussagen über Richtungsänderungen einfach fundierter treffen. Dies liegt daran, daß mehr "konträre Dynamik" erforderlich ist, um einen stabilen Aufwärtstrend zu brechen als im Falle einer weitgehend labilen Seitwärtsbewegung. Kommt eine Reihe dann wirklich einmal gegen einen ausgeprägten Trend an, so ist dies im allgemeinen ein zuverlässiges Zeichen einer sich anbahnenden Richtungsänderung.

In allen anderen Fällen - und diese sind speziell auf den Finanzmärkten nicht gerade selten - ist das **extremale Abstandskriterium**

daß die Reihe nicht abrupt extreme Bewegungen durchführt. Kommt es zu unvermittelten Sprüngen, dann kann sich Z_{134} nicht mehr anpassen. Wie dem auch sei, ein Ausbruch gelingt nur selten.

praktisch wertlos. Es kann (und wird zumeist) überdies kontraproduktiv wirken, sofern darauf eine **prozyklische Marktstrategie** aufgebaut wird, denn die Reaktion des Marktteilnehmers kommt dann entweder zu spät oder sogar am "falschen Ende" der Preisbewegung. In allen Fällen weitgehend trendfreier Reihendynamik dürften Z_{546} und Z_{547} ohnehin weitgehend zusammenfallen; die **Unsinnigkeit des Abstandskriteriums** in derartigen Reihensituationen erhält hierdurch auch formalen Ausdruck. Der Durchschnitt

$$Z_{548,t} = 0.5(Z_{546,t} + Z_{547,t})$$

taugt hier allenfalls als Mittelwertkonzept, nicht jedoch als Trennmarke zwischen Aufwärts- und Abwärtsbewegungen größeren Ausmaßes.

Einen letzten Versuch mit extremalwert-gestützten Bandbreiten wollen wir dennoch unternehmen. Verwendet man Reihenextrema aus einem längerfristigen Referenzzeitraum, z.B. 48 Perioden, dann lassen sich Ober- und Untergrenzen unter Verwendung des quadrierten Schwankungsfaktors Z_{134} ableiten. Bekanntlich soll Z_{134} die Reihenschwankung um einen fiktiven Mittelwert messen, und zwar symmetrisch nach beiden Seiten.

Bisher haben wir stets irgendwelche Mittelwerte, z.B. Z_{11}, verwendet und die maximale Schwankungsbreite durch "Inflationierung" und "Deflationierung" des Mittelwerts mit Z_{134} ermittelt. Von der so bestimmten Untergrenze aus läßt sich die Obergrenze offenbar dadurch berechnen, daß mit Z_{134}^2 multipliziert wird. Umgekehrt kann von der Obergrenze aus nach Division durch Z_{134}^2 die Untergrenze bestimmt werden. Diesen einfachen arithmetischen Zusammenhang übertragen wir jetzt auf die 48-Perioden-Extrema Z_{174} und Z_{175}, und zwar wie folgt:

$$Z_{549,t} = Z_{175,t}/Z_{134,t}^2$$
$$Z_{550,t} = Z_{174,t} \cdot Z_{134,t}^2$$

Z_{548} ist die Untergrenze, die man erhält, indem man die gesamte Schwankungsbreite einer Zeitreihe (Z_{134}^2) aus dem 48-Perioden-Maximum Z_{174}) aus dem 48-Perioden-Maximum Z_{175} herausrechnet. In umgekehrter Weise wird die Obergrenze Z_{549} bestimmt. Bricht die Reihe aus diesem Korridor aus, so wäre damit eine Entwicklung angezeigt, die mit dem historischen Reihenverhalten nicht mehr vereinbar ist.

Empirisch verdient dieser Korridor einige Beachtung. Er ist zwar überaus breit und wird außerdem zunehmend breiter, je ausgeprägter und beständiger die Richtungskomponente einer Reihe ist; denn Z_{134} wird in diesem Fall zwangsläufig größer. Trotzdem ist der Korridor bemerkenswert stabil, denn seine Grenzen reagieren nicht auf etwaige Mittelwertanpassungen, sondern nur, wenn durch den gleitenden Zeitindex ein bisheriger Extremalwert aus der Betrachtung herausfallen sollte. Eine anderweitige Anpassung ist nur über Z_{134} möglich. Dies aber erfordert Zeit, denn Z_{134} paßt sich nur sehr langsam an. Insgesamt allerdings sind die empirischen Befunde zum Korridor Z_{548}-Z_{550} nicht gerade überwältigend positiv, so daß man extremalwert-gestützte Bandbreiten eher zurückhaltend beurteilen sollte.

3.3.7 Ergänzende Bemerkungen zum Bandbreiten-Schätzproblem

Wir haben bisher Bandbreiten-Schätzverfahren dargestellt, die sich in der Regel gut einer bestimmten Klasse von Schätzanordnungen zuordnen ließen. Es wurde unterschieden zwischen zyklus-, trend-, rang- und extremalwert-orientierten Korridoren. Einige ergänzende Bemerkungen sind jetzt noch angebracht in bezug auf vier Aspekte.

Insbesondere mit Blick auf die Finanzmärkte muß erstens geklärt werden, ob es nicht Möglichkeiten gibt, **"relative" Bandbreiten** zu bestimmen, d.h., die Bandbreite für die Preisschwankungen eines bestimmten Marktobjekts in Abhängigkeit von den Preisschwankungen anderer, vergleichbarer Marktobjekte abzuleiten. Zweitens muß das bereits angeklungene Problem der **Korridoraggregation** nochmals aufgegriffen werden. Drittens muß der Frage nachgegangen werden, ob nicht eine Leistungsverbesserung bestimmter Korridore durch eine mehr oder weniger starke **Glättung der Korridorgrenzen** erreichbar ist. Schließlich interessiert viertens die Frage, ob bei der Korridorberechnung anstelle einer verstärkten Trendberücksichtigung nicht vielmehr eine **Trendbereinigung** vorgenommen werden sollte.

3.3.7.1 Bestimmung relativer Bandbreiten

Bisher wurden Korridore jeweils so bestimmt, daß stets nur auf die Daten einer bestimmten Zeitreihe zurückgegriffen wurde. Selbst das Kriterium der relativen Stärke beruht in seiner ursprünglichen Fassung auf dem **Prinzip der internen Relativität**, d.h., es werden Vergleiche angestellt zwischen den Relationen einer bestimmten Zeitreihe zu unterschiedlichen Zeitpunkten. Das Kriterium der relativen Stärke läßt sich jedoch auch so fassen, daß die Relationen verschiedener Zeitreihen zum selben Zeitpunkt untersucht werden. An einem bestimmten Stichtag werden dann die Eigenschaftsausprägungen - z.B. Trendintensität, zyklische Dynamik - mehrerer Zeitreihen miteinander verglichen. Die relativ stärkste Reihe ist dann diejenige, die von allen Reihen den höchsten eigenschaftsspezifischen Wert aufzuweisen hat (**Prinzip der externen Relativität**).

Inwieweit ein solcher Vergleich überhaupt aufschlußreich ist, hängt von der Art der Reihe und den mit ihr verfolgten Prognosezielen ab. Bei der Suche nach Marktobjekten, die überdurchschnittliche Preissteigerungsraten aufzuweisen haben und sich deshalb als Spekulationsobjekte besonders gut eignen, ist ein solcher Vergleich dann angebracht, wenn die relative Stärke tatsächlich als Indikator für zu erwartende Wertsteigerungen angesehen werden kann. Abgesehen von den Schwierigkeiten, ein zuverlässiges Maß für die relative Stärke zu finden, fällt es überaus schwer nachzuweisen, daß relativ preisstarke Spekulationsobjekte tatsächlich eine überlegene Vermögensanlage darstellen.

Man kann allerdings dem Prinzip eine gewisse Plausibilität nicht absprechen. Auf spekulativen Märkten konkurrieren zahllose Vermögenstitel um die Gunst der Anleger. Irgendwie ist es einleuchtend, daß es unter den Wettstreitern notorische Gewinner und notorische Verlierer gibt. So überrascht es z.B. nicht, wenn eine Aktie, die bereits wiederholt ihr Kurssteigerungspotential unter Beweis gestellt und mit verläßlicher Regelmäßigkeit Vermögensgewinne eingebracht hat, das Vertrauen der Anleger genießt, während eine andere Aktie, die in der Vergangenheit stets zu den Verlierern der Börse gezählt hat, konsequent gemieden wird.

Derartige Vergleiche haben freilich nur einen Sinn, wenn sie sich auf Vergleichbares beziehen. Z.B. wäre es (wahrscheinlich) unsinnig, aus dem zeitlichen Verlauf der Neuwagenzulassungen und der gesamtwirtschaftlichen Preissteigerungsrate die relativ stärkste Reihe ermitteln zu wollen, außer es bestünden aufgrund theoretischer Einsichten spezifische Zusammenhänge zwischen beiden Reihen. Im Rahmen des MAM ist daher der Gedanke relativer Bandbreiten nur im Hinblick auf die Selektion von Vermögenswerten weiterverfolgt worden.

Im Hintergrund steht eine Marktstrategie, die nur solche Vermögensobjekte erwerben bzw. im Portefeuille belassen will, die durch eine überdurchschnittlich positive Marktdynamik auffallen. Da es auch auf den Vermögensmärkten Aufwärts- und Abwärtsbewegungen gibt, ist das **Kriterium der "überdurchschnittlich positiven Markttdynamik"** relativ zu sehen. Z.B. kann eine Aktie, die in der Vergangenheit absolut gesehen wesentlich höhere Werte eines Dynamik-Indikators aufzuweisen hatte, auch gegenwärtig noch kaufens- oder zumindest haltenswert sein, wenn sie im Vergleich zu anderen Aktien und Vermögensanlagen noch immer am besten abschneidet.

Es bietet sich an, als Dynamik-Indikator den Rangkoeffizienten Z_{518} zu verwenden. Zunächst ist festzustellen, wie stark die Rangeinstufung eines bestimmten Vermögenswertes von der Einstufung des absolut stärksten Vermögenswertes abweicht. Diese Differenz wird dann auf die Differenz zwischen der höchsten und niedrigsten Bewertung, die in einer bestimmten Periode für alle Referenzobjekte ermittelt wurde, bezogen:

$$Z_{551,i,t} = [(\max Z_{518,t}) - Z_{518,i,t}]/[(\max Z_{518,t}) - (\min Z_{517,t})]$$

Mit i wird das jeweilige Vermögensobjekt bezeichnet. Der maximale und der minimale Wert der vergebenen Rangstufen wird über alle i ermittelt. Angenommen, für eine größere Zahl von Vermögensobjekten wurden in der Periode t Rangkoeffizienten vergeben, die zwischen +600 und -250 liegen (diese Grenzwerte eingeschlossen). Das Vermögensobjekt i besitze die Rangbewertung +450. Dann ist Z_{550}=150/850=0.176.

Diese Ziffer kann als "Deport" interpretiert werden. Das Vermögensobjekt i ist sozusagen um rund 18% niedriger einzustufen als

das stärkste und um rund 82% höher als das schwächste Vermögensobjekt. Wäre i das marktstärkste Objekt, dann wäre $Z_{551}=0$. In diesem Fall wäre keinerlei Abschlag für die marktschwächere Position erforderlich. Wäre hingegen i das marktschwächste Objekt, dann wäre $Z_{551}=1$. In der Rangliste der Vorzugswürdigkeit läge dieses Objekt auf dem letzten Platz.

Um die Rangunterschiede zu betonen, wurde der "Deport" gemäß

$$Z_{552,i,t} = Z_{551,i,t}^{0.5}$$

verschärft. Da Z_{551} in der Regel kleiner als 1 ist, ergibt sich zumindest bei niedrigen Z_{550}-Werten eine nicht unbeträchtliche Verschärfung. Damit soll sichergestellt werden, daß Vermögenstitel der Spitzenklasse - zumindest aus markttechnischer Sicht - deutlich herausgehoben werden. Bereits geringe Abweichungen vom Spitzenrang ziehen empfindliche Abschläge nach sich. Andererseits sind marktschwache Objekte bereits ohnehin sehr deutlich abgesetzt, so daß eine weitere Vergrößerung des Abstands zur Spitzengruppe nicht mehr so dringend erscheint.[24)]

Nun muß das Problem gelöst werden, aus der Plazierung eines Marktobjekts innerhalb der relativen Rangordnung einen objektspezifischen Korridor abzuleiten. Um die Untergrenze dieses Korridors zu ermitteln, muß ein **"Rangabschlag"** definiert werden, der sich aus dem Deport und dem globalen Schwankungsmaß zusammensetzt. Der Algorithmus hat die Form:

$$Z_{553,i,t} = \exp[(\ln Z_{134,i,t})Z_{552,i,t}]$$

Im vorstehenden Zahlenbeispiel beträgt der Rangabschlag somit rund 1.086, wenn wir einen Schwankungsfaktor von 1.6 unterstellen. Verwendet man den trendperformance-gestützten "Potential"-Korridor Z_{433}-Z_{434} als Orientierungsrahmen für die Reihenschwankung, dann ergibt sich eine durch die relative Rangeinstufung bedingte modifizierte Untergrenze von

$$Z_{554,i,t} = Z_{434,i,t}/Z_{553,i,t}.$$

24) Man beachte, daß ein Deport von 0.01 nach Verschärfung 0.1, ein Deport von 0.9 nach Verschärfung aber nur 0.94 beträgt. Im ersten Fall bedeutet dies eine Erhöhung um 900%, im zweiten Fall nur um rund 5%.

Bezieht sich die Relativitätsanalyse z.B. auf spekulative Vermögensobjekte, so könnte man Z_{554} als **"relatives Kaufwürdigkeitsniveau"** bezeichnen. Im Falle des im Zahlenbeispiel gewählten Vermögensobjekts i liegt dieses Niveau sehr hoch, d.h. nur knapp unterhalb der Obergrenze Z_{434} des Potentialkorridors. Darin kommt zum Ausdruck, daß i eine sehr hohe relative Position einnimmt und daher nur einen geringfügigen Abschlag hinnehmen muß. Das Kaufwürdigkeitsniveau des rangstärksten Objekts fällt mit Z_{434} zusammen, da der Rangabschlag in diesem Fall gleich Null ist.

Das kann man so interpretieren: Obwohl das marktstärkste Objekt bereits die momentan gültige Obergrenze des Potential-Korridors erreicht hat, ist es dennoch kaufenswert, weil aufgrund seiner außergewöhnlichen Rangstärke als nahezu sicher gelten kann, daß die Korridorgrenzen sich in absehbarer Zukunft deutlich nach oben verlagern werden. Im Falle des rangschwächsten Anlageobjekts - Z_{551} hätte dann den Wert 1 - fiele das Kaufwürdigkeitsniveau hingegen mit der Korridoruntergrenze Z_{433} zusammen. Die Relativitätsanalyse führt also dazu, daß die Untergrenzen von Zeitreihen innerhalb des HLP-Korridors Z_{433}-Z_{434} entsprechend der relativen Position einer Zeitreihe neu festgelegt werden, wobei die gesamte Ausdehnung des HLP-Korridors als Wertebereich für die modifizierten Untergrenzen in Frage kommt.

Nun muß schließlich noch die Obergrenze festgelegt werden. Da aufgrund der flexiblen Rangeinstufung eine zügige Anpassung der Untergrenze erfolgt, ist auch der Gesamtkorridor einigermaßen anpassungsfreudig, so daß ein vergleichsweise schmaler Korridor zur Eingrenzung der Reihenschwankung hinreichen müßte. Wir verwenden daher den durch einfache Radizierung verkleinerten Schwankungsabstand:

$$Z_{555,i,t} = Z_{554,i,t} Z_{134,i,t}{}^{0.5}$$

Auf spekulativen Vermögensmärkten könnte man diese Obergrenze als **"Gewinnsicherungsniveau"** bezeichnen. Der Spekulant geht in Gewinnmitnahmebereitschaft, sobald der Preis dieses Niveau erreicht hat. Das bedeutet nicht, daß nach Erreichen dieses Niveaus auf jeden Fall verkauft wird, sondern nur, daß im Falle sich abzeichnender Preisrückgänge vorhandene Bestände abgebaut oder vollständig liquidiert werden.

Der **empirische Befund** zum Korridor Z_{554}-Z_{555} ist recht ermutigend. Der Nachteil dieser Bandbreitenkonzeption besteht, wie erwähnt, darin, daß sie nur auf vergleichbare Reihen angewandt werden kann. Diese Vergleichbarkeit ist im wesentlichen nur im Bereich spekulativer Vermögensmärkte gegeben. Makroökonomische Zeitreihen hingegen, z.B. aus den Bereichen "Konjunktur" und "Wachstum", eignen sich grundsätzlich nicht für die Bestimmung relativer Bandbreiten.

3.3.7.2 Bestimmung aggregierter Bandbreiten

Auf die Möglichkeit, Schätzfehler dadurch zu reduzieren, daß die Ergebnisse verschiedener Schätzverfahren aggregiert werden, wurde bereits mehrfach hingewiesen. Auch im Rahmen der Bandbreiten-Schätzung sollte zumindest der Versuch unternommen werden, etwaige **systematische Mängel spezifischer Schätzverfahren** im Wege einer Durchschnittsbildung über mehrere Korridore auszuschalten oder wenigstens abzuschwächen. Ob dies gelingt, ist deshalb zunächst offen, weil über die Beschaffenheit spezifischer Schätzfehler zu wenig bekannt ist. Die Aggregation - sowie die nachfolgende Durchschnittsbildung - wäre dann eher schädlich als nützlich, wenn mit einer Kumulierung anstatt Neutralisierung bestimmter Fehler gerechnet werden müßte.

Ohne einen rigorosen Beweis führen zu können, erscheint jedoch aufgrund plausibler Überlegungen der Schluß zulässig, daß die Chance einer Fehlerreduzierung höher einzuschätzen ist als die Gefahr einer Fehlerkumulation. Jeder Korridor, der in die Aggregation und Durchschnittsbildung eingeht, ist bereits im Rahmen von Plausibilitätstests auf seine theoretische Eignung hin untersucht worden. Außerdem wurde jeder einzelne Korridor empirisch ausgiebig getestet, so daß systematische Schwächen entweder bekannt oder aber überhaupt nicht sichtbar geworden sind.

Als weiterer Punkt ist anzuführen, daß insbesondere solche Aggregationen weitgehend frei von **Fehlerkumulationseffekten** sein dürften, die auf konzeptionell grundverschiedenen Korridoren beruhen. Die Gefahr einer Kumulierung systematischer Fehler ist nur dort besonders virulent, wo gleichartige, z.B. basistrendgestützte Korridore aggregiert werden. Wie begründet die Furcht vor einer Fehlerüberlagerung vom theoretischen Standpunkt auch sein mag, das letzte Wort bleibt auch hier dem empirischen Bewährungstest vorbehalten.

Erweist sich die Prognoseleistung aggregativer Korridore in umfangreichen Tests als überlegen, so besteht kein Grund, sie allein deshalb zu verwerfen, weil die implizierten Zusammenhänge noch nicht als vollauf geklärt gelten können (und vielleicht auch nie eine abschließende Klärung erfahren werden). Es besteht auch kein Grund, ein solches Vorgehen vorschnell als **blinden Empirismus** abzutun, denn eine empirisch fundierte Erkenntnis ist immerhin besser als gar keine Erkenntnis.

Dies gilt verstärkt in realwissenschaftlichen Forschungsbereichen, die nicht das Glück haben, sich in den sicheren Hafen der formalen Axiomatik zurückziehen zu können, um dort in selbstzufriedener Beschaulichkeit sich der introspektiven Erkenntnis hinzugeben. Wer ein Schiff in stürmischer See auf Kurs halten will, bedient sich erprobter Navigationsgeräte, auch wenn er deren Konstruktionsprinzip und Funktionsweise nicht durchschaut.[1)]

Wir verwenden den bereits aus der Reaktionsanalyse bekannten Korridor Z_{536}-Z_{537} sowie einen Korridor, der später im Rahmen der strategischen Analyse eine Rolle spielen wird; dieser ist wie folgt definiert:

$$Z_{556,t} = 0.5[(Z_{451,t}/Z_{134,t}) + Z_{465,t}]$$
$$Z_{557,t} = 0.5[(Z_{451,t} \cdot Z_{134,t}) + Z_{465,t}]$$

Bemerkenswert an diesem Korridor ist das verwendete **Verengungsprinzip**. Der basistrendgestützte Z_{451}-Wert wird im vollen Umfang der Reihenschwankung Z_{134} "inflationiert" und "deflationiert", so daß ein sehr breiter Korridor entsteht. Um diesen zu verengen,

1) Bekanntlich sind naturwissenschaftliche Vergleiche dieser Art immer problematisch, da hier die Gesetzmäßigkeiten zwar nicht allen, aber doch einigen wenigen bekannt sind. Es wird aber deutlich, daß Handeln auch dann rational sein kann, wenn man aufgrund der Erfahrung bestimmte Verhaltensmuster entwickelt, die sich als erfolgswirksam herausgestellt haben. Die Tatsache, daß die Ursachen für diese Erfahrung nicht bekannt sind, beeinträchtigt die Rationalität des Handelns nicht. Dies gilt insbesondere dann, wenn ein Zwang zum Handeln besteht. Erfahrungsgeleitetes Handeln dürfte dann einem zufallsgesteuerten Handlungsprinzip allemal überlegen sein.

wird sowohl bei der Bestimmung der Untergrenze als auch bei der Bestimmung der Obergrenze die Obergrenze des trendperformance-gestützten Korridors Z_{466}-Z_{465} addiert.[2]

Dahinter steht die Vorstellung, daß Z_{465} zwar kurzfristig die Reihen-Obergrenze bilden kann. Wegen der Trendkräfte dürfte aber auf mittlere und längere Sicht der gegenwärtig gültige Z_{465}-Wert eher in eine Mittelwertposition rücken. Z_{465} hat somit die Funktion, den Korridor Z_{556}-Z_{557} auf diesen Mittelwert hin zu zentrieren. Tests haben allerdings gezeigt, daß die resultierende Verengung zu stark ausgefallen ist, so daß die Basistrendkomponente in Z_{556}-Z_{557} wieder etwas stärker betont wurde:

$$Z_{558,t} = [Z_{536,t} + Z_{556,t} + (Z_{451,t}/Z_{134,t})]/3$$
$$Z_{559,t} = [Z_{537,t} + Z_{557,t} + (Z_{451,t}Z_{134,t})]/3$$

Damit liegt eine Komponente des zu entwickelnden Aggregats vor; verwendet wird allerdings nur die Untergrenze Z_{558}. Die zweite Komponente erhalten wir in ähnlicher Weise, indem der basistrend-gestützte Wert Z_{447} leicht angehoben wird:

$$Z_{560,t} = (Z_{447,t}/Z_{134,t})(1+0.1Z_{134,t})$$

Als letzte Komponente fungiert ein trendperformance-gestützter Korridor, der bereits früher entwickelt worden ist. Von diesem werden aber nur die beiden Untergrenzvarianten Z_{471} und Z_{472} verwendet:

$$Z_{561,t} = 0.5(Z_{471,t} + Z_{472,t})$$

Nun läßt sich der aggregierte Korridor ableiten als:

$$Z_{562,t} = (Z_{558,t} + Z_{560,t} + Z_{561,t})/3$$
$$Z_{563,t} = Z_{562,t}(1 + 0.2Z_{134,t})$$

Es erwies sich als erforderlich, diese reichlich enge Bandbreite auszuweiten auf

$$Z_{564,t} = Z_{562,t}/(1 + 0.1Z_{134,t})$$
$$Z_{565,t} = Z_{563,t}(1 + 0.1Z_{134,t}).$$

Dieser in iterativen Schritten angepaßte Korridor verfügt über sehr erfreuliche Prognosequalitäten. Die Bandbreite ist auf gut die Hälfte des Schwankungsspektrums reduziert worden, das sich bei

2) Z_{465} ist der Obergrenzwert.

Anwendung des globalen Schwankungsfaktors Z_{134} ergeben würde. Trotz dieser Verengung hält sich die Anpassungsgeschwindigkeit dieses Korridors, dank der verstärkten Einbeziehung langfristiger Trendkomponenten, in vergleichsweise bescheidenen Grenzen. Die Korridorstabilität ist also hoch. Diese geht freilich nicht so weit, daß sie ein "Mitlaufen" des Korridors in der Trendrichtung unterbinden würde. Da die Trendintensität Z_{124} bekannt und selbst keiner schnellen Änderung fähig ist, kann dies kaum als Nachteil gewertet werden: Die trendbedingte Korridorfortschreibung läßt sich gewissermaßen als Konstante einplanen und trägt daher nicht zur Prognoseunsicherheit bei.

Eine weitere Möglichkeit, ein komplexes Korridoraggregat zu gewinnen, besteht in der bewußten Verknüpfung verschiedener Bandbreiten-Konzeptionen. Neben der trendgestützten werden auch zyklus-, rang- und extremalwertgestützte Korridore sowie Unschärfebereiche in die Berechnung mit einbezogen. Hinzu kommt ein besonders langfristiger, basistrendgestützter Korridor, der die Stabilität des Korridoraggregats erhöhen soll. Der extrem träge 96-Perioden-Reihendurchschnitt Z_{10} wird im vollen Umfang der Basistrendintensität Z_{124} nach oben oder unten korrigiert:

$$Z_{566,t} = \begin{cases} Z_{10,t}(1+0.01Z_{124,t}) & \text{für } Z_{124,t} \geq 0 \\ Z_{10,t}/(1+0.01|Z_{124,t}|) & \text{für } Z_{124,t} < 0 \end{cases}$$

Durch die ungedämpfte Berücksichtigung des Basistrends wird Ausgleich für die Anpassungsträgheit des Z_{10}-Werts geschaffen. Im Falle des 48-Perioden-Durchschnitts Z_9 ist eine derart massive Trendberücksichtigung nicht erforderlich, da sich Z_9 im Vergleich zu Z_{10} wesentlich schneller an die Reihenentwicklung anpaßt. Der Trendeinfluß geht daher nur in gedämpfter Form ein:

$$Z_{567,t} = \begin{cases} Z_9(1+0.01Z_{124,t})^{0.5} & \text{für } Z_{124,t} \geq 0 \\ Z_9/(1+0.01|Z_{124,t}|)0.5 & \text{für } Z_{124,t} < 0 \end{cases}$$

Verwendet man Z_{11} als Reihenmittelwert, dann erscheint eine trendbedingte Korrektur noch weniger angebracht, denn Z_{11} ist wesentlich reagibler als Z_9 und erst recht als Z_{10}. Den entsprechenden Wert haben wir bereits früher in Gestalt von Z_{451} eingeführt. Wir können jetzt einen neuen Mittelwert festlegen, der sich durch eine besonders hohe Richtungsstabilität auszeichnet:

$$Z_{568,t} = (Z_{451,t} + Z_{566,t} + Z_{567,t})/3$$

Da man erwarten darf, daß dieser Mittelwert einen darauf gestützten Korridor sicher "auf Kurs" hält, kann man die Korridorgrenzen vergleichsweise eng ziehen. Ein Ausbruch der Reihe aus diesem Korridor kann dann als Indiz dafür gewertet werden, daß die Reihe sich künftig nicht mehr an der bisher gültigen Grundrichtung orientiert, sondern ein neues Ziel ansteuert. Anders ausgedrückt: Den Ausbruch der Reihe aus dem stabilen Richtungskorridor mag man als **"Strukturbruch"** deuten.

Wenn überhaupt eine **Strukturbruchdiagnose** gestellt werden soll - über den Sinn einer solchen kann man durchaus geteilter Meinung sein -, dann sollte sie frühzeitig erfolgen, und nicht erst dann, wenn durch die eingetretene Entwicklung bereits eine Bestätigung des Strukturbruchs vorliegt. Kommt die Strukturbruchdiagnose zu spät, so bleibt unter marktstrategischen Gesichtspunkten keine Zeit mehr zum Handeln. Wir setzen den Korridor daher an als

$$Z_{569,t} = Z_{568,t}/Z_{134,t}^{0.5}$$
$$Z_{570,t} = Z_{568,t} \cdot Z_{134,t}^{0.5}.$$

Der Mittelpunkt dieses Korridors ist

$$Z_{571,t} = 0.5(Z_{569,t} + Z_{570,t}).$$

Ein Korridor, der neben der Trenddynamik auch die zyklische Dynamik sehr stark betont, ist durch Z_{525}-Z_{526} definiert worden. Seine Breite ist beträchtlich. Dafür ist er aber auch in der Lage, fast mit allen Kapriolen einer Zeitreihe mühelos fertig zu werden. Für das nun zu entwickelnde Korridor-Aggregat soll auch dieser Korridor herangezogen werden. Da zu jedem Korridor auch ein Reihenmittelwert gehört, ist analog zu Z_{571} die mittlere Reihenposition

$$Z_{572,t} = 0.5(Z_{525,t} + Z_{526,t})$$

von Bedeutung. Nun haben wir die einzelnen Bestandteile des Korridor-Aggregats beisammen. Die Untergrenze lautet:

$$Z_{573,t} = (Z_{147,t}+Z_{174,t}+Z_{452,t}+Z_{461,t}+Z_{470,t}+Z_{525,t}+Z_{527,t} \ldots +Z_{531,t}+Z_{539,t}+Z_{546,t}+Z_{569,t})/11$$

Das mittlere aggregierte Reihenniveau ergibt sich als:

$$Z_{574,t} = (Z_{451,t}+Z_{460,t}+Z_{465,t}+Z_{520,t}+Z_{530,t}+Z_{540,t}+Z_{541,t} \ldots \\ +Z_{542,t}+Z_{548,t}+Z_{570,t}+Z_{572,t})/11$$

Die Korridorobergrenze schließlich ist definiert als:

$$Z_{575,t} = (Z_{148,t}+Z_{175,t}+Z_{453,t}+Z_{462,t}+Z_{469,t}+Z_{526,t}+Z_{528,t} \ldots \\ +Z_{532,t}+Z_{538,t}+Z_{547,t}+Z_{570,t})/11$$

Das **empirische Erscheinungsbild** des Korridors Z_{573}-Z_{575} ist recht positiv. Der Korridor ist glatt, sehr stabil und im Vergleich recht schmal. Bei abrupten Änderungen der Reihendynamik ist dieses Aggregat allerdings nicht in der Lage, zuverlässige Grenzen für die betreffende Reihe zu markieren. Überraschen kann dies nicht, da im Aggregat Komponenten enthalten sind, die entweder nicht (z.B. Z_{174}-Z_{175}) oder erst stark verzögert (z.B. Z_{569}-Z_{570}) oder sogar invers (Z_{527}-Z_{528}) auf den dynamischen Schock reagieren.

Diese mangelhafte Anpassungsbereitschaft des Korridors hat jedoch den Vorteil, daß möglicherweise frühzeitig auf fundamentale Richtungsänderungen einer Zeitreihe hingewiesen wird, und genau dann, wenn die Reihe aus dem Korridor ausbricht, der den Toleranzrahmen für *"business as usual"* abgibt. Wird dieser Rahmen verlassen, so ist zumindest die Wahrscheinlichkeit einer deutlichen Neuorientierung deutlich erhöht.

Wir wollen uns jetzt noch einer weiteren Aggregatlösung zuwenden, die wiederum stark das kurzfristige Element betont. Von einem solchen Korridor darf man erwarten, daß er die Zeitreihe "gut im Griff" hat und sich dieser sehr eng anschmiegt. Ein solcher Korridor stellt gewissermaßen die Hülle einer Zeitreihe dar. Die Komponenten dieses Aggregats sind alle bekannt bis auf eine Ausnahme. Der sehr flexible, aber schmale Korridor Z_{539}-Z_{540} soll jetzt verbreitert werden, indem, ausgehend vom jeweiligen Grenzwert, der globale Schwankungsfaktor in vollem Umfang heraus- bzw. hineingerechnet wird. Mit diesem einfachen Trick läßt sich eine Bandbreite zugleich symmetrisch und maßvoll verbreitern. Wie Abbildung 8 zeigt, wird die alte Bandbreite 100/150 mit dem Faktor 2 auf die neue Bandbreite 75/200 erweitert, der Abstand zwischen den alten und neuen Untergrenz- und Obergrenzwerten beträgt einheitlich 25% bzw. 33,3...%, je nachdem, ob der untere oder obere Wert als Bezugsbasis genommen wird.

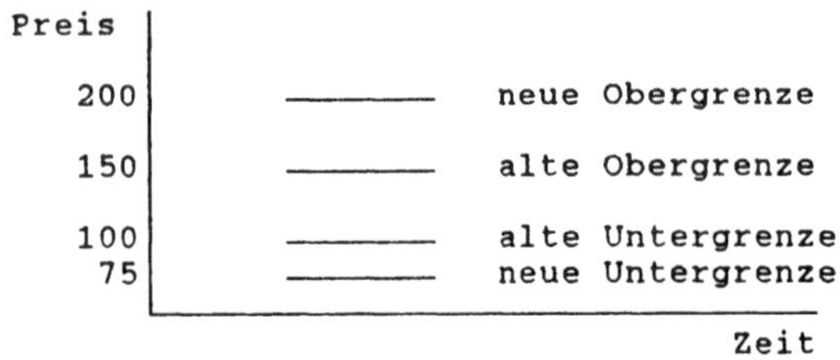

Abbildung 8 : Symmetrische Bandbreiten-Erweiterung (Erweiterungsfaktor 2)

Die erweiterte Variante von Z_{539}-Z_{540} lautet:

$$Z_{576,t} = Z_{540,t}/Z_{134,t}$$
$$Z_{577,t} = Z_{539,t} \cdot Z_{134,t}$$

Das Korridoraggregat soll jetzt dargestellt werden durch jeweils ein Untergrenz- und Obergrenzpaar. Diese "Schichten"-Lösung erwies sich deshalb als notwendig, weil der innere Korridor zwar die Reihenschwankung in Zeiten schwacher Dynamik sehr gut einfängt. In Zeiten hoher Dynamik befreit sich die Reihe jedoch leicht aus dieser Umklammerung. Der äußere Korridor hingegen hält zumeist auch abrupten Ausbruchversuchen einer Reihe stand.

Die einzelnen Grenzwerte dieses Korridors lauten, in der Reihenfolge von unten nach oben, wie folgt:

$$Z_{578,t} = 0.25(Z_{463,t}+Z_{467,t}+Z_{533,t}+Z_{577,t})$$
$$Z_{579,t} = 0.25(Z_{461,t}+Z_{466,t}+Z_{521,t}+Z_{539,t})$$
$$Z_{580,t} = 0.25(Z_{462,t}+Z_{465,t}+Z_{520,t}+Z_{540,t})$$
$$Z_{581,t} = 0.25(Z_{464,t}+Z_{468,t}+Z_{534,t}+Z_{577,t})$$

Der Korridor Z_{578}/Z_{579}-Z_{580}/Z_{581} ist im Vergleich zu Z_{573}-Z_{575} weniger glatt, erheblich instabiler und in der Regel auch breiter, zumindest bei Zugrundelegung der äußeren Grenzen. Als Pluspunkt bleibt lediglich der bessere Fit, der infolge der zügigen Anpassung gewährleistet erscheint. Für Strukturbruchdiagnosen ist dieser Korridor sicher ungeeignet, denn die Signale kommen, wenn überhaupt, viel zu spät.

Nun soll noch ein letztes Korridor-Aggreagat vorgestellt werden. Es treibt den **Aggregationsprozeß** bis an die Grenze des Machbaren und überschreitet damit möglicherweise die Grenze des Sinnvollen, da es nahezu sämtliche trend- und zyklusgestützten Einzelkorridore zu einem Durchschnitt zusammenfaßt. Es soll hier nicht diskutiert werden, wie ein solches Verfahren vom statistisch-methodischen Standpunkt aus zu beurteilen ist, mit welcher Fehlerkumulation bzw. -kompensation man ggf. zu rechnen hat, ob es theoretische Rechtfertiungen für eine solche Aggregation gibt, usw. Das sind ohnehin alles Fragen, die sich auch bei einer einfachen Aggregation im Prinzip stellen und hier wie dort keiner abschließenden Klärung zugeführt werden können.

Fügt man im Rahmen einer "totalen" Aggregation alle einschlägigen Korridore zu einem Gesamtbild zusammen, dann ist unvermeidlich, daß die am stärksten repräsentierten Korridore das Ergebnis präjudizieren. Die Stärken und Schwächen dieser Bandbreitenkategorie sind dann gleichfalls überrepräsentiert. Soweit möglich, ist auf Ausgewogenheit geachtet worden, was die Gewichtung trendmäßiger und zyklischer Konstruktionsprinzipien anlangt.

Die noch fehlenden Komponenten des Aggregats müssen nun kurz dargestellt werden. Der Korridor Z_{437}-Z_{438} wird dadurch verengt, daß anstelle von $Z_{134}{}^{0.5}$ der "Ausdehnungsfaktor" $Z_{134}{}^{0.25}$ verwendet wird:

$$Z_{582,t} = Z_{134,t}{}^{0.25} \left\langle \begin{array}{l} \ldots \\ \ldots \\ \ldots \\ \ldots \end{array} \right.$$

$$Z_{583,t} = Z_{134,t}{}^{-0.25} \left\langle \begin{array}{l} \ldots \\ \ldots \\ \ldots \\ \ldots \end{array} \right.$$

Als nächstes benötigen wir einen Korridor, der sehr stark der Bandbreite Z_{417}-Z_{418} ähnelt. Als Bandbreiten-Zentrum wird jetzt aber ausschließlich Z_{11} verwendet:

$$Z_{584,t} = Z_{11,t}/(1 + 0.1Z_{134,t})$$
$$Z_{585,t} = Z_{11,t}(1 + 0.1Z_{134,t})$$

Es folgt ein Korridor, der explizit die Zyklus- und Basistrendkomponente einer Zeitreihe berücksichtigt. Dabei wird der zyklische Einfluß stark in den Hintergrund, der Trendeinfluß hingegen stark in den Vordergrund gerückt. Als Einzelkorridor ist diese Bandbreiten-Variante unbrauchbar. Als Teil eines Konglomerats jedoch hat sie die Funktion, dem richtungweisenden Basistrend ein besonderes Gewicht zu geben. Der Algorithmus lautet:

$$Z_{586.t} = \begin{cases} Z_{11.t}(1+0.01Z_{124.t})/(1+0.1Z_{134.t}) & \text{für } Z_{124.t} \geq 0 \\ Z_{11.t}(1+0.1Z_{134.t})/(1+0.01|Z_{124.t}|) & \text{für } Z_{124.t} < 0 \end{cases}$$

$$Z_{587.t} = \begin{cases} Z_{11.t}(1+0.1Z_{134.t})(1+0.01Z_{124.t}) & \text{für } Z_{124.t} \geq 0 \\ Z_{11.t}(1+0.1Z_{134.t})/(1+0.01|Z_{124.t}|) & \text{für } Z_{124.t} < 0 \end{cases}$$

Als letzte Komponente benötigen wir einen Korridor, der selbst für extreme Spannen einer Zeitreihe noch ausreichend Platz bietet. Abgesehen von der indirekt in Z_{11} enthaltenen Trendkomponente berücksichtigt dieser Korridor keinerlei Trendeinflüsse; er hat somit überwiegend zyklischen Charakter:

$$Z_{588.t} = Z_{11.t}/(2Z_{134.t} - Z_{134.t}^{0.5})$$
$$Z_{589.t} = Z_{11.t}(2Z_{134.t} - Z_{134.t}^{0.5})$$

Das umfassende Bandbreiten-Aggregat läßt sich jetzt darstellen als:

$$\begin{aligned} Z_{590.t} = (&Z_{136.t}+Z_{201.t}+Z_{406.t}+Z_{408.t}+Z_{412.t}+Z_{417.t}+Z_{419.t} \ldots \\ &+Z_{421.t}+Z_{428.t}+Z_{436.t}+Z_{438.t}+Z_{440.t}+Z_{442.t}+Z_{444.t} \ldots \\ &+Z_{446.t}+Z_{481.t}+Z_{486.t}+Z_{489.t}+Z_{491.t}+Z_{583.t}+Z_{584.t} \ldots \\ &+Z_{586.t}+Z_{588.t})/23 \end{aligned}$$

$$\begin{aligned} Z_{591.t} = (&Z_{135.t}+Z_{202.t}+Z_{405.t}+Z_{407.t}+Z_{411.t}+Z_{418.t}+Z_{420.t} \ldots \\ &+Z_{422.t}+Z_{429.t}+Z_{435.t}+Z_{437.t}+Z_{439.t}+Z_{441.t}+Z_{443.t} \ldots \\ &+Z_{445.t}+Z_{482.t}+Z_{487.t}+Z_{490.t}+Z_{492.t}+Z_{582.t}+Z_{585.t} \ldots \\ &+Z_{587.t}+Z_{589.t})/23 \end{aligned}$$

Der aggregierte Korridor Z_{590}-Z_{591} weist erstaunlich gute Eigenschaften auf. Nicht überraschen kann, daß er aufgrund seiner vielen Komponenten einen recht glatten Verlauf nimmt. Der Korridor ist zwar nicht gerade schmal, doch dieses Defizit wird durch ein hohes Maß an Stabilität ausgeglichen. Für Zwecke der Breakout-Analyse ist er allerdings nur bedingt tauglich, denn aufgrund seiner nicht unbeträchtlichen Breite kommen die Signale doch recht spät. Der Korridor reflektiert in geballter Form alle plausiblen Verfahren der zyklus- und trendgestützten Bandbreitenschätzung und kann allein aus diesem Grund eine besondere Autorität beanspruchen. Die recht ermutigenden empirischen Befunde weisen darauf hin, daß die Aggregation im wesentlichen sinnvoll durchgeführt worden ist.

3.3.7.3 Bestimmung geglätteter Bandbreiten

Unruhige Korridore werden einem fundamentalen Qualitätsanspruch "guter" Prognosen, nämlich dem **Stabilitätsanspruch**, nicht gerecht. Der "Konsument" von Prognosen empfindet es als gleichermaßen störend, wenn ihm der Prognostiker für eine Variable einen überaus breiten Korridor als mutmaßlichen Wertebereich vorgibt, oder wenn er ihm zwar eine schmale, aber starken Anpassungen unterliegende Bandbreite als Entscheidungsrahmen anbietet.

Das ist die Crux der Prognose überhaupt: Es ist nicht schwierig, Prognosen so zu stellen, daß die tatsächlichen Werte innerhalb des prognostizierten Wertebereichs bleiben. Setzt man diesen breit genug an, so wird man kaum fehlen. Wegen ihrer mangelnden Präzision ist eine solche Prognose gleichwohl nahezu wertlos. Die Gefahr von Fehlprognosen läßt sich jedoch auch dadurch reduzieren, daß man zwar sehr enge Wertebereiche wählt, deren Gültigkeit zeitlich aber sehr eng begrenzt. Die Wertebereiche haben damit periodenspezifischen Charakter und werden periodisch mehr oder weniger stark - je nach Bedarf - an die tatsächliche Entwicklung angepaßt. In diesem Fall wird **Prognosegenauigkeit** nur vorgespiegelt: Im Grunde ist der Wert einer solchen Prognose ebenso gering wie bei der Wahl sehr weit gefaßter Wertebereiche.

Ein Ausweg aus dem **Dilemma zwischen Prognosewahrheit und Prognosegenauigkeit** könnte darin bestehen, daß bei Bandbreiten-Schätzungen verstärkt **Glättungsoperatoren** eingesetzt werden. Dadurch können, bei prinzipiell unveränderter Bandbreite, die Korridore verstetigt werden. Auf diese Weise wird dem **Stabilitätserfordernis** verstärkt Rechnung getragen. Ein solches Verfahren ist freilich nur dann sinnvoll, wenn die Korridorflexibilität zumindest teilweise auf Zufallseinflüssen beruht. Sind diese bereits vollständig eliminiert, muß die zusätzliche Glättung zwangsläufig eine verschlechterte Treffsicherheit der Prognosen nach sich ziehen.

Eine zusätzliche Glättung kann auf verschiedenen Wegen erfolgen. Ein Weg besteht darin, die Parameter eines Korridors, also Korridormittelwert und Korridorgrenzwerte, durch gleitende Durchschnitte zu glätten. Dabei kann mit oder ohne Gewichtungsschema gearbeitet werden.

Der direkteste Weg führt über die **Verwendung glatter Mittelwerte**, um die herum der Korridor aufgebaut wird. Z_{11} ist in dieser Hinsicht sicherlich nicht das *non plus ultra*. Wesentlich glatter verlaufen Z_9 und Z_{10}, wobei hier allerdings die stark reduzierte Flexibilität dieser Mittelwerte zusätzliche Probleme schaffen kann. Der im letzten Abschnitt eingeführte Mittelwert Z_{568}, der den Flexibilitätsmangel durch eine basistrendgestützte Dynamisierung auszugleichen sucht, ist ohne Zweifel ein guter Ansatz. Dies belegt auch die hohe Leistungsfähigkeit des hierauf gestützten Korridors Z_{569}-Z_{570}. Sieht man von einer Trenddynamisierung ganz ab, so bietet sich Z_9 als geeignetes Verstetigungsinstrument an. Dieser Mittelwert ist erheblich flexibler als Z_{10}, aber doch auch erheblich glatter und stabiler als etwa Z_{11}. Im Rahmen des MAM wurden Z_9-zentrierte Korridore auf der Grundlage mehrerer Bandbreitenkonstruktionen getestet. Es handelt sich um Z_{407}-Z_{408}, Z_{433}-Z_{434}, Z_{448}-Z_{449} und Z_{465}-Z_{466}. In diesen Korridoren wurde lediglich Z_{11} durch Z_9 vertauscht. Anstelle von Z_{407}-Z_{408} gilt jetzt:

$$Z_{592,t} = Z_{9,t} \cdot Z_{134,t}{}^{0.5}$$
$$Z_{593,t} = Z_{9,t} / Z_{134,t}{}^{0.5}$$

Dieser Korridor zeichnet sich erwartungsgemäß durch hohe Stabilität aus. Seine Breite ist auf den halben globalen Schwankungsabstand begrenzt. Diese Eigenschaften führen dazu, daß im Falle dynamischer Reihenbewegungen die Ummantelung durchbrochen wird. Die mit dem *breakout* verknüpfte Strukturbruchdiagnose ist allerdings mit erheblichen Unsicherheiten verknüpft. Zwar erkennt der Korridor alle nachhaltigen Richtungsänderungen einer Zeitreihe rechtzeitig, aber es erweist sich eben nicht jede signalisierte Richtungsänderung als nachhaltig.

Nicht breiter, aber um einiges flexibler ist das Analogon zum *High-Low-Potential*, das jetzt auf der Grundlage von Z_9 geschätzt wird. Bevor der Korridor selbst geschätzt werden kann, muß zunächst der Bandbreitenmittelpunkt Z_{594} bestimmt werden:

$$Z_{594,t} = \begin{cases} Z_{9,t}[1+0.01(Z_{124,t}+Z_{133,t})]^{0.25} & \text{für } Z_{124,t}+Z_{133,t} \geq 0 \\ Z_{9,t}/[1+0.01(|Z_{124,t}+Z_{133,t}|)^{0.25} & \text{für } Z_{124,t}+Z_{133,t} < 0 \end{cases}$$

$$Z_{595,t} = Z_{594,t} / Z_{134,t}{}^{0.5}$$

$$Z_{596,t} = Z_{594,t} Z_{134,t}^{0.5}$$

Auch hier ergibt sich ein im Vergleich zu Z_{433}-Z_{434} wesentlich stetigerer Verlauf. Die aufgrund des expliziten Einbaus der Trenddynamik erhöhte Flexibilität reduziert die Zahl der Breakout-Situationen deutlich. Die Zahl der Fehlsignale sinkt hierdurch nicht nur absolut, sondern auch relativ. Gleichwohl läßt sich eine zuverlässige Strukturbruchdiagnose auch hier nicht erreichen.

Der basistrendgestützte Korridor Z_{448}-Z_{449} verläuft an sich schon recht stetig. Eine gewisse Unruhe geht allenfalls von Schwankungen des Z_{11}-Werts aus. Diese läßt sich weitgehend ausschalten, wenn Z_{11} durch Z_9 ersetzt wird. Der Korridormittelpunkt ist dann:

$$Z_{597,t} = \begin{cases} Z_{9,t}(1+0.1Z_{124,t})^{0.5} & \text{für } Z_{124,t} \geq 0 \\ Z_{9,t}/(1+0.1|Z_{124,t}|)^{0.5} & \text{für } Z_{124,t} < 0 \end{cases}$$

Die Korridorgrenzen werden jetzt gegeben durch

$$Z_{598,t} = Z_{597,t}/Z_{134,t}^{0.5}$$
$$Z_{599,t} = Z_{597,t} \cdot Z_{134,t}^{0.5}.$$

Auch dieser Korridor verfügt über eine vergleichbare Breite. Seine Flexibilität hängt nur vom Basistrend ab, wenn man von der nur schwachen Anpassung des Z_9-Werts absieht. Um einen guten Fit zuverlässig zu erreichen, bedarf es freilich weit größerer Flexibilität. Somit wird auch dieser Korridor vorwiegend als Breakout-Referenz in Frage kommen. Die Zuverlässigkeit solcher Ausbruchsignale ist jedoch auch hier nicht sonderlich hoch zu veranschlagen.

Ein letzter Korridor, der durch Verwendung von Z_9 eine Glättung erfahren hat, soll noch untersucht werden. In konstruktiver Hinsicht ist er dem Potentialkorridor sehr ähnlich, denn auch er verwendet den Basistrend und das Momentum als Flexibilisierungsmechanismen. Diese Trendeinflüsse werden jedoch jetzt stärker beachtet. Ein noch unwesentlicherer Unterschied besteht in der leicht abweichenden Berücksichtigung der Schwankungsbreite. Die Korridorobergrenze lautet jetzt:

$$Z_{600,t} = \begin{cases} Z_{9,t}[1+0.01(Z_{124,t}+Z_{133,t})]^{0.5} \\ \quad \text{für } Z_{124,t}+Z_{133,t} \geq 0 \\ Z_{9,t}/[1+0.01(|Z_{124,t}+Z_{133,t}|)]^{0.5} \\ \quad \text{für } Z_{124,t}+Z_{133,t} < 0 \end{cases}$$

Die Untergrenze wird dann festgelegt durch

$Z_{601,t} = Z_{600,t}/(1+0.2Z_{134,t})$.

Wegen der starken Berücksichtigung des Trendeinflusses weist dieser Korridor im Vergleich zu den übrigen drei Varianten den höchsten Flexibilitätsgrad auf. Dadurch gewinnt er allerdings eine Note, die unter dem Gesichtspunkt der Glättung unerwünscht ist. Es ist auch widersinnig, einerseits eine Glättung über die Verwendung eines weitgehend inflexiblen Korridor-Mittelwerts (hier Z_9) zu erreichen, diese dann aber andererseits durch trendgestützte Flexibilisierungsmaßnahmen wieder aufzuheben. Der Korridor Z_{600}-Z_{601} kann daher allenfalls als Grenzfall innerhalb der Klasse geglätteter Bandbreiten gelten.

Eine Bandbreiten-Glättung kann man nun auch auf die Weise erreichen, daß man nicht den Korridor-Mittelwert, sondern unmittelbar die Korridorgrenzen glättet. Um dies zu demonstrieren, wollen wir auf das Korridor-Aggregat Z_{578}/Z_{579}-Z_{580}/Z_{581} zurückgreifen. Dieses Aggregat verwendet relativ flexible Einzelkorridore. Obwohl die Aggregation selbst bereits eine gewisse Glättung mit sich bringt, ist das resultierende Aggregat hier noch so flexibel, daß eine deutliche Kontrastierung gegenüber der zusätzlich geglätteten Variante zu erwarten ist. Geglättet wird durch einen sechs Perioden umfassenden gleitenden Durchschnitt. Für die beiden Untergrenzen ergibt sich:

$Z_{602,t} = \Sigma Z_{578,\tau}/6, \quad \tau = t,\ldots,t-5$
$Z_{603,t} = \Sigma Z_{579,\tau}/6, \quad \tau = t,\ldots,t-5$

In analoger Weise werden die beiden Obergrenzen bestimmt:

$Z_{604,t} = \Sigma Z_{580,\tau}/6, \quad \tau = t,\ldots,t-5$
$Z_{605,t} = \Sigma Z_{581,\tau}/6, \quad \tau = t,\ldots,t-5$

Der **empirische Befund** zeigt, daß die Glättungsperiode offenbar zu kurz bemessen wurde, um einen spürbaren Glättungseffekt zu erzielen. Überdies tritt das bereits oben erwähnte **Konsistenzproblem** auf: Es erscheint wenig sinnvoll, vergleichsweise flexible Korridore glätten zu wollen. Ein glatter Korridor läßt sich naheliegenderweise umso leichter gewinnen, je glatter die noch weiter zu glättende Bandbreite bereits ist.[3]

Deshalb empfiehlt es sich, Glättungsmaßnahmen an bereits von vornherein weitgehend glatten Korridoren vorzunehmen. Dieser Weg erscheint methodisch überzeugender, als den Impetus flexibler Korridore mit Hilfe langgezogener gleitender Durchschnitte zu brechen. Wir wenden uns daher einem Korridor zu, der bereits weitgehend glattes "Rohmaterial" verwendet. Es handelt sich außerdem um einen Korridor, der verschiedene Glättungsverfahren zugleich einsetzt.

Da er aggregierten Charakter hat, nutzt er zunächst einmal die mit jeder Aggregation und anschließenden Durchschnittsbildung verbundenen Glättungseffekte. Außerdem wird auf weitgehend glatte Mittelwerte zurückgegriffen, die ihrerseits durch die Durchschnittsbildung zusätzlich "abgeschliffen" worden sind. Verwendet wird der bereits eingeführte Z_{568}-Wert, der sich aus den basistrendkorrigierten trägen Reihenmittelwerten Z_9, Z_{10} und Z_{11} zusammensetzt. Hinzu kommen zwei zumeist völlig immobile Werte, nämlich das 48-Perioden-Minimum bzw. -maximum (Z_{174} bzw. Z_{175}). Auch die bereits mehrfach herausgehobenen Korridorgrenzen Z_{525}-Z_{526}, die sich durch sehr glatte Verläufe auszeichnen, werden aufgenommen. Schließlich werden noch die bereits geglätteten Grenzwerte des Korridors Z_{602}-Z_{605} dem Aggregat hinzugefügt. Das entstehende Bandbreiten-Aggregat läßt sich wie folgt definieren:

$$Z_{606,t} = 0.25(Z_{174,t}+Z_{525,t}+Z_{569,t}+Z_{602,t})$$
$$Z_{607,t} = 0.25(Z_{175,t}+Z_{526,t}+Z_{570,t}+Z_{605,t})$$

Erwartungsgemäß nimmt dieser Korridor einen sehr glatten Verlauf. Seine Flexibilität ist gering, seine Breite durchschnittlich. Wegen seiner vielfältigen Inputs und seiner methodischen Vielfalt erheischt diese Bandbreite einiges Vertrauen. Ob dieses gerechtfertigt ist, kann sich jedoch nicht daran zeigen, wie gut die Rei-

3) Man sollte beachten, daß Glattheit und Stabilität nicht zwangsläufig dasselbe bedeuten, obwohl zwischen beiden Eigenschaften gleichgerichtete Zusammenhänge bestehen. Ein stabiler Korridor ändert seine vertikale Lage nur langsam. Ist er außerdem glatt, so weisen seine Grenzen kaum "Unebenheiten" auf. Aufgrund der hier verwendeten Konstruktionsprinzipien für Korridore sind Glattheit und Stabilität eng verknüpft, denn auch "Unebenheiten" haben etwas mit vertikaler Ausdehnung zu tun. Treten vertikale Lageveränderungen kaum auf, dann können auch Unebenheiten kaum auftreten.

hendynamik eingegrenzt wird - wegen der geringen Flexibilität kann das Ergebnis hier nicht positiv ausfallen -, sondern nur daran, wie gut labile von dynamischen Zeitreihenphasen getrennt werden. In dieser Hinsicht hat der Korridor sicher einiges zu bieten, wenngleich auch er das **Problem der Phasentrennung** nicht grundsätzlich lösen kann.

Hier wurde wiederholt die Vermutung geäußert, daß dieses Problem überhaupt nicht lösbar ist. Marktprozesse lassen sich nicht durch Grenzpunkte fixieren, sondern allenfalls innerhalb fließender Grenzen abgreifen. Dies entspricht durchaus dem, was man aufgrund tatsächlicher Erfahrung erwarten darf. Der Markt fixiert keine Preisgrenzen; nach welchen Kriterien sollte er dies auch tun? Preisgrenzen lassen sich allenfalls obrigkeitlich festsetzen, mit welchem Erfolg auch immer. Daher sind Aussagen wie: "Steigt der Preis über die Marke x, dann wächst der Preis in eine völlig neue Dimension hinein." grundsätzlich problematisch und sachlich unangemessen. Eigentlich ist es eine Selbstverständlichkeit, daß Punktprognosen auf Märkten - wie in vielen anderen Bereichen auch - fehl am Platze und irreführend sind.

Trotzdem kann man nicht bestreiten, daß es eine, wenn auch fließende Grenze zwischen der Normalität und der Anomalität gibt. Der Versuch, diese Grenzen zu bestimmen, ist daher auch wissenschaftlich legitim. Die angewandten Methoden müssen dies freilich nicht immer sein. Was es anzuprangern gilt, sind **deterministische Grenzmarkierungen**, die den Eindruck erwecken, es existiere eine klare Trennungslinie zwischen sich gegenseitig ausschließenden Entwicklungsregimen. Interpretiert man hingegen analytisch bestimmte Grenzen im Sinne ungefährer Grenzbereiche, so lassen sich vertretbare Schlußfolgerungen an den Vorstoß in diese Grenzbereiche knüpfen.

Solche Schlußfolgerungen sind aber unweigerlich Wahrscheinlichkeitsaussagen und keine deterministischen Aussagen. Wer an einem Abgrund entlang geht, wird mit größerer Wahrscheinlichkeit abstürzen als jemand, der sich auf vergleichsweise sicherem Gelände bewegt. Der Gefährdungsbereich ist einigermaßen gut markierbar. Ob jedoch ein Aufenthalt in diesem Gefährdungsbereich einen Unglücksfall nach sich zieht, läßt sich mit Sicherheit nicht voraussagen.

Ein Ausloten der Grenzen zwischen normaler und anomaler Entwicklung hat somit durchaus seinen Sinn. Wir wollen daher noch einen letzten Versuch unternehmen, diese Grenzen zu bestimmen. Der bereits mehrfach erwähnte HLP-Korridor Z_{433}-Z_{434} zeichnet sich durch einen bemerkenswert guten Fit trotz hoher Stabilität und enger Bandbreite aus. Ungestüme Sprünge einer Zeitreihe "verkraftet" der Korridor allerdings nicht. Anstatt sich nun an die Reihenentwicklung anzuhängen, um möglichst schnell wieder aufzuschließen, kann genau dies bewußt unterbunden werden, indem der HLP-Korridor stark geglättet wird. Als Glättungszeitraum erscheinen immerhin 24 Einheitsperioden als erforderlich. Bricht die Reihe aus, so macht der Korridor erst gar nicht den Versuch, Schritt zu halten, sondern verharrt erst einmal in seiner bisherigen Position. Die Ausbruchsituation tritt hierdurch klar in Erscheinung. Wir formulieren:

$$Z_{608,t} = \Sigma Z_{433,T}/24, \quad T = t,...,t-23$$
$$Z_{609,t} = \Sigma Z_{434,T}/24, \quad T = t,...,t-23$$

Der geglättete HLP-Korridor Z_{608}-Z_{609} gibt einen sehr zuverlässigen Rahmen für die Breakout-Analyse ab. Bei allen Vorbehalten, die einem solchen Ansatz methodisch entgegengebracht werden müssen, läßt sich doch nicht leugnen, daß die Wahrscheinlichkeit richtiger **Strukturbruchdiagnosen und -prognosen** beachtlich hoch liegt. Die durchgeführten tests lassen vermuten, daß die "Trefferquote" bei rund 75% liegen dürfte.

3.3.7.4 Bestimmung trendbereinigter Bandbreiten

Im Rahmen der **Breakout- oder Strukturbruchanalyse** zeigte sich, daß in Trendrichtung verlaufende *breakouts* häufig zu spät angezeigt werden. Außerdem sind Ausbruchsignale in Trendrichtung öfter falsch als Ausbruchsignale in der dem Basistrend entgegengesetzten Richtung. Dafür gibt es plausible Erklärungen.

Folgt eine Zeitreihe einem markanten Aufwärtstrend, dann ist sie bereits früher, als der Aufwärtstrend seinen Anfang genommen hat, ausgebrochen. Das Signal hätte also zu diesem Zeitpunkt kommen müssen. Kommt es später, also wenn der Basistrend bereits deutlich nach oben zeigt, dann hat es nur noch Trendbestätigungscharakter.

Doch selbst dies ist fraglich, denn vor allem auf spekulativen Märkten sind beschleunigte Aufwärtsbewegungen im Aufwärtstrend oftmals ein frühes Anzeichen einer sich anbahnenden Trendwende. Man spricht in diesem Zusammenhang von ***"buyout"***, das sind panikartige Käufe all jener Marktteilnehmer, die bisher dem Markt als Käufer ferngeblieben sind und sich zuletzt unter dem Eindruck der Marktentwicklung doch noch aus der Reserve locken lassen. Da anschließend praktisch niemand mehr vorhanden ist, der noch kaufen könnte oder wollte, bricht der Markt - genauer ausgedrückt: der Marktpreis - alsbald zusammen und die Trendwende kann beginnen.

Aus diesem Grund drängt sich die Vermutung auf, im Rahmen der Breakout-Analyse müßten trendfreie Korridore verwendet werden, da nur diese als Kontrast zur tatsächlichen, trendbetonten Reihenentwicklung den Trendwechsel deutlich hervortreten lassen. Der Versuch, Korridore und Zeitreihen zu synchronisieren und aufeinander abzustimmen, wird somit ganz aufgegeben. Vielmehr wird jetzt der Korridor zu einem richtungsneutralen Referenzbereich. Wird dieser verlassen, so wird hieraus auf die Existenz dynamischer Antriebskräfte geschlossen, die der Reihe eine eindeutige Richtung geben, je nachdem, auf welcher Seite des Korridors der Ausbruch erfolgt. Dieses Verfahren ist konsequenter und kompromißloser als die im letzten Abschnitt dargestellten Glättungsprozeduren, die zwar die Anpassungsgeschwindigkeit tendenziell reduzieren, eine gewisse Anpassung aber dennoch zulassen.

Ob allerdings im Wege der Trendbereinigung eine Korridoranpassung restlos ausgeschlossen werden kann, muß bezweifelt werden. Auch ist fraglich, ob eine derartige Paralysierung überhaupt sinnvoll und wünschenswert ist. Referenz für anomale Marktbewegungen muß sein, was sich die Marktteilnehmer als normal vorstellen. Die **Vorstellungen über Normalität** sind aber gewohnheitsabhängig. Die **Gewohnheit** wiederum bildet sich aus der **Erfahrung**. Daher ist es unrealistisch zu unterstellen, die Marktteilnehmer würden ihre aktuellen Markterfahrungen nicht zur Fortschreibung ihrer Normalitätsvorstellungen heranziehen.

Aus diesem Grund ist ein **trendbereinigter Korridor** entwickelt worden, in dem die Trendbereinigung dazu führt, daß die Bandbreite in die Trendgegenrichtung bewegt wird; dies ist die direkte Trendwirkung. Daneben gibt es aber eine indirekte Trendwirkung, die genau umgekehrt gerichtet ist. Da sich der Basistrend indirekt in den Reihenmittelwerten, z.B. in Z_{11}, niederschlägt, bewirkt der Trend eine richtungsgleiche Korridoranpassung. Welcher Einfluß *per saldo* überwiegt, ist von vielen Faktoren, insbesondere von der Trendbeschleunigung, abhängig. Im allgemeinen dürften die beiden Trendeinflüsse sich im großen und ganzen die Waage halten.

Wir definieren zunächst den trendbereinigten Reihenmittelwert

$$Z_{610,t} = \begin{cases} Z_{11,t}/(1+0.01Z_{124,t})^{0.5} & \text{für } Z_{124,t} \geq 0 \\ Z_{11,t}(1+0.01|Z_{124,t}|)^{0.5} & \text{für } Z_{124,t} < 0 \end{cases}$$

Ein positiver Basistrend Z_{124} führt also zu einem "Trendabschlag" auf Basis Z_{11}; umgekehrt führt ein negativer Basistrend zu einem "Trendaufschlag". Die Korridorgrenzen werden unter voller Berücksichtigung der zyklischen Komponente sehr weit gefaßt:

$$Z_{611,t} = Z_{610,t}/Z_{134,t}$$
$$Z_{612,t} = Z_{610,t} \cdot Z_{134,t}$$

Dies erscheint deshalb unumgänglich, weil eine trendbedingte Flexibilisierung der Bandbreite praktisch ausgeschlossen worden ist. Faßte man die Bandbreite enger, so wären Grenzübertritte nicht ausschließlich dem Trend-, sondern auch dem zyklischen Einfluß zuzurechnen, die gewünschte Richtungsprognose könnte also nicht abgegeben werden.[4)]

Die Trendbereinigung führt zu einem recht glatten Verlauf der Korridorgrenzen. Da diese jedoch konstruktionsbedingt sehr weit auseinanderliegen (müssen), sind Breakout-Signale naturgemäß selten. Wenn sie allerdings auftreten, geben sie meist sehr zuverlässig die künftige Richtung einer Zeitreihe an. Bereits die Annäherung an die Grenzen hat Frühwarnfunktion.

Das volle Durchschlagen der zyklischen Komponente sollte man im übrigen nicht überbewerten, denn in der Zeit vor dem Ausbruch ist die zyklische Dynamik in der Regel recht bescheiden, Z_{134} also klein. Nach erfolgtem Ausbruch läßt das System auch den zyklischen Kräften wieder mehr Raum, so daß Z_{134} ansteigen kann. Dies führt

4) Sonstige Einflüsse, etwa solche zufälliger Art, gelten als durch Z_{134} mit erfaßt.

dazu, daß die Grenzen Z_{611}-Z_{612} kontinuierlich nach außen geschoben werden, während Z_{610}, das Bandbreiten-Zentrum, weitgehend ortsfest bleibt.

Für das praktische **Investitionsmanagement** auf spekulativen Vermögensmärkten hat dieser "Nachrück-Effekt" einen evidenten Vorteil: Bricht z.B. der Kurs einer Aktie nach oben aus und signalisiert hierdurch den Beginn einer Hausse, so rückt die Obergrenze Z_{612} durch zyklische Verstärkungseffekte kontinuierlich nach oben.[5] Kommt der Kursanstieg irgendwann zum Stillstand und mündet schließlich in einen Kursrückgang ein, so bietet Z_{610} eine willkommene Gewinnsicherungsmarke. Bei intakter Aufwärtstrenddynamik dürfte der Kurs nicht wieder darunter fallen. Tut er genau dies, entsteht ein "umgekehrtes" *breakout*-Signal, ein "Rückzugssignal" sozusagen, das den Spekulanten auf die Verkäuferseite bringt.

Das letzte Wort über die Funktionalität von Bandbreiten-Konzeptionen kann wiederum hier noch nicht gesprochen werden. Dazu bedarf es umfangreicher strategischer Tests, zu deren Durchführung erst noch Strategiemodelle entwickelt werden müssen. Dieser Aufgabe wollen wir uns im nächsten Kapitel zuwenden.

5) Die Untergrenze Z_{611} rückt nach unten, was in diesem Zusammmenhang aber nicht interessiert.

"After all, decision making
- the conversion of information into action -
is probably the only really productive activity there is."
James COOK
(Forbes, November 1982)

4 Strategien des Marktmanagements

Ein erfolgreiches Operieren am Markt basiert auf mehreren Grundlagen. Vorab muß der Marktteilnehmer klären, welches **Marktziel** er zu verfolgen beabsichtigt. Erst nach erfolgter Zieldefinition lassen sich **Strategien**, das sind zielgerichtete und zielkonforme Verhaltensweisen, formulieren.

Die Entwicklung von Marktstrategien wäre unproblematisch, wenn absolut verläßliche Prognosen zukünftiger Marktereignisse existierten. Diejenige Strategie wäre zu wählen, die im Rahmen zu beachtender Restriktionen eine optimale Zielerfüllung gewährleistete. In der Realität sind Marktprognosen jedoch mehr oder weniger unsicher. Dadurch erhält die strategische Planung eine zusätzliche Dimension: Die Marktstrategie muß jetzt nicht unter bekannten, sondern unter weitgehend unbekannten Umweltbedingungen Markterfolge sichern.

Es liegt auf der Hand, daß man es hier nicht mehr mit einem eindeutig lösbaren **Optimierungsproblem** zu tun hat. Selbst das **Optimierungskriterium** als solches ist fragwürdig geworden, denn es ist nicht mehr ohne weiteres klar, was überhaupt optimiert werden soll. Dies liegt daran, daß über den zeitlichen Rahmen von Marktentscheidungen Unklarheit besteht. Aus unternehmerischer Sicht mag es reichlich belanglos sein, wie hoch der Gewinn in diesem Jahr ausfällt; als wesentlich wichtiger mag angesehen werden, wie sich die Gewinnsituation langfristig entwickelt. Das Ziel **langfristiger Gewinnmaximierung** mag man jedoch insofern als fragwürdig ansehen, als aufgrund der langfristig bestehenden Marktunsicherheit eine zielkonforme Strategie überhaupt nicht entworfen

1) Zum Komplex "Entscheidungsfindung und Marktstrategie" vgl. z.B. die grundlegenden Arbeiten von B.F. BAIRD (1978); H. CHERNOFF , L. MOSES (1959); W. LEE (1971); R.D. LUCE (1959); D.W. MILLER, D.K. STARR (1967); P.G. MOORE, H. THOMAS (1976); R.E. NISBETT, L. ROSS (1980); H. RAIFFA (1968); H.W. SINN (1980); L. SJÖBERG, T. TYSZKA, J.A. WISE (1980); P. SLOVIC, B. FISCHHOFF, S. LICHTENSTEIN (1977); K.V. SMITH (1971).

werden kann. Formal ausgedrückt: Eine **Zielfunktion** zur Bestimmung des langfristig optimalen Gewinns läßt sich nur lösen, sofern die Parameter des Optimierungsproblems bekannt sind. Genau davon aber kann man bei langfristiger Betrachtung nicht ausgehen. Die Zielfunktion ist somit nicht lösbar.

In der Diskussion über **strategische Planung**[2)] ist man daher auch häufig von Maximierungs- und Optimierungskriterien ganz abgerückt. Das langfristige Ziel eines Marktteilnehmers wird dann zumeist in Form von "Marktanteilen", "Überlebenschancen" und dgl. umschrieben. Aufgabe der Strategie ist es dann nicht mehr, ein bestimmtes Ziel zu optimieren, sondern ganz einfach, das dauerhafte Überleben des Marktteilnehmers zu sichern. Derjenige Marktteilnehmer gilt als erfolgreich, der auch langfristig noch "im Geschäft" ist. Überspitzt könnte man so formulieren: Die Aufgabe der Strategie besteht nicht darin, dem Marktteilnehmer dauerhaft hohe Gewinne zu sichern, sondern dauerhaft seinen Untergang zu verhindern. Strategie ist also **Immunisierungs- und Überlebensstrategie**.

So berechtigt diese Sicht der Dinge im Kern auch sein mag, sie erscheint doch reichlich überspitzt und in dieser Schärfe ungerechtfertigt. Dieser Einwand gilt insbesondere in bezug auf spekulative Vermögensmärkte, auf denen es dem Akteur sicher nicht um dauerhafte Präsenz, sondern um dauerhafte Vermögenssteigerung geht.[3)] Da wir uns im folgenden hauptsächlich mit Entscheidungen auf Vermögensmärkten beschäftigen, ist der überlebensstrategische Gesichtspunkt - im Sinne eines Festhaltens an bestimmten Vermögensmärkten - kaum von Bedeutung.[4)]

2) Vgl. hierzu grundlegend: B.E. GUP (1980); K.H. DUNST (1979); W. KIRSCH, P. ROVENTA (1983); P. LORANGE, R.F. VANCIL (1977); P.B. MCNAMEE (1985); H. NAGTEGAAL (1977); G.A. STEINER (1979); K.W. TOURANGEAU (1981).

3) Etwas anders mögen die Dinge im Unternehmensbereich liegen. Hier mag das Ziel des Überlebens am Markt zumindest auf längere Sicht stark durchschlagen. Doch erscheint ein Ziel des "Überlebens um jeden Preis" auch für Unternehmen auf lange Sicht als absolut unsinnig. Denn warum soll ein Unternehmen auch dann am Leben erhalten werden, wenn das im Unternehmen gebundene Kapital anderweitig profitabler eingesetzt werden kann? Zumindest aus betriebswirtschaftlicher Sicht ist dies nicht zu rechtfertigen.

4) Ausnahmen mögen in der spezifischen Zielfunktion bestimmter Anleger begründet sein. Es gibt Anleger, die grundsätzlich nur Immobilien als Vermögensanlage akzeptieren. Solche Anleger müssen sich dann freilich überlegen, wie sie die Fährnisse des Immobilienmarkts langfristig überleben.

Der Überlebensaspekt tritt jedoch in einer wesentlich fundamentaleren Weise in Erscheinung: Es geht darum, daß der Anleger auf Dauer sein Vermögen erhält bzw. sogar vermehrt und gleichzeitig Vorkehrungen gegen ernsthafte Vermögensverluste trifft. **Überlebens- und Immunisierungsstrategie auf den Vermögensmärkten** bedeutet also Risikobegrenzung und Chancenwahrung.

Daraus läßt sich ein zentrales Erfordernis jeder diskussionswürdigen Anlagestrategie ableiten, nämlich das **Erfordernis der Reversibilität**: Eine strategische Entscheidung muß umkehrbar sein, nur so wird sie kontrollierbar und nur so lassen sich Risiken abschätzen und begrenzen sowie Chancen rechtzeitig wahrnehmen.[5)]

Die Flexibilität der Anleger auf Vermögensmärkten wird nicht nur durch die hohe Funktionsfähigkeit dieser Märkte erhöht, sondern auch durch die in der Regel verbesserten Prognosemöglichkeiten. Während für langfristige Unternehmensentscheidungen verläßliche Prognosen praktisch fehlen, kann der spekulative Investor mit kurzfristigen Prognosen Vorlieb nehmen, die naturgemäß nicht so unsicherheitsbehaftet sind wie langfristige Prognosen.

Mit Hilfe seines diagnostischen und prognostischen Instrumentariums versucht das MAM, die Qualität kurzfristiger Marktprognosen

5) Die **resignierende Grundhaltung mancher Unternehmensstrategien** läßt sich pointiert etwa wie folgt charakterisieren: "Über einigermaßen verläßliche, langfristige Prognosen verfügen wir nicht. Planung hat daher keinen oder nur wenig Sinn. Worauf es ankommt, ist die Immunisierung des Unternehmens gegen unvorhersehbare äußere Schocks, um auf diese Weise das Überleben zu sichern." Ein **strategisches Management auf den Vermögensmärkten** kann jedoch auf ungleich günstigere Vorbedingungen zurückgreifen. Zumindest Anlageinvestitionen im Unternehmen sind in hohem Maße irreversibel und ziehen daher zumeist eine langfristige Kapitalbindung nach sich, trotz der durch etwaige Abschreibungsrückflüsse geschaffenen Erleichterung. Stellt sich eine Anlageinvestition als Fehlinvestition heraus, ist sie kaum mehr korrigierbar, außer unter Inkaufnahme massiver Vermögensverluste. Im Falle spekulativer Vermögensanlagen ist dies in der Regel anders. Unterstellt man funktionsfähige Märkte, so können Korrekturen von Investitionsentschei-dungen täglich, zum Teil sogar jederzeit vorgenommen werden. Die hierbei entstehenden Transaktionskosten sind vergleichsweise gering, zumal die gehandelten Vermögensobjekte nicht in physischen Einheiten, sondern in Form von Anteilsrechten, Kontrakten und dgl. umgesetzt werden. Die Möglichkeit unverzüglichen Reagierens auf unvorhergesehene Marktereignisse ist Voraussetzung für eine wirkungsvolle Risikobegrenzung und Chancenwahrung.

erheblich zu verbessern. Durch die ständige Fortschreibung der Prognoseergebnisse wird gewährleistet, daß alle markttechnischen Daten der relevanten Vergangenheit bis hin zur Gegenwart berücksichtigt werden. Da Vermögensmarktdaten täglich, zum Teil stündlich oder sogar in noch kürzeren zeitlichen Abständen verfügbar sind, reicht die Datenbasis bis an den Prognosezeitpunkt heran. Mit einer derart zügigen Datenbereitstellung kann im Unternehmensbereich in der Regel nicht im entferntesten gerechnet werden.

Wir können somit festhalten, daß auf Vermögensmärkten die Marktteilnehmer bessere Operationsbedingungen vorfinden als auf den traditionellen Märkten für Industriegüter und Dienstleistungen, und zwar sowohl was die Qualität der verfügbaren Prognosen als auch was die Möglichkeiten der Entscheidungskorrektur, der Risikobegrenzung und der Chancenwahrnehmung betrifft. Die nun zu entwickelnden marktstrategischen Modelle müssen dieser Sachlage Rechnung tragen und versuchen, durchaus im Sinne von Maximierungs- und Optimierungsvorstellungen zielkonformes Verhalten zu beschreiben und auf seine Effizienz hin zu überprüfen.

Die für das **Portfoliomanagement** in Frage kommenden **Zielfunktionen** können sehr komplex sein. Z.B. kommen hierin die verschiedensten Präferenzen für alternative Vermögensobjekte zum Ausdruck, Unterschiede in der Risikobereitschaft müssen erfaßt werden und vieles andere mehr. Da es keinen empirisch gesicherten Weg zur Bestimmung individueller und makroökonomischer Zielfunktionen gibt, soll hier nicht die unfruchtbare Diskussion über alternative Funktionstypen fortgeführt werden, zumal diese Diskussion zumeist sehr frühzeitig im Formalen steckenbleibt, ohne jemals zur eigentlichen Substanz vorzustoßen. Wer das Marktgeschehen aufmerksam verfolgt, wird ohnehin bald ernste Zweifel bekommen, ob stabile Zielfunktionen - einzelwirtschaftlich und gesamtwirtschaftlich - überhaupt existieren.

Es gilt hier wohl dasselbe, was bereits in bezug auf die **deterministische Marktanalyse** gesagt wurde: Das Marktgeschehen läßt sich ebensowenig durch exakte Markierungen eingrenzen wie sich das Verhalten der Marktteilnehmer in zeitlich invariante Schemata pressen läßt. Wenn es überhaupt eine verläßliche Methode zur Beurteilung des spekulativen Marktverhaltens gibt, dann ist dies wohl die

marktpsychologische Methode. Was sich auf den spekulativen Märkten abspielt, hat nichts mit nüchterner Allokations- und Produktionsplanung zu tun, wie sie möglicherweise im Produktionsbetrieb nach mehr oder weniger institutionalisierten Regeln abläuft. Hoffnung und Angst, Geiz und Habgier sind vielmehr die Stoffe, aus denen die Börsenkurse sind. Die zuweilen um sich greifende Massenhysterie, die jeglicher Vernunft radikal abgeschworen hat, wirkt als Katalysator eines scheinbar aus der Kontrolle geratenen Marktgeschehens. Fundamentale Analysen dieses Geschehens mit Hilfe rational ausgeklügelter, kausalanalytischer Modelltheorie müssen hier zwangsläufig versagen.

Ob es jemals gelingt, die **Marktpsyche** befriedigend zu erfassen und zu verstehen, muß offenbleiben. Vieles jedoch ist marktpsychologisch durchaus plausibel, wenngleich nicht zwingend zu erklären. Nachdem der Rohölpreis von weit über 25 US-$ auf weit unter 10 US-$ in den Jahren 1985/1986 gefallen war, wurde das nahe Ende des Preisverfalls immer offensichtlicher. Ernsthaft konnte niemand daran zweifeln, daß es so nicht weitergehen konnte. Paradoxerweise jedoch waren Marktteilnehmer und Marktbeobachter gleichermaßen "demoralisiert" und auf die Baisse eingestimmt, daß niemand an die Wende glauben konnte.[6] Ist die Marktmeinung erst einmal in einer bestimmten Richtung festgelegt, dann ist sie reif für einen Umschwung. Doch wann genau ist die Schieflage des Marktes so stark, daß er "kippt"? Darauf gibt es keine verbindliche Antwort.

Wir fassen zusammen: Marktstrategien sind zielgebunden, prognosegestützt, und sie dienen der Risikobegrenzung und Chancenwahrung. In der Abbildung 9 sind diese Zusammenhänge schematisch dargestellt:

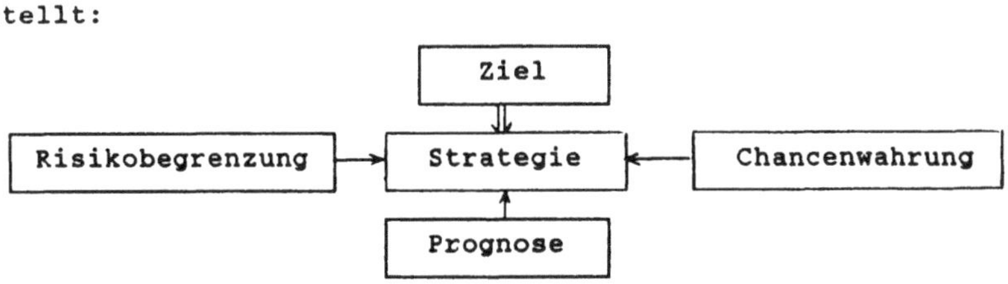

Abbildung 9: Determinanten der Marktstrategie

6) Vgl. z.B. FAZ vom 2. August 1986, S.9.

Zieloptimierende Strategien lassen sich nur konzipieren, sofern ein optimierungsfähiges Ziel benannt werden kann. Global umschriebene Ziele wie "Überlebenssicherung", "Erhaltung des Marktanteils" und dgl. sind grundsätzlich nicht optimierungsfähig. Optimierende Strategien setzen außerdem brauchbare Prognosen voraus. Ohne prognostische Vorgaben bleibt jeder Optimierungskalkül inhaltsleer.[7)]

Die **Zielkonformität von Strategien** läßt sich indirekt über die erwirtschaftete Kapitalrentabilität messen. Wenngleich die Ziele der Marktteilnehmer sehr komplex sein mögen, so dürften doch in den meisten Fällen **Zielerreichung und Kapitalrentabilität positiv korreliert** sein. Wir gehen daher im folgenden davon aus, daß Marktteilnehmer beabsichtigen, die Rentabilität des eingesetzten Kapitals zu maximieren. Optimal ist eine Strategie dann, wenn sie dieses Ziel am besten erreicht. Zu achten ist hierbei auf die dauerhafte Überlegenheit einer Strategie in der Erwirtschaftung von Kapitalerträgen.

4.1 Strukturlogik markttechnischer Entscheidungen

Bevor wir zur präzisen Formulierung alterantiver Marktstrategien übergehen können, müssen wir uns über die **Strukturlogik marktstrategischer Entscheidungen** klarwerden. Strategische Marktentscheidungen sind im Grunde immer entweder Kauf- oder Verkaufentscheidungen. Eine "Nicht-Aktivitätsentscheidung", also die Entscheidung, die eingegangene Kauf- bzw. Verkaufposition beizubehalten,

7) Dort, wo Prognosen fehlen, haben Strategien eine bloße **Immunisierungsfunktion**. Sie sollen dem Handelnden eine so starke Position verschaffen, die es ihm erlaubt, selbst kritische Phasen durchzustehen. Derartige Strategien dürften insbesondere in Verbindung mit langfristigen Produktionsentscheidungen unverzichtbar sein, zumal dann, wenn es sich um neue Produkte handelt, über die noch keinerlei Markterfahrung vorliegt. Nur wenn ein Unternehmen von vornherein Mißerfolge einkalkuliert und für solche Notfälle entsprechende Vorsorge trifft, kann es die Existenzbedrohung von Fehlinvestitionen dauerhaft abwenden. Dies ist im Kern das Ziel der **Immunisierungsstrategie**. Auf den Vermögensmärkten hingegen, die sich in der Regel durch einen hohen Organisationsgrad und große Funktionsfähigkeit auszeichnen, haben die Marktteilnehmer die Möglichkeit, erkannte Schieflagen unverzüglich zu korrigieren. Hierbei werden die Marktteilnehmer durch eine intensive Marktforschung unterstützt, die eine Fülle mehr oder weniger brauchbarer Prognosen hervorbringt. Die "Exekution" von Fehlinvestitionen wird zwar nicht ohne empfindliche Verluste abgehen, doch dürfte in den meisten Fällen die Sicherung zumindest eines großen Teils des investierten Kapitals gelingen.

ist nur als Aufrechterhaltung (Bestätigung) der davor getroffenen Kauf- bzw. Verkaufentscheidung anzusehen.

Die Entscheidungslogik zwingt nun dazu, alternative Sequenzen von Kauf- und Verkaufentscheidungen vollständig zu erfassen und systematisch sowie widerspruchsfrei zu ordnen. Der Entscheidungsraum erhält dadurch eine komplexe Struktur, daß Marktentscheidungen, gleich welcher Art, reversibel, d.h. korrigierbar sein müssen. Dies bedeutet z.B., daß Korrekturentscheidungen selbst wieder korrigierbar sein müssen usw.

Grundsätzlich sind bei jedem "Strang" der entscheidungslogischen Hierarchie die Basisentscheidung und die möglichen Reaktionsentscheidungen auseinanderzuhalten. Wir wollen im folgenden fünf verschiedene Sequenzen durchspielen, um die Komplexität des Entscheidungsproblems zu verdeutlichen.

I. Planmäßiger Kauf

Planmäßig ist ein Kauf dann, wenn er nicht zur Korrektur einer vorausgegangenen, fehlerhaften Verkaufentscheidung dient. Nehmen wir einmal an, das MAM liefere eine Prognose der wahrscheinlichen Preisspanne eines Marktobjekts und der Marktteilnehmer wolle am unteren Rand der mutmaßlichen Preisspanne kaufen bzw. am oberen Rand verkaufen. Da nicht genau bestimmt werden kann, wann der Preis "unten" bzw. wann er "oben" ist, wird jetzt ein oberer und unterer Toleranzbereich festgelegt, den wir **"Kaufzone"** bzw. **"Verkaufzone"** nennen wollen. **Planmäßige Käufe** erfolgen, sobald der Preis in der Kaufzone liegt. Umgekehrt erfolgen **planmäßige Verkäufe**, wenn sich der Preis in der Verkaufzone befindet.

Kauft nun der Marktteilnehmer planmäßig in der Kaufzone, so muß er mit verschiedenen Marktentwicklungen rechnen. Er hofft natürlich, daß er die Spekulation gut zu Ende bringt, d.h., daß er planmäßig nach Vorstoß des Preises in die Verkaufzone verkaufen kann. Nun wollen wir weiter annehmen, daß unser Marktteilnehmer dann von einer Schieflage seiner Kaufentscheidung ausgeht, wenn der Preis weiter deutlich zurückfällt. Was dies genau bedeutet, ist konkretisierungsbedürftig. Es kann einmal bedeuten, daß der Preis in irgendeiner Periode nach der Kaufperiode unter die Kaufzone fällt.

Maßgeblich sei hierbei nicht die Kaufzone, wie sie sich in der Kaufperiode dargestellt hat, sondern die Kaufzone in der Verkaufperiode.

Ein solches **Stoploss-Kriterium** kann sich jedoch als nachteilig herausstellen, und zwar dann, wenn der Preis langsam, aber stetig abbröckelt. Das MAM reagiert hierauf normalerweise mit einer kontinuierlichen Herabstufung der Kaufzone mit der Folge, daß der Preis u.U. über viele Perioden nicht aus der Kaufzone (nach unten) herausfällt und dadurch auch kein Verkaufsignal (Stoploss-Signal) auslöst.

Aus diesem Grund entspricht es dem Anliegen der **Verlustbegrenzung** besser, wenn die Kaufzone im Kaufzeitpunkt als Referenz herangezogen wird. Auf diese Weise kann von vornherein exakt festgelegt werden, welche Preiseinbuße man bereit ist hinzunehmen. Fällt der Preis stark zurück, wird verkauft. Es liegt nahe, die hierbei verwendete Toleranz an der Schwankungsintensität Z_{134} des betreffenden (Vermögens)Objekts auszurichten. Als vernünftiges Maß erscheint $Z_{134}^{0.125}$.

Verhält sich der Marktteilnehmer nach der ersten Korrekturautomatik, so sprechen wir von einem **außerplanmäßigen Verkauf erster Ordnung**. Verwendet er dagegen den zweiten Korrekturmechanismus, so findet ein **außerplanmäßiger Verkauf zweiter Ordnung** statt.

Diese Entscheidungssequenz läßt sich jetzt formal einfach fassen. Dabei treten folgende Begriffe und Symbole auf:

Kaufzonen-Untergrenze KZU
Kaufzonen-Obergrenze KZO
Verkaufzonen-Untergrenze VZU
Verkaufzonen-Obergrenze VZO
Zeitpunkt des planmäßigen Kaufs tPK
Zeitpunkt des außerplanmäßigen Kaufs erster Ordnung tAPK1
Zeitpunkt des außerplanmäßigen Kaufs zweiter Ordnung tAPK2
Zeitpunkt des planmäßigen Verkaufs tPV
Zeitpunkt des außerplanmäßigen Verkaufs erster Ordnung tAPV1
Zeitpunkt des außerplanmäßigen Verkaufs zweiter Ordnung tAPV2
Perioden-Tiefstpreis Z_1
Perioden-Höchstpreis Z_2

A. Basisentscheidung: Planmäßiger Kauf

$KZU_{tPK} \leq Z_{1,tPK} \leq KZO_{tPK}$

B. Reaktionsentscheidungen

1. Planmäßiger Verkauf

   $VZO_{tPV} \geq Z_{2,tPV} \geq VZU_{tPV}$; tPV > tPK

2. Außerplanmäßiger Verkauf erster Ordnung

   $Z_{1,tAPV1} < KZU_{tAPV1}$; tAPV1 > tPKt

3. Außerplanmäßiger Verkauf zweiter Ordnung

   $Z_{1,tAPV2} < KZU_{tPK}/Z_{134,t}^{0.125}$; tAPV2 > tPK

Um die Anschaulichkeit zu erhöhen, wollen wir die einzelnen Sequenzen auch noch graphisch darstellen. Abbildung 10 zeigt die Kombination "Planmäßiger Kauf-Planmäßiger Verkauf".

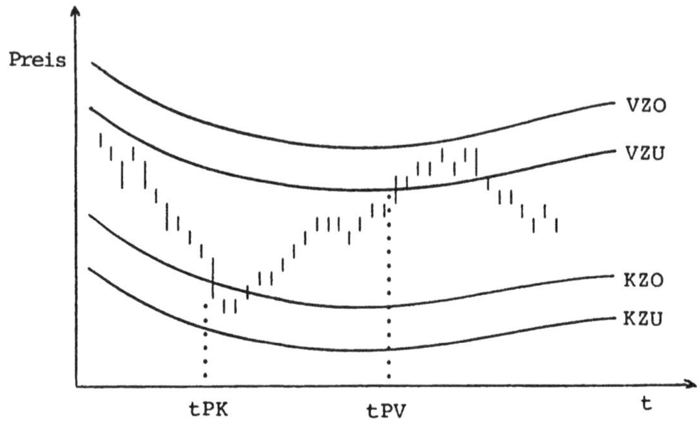

Abbildung 10: Planmäßiger Kauf - Planmäßiger Verkauf

Der planmäßige Kauf (PK) erfolgt dann, sobald der Preis in der Kaufzone - sie liegt zwischen Kaufzonen-Untergrenze (KZU) und Kaufzonen-Obergrenze (KZO) - eingedrungen ist. Der planmäßige Verkauf (PV) erfolgt, sobald der Preis in die Verkaufzone - sie liegt zwischen Verkaufzonen-Untergrenze (VZU) und Verkaufzonen-Obergrenze (VZO) - vorgedrungen ist.

Betrachten wir jetzt die Kombination "Planmäßiger Kauf-Außerplanmäßiger Verkauf erster Ordnung", der in Abbildung 11 dargestellt ist.

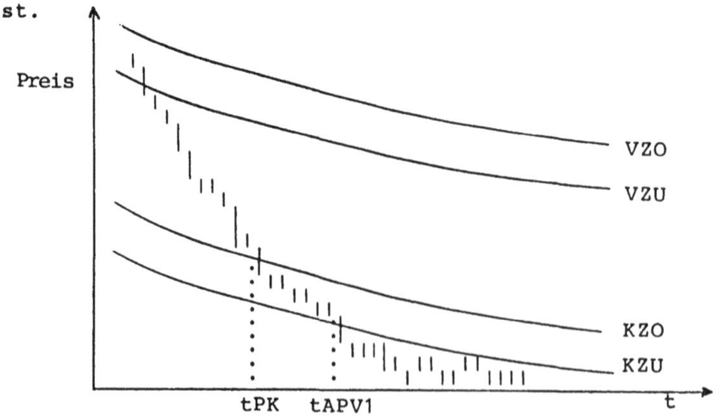

Abbildung 11: Planmäßiger Kauf - Außerplanmäßiger Verkauf erster Ordnung

Nach Eindringen des Preises in die Kaufzone wird planmäßig gekauft. Anstatt jedoch, wie erwartet, zu steigen, bröckelt der Preis weiter ab und fällt schließlich aus der Kaufzone nach unten heraus. Hierdurch wird das außerplanmäßige Verkaufsignal erster Ordnung ausgelöst.

Wir betrachten jetzt noch abschließend die Kombination "Planmäßiger Kauf-Außerplanmäßiger Verkauf zweiter Ordnung". In diesem Fall sieht die Verlustbegrenzungsautomatik vor, daß nach einer bereits im voraus festgelegten Preisabschwächung verkauft wird. Dadurch wird sichergestellt, daß auch dann eine Verlustbegrenzung vorgenommen wird, wenn der Preis langsam, aber beständig nach unten driftet und dabei die Kaufzone nicht verläßt. Abbildung 12 veranschaulicht diesen Fall.

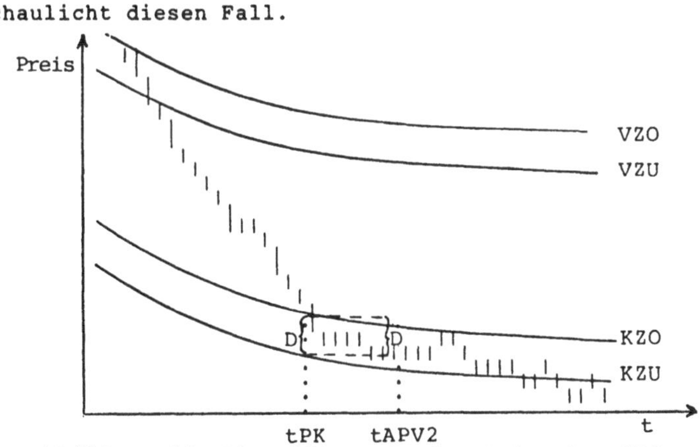

Abbildung 12: Planmäßiger Kauf - Außerplanmäßiger Verkauf zweiter Ordnung

Nachdem zum Zeitpunkt tPK planmäßig in der Kaufzone gekauft worden war und der Preis anschließend um mehr als die tolerierte "Verlustspanne" D zurückfiel, wurde zum Zeitpunkt tAPV2 außerplanmäßig (nach dem Kriterium zweiter Ordnung) verkauft.

Nun sind die drei denkbaren Sequenzen dargestellt, die im Anschluß an einen planmäßigen Kauf eintreten können. Damit ist das Marktmanagement jedoch keineswegs beendet. Jeder Verkaufentscheidung folgt irgendwann einmal wieder eine Kaufentscheidung (und umgekehrt). Dabei kann es sich wiederum um planmäßige oder außerplanmäßige Entscheidungen handeln. Jede Entscheidung, ob planmäßig oder außerplanmäßig, muß einer planmäßigen und außerplanmäßigen

Beendigung fähig sein. Deshalb kann es z.B. durchaus vorkommen, daß einem außerplanmäßigen Verkauf ein außerplanmäßiger Kauf folgt, was soviel bedeutet, daß die Korrektur einer vermeintlichen Schieflage wieder rückgängig gemacht wird.

Auch diesen Fall wollen wir graphisch verdeutlichen. Konkret unterstellen wir, daß einem planmäßigen Kauf zunächst ein außerplanmäßiger Verkauf erster Ordnung folgt, der anschließend durch einen außerplanmäßigen Kauf zweiter Ordnung wieder rückgängig gemacht wird (vgl. Abbildung 13).

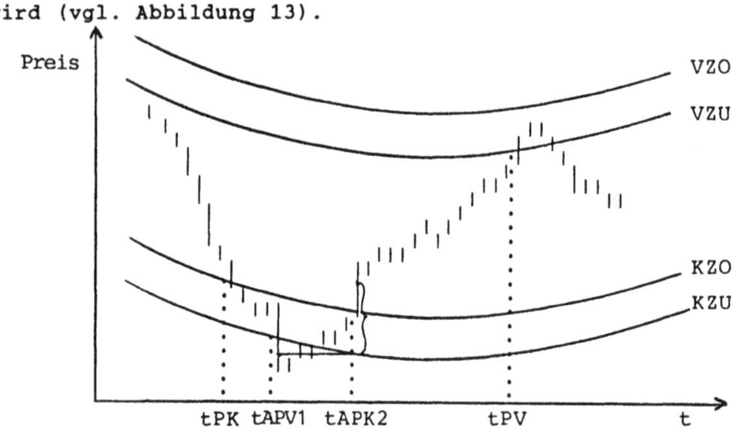

Abbildung 13: Planmäßiger Kauf - Außerplanmäßiger Verkauf erster Ordnung - Außerplanmäßiger Kauf zweiter Ordnung - Planmäßiger Verkauf

Zunächst wird planmäßig gekauft zum Zeitpunkt tPK. Der Preis fällt anschließend stark zurück, was im Zeitpunkt tAPV1 zu einem außerplanmäßigen Verkaufsignal erster Ordnung führt. Wider Erwarten erholt sich der Preis aber wieder und steigt um mehr als die Toleranz D; hierdurch wird ein außerplanmäßiges Kaufsignal zweiter Ordnung ausgelöst. In der Folgezeit steigt der Preis weiter, bis er schließlich in die Verkaufzone eindringt. Dort erfolgt dann ein planmäßiger Verkauf.

Die Abbildung 13 zeigt jedoch noch ein weiteres strategisch-konzeptionelles Problem auf: Es hätte wenig Sinn, nach einem außerplanmäßigen Verkauf sofort dann wieder Rückkäufe vorzunehmen, wenn der Preis wieder in die Kaufzone zurückkommt. Daß so etwas geschieht, ist durchaus nicht unwahrscheinlich. Solche Preiswenden *("price reversals")* wären für den Marktteilnehmer verheerend, wenn er sie in jedem Fall ernst nehmen würde. Neben den Transaktionskosten müßten jeweils durch das nachfolgende Stoppsignal zwar im Einzelfall begrenzte, im Kumulierungsfall aber doch sehr beträchtliche Preis- und Wertverluste hingenommen werden.

Daher muß für jede sinnvolle Marktstrategie der Grundsatz gelten, daß Schieflagen zwar korrigierbar sind, aber erst, nachdem die Schieflage als solche auch deutlich erkennbar ist. Zufällige Einflüsse, die den Preis nicht in die erwartete, sondern in die entgegengesetzte Richtung treiben, dürfen nicht zu einer Revision der eingegangenen Marktposition führen. Eine Korrektur darf erst erfolgen, wenn der Preis vom erwarteten Pfad mehr als zufallsbedingt abweicht. Wird dieser Grundsatz mißachtet, so kann dies zu einem restlosen Effizienzverlust selbst solcher Strategien führen, die von ihrer operativen Logik her durchaus leistungsfähig wären.

Wir wollen jetzt die systematische Darstellung der Strukturlogik des Entscheidungsraumes fortsetzen und uns dem planmäßigen Verkauf als Basisentscheidung zuwenden.

II. Planmäßiger Verkauf

A. Basisentscheidung
$VZO_{tPV} \geq Z_{2,tPV} \geq VZU_{tPV}$

B. Reaktionsentscheidungen

1. Planmäßiger Kauf

$KZU_{tPK} \leq Z_{1,tPK} \leq KZO_{tPK}$; $tAPK1 > tPV$

2. Außerplanmäßiger Kauf erster Ordnung

$Z_{2,tAPK1} > VZO_{tAPK1}$; $tAPK1 > tPV$

3. Außerplanmäßiger Kauf zweiter Ordnung

$Z_{2,APK2t} > VZO_{tPV} \cdot Z_{134,tPV}^{0.125}$; $tAPK2 > tPV$

Die Ausführungen über den planmäßigen Kauf gelten analog; eine zusätzliche Kommentierung ist daher nicht erforderlich. Wir wenden uns vielmehr jetzt den Entscheidungssequenzen zu, die mit einem außerplanmäßigen Kauf erster Ordnung beginnen.

III. <u>Außerplanmäßiger Kauf erster Ordnung</u>

A. <u>Basisentscheidung</u>

$Z_{2,tAPK1} > VZO_{tAPK1}$

B. <u>Reaktionsentscheidungen</u>

1. <u>Planmäßiger Verkauf</u>

$(VZO_{tPV} \geq Z_{2,tPV} \geq VZU_{tPV}) \ldots$
$\ldots (Z_{2,tPV} > Z_{2,tAPK1} \cdot Z_{134,tAPK1}^{0.25})$; tPV>tAPK1

2. <u>Außerplanmäßiger Verkauf erster Ordnung</u>

$Z_{1,tAPV1} < VZO_{tAPK1} / Z_{134,tAPK1}^{0.125}$; tAPV1>tAPK1

3. <u>Außerplanmäßiger Verkauf zweiter Ordnung</u>

$Z_{1,tAPV2} < Z_{2,tAPK1} / Z_{134,tAPK1}$; tAPV2>tAPK1

Dieses Sequenzschema verfügt also über die einheitliche Basis "Außerplanmäßiger Kauf erster Ordnung". Der Kauf stellt somit eine Korrektur einer vorausgegangenen fehlerhaften Verkaufentscheidung dar. Korrekturkriterium ist hierbei der Ausbruch des Preises aus der Verkaufzone, und zwar nach oben. Ein planmäßiger Verkauf kann voraussetzungsgemäß vorerst nicht erfolgen, denn die im Zeitpunkt des Ausbruchs gültige Verkaufzone ist ja soeben durch den Ausbruch für ungültig erklärt worden. Man muß dem Prognosesystem somit erst Zeit lassen, sich auf die neue Situation einzustellen. Praktisch bedeutet dies, daß planmäßige Verkäufe erst einmal blockiert werden. Die unter B.1 aufgeführte Zusatzbedingung sorgt dafür, daß planmäßige Verkäufe erst dann erfolgen dürfen, nachdem der Perioden-Höchstpreis deutlich über das Ausbruchsniveau gestiegen ist.

Der Multiplikator für die verlangte Preissteigerung $(Z_{134,tAPK1}^{0.25})$ mag bescheiden anmuten. Man muß jedoch beachten, daß ein Verkauf erst stattfindet, wenn auch die andere Bedingung (Perioden-Höchstpreis liegt in der Verkaufzone) erfüllt ist. Je nach dem verwendeten Prognosemodell wird jedoch die Verkaufzone mehr oder weniger zögerlich nach oben revidiert, so daß der Preis u.U. bereits sehr kräftig gestiegen ist, bis endlich das Marktobjekt für einen planmäßigen Verkauf freigegeben wird. Abbildung 14 veranschaulicht diese Zusammenhänge.

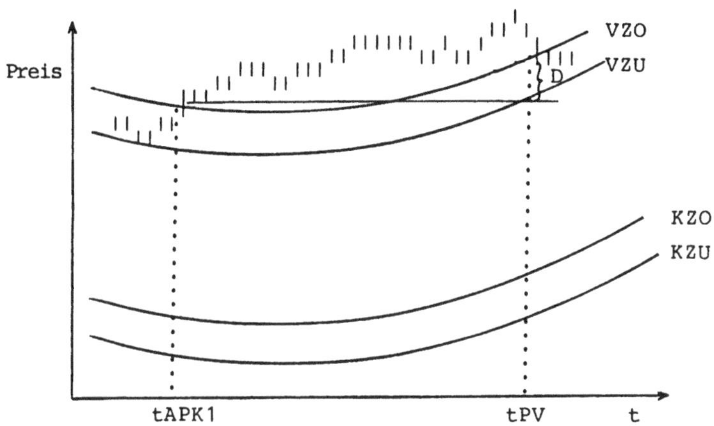

Abbildung 14: Außerplanmäßiger Kauf erster Ordnung - Planmäßiger Verkauf

Wie die Abb. 14 zeigt, paßt sich die Verkaufzone erst allmählich an den Ausbruch der Preisreihe an. Der geforderte Mindestabstand zwischen Kaufniveau und Verkaufniveau (D) wird weit überschritten, nachdem die Verkaufzone endlich "nachgezogen" hat und eine Vereinigung mit der bereits beträchtlich gestiegenen Preisreihe zustandekommt.

Auch die außerplanmäßigen Verkäufe erfolgen jetzt nach leicht veränderten Spielregeln. Wegen des hohen Risikos prozyklischer, *breakout*-gestützter Käufe wäre es hier abwegig, im Falle einer Schieflage lange zu "fackeln". Außerdem sollte von vornherein das Risiko klar beschrieben werden. Deshalb verwendet auch das Kriterium erster Ordnung hier einen fixen Referenzpunkt für die Stoploss-Automatik: Verkauft wird, sobald der Preis um mehr als eine vorgegebene Toleranz unter die Verkaufzonen-Obergrenze im Kaufzeitpunkt fällt. Demgegenüber sieht das Kriterium zweiter Ordnung einen außerplanmäßigen Verkauf für den Fall vor, daß der Preis um eine bestimmte Toleranz unter den Höchstpreis in der Kaufperiode zurückfällt. Die Toleranz wird hier breiter gewählt, weil der Höchstpreis in der Regel deutlich höher liegen dürfte als die Verkaufzonen-Obergrenze. Auf eine graphische Darstellung dieser beiden Fälle kann verzichtet werden.

Die nächste Station in dieser Systematik bilden all jene Sequenzen, die mit einem außerplanmäßigen Kauf zweiter Ordnung beginnen. Ein solcher Kauf findet dann statt, wenn der Preis um mehr als eine vorgegebene Toleranz über die Verkaufzonenobergrenze zum Zeitpunkt des vorausgegangenen planmäßigen Verkaufs steigt.

IV. Außerplanmäßiger Kauf zweiter Ordnung

A. Basisentscheidung

$Z_{2,tAPK2} > VZO_{tPV} \cdot Z_{134,tPV}^{0.125}$; tAPK2>tPV

B. Reaktionsentscheidungen[8)]

1. Planmäßiger Verkauf

$(VZO_{tPV} \geq Z_{2,tPV} \geq VZU_{tPV})$ $(Z_{2,tPV} > Z_{2,tAPK2} \cdot Z_{134,tAPK2}^{0.25})$; tPV > tAPK2

2. Außerplanmäßiger Verkauf erster Ordnung

$Z_{1,tAPV1} < VZO_{tAPK2} / Z_{134,tAPK2}^{0.125}$; tAPV1 > tAPK2

3. Außerplanmäßger Verkauf zweiter Ordnung

$Z_{1,tAPV2} < Z_{2,tAPK2} / Z_{134,tAPK2}^{0.25}$; tAPV2 > tAPK2

Nennenswerte Unterschiede im Vergleich zum Fall III bestehen nicht, abgesehen von der abweichenden Fassung der Basisentscheidung. Eine weitere Vertiefung des Falles IV erscheint daher nicht erforderlich. Wir wenden uns vielmehr jetzt noch den verbleibenden zwei Fällen zu, nämlich den Basisentscheidungen in Gestalt außerplanmäßiger Verkäufe erster und zweiter Ordnung.

V. Außerplanmäßiger Verkauf erster Ordnung

A. Basisentscheidung

$Z_{1,tAPV1} < KZU_{tAPV1}$

B. Reaktionsentscheidungen

1. Planmäßiger Kauf

$(KZU_{tPK} \leq Z_{1,tPK} \leq KZO_{tPK})$ $(Z_{1,tPK} < Z_{1,tAPV1} / Z_{134,tAPV1}^{0.25})$; tPK > tAPV1

2. Außerplanmäßiger Kauf erster Ordnung

$Z_{1,tAPK1} > KZU_{tAPV1} \cdot Z_{134,tAPV1}^{0.125}$; tAPK1 > tAPV1

3. Außerplanmäßiger Kauf zweiter Ordnung

$Z_{2,tAPK2} > Z_{1,tAPV1} \cdot Z_{134,tAPV1}^{0.25}$; tAPK2 > tAPV1

8) Man beachte, daß tPV der Basisentscheidung von tPV der Reaktionsentscheidung abweicht. Im Interesse der Lesbarkeit wurde auf eine weitere Differenzierung der Symbolik verzichtet.

Bemerkenswert ist wiederum, wie im Fall III, zunächst der planmäßige Abschluß der außerplanmäßigen Verkauftransaktion. Fällt der Preis aus der Kaufzone nach unten heraus, dann löst die Verlustbegrenzungsautomatik ein Stoploss-Signal aus, das zum Verkauf führt. Nun wäre es gewiß töricht, das betreffende Marktobjekt künftig aus allen Kaufüberlegungen auszuschließen, selbst wenn sein Preis auf wesentlich niedrigerem Niveau Boden fände. Andererseits hätte es auch keinen Sinn, bereits bei nur unwesentlich zurückgegangenem Preis wieder über Rückkäufe nachzudenken. Die Anforderungen an einen planmäßigen Kauf, der auf einen außerplanmäßigen Verkauf folgt, sind daher in zwei Bedingungen zerlegt. Erstens muß der Preis in der Kaufzone sein; zweitens muß der Preis, bezogen auf das außerplanmäßige Verkaufniveau, deutlich zurückgefallen sein. Abbildung 15 veranschaulicht diese Zusammenhänge.

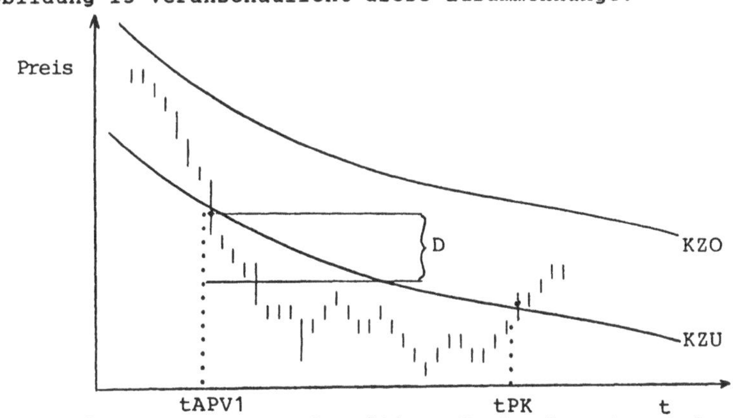

Abbildung 15: Außerplanmäßiger Verkauf erster Ordnung - Planmäßiger Kauf

Nachdem der Preis in tAPV1 ein (außerplanmäßiges) Verkaufsignal erster Ordnung gegeben hat, da er unter die Kaufzone gefallen ist, setzt sich der Preisverfall zunächst verstärkt fort. Dabei wird der Mindestabstand D für Rückkäufe zwar längst erreicht, doch Rückkäufe finden deshalb vorerst nicht statt, weil der Preis noch nicht wieder in die Kaufzone zurückgekehrt ist. Dies geschieht erst im Zeitpunkt tPK. Der Abstand zwischen diesem potentiellen Kaufpreis und dem Verkaufpreis im Zeitpunkt tAPV1 ist immer noch größer als D, so daß jetzt Rückkäufen nichts mehr im Wege steht.

Folgt dem außerplanmäßigen Verkauf ein außerplanmäßiger Kauf, so bedeutet dies, daß der Preis zweimal hintereinander eine Umkehr *("reversal")* vollzogen hat, die aufgrund ihrer Intensität auf mehr als nur zufällige Ursachen schließen läßt. Wie bereits erwähnt, kann die Funktionalität von Strategien stehen oder fallen mit der richtigen Dosierung der Toleranzen für Umkehrbewegungen. Das Kriterium erster Ordnung verlangt, daß der Preis um einen bestimmten Betrag über die Kaufzonen-Untergrenze steigt, die im Zeitpunkt des außerplanmäßigen Verkaufs gegolten hat. Abbildung 16 veranschaulicht diese Möglichkeit:

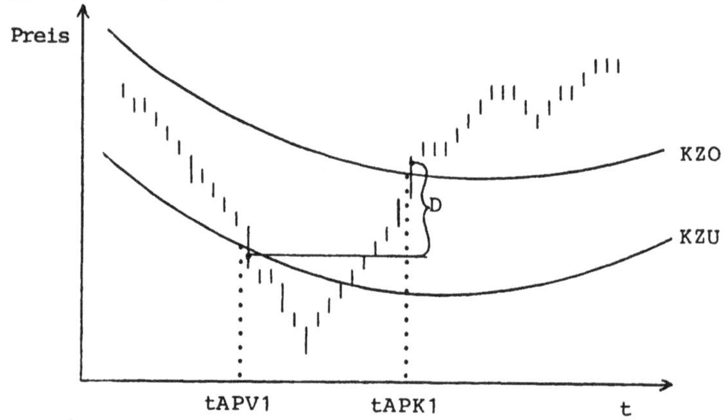

Abbildung 16: Außerplanmäßiger Verkauf erster Ordnung - Außerplanmäßiger Kauf erster Ordnung

Nach dem außerplanmäßigen Verkauf im Zeitpunkt tAPV1 darf außerplanmäßig erst wieder zurückgekauft werden, wenn der Preis mindestens um D über das Verkaufniveau (KZU_{tAPV1}) gestiegen ist. Verschärfend kommt hinzu, daß dies für den Tiefstpreis einer Periode zutreffen muß. Alternativ verlangt das Kriterium zweiter Ordnung als Voraussetzung für einen außerplanmäßigen Rückkauf, daß der Perioden-Höchstpreis im Zeitpunkt des Rückkaufs um einen bestimmten Mindestabstand höher liegen muß als der Tiefstpreis der Verkaufperiode (vgl. Abbildung 17). Aufgrund dieser Extremalwertkonstruktion wird in diesem Fall der Mindestabstand größer gewählt.

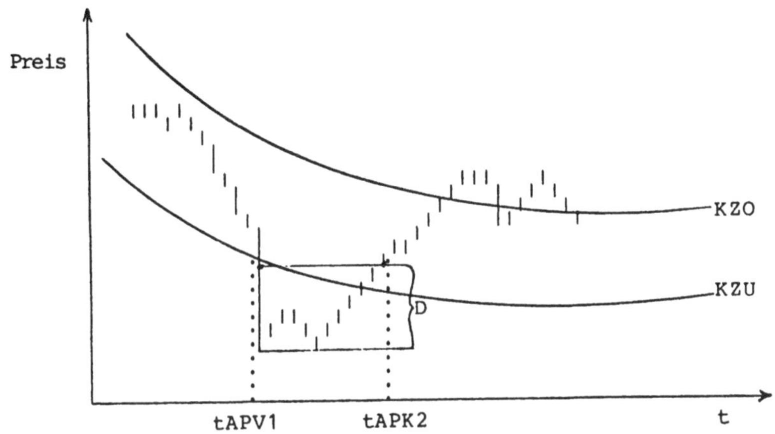

Abbildung 17: Außerplanmäßiger Verkauf erster Ordnung - Außerplanmäßiger Kauf zweiter Ordnung

Nachdem der Preis in tAPV1 auf einen neuen Tiefpunkt gefallen ist, wird dieser als Basis für den Umkehrabstand D herangezogen. Erst wenn der Preis um mehr als D steigt, gemessen vom Preistief der Verkaufperiode, darf zurückgekauft werden.

Wir wollen uns jetzt dem letzten, logisch separierbaren "Strang" der zweistufigen Entscheidungshierarchie zuwenden. In diesem Fall bildet ein außerplanmäßiger Verkauf zweiter Ordnung den Ausgangspunkt.

VI. Außerplanmäßiger Verkauf zweiter Ordnung

A. Basisentscheidung

$Z_{1,tAPV2} < KZU_{tPK} / Z_{134,tPK}^{0.125}$; tAPV2 > tPK

B. Reaktionsentscheidungen

1. Planmäßiger Kauf[9]

$(KZU_{tPK} \leq Z_{1,tPK} \leq KZO_{tPK})$ $(Z_{1,tPK} < Z_{1,tAPV2} / Z_{134,tAPV2}^{0.25})$; tPK > tAPV2

2. Außerplanmäßiger Kauf erster Ordnung

$Z_{1,tAPK1} > KZU_{tAPV2} \cdot Z_{134,tAPV2}^{0.125}$; tAPK1 > tAPV2

9) Auch hier ist wiederum zu beachten, daß tPK der Basisentscheidung von tPK der Reaktionsentscheidung abweicht. Um die Notation nicht noch stärker zu belasten, wurde auf eine diesbezügliche Unterscheidung in der Symbolik verzichtet.

3. Außerplanmäßiger Kauf zweiter Ordnung

$$Z_{2,tAPK2} > Z_{1,tAPV2} \cdot Z_{134,tAPV2}^{0.25}; \; tAPK2 > tAPV2$$

Diese Entscheidungssequenz beginnt also mit einem Verkauf, der zum Zwecke der Verlustbegrenzung vorgenommen wurde. Wie im Fall V, so gilt auch hier, daß Rückkäufe erst auf deutlich niedrigerem Niveau in Betracht kommen. Hierzu muß wiederum der Preis in der Kaufzone und außerdem merklich unter dem Tiefstpreis in der Verkaufperiode liegen. Erweist sich das außerplanmäßige Verkaufsignal als Fehlsignal, indem der Preis schnell wieder dreht und deutlich steigt, dann muß die Verkaufentscheidung rückgängig gemacht, d.h. korrigiert werden. Nach dem Kriterium erster Ordnung setzt ein Umkehrsignal voraus, daß der Preis um einen bestimmten Mindestabstand über die Kaufzonen-Untergrenze, wie sie im Verkaufzeitpunkt gegolten hat, steigt. Alternativ verlangt das Kriterium zweiter Ordnung, daß der Höchstpreis einer Periode um einen bestimmten Betrag über dem Tiefstpreis liegt, der in der Verkaufpreiode beobachtet wurde. Eine graphische Veranschaulichung erübrigt sich, da hier die Abbildungen zum Fall V analog herangezogen werden können.

Um die logische Struktur von Kauf- und Verkaufentscheidungen in ihrer chronologischen Abfolge sichtbar zu machen, wurden abschließend in Abbildung 18, ausgehend von einem planmäßigen Kauf als erster Basisentscheidung, einige mögliche Entscheidungspfade skizziert.

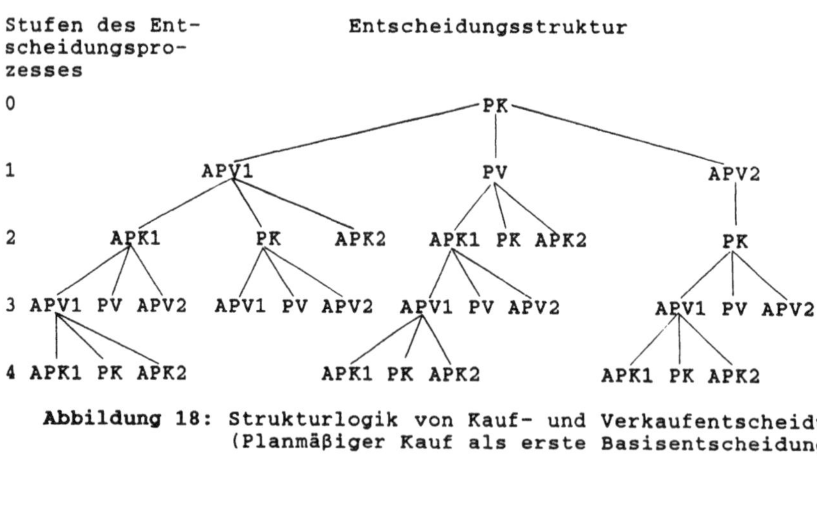

Abbildung 18: Strukturlogik von Kauf- und Verkaufentscheidungen (Planmäßiger Kauf als erste Basisentscheidung)

4.2 Bausteine marktstrategischer Modelle

Bevor einzelne Marktstrategien einem Leistungsvergleich unterzogen werden können, müssen zuvor die wesentlichen Bauelemente strategischer Modelle klar definiert und analytisch gefaßt werden. Die Ausführungen dieses Abschnitts haben daher die Aufgabe, das analytische Rüstzeug für die Implementierung strategisch-taktischer Konzeptionen zu entwickeln.

4.2.1 Rahmenprognose

Bezieht sich das strategische Modell auf einen Markt, der grundsätzlich prognostisch erschließbar erscheint, so muß das verfügbare Prognosewissen in konzentrierter Form als Modell-Input herangezogen werden. Wir wollen im folgenden unterstellen, daß Marktprognosen verfügbar sind. Damit schließen wir bloße **Immunisierungsstrategien** im oben definierten Sinne aus.

Eine Verdichtung des Prognosewissens wird vom MAM in vielfältiger Weise besorgt. Da Marktstrategien auf die Ausnutzung von Preisspielräumen und Preisschwankungen gerichtet sind, bieten sich Bandbreiten-Schätzungen als besonders gut geeignete Instrumente zur konzentrierten Erfassung des Prognosewissens an. Die Strategiemodelle des MAM greifen daher grundsätzlich auf Schätzkorridore zurück, um auf diese Weise den aus prognostischer Sicht relevanten Entscheidungsrahmen abzustecken.

Dieser Rahmen muß jetzt durch konkrete Handlungsanweisungen ausgefüllt werden. Der Entscheidende muß nicht nur wissen, in welchem relevanten Bereich er sich bewegt, sondern auch, wie er sich an bestimmten Stellen des Entscheidungsfeldes zu verhalten hat. Auch im Hinblick auf eine eindeutige Markierung strategischer Punkte und Zonen ist die Verwendung von Rahmenprognosen in Gestalt geschätzter Bandbreiten überaus hilfreich, denn der Schätzkorridor erfüllt zumeist selbst bereits einen großen Teil dieser Markierungsaufgaben.

Im Prinzip kommt jeder Korridor des MAM als Rahmenvorgabe in Frage, sofern sich nicht aus den spezifischen Eigenschaften eines bestimmten Korridors und einer bestimmten Strategie Unverträglichkeiten ergeben sollten. In dieser Hinsicht unproblematisch sind zumeist aggregierte Korridore, die einen Querschnitt durch mehrere, möglicherweise konzeptionell stark verschiedene Bandbreiten-Schätzungen darstellen.

Speziell für strategische Tests entwickelt wurde das folgende Korridoraggregat, das sich durch eine **abgestufte Grenzwertgewichtung** auszeichnet. Diese besteht darin, daß die Korridorgrenzen um so stärker gewichtet werden, je weiter "unten" sie liegen. Dieses Vorgehen entspricht dem Vorsichtsprinzip, denn es verhindert, daß zu früh (d.h. zu teuer) gekauft bzw. der Ausstieg verpaßt wird. Verwendet werden sieben Standardkorridore des MAM, die wir zunächst in aufsteigender Folge ordnen:

$$Z_{613,t} = (Z_{171,t};Z_{201,t};Z_{421,t};Z_{428,t};Z_{442,t};Z_{583,t};Z_{590,t}) = R(i),\ i = 1,...,7,\ \text{wobei } R_1<R_2<...<R_7$$

Durch die Gewichtung wird die niedrigste dieser Untergrenzen am stärksten gewichtet, so daß die modifizierte Untergrenze jetzt lautet:

$$Z_{614,t} = (7R_1+6R_2+...+R_7)/28$$

Analog werden die zur Auswahl stehenden Obergrenzen in aufsteigender Folge geordnet:

$$Z_{615,t} = (Z_{144,t};Z_{202,t};Z_{422,t};Z_{429,t};Z_{441,t};Z_{582,t};Z_{591,t}) = r(i),\ i = 1,...,7,\ \text{wobei } r_1<r_2<...<r_7$$

Durch die Gewichtung wird wiederum die niedrigste Obergrenze am stärksten, die höchste am schwächsten gewichtet, so daß die modifizierte Obergrenze jetzt lautet:

$$Z_{616,t} = (7r_1+6r_2+...+r_7)/28$$

Die Betonung niedriger Korridorschätzungen mag von risikofreudigen Marktteilnehmern als störend empfunden werden, weil sie durch das Warten auf sehr niedrige Preise möglicherweise den Einstieg ganz verpassen. Daher soll die Untergrenze zur Markierung einer Basis für mutige "Erstkäufe" wieder etwas angehoben werden, und zwar nach der bereits früher verwendeten 3:1-Regel:

$$Z_{617,t} = 0.25(3Z_{614,t}+Z_{616,t})$$

Wer betont risikoscheu ist, mag sich umgekehrt eine Verkaufempfehlung auf noch niedrigerem Niveau als Z_{616} wünschen; dieses kann nach demselben Verfahren bestimmt werden:

$$Z_{618,t} = 0.25(3Z_{616,t}+Z_{614,t})$$

Die Rahmenprognose sollte jedoch nicht nur auf "normales Trading" abheben, sondern auch über **extreme Marktsituationen** Aussagen enthalten, die in besonderem Maße die Aufmerksamkeit der Marktteilnehmer erfordern. Bricht der Preis aus dem Schwankungsbereich aus, der als weitgehend normal gilt, so müssen die Marktteilnehmer u.U. sehr schnell "umschalten", wenn sie empfindliche Vermögensverluste vermeiden wollen.

Im letzten Abschnitt haben wir für diese Situation außerplanmäßige Kauf- und Verkaufentscheidungen vorgesehen. Ob man bei der konkreten Ausgestaltung der Verlustbegrenzungsautomatik ein- oder mehrstufig vorgeht, ist eher eine taktische Frage. Abwegig ist es gewiß nicht, zumindest zwei kritische Grenzwerte zu fixieren, von denen dem inneren eine **Frühwarnfunktion**, dem äußeren eine **Bestätigungsfunktion** zukommt.

Zu diesem Zweck formulieren wir eine untere und eine obere Stoploss-Marke, die ergänzt werden durch die weiter außen plazierten *undershooting-* bzw. *overshooting-*Marke. Die Stoppmarken gewinnen wir so, indem wir den in Z_{613}-Z_{614} enthaltenen, sehr komplexen Bandbreiten-Durchschnitt Z_{590}-Z_{591} mit den modifizierten Korridorgrenzen Z_{614}-Z_{616} vergleichen und jeweils den äußeren Wert als Referenzpunkt wählen:

$$Z_{619,t} = \min\{Z_{590,t};Z_{612,t}\}$$
$$Z_{620,t} = \max\{Z_{591,t};Z_{616,t}\}$$

Um die *undershooting/overshooting-*Marken zu bestimmen, wählen wir die Extrema aus der in Z_{613}-Z_{614} enthaltenen Korridor-Kollektion:

$$Z_{621,t} = \min\{Z_{613,t}\}$$
$$Z_{622,t} = \max\{Z_{614,t}\}$$

Damit dürfte deutlich geworden sein, welche zentrale Rolle die Bandbreiten-Prognose im Rahmen jeder Marktstrategie spielt. Der jeweils gewählte Schätzkorridor legt gewissermaßen verbindlich das strategische Operationsfeld fest. Wir wollen uns nun im folgenden der Frage zuwenden, auf welche Weise die operativen Signale (Kauf- und Verkaufsignale) festgelegt werden können.

4.2.2 Definition von strategischen Kauf- und Verkaufsignalen

Unter marktstrategischen Gesichtspunkten nutzt die beste Rahmenprognose nichts, sofern sie nicht mit konkreten Handlungsanweisungen verknüpft wird. Eine Marktstrategie muß den Marktteilnehmer im richtigen Zeitpunkt in Aktion treten lassen, und zwar durch Erzeugung von Kauf- und Verkaufsignalen.

Liegt der Prognoserahmen in Form eines Korridors fest, so ist die Signalfunktion problemlos zu installieren. Wie wir aufgrund der strukturlogischen Analyse strategischer Entscheidungen bereits wissen, gibt es allerdings verschiedene Arten von Kauf- und Verkaufsignalen, je nachdem, welche Entscheidungssequenz man vor sich hat. Um die strategierelevanten Fälle genau zu definieren, wollen wir im folgenden zwischen normalen Signalen, Verlustbegrenzungssignalen und Umkehrsignalen unterscheiden.

Wenn wir den im letzten Abschnitt dargestellten Korridor verwenden, dann haben wir zwei Untergrenzen zur Auswahl, nämlich Z_{614} und Z_{617}, wobei die erste unter der zweiten liegt. Es liegt nun nahe, ein **normales Kaufsignal** dann auszulösen, wenn der Preis zwischen diesen beiden Untergrenzen liegt:

$$Z_{623,t} = \begin{cases} 1 \text{ für } Z_{617,t} \geq Z_{1,t} \geq Z_{614,t} \\ 0 \text{ für } (Z_{1,t} > Z_{617,t}) \vee (Z_{1,t} < Z_{614,t}) \end{cases}$$

Liegt der Preis außerhalb dieses Untergrenzbereichs, also darüber oder darunter, wird kein Kaufsignal ausgelöst. Im Falle des **normalen Verkaufsignals** verfahren wir in entsprechender Weise. Ein solches Signal wird dann und nur dann ausgelöst, wenn der Preis in den Obergrenzbereich vorstößt:

$$Z_{624,t} = \begin{cases} 1 \text{ für } Z_{618,t} \leq Z_{2,t} \leq Z_{620,t} \\ 0 \text{ für } (Z_{2,t} < Z_{618,t}) \vee (Z_{2,t} > Z_{620,t}) \end{cases}$$

Der Obergrenzbereich wird etwas weiter gefaßt als der Untergrenzbereich. Die innere Obergrenze Z_{618} entspricht zwar der inneren Untergrenze Z_{617}, doch die äußere Obergrenze folgt erst in größerem Abstand als die äußere Untergrenze. Der Grund liegt in der **Asymmetrie der Verlustbegrenzung.** Während ein Marktteilnehmer Verlusten durch Preisverfall möglichst schnell einen Riegel vorschieben möchte, sieht er umgekehrt keine Eile, im Falle eines wider Erwarten starken Preisanstiegs sich auf die Käuferseite zu begeben.[1)]

Nun wenden wir uns den **Stoploss-Signalen** zu, die helfen sollen, auch außergewöhnliche Preisbewegungen strategisch zu bewältigen. Das **Stoploss-Kaufsignal** fällt nach den oben erfolgten Darlegungen offenbar mit der äußeren Begrenzung der normalen Kaufzone zusammen. Die Orientierungsmarke liegt also bei Z_{620}. Steigt der Preis darüber, werden die Marktteilnehmer zum Überwechseln auf die Käuferseite aufgefordert.[2)]

Wie wir aufgrund der strukturlogischen Überlegungen des Abschnitts 4.1 wissen, sind Stoploss-Kaufsignale außerplanmäßige Kaufsignale. Diese können als Signale erster Ordnung bzw. als Signale zweiter Ordnung konzipiert werden. Das Signal erster Ordnung orientiert sich an der in der Ausbruchsperiode gültigen Verkaufzone, während das Signal zweiter Ordnung diejenige Verkaufzone zugrundelegt, die in der vorausgegangenen Periode des planmäßigen Verkaufs gegolten hat. Letzteres Vorgehen empfiehlt sich dann, wenn der Preis langsam, aber stetig steigt, wodurch die Verkaufzone genügend Zeit zur

1) Die Situation ist in der Tat grundverschieden: Im ersten Fall geht es darum, ein verlustbringendes Engagement möglichst rasch zu beenden. Im zweiten Fall liegt überhaupt kein Marktengagement vor. Es geht daher allenfalls darum, eine sich abzeichnende, aber dennoch ungewisse Marktchance wahrzunehmen oder auch nicht. Ein tatsächlich eingetretener Vermögensverlust trifft einen Marktteilnehmer in der Regel ungleich härter als eine verpaßte Gelegenheit. Die Verlustbegrenzung nach unten ist daher ein existenzielles Erfordernis, die Verlustbegrenzung nach oben hingegen nur ein Akt der Chancenüberwachung bzw. -wahrnehmung. Da Preisausbrüche nach oben sich häufig als "blinder Alarm" herausstellen, ist der Marktteilnehmer ohnehin nur unter erheblichen Vorbehalten geneigt, solchen Signalen zu folgen.

2) In seltenen Fällen kann es vorkommen, daß zugleich Z_2 über Z_{620} und Z_1 in der normalen Kaufzone liegt. Trifft dies zu, dann hat das normale Kaufsignal Vorrang, da es den günstigeren Einstieg ermöglicht. Diese Vorrangstellung kommt jedoch nur dann zur Geltung, wenn in der betreffenden Periode das normale Kaufsignal vor dem *breakout* zustandekommt. Geht es darum, ein testfähiges Strategiemodell zu entwerfen, dann muß dieser Kollisionsfall unbedingt ausgeschlossen werden. Deshalb setzen wir bei der Definition des **Stoploss-Kaufsignals** voraus, daß nicht gleichzeitig, d.h. in derselben Periode, ein normales Kaufsignal ausgelöst wird.

Anpassung gewinnt. Ein Ausbruch nach oben findet somit, wenn überhaupt, erst sehr spät statt, nachdem der Preis bereits kräftig gestiegen ist.

An einer solchen Hinauszögerung des Kaufzeitpunkts hat der potentielle Käufer selbstverständlich kein Interesse, denn das beharrliche Abwarten führt nur dazu, daß der Kaufpreis immer höher steigt. Deshalb ist es ratsam, durch eine **"Mindestabstandsbedingung"** dafür zu sorgen, daß nach einer bestimmten Preissteigerung tatsächlich wieder eine Kaufposition eingenommen wird. Dieser Mindestabstand wird auf den in der Periode tV erzielten Verkaufpreis Z_{630}, der weiter unten definitorisch festgelegt wird, aufgeschlagen. Zusätzlich wird noch eine Toleranz von 3% eingeräumt:

$$Z_{625,t} = \begin{cases} 1 \text{ für } (Z_{2,t} > Z_{620,t}) \quad (Z_{623,t}=0) \\ 1 \text{ für } (Z_{2,t} > 1.03 Z_{630,tv} \cdot Z_{134,t}{}^{0.125}) \wedge (Z_{628,t}=0) \\ 0 \text{ für } (Z_{2,t} > Z_{620,t}) \wedge (Z_{623,t}=1) \\ 0 \text{ für } Z_{2,t} \leq Z_{620,t} \end{cases}$$

In völlig analoger Weise wird das **Stoploss-Verkaufsignal** festgelegt. Ein solches Signal wird ausgelöst, entweder wenn der Preis unter die untere Stoppmarke fällt, d.h. aus der Kaufzone nach unten ausbricht, oder aber um einen bestimmten Mindestabstand unter den planmäßigen Kaufpreis Z_{629} fällt.[3] Außerdem muß wiederum ausgeschlossen werden, daß ein normales Kaufsignal und Stoploss-Verkaufsignal zugleich auftreten:

3) Neben dem Mindestabstand wird zusätzlich eine Toleranz von 3% eingebaut. Die Variable Z_{629} wird weiter unten definiert.

$$Z_{626,t} = \begin{cases} 1 \text{ für } (Z_{1,t} < Z_{619,t}) \wedge (Z_{624,t} = 0) \\ 1 \text{ für } (Z_{1,t} < 0.97 Z_{629,t} / Z_{134,t}^{0.125}) \wedge (Z_{624,t} = 0) \\ 0 \text{ für } (Z_{1,t} < Z_{619,t}) \wedge (Z_{624,t} = 1) \\ 0 \text{ für } Z_{1,t} \geq Z_{619,t} \end{cases}$$

Nun kommen wir zum letzten Signaltyp, den sog. **Umkehrsignalen** *("reversals")*. Wir wissen, daß auch außerplanmäßige Marktentscheidungen korrekturbedürftig werden können. So kann nach einem normalen Kaufsignal ein planmäßiger Kauf in der Kaufzone erfolgt sein, der kurze Zeit später durch ein Stoploss-Verkaufsignal wieder rückgängig gemacht wird. Dreht der Preis dann doch wieder nach oben, so hat man eine typische **Bärenfalle** *("bear trap")* vor sich, aus der es möglichst rasch zu entrinnen gilt. Hierfür sorgt das **Umkehr-Kaufsignal**:

$$Z_{627,t} = \begin{cases} 1 \text{ für } (Z_{626,t-1} = 1) \wedge (Z_{1,t} > Z_{617,t}) \\ 0 \text{ für } (Z_{626,t-1}) \wedge (Z_{623,t} = 1) \\ 0 \text{ für } Z_{626,t-1} = 0 \end{cases}$$

Ein *reversal* ist nur möglich, wenn zuvor ein Stoploss-Signal ausgelöst wurde. Deshalb ist $Z_{627}=0$ für $Z_{626}=0$ in der Vorperiode. Die Korrektur eines außerplanmäßigen Verkaufs durch ein Umkehrkaufsignal ist auch dann nicht möglich, wenn zwar (in der Vorperiode) ein Stoploss-Verkauf vorgenommen wurde, in der laufenden Periode aber ein planmäßiger Kauf aufgrund des planmäßigen Kaufsignals Z_{623} möglich ist. Somit kommt ein *reversal*-Kauf nur in Frage, wenn Z_1 nach der Preisumkehr sofort über der Kaufzone liegt ($Z_1 > Z_{617}$) und daher ein planmäßiger Kauf (in der Kaufzone) nicht stattfinden kann.

Mit dem umgekehrten Fall haben wir es zu tun, wenn eine **Bullenfalle** *("bull trap")* zuschnappt. Dies geschieht dann, wenn nach einem planmäßigen Verkauf zunächst wieder außerplanmäßige Rückkäufe erfolgen - weil der Preis wider Erwarten weiter steigt -, hernach aber doch wieder verkauft werden muß, weil sich der Preisanstieg als trügerisch herausgestellt hat:

$$Z_{628,t} = \begin{cases} 1 \text{ für } (Z_{625,t-1} = 1) \wedge (Z_{2,t} < Z_{618,t}) \\ 0 \text{ für } (Z_{625,t-1} = 1) \wedge (Z_{622,t=1}) \\ 0 \text{ für } Z_{625,t} = 0 \end{cases}$$

Wiederum ist ein *reversal* ausgeschlossen, wenn zuvor überhaupt kein Stoploss-Verkauf stattgefunden hat ($Z_{625}=0$). Eine Preiswende kann zwar stattfinden, sie führt aber dennoch zu keinem Umkehrsignal, da die Korrektur der Schieflage in der normalen Verkaufzone erfolgt (Z_{624}=1). Ein *reversal*-Verkauf, um der Bullenfalle zu entrinnen, kommt dann und nur dann in Betracht, wenn Z_2 überhaupt nicht in die Verkaufzone fällt und daher ein normaler Verkauf nicht abgewickelt werden kann (Z_2<Z_{616}). Wir können uns jetzt im nächsten Abschnitt der Definition von Kauf- und Verkaufpreisen zuwenden.

4.2.3 Definition von strategischen Kauf- und Verkaufpreisen

Die Festlegung strategischer Kauf- und Verkaufsignale gibt noch keine Antwort auf die Frage, zu welchen Preisen nun tatsächlich die signalisierten Geschäfte ausgeführt werden. Auf Märkten mit heftigen Preisausschlägen kann es durchaus vorkommen, daß der auf ein Signal hin handelnde Marktteilnehmer nicht gerade "fair" bedient wird.

Um nicht gnadenlos exekutiert zu werden, hat sich in der Praxis auf den gut organisierten Vermögensmärkten eingebürgert, sich durch sog. **Limits** vor unliebsamen Überraschungen zu schützen. Ein Limit bewirkt, daß auf keinen Fall unter einem bestimmten Mindestpreis verkauft bzw. über einem bestimmten Höchstpreis gekauft wird. Bei planmäßigen Käufen und Verkäufen sind limitierte Aufträge durchaus angebracht.

Ist der Markt jedoch "nervös" und neigt zu abrupten und hektischen Preisausschlägen, so ist schnelles Handeln geboten. In diesem Fall werden Kaufaufträge zweckmäßigerweise "billigst" und Verkaufaufträge "bestens" erteilt. Ein solches Verhalten ist allerdings dann kontraproduktiv, wenn sehr viele Marktteilnehmer so verfahren. Die hektischen Preisausschläge werden dann gerade erst durch die Erteilung unlimitierter Aufträge hervorgerufen.

Wir wollen nun unterstellen, daß im Falle eines **normalen Kaufsignals** Z_{623} der Kauf auf halbem Weg zwischen der Kaufzonenobergrenze Z_{617} und dem Perioden-Tiefstpreis Z_1 zustandekommt. Hat man hingegen eine Stoploss-Kaufsituation vor sich (Z_{625}), so kommt es darauf an, ob ein Kaufsignal erster oder zweiter Ordnung vorliegt. Immerhin scheint in beiden Fällen die Annahme realistisch, daß der Kauf zwar oberhalb der relevanten Ausbruchsschwelle, aber unterhalb des Perioden-Höchstpreises Z_2 gelingt. Im Falle eines Kaufsignals zweiter Ordnung gilt der Verkaufpreis, der in der Periode tV erzielt werden konnte, als Basis für die Abstandsbestimmung.[4] Liegt schließlich ein **Umkehr-Kaufsignal** vor, dann muß der Kaufpreis mindestens Z_1 betragen, vermutlich dürfte er aber deutlich höher liegen. Wir nehmen an, daß er 3% über Z_1 liege:

$$Z_{629.t} = \begin{cases} 0.5(Z_{1.t}+Z_{617.t}) \text{ für } Z_{623.t} = 1 \\ 0.5(Z_{2.t}+Z_{620.t}) \text{ für } Z_{625,t} = 1 \\ \\ 0.5(Z_{2.t}+1.03Z_{630.tv} \cdot Z_{134.t}{}^{0.125}) \text{ für } Z_{625.t}=1) \\ 1.03Z_{1.t} \text{ für } Z_{625.t} = 1 \end{cases}$$

Der strategische Verkaufpreis läßt sich in analoger Weise festlegen. Erfolgt ein Verkauf nach einem Signal zweiter Ordnung, so muß als Orientierungspunkt für die Abstandsberechnung der Kaufpreis herangezogen werden, der in der vergangenen Verkaufperiode tK erzielt werden konnte. Zusätzlich wird noch eine Toleranz von 3% vorgegeben:

$$Z_{630.t} = \begin{cases} 0.5(Z_{2.t}+Z_{618,t}) \text{ für } Z_{622.t} = 1 \\ 0.5(Z_{1.t}+Z_{619.t}) \text{ für } Z_{626.t} = 1 \\ \\ 0.5(Z_{1.t}+0.97Z_{629.tK}/Z_{134.t}{}^{0.125}) \text{ für } Z_{626.t} = 1 \\ 0.97Z_{2.t} \text{ für } Z_{628.t} = 1 \end{cases}$$

Nachdem Kauf- und Verkaufsignale sowie Kauf- und Verkaufpreise nach strategisch-taktischen Gesichtspunkten festgelegt worden sind, müssen wir uns jetzt einem weiteren, sehr wichtigen Problem strategischer Modelle zuwenden. Das ist die Bestandsermittlung und Bestandsfortschreibung.

4.2.4 Strategisches Bestandsmanagement

In Strategiemodellen tritt das Bestandsproblem in vielerlei Gestalt auf. Um den Erfolg einer Marktstrategie testen zu können, muß über die einzelnen Aktionen genau Buch geführt werden. Das bedeutet, daß Klarheit herrschen muß über den Anfangsbestand, die

4) Die Erhöhung des Mindestabstandes um 3% hat den Sinn, ein wirklich erreichbares Kaufniveau zu fixieren. Denn steigen die Preise nach erfolgtem Kaufsignal sehr schnell, kann der Käufer Mühe haben, noch günstig zum Zuge zu kommen. Da die strategischen Modelle auf ihre Effizienz getestet werden sollen, muß man darauf achten, daß Kauf- und Verkaufpreise realitätsnah definiert werden. Andernfalls kann der Leistungstest nicht unbeträchtlich verzerrt werden.

Bestandsänderungen sowie den Schlußbestand einer bestimmten Testperiode. Nur so kann die Erfolgswirksamkeit bestimmter Strategien - etwa gemessen durch die Verzinsung des in Markttransaktionen eingesetzten Kapitals - genau ermittelt werden und als Vergleichsgrundlage dienen.

Aufgrund der ausgedehnten Stützperioden, die das MAM zur Berechnung von Prognosewerten benötigt, sind MAM-gestützte Strategien in der Regel erst implementierbar nach einer Vorlaufzeit von 60 Perioden. Einige Modellvariablen, wie z.B. der Basistrend Z_{124}, liegen früher nicht vor. Wenn aber Kauf- und Verkaufentscheidungen frühestens nach Ablauf von 60 Perioden der Marktbeobachtung erfolgen können, so kann auch vorher noch kein strategischer Bestand angelegt worden sein. Nachdem ein Kauf erfolgt ist, muß dieser bestandsmäßig verbucht werden. Sinnvoll ist, die Bestandsrechnung zugleich als **Stück- und Wertrechnung** zu führen.

Wir wollen dies anhand eines Beispiels erläutern. Nach dem weit verbreiteten **Durchschnittskaufprinzip** *("averaging")* wird der Bestand vordergründig zwar ausschließlich nach Wertgesichtspunkten aufgebaut; doch ohne eine entsprechende Mengenkomponente wäre eine derartige Bestandsanalyse sinnlos.

Das Durchschnittskaufprinzip[5] besteht darin, daß ein bestimmter Betrag für regelmäßige Käufe bereitgestellt wird. Wieviele Stücke dafür erworben werden können, hängt vom Kaufpreis in der jeweiligen Kaufperiode ab. Ist dieser niedrig, so können viele Stücke, ist er hoch, so können nur wenige Stücke erworben werden. Dies hat zur Folge, daß der Durchschnittskaufpreis (Einstandspreis) niedriger liegt als im Falle eines Kaufprinzips, das in jeder Periode stückgleiche Kaufvolumina vorsieht, unabhängig davon, wie hoch der jeweilige Marktpreis ist.

Man sieht leicht ein, daß es im Hinblick auf eine Erfolgsermittlung unzureichend wäre, wenn Informationen entweder nur über Stückzahlen oder aber nur über Kaufsummen vorlägen. Dies gilt insbesondere für die Stückrechnung, denn eine erfolgsmäßige Bewertung abgewickelter Transaktionen ist dann überhaupt nicht mehr möglich.

5) Vgl. hierzu und zu anderen "Formelanlageplänen" grundlegend z.B. H.E. BÜSCHGEN (1966), S. 396ff.

Im Falle einer reinen Wertrechnung bestünde zwar die Möglichkeit, eine **pauschale Erfolgsrechnung durch einen Einnahmen-Ausgaben-Vergleich** durchzuführen. Voraussetzung wäre aber zumindest eine genaue Terminierung der einzelnen Einnahmen- und Ausgabenströme, gekoppelt mit "chargengleichen" Käufen und Verkäufen.[6] Die strategischen Modelle des MAM arbeiten daher entweder mit der Fiktion eines konstanten Kaufvolumens, z.B. 1.000 Geldeinheiten, das zusammen mit dem gleichzeitig festgehaltenen Kaufpreis die erworbene Stückzahl ermitteln läßt.

Dieses Vorgehen setzt implizit **unbegrenzte Teilbarkeit** voraus, die in der Realität freilich nicht gegeben ist. Ein methodischer Nachteil ist gleichwohl hierin nicht zu erblicken, denn es wäre für Analysezwecke ohne weiteres möglich, den Kaufbetrag auf ein Vielfaches zu erhöhen, und zwar solange, bis eine "volle" Stückzahl erworben werden könnte.

Der andere und im Grunde einfachere Weg der Bestandsanalyse führt über die **Konstruktion des "Einheitskaufs"**. Hiernach wird jeweils nur ein Stück erworben, und zwar zu dem jeweiligen Kaufpreis. Dieses Verfahren hat den Vorteil, daß jede Einheit des Bestandes ohne Umweg sofort als Unikat identifiziert werden kann, und zwar über die spezifischen Ausprägungen der Eigenschaften "Preis" und "Kaufzeitpunkt". Jedes Stück des Bestandes ist somit sofort nach den Eigenschaften "Preis" und "Kaufzeitpunkt" eindeutig identifizierbar. Verwechslungen sind ausgeschlossen, da in jeder Periode jeweils nur ein einziges Stück gekauft werden darf.[7]

Das Bestandsmanagement wird zum komplexen Problem deshalb, weil der vergleichsweise einfache Fall eines Kaufs mit unmittelbar folgendem Verkauf nicht die einzige Möglichkeit darstellt. Dies gilt

6) Würden z.B. in der Periode t 100 Aktien im Wert von 10.000 DM erworben und würde der Bestand nur durch diesen Geldbetrag dokumentiert, so könnte der Erfolg der Transaktion nur dann gemessen werden, wenn in der Periode t+T die gesamte "Charge", also alle 100 Stück, verkauft würden. Würde hingegen in verschiedenen Perioden verkauft, so wäre eine vergleichende Rentabilitätsrechnung, z.B. mit jährlichen Rentabilitätsziffern, nicht möglich.

7) Auch hier stört die angebliche Realitätsferne dieser Konstruktion nicht, denn selbstverständlich ist es möglich, die Definition einer "Einheit" weiter zu fassen, etwa als eine bestimmte Menge von Einzelstücken.

insbesondere im Falle antizyklischer sowie gemischter Strategien. Wird antizyklisch, d.h. im fallenden Markt gekauft, dann in der Erwartung, der Preis sei bereits bis in die Nähe seines mutmaßlichen Tiefpunktes gefallen. Fällt er noch stärker zurück, so kann man darauf mit Stoploss-Verkäufen reagieren, man kann aber auch "erst recht" kaufen und nach dem **Averaging-Prinzip** den Einstand verbilligen. In diesem Fall entsteht das **Zukaufproblem**.

In der Regel wird man dieses über eine **Abstandsbedingung** lösen. So könnte man z.B. pauschale Preisabschläge von 5 oder 10% vorsehen, also Zukäufe im Falle weiterer Preisrückgänge um 5 oder 10% vornehmen, jeweils bezogen auf das vorausgegangene Kaufniveau. Ein endogener Abschlag, orientiert am spezifischen Schwankungsfaktor Z_{134}, wäre möglicherweise befriedigender, z.B. $Z_{134}^{0.125}$. Beträgt der globale Schwankungsfaktor z.B. 1.75, so ergibt sich ein Zukaufabstand von 7,2%.

Das strategische Kauf- und Verkaufmanagement muß sich nicht auf eine einzige Strategie stützen, sondern kann ein komplexes **Strategiesystem als Entscheidungsgrundlage** wählen. Dies kann durchaus sinnvoll sein, allerdings nur unter der Voraussetzung, daß die einzelnen Komponenten systemkonform sind. Hier können schwierige Abstimmungs- und Konsistenzprobleme auftreten, die jedoch im Prinzip lösbar sind.[8]

Weitere Schwierigkeiten können dadurch entstehen, daß in ein und derselben Periode Kauf- und Verkaufsignale auftreten. Da ein gleichzeitiger Kauf und Verkauf widersinnig ist, müssen hier **Dominanzkriterien** entwickelt werden, die festlegen, was im Falle kollidierender Strategiebefehle zu geschehen hat.[9]

8) Komplexe Strategiesysteme erhöhen zwangsläufig den Komplexitätsgrad der Bestandsrechnung. Wenn man keine Ausschließlichkeitsbedingungen formuliert, kann es vorkommen, daß in einer einzigen Periode Käufe bzw. Verkäufe nach verschiedenen Teilstrategien erfolgen. Die Transaktionen sind dann auch diesbezüglich eindeutig zu kennzeichnen.

9) Schließlich sei noch auf die Schwierigkeiten hingewiesen, die dadurch entstehen können, daß nicht nur ein Kauf-, sondern auch ein **Verkauf-Averaging** betrieben wird. Dies bedeutet, daß in einer verkaufwürdigen Situation nicht (sofort) der gesamte Bestand liquidiert wird, sondern zunächst nur ein Teil davon, in der Hoffnung auf weitere Preissteigerungen und günstigere Verkaufmöglichkeiten. Erfüllt sich diese Hoffnung nicht, so muß allerdings durch

Wir können uns jetzt der Algorithmisierung des Bestandsproblems zuwenden. Wie oben ausgeführt, ist ein Test einer Strategie nur möglich, wenn aus mindestes 60 Perioden Marktbeobachtungen vorliegen. Ob in der Periode T=60 gekauft wird, also ein Anfangsbestand begründet wird, richtet sich nach folgender Bedingung:

$$Z_{631,T} = \begin{cases} Z_{629,T} \text{ für } (Z_{623,T}=1) \vee (Z_{625,T}=1) \vee (Z_{627,T}=1) \\ 0 \text{ für } (Z_{623,T}=0) \wedge (Z_{625,T}=0) \wedge (Z_{627,T}=0) \end{cases}$$

Der Anfangsbestand liegt in Werteinheiten fest, denn Z_{629} ist der Kaufpreis für ein Stück. Damit ist indirekt auch der Bestand in Stück fixiert.

Die **Bestandsfortschreibung** erfolgt nun im Prinzip in der Weise, daß jeweils erstens der Vorperioden-Bestand abgefragt und zweitens geprüft wird, ob in der aktuellen Periode ein Kauf erfolgt ist. Wir wollen hier der Einfachheit halber annehmen, daß der gesamte Bestand verkauft wird, sobald ein Verkaufsignal auftritt. Dies bedeutet, daß der Bestand solange zunimmt wie Kaufsignale in ununterbrochener Folge auftreten. Durch ein Verkaufsignal wird der gesamte Bestand aufgelöst.

$$Z_{631,T+1} = Z_{631,T} + \begin{cases} Z_{629,T+1} \text{ für } (Z_{623,T+1}=1) \vee (Z_{625,T+1}=1) \ldots \\ \ldots \vee (Z_{627,T+1}=1) \\ 0 \text{ für } (Z_{623,T+1}=0) \ldots \wedge \\ \ldots \wedge (Z_{625,T+1}=0) \wedge (Z_{627,T+1}=0) \end{cases}$$

$$\vdots$$

$$Z_{631,t} = Z_{631,t-1} + \begin{cases} Z_{629,t-1} \text{ für } (Z_{623,t-1}=1) \vee (Z_{625,t-1}=1) \ldots \\ \ldots (Z_{627,t-1}=1) \\ 0 \text{ für } (Z_{623,t-1}=0) \ldots \wedge \\ \ldots (Z_{625,t-1}=0) \wedge (Z_{627,t-1}=0) \end{cases}$$

Tritt bis zur Periode t kein Verkaufsignal auf, dann wird der Bestand in der dargestellten Form fortgeschrieben. Kommt allerdings ein Verkaufsignal zustande, dann wird sofort der gesamte Bestand liquidiert. Neben der Fortschreibungsgleichung benötigt man daher eine Bestimmungsgleichung für den aktuellen Bestand:

$$Z_{632,t} = \begin{cases} Z_{631,t} \text{ für } (Z_{624,t}=0) \wedge [(Z_{626,t}=0) \wedge (Z_{628,t}=0)] \\ 0 \text{ für } (Z_{624,t}=1) \vee (Z_{626,t}=1) \vee (Z_{628,t}=1) \end{cases}$$

---

eine Gewinnsicherungsmaßnahme die Vernichtung aufgelaufener Buchgewinne verhindert werden.

Von der Formulierung komplizierterer Varianten des Bestandsmanagements wollen wir absehen. Sofern abweichende Regelungen erforderlich werden, sollen sie im Rahmen der jeweiligen Strategiemodelle dargestellt werden. Wir wollen uns jetzt dem letzten und wohl wichtigsten Baustein jedes Strategiemodells zuwenden, dem Algorithmus zur Rentabilitätsberechnung.

4.2.5 Bestimmung der Rentabilität strategischer Marktentscheidungen

Ob eine Marktstrategie absolut oder relativ leistungsfähig ist, läßt sich erst beurteilen, nachdem ein geeignetes Leistungskriterium festgelegt worden ist. Die **Zielfunktion** eines Marktteilnehmers kann sehr komplexer Natur sein. Vom wissenschaftlichen Standpunkt aus hat es wenig Sinn, individuelle Zielfunktionen in ihrer vollen Komplexität und Individualität modellieren zu wollen. Selbst wenn solche Zielfunktionen im Zeitablauf stabil wären, was nicht anzunehmen ist, bestünde noch immer die Aufgabe, das weit verzweigte Netz individueller Entscheidungskriterien und Marktziele in konsistenter Weise zu strukturieren.

Dies scheitert in der Regel bereits daran, daß der Entscheidende zumeist selbst nicht in der Lage ist, die Motive seines Handelns in konsistenter Weise zu ordnen. Dies gilt insbesondere auf den spekulativen Märkten, die häufig durch spontanes, zuweilen unüberlegtes und sogar irrationales Handeln geprägt sind. Selbst eine gründliche psychologische Erforschung der Marktverhaltensweisen dürfte rasch an unüberwindbare Grenzen stoßen, zumindest was eine verläßliche und tragfähige Modellierung des Zusammenhangs zwischen Impuls und Reaktion im Bereich des Marktverhaltens angeht.

Trotz diesen gravierenden Erkenntnisschranken besteht zumindest auf der makroökonomischen Ebene kein Anlaß, das Problem zu dramatisieren. Man geht wohl kaum fehl in der Annahme, daß im Durchschnitt gesehen die Marktteilnehmer einen möglichst hohen **Markterfolg** anstreben, der sich als **Rentabilität des eingesetzten Kapitals** interpretieren läßt. Unklar ist allenfalls, was in die Rentabilitätsrechnung eingeht und von welchem Betrachtungshorizont bei Ertragsüberlegungen ausgegangen wird.

Um für die Modellanalyse eine Grundlage zu schaffen, die nicht nur einzelne, sondern auch vergleichende Erfolgsbeurteilungen zuläßt, wird die jährliche Kapitalrentabilität als Erfolgsmaßstab zugrundegelegt. Diejenige Strategie ist dann absolut und relativ am leistungsfähigsten, die zu einer höchstmöglichen Verzinsung des eingesetzten Kapitals führt.

Auch die strategischen Teile des MAM legen diesen Erfolgsmaßstab zugrunde. Dabei spielt die **absolute Rendite** - das ist der Kapitalzuwachs in Prozent des investierten Kapitals - eine untergeordnete Rolle. Unter dem Erfolgsgesichtspunkt kommt es auf die **relative Rendite** an; das ist der Kapitalzuwachs pro Jahr ausgedrückt in Prozent des im Jahresdurchschnitt investierten Kapitals.

Strategien mit hoher relativer Rendite zeichnen sich zumeist durch niedrige Kapitalbindungszeiten aus. Deshalb erübrigt es sich, das **Ziel einer Minimierung der Kapitalbindungsdauer** getrennt zu erfassen. Ein solches Ziel ist unter dem Liquiditäts- und Finanzierungsaspekt durchaus realistisch. Das **Liquiditätsziel** erhält Restriktionscharakter, sobald es in Verbindung mit dem Ertragsziel auftritt. Man kann somit das **Ziel der Rentabilitätsmaximierung** auch auffassen als das Ziel der Ertragsmaximierung unter der Nebenbedingung ausreichender Liquidität.

Die Formulierung der Zielfunktion in dieser "klassischen" Form - Maximierungsziel plus Nebenbedingung - ist im Hinblick auf die Ableitung allgemeiner Ergebnisse wenig sinnvoll, da die jeweils gültigen Restriktionen ja nicht (allgemein) bekannt sind. Wir umgehen das Restriktionsproblem daher dadurch, daß wir die **optimale Strategie** anhand des **Kriteriums der relativen Rentabilität** bestimmen. Ist diese maximal, so ist zu vermuten, daß sie zugleich äußerst kapitalschonend eingesetzt werden kann. Das heißt, eine solche Strategie kommt vermutlich mit geringer durchschnittlicher Kapitalbindungsdauer je Transaktion aus, weil zwischen dem Zeitpunkt des Kaufs und dem Zeitpunkt des Verkaufs eine vergleichsweise kurze Zeitspanne liegt.

Strategien mit möglicherweise extrem hoher absoluter Rentabilität, aber zugleich sehr hohen Kapitalbindungszeiten, schneiden zwangsläufig schlechter ab. Dies bedeutet nicht, daß solche "kapitalintensiven" Strategien nicht durchaus lohnend und reizvoll sein können für einen Marktteilnehmer, der die finanzielle Restriktion nicht zu fürchten hat und der auf eine Minimierung der Transaktionszahl Wert legt. Es mag nicht wenige Anleger geben, die kein Interesse an ständigen Vermögensumschichtungen haben, sondern vielmehr eine solide Daueranlage suchen. Der Preis der vergleichsweise geringeren Jahresrendite wird dabei u.U. bereitwillig in Kauf genommen.[10)]

Nun muß der **Kapitalbedarf** im Falle geringer **Kapitalumschlagshäufigkeit** im Prinzip nicht größer sein als im Falle schnellen Kapitalumschlags. Die Spezifika spekulativer Vermögensmärkte bringen es aber mit sich, daß die **Diversifikation** in der Vermögenshaltung risikomindernd wirkt. Dies bedeutet, daß ein Vermögenshalter verschiedene Vermögenswerte gleichzeitig halten muß, wenn er in den Genuß diversifikationsbedingter Risikominderungseffekte gelangen möchte.

Es besteht aber auf den Vermögensmärkten keine beliebige Teilbarkeit. So gibt es z.B. Aktien, von denen ein einziges Stück mehrere tausend Mark kostet. Auch Grundstücke, Edelmetallkontrakte u.v.a.m. sind nicht beliebig teilbar. Oft verbietet sich sogar der Erwerb der kleinsten handelbaren Menge allein schon aufgrund der relativ hohen Transaktionskostenbelastung.[11)]

10) Steigt z.B. eine Aktie innerhalb von 10 Jahren auf das Vierfache, dann beträgt die absolute Rendite 300%, die relative Rendite hingegen nur 30%. Der Anleger hat den Vorteil, über 10 Jahre hinweg eine kontinuierlich hohe Jahresrendite zu erwirtschaften, ohne sich um seine Anlage kümmern zu müssen. Dem steht der Nachteil einer langfristigen Kapitalfestlegung und möglicher Illiquidität gegenüber. Ein anderer Anleger, der sich mit jeweils geringen absoluten Renditen, etwa 10%, zufriedengibt, aber auf schnellen Kapitalumschlag, etwa einmal pro Quartal, Wert legt, bringt es immerhin auf eine Jahresrendite von 40%. Die kurzfristig erfolgende Kapitalfreisetzung schafft die Möglichkeit, in kurzen Abständen über die Neuveranlagung des Kapitals zu entscheiden. Dies schafft Entscheidungsfreiräume, erhöht aber zugleich den Entscheidungsaufwand.

11) Durch die Einrichtung von Investment-Fonds wird zwar das Teilbarkeitsproblem durch die Ausgabe klein gestückelter Anteile weitgehend entschärft. Der Anleger ist aber auf diese Weise auf die vom Fonds verfolgte Diversifikationsstrategie festgelegt. Wünscht er, seine individuellen Diversifikationsvorstellungen zu realisieren, trifft ihn die Teilbarkeitsrestriktion voll.

Hierdurch erhält das **Kapitalbindungsproblem** eine neue Dimension. Lange Kapitalbindung bedeutet jetzt nämlich faktisch auch **eingeschränkte Diversifikationsmöglichkeiten** und dadurch verschlechterte Chancen der Risikobegrenzung. Wer einen Teil seines Anlagevermögens langfristig bindet, kann diesen Teil nicht mehr für eine Umstrukturierung seiner Vermögenshaltung einsetzen. Da die Portefeuille-Struktur und damit Qualität und Umfang der Portefeuille-Diversifikation im Zeitablauf regelmäßig angepaßt werden müssen, um eine optimale Vermögenshaltung zu gewährleisten, schränkt eine lange Kapitalbindung diesen optimierenden Anpassungsprozeß ein.

Aus alledem ergibt sich, daß die **Optimierung von Strategiemodellen** am zweckmäßigsten über das Kriterium der relativen Rentabilität erfolgt. Ein solches Vorgehen attestiert prinzipiell solchen Strategien Überlegenheit, die mit vergleichsweise niedriger Kapitalbindungsdauer auskommen. Dies aber ist - zumindest bei der großen Masse der kleineren und mittleren Marktteilnehmer - unabdingbare Voraussetzung für eine wirkungsvolle Portefeuille-Diversifikation, denn bei langer Kapitalbindungsdauer stoßen die meisten Marktteilnehmer sehr schnell an die Grenzen ihrer Finanzkraft.

Der **Formalismus der Rentabilitätsanalyse** ist im Grunde einfach. Um die Leistungsfähigkeit einer Strategie über längere Zeiträume hinweg testen zu können, muß über jede **Transaktion** - sie besteht aus Kauf und Verkauf - peinlich genau Buch geführt werden. Dies bedeutet zunächst, daß alle transaktionsspezifischen Kauf- und Verkaufzeitpunkte festgehalten und zur Bestimmung der absoluten Rendite einer Transaktion herangezogen werden müssen:

$$Z_{633,tV1} = 100(Z_{630,tV1}-Z_{629,tK1})/Z_{629,tK1}$$

Die erste Transaktion beginnt also mit dem in der Periode tK1 erfolgenden ersten Kauf und sie endet mit dem in der Periode tV1 vollzogenen ersten Verkauf. Die relative Rendite der ersten Transaktion folgt unmittelbar, wenn man die absolute Rendite auf Jahresbasis umrechnet. Sofern die Einheitsperiode einen Monat umfaßt, beträgt der Multiplikator 12:

$$Z_{634,tV1} = 12Z_{633,tV1}/(tV1-tK1)$$

Dabei ist tV1-tK1 die Kapitalbindungsdauer der Transaktion 1. Werden insgesamt n Transaktionen nach einer bestimmten Strategie abgewickelt, so wird für jede Transaktion eine spezifische Rentabilitätsziffer ermittelt; für die n-te Transaktion erhält man:

$Z_{633,tVn} = 100(Z_{630,tVn} - Z_{629,tn})/Z_{629,tKn}$
$Z_{634,tVn} = 12Z_{633,tVn}/(tVn-tKn)$

Ein sinnvoller Vergleich der Leistungsfähigkeit alternativer Marktstrategien läßt sich auf der Basis nur einer strategiespezifischen Transaktion kaum anstellen. Daher muß jetzt noch die **durchschnittliche Rentabilität** ermittelt werden. Summiert wird hierzu über alle n Transaktionen mit nachfolgender Durchschnittsbildung:

$Z_{635,t} = \Sigma Z_{633,tVi}/n, \ i = 1,...,n$
$Z_{636,t} = \Sigma Z_{634,tVi}/n, \ i = 1,...,n$

Die **durchschnittliche absolute Rendite** Z_{635} sowie die **durchschnittliche relative Rendite** Z_{636} sind die Schlüsselkennzahlen der vergleichenden Rentabilitätsanalyse. Daneben hat sich als informativ erwiesen, auch die extremen Ausprägungen der absoluten Rentabilität, die bei bestimmten Transaktionen aufgetreten sind, hervorzuheben. Dadurch gelingt es, Strategien zu entlarven, die möglicherweise eine beeindruckend hohe relative Rentabilität abwerfen, aber nur geringe absolute Renditen einbringen.[12]

Die **Extrema der absoluten Rendite** werden wie folgt bestimmt:

$Z_{637,t} = \min\{Z_{633,tVi}\}$ über alle i
$Z_{638,t} = \max\{Z_{633,tVi}\}$ über alle i

Schließlich ist noch die **Kapitalbindungsdauer** im Hinblick auf die **Liquiditäts- und Finanzbedarfsanalyse** von großem Interesse. Diese Kennzahl ist wie folgt definiert:

$Z_{639,t} = \Sigma(tVi-tKi)/n$ über alle i

12) Dies kann, je nach Transaktionskostenbelastung, die Unbrauchbarkeit einer bestimmten Strategie bedeuten. Werden z.B. mit einer Strategie im Durchschnitt nur etwa 3% Wertzuwachs erwirtschaftet, so bedeutet dies zumindest auf dem inländischen Aktienmarkt eine "Null-Rendite", denn die Transaktionskostenbelastung beträgt gleichfalls rund 3%. Die relative Bruttorendite mag dennoch sehr hoch liegen, wenn die Transaktionen sehr kurzfristig abgewickelt werden.

Damit haben wir unseren Überblick über die Bausteine marktstrategischer Modelle beendet. Alle Strategien, die im folgenden behandelt werden, bedienen sich dieser Bausteine, entweder in der hier dargestellten, oder aber in leicht modifizierter Form.

4.3 Typologie marktstrategischer Modelle

Marktstrategien haben den Zweck, dem Marktteilnehmer zu einem optimalen Operieren am Markt zu verhelfen. Optimal im hier verwendeten Sinne ist eine Marktstrategie dann, wenn sie dauerhaft den vergleichsweise besten Markterfolg gewährleistet, gemessen an der Rentabilität des eingesetzten Kapitals. Es erweist sich als zweckmäßig, Marktstrategien in drei Gruppen einzuteilen, nämlich in antizyklische, prozyklische und gemischte Strategien.

Antizyklische Marktstrategien zeichnen sich dadurch aus, daß sie im "steigenden Markt" eine Verkaufposition und im "fallenden Markt" eine Kaufposition einnehmen. Dies impliziert nur scheinbar ein "Gegen-den-Strom-Schwimmen", denn im Grunde beabsichtigt die antizyklische Strategie nur, den zyklischen Wendepunkt zu antizipieren und somit rechtzeitig die Marktseite zu wechseln. Antizyklisches Operieren heißt auch nicht, daß bereits bei der geringsten Preissteigerungstendenz verkauft bzw. beim kleinsten Anzeichen fallender Preise gekauft wird. Antizyklisches Marktverhalten zielt vielmehr darauf ab, eine zyklische Bewegung möglichst vollständig mitzumachen, die Seiten jedoch bereits dann zu wechseln, bevor die Gegenbewegung offenkundig begonnen hat.

Antizyklische Strategien stützen sich daher notwendigerweise auf eine Prognose zyklischer Bandbreiten. Aufgrund ihres zumindest scheinbar konträren Marktverhaltens benötigen Antizykliker ein robustes "Nervenkostüm", eine gute Portion Selbstvertrauen und ausgeprägtes Steh- und Durchhaltevermögen. Wenn der Antizykliker die Seiten wechselt, hat er die mehrheitliche Marktmeinung gegen sich, wodurch seine Entschlußkraft auf eine harte Probe gestellt wird.

Prozyklische Marktstrategien stellen hingegen an die physische und psychische Belastbarkeit weit geringere Anforderungen. Denn der Prozykliker geht grundsätzlich **mit** dem Markt, d.h., er kauft, wenn die Preise offensichtlich steigen, und er verkauft, wenn die

Preise offensichtlich fallen. Wann bzw. ob eine solche Bewegungsrichtung der Preise "offensichtlich" ist, läßt sich freilich nicht objektiv festlegen. Der Prozykliker richtet sich auch in dieser Frage ganz nach der vorherrschenden Marktmeinung. Er erlangt ein Gefühl der Sicherheit dadurch, daß er, zumindest unterbewußt, glaubt, daß das, was die Mehrheit tut, nicht falsch sein kann.

Ob er sich allerdings mit dieser Vorstellung "in guter Gesellschaft" befindet, kann aufgrund der praktischen Markterfahrung füglich bezweifelt werden. Boshafte Marktanalytiker des antizyklischen Lagers vergleichen die Prozykliker oft mit den Lemmingen, die massenhaft ins Verderben rennen, nur weil alle gedankenlos hintereinander dreinlaufen im blinden Vertrauen darauf, in der Masse vor Unheil geschützt zu sein.

Der Prozykliker hält nichts von Bandbreitenprognosen bezüglich der mutmaßlichen Spanne von Preisschwankungen. Er vertraut einer Preisbewegung solange, bis er durch die tatsächliche Marktentwicklung vom Gegenteil überzeugt worden ist. Der Prozykliker denkt auch weniger in Zyklen, als vielmehr in Trends. Zyklische Schwankungen sind für ihn im Grunde nur Störfaktoren, die den Trend überlagern. Erst wenn diese Störfaktoren so gravierend ausfallen, daß sie eine Gefahr für den bestehenden Trend darstellen, wechselt der Prozykliker auf die andere Marktseite.[13)]

Neben den rein antizyklischen und prozyklischen Strategien gibt es noch einen dritten strategischen Typ, die **gemischten Strategien**. Sie zeichnen sich durch eine mehr oder weniger komplexe Verknüpfung anti- und prozyklischer Strategieelemente aus. Im Kern sind diese Strategien zumeist antizyklisch konzipiert. Sie verwenden aber zusätzlich eine **Verlustbegrenzungsautomatik**, die dafür sorgt, daß allzu gravierende Schieflagen nicht stur durchgehalten werden.

Böse Zungen aus dem prozyklischen Lager behaupten - und es besteht kein Grund, an der Authentizität solcher Aussagen zu zweifeln -, daß sich schon so mancher Antizykliker "zu Tode verbilligt" habe.

13) Aus diesem Grunde wäre es angebrachter, den Prozykliker eher als "Trendfolger" zu bezeichnen. Diese Bezeichnung hat sich jedoch nicht durchgesetzt, wenngleich hin und wieder Ausdrücke wie "Trendfolgestrategie" und "Trendfolgeverfahren" verwendet werden.

Unter "Verbilligen" wird das in Abständen erfolgende Zukaufen bei fallenden Preisen verstanden, um auf diese Weise eine Senkung des durchschnittlichen Einstandspreises zu erreichen. Diese auch als ***"Averaging"*** bekannte Strategie führt u.U. sehr schnell zum finanziellen Kollaps, denn oft lange bevor die betreffende Preisreihe ihren Tiefpunkt erreicht hat, wird der antizyklisch operierende Käufer zahlungsunfähig: Ihm geht schlicht das Geld aus, um weitere Verbilligungskäufe durchführen zu können.

Im Gegensatz zu diesem Durchhalten bis zum bitteren Ende setzen die gemischten Strategien lieber auf ein rasches "Ende mit Schrecken". Die schmerzhafte Korrektur einer offenkundigen Schieflage wird unverzüglich durchgeführt. Wichtig dabei ist, daß die Schwelle, bei deren Erreichen eine Schieflage diagnostiziert wird, von vornherein, also zum Zeitpunkt des ersten Kaufs, festgelegt wird. Hierdurch wird erreicht, daß bereits zu Beginn eines antizyklischen Engagements dessen maximales Verlustpotential feststeht. Auf viele Marktakteure übt diese Konstruktion einen magischen Zauber aus, suggeriert sie doch, man habe etwaige Schieflagen fest im Griff.[14)]

Es hat wenig Sinn, allein aufgrund theoretischer Überlegungen den vorzugswürdigen Strategietyp ausfindig machen zu wollen. Dies dürfte nie gelingen. Ohne die empirische Nagelprobe sind derartige Überlegungen reine Spekulation oder bloße Augenwischerei. Es gibt Börsendienste, z.B. "SWINGTREND",[15)] die nahezu uneingeschränkt auf die prozyklische Karte setzen mit dem suggestiven, verführerischen Scheinargument, daß ein "Laufenlassen" der Gewinne und ein konsequentes Begrenzen der Verluste der auf Dauer einzig sichere Weg zum Markterfolg darstelle.[16)][17)]

14) Trügerisch an dieser Konstruktion ist jedoch, daß sie im häufigen Wiederholungsfalle ebenso schnell zum finanziellen "Exitus" führen kann wie die Verbilligungsstrategie. Zwar verhindert die Stoploss-Automatik hohe Verluste im Einzelfall, doch bereits bei mäßiger Kumulierung erreichen solche Einzelverluste rasch existenzbedrohendes Niveau.

15) Erscheint im Gamma Verlag GmbH, München (Herausgeber: A. PFEIFFER).

16) Dabei wird tunlichst verschwiegen, welche eminenten Kosten durch die Verlustbegrenzung entstehen können (und fast zwangsläufig entstehen).

17) Einen besonders werbewirksamen Trick hat sich "SWINGTREND" ausgedacht. In der wöchentlich publizierten "Computerliste" werden vorwiegend in- und ausländische Aktien (neben Optionen, Edelme-

Die nun in den folgenden Abschnitten darzustellenden Marktstrategien werden ausnahmslos denselben strengen Prüfkriterien unterworfen, so daß nicht nur die unmittelbare Vergleichbarkeit gewährleistet ist, sondern die Qualität einzelner Strategien auch bei isolierter Betrachtung schlüssig bewertet werden kann.

4.3.1 Antizyklische Strategien

Antizyklische Marktstrategien versuchen, die durch Preisschwankungen bewirkten zeitlichen Unterschiede möglichst vollständig gewinnbringend zu nutzen. Unabdingbare Voraussetzung für jede antizyklische Strategie ist eine einigermaßen verläßliche Schätzung der mutmaßlichen Intensität von Preisschwankungen. Antizyklische Marktstrategien beruhen daher grundsätzlich auf einem geeignet erscheinenden Preiskorridor.

Welches Bandbreiten-Prinzip verwendet wird, hängt vom zeitlichen Horizont und der quantitativen Zielvorgabe der Preisdifferenzgeschäfte ab. Beabsichtigt ein Marktteilnehmer, kleine und kleinste Preisschwankungen auszuschöpfen,[18] so ist sein Dispositionshorizont notwendigerweise enger, als wenn die Marktstrategie auf

tallen usw.) als Kauf- oder Verkaufposition geführt. Für jede Position wird eine Stoploss-Marke angegeben, bei deren Verletzung die Position "umgedreht" wird. Steht also z.B. eine bestimmte Aktie mit Stoploss 100 als Verkaufposition zu Buche und notiert die Aktie etwa auf 90, so empfiehlt sich, sofern möglich, ein Leerverkauf bzw. ein Meiden dieser Aktie. Steigt der Kurs allerdings über 100, dann sind Käufe angezeigt. Der Marktteilnehmer wechselt also jetzt von der Verkäufer- auf die Käuferseite über. Die Stopmarke, jetzt für die Kaufposition, wird z.B. auf 80 festgesetzt. Damit begrenzt der Käufer bei einem Kauf zu 100 seinen Verlust auf rund 20%. Wie hoch der Verlust im konkreten Einzelfall ist, hängt nicht nur vom Kaufkurs, im Beispiel wahrscheinlich einiges über 100, sondern vor allem vom Stop-Verkaufkurs, im Beispiel wahrscheinlich unter 80, ab. Der Trick besteht nun darin, die "Computerliste" immer "sauber" zu halten in dem Sinne, daß sie nie empfindliche Verlustpositionen enthält, denn diese werden ja rechtzeitig liquidiert. Was allerdings in der Liste nicht auftaucht, sind die "Exekutionskosten", die, wie umfangreiche Überprüfungen über längere Zeiträume hinweg belegen, häufig in empfindlich negativen Renditen ihren Niederschlag finden.

18) Auf eine Konzipierung von **Arbitrage-Strategien**, die auf eine Ausschöpfung von minimalen, nur geringfügig über den Transaktionskosten liegenden Preisdifferenzen abheben, wird verzichtet. Hierzu wäre ein grundlegend verschiedener Ansatz der Bandbreiten-Schätzung erforderlich, der nicht auf Trend und Zyklus, sondern vorwiegend auf die Zufallskomponente abhebt.

große, im allgemeinen nur längerfristig realisierbare Preisschwankungen abhebt. Im ersten Fall wird ein vergleichsweise schmaler, im zweiten Fall ein vergleichsweise breiter Korridor die angemessene Rahmenprognose liefern. Wir beginnen mit den kurzfristig ausgerichteten Trading-Strategien.

4.3.1.1 Trading-Strategien

Trading-Strategien zielen auf die Ausschöpfung kleiner Preisschwankungen ab. Da diese oft in sehr kurzer Zeit auftreten, muß der verwendete Korridor sehr enge Grenzen aufweisen, wenn er rechtzeitig die kurzfristigen Umkehrpunkte anzeigen soll. Außerdem muß der Korridor sehr flexibel sein, um sich trendbetonten Bewegungsimpulsen rechtzeitig anpassen und um auf diese Weise einen voreiligen Ein- bzw. Ausstieg zu verhindern.

In dieser Hinsicht besonders gut geeignet erscheint der Korridor $Z_{201}-Z_{202}$, der zugleich sehr schmal und anpassungsfreudig ist. Als Alternativen kommen z.B. die Korridore $Z_{421}-Z_{422}$, $Z_{428}-Z_{429}$ sowie $Z_{582}-Z_{583}$ in Betracht, die alle eine ähnliche Eigenschaftsstruktur aufweisen. Wir wollen jedoch hier die Strategie mit Hilfe der Bandbreite $Z_{201}-Z_{202}$ formulieren. Das Kaufsignal für den Erstkauf lautet:

$$Z_{640,Kt} = \begin{cases} 1 \text{ für } Z_{1,Kt} \leq 1.03Z_{201,Kt} \\ 0 \text{ für } Z_{1,Kt} > 1.03Z_{201,Kt} \end{cases}$$

Demnach wird nur gekauft, wenn der Perioden-Tiefstpreis Z_1 in der Kaufperiode Kt höchstens 3% über ihrer Korridor-Untergrenze Z_{201} liegt. Da antizyklische Strategien **Verbilligungsstrategien** sind, muß eine **Zukaufautomatik** festgelegt werden. Weil das primäre Kaufprinzip - Preis ist auf die momentan gültige Korridoruntergrenze oder sogar darunter gefallen - auch für Zukäufe unverändert gilt, liegt damit die erste Zukaufbedingung bereits fest.

Hinzukommen muß jedoch noch eine Abstandsbedingung, denn es hätte wenig Sinn - oder wäre im Hinblick auf den Verbilligungsgedanken sogar völlig unsinnig -, Zukäufe zum selben Preis vorzunehmen, zu dem bereits der Erstkauf erfolgte. Als vernünftig hat sich ein Abstandsfaktor erwiesen, der sich unmittelbar am globalen Schwankungsfaktor Z_{134} orientiert, und zwar $1+0.1Z_{134}$. Wir erhalten somit die Bedingung für den ersten Zukauf ZK1:

$$Z_{641,tZK1} = \begin{cases} 1 \text{ für } (Z_{1,tZK1} \leq 1.03Z_{201,tZK1}) \wedge \ldots \\ \ldots [Z_{1,tZK1} \leq Z_{1,tK}/(1+0.1Z_{134,tZK1})] \\ 0, \text{ aliter} \end{cases}$$

Der erste Zukauf erfolgt somit dann, wenn der Perioden-Tiefstpreis Z_1 auf den unteren Rand der mutmaßlichen Preisspanne (oder darunter) gefallen ist und zugleich deutlich unter dem Tiefstpreis der Kaufperiode liegt. Die weiteren Zukaufsignale lassen sich in analoger Weise formulieren. Z.B. wird für den zweiten Zukauf verlangt, daß der Perioden-Tiefstpreis erneut um einen Mindestabstand (oder mehr) zurückgefallen ist:

$$Z_{642,tZK2} = \begin{cases} 1 \text{ für } (Z_{1,tZK2} \leq 1.03Z_{201,tZK2}) \ldots \wedge \\ \ldots [Z_{1,tZK2} \leq Z_{1,tZK1}/(1+0.1Z_{134,tZK2})] \\ 0, \text{ aliter} \end{cases}$$

Auf die Formulierung weiterer Zukaufsignale können wir verzichten, da sie in völlig analoger Weise aufgebaut sind und außerdem in der Praxis ohnehin nur äußerst selten greifen. Da der Basiskorridor sich zügig an die Preisentwicklung anpaßt, ist eine allzu weite Entfernung der Preisreihe vom Schätzkorridor sehr unwahrscheinlich.

Es wäre überlegenswert, die Verkaufsignale nach einem ähnlichen Staffelprinzip anzuordnen wie die Kaufsignale. Für den Trader ist dies jedoch eine wenig zweckmäßige Konstruktion, denn er ist mit geringen Wertsteigerungen zufrieden und ist außerdem auf schnellen Kapitalrückfluß angewiesen, um andere Trading-Chancen wahrzunehmen, die er vermutlich bereits ausfindig gemacht hat. Wir unterstellen daher, daß bei Erreichen eines bestimmten Preisziels der gesamte Bestand verkauft wird.

Ein vernünftiges Preisziel ist offenbar durch die Obergrenze des Referenzkorridors markiert. Wir formulieren daher:

$$Z_{643,tV} = \begin{cases} 1 \text{ für } Z_{2,tV} \geq 0.97Z_{202,tV} \\ 0 \text{ für } Z_{2,Vt} < 0.97Z_{202,tV} \end{cases}$$

Der Gesamtbestand wird somit liquidiert, sobald der Preis bis auf mindestens 3% an die Korridorobergrenze Z_{202} herangekommen ist. Da jeweils die aktuellen Korridorobergrenzwerte als Referenz herangezogen werden, hat der Marktteilnehmer die Chance, sich selbst bei länger anhaltendem Preisverfall mit bescheidenem Gewinn oder doch wenigstens nur "mit einem blauen Auge" aus dem Engagement zu lösen, denn infolge der hohen Flexibilität erfolgt auch eine zügige Absenkung der Bandbreiten-Obergrenze. Schon vergleichsweise bescheidene Zwischenerholungen reichen dann zumeist aus, um den Preis auf Verkaufniveau zu bringen und dadurch die Kapitalrückführung zu bewirken.

Dieser Umstand ist überaus bemerkenswert, denn er stellt im Grunde eine **versteckte Verlustbegrenzungsautomatik** dar. Aber anstatt, wie bei den üblichen Stoploss-Signalen, dann zu verkaufen, nachdem der Preis einen neuen Schwächeanfall erlitten hat, wird erst nach einer mäßigen Preiserholung verkauft. Dadurch steigt die Chance, sich aus einer Fehlinvestition herauszumogeln, ohne daß es allzu sehr schmerzt. Diese weiche Verlustbegrenzungsautomatik stellt im Vergleich zur rücksichtslosen Exekution um jeden Preis, die als systemprägendes Element in die meisten prozyklischen Strategien Eingang findet, einen sehr bedeutsamen, zumeist völlig übersehenen Vorteil antizyklischer Strategien dar.[19]

Im Mai 1986 wurde diese Strategie für 75 deutsche Aktien getestet, die einen guten Querschnitt durch alle Branchen und verschiedene Unternehmensgrößen bieten. Der Test erstreckte sich, je nach Datenverfügbarkeit, in der Regel über 185 Monate. Den kürzesten Testzeitraum (85 Monate) hatte die Aktie der Aachener Münchner Versicherung aufzuweisen. Dabei ist zu beachten, daß sinnvolle Testergebnisse aufgrund der Konstruktion des MAM erst nach einer Vorlaufzeit von 60 Perioden (hier Monate) abgeleitet werden können.

19) Die Kauf- und Verkaufpreise werden der Einfachheit halber auf das Niveau der Perioden-Tiefst- bzw. Höchstpreise festgelegt. In der Realität dürfte dieser optimale Preis zwar nur selten erreicht werden, doch besteht andererseits auch kein Grund anzunehmen, daß die Abweichungen von den Perioden-Extrema gravierend sind. Wird ein Kauf- bzw. Verkaufsignal ausgelöst, so wird eine limitierte Order gegeben, die den zulässigen Preisspielraum nach oben bzw. unten ohnehin bereits sehr stark einengt. Die Hypothese, daß zu Tiefstpreisen gekauft bzw. zu Höchstpreisen verkauft wird, impliziert dann nur, daß der verbleibende, zumeist sehr kleine Restspielraum (zwischen Limit und Perioden-Extremum) optimal ausgenutzt wird.

Das **Ergebnis** ist durchaus beachtlich. Zwar kam die Strategie nur etwa in der Hälfte der Fälle (38) überhaupt zum Zuge, doch wurden nur in sieben Fällen (absolut niedrige) Negativrenditen erwirtschaftet. Insgesamt belief sich die **kumulierte absolute Durchschnittsrendite** (einschließlich der negativen Fälle) auf +24.32%. Die **kumulierte relative Durchschnittsrendite** betrug jedoch ein Vielfaches davon, nämlich +677,47%.

Das heißt: Die analysierten deutschen Aktien brachten im Durchschnitt je Transaktion (Kauf/Verkauf) eine durchschnittliche Wertsteigerung (ohne Transaktionskosten) von rund 24% ein. Rechnete man hingegen den transaktionsspezifischen Kapitalertrag auf Jahresbasis um, so ergab sich eine effektive Kapitalrentabilität von nahezu 700%. Eine konsequente Verfolgung dieser Trading-Strategie hätte somit pro Jahr eine Verachtfachung des Vermögens ermöglicht.

Man beachte, daß die relative Rendite weit mehr als das 12-fache der absoluten Rendite ausmacht. Der 12-fache Wert der absoluten Rendite ist also offenbar keine Obergrenze für die relative Rendite.[20]

Man sollte hieraus freilich nicht schließen, daß die Erzielung von Börsengewinnen ein Kinderspiel sei. Erstens sind Transaktionskosten nicht berücksichtigt. Dasselbe gilt allerdings auch für Dividendenerträge und dgl. Bei großer Transaktionshäufigkeit ist nicht anzunehmen, daß sich beide Größen zu null addieren, vielmehr sollten die Transaktionskosten deutlich überwiegen. Dies kann für Strategien verheerende Auswirkungen haben, die sich mit relativ schmalen absoluten Renditen begnügen. Im vorliegenden Fall allerdings ist der transaktionsspezifische Erlös (im Durchschnitt) so hoch, daß auch beträchtliche Transaktionskosten keine ernsthafte Gefährdung der insgesamt sehr günstigen Rentabilitätslage bedeuten.

20) Dies hat folgenden Grund. Die Renditekennziffern einer Aktie stellen bereits einen Durchschnitt aus sämtlichen Transaktionen in dieser Aktie dar. Die absolute Rendite enthält also transaktionsspezifische Komponenten, die in der Regel verschiedene Transaktionsperioden aufweisen. Sind nun die hohen absoluten Renditen in kürzeren Zeiträumen angefallen als die niedrigen absoluten Renditen, so schlägt dieser Unterschied bei der relativen Rendite überproportional durch, d.h., die hohen absoluten Renditen gewinnen einen dominierenden Einfluß auf die kumulierte relative Rendite.

Zweitens ist einschränkend hinzuzufügen, daß in der Praxis aufgrund bestehender finanzieller Engpässe kaum jedem Kaufsignal Folge geleistet werden kann. Auch ein etwa bestehender Kreditspielraum dürfte schnell ausgeschöpft sein, sobald sich die Preise erst einmal im Gleichschritt in einer Richtung, nämlich nach unten in Bewegung gesetzt haben. Richtungsgleiche Preisbewegungen sind zumindest an den Börsen keine untypische Erscheinung. Angesichts der plötzlich hereinbrechenden Flut von Kaufsignalen muß der Anleger zusätzliche Auswahlkriterien heranziehen, um wenigstens die aussichtsreichsten der sich bietenden Kaufgelegenheiten wahrnehmen zu können.

Auch die Verkaufsignale dürften in der Regel massiert auftreten. Der Anleger wird jetzt tendenziell mit Liquidität überschwemmt. Doch da die jetzt nicht der Zeitpunkt des Kaufens ist, nützt ihm diese Liquiditätsschwemme nichts. Die Gleichlaufeigenschaft vieler spekulativer Preise bedingt somit das **antizyklische Handlungsdilemma**: Sind die Marktchancen gut, begrenzt ein Liquiditätsengpaß die Verwertungsmöglichkeiten; ist die Liquidität hoch, gibt es kaum lohnende Marktchancen.

4.3.1.2 Potential-Strategien

Die Bezeichnung "Potential" wird in der charttechnischen Literatur zwar nicht einheitlich verwendet. Im allgemeinen wird damit jedoch die Vorstellung eines eher mittel- oder langfristigen Kursspielraums verbunden. Der kurzfristige Planungshorizont, der den Trading-Strategien zugrundeliegt, wird also deutlich ausgeweitet.

Zur Eingrenzung des mittel- bis langfristigen Preisspielraums benötigt man Bandbreiten-Schätzungen, die diese zeitliche Rahmenvorstellung widerspiegeln. Der Potentialstratege möchte größere Preisbewegungen voll zu seinem Vorteil nutzen. Hingegen verzichtet er darauf, die Gewinnmöglichkeiten kleinerer Preisschwankungen auszuschöpfen.

Dies bedeutet, daß Käufe erst dann erwogen werden, wenn der Preis drastisch zurückgefallen ist und daher von der "marktmäßigen Bereinigung" aller negativer Preisbestimmungsfaktoren ausgegangen werden kann. Andererseits wird erst verkauft, nachdem der Preis einen kräftigen Sprung nach oben ausgeführt hat, weil jetzt erwartet wird, daß der Markt alle positiven Preisbestimmungsfaktoren hinreichend "eskomptiert" habe.

Die zeitliche Dauer des Marktengagements bzw. der Marktabstinenz kann durch ein solches Marktverhalten stark ausgedehnt werden. Nehmen wir einmal an, der Preis folge einem stabilen Aufwärtstrend, und zwar ohne größere Schwankungen. Das bedeutet, daß der jeweils verwendete Potentialkorridor im Zeitablauf kontinuierlich nach oben revidiert wird. Wenn jedoch die Preisreihe nicht stark schwankt, gelangt sie nie in die Nähe der Korridorgrenzen, so daß weder Kauf- noch Verkaufsignale ausgelöst werden. Ein Marktteilnehmer, der aufgrund eines weit in der Vergangenheit liegenden Kaufsignals eine Kaufposition eingenommen hat, wird an dieser auf unbestimmte Zeit festhalten. Erst wenn der Preis an die Potential-Obergrenze hochschnellt, wird er mit Verkäufen reagieren.

Potential-Strategien können also sehr **langfristige Kapitalbindungen** implizieren. Ob sie im Vergleich zu den weit weniger "kapitalintensiven" Trading-Strategien bestehen können, wollen wir jetzt anhand des HLP-Korridors Z_{433}-Z_{434} untersuchen. Dieser Korridor ist trendperformance-gestützt, d.h., er verwendet sowohl den Basistrend als auch das Momentum als Anpassungsregulatoren.[21)] Die Korridore, die für den Potential-Strategen in ähnlicher Weise geeignet erscheinen, sind z.B. Z_{448}-Z44-Z_{449}, Z_{452}-Z_{453}, Z_{461}-Z_{462}, Z_{467}-Z_{468}, Z_{472}-Z_{473} sowie Z_{538}-Z_{539}.

Das **Kaufsignal für den Erstkauf** lautet jetzt:

$$Z_{644,tK} = \begin{cases} 1 \text{ für } Z_{1,tK} \leq Z_{433,tK} \cdot Z_{134,tK}^{0.125} \\ 0 \text{ für } Z_{1,Kt} > Z_{433,tK} \cdot Z_{134,tK}^{0.125} \end{cases}$$

Gekauft wird also nur, wenn der Preis in die Nähe der Potential-Untergrenze Z_{433} gelangt. Der Preis darf höchstens um einen Prozentsatz über der Bandbreitenuntergrenze liegen, der durch die

21) Seine Breite ist etwa auf die Hälfte des durch die zyklische Schwankungskomponente determinierten Schwankungsspielraum reduziert. Diese Verengung ist vertretbar, weil der Korridor seine Lage der jeweils erkennbaren dynamischen Situation zügig anpaßt.

dreifache quadratische Radizierung des globalen Schwankungsfaktors Z_{134} zustandekommt.[22]

Als nächstes müssen wiederum die Zukaufbedingungen formuliert werden. Der erste Zukauf erfolgt, wenn der Preis in der Nähe der Potential-Untergrenze liegt und gleichzeitig zu dem in der Erstkauf-Periode beobachteten Tiefstpreis $Z_{1,tK}$ einen Mindestabstand in Höhe von $(1+0.1Z_{134})^{0.5}$ aufweist:

$$Z_{645,tZK1} = \begin{cases} 1 \text{ für } (Z_{1,tZK1} \leq Z_{433,tZK1} \cdot Z_{134,tZK1}{}^{0.125}) \ldots \\ \ldots \wedge [Z_{1,tZK1} \leq Z_{1,tK}/(1+0.1Z_{134,tZK1})^{0.5}] \\ 0, \text{ aliter} \end{cases}$$

Weitere Zukäufe erfolgen nach demselben Prinzip. In der Regel dürfte jedoch selbst das zweite Zukaufsignal nur äußerst selten greifen, da der Korridor flexibel auf die Reihendynamik reagiert. Das **zweite Zukaufsignal** lautet:

$$Z_{646,tZK2} = \begin{cases} 1 \text{ für } (Z_{1,tZK2} \leq Z_{433,tZK2} \cdot Z_{134,tZK2}{}^{0.125}) \ldots \\ \ldots \wedge [Z_{1,tZK2} \leq Z_{1,tZK1}/(1+0.1Z_{134,tZK2})^{0.5}] \\ 0 \text{ , aliter} \end{cases}$$

In bezug auf Verkäufe wollen wir wiederum unterstellen, daß im Falle eines Verkaufsignals der gesamte Bestand verkauft wird. Eine gestaffelte "Materialabgabe" wäre hier zwar durchaus erwägenswert, da der insgesamt auszuschöpfende Preisspielraum wesentlich größer ist als im Falle der Trading-Strategien. Der Einfachheit halber wollen wir jedoch von einer Algorithmierung gestaffelter Verkäufe absehen, zumal sich die Testergebnisse bei Anwendung des Staffelprinzips kaum nennenswert verändern dürften. Das **Verkaufsignal** ist durch folgende Bedingung festgelegt:

$$Z_{647,tV} = \begin{cases} 1 \text{ für } Z_{2,tV} \geq Z_{434,tV}/Z_{134,tV}{}^{0.125} \\ 0 \text{ für } Z_{2,tV} < Z_{434,tV}/Z_{134,tV}{}^{0.125} \end{cases}$$

Der Einfachheit halber haben wir auch hier wiederum unterstellt, daß Käufe zu den Perioden-Tiefstpreisen und Verkäufe zu den Perioden-Höchstpreisen gelingen.

22) Ist z.B. $Z_{134}=1.7$, so beträgt dieser Prozentsatz rund 6,9. Man gibt sich also hier mit einer geringeren Annäherung an den Grenzwert zufrieden als im Falle der Trading-Strategie. Dort wurde ein Preisüberhang von maximal 3% toleriert. Die größere Ausdehnung des Potential-Korridors erlaubt eine großzügigere Handhabung oder erzwingt sie sogar, wenn man nicht in vielen Fällen Gefahr laufen will, den Einstieg knapp zu verpassen.

Die **Leistungsfähigkeit der Potentialstrategie** ist beachtlich. Erwartungsgemäß greift die Strategie nicht so häufig wie die Trading-Strategie, weil der zugrundegelegte Korridor wesentlich breiter ist. Große (richtungsgleiche) Preisabweichungen sind aber nun einmal nicht so häufig wie kleine Preisausschläge in eine bestimmte Richtung. Nur bei knapp der Hälfte (33) der insgesamt 75 deutschen Aktien, die über einen Testzeitraum von bis zu 185 Monaten nach der Potential-Strategie "gemanaged" wurden, kamen tatsächlich Transaktionen zustande.

Die kumulierten Renditen waren bei keiner einzigen Aktie negativ. Das bedeutet zwar nicht, daß nicht die eine oder andere Transaktion mit negativem Ergebnis abgeschlossen wurde. Es zeigt aber, daß mit der Potential-Strategie zumindest auf längere Sicht anhaltend positive Erträge erwirtschaftet werden können.

Die genauen Rentabilitätsziffern lauten wie folgt: Die **absolute (kumulierte) Rendite** betrug im Durchschnitt für alle Aktien 54,87%. Die entsprechende **relative Rendite** belief sich auf 234,86%. Damit erbrachte jede Aktie im Durchschnitt je Transaktion eine Wertsteigerung von gut 50%. Auf Jahresbasis umgerechnet ergab sich somit ein jährlicher Vermögenszuwachs von weit mehr als 200%.

Vergleicht man diese Rentabilitätsziffern mit jenen der Trading-Strategie, so erkennt man, daß bei der Potential-Strategie zwar im Durchschnitt je Transaktion mehr "hängenbleibt", daß aber aufgrund der offenbar deutlich höheren Kapitalbindungsdauer die Jahresrendite deutlich niedriger ausfällt (statt 677% "nur" noch 235%).

Daraus sollte man nicht auf eine Überlegenheit der einen oder anderen Strategie schließen. Welcher Strategie ein Marktteilnehmer (Anleger) den Vorzug gibt, ist neben materiellen Gesichtspunkten nicht zuletzt auch Temperamentssache. Die Freisetzung des investierten Kapitals verläuft bei der Trading-Strategie zügiger als bei der Potential-Strategie, wodurch die **finanzielle Restriktion** entschärft, die **Diversifikationsmöglichkeiten** verbessert und ganz allgemein die **Flexibilität des Investitionsmanagements** erhöht wird.

Andererseits ist freilich nicht sicher, ob die finanzielle Restriktion eine bedeutende Rolle spielt und ob der Marktteilnehmer ein so hohes Maß an Flexibilität überhaupt wünscht. Ein flexibles **Investitionsmanagement** hat u.U. einen hohen Preis, der bei der strategischen Analyse vernachlässigt wird und in der Regel weit über die effektiv anfallenden Transaktionskosten hinausgeht. Flexibles Handeln erfordert ständige Marktbeobachtung, häufige und schnelle Entscheidungen sowie unverzügliches Handeln. Neben einem eingespielten organisatorischen Apparat benötigen die Marktteilnehmer charakterliche Eigenschaften wie Entschlußkraft, physische und psychische Belastbarkeit, die nicht in jedem Fall vorausgesetzt werden können.

Es hat keinen Sinn, die jeweilige Persönlichkeitsstruktur eines Marktteilnehmers in eine quantitative Relativierung der einzelnen Marktstrategien umsetzen zu wollen, denn es gibt keine verläßlichen Maßstäbe einer solchen "Umrechnung". Jeder Marktteilnehmer muß aufgrund seiner persönlichen Präferenzen selbst entscheiden, welche strategische Konzeption ihm am ehesten zusagt. Strategievergleiche können daher nicht die endgültige Wahl treffen, sondern nur - allerdings sehr wichtige, vielleicht sogar ausschlaggebende - Rahmendaten für die Wahlentscheidung bereitstellen.

Die Verwendung des HLP-Korridors Z_{433}-Z_{434} ist nur eine Möglichkeit, die Potential-Strategie zu testen. Es gibt sehr ähnlich konstruierte Bandbreiten, von denen wir jetzt zumindest einige auf ihre strategische Leistungsfähigkeit hin überprüfen wollen. Dieser Aufwand erscheint gerechtfertigt, nachdem der erste Test der Potential-Strategie so positiv verlaufen ist.

Große Ähnlichkeit mit dem HLP-Korridor hat z.B. der trendperformance-gestützte Korridor Z_{465}-Z_{466}. Wir algorithmisieren die Kaufsituation jetzt in vereinfachter Form, indem wir zugleich den Kaufpreis und die entsprechende Kaufbedingung angeben:

$$Z_{648,tK} = Z_{466,tK} \text{ für } Z_{1,tK} \leq Z_{466,tK}$$

Ein Kauf erfolgt also zum Preis Z_{648}, sofern der Perioden-Tiefstpreis auf die Bandbreiten-Untergrenze Z_{466} (oder darunter) gefallen ist; andernfalls unterbleibt ein Kauf. Zukäufe erfolgen im Abstand. Die für den HLP-Korridor skizzierte **Zukaufautomatik** kann für sämtliche Varianten der Potential-Strategie analog verwendet werden. Verkauft wird, und zwar wiederum der gesamte Bestand, sofern die Bandbreiten-Obergrenze Z_{465} erreicht wird. Der entsprechende Algorithmus lautet:

$$Z_{649,tv} = Z_{465,tv} \text{ für } Z_{2,tv} \geq Z_{465,tv}$$

Der Verkaufpreis beträgt Z_{465}.

Überraschenderweise erweist sich diese Variante der Potential-Strategie als absolut unergiebig. Käufe kommen nur äußerst selten zustande. Des Rätsels Lösung ist rasch gefunden: Zwar basiert sowohl der HLP-Korridor als auch der Korridor Z_{465}-Z_{466} auf der Trendperformance, d.h. auf dem Basistrend Z_{124} und dem Momentum Z_{133}, doch verwendet der HLP-Korridor eine wesentlich wirksamere Methode zur Dämpfung des Trendeinflusses. Die hier verwendete Bandbreite hingegen läßt den Trendeinflüssen wesentlich freieren Lauf, was insbesondere im Hinblick auf das sehr reaktionsfreudige Momentum von Bedeutung ist.[23)]

Dieses Beispiel zeigt, wie sensibel eine Strategie auf einen Austausch des Schätzkorridors reagieren kann, selbst wenn die vorgenommene Veränderung scheinbar nur geringfügig ist. Wir wollen jetzt versuchen, die Strategie-Performance dadurch zu verbessern, daß wir den offenbar störenden Einfluß des Momentums zurückdrängen, andererseits aber der Basistrenddynamik freien Lauf lassen. Zu diesem Zweck definieren wir zunächst einen Reihenmittelwert, der über eine fein abgestimmte Anpassung des Z_{11}-Werts gewonnen wird:

$$Z_{650,t} = \begin{cases} Z_{11,t}(1+0.01Z_{124,t})(1+0.01Z_{133,t})^{0.25} \\ \qquad \text{für } Z_{124,t} \geq 0,\ Z_{133,t} \geq 0 \\ Z_{11,t}(1+0.01Z_{124,t})/(1+0.01|Z_{133,t}|)^{0.25} \\ \qquad \text{für } Z_{124,t} \geq 0,\ Z_{133,t} < 0 \\ Z_{11,t}(1+0.01Z_{133,t})/(1+0.01|Z_{124,t}|) \\ \qquad \text{für } Z_{124,t} < 0,\ Z_{133,t} \geq 0 \\ Z_{11,t}/[(1+0.01|Z_{124,t}|)(1+0.01|Z_{133,t}|)^{0.25}] \\ \qquad \text{für } Z_{124,t} < 0,\ Z_{133,t} < 0 \end{cases}$$

23) Fällt eine Preisreihe z.B. zurück, so reagiert das Momentum schnell und drückt, zumal bei nur schwacher Dämpfung, den Schätzkorridor sehr schnell nach unten. Die Preisreihe hat dann kaum eine Chance, an die Korridorgrenzen heranzukommen.

Ein Kauf soll nun dann erfolgen, wenn der Preis im vollen Umfang des (einseitigen) Schwankungsabstande Z_{134} unter Z_{650} gefallen ist:

$$Z_{651,tK} = Z_{650,tK}/Z_{134,tK} \text{ für } Z_{1,tK} \leq Z_{650,tK}/Z_{134,tK}$$

Gekauft wird zum Preis Z_{651}, sofern die hierfür stipulierte Bedingung erfüllt ist. Zukäufe erfolgen nach dem üblichen Verfahren. Verkauft wird, und zwar wiederum der gesamte Bestand, wenn der Preis mindestens auf das Niveau Z_{650} steigt:

$$Z_{652,tV} = Z_{650,tV} \text{ für } Z_{2,tV} \geq Z_{650,tV}$$

Umfangreiche Tests haben gezeigt, daß auch diese Variante der Potential-Strategie recht unergiebig ist. Auch hier wird die Kaufbasis nur äußerst selten erreicht, allerdings aus einem anderen Grund als im vorausgegangenen Fall. Der Basistrendfaktor $(1+0.01|Z_{124}|)$ ist nur selten so hoch, daß er den Schwankungsfaktor Z_{134} ausgleichen oder gar überkompensieren könnte, zumal Basistrend und Schwankungsfaktor sich im Gleichschritt verändern.[24)]

Die Qualität des Kaufsignals Z_{651} ist allerdings gut. Gelingt ausnahmsweise ein Kauf, so sind kräftige Wertsteigerungen ziemlich sicher. Im Beispiel Concordia Chemie gelang der Kauf im November 1984 zu 215. Im Mai 1987 wurde ein Spitzenkurs von 387 erreicht. Bei Daimler kamen Käufe im März 1986 exakt zum Zwischentiefkurs 1.148 zustande. Die nachfolgende Kursspitze lag bei 1560.[25)]

Die Crux der beiden zuletzt genannten Varianten liegt offenbar darin, daß sie tendenziell das Einstiegsniveau zu niedrig ansetzen. Im Falle der zuletzt diskutierten, basistrend-gestützten Variante hätte es wenig Sinn, das Kaufpreisniveau anzuheben, weil wegen der Remanenz des Basistrends dann die Gefahr bestünde, bei

24) Ein Kaufsignal konnte z.B. jeweils bei Concordia Chemie und bei Daimler nachgewiesen werden, nachdem ein äußerst hoher Basistrendwert als Folge einer mehrjährigen kräftigen Hausse registriert werden konnte. Fällt in solchen Situationen der Kurs deutlich zurück, dann tritt infolge des trendbedingt hohen Kaufniveaus alsbald ein Kaufsignal auf. Bewegt sich indes der Basistrendindikator in seinem üblichen Wertebereich von etwa ±50, dann dreht die Preisreihe meist nach oben, lange bevor sie Kaufniveau erreicht.

25) Etwaige Kursbereinigungen wurden nur insoweit berücksichtigt, als sie bis zu den angegebenen Zeitpunkten erfolgt waren.

Preiszusammenbrüchen und sich abzeichnenden Trendverschlechterungen vorbehaltlos zu kaufen.

Wenn man sich auf eine Erhöhung des tolerablen Einstiegsniveaus einläßt, so sollte man zumindest eine vergleichsweise flexiblere Korridorvariante wählen. Der im vorletzten Beispiel verwendete Korridor Z_{465}-Z_{466} erscheint hier wegen seiner starken Momentum-Komponente eher geeignet. Wir versuchen eine "leichtsinnige" strategische Variante, indem wir das Kaufniveau nur geringfügig unter der Korridor-Obergrenze Z_{465} festlegen:

$$Z_{653,tK} = Z_{465,tK}/(1+0.1Z_{134,tK}) \text{ für } Z_{1,tK} \leq Z_{465,tK}/(1+0.1Z_{134,tK})$$

Zukäufe erfolgen nach der üblichen Abstandsbedingung. Da man sich bereits auf recht hohem Niveau auf den Markt gewagt hat, sollte man versuchen, sich möglichst frühzeitig wieder zurückzuziehen. Wir setzen daher das Ausstiegsniveau recht niedrig an, und zwar bei Z_{465}. Die Erfahrung zeigt, daß dieser Bandbreiten-Obergrenzwert im allgemeinen mühelos erreicht wird. Für Verkäufe gilt also der bereits oben abgeleitete Algorithmus Z_{647}.

Bei der empirischen Bestandsaufnahme fällt zunächst die große Häufigkeit des Signals Z_{651} auf. Die Rentabilitätskennziffern sind allerdings ernüchternd. (Getestet wurden 31 deutsche Aktien über einen Zeitraum von durchschnittlich 15 Jahren.) Die **absolute Durchschnittsrendite** beträgt -1.05%, während die **relative Durchschnittsrendite** sich immerhin auf +34.86% beläuft. Die absolute Rendite muß deutlich über den Transaktionskosten liegen, sofern sich ein Engagement überhaupt lohnen soll.[26)]

Nachdem diese potentialstrategische Variante, die wegen der engen Grenzen ihres operativen Kernbereichs in unmittelbarer Nähe der Trading-Strategien anzusiedeln ist, ein recht ungeschicktes Marktmanagement erwarten läßt, wollen wir jetzt noch den Versuch unternehmen, ein vergleichsweise breites Preisspektrum für strategische Entscheidungen nutzbar zu machen. Hierzu definieren wir wiederum

26) Da diese Strategie im Durchschnitt eine negative absolute Rendite erwirtschaftet, muß sie als unbrauchbar eingestuft werden. Die positive relative Rendite kommt nur dadurch zustande, daß offenbar kurzperiodige Transaktionen mit positivem Ergebnis erfolgt sind, die aus rein arithmetischen Gründen die relative Rendite nach oben "verzerren".

zunächst einen trendangepaßten Reihenmittelwert, der unter Verzicht auf jegliche exponentielle Glättung sowohl den Basistrend als auch das Momentum mit einbezieht:

$$Z_{654,t} = \begin{cases} Z_{11,t}[1+0.01(Z_{124,t}+Z_{133,t})] & \text{für } (Z_{124,t}+Z_{133,t})\geq 0 \\ Z_{11,t}[1+0.01|Z_{124,t}+Z_{133,t}|] & \text{für } (Z_{124,t}+Z_{133,t})<0 \end{cases}$$

Da eine Marktstrategie nicht zuletzt Vermögensverluste auch dadurch vermeiden helfen soll, daß sie rechtzeitig Verkaufsignale gibt, wählen wir Z_{652} als Obergrenze für den strategischen Handlungsbereich.[27] Als Untergrenze wählen wir

$$Z_{655,t} = Z_{654,t}/Z_{134,t}.$$

Dieser Korridor ist dadurch gekennzeichnet, daß er bei fehlender Trenddynamik nach unten "durchhängt", d.h. durch Z_{11} seine obere Begrenzung findet. Aufgrund der zyklischen Dynamik kann der Preis zwar darüber steigen, doch bei fehlender Trendunterstützung ist dies ungewiß.[28] Ein Kaufsingal wird ausgelöst, wenn der Preis auf Z_{655} zurückfällt. Gekauft wird dann auf diesem Niveau:

$$Z_{656,tK} = Z_{655,tK} \text{ für } Z_{1,tK} \leq Z_{655,tK}$$

Verkäufe erfolgen nach Erreichung des Preisziels Z_{654}:

$$Z_{657,tV} = Z_{654,tV} \text{ für } Z_{2,tV} \geq Z_{654,tV}$$

Diese Strategie wurde an 30 ausgewählten deutschen Aktien während eines Testzeitraums von rund 15 Jahren getestet. Nur in der Hälfte der Fälle kam die Strategie überhaupt zum Zuge. Das Ergebnis ist mittelmäßig. Die **absolute Rendite** beträgt +6.38%, die **relative**

27) Damit wird nicht suggeriert, daß der Preis nicht höher steigen könne. Dadurch wird lediglich sichergestellt, daß eher zu früh als zu spät verkauft wird. Im übrigen sorgt die weitgehend ungedämpfte Erfassung der Trenddynamik dafür, daß Z_{652} deutlich über Z_{11} - dem mutmaßlichen Reihenzentrum zumindest in Zeiten nur mäßig ausgeprägter Trenddynamik - liegt.

28) Es kommt immerhin bemerkenswert oft vor, daß z.B. Aktienkurse in einem schmalen Band um ihren Z_{11}-Wert pendeln. Unter marktstrategischen Gesichtspunkten ist es völlig reizlos, eine solche Aktie zu kaufen, solange sie keinerlei Richtungsdynamik erkennen läßt. Es kann daher durchaus sinnvoll sein, die Potential-Strategie in enger Anlehnung an die Trenddynamik und unter einseitiger Vernachlässigung der nach oben gerichteten zyklischen Dynamik zu konzipieren.

Rendite +27.11%. Abzüglich üblicher Transaktionskosten verbleibt pro Transaktion im Durchschnitt eine Wertsteigerung von gut 3%.

Auch diese Strategie leidet somit an der systematischen Schwäche nahezu aller Potential-Strategien. Diese besteht darin, daß aufgrund der vorsichtigen Kaufregel - Käufe erfolgen erst nach starkem Preisverfall - im allgemeinen erst bei stark negativer Trenddynamik gekauft wird. Als Folge hiervon wird das strategische Ausstiegsniveau von Periode zu Periode deutlich nach unten revidiert. Dadurch entsteht die Gefahr, daß im Falle einer Preiserholung auf einem Niveau verkauft wird, das nicht wesentlich über - bzw. sogar bereits deutlich unter - dem ursprünglichen Kaufniveau liegt. Es zeigt sich somit auch hier, daß die Warnung der Prozykliker, nicht auf trendschwache Vermögenswerte zu setzen, zumindest in gewissem Umfang berechtigt ist.

Nun wissen wir aufgrund der mit dem HLP-Korridor Z_{433}-Z_{434} erzielten, überaus positiven Ergebnisse, daß die Potential-Strategie durchaus zu hoher Leistung fähig ist. Deshalb wollen wir noch einen letzten Versuch unternehmen, an die gute Performance des HLP-Korridors anzuknüpfen, und zwar mit einem Korridor, der das "Durchhänge-Syndrom" nach Möglichkeit zu vermeiden sucht, indem er eine sehr differenzierte Berücksichtigung der Trenddynamik vorsieht. Als Ausgangspunkt wählen wir einen Korridor, den wir bereits im Rahmen der Bandbreiten-Diskussion entwickelt haben und den wir der Bequemlichkeit halber hier nochmals niederschreiben:

$$Z_{556,t} = 0.5(Z_{451,t}/Z_{134,t} + Z_{465,t})$$
$$Z_{557,t} = 0.5(Z_{451,t}Z_{134,t} + Z_{465,t})$$

Dieser Korridor bedient sich einer eigenwilligen Verengungstechnik, indem er sowohl für die Obergrenzen- wie auch für die Untergrenzenbestimmung den Z_{465}-Wert verwendet. Dieser "Zentrierungseffekt" bedeutet, daß die Korridorgrenzen näher zusammenrücken. Der grobe Rahmen Z_{556}-Z_{557} wird nun im Einklang mit der jeweiligen Konstellation zwischen Basistrend und Momentum in bestimmter Weise verändert:

$$
Z_{658,t} = \begin{cases} Z_{556,t}(1+0.1Z_{134,t}) \text{ für } [(Z_{124,t}>0)\wedge(Z_{133,t}>0)]\ldots \\ \ldots\wedge(Z_{133,t}>Z_{124,t})\vee[(Z_{124,t}<0)\wedge(Z_{133,t}>0)] \\ Z_{556,t}Z_{134,t}^{0.125} \text{ für } [(Z_{124,t}>0)\wedge(Z_{133,t}>0)]\ldots \\ \ldots\wedge(Z_{133,t}<Z_{124,t})\vee[(Z_{124,t}<0)\wedge(Z_{133,t}<0)]\ldots \\ \ldots\wedge(Z_{133,t}>Z_{124,t}) \\ 0.5(Z_{525,t}+Z_{556,t}) \text{ für } [(Z_{124,t}<0)\wedge(Z_{133,t}<0)]\ldots \\ \ldots\wedge(Z_{133,t}<Z_{124,t}) \end{cases}
$$

$$
Z_{659,t} = \begin{cases} Z_{557,t}/(1+0.1Z_{134,t}) \text{ für } [(Z_{124,t}<0)\wedge(Z_{133,t}<0)]\ldots \\ \ldots\wedge(Z_{133,t}<Z_{124,t})\vee[(Z_{124,t}>0)\wedge(Z_{133,t}<0)] \\ Z_{557,t}/Z_{134,t}^{0.125} \text{ für } [(Z_{124,t}>0)\wedge(Z_{133,t}>0)]\ldots \\ \ldots\wedge(Z_{133,t}<Z_{124,t})\vee[(Z_{124,t}<0)\wedge(Z_{133,t}<0)]\ldots \\ \ldots\wedge(Z_{133,t}>Z_{124,t}) \\ 0.5(Z_{526,t}+Z_{557,t}) \text{ für } [(Z_{124,t}>0)\wedge(Z_{133,t}>0)]\ldots \\ \ldots\wedge(Z_{133,t}>Z_{124,t})\vee[(Z_{124,t}<0)\wedge(Z_{133,t}>0)] \end{cases}
$$

Die Kauf- und Verkaufalgorithmen lauten nun wie folgt:

$$Z_{660,tK} = Z_{658,tK} \text{ für } Z_{1,tK} \leq Z_{658,tK}$$
$$Z_{661,tV} = Z_{659,tV} \text{ für } Z_{2,tV} \geq Z_{659,tV}$$

Zukäufe (maximal zwei) erfolgen im Abstand. Dieser ist durch den Deflator $Z_{134}^{0.25}$, jeweils bezogen auf das vorausgegangene Kaufniveau, bestimmt. **Verkauft** wird wiederum der gesamte Bestand, sobald Verkaufniveau erreicht wird.

Die **empirischen Ergebnisse**, die mit dieser Strategie über einen durchschnittlichen Testzeitraum von rund 15 Jahren mit 45 ausgewählten deutschen Aktien erreicht wurden, können sich durchaus sehen lassen. Insgesamt kamen 64 Transaktionen zustande, von denen jede im Durchschnitt eine **absolute Rendite** von +30.10% und eine **relative Rendite** von +39.39% abwarf. Die Strategie besticht durch ihre **Ertragsstabilität**. Die **Kapitalbindungsdauer** ist allerdings zum Teil recht hoch. Sie beläuft sich nicht selten auf viele Jahre. Daher eignet sich diese Strategie eher für wenig flexible, eine langfristige Anlage suchende "konservative" Anleger.[29)]

Wir schließen damit unsere Tests potentialorientierter Marktstrategien ab. Es wurde deutlich, daß diese Strategien sich im allgemeinen als überaus ertragstark und ertragstabil erweisen, daß sie im Vergleich zu den Trading-Strategien eine wesentlich längere Ka-

29) In der Börsenterminologie unterscheidet man häufig zwischen konservativen und spekulativen Anlegern. Die erste Gruppe bevorzugt solide Daueranlagen und möchte die Zahl der Transaktionen minimieren. Die zweite Gruppe beabsichtigt hingegen, "schnelles Geld" zu verdienen durch Ausnutzung sich kurzfristig bietender, möglicherweise auch mit hohem Risiko behafteter Marktchancen.

pitalbindungsdauer implizieren und daß bei der Auswahl des Prognoserahmens sehr sorgfältig verfahren werden muß. Scheinbar geringfügige Veränderungen der strategischen Korridore können die Performance der Potential-Strategie grundlegend verändern.

4.3.1.3 Tiefstpreis-Strategie

Antizyklische Strategien basieren auf dem Leitgedanken, daß ein preisgünstiger Einkauf die Grundvoraussetzung für eine erfolgreiche Markttransaktion sei. Spekulationsobjekte, deren Preis bereits stark gestiegen ist, sind dem Antizykliker aus diesem Grund suspekt. Sein Interesse erregen vielmehr solche Spekulationsobjekte, die im Mehrperiodenvergleich auf Tiefstpreisniveau notieren. Deshalb liegt es nahe, eine antizyklische Strategie unter direkter Anknüpfung an dieses Tiefstpreiskriterium zu konzipieren.

Zu diesem Zweck vergleichen wir den Tiefstpreis der aktuellen Periode mit den Tiefstpreisen unterschiedlich langer Referenzzeiträume, die jeweils mit der aktuellen Periode beginnen und verschieden weit in die Vergangenheit zurückreichen. Wir definieren zunächst die zeitraumspezifischen Tiefstpreise:

$$
\begin{aligned}
Z_{662,t} &= \min\{Z_{1,t};Z_{1,t-1};Z_{1,t-2}\}\\
Z_{663,t} &= \min\{Z_{1,t};\ldots;Z_{1,t-5}\}\\
Z_{664,t} &= \min\{Z_{1,t};\ldots;Z_{1,t-11}\}\\
Z_{665,t} &= \min\{Z_{1,t};\ldots;Z_{1,t-23}\}\\
Z_{666,t} &= \min\{Z_{1,t};\ldots;Z_{1,t-35}\}\\
Z_{667,t} &= \min\{Z_{1,t};\ldots;Z_{1,t-47}\}\\
Z_{668,t} &= \min\{Z_{1,t};\ldots;Z_{1,t-95}\}
\end{aligned}
$$

Als nächstes bestimmen wir die Differenzen zwischen dem aktuellen Tiefstpreis und den jeweiligen zeitraumspezifischen Tiefstpreisen, beziehen jede Differenz auf den jeweiligen zeitraumspezifischen Tiefstpreis und rechnen auf Prozentwerte um:

$$
\begin{aligned}
Z_{669,t} = 100[&(Z_{1,t}-Z_{662,t})/Z_{662,t} + (Z_{1,t}-Z_{663,t})/Z_{663,t} +\ldots\\
&\ldots+ (Z_{1,t}-Z_{668,t})/Z_{668,t}]
\end{aligned}
$$

Nun müssen wir noch den Wertebereich für Z_{669} festlegen, in dem Käufe zugelassen sind. Offenbar ist $Z_{669}=0$, wenn der aktuelle Perioden-Tiefstpreis Z_1 mit allen zeitraumspezifischen Tiefstpreisen übereinstimmt. Das ist dann der Fall, wenn z.B. eine Aktie auf einen neuen historischen Tiefstkurs fällt. Dieser Tiefstkurs ist dann zugleich der Tiefstkurs jedes beliebigen Referenzzeitraums, der ja annahmegemäß die aktuelle Periode mit einschließt. Eine solche Situation stellt gewissermaßen ein ideales antizyklisches Umfeld dar, denn das betreffende Marktobjekt war noch nie so billig.

Es wäre nun zu extrem, absolute historische Tiefstpreise abwarten zu wollen, bevor eine Kaufentscheidung getroffen wird. Daher setzen wir die für Käufe eben noch tolerable Obergrenze des "Tiefstpreisindexes" Z_{669} auf 50 fest. Das bedeutet, daß der aktuelle Tiefstpreis höchstens rund 7% (im Durchschnitt) über den Tiefstpreisen der einzelnen Referenzzeiträume liegen darf, wenn Käufe in Betracht gezogen werden sollen. Die **Bedingung für den Erstkauf** lautet mithin:

$$Z_{670,tK} = \begin{cases} 1 \text{ für } Z_{667,tK} \leq 50 \\ 0 \text{ für } Z_{669,tK} > 50 \end{cases}$$

Zukäufe finden statt, sofern der Preis unter das Erstkaufniveau sinkt. Die Erstkaufbedingung ist dabei selbstverständlich zugleich erfüllt, so daß wir diese Forderung nicht explizit erheben müssen. Die **Zukaufbedingung** (für den ersten Zukauf) lautet daher einfach:

$$Z_{671,tZK1} = \begin{cases} 1 \text{ für } Z_{1,tZK1} \leq Z_{1,tK}/Z_{134,tZK1}{}^{0.125} \\ 0 \text{ für } Z_{1,tZK1} > Z_{1,tK}/Z_{134,tZK1}{}^{0.125} \end{cases}$$

Die Bedingungen für weitere Zukäufe werden analog formuliert, indem - jeweils ausgehend von dem Tiefstpreis der letzten Kaufperiode - das neue Kaufniveau unter Verwendung des Deflators $Z_{134}{}^{0.125}$ bestimmt wird. Auch hier unterstellen wir wieder der Einfachheit halber, daß Käufe und Zukäufe zum Perioden-Tiefstpreis erfolgen.

Verkauft wird, und zwar wiederum der gesamte Bestand, wenn das Tiefstpreiskriterium verletzt wird, wenn also $Z_{669}>50$. Das **Verkaufsignal** ist daher wie folgt definiert:

$$Z_{672,tV} = \begin{cases} 1 \text{ für } Z_{669,tV} > 50 \\ 0 \text{ für } Z_{669,tV} \leq 50 \end{cases}$$

Verkäufe werden zum Perioden-Höchstpreis abgerechnet.

Der **Leistungstest** dieser Strategie ist sehr aufschlußreich, zeigt er doch, mit welch großer Sorgfalt die Ergebnisse interpretiert werden müssen. Bei immerhin 49 der insgesamt 60 getesteten deutschen Aktien kam die Tiefstpreis-Strategie zum Zuge. In 11 Fällen war die durchschnittliche absolute Rendite negativ; hingegen hatte bei nur 6 Aktien die durchschnittliche relative Rendite ein negatives Vorzeichen. Errechnet man das durchschnittliche Ergebnis über alle Transaktionen **und** über alle Aktien, so beträgt die **absolute Rendite** +5.15%, die **relative Rendite** +56.30%.

Der hohe Wert der relativen Rendite könnte zu der gefährlichen Fehlinterpretation verleiten, mit dieser Strategie sei wirklich etwas zu verdienen. In Wirklichkeit aber kann man von dieser Strategie allenfalls ein **"Null-Ergebnis"** erwarten, denn zieht man von der absoluten Rendite die Transaktionskosten ab, so bleibt kaum noch etwas übrig.

Wie ist es nun zu erklären, daß die beiden Renditekennziffern so stark voneinander abweichen? Bemerkenswert ist in diesem Zusammenhang vor allem die Entdeckung, daß negative absolute Renditen häufig mit positiven relativen Renditen gekoppelt sind. Dies läßt sich wie folgt erklären.[30)]

Die Tiefstpreis-Strategie erweist sich alles in allem als wenig brauchbar. Dies scheint die These der Prozykliker zu erhärten, wonach es kein "dümmeres" Verhalten auf spekulativen Märkten gebe,

30) Offenbar hatten während des ausgedehnten Testzeitraums, der bis zu 125 Monate umfaßte, Zeiträume mit kontinuierlich fallenden Kursen einen stärkeren Anteil als Zeiträume mit nur vorübergehend fallenden Kursen und anschließenden Kurserholungen. Für die absolute Rendite ist der Zeitraum ihrer Entstehung unerheblich, für die relative Rendite hingegen ausschlaggebend. Die langen Phasen anhaltenden Kursverfalls führen zu einer kräftigen Verschlechterung der absoluten Rendite, während die kurzen Phasen fallender Kurse mit nachfolgender Kurserholung die relative Rendite stark positiv beeinflussen. Ein einfaches Zahlenbeispiel mag diese Zusammenhänge verdeutlichen. Angenommen, eine Aktie erlebt zwei Transaktionen nach der Tiefstpreis-Strategie. Bei der ersten Transaktion falle die Aktie innerhalb von 24 Monaten von einem ursprünglichen Tiefst- und Kaufkurs von 200 auf einen neuen historischen Tiefstkurs von 50 und erhole sich anschließend wieder auf 75. Hier erfolge der Verkauf. Die absolute Rendite beträgt dann -62.5%, die relative Rendite hingegen -31.25%. Im Zuge der zweiten Transaktion werde die Aktie zu 60 gekauft und nach einem Monat zu 90 verkauft. Die absolute Rendite beträgt +50%, die relative Rendite +600%. Das durchschnittliche Ergebnis dieser beiden Transaktionen sieht so aus: Absolute Rendite = -6.25%, relative Rendite = +284.4%. Beide Renditekennzahlen weisen nicht nur einen beträchtlichen Abstand auf, sondern haben auch verschiedene Vorzeichen.

als auf die notorischen Verlierer zu setzen. Vermögenswerte, die optisch billig sind, weil sie im Vergleich zu ihrem historischen Durchschnittspreis stark zurückgefallen sind, stellen nicht unbedingt eine günstige Kaufgelegenheit dar. Wir werden später prüfen, ob das prozyklische Pendant zur Tiefstpreis-Strategie, die Höchstpreis-Strategie, bessere Ergebnisse zu erwirtschaften vermag.

4.3.1.4 Antizyklische Strategien mit Basistrendorientierung

Nachdem sich die naive Tiefstpreis-Strategie als wenig leistungsfähig erwiesen hat, wollen wir uns jetzt einer antizyklischen Strategie-Variante zuwenden, die den Basistrend einer Zeitreihe in die strategischen Überlegungen mit einbezieht. Der Basistrend-Indikator Z_{124} mißt die Intensität und Nachhaltigkeit, mit der sich eine Reihe in eine bestimmte Richtung bewegt. Es gibt viele Möglichkeiten, diese Basistrenddynamik bei der Ermittlung des hypothetischen Reihenmittelwerts zu berücksichtigen. Als geeigneter Mittelwert, allerdings nur bei mäßiger oder ganz fehlender Trenddynamik, hat sich der Z_{11}-Wert erwiesen. Ist eine deutliche Basistrenddynamik vorhanden, empfiehlt sich eine entsprechende Anpassung dieses Wertes. Für die Zwecke der nun darzustellenden Strategie wird eine solche Anpassung in sehr zurückhaltender Weise vorgenommen:

$$Z_{673,t} = \begin{cases} Z_{11,t}(1+0.01Z_{124,t}) & \text{für } Z_{124,t} \geq 0 \\ Z_{11,t}/(1+0.01|Z_{124,t}|) & \text{für } Z_{124,t} < 0 \end{cases}$$

Z_{673} ist nun ein Preisziel, das mit hoher Wahrscheinlichkeit erreicht (oder überschritten) wird. Marktteilnehmer, die sich dieses Preisziel setzen, können nahezu sicher sein, daß ihnen auf diesem Niveau der Ausstieg gelingt. Somit kann Z_{673} als Korridorobergrenze gelten. Die Untergrenze bestimmen wir mit Hilfe des globalen Schwankungsfaktors Z_{134}:

$$Z_{674,t} = Z_{673,t}/Z_{134,t}$$

Die antizyklische Strategie sieht jetzt vor, daß **Käufe** in der Nähe dieser Untergrenze erfolgen. Die geforderte Mindestannäherung wird durch $Z_{134}^{0.125}$ festgelegt:

$$Z_{675,tK} = Z_{674,tK} \cdot Z_{134,tK}^{0.125} \quad \text{für } Z_{1,tK} \leq Z_{674,tK} \cdot Z_{134,tK}^{0.125}$$

Durch Z_{675} wird die Algorithmierung des Kaufsignals und des Kaufpreises zusammengefaßt. Zum Preis von Z_{675} wird gekauft, wenn die hierfür gegebene Bedingung erfüllt ist. Auch zur Algorithmierung des **Verkaufs** wählen wir nun diese verkürzte Darstellung:

$$Z_{676,tv} = Z_{673,tv}/Z_{134,tv}^{0.125} \text{ für } Z_{2,tv} \geq Z_{673,tv} Z_{134,tv}^{0.125}$$

Verkauft wird demnach bereits dann, wenn der Preis in die Nähe des mutmaßlichen Preisziels Z_{673} gelangt. Der Verkaufpreis beträgt Z_{676}.

Der **empirische Befund** dieser Strategie ist überwiegend negativ, und zwar vermutlich aus zwei Gründen. Erstens greift die Strategie äußerst selten, was an dem sehr tief plazierten Einstiegsniveau liegen dürfte. Zweitens erfolgt der Ausstieg dann zumeist zwangsläufig unter dem Einstiegsniveau, und zwar deshalb, weil der Basistrend aufgrund des für den Kauf vorausgesetzten Preiseinbruchs stark negativ wird.

4.3.1.5 Reaktionsstrategien

Eine operative Marktstrategie soll Marktaktionen so dirigieren, daß nach Möglichkeit alle Marktchancen ausgeschöpft werden. Die bisher dargestellten antizyklischen Strategien tragen dieser Forderung nur in eingeschränkter Weise Rechnung. Insbesondere bei den Potential-Strategien hat sich gezeigt, daß strategische Marktoperationen nur dann unternommen werden, wenn der Preis stark zurückfällt und von diesem Niveau dann wieder stark ansteigt. Die Trading-Strategien begnügen sich zwar mit vergleichsweise kleinen Preisspannen, doch wird auch hier das Einstiegsniveau sehr vorsichtig, d.h. sehr niedrig festgelegt.

Nun zeigt die Erfahrung, daß Preisbewegungen oft bereits auf halbem Weg beendet sind, also bevor sie das hypothetische Ziel erreicht haben. Eine solche **"amputierte" Bewegung** *(truncated movement)* wird in der Börsensprache häufig als **Reaktionsbewegung** oder als **markttechnische Reaktion** bezeichnet. Sie stellt im Grunde keine eigenständige, voll entwickelte Bewegung dar, sondern ist lediglich Begleiterscheinung einer anderen dominierenden Bewegung.

Für die marktstrategischen Überlegungen bedeutet dies, daß es unzureichend ist bzw. gefährlich sein kann, nur auf voll entwickelte Bewegungen zu setzen, die jeweils durch obere bzw. untere Bandbreiten voneinander getrennt sind, wobei die Wendepunkte in der Nähe der Korridorgrenzen vermutet werden. Marktteilnehmer, die nur auf den *"big sweep"* setzen, lassen somit interessante Marktchancen ungenutzt (indem sie vergeblich auf noch tiefere Preise warten), oder sie verpassen den rechtzeitigen Ausstieg (indem sie vergeblich auf noch höhere Preise warten). Das jeder Strategie obliegende **Ausschöpfungspostulat**, d.h. die Forderung, Marktchancen nach Möglichkeit umfassend auszuschöpfen, wird hierdurch verletzt.

Nun ist es gewiß schwierig, Reaktionsbewegungen von den voll entwickelten Bewegungen, den *"big sweeps"*, zu unterscheiden. Genau dies aber ist Voraussetzung dafür, daß die Spekulation mit *"truncated movements"* nicht zwangsläufig mit einem Fiasko endet. Es gilt also zu präzisieren, wann eine Preisbewegung nur als harmlose Korrektur einer nach wie vor intakten Grundbewegung aufzufassen ist, so etwa wie ein Gewitter eine willkommene Abkühlung während einer sommerlichen Hitzeperiode bringt, im übrigen aber den Fortbestand der sommerlichen Witterung nicht nachhaltig beeinträchtigt.

Auf den ersten Blick leuchtet unwillkürlich ein, daß eine durch einen starken und stabilen Aufwärtstrend gekennzeichnete Preisbewegung bessere Chancen hat, einen Preisrückschlag alsbald abzufangen, als eine labile oder gar trendnegative Preisreihe. Demnach ist es um so wahrscheinlicher, daß eine Preisbewegung nur eine technische Reaktion auf eine dominierende Trendbewegung darstellt, je stärker der Trend dieser Grundbewegung ist. Um diese qualitative Aussage zu präzisieren, unterscheiden wir drei trenddynamische Konstellationen, indem wir drei Wertebereiche für die Trendperformance (Basistrend plus Momentum) festlegen:

$$Z_{677,t} = \begin{cases} + \text{ für } (Z_{124,t} + Z_{133,t}) \geq 25 \\ 0 \text{ für } -25 < (Z_{124,t} + Z_{133,t}) < 25 \\ - \text{ für } (Z_{124,t} + Z_{133,t}) \leq -25 \end{cases}$$

Eine Reihe gilt somit als **trenddynamik-positiv** (+), wenn die Trendperformance mindestens 25 erreicht. Sie gilt als **trenddynamik-neutral** (0), wenn die Trendperformance zwischen -25 und +25 liegt. Und schließlich gilt eine Reihe als **trenddynamik-negativ** (-), wenn die Trendperformance -25 und weniger beträgt. In bezug auf die Reaktionsproblematik bedeutet dies konkret: Kommt es im Verlauf einer aufstrebenden Preisreihe zu einem Preisrückschlag, so gilt dieser dann und nur dann als technische Reaktion, wenn Z_{677}=+. In diesem Fall sind "Reaktionskäufe" angebracht. Die **Kaufsituation** wird daher wie folgt algorithmiert:

$$Z_{678,tK} = Z_{534,tK} \text{ für } (Z_{1,tK} \leq Z_{534,tK})\ (Z_{677,tK} = +)$$

Das **Reaktionsniveau** Z_{534} wurde bereits früher hergeleitet. Es stellt das arithmetische Mittel dar aus dem pauschalen Reihenmittelwert Z_{11}, dem basistrend-korrigierten Reihenmittelwert Z_{451}, der Obergrenze Z_{530} des summarischen Unschärfebereichs sowie der Obergrenze Z_{465} des trendperformance-gestützten Korridors. Man könnte Z_{678} auch als **Schwellenpunkt** bezeichnen, denn hier liegt die vermutete Grenze zwischen Aufschwung und Abschwung einer Zeitreihe.[31)]

Zukäufe erfolgen wiederum im Abstand. Als "Abstandsdeflator" verwenden wir $Z_{134}^{0.25}$. Zukäufe werden aber konsequenterweise nur solange erfolgen, wie die Trenddynamik noch eindeutig positiv ist. Verkauft wird dann, und zwar wiederum der gesamt Bestand, sobald das antizyklische Preisziel Z_{465} erreicht ist. Den **Verkaufalgorithmus** kennen wir bereits; er lautet:

$$Z_{649,tV} = Z_{465,tV} \text{ für } Z_{2,tV} \geq Z_{465,tV}$$

Getestet wurden 50 deutsche Aktien während eines durchschnittlichen Zeitraums von 15 Jahren. Insgesamt wurden 70 Transaktionen abgewickelt, und zwar mit einer durchschnittlichen **absoluten Rendite** von +5.65% und einer durchschnittlichen **relativen Rendite** von +53,68%. Das bedeutet, daß abzüglich üblicher Transaktionskosten von rund 3% im Durchschnitt allenfalls eine Wertsteigerung von kanpp 3% zu erzielen ist. Die niedrige absolute Wertsteigerung je Transaktion kann nicht überraschen, denn die von der Strategie vorgesehene Spanne zwischen Kauf- und Verkaufniveau ist recht

31) Im Rahmen der Baisse- und Haussesignal-Tests haben wir bereits früher festgestellt, daß derartige Schwellenpunkte um so signifikanter sind, je stärker ausgeprägt die Trenddynamik einer Zeitreihe ist. Hingegen sind *crossovers* im Falle labiler Zeitreihen praktisch ohne Aussagegehalt. Diese Erkenntnis machen wir uns jetzt im Rahmen der reaktionsstrategischen Überlegungen zunutze.

schmal. Z_{465} ist sowohl Verkaufniveau als auch Bestandteil des Kaufniveaus. Im übrigen ergibt sich die schmale "Gewinnspanne" aus der Konzeption der Reaktionsstrategie: Es geht ja voraussetzungsgemäß gerade um die Ausschöpfung kleiner, durch vorübergehende Preisrückgänge bzw. Preisberuhigungen zustandegekommene Preisdifferenzen.

Weniger erfreulich ist allerdings, daß bei der hier getesteten Variante negative Ergebnisse (je Transaktion) nicht gerade eine Ausnahme darstellen. Dies dürfte daran liegen, daß der Trennmechanismus Z_{677} noch einige Mängel aufweist. Worin diese tendenziell bestehen, ist nicht schwer zu entdecken. Auch spekulative Objekte mit stark positiver Trenddynamik sind nicht gegen starke Preiseinbrüche, die weit unter das vermutete Reaktionsniveau hinabführen, gefeit.

Ein Kauf im blinden Vertrauen darauf, der Preis werde sich aufgrund der günstigen trenddynamischen Situation bald wieder kräftig erholen, kann sich durchaus als falsch herausstellen. Es empfiehlt sich daher, eine Bestätigung für die Reaktionsvermutung abzuwarten. Diese mag man darin erblicken, daß der Preis "längere Zeit" auf dem mutmaßlichen Reaktionsniveau oder in der Nähe davon zur Ruhe kommt. Der börsentechnische Fachausdruck hierfür heißt "Konsolidierung".

Wartet man auf die bestätigende Konsolidierung, so verpaßt man freilich all jene Kaufchancen, die durch einen plötzlichen Preisrückschlag mit unverzüglich einsetzender Erholung entstehen. Auch an der Börse kann man eben nicht alles zugleich haben: Wer mehr Entscheidungssicherheit wünscht - in Gestalt einer bestätigenden Konsolidierung -, muß hierfür bezahlen (in Gestalt verpaßter Gewinnerzielungsmöglichkeiten).

Wir werden versuchen, beide Mängel der vorstehenden Marktstrategie - zu enge Preisdifferenzen, fehlende Reaktionsbestätigung - zu beseitigen. Eine Beseitigung des ersten Mangel kann man dann erwarten, wenn man das Verkaufniveau höher ansetzt. Auch eine Absenkung des Reaktionsniveaus kommt in Betracht. Nur muß hierbei sehr behutsam vorgegangen werden, um Reaktionsbewegungen nicht in ihrer Substanz zu gefährden, denn fällt der Preis deutlich unter das Reaktionsniveau, dann liegt definitionsgemäß eben keine Reaktionsbewegung mehr vor.[32] Eine Beseitigung des zweiten Mangels werden wir im nächsten Abschnitt versuchen.

Alternativ zum **Verkaufalgorithmus** Z_{649} legen wir jetzt fest:

$$Z_{679,tv} = Z_{465,tv} Z_{134,tv}^{0.25} \quad \text{für } Z_{2,tv} \geq Z_{465,tv} \cdot Z_{134,tv}^{0.25}$$

Das heißt: Verkäufe erfolgen erst, nachdem der Preis in einem durch das globale Schwankungsmaß Z_{134} näher bestimmten Umfang über die Korridorobergrenze Z_{465} gestiegen ist.

Die **empirische Auswertung** zeigt, daß eine deutliche Effizienzverbesserung der Reaktionsstrategie erzielt werden konnte. Die ausgewählten 50 deutsche Aktien erbrachten im Untersuchungszeitraum von durchschnittlich rund 15 Jahren bei insgesamt 103 abgeschlossenen Transaktionen eine **absolute Rendite** von durchschnittlich +22.10% und eine **relative Rendite** von durchschnittlich +48.46%.

Zunächst überrascht, daß die Zahl der Transaktionen bei dieser Variante größer ist als bei der vorherigen, zumal doch jetzt die Preisspanne ausgeweitet wurde. Dies ist nur auf den ersten Blick unverständlich. Man muß nämlich beachten, daß die beiden Varianten zum Teil zu völlig verschiedenen Zeitpunkten greifen.

Das liegt daran, daß ein Kauf erst dann erfolgen kann, nachdem eine bereits schwebende Transaktion durch einen Verkauf abgeschlossen worden ist. Da die Verkäufe bei den beiden Varianten (in der Regel) zu verschiedenen Zeitpunkten erfolgen, kommen auch die Käufe im allgemeinen zu verschiedenen Zeitpunkten und zu verschiedenen Preisen zustande.[33]

32) In der markttechnischen Praxis hat es sich eingebürgert, Preiskorrekturen im Umfang von 25% bis 50% der vorausgegangenen Preisbewegung als typisch anzusehen. Das im MAM auf Z_{534} fixierte Reaktionsniveau entspricht in der Regel dieser Rahmenvorstellung.

33) Es kann z.B. sein, daß nach der ersten Variante ein Kauf erfolgt, weil sich keine Transaktion mehr in der Schwebe befindet und außerdem das Reaktionsniveau erreicht ist, daß aber nach der zweiten Variante kein Kauf erfolgen kann, weil sich noch eine Transaktion in der Schwebe befindet. Wird diese Transaktion abgeschlossen, dann braucht der Preis nicht mehr auf Reaktionsniveau zu liegen, so daß nach der zweiten Variante vorerst kein Kauf zustandekommen kann.

Bisher haben wir das Verkaufniveau für die Reaktionsstrategie unter der impliziten Annahme festgelegt, die Trenddynamik sei gemäß Z_{677} positiv. Die Reaktionsspekulation ist dann nicht mehr aufrecht zu erhalten, sobald sich die Trenddynamik ins Negative verkehrt, sobald also Z_{677}=-. Zwischen der positiven und der negativen Trenddynamik liegt allerdings der labile Bereich, den zu durchlaufen in aller Regel etliche Perioden erfordern dürfte. Da Reaktionsspekulationen von ihrer ganzen Konzeption her kurzfristiger Natur sind, ist zumindest beabsichtigt, solche Spekulationen abzuschließen, solange die Trenddynamik nicht-negativ ist.

Gelingt dies ausnahmsweise nicht, so sind Konsequenzen für die Verkaufplanung angebracht, denn es hat offenbar wenig Sinn, eine auf Reaktionsniveau eingegangene Position trotz deutlich verschlechterter Marktdynamik durchzuhalten. Bei unübersehbar negativer Trenddynamik (Z_{677}=-) wird aus der auf dem Reaktionsniveau erwarteten Preisunterstützung ein Preiswiderstand. Z_{534} wird somit nicht länger als Basis einer vorübergehenden Preisabschwächung, sondern als Preisobergrenze in einer sich anbahnenden Abwärtsbewegung angesehen. Dadurch wandelt sich das Reaktionsniveau Z_{534} von der Kaufbasis zum Verkaufniveau. Der **Verkaufalgorithmus** lautet in diesem Fall:

$Z_{680,tv} = Z_{534,tv}$ für $(Z_{2,tv} \geq Z_{534,tv}) \wedge (Z_{677,tv} = -)$[34]

Erwartungsgemäß kommt ein Verkauf nach Z_{680} nur äußerst selten zustande. Offenbar kommt es zwischen dem Kaufzeitpunkt und dem frühestmöglichen Verkauf nach Z_{680} in der Regel doch zu einem Verkauf gemäß Z_{649} bzw. Z_{679}. Sofern überhaupt Verkäufe nach Z_{680} beobachtet werden konnten, handelte es sich ausnahmslos um verlustbringende Transaktionen, was angesichts der Konstruktion dieses "Not-Verkaufsignals" nicht überraschen kann. Es läßt sich kaum vermeiden, daß durch die Korrektur einer Schieflage Kosten entstehen.

34) Man könnte Z_{680} als prozyklisches Verkaufsignal und daher als systemfremdes Element einer antizyklischen Strategie ansehen, denn in gewisser Weise ähnelt Z_{680} einem Stoploss-Signal. Mit semantischen Spitzfindigkeiten dieser Art läßt sich jedoch im Grunde jeder Strategie-Typ uminterpretieren, denn bei genauem Hinsehen lassen sich bei jeder beliebigen strategischen Variante immer prozyklische und antizyklische Elemente entdecken. Wir wollen dieses, ohnehin nicht endgültig lösbare Abgrenzungsproblem nicht weiter vertiefen. Vielmehr interessiert jetzt die Frage, welche Bedeutung Verkäufe nach Z_{680} überhaupt haben und welche Rentabilitätswirkung ihnen zukommt.

Nachdem wir eine wesentliche Verbesserung der Reaktionsstrategie durch Anhebung des Verkaufniveaus erreichen konnten, wollen wir jetzt versuchen, ob nicht noch eine zusätzliche Leistungssteigerung durch Absenkung des Reaktionsniveaus gelingt. Zu diesem Zweck greifen wir auf den bereits im Rahmen der Bandbreiten-Analyse entworfenen "Reaktionskorridor" Z_{536}-Z_{537} zurück, dessen Untergrenze in der Regel tiefer liegt als das Reaktionsniveau Z_{534} und dessen Obergrenze kaum niedriger als das durch Z_{679} festgelegte Verkaufniveau liegen dürfte. Auf diese Weise haben wir um das mutmaßliche Reaktionsniveau Z_{534} herum einen operativen Korridor aufgebaut, der mit $(1+0.1Z_{134})^2$ eine ganz beachtliche Breite aufweist. Der Übersichtlichkeit halber wiederholen wir die Korridorgrenzen hier:

$$Z_{536,t} = Z_{535,t}/(1+0.1Z_{134,t})$$
$$Z_{537,t} = Z_{535,t}(1+0.1Z_{134,t}),\ \text{wobei}$$
$$Z_{535,t} = 0.5(Z_{465,t} + Z_{534,t})$$

Die **Kauf-** und **Verkaufalgorithmen** lauten jetzt:

$$Z_{681,tK} = Z_{536,tK}\ \text{für}\ Z_{1,tK} \leq Z_{536,tK}$$
$$Z_{682,tV} = Z_{537,tV}\ \text{für}\ Z_{2,tV} \geq Z_{537,tV}$$

Wir sehen nur einen **Zukauf** vor, und zwar wie folgt:

$$Z_{683,tZK} = Z_{536,tZK}/(1+0.1Z_{134,tZK})$$
$$\text{für}\ Z_{1,tZK} \leq Z_{536,tZK}/(1+0.1Z_{134,tZK}$$

Für diesen Zukauf legen wir ein eigenständiges Verkaufniveau fest, das niedriger liegt als Z_{682}. Damit wird der kurzfristigen Orientierung der Reaktionsstrategien Rechnung getragen. Dem Marktteilnehmer wird die Absicht unterstellt, er wolle so spät wie nötig, aber so schnell wie möglich sein investiertes Kapital freisetzen. Wenn er nun bei einem Teil seines Investments sehr günstig eingekauft hat, so mag es sich im Hinblick auf eine zügige Kapitalfreisetzung empfehlen, diesen Teil nach Erzielung einer Mindestwertsteigerung unverzüglich zu liquidieren. Die spezifische Verkaufkonstellation lautet:

$$Z_{684,tZKV} = Z_{536,tZKV}\ \text{für}\ Z_{2,tZKV} \geq Z_{536,tZKV}$$

Die **Auswertung** von 30 deutschen Aktien während eines rund 15-jährigen Testzeitraums brachte erfreulich positive Ergebnisse. Zwar kamen nur insgesamt 22 abgeschlossene Transaktionen zustande, doch diese warfen immerhin im Durchschnitt eine **absolute Rendite** von +42.92% und eine **relative Rendite** von 80.29% ab.[35]

Die Strategie erweist sich im allgemeinen und im Durchschnitt aller Transaktionen als sehr leistungssfähig. Allerdings werden die Anleger zum Teil auf eine schlimme Geduldsprobe gestellt, denn sie müssen oft jahrelang warten, bis der ersehnte und endlich kapitalbefreiende Preisanstieg, der zum Verkauf führt, einsetzt. Dies zeigt, daß auch scheinbar flinke Reaktionsstrategien, von denen man eigentlich einen schnellen Kapitalumschlag erwartet, zuweilen einen hohen Tribut in Gestalt langfristiger Kapitalbindung verlangen. Im Test ergab sich eine durchschnittliche Kapitalbindungsdauer von immerhin gut drei Jahren.

Wir halten fest, daß die im Kern antizyklischen Reaktionsstrategien bei geeigneter Ausgestaltung in der Lage sind, positive Kapitalrenditen bei mäßiger Kapitalbindungsdauer zu erwirtschaften. Wie gezeigt werden konnte, ist es nicht zweckmäßig, die operative Preisspanne für die Reaktionsstrategien sehr eng festzulegen. Deutliche Ergebnisverbesserungen lassen sich offenbar erzielen, wenn Kauf- und Verkaufniveau mäßig auseinandergerückt werden. Bei Aktien sollte der Niveauunterschied im groben Durchschnitt etwa 30% bis 40% betragen.

4.3.1.6 Inkubationsstrategien

Wir haben im letzten Abschnitt festgestellt, daß nicht große, sondern auch kleine Preisbewegungen lohnende Spekulationsobjekte sein können. Das abgegriffene Muster zyklisch verlaufender Preisreihen, die sich gefällig in Auf- und Abschwungphasen einteilen lassen, erweist sich somit als keineswegs allgemeingültig, denn offenbar gibt es Preisbewegungen, die nur etwa die halbe Wegstrecke eines

35) Zukäufe kamen nur selten zustande, und zwar naheliegenderweise bei Aktien solcher Unternehmen, die sich in ernsten Schwierigkeiten befanden, wie z.B. Adt, AEG und Berthold. Solche Krisenpapiere werden mit dieser Strategie ohnehin nicht gerade gut "gemanaged". Da die Strategie über keine Stoploss-Automatik verfügt, bleibt der Anleger u.U. auf Aktien sitzen, die praktisch nur noch Erinnerungswert haben. Im Falle AEG z.B. wurde zu 233.30 gekauft und nach 68 Monaten zu 49.40 verkauft, nachdem der Kurs sich erstmalig deutlich erholen konnte. Unter dem Strich verblieb ein absoluter Verlust von 78.83% bzw. ein relativer, auf Jahresbasis bezogener Verlust von 13.91%.

typischen Preiszyklus zurücklegen. Diese Bewegungen könnte man typologisch als **Sekundärzyklen** innerhalb eines **primären Aufschwungs bzw. Abschwungs** auffassen.

Es geht uns hier jedoch nicht in erster Linie um die morphologische Klassifizierung zyklischer Erscheinungen, sondern um die Konzipierung strategischer Verhaltensweisen, die dem Marktteilnehmer die durch den Zyklus begründeten Gewinnpotentiale erschließen helfen. Neben dem *"big sweep"* und dem *"truncated price movement"* hat die Preisdynamik noch ein weiteres Gesicht. Dieses besteht sozusagen in der "Nicht-Dynamik". An der Aktienbörse spricht man in diesem Zusammenhang von sog. **"Schläferaktien"** *("sleepers")*, die eigentlich durch nichts anderes auffallen als dadurch, daß sie sich lange Zeit nicht vom Fleck rühren.

Geht man davon aus, daß für jedes Vermögens- und Spekulationsobjekt objektive Bewertungsmaßstäbe existieren, die auf Dauer in einem **effizienten Markt** voll zur Geltung gelangen, dann müßte eine derartige Preislethargie nicht die Ausnahme, sondern die Regel sein. Selbst wenn man berücksichtigt, daß z.B. im Falle der Aktienbewertung immer wieder neue bewertungsrelevante Gesichtspunkte auftauchen, die zu Preisänderungen führen, so ist doch in den meisten Fällen nicht damit zu rechnen, daß sich die fundamentalen Bewertungskriterien ebenso dramatisch ändern wie die Erwartungen durch den Markt. Wir wollen an dieser Stelle nicht erneut in eine Diskussion der Markteffizienzthese eintreten, sondern hier nur soviel festhalten, daß die Preisbildung auf spekulativen Märkten äußerst volatil verläuft. Das heißt: Starke Preisausschläge sind die Regel, Preisruhe ist die Ausnahme.

Spekulationsobjekte, die durch stagnierende Preise auffallen (bzw. gerade deshalb nicht auffallen), sollten daher mit besonderer Aufmerksamkeit beobachtet werden. Mit hoher Wahrscheinlichkeit ist die Preisruhe nur die trügerische Ruhe vor dem Sturm. Solche Ruhezeiten lassen sich treffend mit dem Ausdruck "Inkubation" umschreiben. Bekanntlich verstanden die alten Griechen unter Inkubation das Liegen und Schlafen in geheiligten Tempeln zum Zwecke der Erholung bzw. Gesundung. Außerdem bezeichnet Inkubation in der Medizin die Zeit zwischen der Ansteckung und dem Ausbruch einer

Krankheit. Während dieser Zeit ist die Krankheit typischerweise nicht erkennbar.

Die Preisruhe läßt sich nun in beiderlei Sinne interpretieren: Entweder als Ruhephase, die dazu dient, Kräfte für den nachfolgenden Preisausbruch zu sammeln oder aber auch als Latenz-Periode, in welcher der Bazillus der Preiseruption vorerst noch im Verborgenen wirkt. Man mag solche Beschreibungen und Vergleiche als Mystifizierungen abtun. Tatsache ist jedoch, daß spektakulären Preisbewegungen häufig besonders markante Phasen stark eingeschränkter Preisdynamik vorausgehen.

Im übrigen gibt es für das **"Schläfer-Syndrom"** durchaus sehr handfeste Erklärungen. Z.B. kann man sich vorstellen, daß Insider, die eine Aktie wegen ihrer brillanten Zukunftschancen schnell noch billig erwerben wollen, alles daransetzen werden, unnötige Unruhe am Markt zu vermeiden. Vielmehr werden sie das größte Interesse daran haben, der betreffenden Aktie zur Tarnung den Stempel der "Langweiligkeit" aufzudrücken, um sie nach Möglichkeit ganz aus dem Bewußtsein der großen Masse der Anleger zu tilgen. Am liebsten wäre es den Insidern freilich, den Kurs abstürzen zu lassen. Auch derartige Versuche hat es gegeben und wird es immer geben.

Einen Kurs künstlich herunterzumanipulieren, der eigentlich massiv steigen müßte, ist allerdings ein meist erfolgloses Unterfangen. Denn wenn solche Manipulationen zu hektischen Preisausschlägen führen, erwecken diese die Aufmerksamkeit breiter Anlegerschichten, die dann möglicherweise alsbald "den Braten riechen". Erfolgversprechender erscheint es hier eher zu sein, den Markt derart zu manipulieren, daß der Preis des begehrten Spekulationsobjekts in einen Dornröschenschlaf versetzt wird. Dadurch werden potentielle Mit-Interessenten erst einmal abgelenkt. Nachdem sich die Insider eingedeckt haben, können sie nun durch gezielte Gerüchte die Katze aus dem Sack lassen, und das Kursfeuerwerk kann beginnen.

So oder ähnlich mag man sich den kausalen Hintergrund ausgeprägter Preislethargie bestimmter Vermögensobjekte vorstellen. Die Geschichte der Marktmanipulationen ist so alt wie die Märkte selbst. Die Manipulation hat viele Gesichter. Es wäre sicher töricht, von einer verschärften Börsenaufsicht, rigorosen Insider-Regelungen und dgl. eine Ausrottung des Übels zu erwarten. Der profitorientierte menschliche Geist ist in der Regel schneller und flexibler als der zumeist nur reagierende, auf Mißstandskontrolle fixierte Gesetzgeber.

Einem Marktteilnehmer jedenfalls, der vom Markt ein *fair game* erwartet, wie es einige theoretische Ansätze unterstellen, dürften auf Dauer böse Überraschungen kaum erspart bleiben. Wenn er schon nicht hoffen darf, die eigentlichen Triebkräfte des Preisgeschehens umfassend zu ergründen, so muß er doch, um nicht auf Dauer zwangsläufig auf der Strecke zu bleiben, alles daransetzen, die Marktsymptome frühzeitig zu erkennen.

Der Inkubationsansatz hilft ihm dabei: Denn wenn er auch nicht weiß, warum ein bestimmter Preis seit längerer Zeit nicht mehr unter ein bestimmtes Niveau zurückfällt, so darf er doch mit gutem Grund vermuten, daß das betreffende Objekt spätestens zu diesem Preis konsequent aus dem Markt genommen wird. Wer immer dies tut, hat wohl gute Gründe dafür, das Material so konsequent und beharrlich einzusammeln.

Wenn ein Marktteilnehmer dem unbekannten Preisführer folgt, begibt er sich vermutlich auf die starke Marktseite. Denn von dem Material, das der Preisführer im Laufe der Zeit akkumuliert, dürfte vorerst kaum Angebotsdruck ausgehen. An Verkäufe dürfte der Preisführer, wenn überhaupt, erst denken, nachdem der Preis stark gestiegen ist. Andererseits dürfte das am Markt noch frei verfügbare Material allmählich knapp werden, was möglicherweise zu einem plötzlichen und kräftigen Preisanstieg führt.

Nun ist die Inkubation des Preises für sich allein genommen freilich noch kein untrügliches Hausse-Frühsignal. Vielmehr kann eine Preisruhe auch einen Preiszusammenbruch einleiten. Die verhaltenstheoretische Begründung verläuft dann im wesentlichen analog zu der hausseträchtigen Preisinkubation: Informierte Marktteilnehmer, die mehr zu wissen glauben als andere, geben marktschonend Material ab, um noch auf möglichst hohem Niveau herauszukommen. Droht der Preis abzurutschen, werden Stützungskäufe getätigt, um auf diese Weise kräftige Nachfrage vorzutäuschen und um keine Unruhe bei den noch stark engagierten Marktteilnehmern aufkommen zu lassen. Sobald die *"specialists"* ihren Rückzug beendet haben, lassen sie den Markt zusammenbrechen. Es kommt mithin entscheidend darauf an, hausse- und baisseträchtige Inkubationen treffsicher voneinander zu trennen.

Die Tücke der Märkte bringt es mit sich, daß sich Preise oft zunächst in die "falsche" Richtung in Bewegung setzen. Bevor z.B. der Kurs einer Aktie nachhaltig steigt, fällt er häufig mehr oder weniger deutlich zurück. Der Grund mag darin liegen, daß einige entnervte Anleger, des langen Wartens müde, sich von ihren Beständen trennen und daher vorübergehend für Kursdruck sorgen. Dadurch werden wiederum andere Anleger, die sich insgeheim schon lange für diese Aktie interessierten, mobilisiert und zu Käufen animiert. Der Kursverfall kommt deshalb bald zum Stillstand und macht einem Kursanstieg Platz.

Was im einzelnen auch immer vorgehen mag, der kaufwillige Marktteilnehmer muß alle Indizien aufmerksam registrieren, die auf einen sich anbahnenden Preisanstieg hindeuten. Bei Inkubationen kommt es insbesondere darauf an, auf welchem Niveau sich der Preis zur Ruhe setzt. Liegt dieses Niveau vergleichsweise hoch, so spricht einiges dafür, daß der Preis "nach oben will". Bei tiefliegenden Preisplattformen hingegen ist die Wahrscheinlichkeit eines Preisrückzugs besonders hoch.

Um ein hausseträchtiges Inkubationsniveau festzulegen, greifen wir wiederum auf die Obergrenze Z_{465} des Trendperformance-Korridors zurück. Z_{465} kann auch als Preisplattform interpretiert werden, die im Falle sich tendenziell verbessernder Trenddynamik gehalten werden kann. Nun müssen noch zufällige Preisschwankungen einbezogen werden, denn diese können einen vorübergehenden Preisrückfall unter diese Plattform auslösen, ohne daß dadurch die insgesamt günstige Trenddynamik beeinträchtigt wird. Wir legen daher die Inkubationszone so fest, daß wir Z_{465} als Obergrenze wählen und die Untergrenze in mäßigem Abstand darunter plazieren. Die **Kaufregel** läßt sich daher wie folgt fassen:

$$Z_{685,Kt} = 1.03 Z_{1,Kt} \text{ für } \begin{cases} Z_{465,Ki} \geq Z_{1,Ki} \geq [Z_{465,Ki} / (1+0.1 Z_{134,Ki})] \\ \quad i = t \ldots t-2 \\ Z_{1,Kj} \geq [Z_{465,Kj} / (1+0.1 Z_{134,Kj})] \\ \quad j = t \ldots t-11 \end{cases}$$

Ein Inkubationskauf wird somit durch zwei Signale ausgelöst. Entweder hält sich der Perioden-Tiefstpreis Z_1 während einer Inkubationszeit von mindestens drei Perioden innerhalb eines sehr schmalen Bandes unterhalb von Z_{465}, oder der Perioden-Tiefstpreis hält sich während einer Inkubationszeit von mindestens zwölf Perioden wenigstens oberhalb der festgelegten Untergrenze.

Der erste Fall stellt das eindeutigere Inkubationssignal dar, denn hier ist der Preis faktisch "eingeschlafen" und entfernt sich nicht von einer eng begrenzten Lokalität. Im zweiten Fall ist zwar deutlich mehr Bewegung zugelassen, allerdings nur in einer Richtung, nämlich nach oben. Nach unten hin ist der Preisspielraum ebenso rigoros eingeengt wie im ersten Fall. Der geforderte Bestätigungszeitraum ist im ersten Fall wesentlich kürzer als im zweiten Fall, wodurch die unterschiedliche Qualität der beiden Situationen zum Ausdruck kommt. **Zukäufe** erfolgen wiederum im Abstand, sofern wenigstens eine der in Z_{685} niedergelegten Bedingungen erfüllt ist. Der gesamte Bestand wird verkauft, sobald der Preis um den Faktor $(1{+}0.1Z_{134})$ über den Z_{465}-Wert steigt. Dieses Preisziel wurde bereits früher durch Z_{469} definiert:

$$Z_{686,tv} = Z_{469,tv} \text{ für } Z_{2,tv} \geq Z_{469,tv}$$

Die **Leistungsfähigkeit** dieser inkubationsstrategischen Variante ist beachtlich. Getestet wurden 50 deutsche Aktien während eines Testzeitraums von durchschnittlich 15 Jahren. Ermittelt wurde eine **absolute Rendite** von +38.12% und eine **relative Rendite** von 41.74%, jeweils im Durchschnitt aller Aktien und aller abgewickelten Transaktionen (insgesamt 71).[36)]

36) Da auch diese Strategie über keine Stoploss-Automatik verfügt, kommt es bei chronischem Preisverfall zwangsläufig zu massiven Verlusten. Z.B. brachte das AEG-Investment, neben zwei positiv verlaufenden Transaktionen, in einem Fall einen absoluten Wertverlust von gut 80% (Kauf zu 246, Verkauf zu 46). Dieses Beispiel zeigt auch, daß eine korrekte Trennung zwischen hausse- und baisseträchtigen Inkubationen nicht immer gelingt. Darum geht es jedoch auch nicht, denn mit keinem Marktanalysesystem wird es wohl jemals gelingen, eine 100%-ige Trefferquote zu erreichen. Entscheidend ist allein das durchschnittliche Ergebnis. Dieses kann sich, trotz drastischen Vermögensverlusten im Einzelfall, durchaus sehen lassen. Wir werden später noch prüfen müssen, ob durch Hinzuziehung einer Stoploss-Automatik, also durch Mischung antizyklischer und prozyklischer Elemente, eine Leistungsverbesserung dieser Strategie erzielt werden kann.

4.3.2 Prozyklische Strategien

Im Gegensatz zu den antizyklischen Strategien setzen die prozyklischen Strategien auf die "normative Kraft des Faktischen": Während der Antizykliker bei fallenden Preisen auf eine baldige Preisumkehr spekuliert, erwartet der Prozykliker bei steigenden Preisen eine Fortsetzung der aufwärtsgerichteten Preisentwicklung. Der Prozykliker hält nichts vom "Dagegenhalten", vom "Gegen-den-Strom-Schwimmen". Ihn interessieren nur solche Spekulationsobjekte, die bereits durch deutliche Preissteigerungen ihre Fähigkeit, Wertsteigerungsgewinne zu erwirtschaften, sinnfällig unter Beweis gestellt haben. Kurz: Der Prozykliker gründet all seine Hoffnungen auf die absolute und relative Marktstärke eines Spekulationsobjekts.

4.3.2.1 Trendfolge-Strategien

Wenn der Trend die Grundrichtung einer Reihe bestimmt, liegt es nahe, Spekulationsobjekte nach der Trendstärke auszuwählen. Einem Aktienanleger steht hierdurch ein denkbar einfaches Selektionskriterium zur Verfügung: Er sucht kurzerhand diejenige Aktie mit dem stärksten Aufwärtstrend. Wegen des risikosenkenden Effekts einer Portefeuille-Streuung wird er jedoch nicht sein gesamtes Investitionskapital auf diese eine Aktie setzen, sondern zugleich in mehrere, besonders trendstarke Aktien investieren.

Bei der Formulierung einer Trendfolge-Strategie kann zunächst ein absolutes Mindestniveau der Trendstärke festgelegt werden. Das heißt: Erreicht kein einziges Vermögensobjekt dieses Mindestniveau, so ist eine Trendfolge-Strategie überhaupt nicht möglich. Alternativ kann man auch mit der relativen Trendstärke Vorlieb nehmen. Dies könnte im Extremfall freilich bedeuten, daß möglicherweise lauter trendnegative Objekte gekauft werden, eben weil es momentan keine trendpositiven Objekte gibt. Unter Blinden ist nun mal der Einäugige König.

Im Grunde genommen bedeutet dies aber eine Pervertierung des prozyklischen Gedankens, weshalb wir bei der Formulierung der Trendfolge-Strategie eine Mindesttrendstärke festlegen wollen. Eine solche Festlegung erfolgt freilich immer mehr oder weniger willkürlich. Die Erfahrung zeigt jedoch, daß Basistrendwerte von mindestens +50 eine beachtliche Trendstärke darstellen. Ein Aufwärtstrend ist für prozyklische Überlegungen nur dann von Bedeutung, wenn auf ihn Verlaß ist, d.h., wenn auf absehbare Zeit nicht mit einer Umkehr der grundlegenden Trenddynamik zu rechnen ist. Es ist in der Tat überaus schwierig, einen Basistrendwert von +50 und höher kurzfristig zu neutralisieren oder gar umzukehren. Hierzu müßte die betreffende Reihe gänzlich untypische Rückschläge erleiden.

Die **Kaufregel** formulieren wir wie folgt:

$$Z_{687,tK} = Z_{3,tK} \text{ für } (Z_{124,tK} \geq 50) \wedge (Z_{124,t-1,K} < 50)$$

Erstkäufe erfolgen somit zum Durchschnittspreis Z_3 der Kaufperiode tK, sofern die Trendstärke mindestens den Wert +50 erreicht, nachdem sie in der Vorperiode noch darunter gelegen hat. **Zukäufe** können nun in zweierlei Weise geregelt werden, einmal durch die sog. **Pyramidierungsregel**, zum andern durch die **Averaging-Regel.** Im Grunde paßt nur die Pyramidierungsregel zur prozyklischen Strategie, während die **Methode der Einstandsverbilligung** *("averaging")* ihrem Wesen nach antizyklisch ist. Wir wollen daher hier nur die Pyramidierung darstellen, während die einstandsverbilligenden Zukäufe im Rahmen der gemischten Strategien diskutiert werden sollen.

Eine **"Pyramide"** entsteht dadurch, daß bei steigenden Preisen zugekauft wird. In der Regel werden hierbei stets fallende Stückzahlen gekauft, um das Kaufvolumen einigermaßen konstant zu halten. Setzt man die je Zukauf erworbenen Stücke aufeinander, so entsteht ein sich nach oben hin verjüngendes Gebilde, das einer Pyramide ähnelt. Zukäufe erfolgen, wenn der Preis um den Faktor $Z_{134}{}^{0.125}$ über den Höchstpreis der letzten Kaufperiode steigt. Der Algorithmus für den **ersten Zukauf** lautet:

$$Z_{688,tZK1} = Z_{2,tZK1} \text{ für } (\dot{Z}_{2,tZK1} \geq Z_{2,tK} \cdot Z_{134,tZK1}{}^{0.125}) \ldots$$
$$\ldots \wedge (Z_{124,tZK1} \geq 50)$$

Die Bedingungen für weitere Zukäufe werden in völlig analoger Weise festgelegt. **Verkäufe** müssen konsequenterweise dann erfolgen, wenn die Trendstärke unter das festgelegte Mindestniveau fällt.

Von gestaffelten Verkäufen wird wiederum abgesehen. Im Falle eines Verkaufsignals wird somit der gesamte Bestand abgestoßen, und zwar zum Durchschnittspreis der Verkaufperiode:

$$Z_{689,tv} = Z_{3,tv} \text{ für } (Z_{124,tv}<50) \wedge (Z_{124,t-1,v} \geq 50)$$

Die **empirische Auswertung** dieser Strategie fördert keine überragenden Ergebnisse zutage. Die **absolute Durchschnittsrendite** aller abgewickelten Transaktionen beträgt für 75 deutsche Aktien während eines rund 15 Jahre umfassenden Testzeitraums +2.38%, die **relative Durchschnittsrendite** ist mit -40.50% sogar deutlich negativ.[1] Ein Blick auf die relativen Renditen zeigt , daß die Kapitalbindungsdauer bei den meisten Transaktionen sehr niedrig war.[2]

4.3.2.2 Turnaround-Strategien

Die Basistrendintensität Z_{124} ist ein sehr träger Indikator, der selbst nachhaltige Änderungen in der Reihendynamik erst stark verzögert widerspiegelt. Daher spricht einiges dafür, prozyklische Marktoperationen weniger an der Basistrend-Dynamik, sondern vielmehr an der Turnaround-Dynamik zu orientieren.

Als Anhaltspunkt bietet sich das als Turnaround-Indikator interpretierbare Momentum Z_{133} an. Das Momentum reagiert sehr empfindlich auf Basistrendänderungen. Prozyklisch operierende Marktteilnehmer können mit Hilfe dieses Indikators Trendwenden frühzeitiger erkennen als bei ausschließlicher Fixierung auf die Basistrend-Dynamik. Somit darf realistischerweise erwartet werden, daß Turn-

1) Allerdings sind nur bei 9 Aktien überhaupt Transaktionen abgewickelt worden, während viele andere Aktien noch schwebende Transaktionen aufwiesen. Dieser Umstand kann freilich zu nicht unerheblichen Ergebnisverzerrungen führen, zumal bei anhaltend positiver Trenddynamik selbstverständlich überhaupt keine Verkäufe erfolgen. So wurde z.B. bei der durchgängig trendstarken Allianz-Leben-Aktie während des gesamten Testzeitraums nicht eine einzige Transaktion abgerechnet, obwohl die Trendfolge-Strategie hier mit hervorragenden Zahlen aufwarten könnte, sofern "Kasse gemacht" würde.

2) Dies deutet darauf hin, daß hauptsächlich solche Transaktionen abgeschlossen wurden, die auf Fehlsignalen beruhten, während die erfolgreichen Käufe noch zu Buche standen. Dann nimmt es freilich nicht wunder, wenn die Erfolgsbilanz negativ ausfällt. Ein schlüssiger Beweis für die Leistungsschwäche dieser Strategie ist sie jedenfalls nicht. Endgültige Klarheit läßt sich erst gewinnen, wenn die noch schwebenden Transaktionen zum Tageskurs bewertet werden. Dem Problem der aktuellen Bestandsbewertung wollen wir uns jedoch erst weiter unten zuwenden.

around-Strategien einen Marktteilnehmer schneller auf die "richtige" Marktseite bringen als Trendfolge-Strategien.

Das Turnaround-Kriterium läßt sich wie das Basistrend-Kriterium sowohl in absoluten wie auch in relativen Kategorien für die strategische Wahlentscheidung nutzbar machen. Wir wollen jedoch auch hier wiederum auf einem absoluten Mindestbetrag bestehen, weil eine nur relative Momentum-Überlegenheit noch keine Marktstärke im prozyklischen Sinne gewährleistet. Da Basistrend und Momentum quantitativ einigermaßen vergleichbar sind, legen wir auch den Mindestbetrag des Momentums auf +50 fest. Die **Erstkaufbedingung** lautet daher:

$$Z_{690,tK} = Z_{3,tK} \text{ für } (Z_{133,tK} \geq 50) \wedge (Z_{133,t-1,K})$$

Gekauft wird somit zum Perioden-Durchschnittspreis Z_3 dann und nur dann, wenn das Momentum Z_{133} in der Kaufperiode mindestens den Wert +50 erreicht, während es in der Vorperide noch unter diesem Wert gelegen hat. Etwaige **Zukäufe** erfolgen völlig analog zu der Zukaufregel Z_{688}, so daß hier auf eine eigenständige Algorithmierung verzichtet werden kann.[3] **Verkäufe** finden auch hier wiederum nur dann statt, wenn die Turnaround-Dynamik ihren vorgeschriebenen Mindestwert unterschreitet:

$$Z_{691,tV} = Z_{3,tV} \text{ für } (Z_{133,tV} < 50) \wedge (Z_{133,t-1,V} \geq 50)$$

Die **empirische Auswertung** ergibt folgendes Bild: Bei wiederum 75 deutschen Aktien ergab sich während eines durchschnittlichen Testzeitraums von rund 15 Jahren eine **absolute Durchschnittsrendite** von +15.09% und eine **relative Durchschnittsrendite** von +99,28%. Dies sind erstaunlich gute Werte. Bei insgesamt 47 Aktien wurden Transaktionen abgewickelt. Mithin liegt die Transaktionsquote deutlich höher als bei der Trendfolge-Strategie. Dies kann auch kaum überraschen, denn das Momentum Z_{133} ist deutlich beweglicher als der Basistrend Z_{124}, so daß die Kauf- und Verkaufsignale in wesentlich kürzeren Abständen aufeinanderfolgen.[4]

3) Auch hier wollen wir zunächst nur die typisch prozyklische Pyramidierungsregelung für Zukäufe zulassen. Einstandsverbilligungen durch Zukäufe im Rahmen der Turnaround-Strategie wollen wir erst später überprüfen, da sie besser in einen gemischt-strategischen Ansatz passen.

4) Gleichwohl dürfte auch hier eine nicht unbedeutende "Dunkelziffer" schwebender Transaktionen existieren, die jedoch das Ergebnis eher zu schlecht als zu gut erscheinen läßt.

Die Schnelligkeit, mit der Turnaround-Strategen auf Trendänderungen reagieren, zahlt sich offenbar aus. Zeichnet sich eine Wende zum Besseren ab, wechseln sie zügig auf die Käuferseite. Zeichnet sich hingegen eine Trendverschlechterung ab, kehren sie dem betreffenden Markt unverzüglich den Rücken.[5)]

Auch gegenüber antizyklischen Strategien, die nach Erreichen des hypothetischen Preisziels zum Ausstieg blasen, bietet die Turnaround-Strategie systematische Vorteile, denn sie hält den Marktteilnehmer solange bei der Stange, wie die Kurse "unter Dampf" stehen. Erst wenn die Aufwärtsbewegung erste Ermüdungserscheinungen zeigt, erschallt das Rückzugssignal.

4.3.2.3 Trendperformance-Strategien

Als **Trendperformance** haben wir die Summe aus Basistrend-Intensität Z_{124} und Momentum Z_{133} bezeichnet. Zumindest das Momentum eignet sich, wie wir im letzten Abschnitt gesehen haben, als Leitlinie für eine prozyklische Strategie der Marktstärke. Das Momentum läßt sich auch als Korrekturgröße auffassen, die den trägen Basistrend unter Beachtung der jüngsten Reihendynamik ins richtige Licht rückt.

Aus diesem Grund ist es nicht abwegig, eine Strategie zu konzipieren, die auf diesem Netto-Basistrend aufbaut. Erstkäufe wollen wir wiederum erst dann vornehmen, wenn ein absolutes Mindestniveau des Marktstärke-Indikators, in diesem Fall der Trendperformance, erreicht ist. Wir legen dieses Niveau auch hier wieder auf +50 fest:

---

5) Es gibt zahlreiche Beispiele, in denen die Turnaround-Strategie außergewöhnlich gut abgeschnitten hat. Besonders markant sind Fälle wie AEG, Bremer Vulkan und Chrysler, deren Aktien nach mehrjährigem verheerenden Kursverfall plötzlich zum Turnaround ansetzten. Wer hier Käufe zurückgestellt hatte, bis endlich der Basistrend wieder ein Mindestniveau von +50 erreichte, hat den wirklich interessanten Teil der Hausse verpaßt. Der Turnaround-Stratege steigt in der Regel bereits dann wieder aus, wenn die Trendfolge-Strategie ein Kaufsignal gibt; dann ist meist die betreffende Aktie bereits recht "schwer" geworden, so daß ihr die Fortsetzung des Kursanstiegs zusehends Schwierigkeiten bereitet. Der Turnaround-Indikator quittiert dies mit deutlich negativen Werten, obgleich scheinbar der Kursauftrieb noch in vollem Gange ist.

$$Z_{692,tK} = Z_{3,tK} \text{ für } (Z_{124,tK}+Z_{133,tK}\geq 50)\ldots$$
$$\ldots\wedge(Z_{124,t-1,K}+Z_{133,t-1,K}<50)$$

Etwaige **Zukäufe** erfolgen analog zur Trendfolge-Strategie, und zwar wiederum hier nur nach dem prozyklischen Pyramidierungsprinzip. Der gesamte Bestand wird verkauft, sobald die Trendperformance das geforderte Mindestniveau unterschreitet. Verkäufe werden wiederum zum Perioden-Durchschnittspreis abgerechnet:

$$Z_{693,tV} = Z_{3,tV} \text{ für } (Z_{124,tV}+Z_{133,tV}<50)\ldots$$
$$\ldots\wedge(Z_{124,t-1,V}+Z_{133,t-1,V}\geq 50$$

Auch die Trendperformance-Strategie erwirtschaftet für dasselbe Testsegment (75 deutsche Aktien, 15-jähriger Testzeitraum) erstaunlich gute Ergebnisse. Bei insgesamt 56 Aktien kamen Transaktionen zustande, die eine **durchschnittliche absolute Rendite** von +16.26% und eine **durchschnittliche relative Rendite** von 43.63% abwarfen. Eine Verbesserung gegenüber der Turnaround-Strategie stellt dies allerdings nicht dar, die relative Rendite liegt sogar deutlich niedriger.

4.3.2.4 Favorisierungsstrategien

Wir wollen jetzt der Frage nachgehen, ob die Leistungsfähigkeit prozyklischer Strategien durch Verwendung eines extrem sensiblen Dynamik-Indikators verbessert werden kann. Für diesen Zweck geeignet erscheint der Performance-Indikator der Reihendynamik Z_{169}, denn er registriert unverzüglich selbst nur kurzlebige Veränderungen einer Zeitreihe.[6]

Der Wertebereich des Performance-Indikators ist wesentlich enger als bei den Trenddynamik-Indikatoren. Aus diesem Grund legen wir hier das Mindestniveau auf +10 fest. Ein **Erstkauf** erfolgt dann, wenn der Performance-Indikator dieses Mindestniveau erreicht, nachdem er in der Vorperiode noch darunter gelegen hat:

$$Z_{694,tK} = Z_{3,tK} \text{ für } (Z_{169,tK}\geq 10)\wedge Z_{169,t-1,K}<10$$

6) An der Börse spricht man von "favorisierten" Spekulationsobjekten dann, wenn diese das Anlegerinteresse überdurchschnittlich auf sich lenken. Typischerweise wechseln die Börsenfavoriten zumeist schnell und häufig, so daß zur Messung dieses "Begünstigungseffekts" ein kurzfristig reagierender Indikator erforderlich ist.

Zukäufe erfolgen in analoger Weise zur Trendfolge-Strategie, und zwar ausschließlich nach dem prozyklischen Pyramidierungsprinzip. Der gesamte Bestand wird sofort verkauft, wenn der Performance-Indikator den festgesetzten Mindestwert unterschreitet:

$Z_{695,tV} = Z_{3,tV}$ für $(Z_{169,tV}<10) \wedge (Z_{169,t-1,V} \geq 10)$

Die **empirische Auswertung** (75 deutsche Aktien, Testzeitraum durchschnittlich 15 Jahre) ergibt eine wenig veränderte **absolute Rendite** im Vergleich zur Turnaround- und zur Trendperformance-Strategie; sie beträgt **+14.14%**. Die **relative Rendite** liegt ungefähr in der Mitte bei **+66.41%**. Damit erweist sich die Favorisierungsstrategie durchaus als brauchbare prozyklische Strategie. Sie ist vor allem für flexible Anleger reizvoll, die an großer Transaktionshäufigkeit und schnellem Kapitalumschlag interessiert sind.

4.3.2.5 Rang-Strategie

Nachdem im Rahmen der Favorisierungsstrategie bereits ein Gesamtindikator - allerdings nur für die kurzfristige Reihendynamik - Verwendung gefunden hat, soll jetzt geprüft werden, ob nicht eine prozyklische Strategie auf der Grundlage des überaus komplexen Rangindikators Z_{518} noch bessere Ergebnisse bringt. Der Rangindikator verfügt über einen vergleichsweise sehr weit gespannten Wertebereich, so daß wir von ausgeprägter Marktstärke erst dann ausgehen wollen, wenn der Indikatorwert mindestens das Niveau +250 erreicht. Ein prozyklischer **Erstkauf** erfolgt dann und nur dann, wenn Z_{518} in der Kaufperiode dieses Mindestniveau erreicht, in der Vorperiode aber noch nicht erreicht hat:

$Z_{696,tK} = Z_{3,tK}$ für $(Z_{518,tK} \geq 250) \wedge (Z_{518,t-1,K}<250)$

Im Einklang mit dem prozyklischen Gedanken dürfen **Zukäufe** nur nach dem Pyramidierungsprinzip erfolgen, und zwar in der Art, wie sie im Rahmen der Trendfolge-Strategie festgelegt worden ist. Ein **Verkauf** des gesamten Bestandes wird dann vorgenommen, wenn Z_{518} unter das geforderte Mindestniveau fällt:

$Z_{697,tV} = Z_{3,tV}$ für $(Z_{518,tV}<250) \wedge (Z_{518,t-1,V} \geq 250)$

Überraschenderweise liefert diese Strategie für dasselbe Testsegment keinerlei befriedigende **Ergebnisse**. Die **absolute Durch-**

schnittsrendite liegt mit +4.63% nur knapp über dem *"break-even point"*, der durch den Transaktionskostensatz von rund 3% fixiert ist. Die **relative Durchschnittsrendite** ist sogar klar negativ, nämlich -16.91%.

Auch wenn man berücksichtigt, daß etliche, zumeist einem günstigen Abschluß entgegensehende Transaktionen noch in der Schwebe sind und daher noch nicht abgerechnet werden konnten, dürfte das Endergebnis "unter dem Strich" liegen. Die Rang-Strategie leidet offenbar an einer vergleichbaren Schwäche wie die Trendfolge-Strategie: Sie reagiert zu langsam auf sich anbahnende und bereits in vollem Gang befindliche Trendänderungen.[7)]

4.3.2.6 Overshooting-Strategien

Als *"overshooting"* bezeichnen wir den nach oben erfolgenden Ausbruch einer Reihe aus einer nach bestimmten Normalitätskriterien festgelegten Bandbreite. Ein "Überschießen" des Preises, häufig auch als *"upper breakout"* oder *"upper runaway"* bezeichnet, gilt in der markttechnischen Analyse als Indiz für einen beginnenden starken Preisanstieg.

Leider gibt es kaum zuverlässige Kriterien, um das Breakout-Niveau angemessen festzulegen. Methodisch geht man zweckmäßigerweise so vor, daß ein hypothetischer Reihenmittelwert, z.B. Z_{11}, von einer Bandbreite umlagert wird, die sich am globalen Schwankungsverhalten der Reihe orientiert.

Zweckmäßig mag es auch sein, den Basistrendeinfluß verstärkt mit einzubeziehen. Muß der *breakout* z.B. gegen einen starken Ab-

7) Nehmen wir z.B. eine Aktie, die jahrelang hindurch haussierte. Sie verfügt notwendigerweise über einen sehr hohen Rangkoeffizienten Z_{518}. Auch wenn die Aktie deutlich zurückfällt, wird es vermutlich viele Monate dauern, bis der Rangkoeffizient unter 250 fällt. Tritt dieser Fall dann schließlich ein, ist der Kurs bereits so tief "im Keller", daß die anfänglichen Kursgewinne ganz oder zumindest größtenteils aufgezehrt sind. Der jetzt erfolgende Kauf bringt, wenn überhaupt, nur noch ein äußerst mageres Ergebnis. Bei Trendwenden vom Negativen zum Positiven verhält es sich genau umgekehrt: Bevor endlich gekauft wird, ist der Kurs bereits massiv gestiegen, denn der Rangindikator muß den ganzen Ballast der Vergangenheit, der ihn so nachhaltig belastet, erst einmal abwerfen. Dies erfordert Zeit, eine meist zu lange Zeit, um einen günstigen Einstieg zu erreichen.

wärtstrend erfolgen, so kann man die *overshooting*-Marke tiefer setzen, als dem schwankungsbedingt zu erwartenden Niveau entspricht. In einem solchen Fall ist es ohnehin denkbar unwahrscheinlich, daß der Preis an seine - nach der Symmetrieannahme bestimmte - zyklische Obergrenze vorstößt, weil er zuvor unter dem negativen Trendeinfluß "abgefangen" wird.[8]

Vor dem Hintergrund dieser Überlegungen formulieren wir jetzt einen Korridor, der zugleich das *undershooting*- und das *overshooting*-Niveau festlegt, und zwar unter Beachtung des jeweils dominierenden Trendeinflusses:

$$Z_{698,t} = \begin{cases} Z_{11,t}/Z_{134,t} & \text{für } Z_{124,t} \leq 0 \\ Z_{11,t}(1+0.01Z_{124,t})/Z_{134,t} & \text{für } Z_{124,t} > 0 \end{cases}$$

$$Z_{699,t} = \begin{cases} Z_{11,t}/Z_{134,t} & \text{für } Z_{124,t} \leq 0 \\ Z_{11,t}Z_{134,t}/(1+0.01|Z_{124,t}|) & \text{für } Z_{124,t} < 0 \end{cases}$$

Ein *overshooting* liegt nun vor, wenn der Preis über Z_{699} "hinausschießt". Wir nehmen an, daß in diesem Fall prozyklische **Käufe** erfolgen, die 3% über Z_{699} gelingen:

$$Z_{700,tK} = 1.03Z_{699,tK} \text{ für } Z_{2,tK} > Z_{699,tK}$$

Auf **Zukäufe** soll in diesem Fall verzichtet werden. Die eingegangene Position wird solange gehalten, wie der Preis nicht unter die Obergrenze Z_{465} des Trendperformance-Korridors fällt, wobei eine Toleranz von 3% eingeräumt wird:

$$Z_{701,tV} = 0.97Z_{465,tV} \text{ für } Z_{1,tV} \leq 0.97Z_{465,tV}$$

Die **empirische Auswertung** zeigt, daß diese strategische Variante nur äußerst selten greift. Dies kann freilich nicht überraschen, denn *breakouts* stellen eine klare Ausnahmesituation dar.[9] Alles

8) In der Regel bleibt der Preisanstieg in der Nähe des Reihenmittelwerts Z_{11} stecken. Sollte der Preis allerdings deutlich darüber steigen können, so kann dies als "Sieg" über den negativen Trend und damit als erfolgreicher Ausbruch gewertet werden.

9) Transaktionen hat diese Strategie bei zwei grundverschiedenen Aktien ausgelöst: Einmal bei der Adt-Aktie, die im Zuge eines anhängigen Vergleichsverfahrens hektische Ausschläge vollführte. Zum anderen bei der Aachener Münchner Versicherung, deren Kurs sich im Jahre 1985 rund verfünffachte. Die Transaktion in der Adt-Aktie endete mit einem absoluten Verlust von rund 4%, die Transaktionen in der Versicherungsaktie hingegen mit einem durchschnittlichen absoluten Gewinn von rund 10%. Dies liegt daran, daß im Falle der

in allem kann diese strategische Variante als wenig operabel und in der Regel verlustbringend beiseitegelegt werden.

Der *overshooting*-Gedanke spielt in der charttechnischen Praxis jedoch eine so große Rolle, daß wir ihn so schnell nicht *ad acta* legen können. Um störende Überlagerungen zwischen *overshooting*-Marke und Stoploss-Marke, wie sie bei der soeben diskutierten Variante aufgetreten sind, zu vermeiden, wählen wir jetzt einen einheitlichen Bezugspunkt, nämlich den schon mehrfach bemühten Z_{465}-Wert, den wir zur Festlegung des *breakout*-Niveaus gemäß Z_{469} geringfügig "aufstocken". Damit läßt sich die **Kaufsituation** beschreiben als:

$$Z_{702,tK} = 1.03Z_{469,tK} \text{ für } Z_{2,tK} \geq Z_{469,tK}$$

Von **Zukäufen** soll hier wiederum der Einfachheit halber abgesehen werden. **Verkauft** wird im Falle einer Verletzung der Stoploss-Marke, und zwar unverändert gemäß Z_{701}.

Die **empirische Ausbeute**, gemessen an zustandegekommenen Transaktionen, ist nach dieser strategischen Variante bedeutend höher. Diese Variante greift somit wesentlich häufiger. Die Rentabilitätsergebnisse sind allerdings ernüchternd: Bei 50 deutschen Aktien kamen insgesamt 37 Transaktionen zustande mit einer **absoluten Durchschnittsrentabilität** von -4.55% und einer **relativen Durchschnittsrentabilität** von -52.99%. Lediglich 5 Transaktionen mit positivem Ausgang konnten beobachtet werden.

Dies bestätigt eindrucksvoll, was bereits bei früherer Gelegenheit mehrfach festgestellt wurde: Es ist überaus riskant, scharfe Trennungslinien zwischen dem normalen und dem anomalen Bewegungsspielraum einer Zeitreihe zu ziehen und angeblich anomale Reihenbewegungen als Grundlage für Prognosen zu verwenden.[10]

Adt-Aktie ein echter Stoploss-Verkauf erfolgte, im Falle der Versicherungsaktie hingegen wurde im Grunde nicht prozyklisch, sondern antizyklisch verkauft. Infolge der äußerst positiven Trendperformance wurde nämlich der trendperformance-abhängige Z_{465}-Wert über das obere *breakout*-Niveau Z_{699} emporgezogen. Der als Stopmarke vorgesehene Z_{465}-Wert wurde auf diese Weise zu einer Art oberem Preisziel, was nur in extremen Ausnahmesituationen vorstellbar erscheint.

10) Man kann es auch so ausdrücken: Der hier durchgeführte Test deutet darauf hin, daß rund 9 von 10 *overshooting*-Signalen falsch sind. Die durch die Fehlsignale ausgelösten Schieflagen werden zwar aufgrund der eingebauten Stoploss-Automatik unverzüglich kor-

Im Rahmen der MAM-Simulationen wurden noch zahlreiche weitere *overshooting*-Strategien getestet, die alle mehr oder weniger negativ zu beurteilen sind. Wir halten daher fest, daß prozyklische Strategien, die mit eindeutig festgelegten Preisschwellen arbeiten, im wesentlichen unbrauchbar sind.

4.3.2.7 Fächer-Strategien

Wir haben bisher zwei Methoden zur begrifflichen Fassung prozyklischer Strategien untersucht. Die eine Methode besteht darin, die Strategie mit Hilfe eines Marktstärke-Indikators aufzubauen. Die hier erzielten Ergebnisse sind recht ermutigend. Die zweite Methode besteht darin, eine Obergrenze für den "normalen" Preisanstieg anzugeben. Überspringt der Preis diese Obergrenze *("overshooting")*, dann gilt dies als Zeichen eines sich beschleunigenden Preisauftriebs. Diese Methode bringt sehr schlechte Ergebnisse, weil die Kaufsignale sehr unzuverlässig sind, d.h., sehr häufig zu weit überhöhten Preisen Käufe auslösen.

Nun gibt es einen dritten, mittleren Weg, der das Ziel möglichst hoher Kapitalverzinsung über **Preisschwellen** zu erreichen versucht, die nicht im äußeren, sondern im inneren Preisbereich liegen. Die Preisschwellen könnte man auch als **Preisachsen** bezeichnen, um welche die Preisbewegung abläuft. Dieser **"axiale Ansatz"** entspricht wohl am weitestgehenden der charttechnischen Praxis, die stets versucht, das Preisspektrum in sog. **"Trendkanäle"** einzubinden, denn für jeden dieser Kanäle läßt sich unschwer eine Mittel-Linie, eine "Achse" einzeichnen.

Die praktische Arbeit mit Trendkanälen wird nun dadurch erschwert, daß sie sehr häufig mehr oder weniger deutlich ihre Richtung ändern. Die Charttechniker versuchen, dem **Problem der Richtungsinstabilität** von Zeitreihen dadurch Herr zu werden, daß sie nicht krampfhaft versuchen, eine Reihe in einen Trendkanal hineinzupressen, sondern an diese Reihe **Fahrstrahlen** mit nach Bedarf veränderter Steigung zu legen, und zwar von einem bestimmten Basispunkt

rigiert, doch die Korrekturkosten sind beträchtlich. Dabei wurden die hierbei zu verkraftenden Transaktionskosten noch gar nicht mitgezählt.

aus. Auf diese Weise entsteht ein **"Fächer"**, der sich nach einer bestimmten Seite hin ausbreitet, und zwar in die Richtung der mutmaßlichen zukünftigen Preisbewegung.

Versucht man nun, das Fächer-Prinzip für strategische Zwecke nutzbar zu machen, dann muß zuvor das **Problem der Richtungsinstabilität** von Zeitreihen in befriedigender Weise bewältigt werden. Ein gangbarer Weg scheint darin zu bestehen, daß die Preisreihe über verschieden lange Zeiträume, die jeweils mit der gegenwärtigen Periode enden, abgegriffen wird. Die Preisentwicklung jedes Zeitraums läßt sich dann durch eine Regressionsgerade approximativ einfangen. Diese "Achsen" sind alle mehr oder weniger stark richtungsverschieden, so daß ihr gemeinsames Erscheinungsbild einem Fächer ähnelt. Wir wählen Referenzzeiträume von maximal 48 Perioden, z.B. Monaten. Die einzelnen Regressionsansätze bzw. Schätzgleichungen lauten dann:[11]

$$Z_{703,t} = a_0 + a_1 Z_{3,t} + u_t \text{ mit } t = 0,...,6$$
$$Z^*_{703,t} = a_0^* + a_1^* Z_{3,t}$$
$$Z_{704,t} = b_0 + b_1 Z_{3,t} + u_t \text{ mit } t = 0,...,12$$
$$Z^*_{704,t} = b_0^* + b_1^* Z_{3,t}$$
$$Z_{705,t} = c_0 + c_1 Z_{3,t} + u_t \text{ mit } t = 0,...,24$$
$$Z^*_{705,t} = c_0^* + c_1^* Z_{3,t}$$
$$Z_{706,t} = d_0 + d_1 Z_{3,t} + u_t \text{ mit } t = 0,...,36$$
$$Z^*_{706,t} = d_0^* + d_1^* Z_{3,t}$$
$$Z_{707,t} = e_0 + e_1 Z_{3,t} + u_t \text{ mit } t = 0,...,48$$
$$Z^*_{707,t} = e_0^* + e_1^* Z_{3,t}$$

Z_{703} bzw. Z^*_{701} entspricht den bereits früher eingeführten Variablen Z_{190} bzw. Z^*_{190}. Für die Fächer-Strategie von Bedeutung sind nun nicht die Achsen (Regressionslinien) in ihrer gesamten Länge, sondern lediglich deren Endpunkte, also z.B. $Z^*_{703,6}$, $Z^*_{704,12}$, usw. Als **kaufwürdig** gilt eine Konstellation dann, wenn der Preis aus dem durch die Regressionslinien-Endpunkte aufgespannten Fächer nach oben ausbricht. Wir formulieren dies präzis wie folgt:

$$Z_{708,tK} = Z_{2,tK} \text{ für } Z_{2,tK} > \max\{Z^*_{703,6},...,Z^*_{707,48}\}$$

Auch hier wollen wir auf **Zukäufe** der Einfachheit halber verzichten. **Verkauft** wird konsequenterweise dann, wenn der Preis nach unten aus dem Fächer ausbricht:

$$Z_{709,tV} = Z_{1,tV} \text{ für } Z_{1,tV} < \min\{Z^*_{703,6},...,Z^*_{707,48}\}$$

11) Die Störgröße wird einheitlich mit "u" bezeichnet. Die Schätzwerte der Regressionsparameter werden mit "*" gekennzeichnet.

Die **Auswertung** zeigt eine rege Signaltätigkeit. Getestet wurden 30 deutsche Aktien während eines Testzeitraums von durchschnittlich rund 15 Jahren. Insgesamt wurden 170 Transaktionen nach dieser Strategie abgerechnet. Das Ergebnis ist miserabel: Zwar beträgt die **absolute Durchschnittsrendite** noch +7.05%, doch liegt die **relative Durchschnittsrendite** mit -40.67% erschreckend tief.[12] Gekauft wird zu bereits deutlich gestiegenen Kursen, auf die meist prompt ein kräftiger Kursrückschlag folgt. In absoluten Renditekategorien mag dies noch recht harmlos aussehen, die relative Rentabilität ist jedoch extrem negativ.[13][14]

4.3.2.8 Höchstpreis-Strategie

Das Pendant zur antizyklischen Tiefstpreis-Strategie ist die prozyklische Höchstpreis-Strategie. Während der Tiefstpreis-Stratege erst nach deutlichen Preisrückgängen zum Kauf bereit ist, sieht der Höchstpreis-Stratege in bereits deutlich gestiegenen Preisen

12) Dieses Beispiel macht besonders deutlich, wie wichtig es ist, beide Renditekennziffern genau im Auge zu behalten. Offenbar hat diese Strategie in Einzelfällen kräftige Gewinne gebracht, in der Regel allerdings gekoppelt mit einer langfristigen Kapitalbindung. Ein anschauliches Beispiel liefert die Allianz-Leben-Aktie, die nach dieser Strategie zu 796 gekauft und nach 56 Monaten zu 6.750 verkauft wurde. Dies bedeutet eine enorme absolute Rendite von fast +750%. Die relative Rendite beträgt freilich nur rund +160%. Zu solchen Glückstreffern ist diese Strategie allerdings nur bei extrem trendpositiven Aktien fähig. Die meisten Aktien weisen jedoch nur einen mäßigen Trend auf und schwanken zumeist recht kräftig. In all diesen Fällen wirkt diese Strategie geradezu ruinös.

13) So brachte z.B. die Ackermann-Aktie ein Verkaufsignal zu 66, nachdem einen Monat zuvor zu 80 gekauft wurde. Das sind absolut 17.5% Wertverlust, der relative Verlust (bezogen auf die Jahresperiode) beträgt jedoch 210%. Solche "Blitz-Transaktionen", die der unverzüglichen Korrektur von Schieflagen dienen, sind bei dieser Strategie besonders häufig. Sie haben zwangsläufig eine verheerende Wirkung auf die relative Rentabilität.

14) Es wird immer wieder eingewandt, man könne doch nicht mehr als 100% verlieren, deshalb sei die **relative Rentabilität** eine sinnlose Kennziffer. Dieser Einwand ist jedoch unzutreffend, weil er in unzulässiger Weise Argumentationsvoraussetzungen vertauscht. Selbstverständlich kann man von einem bestimmten Kapital höchstens 100% "verspielen", doch darum geht es überhaupt nicht. Ein Anleger, der bei einem bestimmten Engagement einen Totalverlust erleidet, wird möglicherweise aufhören zu spekulieren, möglicherweise aber auch nicht. Im letzteren Falle muß er "frisches" Kapital zuschießen, das er innerhalb einer Jahresperiode durchaus auch noch verspielen kann, usw. Die relative Rendite mißt somit die Geschwindigkeit der Kapitalvermehrung bzw. Kapitalvernichtung. Eine relative Rendite von -200% bedeutet somit, daß ein beliebiges Kapital binnen Jahresfrist zweimal restlos aufgezehrt wird.

das entscheidende Kaufargument. Dahinter steht eine völlig verschiedene **Einschätzung des Marktbewertungsprozesses.**

Der Tiefstpreis-Stratege glaubt, daß der Markt zu "Übertreibungen" neigt. Er glaubt also z.B., daß im Verlaufe einer Baisse die Preise stärker fallen, als bei sachgerechter Bewertung der Marktobjekte gerechtfertigt wäre. Der Preisrückgang führt daher zu mehr oder weniger krassen Unterbewertungen, die günstige Kaufgelegenheiten eröffnen.

Der Höchstpreis-Stratege sieht den Bewertungsmechanismus genau umgekehrt. Er glaubt, daß der Marktpreis der objektiv richtigen Bewertung nur zögerlich folgt. So signalisieren ihm z.B. steigende Preise, daß die betreffenden Marktobjekte deutlich höher zu bewerten sind. Da der Markt diese Höherbewertung aber nur schleppend nachvollzieht, die Preise also noch "Nachholbedarf" haben, bieten sich zumindest in der Anfangsphase günstige Kaufgelegenheiten.

Die Algorithmen der Höchstpreis-Strategie können in enger Anlehnung an diejenigen der Tiefstpreis-Strategie abgeleitet werden. Anstelle der zeitraumspezifischen Tiefstpreise werden jetzt zeitraumspezifische Höchstpreise benötigt, und zwar wiederum für die Zeiträume. die 3, 6, 12, 24, 36, 48 und 96 Perioden umfassen, einschließlich der aktuellen Periode:

$$Z_{710,t} = \max\{Z_{2,t};Z_{2,t-1};Z_{2,t-2}\}$$
$$Z_{711,t} = \max\{Z_{2,t};...;Z_{2,t-5}\}$$
$$Z_{712,t} = \max\{Z_{2,t};...;Z_{2,t-11}\}$$
$$Z_{713,t} = \max\{Z_{2,t};...;Z_{2,t-23}\}$$
$$Z_{714,t} = \max\{Z_{2,t};...;Z_{2,t-35}\}$$
$$Z_{715,t} = \max\{Z_{2,t};...;Z_{2,t-47}\}$$
$$Z_{716,t} = \max\{Z_{2,t};...;Z_{2,t-95}\}$$

Es folgt jetzt die Bestimmung der Differenzen zwischen dem jeweiligen zeitraumspezifischen und dem aktuellen Höchstpreis. Jede dieser Differenzen wird auf den entsprechenden zeitraumspezifischen Höchstpreis bezogen und in Prozentwerte umgerechnet:

$$Z_{717,t} = 100[(Z_{710,t}-Z_{2,t})/Z_{710,t} + (Z_{711,t}-Z_{2,t})/Z_{711,t} + ... \\ ... + (Z_{716,t}-Z_{2,t})/Z_{716,t}]$$

Z_{717} ist ein Index, der über die Höchstpreis-Performance einer Preisreihe informiert. Befindet sich z.B. eine Preisreihe (im 96-Perioden-Vergleich) auf ihrem Höchststand, dann ist offenbar

$Z_{717}=0$. Dies ist zugleich der höchste Indexwert. Für eine gute Höchstpreis-Performance wollen wir nun ein Indexniveau von höchstens 50 ansetzen. Damit ist das **Kaufsignal** definierbar:

$$Z_{718,tK} = \begin{cases} 1 \text{ für } Z_{717,tK} \geq 50 \\ 0 \text{ für } Z_{717,tK} > 50 \end{cases}$$

Zukäufe sind nur denkbar, wenn eine Preisreihe auf ein höheres Niveau vordringt. Bei Preisrückgängen im Anschluß an den Erstkauf wäre zwangsläufig $Z_{718}=0$, antizyklische Zukäufe sind also nicht denkbar. Die Zukaufbedingung (für den ersten Zukauf) lautet daher jetzt:

$$Z_{719,tZK1} = \begin{cases} 1 \text{ für } Z_{2,tZK1} \geq Z_{2,tK} \cdot Z_{134,tZK1}{}^{0.125} \\ 0 \text{ für } Z_{2,tZK1} < Z_{2,tK} \cdot Z_{134,tZK1}{}^{0.125} \end{cases}$$

Etwaige weitere Zukäufe erfolgen in völlig analoger Weise. Der gesamte Bestand wird **verkauft**, sobald das für den Index Z_{717} festgelegte Höchstniveau überschritten wird. Das **Verkaufsignal** lautet:

$$Z_{720,tV} = \begin{cases} 1 \text{ für } Z_{717,tV} > 50 \\ 0 \text{ für } Z_{717,tV} \leq 50 \end{cases}$$

Getestet wurde die **Leistungsfähigkeit der Höchstpreis-Strategie** für 60 deutsche Aktien. Der Testzeitraum betrug in der Regel 10 Jahre und endete im April 1986. Im Vergleich zur Tiefstpreis-Strategie schnitt die Höchstpreis-Strategie bei diesem Testsegment bedeutend besser ab. Die **absolute Durchschnittsrendite** belief sich auf +19.82% (im Vergleich zu +5.15%), die **relative Durchschnittsrendite** auf +44.94% (im Vergleich zu +56.30%). Diese Zahlen scheinen die prozyklische These zu bestätigen, wonach kluges Marktverhalten darin besteht, auf Spekulationsobjekte mit fester Preisdynamik zu setzen.

Wir wollen damit die Darstellung spezifisch prozyklischer Strategien abschließen. Das Fazit ist zwiespältig: Prozyklische Strategien, die sich stark auf markante, präzis festgelegte Preisschwellen verlassen, erweisen sich im wesentlichen als unbrauchbar. Hingegen besitzen prozyklische Strategien, die sich an der eher pauschal erfaßten Marktstärke orientieren, beachtliche Leistungsfähigkeit. Wir wollen nun im folgenden Abschnitt prüfen, ob mit Hilfe gemischter Strategien, die gleichzeitig antizyklische und prozyklische Elemente aufweisen, eine signifikante Leistungsverbesserung zu erzielen ist.

4.3.3 Gemischte Strategien

Die Analyse spezifisch antizyklischer und spezifisch prozyklischer Strategien hat gezeigt, daß beide Strategieprinzipien bei entsprechender Ausgestaltung leistungsfähig sind. Gleichwohl haben diese polaren Strategien systematische Schwächen. Antizyklische Strategien verfügen über keine Verlustbegrenzungsregelung, so daß es in ungünstigen Fällen zu einer gefährlichen Verlustkumulierung kommen kann. Prozyklische Strategien hingegen lassen günstige Kaufgelegenheiten, die durch vorübergehende Preisrückgänge entstehen, grundsätzlich ungenutzt. Gemischte Strategien versuchen, dieses Defizit zu beseitigen, indem sie antizyklische und prozyklische Strategieelemente verknüpfen.

4.3.3.1 Box-Strategien

Einen guten Einstieg in die Arbeitsweise gemischter Strategien bieten die Box-Strategien. Sie beruhen auf der Vorstellung, die insbesondere durch den amerikanischen Schautänzer N. DARVAS (1961) populär gemacht wurde, daß sich Preise, vor allem Aktienkurse, längere Zeit in klar eingrenzbaren Bereichen aufhalten, die im wesentlichen gewohnheitsbedingt sind. Ohne deutlichen Anstoß von außen, d.h., ohne ein bemerkenswertes, preisrelevantes Ereignis verläßt ein Preis eine solche "Box" nicht.

Berührt er den "Boden" bzw. die "Decke" der Box, beginnt typischerweise eine Preisreaktion, der Preis prallt sozusagen an den Schachtelwänden ab und bewegt sich in die Gegenrichtung. Antizyklisches Marktverhalten gebietet daher, im unteren Grenzbereich der Box zu kaufen und im oberen Grenzbereich zu verkaufen. Bricht der Preis indessen wider Erwarten aus der Box aus, dann ist eine Situation entstanden, die den Prozykliker auf den Plan ruft. Erfolgt der Ausbruch nach oben, so bedeutet dies ein **prozyklisches Kaufsignal.** Erfolgt der Ausbruch nach unten, so stellt dies ein **prozyklisches Verkaufsignal** (Stoploss-Signal) dar.[15)]

15) Chartisten verwenden in diesem Zusammenhang oft das Bild eines Schwimmers, der in einem Fluß umherschwimmt. Ein außenstehender

In ihrer konsequentesten Ausgestaltung ist die Box-Strategie im Grunde trendfrei, d.h., eine trendbedingte Anpassung der Boxen unterbleibt. Denn für den Box-Strategen ist es gleichgültig, ob eine Preisreihe aufgrund des Trends oder aufgrund anderer Ursachen steigt. Ihn interessiert lediglich, ob die Preisreihe aus einer stationären Zone ausbricht oder nicht. Aus diesem Grund ist es wenig angebracht, im Rahmen der Box-Strategie trendangepaßte Bandbreiten zu verwenden, im Gegenteil: Es sollte versucht werden, den Trendeinfluß weitgehend zu neutralisieren. Dies haben wir bereits in Gestalt des basistrendbereinigten Reihenmittelwerts Z_{610} sowie in Gestalt des darauf fußenden Korridors Z_{611}-Z_{612} getan. Für strategische Zwecke wollen wir jedoch diesen Korridor mit Hilfe des Faktors $(1+0.1Z_{134})$ verengen:

$$Z_{721,t} = Z_{611,t}(1+0.1Z_{134,t})$$
$$Z_{722,t} = Z_{612,t}/(1+0.1Z_{134,t})$$

Durch Z_{721}-Z_{722} sind die **antizyklischen Preisziele** festgelegt. Fällt der Preis auf Z_{721} oder darunter, wird auf jeden Fall antizyklisch gekauft. Steigt der Preis auf Z_{722} oder darüber, dann wird auf jeden Fall antizyklisch verkauft. Zwischen diesen antizyklischen Grenzen liegt Z_{610}, der trendbereinigte Reihenmittelwert. Zusammen mit diesem läßt sich die **untere Box** $(Z_{721}$-$Z_{610})$ von der **oberen Box** $(Z_{610}$-$Z_{722})$ abgrenzen. Bewegt sich der Preis von der unteren in die obere Box, dann wird ein **prozyklisches Kaufsignal** ausgelöst. Fällt er umgekehrt von der oberen in die untere Box, wird ein **prozyklisches Verkaufsignal** ausgelöst:

$$Z_{723,tK} = \begin{cases} Z_{1,tK} & \text{für } Z_{1,tK} \leq Z_{721,tK} \\ Z_{2,tK} & \text{für } [(Z_{2,tK} > 1.03Z_{610,tK}) \ldots \\ & \ldots \wedge (Z_{2,t-1,K} \leq 1.03Z_{610,t-1,K})] \wedge (Z_{1,tK} > Z_{721,tK}) \end{cases}$$

Gekauft wird also entweder antizyklisch, wenn der Perioden-Tiefstpreis Z_1 auf das antizyklische Niveau Z_{721} oder darunter fällt. Sofern ein solcher Kauf nicht zustandekommt, ist noch ein prozyklischer Kauf möglich, sofern der Preis in die obere Box steigt.

Beobachter hat zunächst keinen Anhaltspunkt, an welches Ufer sich der Schwimmer schließlich begeben wird, um den Fluß zu verlassen. Verläßt nun der Schwimmer den Fluß schließlich über das rechts gelegene Ufer, dann ist dem Beobachter klar, in welche Richtung sich der Badende zu entfernen gedenkt. Mit den Preisen - so die Chart-Lehre - verhält es sich ähnlich: Bricht ein Preis nach längerer "Unentschlossenheit" nach oben aus einer Box aus, dann gilt dies als sicheres Zeichen dafür, daß der Preis "nach oben will".

Treten in einer Periode beide Kaufsignale auf, so hat das antizyklische Vorrang, da es den preisgünstigeren Einstieg sichert.[16]

Auf **Zukäufe** wollen wir hier der Einfachheit halber verzichten. Aufgrund der bestehenden zwei Möglichkeiten ist hier der **Verkaufalgorithmus** komplexer als im Falle der "einseitigen" Strategien:

$$Z_{724,tv} = \begin{cases} Z_{2,tv} & \text{für } Z_{2,tv} \geq Z_{722,tv} \\ Z_{1,tv} & \text{für } [(Z_{1,tv} < 0.97 Z_{610,tv}) \ldots \\ & \ldots \wedge (Z_{1,t-1,v} \geq 0.97 Z_{610,t-1,v})] \end{cases}$$

Demnach wird entweder antizyklisch verkauft, wenn der Perioden-Höchstpreis das obere Preisziel Z_{722} erreicht oder überschreitet. Gelingt ein solcher Verkauf nicht, dann muß u.U. zum Zwecke der Verlustbegrenzung verkauft werden, weil der Perioden-Tiefstpreis in die untere Box zurückfällt, d.h., Z_{610} um mehr als 3% unterschreitet. Da der antizyklische Verkauf günstiger ist, soll dieser realisiert werden, sofern in einer Periode beide Verkaufmöglichkeiten bestehen.

Es wurden 30 deutsche Aktien während eines Zeitraums von 15 Jahren nach dieser Strategie "gemanaged". Die Umsatztätigkeit war überaus rege. Insgesamt wurden 504 Transaktionen abgerechnet. Das **Anlageergebnis** erwies sich allerdings als überaus mager. Mit einer durchschnittlichen **absoluten Rendite** von +3.52% wirtschaftete diese Strategie gerade am *break-even point*, also dort, wo nach Abzug üblicher Spesen die Gewinnzone beginnt.

Die etwas höher bei +18.45% liegende **relative Durchschnittsrendite** vermag das Bild keineswegs aufzuhellen, denn eine auskömmliche absolute Rendite ist die notwendige Bedingung für eine lohnende Marktstrategie. Der Börsenslogan "außer Spesen nichts gewesen" trifft auf diese Strategie in geradezu exemplarischer Weise zu. Die allermeisten Transaktionen erweisen sich als reine "Nieten".

16) In der Praxis läßt sich diese Rangordnung freilich nur einhalten, wenn tatsächlich das antizyklische Signal zuerst auftritt. Im Rahmen von Modellsimulationen, die z.B. Monatsperioden zugrundelegen und als Datengrundlage nicht näher terminierte Perioden-tiefst- und -höchstpreise verwenden, ist die Reihenfolge der Signale nicht identifizierbar. Um die Kaufregel Z_{723} überhaupt auf einem Rechner implementieren zu können, muß die Rangfolge extern vorgegeben werden. Dabei liegt es nahe, die günstigste Option zu wählen.

Woran liegt dies? Die Hauptursache dürfte darin liegen, daß die strategische Grenze Z_{610} zwischen der unteren und der oberen Box zu einem höchst kostspieligen "Grenzverkehr" Anlaß gibt. Die Preise wechseln überaus häufig die Seiten, ohne daß hierdurch eine klare Richtungsentscheidung getroffen würde.[17)]

Wir wollen nun prüfen, ob die Box-Strategie in einer alternativen Ausgestaltung zu einer besseren Leistung fähig ist. Im Rahmen der antizyklischen Strategie mit Basistrendorientierung haben wir den Reihenmittelwert Z_{673} definiert, der im Gegensatz zu Z_{610} den Basistrend nicht neutralisiert, sondern verstärkt berücksichtigt. Dies bewirkt eine basistrendabhängige Verlagerung der Boxen.[18)]

Bevor wir die Strategie vollständig ausformulieren können, müssen noch die antizyklischen Grenzen (Preisziele) festgelegt werden. Eine dieser Grenzen liegt in Gestalt von Z_{674} bereits vor. Der durch Z_{673}-Z_{674} begrenzten mittleren Box fügen wir je eine untere und eine obere Box hinzu, deren äußere Grenzen wie folgt festgelegt sind:

$$Z_{725,t} = Z_{674,t}/Z_{134,t}$$
$$Z_{726,t} = Z_{673,t} \cdot Z_{134,t}$$

Die Grenzen der unteren Box sind also durch Z_{725}-Z_{674}, diejenigen der oberen Box durch Z_{673}-Z_{726} festgelegt. Nachdem sich der Wechsel von der einen Box in die andere im Rahmen der letzten Variante zumeist als nicht richtungweisend erwiesen hat, wollen wir jetzt die Anforderungen, die an einen ernst zu nehmenden Boxwechsel zu

17) Vor diesem Hintergrund erstaunt es wirklich, daß sich in der Praxis naive Anlageregeln großer Beliebtheit erfreuen, die im Kern der hier getesteten und als völlig unbrauchbar entlarvten Strategie sehr ähnlich sind. Zugegeben, die zahllosen Schieflagen lassen sich im allgemeinen so ausbügeln, daß man mit einem "blauen Auge" davonkommt. Doch sollte man sich nicht wundern, wenn man zumindest aufgrund der Spesenbelastung - der immaterielle Einsatz wird dabei noch nicht einmal mitgezählt - auf Dauer mit dieser Strategie ins Minus abrutscht. Dauerhafte Markterfolge lassen sich auf diese Weise aller Wahrscheinlichkeit nach nicht erzielen.

18) Ob dies noch mit dem "Geist" der Box-Strategie vereinbar ist, mag dahingestellt bleiben. Beachten sollte man aber, daß eine Verlagerung nur insoweit stattfindet, als sich der sehr träge Basistrend-Indikator Z_{124} verändert. Dieser reagiert nur auf nachhaltige Niveauverschiebungen einer Zeitreihe, deren Einbeziehung in boxstrategische Überlegungen nicht unbedingt als systemfremd gelten muß.

stellen sind, deutlich verschärfen. Zu diesem Zweck legen wir zwischen den Boxen einen Grenzstreifen fest, in dem sich der Preis bewegen kann, ohne Richtungssignale zu geben. **Käufe in der oberen Box** werden wie folgt geregelt:

$$Z_{727,tK} = Z_{2,tK} \text{ für } Z_{2,tK} \geq 1.03 Z_{673,tK} \cdot Z_{134,tK}{}^{0.125}$$

Dies können prozyklische Käufe sein. In diesem Fall ist der Preis von der mittleren Box in die obere Box aufgestiegen. Es kann sich aber auch um antizyklische Käufe handeln. In diesem Fall ist der Preis innerhalb der oberen Box an deren unteren Rand zurückgefallen. Zu **Verkäufen** kommt es entweder dann, wenn das antizyklische (obere) Preisziel erreicht ist oder wenn Positionen im Interesse der Verlustbegrenzung liquidiert werden müssen, weil der Preis in die mittlere Box abrutscht:

$$Z_{728,tV} = \begin{cases} Z_{2,tV} & \text{für } Z_{2,tV} \geq Z_{725,tV}/Z_{134,tV}{}^{0.125} \\ Z_{1,tV} & \text{für } Z_{1,tV} \leq 0.97 Z_{673,tV}/Z_{134,tV}{}^{0.125} \end{cases}$$

Hat sich der Preis innerhalb der unteren Box niedergelassen, so gelten analoge Überlegungen. Fällt der Preis in die Nähe der Box-Untergrenze zurück, wird antizyklisch gekauft:

$$Z_{729,tK} = Z_{1,tK} \text{ für } Z_{1,tK} \leq 1.03 Z_{725,tK} \cdot Z_{134,tK}$$

Verkauft wird entweder dann, wenn der Preis an den oberen Rand der unteren Box vorstößt (**antizyklischer Verkauf**) oder aus der unteren Box nach unten herausfällt (**prozyklischer Stoploss-Verkauf**):

$$Z_{730,tV} = \begin{cases} Z_{2,tV} & \text{für } Z_{2,tV} \leq Z_{674,tV}/Z_{134,tV}{}^{0.125} \\ Z_{1,tV} & \text{für } Z_{1,tV} \leq Z_{725,tV}/Z_{134,tV}{}^{0.125} \end{cases}$$

Sollte der Preis wieder in die untere Box zurückkehren, wird selbstverständlich wieder ein antizyklisches Kaufsignal ausgelöst. Es ist also nicht erforderlich, für das Stoploss-Verkaufsignal ein eigenständiges Korrektursignal vorzusehen. Dies gilt in gleicher Weise für alle Stopsignale dieser Strategie. Um das strategische Operationsfeld zu vervollständigen, müssen noch die Operationen in der mittleren Box geregelt werden. Dies ist bereits in Gestalt der Algorithmen Z_{675} und Z_{676} geschehen, auf die hier ausdrücklich verwiesen wird.

Wir sind nun in der Lage, diese komplexe Box-Strategie zu testen. Als Testobjekte wurden wiederum 30 deutsche Aktien herangezogen; die Datenbasis umfaßt rund 15 Jahre. Das Bild, das sich hier bietet, ist allerdings kaum günstiger als bei der vorausgegangenen boxstrategischen Variante.[19] Die **absolute Durchschnittsrendite** konnte nur knapp auf +4.84% verbessert werden. Die **relative Durchschnittsrendite** liegt mit -18.77% sogar noch deutlich niedriger. Nach wie vor sind die Kosten der Schieflagenbeseitigung sehr hoch, so daß selbst kräftige Gewinne, die im Einzelfall durchaus auftreten, sofort wieder aufgezehrt werden.

Wir wollen noch einen letzten Versuch mit der boxstrategischen Konzeption unternehmen. Um dem Box-Gedanken, der ursprünglich auf weitgehend stationären Preisbereichen beruhte, wieder verstärkt Geltung zu verschaffen, nehmen wir diesmal eine **globale Dynamik-Bereinigung** vor. Neben der Zufallsdynamik, die für die Dimensionierung der Preisboxen keine allzu große Bedeutung haben dürfte, kommen insbesondere der Basistrend Z_{124}, das Momentum Z_{133} sowie die Zyklik Z_{134} als wesentliche Dynamikfaktoren in Betracht. Wir definieren zunächst einen **Trenddynamikfaktor** als

$$Z_{731,t} = [1+0.01(Z_{124,t}+Z_{133,t})]^{0.5}.$$

In % ausgedrückt ist dies

$$Z_{732,t} = 100(Z_{731,t}-1).$$

Erfassen wir nun die Zufallskomponente durch

$$Z_{733,t} = 10Z_{134,t}$$

und verrechnen diese mit der Trenddynamik, so erhalten wir nach Umrechnung auf Koeffizientenform die **Netto-Trenddynamik**:

$$Z_{734,t} = 0.01(Z_{733,t} - Z_{732,t})$$

Nehmen wir das zyklische Element in Gestalt von $Z_{134}{}^{0.125}$ noch hinzu, so erhalten wir den **Dynamik-Bereinigungsfaktor**

$$Z_{735,t} = Z_{734,t} + Z_{134,t}{}^{0.125}.$$

19) Zwar hat die Zahl der abgewickelten Transaktionen deutlich auf 121 abgenommen, was der starken Reduzierung der durch Fehlsignale ausgelösten Transaktionen zuzuschreiben ist. Insofern hat sich also wie erwartet die Verbreiterung der Toleranzen für den Grenzübertritt ergebnisverbessernd ausgewirkt. Unter dem Strich ist hiervon allerdings nicht mehr viel zu spüren.

Das letzte boxstrategische Experiment hat immerhin soviel gezeigt, daß die Minimierang von Transaktionen im mittleren Preisbereich beträchtliche Kostenersparnisse bringt, weil Schieflagen nicht mehr so häufig korrigiert werden müssen. Deshalb wollen wir auch diesmal einen "Transaktionshemmer" einbauen. Offenbar geht es um das Problem, die endgültigen von den nur zufälligen "Grenzübertritten" zu trennen.

Im Rahmen der Bandbreiten-Diskussion haben wir zu diesem Zweck sog. **Unschärfezonen** entwickelt, durch welche der bedeutungslose "Grenzverkehr" möglichst lückenlos erfaßt werden soll. Jetzt legen wir eine Unschärfezone mit Hilfe des Dynamik-Bereinigungsfaktors Z_{735} fest. Seine komplizierte Funktionsweise soll anhand eines Beispiels verdeutlicht werden, nachdem wir zuvor die Grenzen des **Unschärfebereichs** wie folgt festgelegt haben:

$$Z_{736,t} = \begin{cases} \min\{Z_{11,t};Z_{451,t}\}/Z_{735,t} & \text{für } Z_{734,t}>0 \\ \min\{Z_{11,t};Z_{451,t}\}/Z_{134,t}^{0.125} & \text{für } Z_{734,t}\leq 0 \end{cases}$$

$$Z_{737,t} = \begin{cases} \max\{Z_{11,t};Z_{451,t}\}Z_{735,t} & \text{für } Z_{734,t}>0 \\ \max\{Z_{11,t};Z_{451,t}\}Z_{134,t}^{0.125} & \text{für } Z_{734,t}\leq 0 \end{cases}$$ [20]

Die Verwendung einer Unschärfezone zwingt konsequenterweise dazu, im Rahmen einer Box-Strategie jetzt wiederum nur zwei Boxen zu verwenden, zwischen denen die Unschärfezone gewissermaßen als Puffer fungiert. Wir wollen die Strategie nun so ausgestalten, daß dem antizyklischen Element wieder stärkere Beachtung zukommt. Dies bedeutet, daß antizyklische Käufe nach Möglichkeit zu antizykli-

20) Die Unschärfezone wird also um den gewöhnlichen Reihenmittelwert Z_{11} bzw. um seine basistrendangepaßte Variante Z_{451} herum aufgebaut. Dabei wird bei der Wahl der Zonengrenzen auf die jeweiligen Extrema zurückgegriffen. Jetzt kommt der Dynamikbereinigungsfaktor ins Spiel. Ist z.B. die Trendperformance ($Z_{124}+Z_{133}$) nur schwach positiv, so daß die Zufallskomponente überwiegt, dann ist Z_{734} positiv. Die unklare dynamische Situation wird dadurch "bereinigt", daß die Untergrenze der Unschärfezone vergleichsweise stark nach unten gedrückt wird. Ist dagegen die Trendperformance stark positiv, so daß sie im Vergleich zur Zufallskomponente überwiegt, dann ist Z_{734} negativ. Dies bedeutet, daß die zyklische Komponente in Z_{735} zumindest teilweise neutralisiert wird. In diesem Fall wird die Untergrenze der Unschärfezone nicht so stark nach unten gedrückt - genau genommen nur um den Faktor $Z_{134}^{0.125}$, ausgehend von $\min\{Z_{11};Z_{451}\}$ -, weil die stark ausgeprägte Trenddynamik hinreichend klarmacht, daß die Preisentwicklung nach oben zeigt.

schen Verkäufen führen sollen. Wird allerdings das antizyklische Preisziel nicht erreicht, weil der Preis bereits vorher zur Schwäche neigt, dann sorgt die eigentlich als Stoploss-Marke für prozyklische Käufe vorgesehene Unschärfezonen-Untergrenze für eine Gewinnabsicherung auf mittlerem Niveau.

Zu prozyklischen Aktivitäten kommt es immer dann, wenn die Unschärfezone Z_{736}-Z_{737} in einer Richtung verlassen wird. Zwar ist das Risiko eines Stoploss-Verkaufs einer prozyklisch erworbenen Position besonders hoch, doch wird man selbstverständlich auch und gerade hier versuchen, das antizyklische Preisziel zu erreichen.

Die **Zukaufregel** sieht vor, daß einmal antizyklisch nachgekauft werden darf. Außerdem lassen sich prozyklische Käufe als Zukäufe auffassen, sofern nämlich bereits zuvor ein antizyklischer Kauf gelungen ist.[21] Wir formulieren jetzt die **duale Entscheidungssituation:**

$$Z_{738,tK} = \begin{cases} 1.03Z_{2,tK} & \text{für } Z_{2,tK} > Z_{737,tK} \\ 1.03Z_{1,tK} & \text{für } Z_{1,tK} \leq Z_{736,tK}/(1+0.2Z_{134,tK}) \end{cases}$$

Die **duale Verkaufentscheidung** läßt sich wie folgt algorithmieren:

$$Z_{739,tV} = \begin{cases} 0.97Z_{2,tV} & \text{für } Z_{2,tV} \geq Z_{737,tV}(1+0.2Z_{134,tV}) \\ 1.03Z_{1,tV} & \text{für } Z_{1,tV} < Z_{736,tV} \end{cases}$$

Wir testen diese strategische Variante wiederum anhand von 30 deutschen Aktien, für die Daten während eines Zeitraums von durchschnittlich 15 Jahren zur Verfügung stehen. Das **Ergebnis** ist immerhin zufriedenstellend. Abgewickelt wurden insgesamt 62 Transaktionen mit einer **absoluten Durchschnittsrendite** von +14.44% und einer **relativen Durchschnittsrendite** von +16.85%. Obwohl auch diese marktstrategische Variante nicht ohne häufige und kostspielige Korrekturen auskommt, gelingt es doch, die Rentabilität deut-

21) Eine antizyklische-prozyklische Kaufsequenz ist im übrigen zumindest intuitiv sehr einleuchtend, denn sie impliziert, daß zunächst auf sehr niedrigem Niveau eine Anfangsposition aufgebaut wird. Stellt sich die erwartete Aufwärtsentwicklung des Preises tatsächlich ein, so wird auf mittlerem Niveau die Position verstärkt. Selbst wenn der erhoffte antizyklische Ausstieg nicht gelingen sollte, sondern vielmehr ein Stoploss-Verkauf vorgenommen werden müßte, dürfte die Anfangsposition noch immer deutlich im Gewinn liegen.

lich über das *break-even*-Niveau zu heben. Somit haben wir hier eine Strategie vor uns, mit der es sich zumindest leben läßt.

Nun liegt es freilich nahe zu überlegen, was eigentlich geschehen würde, wenn man auf die kostspieligen Korrekturen ganz verzichten und sich unerfreulich entwickelnde Positionen einfach durchhalten würde. Konkret würde das bedeuten, daß nur antizyklisch erworbene Positionen an der Gewinnsicherungsmarke ausgestoppt werden dürfen, während prozyklisch erworbene Positionen durchgehalten werden müssen, sofern ihr antizyklischer Abschluß bislang mißlungen ist.

Eine **"Durchhaltestrategie"** läßt sich nur dann objektiv beurteilen, wenn man nach den buchmäßigen Ergebnissen der durchgehaltenen Positionen fragt. Diese können stark negativ sein. Unterschlägt man diese Ergebnisse, erscheint die Rentabilität selbstverständlich in einem viel zu günstigen Licht. Deshalb wollen wir etwa vorhandene Bestände zum aktuellen Durchschnittspreis bewerten.

Das **Ergebnis dieser Durchhaltestrategie** (Verzicht auf Stoploss-Verkäufe) kann ohne Übertreibung als sensationell bezeichnet werden: Die **absolute Durchschnittsrendite** liegt bei +106.77%, die **relative Durchschnittsrendite** bei +28.92%. Diese scheinbar nur geringfügige Veränderung in der strategischen Konzeption löst derart massive Ertragsveränderungen aus.

Der Abstand zwischen absoluter und relativer Rendite macht deutlich, daß die Durchhaltestrategie, was nicht überraschen kann, eine vergleichsweise langfristige Kapitalbindung verlangt; der sprichwörtliche "lange Atem" ist hier unerläßlich. Das Durchstehen schwieriger Marktphasen zahlt sich aber offensichtlich aus, während der häufige Marktseitenwechsel, je nachdem, ob der Markt gerade fest oder schwach tendiert, Kosten verursacht, die auf längere Sicht den Markterfolg ernsthaft gefährden.

4.3.3.2 Konsolidierungsstrategien

"Konsolidierung" ist der börsentechnische Fachausdruck für Preisberuhigung. Aus markttechnischer Sicht dient die Konsolidierung dazu, den Markt nach vorausgegangener Preisbewegung an das nunmehr erreichte Preisniveau zu gewöhnen. Diese Gewöhnungsphase wird deshalb für erforderlich gehalten, weil die neue Preissituation zuerst ins Bewußtsein der Marktteilnehmer gelangen muß, bevor sich der bereits sichtbar gewordene Preistrend fortsetzen kann.

Nehmen wir einmal an, eine Aktie sei während einer gewissen Zeit stark im Kurs gestiegen. Plötzlich jedoch komme der Kursanstieg zum Stillstand; es bildet sich eine **"Kursplattform"** auf hohem Niveau. Während dieser Konsolidierungsphase gewöhnen sich die Marktteilnehmer an die im Vergleich zu früher hohe Bewertung der betreffenden Aktie. Kann sich der Kurs längere Zeit auf dem hohen Niveau halten, schöpfen die Anleger wieder neuen Mut für Aufstokkungskäufe, die den Kurs erneut nach oben in Bewegung setzen.

Konsolidierungsstrategien haben nun den Zweck, Preiskonsolidierungsphasen für Käufe zu nutzen, sofern die Preiskonsolidierung vor dem Hintergrund eines aufsteigenden Preistrends stattfindet. Sie hat daher eine große Ähnlichkeit mit den weiter oben besprochenen **Reaktions- und Inkubationsstrategien.** Der wesentliche Unterschied zu diesen besteht darin, daß Konsolidierungsstrategien mit einer strengen Verlustbegrenzungsautomatik ausgestattet sind. Insofern haben sie auch große Ähnlichkeit mit den **Box-Strategien.**

Die für Inkubationsstrategien entworfene Kaufregel Z_{685} besteht aus zwei Teilen, von denen jeder eine bestimmte Kaufsituation - je nach Inkubationszeit - erfaßt. Wir verwenden jetzt zunächst den ersten Teil dieser Kaufregel, der eine Inkubationszeit von mindestens drei Perioden voraussetzt. Anstelle der reinen antizyklischen **Verkaufregel** Z_{686} unterstellen wir aber jetzt eine gemischt antizyklisch-prozyklische Verkaufregel:

$$Z_{740,tv} = \begin{cases} Z_{465,tv} \cdot Z_{134,tv}{}^{0.25} & \text{für } Z_{2,tv} \geq Z_{467,tv} \cdot Z_{134,tv}{}^{0.25} \\ 0.97 Z_{685,tK}/(1+0.1 Z_{134,tv}) & \text{für } Z_{1,tv} < Z_{685,tK}/(1+0.1 Z_{134,tv} \end{cases}$$

Verkauft wird also entweder antizyklisch, wenn der Perioden-Höchstpreis Z_2 deutlich über die Obergrenze Z_{465} des Trendperformance-Korridors hinauskommt, oder aber prozyklisch, wenn der Perioden-Tiefstpreis deutlich unter den im Zeitpunkt tK entrichteten Kaufpreis fällt.

Die **empirische Auswertung** für 15 deutsche Aktien (durchschnittliche Datenbasis 15 Jahre) erbrachte eine überaus rege Transaktionstätigkeit. Abgewickelt wurden insgesamt 94 Transaktionen mit einer durchschnittlichen **absoluten Rendite** von +16.34% und einer durchschnittlichen **relativen Rendite** von 13.95%.[22]

Auch hier stellt sich wiederum die Frage, ob man die Stoploss-Automatik nicht kurzerhand ausschalten soll. Welchen Effekt das unbeirrte Durchhalten auf das Ergebnis hat, kann wiederum nur dann objektiv festgestellt werden, wenn bei der Ergebnisermittlung die zum Stichtag aufgelaufenen Buchgewinne bzw. -verluste mit eingerechnet werden.

Hätte man die Aktien auch in ungünstigen Börsenphasen durchgehalten, dann sähe das Ergebnis wie folgt aus: Auch hier bleibt der verblüffende Effekt einer drastischen Ergebnisverbesserung nicht aus. Die **absolute Durchschnittsrendite** steigt auf +39.18%, die **relative Durchschnittsrendite** auf +69.68%. Die Zahl der Transaktionen sinkt von 94 auf 62.

Damit bestätigt sich aufs neue, daß **Verlustbegrenzungsregeln** mehr verderben als sie Gutes bewirken. Offenbar liegt eines der Geheimnisse des Börsenerfolgs im Durchhaltevermögen. Die "Marktspringer", die in kürzester Zeit die Marktseiten wechseln, weil sie der Stimme des Marktes jederzeit Gehör schenken, müssen ihre Hörigkeit teuer bezahlen.

Wir wenden uns jetzt dem zweiten Teil der Kaufregel Z_{685} zu, die eine Inkubationszeit von mindestens 12 Perioden unterstellt. Anstelle der reinen antizyklischen Verkaufregel Z_{686} verwenden wir jetzt die gemischte Regel

$$Z_{741,tv} = \begin{cases} Z_{465,tv} \cdot Z_{134,tv}^{0.25} & \text{für } Z_{2,tv} \geq Z_{465,tv} \cdot Z_{134,tv} \\ 0.97 Z_{685,tK}/(1+0.1 Z_{134,tv}) & \\ & \text{für } Z_{1,tv} < Z_{685,tK}/(1+0.1 Z_{134,tv}). \end{cases}$$

22) Dies sind erstaunlich gute Zahlen, obwohl auch hier sehr viele Korrekturtransaktionen abgewickelt wurden, die das Ergebnis erheblich belastet haben. Am besten schneidet die Strategie bei ausgeprägter Trenddynamik ab, weil hier Stoploss-Transaktionen kaum auftreten. Verheerend wirkt die Strategie naturgemäß dann, wenn der Preis ohne nennenswerten Trend labil hin und her pendelt. Dann entpuppt sich nahezu jeder Kauf als Fehlentscheidung, die alsbald unter hohen Kosten durch das Stoploss-Signal korrigiert wird.

Verkauft wird also wiederum entweder nach Erreichen des prozyklischen Preisziels, das deutlich über Z_{465} liegt, oder aber dann, wenn der Preis im Falle eines Preisrückschlags deutlich unter den Einstandspreis, der im Kaufzeitpunkt tK entrichtet werden mußte, gefallen ist.

Das Testsegment (15 deutsche Aktien, rund 15-jährige Datenbasis) brachte bei 28 abgewickelten Transaktionen eine **absolute Durchschnittsrendite** von 14.98% und eine **relative Durchschnittsrendite** von +62.50%. Damit liegt zumindest die relative Durchschnittsrendite deutlich höher als bei Verwendung einer geringeren Inkubationszeit. Offenbar beeinflußt die Inkubationsdauer, wie vermutet, die Verläßlichkeit der Richtungsbestimmung in positivem Sinne. Sowohl die Zahl der Transaktionen wie auch die Zahl der Fehlsignale nimmt ab, wenn der geforderte Inkubationszeitraum ausgedehnt wird.

Obwohl Fehlsignale hier nicht die gefährliche Rolle spielen wie bei anderen strategischen Varianten, wollen wir auch hier den **"Durchhaltetest"** durchführen. Auf diese Weise läßt sich abschätzen, ob ein Marktteilnehmer besser gefahren wäre, wenn er die Stoploss-Signale kurzerhand ignoriert hätte. Selbstverständlich muß jetzt wiederum eine Erfolgsbewertung etwaiger, noch vorhandener Bestände vorgenommen werden.

Die Ergebnisverbesserung ist auch hier beachtlich: Die **absolute Rendite** steigt auf +42.53%, die **relative Rendite** auf 101.81%, jeweils im Durchschnitt für jede abgewickelte bzw. noch schwebende Transaktion. Das Durchhalten lohnt sich somit auch hier. Die durchschnittliche Kapitalbindungsdauer steigt hierdurch zwar notwendigerweise an, doch das vergleichsweise lange Warten auf die Kapitalfreisetzung wird vom Markt offenbar gut belohnt.

Wir wenden uns jetzt einer weiteren Variante der Konsolidierungsstrategie zu, die eine leicht veränderte Konsolidierungszone verwendet. Diese wird durch die bereits früher definierte Reaktionsbasis Z_{534} und den wiederholt verwendeten Obergrenzwert Z_{465} des Trendperformance-Korridors näher bestimmt. Die Breite der Konsolidierungszone legen wir durch den Schwankungsfaktor $(1+0.1Z_{134})$ fest. Die Konsolidierungszone hat mithin folgende Grenzen:

$$Z_{742,t} = [\max\{Z_{465,t};Z_{534,t}\}]/(1+0.1Z_{134,t})$$
$$Z_{743,t} = \max\{Z_{465,t};Z_{534,t}\}$$

Da offenbar die Verläßlichkeit einer Strategie positiv korreliert ist mit der Inkubations- oder Konsolidierungsdauer, wollen wir jetzt für eine signifikante Konsolidierung einen Mindestzeitraum von 12 Einheitsperioden (Monaten) voraussetzen. Von einer Konsolidierung wird somit dann und nur dann ausgegangen, wenn sich der Perioden-Tiefstpreis mindestens 12 Perioden lang ununterbrochen in der Konsolidierungszone aufgehalten hat. Trifft dies zu, dann erfolgt ein **Konsolidierungskauf:**

$$Z_{744,tK} = 1.03Z_{1,tK} \text{ für } Z_{732,i} \leq Z_{1,i} \leq Z_{743,i};\ i = t,\ldots,t-11$$

Prozyklische Zukäufe sind zugelassen, wenn der Perioden-Tiefstpreis um einen bestimmten Mindestbetrag über den Konsolidierungskaufpreis steigt und die Konsolidierungsbedingung unverändert erfüllt ist:

$$\begin{aligned} Z_{745,tPZK} = {} & Z_{744,tK} \cdot Z_{134,tPZK}{}^{0.25} \\ & \text{für } (Z_{1,tPZK} \geq Z_{744,tK} \cdot Z_{134,tPZK}{}^{0.25})\ldots \\ & \ldots\wedge(Z_{729,j} \leq Z_{1,j} \leq Z_{743,j});\ j = t,\ldots,t-11 \end{aligned}$$

Auch **antizyklische Zukäufe** sind zugelassen, wenn das Konsolidierungskaufniveau um einen bestimmten Mindestabstand unterschritten wird, ohne daß hierdurch die Konsolidierungsbedingung verletzt wird:

$$\begin{aligned} Z_{746,tAZK} = {} & Z_{744,tK} \cdot Z_{134,tAZK}{}^{0.25} \\ & \text{für } (Z_{1,tAZK} \leq Z_{744,tK} \cdot Z_{134,tAZK})\wedge \\ & \ldots(Z_{742,k} \leq Z_{1,k} \leq Z_{743,k});\ k = t,\ldots,t-11 \end{aligned}$$

Nun müssen wir noch die **Verkaufregel** formulieren. Sie besteht aus einem antizyklischen und einem prozyklischen Teil. Antizyklische Verkäufe erfolgen an der Obergrenze des Korridors Z_{658}-Z_{659}. Prozyklische Verkäufe (Stoploss-Verkäufe) werden dann vorgenommen, wenn der Preis unter die Konsolidierungszone fällt:

$$Z_{747,tV} = \begin{cases} Z_{659,tV} & \text{für } Z_{2,tV} \geq Z_{659,tV} \\ 0.97Z_{742,tV} & \text{für } Z_{1,tV} < Z_{742,tV} \end{cases}$$

Im **Test** (15 deutsche Aktien, Datenbasis durchschnittlich 15 Jahre) bringt diese Strategie folgendes Ergebnis: Die Leistungsfähigkeit entspricht weitgehend derjenigen der bisher untersuchten konsolidierungsstrategischen Varianten, zumindest was die **absolute Durchschnittsrendite** betrifft. Diese betrifft +13.18%. Die **relative Durchschnittsrendite** liegt bei +51.26%. Insgesamt wurden 74 Transaktionen abgewickelt.

Wir wollen auch diesmal den **Durchhaltetest** durchführen, d.h. auf Stoploss-Verkäufe verzichten. Das Ergebnis läßt sich wiederum in verblüffender Weise verbessern: Die **absolute Durchschnittsrendite** steigt auf +48.41%, die **relative Durchschnittsrendite** auf +158.70%. Die Anzahl der abgewickelten und noch schwebenden Transaktionen beläuft sich nur noch auf 32. Allerdings fällt auf, daß die Zahl der schwebenden Transaktionen mit 5 sehr niedrig liegt.[23)]

Wir schließen damit unsere Untersuchungen der Konsolidierungsstrategien ab und wenden uns jetzt bereits früher dargestellten prozyklischen Strategien zu, die wir aber nunmehr um eine antizyklische Zukaufautomatik erweitern wollen. Im Rahmen unserer Systematik entstehen dadurch gemischte Strategien.

23) Da Tests vom Rechner für die ungekürzte Strategie durchgeführt wurden, ist der *a posteriori* durchgeführte Durchhaltetest nicht verzerrungsfrei, denn die Sequenz von Kauf- und Verkaufsignalen ist in beiden Testvarianten (mit bzw. ohne Stoploss-Regelung) verschieden. Wird z.B. eine Position wegen Verletzung der Verlustbegrenzungsmarke ausgestoppt, so ist der Bestand null, solange kein neues Kaufsignal auftritt. Bei Ignorierung des Stoploss-Signals im Rahmen der Durchhaltestrategie müßte selbstverständlich noch ein Bestand vorhanden sein, der möglicherweise einen beträchtlichen Buchverlust aufweist. Dieser ist aber unbekannt, weil der Rechner nur die ungekürzte Strategie durchgetestet hat. Sofern die Bestände nach etwaigen Stoploss-Verkäufen zügig wieder aufgefüllt werden, ist dieser Verzerrungseffekt gering. Im vorliegenden Fall könnte er jedoch einiges Gewicht besitzen, da es wegen der vorausgesetzten langen Inkubationszeit frühestens 12 Perioden nach einem Stoploss-Verkauf wieder zu einer Bestandsauffüllung kommen kann. Trotzdem ist nicht zu erwarten, daß die Ergebnisse eines eigenständig ausformulierten Durchhaltetests von dem hier durchgeführten Analogietest allzu gravierend abweichen. Daher ist auch hier zumindest der vorsichtige Schluß erlaubt, daß ausdauernder Durchhaltewillen vom Markt gut belohnt wird.

4.3.3.3 Spezifisch prozyklische Strategien mit antizyklischer Zukaufregel

Zu den spezifisch prozyklischen Strategien, die in dem betreffenden Abschnitt bereits ausführlich dargestellt worden sind, zählen die Trendfolge-Strategie, die Turnaround-Strategie, die Trendperformance-Strategie, die Favorisierungsstrategie und die Rang-Strategie. **Zukäufe** können im Prinzip in zweierlei Weise erfolgen. Im Falle prozyklischer Zukäufe entsteht die sog. **Kaufpyramide**, wenn bei steigenden Preisen fallende Stückzahlen zusätzlich erworben werden. Der spezifisch prozyklische Charakter dieser Strategien wird verändert, wenn die prozyklische durch die antizyklische Zukaufregel ersetzt wird. In diesem Fall erfolgen Zukäufe nur bei fallenden Preisen. Von **progressiver Einstandsverbilligung** spricht man dann, wenn bei fallenden Preisen jeweils wachsende Stückzahlen zusätzlich erworben werden.

4.3.3.3.1 Trendfolge-Strategie mit antizyklischer Zukaufregel

Käufe erfolgen unverändert nach der Regel Z_{687}. Anstelle der prozyklischen Pyramidierungsregel wird jetzt eine Zukaufautomatik immer dann ausgelöst, wenn der in der Periode des vorausgegangenen Kaufs erreichte Tiefstpreis in einem bestimmten Umfang unterschritten wird. Wir formulieren nur die **Bedingung für den ersten Zukauf**, da etwaige weitere Zukäufe in völlig analoger Weise algorithmiert werden:

$$Z_{748,tZK} = Z_{1,tZK} \text{ für } (Z_{1,tZK} \leq Z_{1,tK}/Z_{134,tZK}{}^{0.125}) \wedge (Z_{124,tZK} \geq 50)$$

Ein erster Zukauf erfolgt somit dann, wenn der in der Zukaufperiode tZK erreichte Perioden-Tiefstpreis Z_1 um den Faktor $Z_{134}{}^{0.125}$ niedriger ist als der Perioden-Tiefstpreis der ersten Kaufperiode tK und wenn nach wie vor die Trendfolgebedingung $Z_{124} \geq 50$ erfüllt ist.

Die **absolute Durchschnittsrendite** für 75 deutsche Aktien (Datenbasis durchschnittlich 15 Jahre) beträgt +12.44% und liegt damit deutlich günstiger als bei prozyklischer Zukaufautomatik. Die **relative Durchschnittsrendite** ist jedoch mit -20.03% kaum besser.[1)]

1) Allerdings sind Renditekennziffern der Trendfolge-Strategie, wie bereits oben ausgeführt wurde, kaum aussagefähig, außer man

4.3.3.3.2 Turnaround-Strategie mit antizyklischer Zukaufregel

Die grundlegende Erstkaufregel Z_{690} bleibt unverändert. Anstelle der prozyklischen erfolgen jetzt antizyklische **Zukäufe** nach der Bedingung

$$Z_{749,tzK} = Z_{1,tzK} \text{ für } (Z_{1,tzK} \leq Z_{1,tK} \cdot Z_{134,tzK}{}^{0.125}) \wedge (Z_{133,tzK} \geq 50).$$

Etwaige weitere Zukäufe erfolgen völlig analog im Abstand. Die einstandsverbilligende Zukaufregel wirkt auch hier leicht ergebnisverbessernd. Insgesamt gesehen sind die **Ergebnisse** erstaunlich gut. Die **absolute Durchschnittsrendite** beträgt +19.55%, die **relative Durchschnittsrendite** +105.50%. Transaktionen kamen bei 47 von insgesamt 75 (deutschen) Aktien zustande.[2] Die Turnaround-Strategie erweist sich wiederum als flexible Marktstrategie mit hohem Gewinnpotential.

4.3.3.3.3 Trendperformance-Strategie mit antizyklischer Zukaufregel

Der Algorithmus für den Erstkauf ist unverändert Z_{692}. Die Zukaufbedingung lautet jetzt:

$$Z_{750,tzK} = Z_{1,tzK} \text{ für } (Z_{1,tzK} \leq Z_{1,tK} / Z_{134,tzK}{}^{0.125}) \ldots$$
$$\ldots \wedge (Z_{124,tzK} + Z_{133,tzK} \geq 50)$$

Etwaige weitere Zukäufe erfolgen analog im Abstand. Die **Ergebnisse** offenbaren keine gravierenden Unterschiede im Vergleich zur prozy-

verwendet extrem lange Testzeiträume. Der Grund ist einfach: Selbst wenn zahlreiche Käufe zustandegekommen sind, gelangen die Transaktionen nur dann zum Abschluß, wenn sich die Basistrend-situation entsprechend stark verschlechtert. Solange dies nicht der Fall ist, werden Positionen u.U. viele Jahre hindurch gehalten. Tatsächlich wurden in diesem Testsegment nur bei 9 Aktien abgewickelte Transaktionen registriert. Dies dürften aber gerade diejenigen gewesen sein, die am wenigsten oder sogar negative Renditen einbrachten.

2) Der Einwand, das Ergebnis der noch schwebenden Transaktionen könne die Durchschnittsrechnung noch erheblich modifizieren, ist hier nicht gewichtig. Die hohe Sensibilität des Momentum-Indikators Z_{133} bringt es mit sich, daß Transaktionen im allgemeinen zügig abgewickelt werden, denn in der Regel kann sich Z_{133} nur relativ kurzfristig auf oder über dem Niveau +50 halten. Außerdem würde das Gesamtergebnis durch Einbeziehung der schwebenden Transaktionen vermutlich günstig beeinflußt, denn aufgrund der Stoploss-Automatik - bei $Z_{133}<50$ wird sofort verkauft - können ernste Verlustsituationen kaum entstehen.

klischen Zukaufregel. Die **absolute Durchschnittsrendite** liegt jetzt bei +22.66%, die **relative Durchschnittsrendite** bei +63.30%. Transaktionen kamen bei 56 von insgesamt 75 deutschen Aktien zustande. Somit erweist sich die Trendperformance-Strategie sowohl mit prozyklischer als auch mit antizyklischer Zukaufregel als sehr leistungsfähig.

4.3.3.3.4 Favorisierungsstrategie mit antizyklischer Zukaufregel

Der sehr flexible Favorisierungsindikator Z_{169} löst Käufe aus, wenn er das Niveau +10 erreicht oder überschreitet. Die Erstkaufbedingung Z_{694} gilt unverändert. Erste **Zukäufe** erfolgen jetzt nach folgender Regel:

$$Z_{751,t2K} = Z_{1,t2K} \text{ für } (Z_{1,t2K} \leq Z_{1,tK}/Z_{134,t2K}{}^{0.125}) \wedge (Z_{169,t2K} \geq 10)$$

Die **Ergebnisse** zeigen, daß die antizyklische Zukaufregel im Vergleich zur prozyklischen Zukaufregel eher ergebnisdämpfend wirkt. Die **absolute Durchschnittsrendite** beträgt +12.59%, die **relative Durchschnittsrendite** +36.27%. Der Favorisierungs-Indikator Z_{169} ist vermutlich zu instabil, um rechtzeitig Marktaktionen auszulösen.[3]

4.3.3.3.5 Rang-Strategie mit antizyklischer Zukaufregel

Das prozyklische Element der Rang-Strategie greift auf den hochaggregierten Rangindikator Z_{518} zurück. Die entsprechende Erstkaufregel ist durch Z_{696} festgelegt. **Zukäufe** erfolgen jetzt nach dem antizyklischen Prinzip der Einstandsverbilligung. Zu ersten Zukäufen kommt es, wenn der Preis um einen festgelegten Mindestabstand zurückgefallen ist und die Rangstärkebedingung nicht verletzt wird:

$$Z_{752,t2K} = Z_{1,t2K} \text{ für } (Z_{1,t2K} \leq Z_{1,tK}/Z_{134,t2K}{}^{0.125}) \wedge (Z_{518,t2K} \geq 250)$$

3) Es kommt durchaus vor, daß von einer Periode zur anderen extreme Ausschläge zu registrieren sind. Beträgt die Einheitsperiode einen Monat, so wird möglicherweise im einen Monat gekauft ($Z_{169} \geq 10$), im nächsten Monat bereits wieder verkauft ($Z_{169} < 10$). Da diese Sprünge oft ohne jegliche "Vorwarnung" erfolgen, kommt der Marktteilnehmer dann mit seiner Reaktion häufig zu spät. Es existieren also offenbar **Flexibilitätsgrenzen für operationale Marktindikatoren:** Bei übermäßiger Flexibilität werden Marktindikatoren inoperabel.

Wie bei allen spezifisch prozyklischen Strategien erfolgen **Verkäufe** dann, wenn der Rangindikator das geforderte Mindestniveau nicht mehr erreicht. Verkauft wird der gesamte Bestand. Die antizyklische Zukaufregel führt zwar zu einer gewissen Leistungsverbesserung, doch überzeugen kann die Rang-Strategie nach wie vor nicht. Die **absolute Durchschnittsrendite** beträgt +11.09%, die **relative Durchschnittsrendite** liegt mit -1.70% unverändert im negativen Bereich.

Wir schließen damit die Tests der spezifisch prozyklischen Strategien mit antizyklischer Zukaufregel ab. Die Einbringung des antizyklischen Elements in prinzipiell prozyklisch konzipierte Strategien bringt im allgemeinen leichte Ergebnisverbesserungen, weil günstige Kaufgelegenheiten ausgenutzt werden. Eine grundlegende Ergebnisverbesserung läßt sich hierdurch jedoch nicht erreichen.

4.3.3.4 Minimax-Strategie

Die Minimax-Strategie sieht Käufe nur bei extremer Preisentwicklung vor. Dies kann zweierlei bedeuten: Entweder wird nach einem außergewöhnlichen Preisverfall *("undershooting")* oder nach einem außergewöhnlichen Preisanstieg *("overshooting")* gekauft. Marktteilnehmer, die diese Strategie verfolgen, werden grundsätzlich nur in einer *"special situation"* aktiv, d.h., entweder bei "Ausverkaufspreisen" oder im Falle einer "Kaufpanik".

Ein solches "extremistisches" Marktverhalten bezieht seine Legitimation aus der Überlegung, daß die Preisdynamik in extremen Marktsituationen am größten ist und daß daher in einem solchen Fall spekulative Marktchacen besonders hoch sind. Der Minimax-Stratege benötigt somit eine Vorstellung vom "normalen" Preisbereich, der ihn grundsätzlich nicht interessiert, da hier die Preisentwicklung vergleichsweise "langweilig" verläuft. Erst wenn der Preis aus seinem normalen Bereich ausbricht, wird die Kaufphantasie des Minimax-Strategen angeregt.

Wir gehen zunächst vom *"undershooting"*-Fall aus, d.h., der Preis bricht buchstäblich zusammen, es kommt zu einem *"sell-out"*. Zur Festlegung der Untergrenze des normalen Preisbereichs nehmen wir das Minimum der Werte Z_{171} und Z_{412}. Z_{171} ist ein sehr flexibler

Preisindikator, der das empfehlenswerte Kaufpreisniveau festlegt. Demgegenüber ist Z_{412} weit weniger flexibel. In der Regel liegt dieser Wert tiefer als Z_{171}, da er im vollen Umfang des Schwankungsabstandes Z_{134} unter dem Reihenmittelwert Z_{11} liegt. Nur in scharfen Baissephasen kann Z_{171} aufgrund seiner großen Anpassungsfähigkeit unter Z_{412} fallen. Die **Erstkauf-Bedingung** für den *"undershooting"*-Fall lautet wie folgt:

$$Z_{753,tK} = Z_{1,tK} \text{ für} Z_{1,tK} \leq 1.03\min\{Z_{171,tK}; Z_{412,tK}\}$$

Zukäufe erfolgen dann, wenn der Perioden-Tiefstpreis in der Zukaufperiode um einen bestimmten Mindestbetrag unter den Perioden-Tiefstpreis der vorausgegangenen Kaufperiode gefallen und nach wie vor die *"undershooting"*-Bedingung erfüllt ist. Wir formulieren nur den Algorithmus für den ersten Zukauf, da etwaige weitere Zukäufe in völlig analoger Weise erfolgen:

$$Z_{754,tzK} = Z_{1,tzK} \text{ für } [Z_{1,tzK} \leq 1.03\min\{Z_{171,tzK}; Z_{412,tzK}\}]\ldots$$
$$\ldots \wedge [Z_{1,tzK} \leq Z_{1,tK}/(1+0.1Z_{134,tzK})^{0.5}]$$

Der gesamte Bestand wird abgestoßen, sobald der Preis in die Nähe der Untergrenze des Korridors Z_{417}-Z_{418} gelangt. Dieser Korridor ist recht schmal und um den einfachen Durchschnitt der Reihenmittelwerte Z_6 und Z_{11} herum aufgebaut. Er stellt gewissermaßen die Kernzone des "normalen" Preisbereiches dar. Die Rückkehr des Preises zur Normalität ist für den Minimax-Strategen ein Grund zum Ausstieg, denn jetzt sind keine dramatischen Preissprünge mehr zu erwarten. Genau von diesen aber will der Minimax-Stratege profitieren. Die **Verkaufregel** für die *"undershooting"*-Spekulation lautet:

$$Z_{755,tV} = Z_{2,tV} \text{ für } [Z_{2,tV} \geq Z_{417,tV}/(1+0.1Z_{134,tV})^{0.5}]$$

Wir wenden uns jetzt dem zweiten Teil der Minimax-Strategie zu, dem *"overshooting"*-Fall. Von einem *"overshooting"* wollen wir hier ausgehen, sofern der Preis aus dem Korridor Z_{417}-Z_{418} nach oben ausbricht. Die **Erstkauf-Bedingung** lautet daher:

$$Z_{756,tK} = Z_{2,tK} \text{ für } Z_{2,tK} > 1.03Z_{417,tK}$$

Zukäufe erfolgen nach der Zukaufregel

$$Z_{757,tzK} = Z_{2,tzK} \text{ für } [Z_{2,tzK} > 1.03Z_{417,tzK}(1+0.1Z_{134,tzK})^{0.5}]\ldots$$
$$\ldots \wedge [Z_{2,tzK} > 1.03Z_{417,tK}].$$

Die **Verkaufregel** im *"overshooting"*-Fall enthält neben einer antizyklischen auch eine prozyklische Komponente, da jetzt das Verlustbegrenzungsanliegen im Vordergrund steht. Schließlich impliziert ein Kaufen nach erfolgtem Überschießen des Preises ein sehr hohes Kaufniveau mit entsprechend hohen Preisrückschlagsrisiken. Im *"undershooting"*-Fall hingegen gelten Preisrückschläge als willkommene Gelegenheit für preisgünstige Positionsaufstockungen. Die Verkaufregel lautet also jetzt:

$$Z_{758,tv} = \begin{cases} Z_{2,tv} & \text{für } [Z_{2,tv} \geq Z_{411,tv}/(1+0.1Z_{134,tv})^{0.5}] \\ Z_{1,tv} & \text{für } Z_{1,tv} < Z_{418,tv} \end{cases}$$

Verkäufe finden im *"overshooting"*-Fall somit dann statt, wenn das antizyklische Preisziel Z_{411}, das ist die Obergrenze des sehr breiten Korridors Z_{411}-Z_{412}, erreicht ist, oder wenn die als Stoploss-Marke fungierende Obergrenze des schmalen Korridors Z_{417}-Z_{418} unterschritten wird.[4)]

Die mit der Minimax-Strategie erzielten **Ergebnisse** sind durchaus beachtlich. Mit 75 deutschen Aktien wurde in einem Testzeitraum von durchschnittlich 10 Jahren eine **absolute Durchschnittsrendite** von +17.91% und eine **relative Durchschnittsrendite** von +113.63% erwirtschaftet. Die *"undershooting"*-Komponente der Minimax-Strategie hat zum Teil sensationelle Erfolgsbeiträge geleistet. "Abstauber-Limits" bei Adt, AEG, Berthold, Bremer Vulkan und Delme brachten relative Renditen von teilweise über 1.000%.[5)]

4) Es ist zwar höchst unwahrscheinlich, jedoch nicht ausgeschlossen, daß beide Verkaufsignale in einer Periode zugleich auftreten. Da periodeninterne Preisschwankungen in ihrer Reihenfolge als nicht bekannt unterstellt werden, erhält das günstigere (antizyklische) Verkaufsignal Vorrang. Eine weitere Kollision der Signale könnte darin bestehen, daß in einer Periode prozyklische Kauf- und Verkaufsignale zugleich auftreten. Was in diesem Fall geschieht, hängt davon ab, ob ein Bestand existiert oder nicht. Liegt ein Bestand vor, greift das Stoploss-Verkaufsignal und das Kaufsignal wird ignoriert. Liegt kein Bestand vor, ist es umgekehrt.

5) Noch überraschender ist das überaus positive Bild, das die *"overshooting"*-Transaktionen vermitteln. Erfahrungsgemäß sind hier stoploss-bedingte Korrekturen sehr zahlreich und wirken ergebnisschmälernd. Das günstige Bild ist selbstverständlich in erheblichem Maße auf das Konto der mehrjährigen ungestümen Hausse der deutschen Aktienbörse zu buchen. Sobald diese Strategie mit einer "Schaukelbörse" zurechtkommen muß, ist mit einer wesentlich schlechteren Performance zu rechnen.

4.3.3.5 Positionsstrategie

Ein Käufer ist in der Regel bemüht, das von ihm begehrte Gut möglichst "preisgünstig" einzukaufen. **Preiswürdigkeit** ist jedoch nicht zu verwechseln mit absolut niedrigem Kaufpreis. Vielmehr könnte man Preiswürdigkeit eher mit "günstigem Preis-Leistungs-Verhältnis" umschreiben. Ein schlechtes, unbrauchbares oder wertloses Gut ist zu teuer und daher nicht preiswürdig, selbst wenn sein Preis nahezu null ist. Ein hochwertiges Gut hingegen kann billig, d.h. preiswert sein, selbst wenn sein Preis "optisch" sehr hoch liegt.

Spekulative Vermögensobjekte machen in dieser Hinsicht keine Ausnahme. Ob z.B. eine Aktie preiswert ist oder nicht, hängt nicht allein von ihrem Kurs, sondern von ihren tatsächlichen - oder vielleicht auch nur vermuteten - "Qualitäten" ab. Der Marktanalytiker frägt in diesem Zusammenhang nach den markttechnischen Qualitäten, die er mit vielerlei Indikatoren abzuschätzen versucht.

Die Positionsstrategie ist nun ein Marktmanagementverfahren, das sowohl auf die Preis- als auch auf die qualitative Komponente eines Marktobjekts abhebt. Zu diesem Zweck muß ein **Preiswürdigkeitsindex** konzipiert werden, der sich aus dem Preis und der Markt-Performance eines Marktobjekts zusammensetzt. Wir definieren diesen Index wie folgt:

$$Z_{759,t} = 1000[(Z_{434,t}/Z_{1,t})-1] + Z_{518,t}/Z_{134,t}$$

Z_{434} ist die Obergrenze des *High-Low-Potential*-Korridors, Z_{518} ist der globale Rangindikator. Wie man leicht feststellt, wird der Preiswürdigkeitsindex Z_{759} positiv beeinflußt von einem niedrigen Preis Z_1 und einem hohen Rangwert Z_{518}. Ist z.B. die Obergrenze des HLP-Korridors 200, der Tiefstpreis 120 und der Rangwert +50, dann hat der Preiswürdigkeitsindikator den Wert 717.

Aus den MAM-Simulationen ließen sich Erfahrungen über den Wertebereich von Z_{518} gewinnen. Demnach bewegt sich z.B. weltweit der Rangindikator bei Aktien in aller Regel zwischen -250 und +1.000. Gemeinhin kann man eine Aktie mit einem Z_{518}-Wert von 200 und mehr als "technisch stark" einstufen. Eine technisch starke Aktie ist selbstverständlich umso attraktiver, je niedriger ihr Kurs ist.

Wird sie momentan sehr niedrig, d.h. zu niedrigem Kurs gehandelt, dann erhält sie hierfür einen Attraktivitätszuschlag. Addiert man diesen zu dem Rangwert, erhält man das Preiswürdigkeitsniveau Z_{759}. Es erscheint realistisch, ein Mindestniveau von +450 für den Preiswürdigkeitsindex festzulegen.

Derartige Festlegungen sind selbstverständlich bis zu einem gewissen Grad immer willkürlich. Sie erfolgen jedoch nicht zufällig, sondern aufgrund der Erfahrung. Insofern muß man sie solange gelten lassen, bis sie durch eine nachweislich bessere Festlegung abgelöst werden können.

Wir können jetzt die **Erstkauf-Bedingung** formulieren:

$$Z_{760,tK} = Z_{1,tK} \text{ für } (Z_{759,tK} \geq 450) \wedge (Z_{759,t-1,K} < 450)$$

Erstkäufe erfolgen somit dann, wenn der Positionsindex Z_{759} das festgelegte Mindestniveau erreicht oder überschreitet, nachdem er in der Vorperiode noch darunter gelegen hat. **Zukäufe** erfolgen antizyklisch im Abstand. Eine erste Zukaufmöglichkeit bietet sich, wenn gilt:

$$Z_{761,tzK} = Z_{1,tzK} \text{ für } [Z_{1,tzK} \leq Z_{1,tK}/(1+0.1Z_{134,tzK})^{0.5}] \ldots$$
$$\ldots \wedge (Z_{759,tzK} \geq 450)$$

Weitere Zukäufe sind analog geregelt. Bei der Formulierung der **Verkaufregel** könnte man daran denken, den Positionsindex Z_{759} weiter zu verwenden, und zwar in der Weise, daß ein niedrigeres Indexniveau festgelegt wird. Verkäufe orientieren sich naturgemäß an den Perioden-Höchstpreisen, nicht an den Perioden-Tiefstpreisen. Aus diesem Grund empfiehlt es sich, für Verkäufe einen eigenständigen Positionsindex zu formulieren:

$$Z_{762,t} = 1000[(Z_{434,t}/Z_{2,t})-1] + Z_{518,t}/Z_{134,t}$$

Verkäufe sollen dann erfolgen, wenn dieser Positionsindex den Wert 100 erreicht oder unterschreitet; verkauft wird wiederum der gesamte Bestand:

$$Z_{763,tv} = Z_{2,tv} \text{ für } (Z_{762,tv} \leq 100) \wedge (Z_{752,t-1,v} > 100)$$

In einem **Testsegment**, das 60 deutsche Aktien enthielt und einen Testzeitraum von rund 10 Jahren umfaßte, ergaben sich bemerkenswert gute Rentabilitätswerte. Die **absolute Durchschnittsrendite** belief sich auf +26.32%, die relative Durchschnittsrendite auf +30.97%. Die Kombination der Selektionselemente "absolut niedrige Bewertung" (antizyklisch) und "markttechnische Stärke" (prozyklisch) erwies sich somit als leistungsfähiger strategischer Ansatz, wenngleich auch hier die während des Testzeitraums zum Teil sehr günstig verlaufene Börsenentwicklung das Gesamtbild positiv überzeichnen mag.

4.3.3.6 Strategie der relativen Preiswürdigkeit

Bei den bisherigen Strategien ist die markttechnische Bewertung immer objektspezifisch durchgeführt worden, d.h., als Bewertungsgrundlage hat stets die markttechnische Verfassung eines bestimmten Marktobjekts gedient. Der **Gedanke der Relativität** wird bei markttechnischen Analysen jedoch sehr häufig betont, worauf insbesondere die weite Verbreitung von Indikatoren der sog. relativen Stärke hindeutet.

Im Rahmen der Bandbreiten-Diskussion haben wir das Relativitätskriterium bei der Festlegung des Korridors Z_{554}-Z_{555} unmittelbar als konstruktives Element mit herangezogen. Ausgangspunkt ist ein Vergleich objektspezifischer Rangkoeffizienten. Die relative Marktstärke z.B. einer Aktie läßt sich dadurch bestimmen, daß man den Rangindikatorwert dieser Aktie mit dem Rangindikatorwert der rangstärksten Aktie vergleicht.

Marktstrategisch lassen sich diese Überlegungen durch Festlegung relativer Kaufwürdigkeitsniveaus ausnutzen. Kaufwürdig ist ein Kaufobjekt dann, wenn es im Vergleich zu anderen vergleichbaren Marktobjekten besonders preiswert ist. Die Strategie der relativen Preiswürdigkeit koppelt somit das prozyklische Element der relativen Marktstärke mit dem antizyklischen Element des Kaufs zu Niedrigpreisen. Sie ähnelt daher sehr stark der oben besprochenen Positionsstrategie. Diese verwendet jedoch - und dies ist der fundamentale Unterschied - nicht das Kriterium der relativen, sondern der absoluten Marktstärke.

Die Kaufbedingung formulieren wir jetzt als

$Z_{764,tK} = Z_{1,tK}$ für $Z_{1,tK} \leq 1.03 Z_{554,tK}$.

Zukäufe erfolgen im Abstand. Für den ersten Zukauf lautet die Bedingung wie folgt:

$$Z_{765,tZK} = Z_{1,tZK} \text{ für } (Z_{1,tZK} \leq 1.03 Z_{554,tZK}) \ldots$$
$$\ldots \wedge (Z_{1,tZK} \leq Z_{1,tK} / Z_{134,tZK}{}^{0.125}.$$

Etwaige weitere Zukäufe erfolgen in völlig analoger Weise. Der gesamte Bestand wird **verkauft**, sobald das antizyklische Preisziel Z_{555} erreicht ist:

$Z_{766,tV} = Z_{2,tV}$ für $Z_{2,tV} \geq 0.97 Z_{555,tV}$

Die **empirische Auswertung** ergibt ein erfreulich positives Bild. Zwar liegt die **absolute Durchschnittsrendite** je Transaktion nur bei +12.57%, was im wesentlichen auf zügige Gewinnmitnahmen - bedingt durch die geringe Breite des verwendeten Korridors - zurückzuführen sein dürfte. Die **relative Durchschnittsrendite** liegt jedoch mit +75.19% überdurchschnittlich hoch, wodurch die Vermutung kurzer Kapitalbindungszeiten bekräftigt wird.[6)]

4.3.3.7 Sonstige gemischt-strategische Ansätze

Die Anzahl testfähiger und vermutlich auch testwürdiger marktstrategischer Varianten ist nahezu grenzenlos. Allein durch Auswechslung der jeweils verwendeten Korridore lassen sich bei jeder Strategie mindestens nochmals rund 50 weitere Varianten gewinnen. Es wäre sicher ein utopisches Unterfangen, nach Vollständigkeit beim Austesten strategischer Konzeptionen zu streben. Daher muß immer offenbleiben, ob es nicht vielleicht doch die "absolut überlegene Strategie" gibt, die alle bisher geprüften Varianten in den Schatten stellt. Selbstverständlich muß auch offenbleiben, ob die nun dokumentierte "historische" Performance der einzelnen Strategien auch in Zukunft ohne große Abstriche gilt. Diese Einschränkungen sind jedoch nicht spezifisch für den marktstrategischen For-

6) Der Vergleich mit der verwandten Positionsstrategie fällt schwer, denn diese hat eine rund doppelt so hohe absolute, aber nur eine rund halb so hohe relative Durchschnittsrendite aufzuweisen. (In beiden Fällen wurden 60 deutsche Aktien während eines durchschnittlichen Testzeitraums von 10 Jahren getestet.) Hier muß der Marktteilnehmer selbst entscheiden, welche strategische Variante seinen Präferenzen mehr entspricht.

schungsbereich zu treffen, sie sind vielmehr typisch für die gesamte empirische Arbeit.

Im Bewußtsein dieser Grenzen aller empirischen und insbesondere prognostischen Analysen wollen wir die modellstrategischen Betrachtungen im Rahmen des MAM mit einigen gemischt-strategischen Ansätzen abschließen, die unmittelbar aus den zum Teil sehr komplexen strukturlogischen Überlegungen hervorgegangen sind, die uns als Grundlage für die strategische Modellbildung dienten. Als Testsegment wurden diesmal 27 deutsche Aktien ausgewählt. Die Datenbasis beträgt zumeist 187 Monate. Nach der vom MAM beanspruchten Vorlaufzeit von mindestens 60 Monaten verbleibt somit ein durchschnittlicher Testzeitraum von rund 10 Jahren.

Wir greifen zunächst auf den für die Rahmenprognose (Abschnitt 4.2.1) entwickelten Korridor Z_{614}-Z_{616} sowie auf die durch Z_{619}/Z_{620} und Z_{621}/Z_{622} niedergelegte Stoploss- und Breakout-Regelung zurück. Außerdem verwenden wir den durch die Variablen Z_{623}ff. festgelegten Abwicklungsmodus.

Das **Ergebnis** ist dasjenige einer typischen **"Null-Strategie"**: Die **absolute Durchschnittsrendite** liegt mit +5.24% nur knapp über dem *break-even point*, die **relative Durchschnittsrendite** von +12.97% hat daher kaum praktische Bedeutung. Die **durchschnittliche Kapitalbindungsdauer** liegt bei 2.14 Monaten. Dies verdeutlicht, daß nach dieser Strategie ständig gekauft und verkauft wird. Die scheinbar raffinierte Stoploss- und Breakout-Automatik führt zwar dazu, daß auf jede - große oder kleine - Preisbewegung sofort reagiert wird. Damit wird zwar nichts verpaßt, aber auch nichts gewonnen.

Wir können jetzt versuchen, die Marktreaktionen mit etwas mehr Ruhe und Ordnung auszustatten. Ein ebenso folgerichtiger wie naheliegender Weg besteht darin, einen stabileren und zugleich breiteren Korridor zu verwenden. Als flankierende Maßnahme bietet sich die Verwendung größerer Toleranzen im Bereich der außerplanmäßigen Signale an.[7]

7) Eine mehrstufige Korrekturautomatik, bestehend aus diversen Breakout- und Stoploss-Marken, ist eher schädlich als nützlich, wenn sie zuviel Aktivität auf kleinstem Raum auslöst. Ein Markt-

Wir formulieren die gemischte Strategie neu, und zwar unter Verwendung des vergleichsweise stabilen und breiten Korridors Z_{590}-Z_{591}. Zugleich werden zum Teil beträchtlich ausgeweitete Abweichungstoleranzen eingebaut. Diese betragen mindestens $Z_{134}^{0.125}$, zuweilen sogar $Z_{134}^{0.25}$. Damit wird es jetzt möglich, die in Abschnitt 4.1 niedergelegte strukturlogische Konzeption marktstrategischer Entscheidungen unmittelbar auf ihre Tragfähigkeit zu testen. (An die Stelle der dort verwendeten Grenzen KZU/VZO tritt jetzt der Korridor Z_{590}-Z_{591}.)

Das **Ergebnis** ist verblüffend. Die anfängliche "Null-Strategie" hat sich zu einer sehr ertragreichen Marktstrategie gemausert. Die **absolute Durchschnittsrendite** pro Transaktion beläuft sich auf +17.50%, die **relative Durchschnittsrendite** sogar auf +26.47%. Die Neufassung hat, wie erhofft, bewirkt, daß unnötiges Hin und Her weitgehend vermieden wurde. Dies erkennt man deutlich an der von rund 2 Monaten auf rund 10 Monate angestiegenen durchschnittlichen Kapitalbindungsdauer. Das Testsegment umfaßte wiederum 27 deutsche Aktien mit einem durchschnittlichen Testzeitraum von rund 10 Jahren, der im April 1986 endete.

Wir wenden uns nun noch einer dritten gemischt-strategischen Variante zu, die aus dem in Abschnitt 4.1 entwickelten strukturlogischen Ablaufschema strategischer Entscheidungen unmittelbar hervorgeht. Wir algorithmieren zuerst die Kaufsituation, und zwar zunächst unter Verwendung der allgemeinen Bezeichnung "Kaufzonen-Untergrenze" (KZU) und "Verkaufzonen-Obergrenze" (VZO) sowie "Kaufzonen-Obergrenze" (KZO) und "Verkaufzonen-Untergrenze" (VZU):

$$Z_{767,tK} = \begin{cases} Z_{1,tK} & \text{für } KZU_{t-1,K} \leq Z_{1,t-1,K} \leq KZO_{t-1,K} \\ Z_{1,tK} & \text{für } Z_{1,tK} \leq Z_{11,t-1,K} / Z_{134,t-1,K} \\ Z_{2,tK} & \text{für } Z_{2,tK} > VZO_{t-1,K} \\ Z_{1,tK} & \text{für } (Z_{1,t-1,K} > KZO_{t-1,K}) \wedge (Z_{1,t-1,K} < KZU_{t-2,K}) \end{cases}$$

Gekauft wird demnach dann, wenn der Preis in der Kaufzone liegt (Bedingung 1), auf ein sehr tiefes Niveau zurückgefallen ist (Be-

teilnehmer, der beim kleinsten Anzeichen einer möglichen Schieflage sogleich die Seiten wechselt, muß seine Orientierungslosigkeit und mangelhafte Standfestigkeit teuer bezahlen. Wie wir bereits mehrfach festgestellt haben, wird offenbar der Durchhaltewillen vom Markt in der Regel gut honoriert.

dingung 2), über die Verkaufzone ausgebrochen ist (Bedingung 3) oder über die Kaufzone hinaus steigt, nachdem er zuvor in der Kaufzone notiert wurde (Bedingung 4).[8]

Die Verkaufsituation ist ähnlich komplex. Auch hier unterscheiden wir wiederum vier mögliche Fälle, die wir mit Hilfe der allgemeinen Symbole KZU/KZO und VZU/VZO darstellen:

$$Z_{768,tv} = \begin{cases} Z_{2,tv} & \text{für } VZU_{tv-1} \leq Z_{2,tv} \leq VZO_{tv-1} \\ Z_{2,tv} & \text{für } Z_{2,tv} \geq Z_{11,t-1} Z_{134,t-1} \\ Z_{1,tv} & \text{für } Z_{1,tv} < KZU_{tv-1} \\ Z_{2,tv} & \text{für } (Z_{2,tv} < VZU_{tv-1}) \wedge (Z_{2,tv-1} > VZO_{tv-2}) \end{cases}$$

Verkauft wird also dann, wenn der Preis in der Verkaufzone liegt (Bedingung 1), ein Spitzenniveau erreicht (Bedingung 2), unter die Kaufzonen-Untergrenze fällt (Bedingung 3) oder unter die Verkaufzone fällt, nachdem er zuvor noch über der Verkaufzone gelegen hat (Bedingung 4).

Bevor man mit dieser Strategie arbeiten kann, müssen die allgemein gehaltenen Korridorgrenzen KZU/VZO konkretisiert werden. Um die Strategie universell einsetzbar zu machen, d.h., um sie auf der Basis beliebiger Korridore "fahren" zu können, wollen wir ein Verfahren entwickeln, das es erlaubt, für jeden beliebigen Korridor die strategischen Variablen KZU, KZO, VZU, VZO zu bestimmen. Offenbar hat man es immer mit drei Zonen zu tun, nämlich der Kaufzone, der Verkaufzone und einer Zone dazwischen. Das **Verfahren der logarithmischen Drei-Zonen-Einteilung** proportioniert die Zonen nun so, daß alle relativ gleich breit sind. Das heißt: Auf die Untergrenze jeder dieser Zonen muß man einen proportional gleichen Aufschlag vornehmen, um zur Obergrenze der betreffenden Zone zu gelangen.

Die Arbeitsweise des Verfahrens soll kurz erläutert werden. Wir ersetzen zunächst KZU durch die Untergrenze und KZO durch die

8) Der Rückgriff auf die Vorperiode (bzw. sogar auf die Vorvorperiode im Falle der Bedingung 4) geschieht deshalb, weil in der Entscheidungsperiode tK zwar der momentane Preis bekannt ist, nicht jedoch die nach Beendigung dieser Periode gültigen Korridor- und sonstigen Werte. Bei den bisher behandelten strategischen Varianten haben wir der Einfachheit halber zumeist auf diese Verfeinerung verzichtet.

Obergrenze eines beliebigen Korridors. Wir wollen weiterhin den hochaggregierten Korridor Z_{590}-Z_{591} verwenden:

$Z_{769,t} = \ln Z_{590,t}$
$Z_{770,t} = \ln Z_{591,t}$

Die Logarithmen der Korridorgrenzen subtrahieren wir voneinander und dividieren durch 3 gemäß

$Z_{771,t} = (Z_{770,t} - Z_{769,t})/3.$

Diesen Wert rechnen wir gemäß

$Z_{772,t} = \exp(Z_{771,t})$

in einen Aufschlagsfaktor um, der es nun erlaubt, die noch fehlenden Demarkationslinien des Drei-Zonen-Schemas, KZO und VZU, zu bestimmen:

$Z_{773,t} = Z_{590,t} \cdot Z_{772,t}$
$Z_{774,t} = Z_{773,t} \cdot Z_{772,t}$

Die **Leistungsfähigkeit** dieser strategischen Variante erweist sich als zufriedenstellend, wenngleich ein Leistungsabfall gegenüber der zuletzt behandelten Variante zu beobachten ist. Dies gilt allerdings nur hinsichtlich der durchschnittlichen **absoluten Rendite**, die jetzt +12.44% (gegenüber +17.50%) beträgt. Die **relative Durchschnittsrendite** liegt mit +91.33% deutlich höher.[9)]

Das Aktivitätsniveau liegt bei dieser strategischen Variante auch wiederum deutlich höher, worauf die verkürzte Kapitalbindungsdauer hindeutet. Dies impliziert, daß vergleichsweise viele "Nieten" verkraftet werden müssen, was zwangsläufig auf das Gesamtergebnis drückt. Die durchschnittliche Kapitalbindungsdauer beträgt jetzt nur noch 4.76 Monate (im Vergleich zu 14.82 Monaten).

Wir schließen damit unseren Überblick über die alternativen marktstrategischen Konzeptionen, die im MAM operationalisiert worden sind, ab. Nach diesen Vorarbeiten sind wir jetzt in der Lage,

9) Die Leistungsverschlechterung dürfte damit zusammenhängen, daß weitgehend auf Toleranzen verzichtet wurde. In gewisser Weise sind Toleranzen allerdings indirekt enthalten, indem z.B. bereits oberhalb von KZU, nämlich in der Kaufzone KZU-KZO gekauft wird. Ein Stoploss-Verkauf findet aber erst statt, nachdem der Preis unter KZU gefallen ist. Zwischen dem Kaufpreis und dem Stoploss-Verkaufpreis kann somit eine beträchtliche Spanne liegen.

uns den Herausforderungen und Behauptungen der modernen Finanzmarkttheorie zu stellen.

Diese lassen sich im Kern auf die **These von der Unschlagbarkeit des Marktes** reduzieren. Demnach existiert keine *"trading rule"*, also keine Marktstrategie, die es erlaubt, durch Markttransaktionen überdurchschnittliche Gewinne zu erwirtschaften. Kurzum: So raffiniert man es auch anstellen mag, nach dieser These ist es unmöglich, auf Dauer besser als der Markt zu sein *("to beat the market")*.

Testfähig wird eine solche pauschale Aussage erst, wenn sie in die Form eines konkreten Testalgorithmus gebracht wird. Am meisten verwendet wird die sog. Dauer- oder *Buy-and-Hold*-Strategie (B&H-Strategie)[10)], die darin besteht, Marktobjekte mehr oder weniger regelmäßig ohne Beachtung irgendwelcher Auswahlkriterien zu kaufen und zu behalten. In der Praxis dürfte ein solches Verhalten sehr schnell an Realisierungsschranken stoßen, z.B. in Gestalt finanzieller Restriktionen.[11)]

Wir wollen uns im nächsten Abschnitt der Formulierung und dem Test der B&H-Strategie zuwenden sowie deren Leistungsfähigkeit mit derjenigen alternativer MAM-Strategien vergleichen.

---

10) Nach der Effizienzthese sind Informationen *"fully reflected"* in den Preisen. Diese Charakterisierung ist konkretisierungsbedürftig. "Eine restriktive Operationalisierung, die den meisten Untersuchungen zugrunde liegt, lautet, daß ein Wertpapiermarkt in bezug auf eine Informationsmenge I dann effizient ist, wenn es nicht möglich ist, unter Verwendung der Informationsmenge I eine Anlagestrategie zu entwicklen, die zu einem höheren Anlageerfolg führt als die Strategie der Daueranlage." (R.H. SCHMIDT,1981,37).

11) Andererseits ist diese Konstruktion nicht gänzlich unrealistisch, wie es zunächst den Anschein haben mag. Man stelle sich z.B. einen offenen Investment-Fonds vor, dem regelmäßig Mittel zufließen und der diese in periodischen Abständen zu Käufen internationaler Standardaktien verwendet. Hierdurch ist freilich eine gewisse Vorauswahl impliziert. Es dürfen nämlich nur Standardaktien und nicht auch beliebige Spezialwerte gekauft werden. Außerdem dürfen nur Aktien erworben werden und nicht etwa auch Warenterminkontrakte. Derartige Einschränkungen gefährden jedoch nicht den Universalitätsanspruch der B&H-Strategie, sondern sind vielmehr eine selbstverständliche Voraussetzung für deren opera-tionale Ausgestaltung.

4.3.4 Buy-and-Hold-Strategie

Die *Buy-and-Hold*-Strategie läßt sich in vielerlei Form ausgestalten. Es kann in mehr oder weniger regelmäßigen Abständen gekauft werden, es können konstante oder variable periodische Anlagebeträge festgelegt werden, es können unter bestimmten Bedingungen Verkäufe zugelassen sein, usw. Da diese Strategie jedoch im Kern immer darauf hinausläuft, Bestände durch regelmäßige Zukäufe zu akkumulieren, und zwar weitgehend unabhängig von der jeweiligen Preissituation, wollen wir uns bei der Ausformulierung auf die *"bare essentials"* beschränken.

Wir unterstellen, daß die periodische Einheit einen Monat umfaßt und daß jeden Monat für Käufe eines bestimmten Marktobjekts 1.000 Geldeinheiten aufgewendet werden. Der monatliche objektspezifische Anlagebetrag ist also

$Z_{775,T} = 1000; \; T = 1,\ldots,t$

Wir unterstellen weiter, daß die Käufe jeweils zum Perioden-Durchschnittspreis Z_3 abgerechnet werden:

$Z_{776,T} = Z_{3,T}$

Damit ist die in einem bestimmten Monat erworbene Stückzahl festgelegt als

$Z_{777,T} = 1000/Z_{3,T}.$

Die bis zu einer bestimmten Periode t (ausschließlich) aufgebrachte Kauf- bzw. Anlagesumme erhält man dadurch, daß man den monatlichen Kauf- bzw. Anlagebetrag in Höhe von 1.000 Geldeinheiten mit der Anzahl der Kaufperioden (t-T) multipliziert:

$Z_{778,t} = \Sigma Z_{775,T} = 1000(t-T); \; T = 1,\ldots,t$

Der bis zur Periode t (ausschließlich) akkumulierte Bestand ergibt sich als

$Z_{779,t} = \Sigma Z_{777,T}; \; T = 1,\ldots,t,$

der durchschnittliche Einstandspreis ist dadurch festgelegt als

$Z_{780,t} = Z_{778,t}/Z_{3,t}.$

Vergleicht man den durchschnittlichen Einstandspreis Z_{780} mit dem Durchschnittspreis Z_3 der aktuellen Periode, so läßt sich die **absolute Bestandsrentabilität** (in %) ermitteln als

$$Z_{781,t} = 100(Z_{3,t}-Z_{780,t})/Z_{3,t}.$$

Um alternative strategische Konzeptionen vergleichen zu können, muß neben der absoluten auch die **relative, d.h. jahresdurchschnittliche Rentabilität** des eingesetzten Kapitals bekannt sein. Bevor diese ermittelt werden kann, muß die **durchschnittliche Kapitalbindungsdauer** ermittelt werden. Diese erhält man dadurch, daß man die in einem bestimmten Monat T erworbene Stückzahl Z_{777} mit der Bestandszugehörigkeit (t-T) dieser Stücke multipliziert, über alle T = 1,...,t-1 summiert und durch den Bestand Z_{779} dividiert:[12)]

$$Z_{782,t} = [Z_{777,T}(t-T)]Z_{779,t}$$

Die **relative Rendite** folgt nun unmittelbar als

$$Z_{783,t} = 12Z_{781,t}/Z_{782,t}.$$

Wird mit Wochendaten gearbeitet, so ist anstelle des Multiplikators 12 der Multiplikator 52 zu verwenden.

Als **Testsegment** wurden 27 deutsche Aktien ausgewählt, die in der Übersicht 1 zusammengestellt sind. Die Datenbasis umfaßt im allgemeinen 187 Monate, wodurch sich ein Testzeitraum von rund 10 Jahren ergibt. Stützperiode sowie Testzeitraum enden im Juli 1986.

12) Die aktuelle Periode t muß im Hinblick auf die Rentabilitätsberechnung ausgeschlossen werden, da ansonsten für die aktuell in t erworbenen Stücke eine Kapitalbindungsdauer von null angesetzt werden müßte. In diesem Fall wäre die relative Rendite mathematisch nicht definiert.

Übersicht 1: 27 deutsche und 27 ausländische Aktien im strategischen Test

Deutsche Aktien	Branche
Aachener Münchner Beteiligung	Versicherung
Aachener Münchner Versicherung	Versicherung
Aachener Rückversicherung	Versicherung
Ackermann Göggingen	Textil
Allgemeine Deutsche Creditanstalt	Bank
Adlerwerke	Holding (Vermögensverwaltung)
Adt	Holding (Bau)
AEG	Elektro
Aesculap	Medizintechnik
Agiv	Holding (Verkehr)
Agrob	Fliesen (Bauzulieferung)
Allianz Lebensversicherung	Versicherung
Allianz Versicherung	Versicherung
Altana	Nahrungsmittel
Anzag	Pharma-Großhandel
Audi	Automobil
Badenwerk	Energieversorgung
Baden-Württembergische Bank	Bank
Balcke-Dürr	Energietechnik
Bankgesellschaft	Bank
BASF	Chemie
Bayer	Chemie
Bay. Hypotheken und Wechselbank	Bank
BMW	Automobil
Bayerische Vereinsbank	Bank
Beiersdorf	Pharma
Berliner Kindl	Brauerei

Ausländische Aktien	Branche (Land)
Mobil Corporation	Öl (USA)
Monsanto	Chemie (USA)
National Westminster Bank	Bank (Großbritannien)
Nestlé	Nahrungsmittel (Schweiz)
Norsk Hydro	Öl (Norwegen)
Occidental Petroleum	Öl (USA)
Océ van der Grinten	Kopiersysteme (Niederlande)
Pakhoed	Holding (Niederlande)
Peugeot	Automobil (Frankreich)
Phillip Morris	Tabak (USA)
Philips	Elektro (Niederlande)
Pirelli	Reifen (Italien)
Procter & Gamble	Chemie (USA)
Rio Tinto Zinc	Holding (Großbritannien)
Robeco	Investment (Niederlande)
Rolinco	Investment (Niederlande)
Rorento	Investment (Niederl. Antillen)
Rothmans	Tabak (Großbritannien)
Royal Dutch	Öl (Niederlande)
Schweizer Aluminium	Aluminium (Schweiz)
Schweizer Bankverein	Bank (Schweiz)
Shell, Transport & Trading	Öl (Großbritannien)
Snia	Chemie (Italien
TRW	Industrielle Forschung (USA)

Unilever	Nahrung (Niederlande)
United Technologies	Luftfahrt (USA)
US-Steel	Stahl (USA)

Die **durchschnittliche absolute Rendite** der B&H-Strategie liegt für die 27 getesteten deutschen Aktien mit 153.35% überaus hoch. Die **relative, also jahresdurchschnittliche Rendite** liegt allerdings deutlich niedriger bei +32.19%. Das insgesamt sehr günstige Ergebnis ist freilich im Licht zweier Sonderfaktoren zu sehen. Erstens erlebte die deutsche Aktienbörse vom Herbst 1982 bis zum Frühjahr 1986 eine Art "Jahrhundert-Hausse". Zweitens enthält das Testsegment einige außergewöhnlich trendstarke Aktien wie Aachener Münchner Beteiligung, Aachener Münchner Versicherung, Aachener Rück, Allianz Leben, Allianz Versicherung und Audi. Die Allianz-Leben-Aktie brachte eine Spitzenrendite von 1.113% (absolut). Ohne diese Komponente läge die absolute Durchschnittsrendite bei rund 116%.

Vor diesem Hintergrund kann das glanzvolle Ergebnis der B&H-Strategie nicht überraschen, denn offenbar hat diese Strategie bei diesem Testsegment geradezu ideale "Arbeitsbedingungen" vorgefunden. Aktien, die über Jahre hinweg kontinuierlich stark gestiegen sind oder aber zumindest eine mehrjährige Hausse-Periode hinter sich haben, bringen selbstverständlich dann am meisten, wenn man sie kauft und "liegenläßt". Denn nur so läßt sich der Kurspielraum voll ausschöpfen. In diesem Sinne ist auch die unter Börsianern kursierende Redensart zu verstehen: "Versicherungsaktien verkauft man nicht, die vererbt man."

Nun findet freilich weder alle Jahre eine Jahrhundert-Hausse statt, noch kann es als typisch gelten, daß Aktien über viele Jahre hinweg ununterbrochen einem kraftvollen Aufwärtstrend folgen. Die Börsengeschichte vermittelt vielmehr den Eindruck - und dies gilt nicht nur für die Finanzmärkte, sondern insbesondere auch für Warenmärkte - daß Preise und Kurse viel ausgeprägter einer zyklischen als einer Trenddynamik unterliegen.

Selbstverständlich bringt eine B&H-Strategie im Falle einer zyklisch verlaufenden "Seitwärtsbewegung" im Durchschnitt nur ein ausgeglichenes Ergebnis. Im Falle eines nachhaltigen Abwärtstrends führt sie sogar unweigerlich zu Verlusten. Als uneingeschränkt **passive Strategie** kann die B&H-Strategie nie besser oder schlechter sein als der Markt. Ihr Ergebnis ist schlicht mit dem durchschnittlichen Marktergebnis identisch. Damit ist die B&H-Strategie das geeignete Vergleichsobjekt für **aktive Strategien**, die nicht willfährig auf jegliche Bewegung gleich reagieren, nämlich mit Käufen, sondern für verschiedene Marktsituationen verschiedene Handlungsweisen vorsehen.

Wir haben ein zweites Testsegment herausgegriffen, das aus einem international diversifizierten Aktien-Portefeuille besteht und gleichfalls 27 Aktien umfaßt (vgl. Übersicht 1). Die durchschnittliche Stützperiode beträgt rund 131 Monate. Demnach beträgt der Testzeitraum bei Verwendung der MAM-Strategien knapp 6 Jahre (er endet im Juli 1986). Die mit der B&H-Strategie erwirtschaftete **absolute Durchschnittsrendite** beträgt +78.91%, die **relative Durchschnittsrendite** +19.82%. Auch hier weist das Ergebnis einen positiven *bias* aufgrund der weltweiten Börsen-Hausse der Jahre 1982 bis 1986 auf.

In Übersicht 2 vergleichen wir nun das Ergebnis der B&H-Strategie mit den Ergebnissen der alternativen MAM-Strategien, zunächst für das deutsche Testsegment:

Übersicht 2: Leistungsvergleich zwischen B&H-Strategie und MAM-Strategien für 27 deutsche Aktien[1)2)]

Strategie-Bezeichnung	**absolute Durchschnittsrendite in %**	**relative Durchschnittsrendite in %**
B&H-Strategie	+153.34	+32.19
Trading-Strategie	+29.79	+111.50
Potential-Strategien		
a) Z_{644}, Z_{645}	+63.79	+39.61
b) Z_{656}, Z_{657}	+36.01	+27.84
c) Z_{660}, Z_{661}	+41.75	+35.77
Trendfolge-Strategie		
a) prozyklische Zukäufe	+48.26	+24.19
b) antizyklische Zukäufe	+124.24	+50.54
Turnaround-Strategie		
a) prozyklische Zukäufe	+15.52	+24.20
b) antizyklische Zukäufe	+24.65	+31.35
Rang-Strategie		
a) prozyklische Zukäufe	+58.49	+28.29
a) antizyklische Zukäufe	+97.40	+35.33

Trendperformance-Strategie		
a) prozyklische Zukäufe	+31.44	+26.84
b) antizyklische Zukäufe	+48.73	+37.69
Favorisierungsstrategie		
a) prozyklische Zukäufe	+20.84	+27.19
b) antizyklische Zukäufe	+18.17	+18.82
Minimax-Strategie		
a) Undershooting-Fall	+146.00	+641.10
b) Overshooting-Fall	+18.49	+88.96
Preiswürdigkeitsstrategie	+19.66	+62.06
Positionsstrategie	+200.48	+54.22
Höchstpreisstrategie	+27.58	+51.96
Tiefstpreisstrategie	+4.08	+67.72
Antizyklische Strategie mit Basistrendorientierung	+95.78	+6.70
Reaktionsstrategien		
a) Z_{678}, Z_{649}	+7.00	+86.47
b) Z_{678}, Z_{679}	+34.17	+46.57
c) Z_{678}, Z_{680}	+7.30	+16.91
d) Z_{681}, Z_{682}; Z_{683}, Z_{684}	+30.67	+64.94
Inkubationsstrategie[3)]		
Z_{685}, Z_{686}	+91.84	+56.75
Fächer-Strategie		
Z_{708}, Z_{709}	+20.49	-22.76
Box-Strategien		
a) Z_{723}, Z_{724}[3)]	+33.23	+17.74
b) Z_{727}, Z_{728}, Z_{729}, Z_{730}	+7.28	-3.13
c) Z_{738}, Z_{739}	+113.74	+17.35
Konsolidierungsstrategien[3)]		
a) Z_{685}, Z_{740}	+40.68	+70.48
b) Z_{685}, Z_{741}	+60.64	+63.57
c) Z_{744}, Z_{745}, Z_{746}, Z_{747}	+25.36	+158.64
Sonstige gemischte Strategien		
a) Variante I	+5.24	+12.97
b) Variante II	+17.50	+26.47
c) Variante III	+12.44	+91.33

1) Vgl. Übersicht 1
2) Der Testzeitraum endet im Juli 1986.
3) Ohne Stoploss; vorhandene Bestände wurden zum Perioden-Durchschnittskurs bewertet.

Es zeigt sich, daß die B&H-Strategie in bezug auf die absolute Durchschnittsrendite eine klare Spitzenstellung einnimmt. In dem betrachteten Testsegment wurde sie in dieser Hinsicht nur noch durch die Positionsstrategie übertroffen. Eine boxstrategische Variante sowie die *"undershooting"*-Strategie erzielten allerdings fast gleich hohe Werte.

Für die Beurteilung der Leistungsfähigkeit einer Strategie ist jedoch die absolute Investitionsrentabilität von sehr untergeordneter Bedeutung. Entscheidend ist vielmehr die relative, d.h. auf eine bestimmte Zeitspanne bezogene Rentabilität. Betrachtet man die jahresdurchschnittlich erwirtschaftete Kapitalverzinsung ("Effektivverzinsung"), so nimmt die B&H-Strategie allenfalls eine mittlere Position ein. Nicht weniger als 21 von den insgesamt 36 in Übersicht 2 aufgeführten MAM-Strategien schneiden zum Teil erheblich besser ab als die B&H-Strategie. Zahlreiche Strategien erreichen gut das doppelte relative Ergebnis wie die B&H-Strategie. Selbst wenn man das extrem hohe Ergebnis der Minimax-Strategie (*"undershooting"*-Fall) als Ausnahmetreffer werten wollte (641% gegenüber 32% bei B&H), bekräftigt die Evidenz unmißverständlich die klare Überlegenheit zumindest sehr vieler MAM-Strategien.

Dies ist ein **überaus bemerkenswertes Ergebnis**, denn es steht in krassem Widerspruch zu den Postulaten der modernen Markt-, insbesondere Kapitalmarkttheorie. Bekanntlich bestreitet die **Markteffizienzthese** die Existenz einer Marktstrategie, die auf Dauer bessere Ergebnisse zustandebringt als *"buy and hold"*. Die Effizienzmarktthese kann zu ihrer Rechtfertigung auf theoretische und empirische Forschungen verweisen, die mit vergleichbarer Intensität wohl auf keinem anderen Gebiet der modernen Makroökonomik betrieben worden sind. Der Effizienzmarktthese zu widersprechen, kommt daher fast dem Versuch gleich, ein geweihtes Denkmal vom Sockel stoßen zu wollen.

Wenn jedoch die Effizienzmarktthese für sich in Anspruch nimmt, den empirischen Wahrheitsbeweis angetreten zu haben, dann muß sie etwaige empirische Gegenbeweise gegen sich gelten lassen. Theoretisch steht die Effizienzmarktthese, wie weiter oben bereits dargelegt wurde, ohnehin auf tönernen Füßen. Eine Theorie, die über hochbrisante Aspekte der Realität verläßliche Aussagen zu machen

vorgibt, zugleich aber sowohl dem "gesunden Menschenverstand" ebenso widerspricht wie der praktischen (subjektiven) Erfahrung, fordert in besonderem Maße Falsifizierungsversuche heraus. Diese werden erleichtert, wenn die Theorie in testfähiger Form vorliegt, was zumindest für wesentliche Teile der *efficient-market*-Hypothese zutrifft.

Die bislang beobachtete Evidenz reicht freilich nicht aus, die Kernaussagen der Effizienzmarktthese nachhaltig zu erschüttern. Das herausgegriffene Testsegment ist zu klein, um verallgemeinerungsfähige Schlußfolgerungen zuzulassen. Es enthält nur 27 Aktien ausschließlich deutscher Gesellschaften, die allerdings in vielerlei Hinsicht eine "gute Mischung" abgeben. Man könnte trotzdem einwenden, im Falle eines international gestreuten Aktienportefeuilles sähe das Ergebnis möglicherweise völlig anders aus. Man könnte außerdem kritisch vermerken, daß der Testzeitraum eine außergewöhnliche Hausseperiode mit einschließe, die den Test ungebührlich verzerre.

Beiden Einwänden werden wir begegnen. Zuerst testen wir die Leistungsfähigkeit der B&H-Strategie im Vergleich zu den MAM-Strategien beim Management eines international gestreuten Aktienportefeuilles. Anschließend nehmen wir die Leistungsvergleiche für Testzeiträume vor, aus denen die weltweite Aktienhausse-Phase 1982/1986 herausgenommen wurde.[13]

Wir wenden uns zunächst einem international gestreuten Aktienportefeuille zu, das die in der Übersicht 3 zusammengestellten Aktien enthält. Deutsche Aktien wurden aus diesem Testsegment ausgeschlossen. Aufgenommen wurden nur ausländische Aktien, für die eine DM-Notiz - neben der auf die jeweilige Landeswährung lautenden Notiz - existiert.

In diesem Zusammenhang ist die Frage interessant, ob die **Analyse von Auslandsaktien auf Fremdwährungsbasis** überhaupt sinnvoll ist. Die Antwort auf diese Frage hängt von dem Analyseziel ab. Wenn ein

13) Im übrigen können hier verständlicherweise nicht alle Tests wiedergegeben werden, die im Rahmen des MAM für immerhin rund 500 verschiedene Marktobjekte für häufig variierte Testzeiträume durchgeführt worden sind. Um es vorwegzunehmen: In ihrer Tendenz sind die diversen Testergebnisse überraschend einheitlich.

deutscher Anleger z.B. IBM-Aktien erwerben möchte, so ist für ihn letztlich nur der DM-Kurs dieser Aktie und nicht deren US-$-Kurs relevant, außer er hätte die Absicht, einen Teil seines Geldvermögens in amerikanischer Währung zu halten.

Kalkuliert der Anleger in DM, wovon man in der Regel wird ausgehen können, so impliziert der Erwerb von IBM-Aktien für ihn eine doppelte Spekulation, nämlich eine Währungsspekulation bezüglich des künftigen Wechselkurses DM/US-$ und eine Kursspekulation bezüglich der künftigen Kursentwicklung der IBM-Aktie an ihren Heimatbörsen in den Vereinigten Staaten.

Die **Fundamentalanalyse** steht hier vor einer doppelt schwierigen Aufgabe, denn sie muß zugleich eine Wechselkursprognose und eine Aktienkursprognose stellen. Der **markttechnisch orientierte Marktanalytiker** hat es hier ungleich leichter, denn ihn interessiert weder der Wechselkurs DM/US-$ noch der IBM-Kurs in US-$, sondern ausschließlich der IBM-Kurs in DM. Für ihn stellt die "IBM-Aktie auf DM-Basis" ein eigenständiges Marktobjekt dar, das er als solches und als Ganzes analysiert. Die einzelnen fundamentalen Wertkomponenten dieses Marktobjekts sind hierbei völlig unwichtig.[14)]

Nicht selten vertreten insbesondere Praktiker die Meinung, eine Aktie lasse sich nur auf Basis der Heimatwährung zutreffend analysieren.[15)] Diese Auffassung ist, nach dem soeben Dargelegten, nicht haltbar. Marktpreise sind nun einmal die Resultante zahlreicher, vielfach divergenter Einflußfaktoren. Es ist nicht nur praktisch, sondern auch theoretisch unzweckmäßig, bestimmte Einflußfaktoren zu isolieren und ihnen ausschließlichen Geltungsanspruch zu verleihen.

14) Der dramatische Dollarkursverfall 1985/1986 hatte zuweilen zur Folge, daß Käufe von IBM-Aktien für deutsche, in DM kalkulierende Anleger negative Anlageergebnisse brachten, obwohl der IBM-Kurs in US-$ neue Höchststände erreichte. Die fallende DM-Notiz im Vergleich zur steigenden US-$-Notiz hätte den markttechnisch orientierten Analytiker bewogen, deutschen Anlegern von einem IBM-Engagement abzuraten, während er amerikanischen Anlegern zu einem IBM-Investment geraten hätte.
15) Der Verfasser konnte sich hiervon in zahlreichen Gesprächen mit Bank- und Börsenexperten überzeugen.

Hier liegt im Grunde die **systematische Stärke der markttechnischen Analyse** im Vergleich zur **Fundamentalanalyse**. Während die markttechnische Analyse Marktprozesse als Ganzheit begreift, ist die Fundamentalanalyse darauf angewiesen, in isolierender Abstraktion einzelne Kausalitäten und Wechselwirkungen herauszufiltern, deren realitätsgerechte Aggregation zu einem letztendlich interessierenden Konglomerat - z.B. dem Marktpreis - in der Regel dann nicht mehr geleistet wird. Die DM-Notiz von Auslandsaktien ist ein solches Konglomerat, dessen Zusammenfügung bereits vom Markt geleistet worden ist. Ein deutscher Anleger benötigt für seine strategische Entscheidung dieses "fertige" Konglomerat, und nicht dessen Komponenten. Es bestehen somit weder praktische noch theoretische Einwände gegen die Verwendung von Kursdaten auf Fremdwährungsbasis für ausländische Aktien.

Übersicht 3: Leistungsvergleich zwischen B&H-Strategie und MAM-Strategien für 27 ausländische Aktien[1)2)]

Strategie-Bezeichnung	**absolute Durchschnittsrendite in %**	**relative Durchschnittsrendite in %**
B&H-Strategie	+67.51	+16.27
Trading-Strategie	+18.72	+65.09
Potential-Strategien		
a) Z_{644}, Z_{647}	+62.64	+41.55
b) Z_{656}, Z_{657}		
c) Z_{660}, Z_{661}		
Trendfolge-Strategie		
a) prozyklische Zukäufe	+9.59	+10.23
b) antizyklische Zukäufe	+30.99	+24.40
Turnaround-Strategie		
a) prozyklische Zukäufe	+11.24	+14.04
b) antizyklische Zukäufe	+20.76	+36.44
Rang-Strategie		
a) prozyklische Zukäufe	+21.33	+10.44
b) antizyklische Zukäufe	+47.42	+23.30
Trendperformance-Strategie		
a) prozyklische Zukäufe	+13.96	+10.97
b) antizyklische Zukäufe	+27.37	+21.91
Favorisierungsstrategie		
a) prozyklische Zukäufe	+15.29	+26.98
b) antizyklische Zukäufe	+15.49	+31.80

Minimax-Strategie		
a) Undershooting-Fall	+11.73	+53.65
b) Overshooting-Fall	+10.81	+52.06
Preiswürdigkeitsstrategie	+11.56	+62.81
Positionsstrategie	+96.97	+31.38
Höchstpreis-Strategie	+18.15	+26.87
Tiefstpreis-Strategie	+3.85	+48.98
Antizyklische Strategie mit Basistrendorientierung	+12.89	+19.63
Reaktionsstrategien		
a) Z_{678}, Z_{649}	+6.29	+56.53
b) Z_{678}, Z_{679}	+44.97	+26.76
c) Z_{678}, Z_{680}	-16.84	-18.71
d) Z_{681}, Z_{682}; Z_{683}, Z_{684}	+37.36	+21.06
Inkubationsstrategie[3]		
Z_{685}, Z_{686}	+74.90	+69.20
Fächer-Strategie		
Z_{708}, Z_{709}	+26.76	-33.51
Box-Strategien		
a) Z_{723}, Z_{724}[3]	+42.40	+29.53
b) Z_{727}, Z_{728}, Z_{729}, Z_{730}	+12.52	-18.14
c) Z_{738}, Z_{739}	+29.19	+2.55
Konsolidierungsstrategien[3]		
a) Z_{685}, Z_{740}	+44.87	+64.82
b) Z_{685}, Z_{741}	+43.43	+72.76
c) Z_{744}, Z_{745}, Z_{746}, Z_{747}	+32.71	+85.62
Sonstige gemischte Strategien		
a) Variante I	+2.36	+13.95
b) Variante II	+16.84	+59.11
c) Variante III	+11.02	+65.11

1) Vgl. Übersicht 1
2) Der Testzeitraum endet im Juli 1986.
3) Ohne Stoploss; vorhandene Bestände wurden zum aktuellen Perioden-Durchschnittskurs bewertet.

Der in Übersicht 3 angestellte Leistungsvergleich zwischen der B&H-Strategie einerseits und alternativen MAM-Strategien andererseits bringt für das zugrundegelegte Testsegment ausländischer Aktien in der Tendenz kaum abweichende Ergebnisse im Vergleich zu dem aus auschließlich deutschen Aktien bestehenden Testsegment. Die B&H-Strategie kann in bezug auf die absolute Rendite zwar in der Regel Überlegenheit demonstrieren, doch ist sie in bezug auf die wesentlich entscheidendere relative Rendite zumeist klar unterlegen. Mit wenigen Ausnahmen erweisen sich die MAM-Strategien hier als wesentlich leistungsfähiger. Die **Effizienzmarktthese**, die behauptet, daß keine Handelsregel existiere, die auf Dauer besser als B&H abschneiden könne, wird somit durch diese Evidenz erneut erschüttert.

Wir wollen uns jedoch mit diesen empirischen Anhaltspunkten noch nicht zufriedengeben. Man könnte einwenden, der gewählte Testzeitraum sei so außergewöhnlich, daß die hier gewonnenen Beobachtungen nicht als typisch gelten können. Deshalb eliminieren wir in den folgenden Tests die weltweit zu beobachtende Haussephase der Börsen gänzlich und terminieren den Vergleichstest auf Juli 1982. Zu diesem Zeitpunkt verharrten die Weltbörsen noch in lähmender Lethargie, die keinerlei Orientierung aufkommen ließ. Die Aktienauswahl wird absichtlich nicht verändert, um gruppenspezifische Änderungsfaktoren auszuschließen. Übersicht 4 referiert die Testergebnisse für die deutschen Aktien, Übersicht 5 diejenigen für die ausländischen Aktien.

Übersicht 4: Leistungsvergleich zwischen B&H-Strategie und MAM-Strategien für 27 deutsche Aktien[1)2)]

Strategie-Bezeichnung	**absolute Durchschnittsrendite in %**	**relative Durchschnittsrendite in %**
B&H-Strategie	-0.89	-2.52
Trading-Strategie	-3.10	+8.22
Potential-Strategien		
a) Z_{644}, Z_{647}	+1.30	+6.53
b) Z_{656}, Z_{657}	+10.20	+0.58
c) Z_{660}, Z_{661}	+3.10	+0.94
Trendfolge-Strategie		
a) prozyklische Zukäufe	+22.58	+10.98
b) antizyklische Zukäufe	+52.45	+17.93
Turnaround-Strategie		
a) prozyklische Zukäufe	+8.20	+4.72
b) antizyklische Zukäufe	+12.43	+11.26
Rang-Strategie		
a) prozyklische Zukäufe	+30.59	+7.92
b) antizyklische Zukäufe	+45.88	+10.42
Trendperformance-Strategie		
a) prozyklische Zukäufe	+19.31	+4.74
b) antizyklische Zukäufe	+34.37	+4.34

Favorisierungsstrategie		
a) prozyklische Zukäufe	+2.37	-7.71
b) antizyklische Zukäufe	+2.65	-9.88
Minimax-Strategie		
a) Undershooting-Fall	+25.50	+72.90
b) Overshooting-Fall	+8.49	+10.55
Preiswürdigkeitsstrategie	+2.53	+18.52
Positionsstrategie	+47.12	+29.13
Höchstpreis-Strategie	+10.28	+8.42
Tiefstpreis-Strategie	-1.61	+17.00
Antizyklische Strategie mit Basistrendorientierung	+25.29	+19.49
Reaktionsstrategien		
a) Z_{678}, Z_{649}	+2.80	+23.13
b) Z_{678}, Z_{679}	+7.80	+9.27
c) Z_{678}, Z_{680}	-45.89	-14.00
d) Z_{681}, Z_{682}; Z_{683}, Z_{684}	-10.49	-2.78
Inkubationsstrategie[3)]		
Z_{685}, Z_{686}	+33.23	+21.16
Fächer-Strategie		
Z_{708}, Z_{709}	+4.76	-25.83
Box-Strategien		
a) Z_{723}, Z_{724}[3)]	-3.62	+2.15
b) Z_{727}, Z_{728}, Z_{729}, Z_{730}	-1.37	-28.11
c) Z_{738}, Z_{739}	+3.72	-11.20
Konsolidierungsstrategien[3)]		
a) Z_{685}, Z_{740}	+19.23	+38.96
b) Z_{685}, Z_{741}	+25.13	+18.87
c) Z_{744}, Z_{745}, Z_{746}, Z_{747}	+22.36	+43.54
Sonstige gemischte Strategien		
a) Variante I	+1.21	+2.55
b) Variante II	-0.46	+5.10
c) Variante III	+3.07	+19.32

1) Vgl. Übersicht 1
2) Der Testzeitraum endet im Juli 1982.
3) Ohne Stoploss; vorhandene Bestände wurden zum aktuellen Perioden-Durchschnittskurs bewertet.

Übersicht 5: Leistungsvergleich zwischen B&H-Strategie und MAM-Strategien für 27 ausländische Aktien[1)2)]

Strategie-Bezeichnung	absolute Durchschnittsrendite in %	relative Durchschnittsrendite in %
B&H-Strategie	+0.60	+2.93
Trading-Strategie	+8.46	+44.40
Potential-Strategien		
a) Z_{644}, Z_{647}	+20.24	+25.50
b) Z_{656}, Z_{657}		
c) Z_{660}, Z_{661}		
Trendfolge-Strategie		
a) prozyklische Zukäufe	-46.40	-79.50
b) antizyklische Zukäufe	-26.00	-57.50
Turnaround-Strategie		
a) prozyklische Zukäufe	-2.24	-11.19
b) antizyklische Strategie	+5.94	+14.61
Rang-Strategie		
a) prozyklische Zukäufe	-4.21	-12.62
b) antizyklische Zukäufe	+4.77	+6.14
Trendperformance-Strategie		
a) prozyklische Zukäufe	-1.44	-12.96
b) antizyklische Zukäufe	+7.48	+3.63
Favorisierungsstrategie		
a) prozyklische Zukäufe	+7.08	+7.50
b) antizyklische Zukäufe	+14.46	+22.31
Minimax-Strategie		
a) Undershooting-Fall	+8.63	+47.53
b) Overshooting-Fall	+8.50	+63.57
Preiswürdigkeitsstrategie	+7.85	+61.18
Positionsstrategie	+10.27	+17.42
Höchstpreis-Strategie	+8.38	+22.47
Tiefstpreis-Strategie	+1.87	+42.99
Antizyklische Strategie mit Basistrendorientierung	+21.33	+51.20
Reaktionsstrategien		
a) Z_{678}, Z_{649}	+4.80	+50.79
b) Z_{678}, Z_{679}	+9.22	+24.04
c) Z_{678}, Z_{680}	-12.27	-16.94
d) Z_{681}, Z_{682}; Z_{683}, Z_{684}	+3.55	+13.89
Inkubationsstrategie[3)]		
Z_{685}, Z_{686}	+24.82	+69.98

Fächer-Strategie		
Z_{708}. Z_{709}	+4.08	-26.88
Box-Strategien		
a) Z_{723}, Z_{724}[3)]	+31.48	+36.28
b) Z_{727}. Z_{728}, Z_{729}, Z_{730}	+5.87	-21.53
c) Z_{738}, Z_{739}	-1.02	-10.72
Konsolidierungsstrategien[3)]		
a) Z_{685}, Z_{740}	+15.96	+70.39
b) Z_{685}, Z_{741}	+19.77	+36.34
c) Z_{744}, Z_{745}, Z_{746}, Z_{747}	+26.25	+72.81
Sonstige gemischte Strategien		
a) Variante I	+2.56	+9.11
b) Variante II	+5.82	+46.10
c) Variante III	+6.76	+45.40

1) Vgl. Übersicht 1
2) Der Testzeitraum endet im Juli 1982.
3) Ohne Stoploss; vorhandene Bestände wurden zum aktuellen Perioden-Durchschnittskurs bewertet.

Die **Auswertungen** ergeben einen nicht wesentlich veränderten empirischen Befund. In dem hausse-bereinigten Testzeitraum war mit der B&H-Strategie praktisch nichts zu verdienen. Im Falle der deutschen Aktien war das Anlageergebnis sogar klar negativ. Demgegenüber schnitt die Mehrzahl der MAM-Strategien erheblich besser ab, auch wenn es in Einzelfällen gleichfalls zu negativen Ergebnissen kam. Stabile Überlegenheit quer durch alle Testsegmente haben insbesondere die Potential-Strategien, die Minimax-Strategie, die Preiswürdigkeits-, Positions- und Höchstpreis-Strategie sowie die beiden zuerst genannten Reaktionsstrategien, die Inkubationsstrategie und die Konsolidierungsstrategien bewiesen.

Die **Inkubationsstrategie** und die **Konsolidierungsstrategien** wurden als gemischte Strategien konzipiert und mit einer Stoploss-Automatik ausgestattet. Stoploss-Signale zwingen den Anleger zu verkaufen, sobald die aufgelaufenen Buchverluste eine vorgegebene Toleranz überschreiten. Auf diese Weise wird eine **transparente Risiko- und Verlustbegrenzung** erreicht. Verlustbegrenzungsverkäufe sind naturgemäß in aller Regel mit - wenngleich begrenzten - Verlusten verbunden und wirken daher ergebnisbelastend. Weiter oben wurde bereits darauf hingewiesen, daß sich das "Durchhalten" vorübergehend in die Verlustzone geratener Positionen durchaus lohnen kann.

Dies ist immer dann so, wenn es zu einer ausreichenden Preiserholung kommt.

Nun ist es methodisch nicht unproblematisch, eine als gemischt konzipierte Strategie derart zu einer Durchhaltestrategie umzufunktionieren, daß man schlicht die Stoploss-Signale ignoriert. Denn auf diese Weise wird entscheidend in den Kauf- und Verkaufrhythmus eingegriffen.[16] Der nicht ganz unbegründete Verdacht, die in den Übersichten 2 bis 5 referierten Ergebnisse der Inkubations- und Konsolidierungsstrategien enthielten "geschönte" Ergebnisse, läßt sich leicht auf seine Substanz prüfen, indem man die zugrundeliegenden Strategiemodelle ohne Stoploss-Automatik formuliert. Auf diese Weise werden sie zu **reinen Durchhaltestrategien.** Die Tests wurden auch für diese Strategien durchgeführt.

Dabei zeigte sich, daß die Ertragsziffern zwar mehr oder weniger deutlich auf diesen Modellumbau reagieren, daß aber die Kernaussage - Inkubations- und Konsolidierungsstrategien sind der B&H-Strategie deutlich überlegen - in keiner Weise zu relativieren ist. Die konkreten Ergebnisse für die deutschen und ausländischen Werte (Testzeitraum bis Juli 1986) sind in der Übersicht 6 zusammengestellt. Die erste Ziffer bezieht sich jeweils auf die reine Durchhaltestrategie, die Ziffer in Klammer auf die manipulierte gemischte Strategie. Dabei wurde die Konsolidierungsstrategie Z_{685}, Z_{740} weggelassen, da sie sich nur geringfügig von der Inkubationsstrategie Z_{685}, Z_{686} unterscheidet.

16) Ein einfaches Beispiel mag dies verdeutlichen. Angenommen, der Kauf erfolgte zu 150, die Stoploss-Marke sei auf 135 festgelegt. Fällt der Preis unter 135, muß verkauft werden. Ein neuerlicher Kauf findet statt, sobald wieder ein Kaufsignal auftritt. Wird nun aber nicht verkauft, nachdem der Preis unter 135 fällt, so stellt sich die Frage eines neuerlichen Kaufs nicht, denn der Anleger ist ja noch investiert. (Etwaige Zukäufe bleiben bei dieser Argumentation außer Betracht.) Ein neuer Kauf steht erst zur Debatte, nachdem die vorausgegangene Investition durch einen regulären, d.h. nicht durch *stoploss* ausgelösten Verkauf, beendet worden ist. Die Sequenz der Kauf- und Verkaufzeitpunkte ist also grundsätzlich verschieden in Strategien mit bzw. ohne Stoploss-Automatik.

Übersicht 6: Reine Durchhaltestrategien *versus* manipulierte gemischte Strategien, jeweils mit aktueller Bestandsbewertung

Strategie-Bezeichnung	**absolute Durchschnittsrendite in %**	**relative Durchschnittsrendite in %**
Inkubationsstrategie Z_{685}, Z_{686}		
a) deutsche Aktien	+66.53 (+91.84)	+40.37 (+56.75)
b) ausländische Aktien	+74.68 (+74.90)	+42.01 (+69.20)
Konsolidierungsstrategie Z_{685}, Z_{731}		
a) deutsche Aktien	+58.04 (+60.64)	+39.17 (+63.57)
b) ausländische Aktien	+70.12 (+43.43)	+42.15 (+72.76)
Konsolidierungsstrategie $Z_{744ff.}$		
a) deutsche Aktien	+38.39 (+25.36)	+45.37 (+158.64)
b) ausländische Aktien	+60.25 (+32.71)	+32.96 (+85.62)

Damit ist die **Evidenz gegen die angebliche Unschlagbarkeit der B&H-Strategie** übermächtig. Über die hier dokumentierten Tests hinaus wurden zahlreiche weitere durchgeführt, die in der Tendenz keinerlei abweichenden Erkenntnisse erbrachten. Die *efficient-market*-Hypothese (EMH), die längere Zeit nahezu unangefochten als Grundlage für die **moderne Finanz- und Kapitalmarkttheorie** gegolten hatte, scheint angesichts dieser erdrückenden empirischen Beweise nicht länger haltbar. Dies gilt zumindest dann, wenn man die empirisch testfähigen Grundlagen der EMH in der B&H-Strategie oder ähnlich konzipierten Marktstrategien erblickt.

Wer die **Preisbildung** insbesondere **auf den spekulativen Märkten** unvoreingenommen beobachtet, kann nur schwerlich auf den abwegigen Gedanken kommen, das Marktgeschehen sei "effizient", d.h. von kühler Rationalität geprägt. Vielmehr dominieren Angst und Hoffnung als Ausdruck der allgemeinen Orientierungslosigkeit. Freilich ist der am Markt ausgehandelte Preis immer "richtig" in dem Sinne, daß er schießlich zustandegekommen ist und daher die Faktizität für sich reklamieren kann. Erklärt man jedoch allein deshalb derartige Preise für effizient, so ist dies vor allem und gerade aus theoretischer Sicht gänzlich unverständlich. Denn ein solcher **Effizienzbegriff** stellt entweder eine Leerformel dar - "rationale Wirtschaftssubjekte operieren stets effizient" - oder beruht auf schlichtem, theorielosem Empirismus nach dem Motto: "Alles Faktische ist effizient."

Es entbehrt nicht der Tragikomik, daß die vermeintlich so klug konzipierte und theoretisch wohl ausgewogene EMH sich im Kern nicht wesentlich unterscheidet von der Chartanalyse, deren angebliche Unsinnigkeit zu beweisen sie sich just zur Aufgabe gemacht hat.

Der Unterschied ist nur, daß die **Chartanalyse** oder die hier entwickelte **markttechnische Analyse** den empirischen Realitätsbefund nicht als Erkenntnisquelle zu leugnen braucht, während die EMH ihre tiefschürfenden Einsichten aus dem intellektuellen Urgestein bezieht, das fernab jeglichen banalen Realitätskontakts die reine Erkenntnis hervorbringt. Kommt der Realitätskontakt dann irgendwann doch zustande, so ähnelt dieser Vorgang eher einer Pflichtübung - einer höflichen Verbeugung vor dem Realitätsanspruch der eigenen wissenschaftlichen Arbeit - als dem unbefangenen Versuch, diese Begegnung zur eigentlichen Quelle der Erkenntnis zu machen.

5 Markttechnische Analyse makroökonomischer Zeitreihen

Aufgrund seiner marktstrategischen Modellteile liegt es nahe, das praktische Einsatzgebiet des markttechnischen Analysemodells (MAM) zunächst im Bereich des Portefeuille-Managements zu suchen. Da die meisten strategischen Konzeptionen jedoch auf einer Bandbreitenprognose bezüglich der in Frage stehenden Zeitreihe beruhen, bietet sich eine Verallgemeinerung und Ausweitung der prognostischen Einsatzmöglichkeiten des MAM geradezu an. Der Zusammenhang zwischen Marktdiagnose und -prognose einerseits und dem optimalen Marktverhalten andererseits mag bei makroökonomischen Zeitreihen nicht immer so offenkundig sein wie im Falle spekulativer Finanzmarktobjekte, doch existent ist er allemal.[1)]

Vorab noch ein Wort zur **begrifflichen Abgrenzung makroökonomischer Zeitreihen**. Wir wollen darunter all jene Zeitreihen aus dem monetären und nicht-monetären Bereich verstehen, die offensichtlich hoch-aggregativen Charakter haben. Die **Aggregation** kann sich hierbei auf zumindest zweierlei Ebenen abspielen. Einmal kann eine makroökonomische Variable im materiellen Sinn aggregativ sein, indem sie nämlich aggregierte ökonomische Sachverhalte wiedergibt. Dies gilt z.B. für das Brutto-Sozialprodukt, gesamtwirtschaftliche Investitions- und Konsumausgaben und dgl.

Zum andern gibt es ökonomische Variablen, die im formalen Sinn aggregativ sind, indem sie auf künstlichen, nach bestimmten methodischen Grundsätzen erfolgenden Konstruktionen beruhen. Hierzu sind alle Indices und indexähnliche Gebilde zu rechnen. Als Beispiele seien Preis-Indices, das "Zinsniveau", Geschäftsklima-Indices und Aktien-Indices genannt. Manche Variablen nehmen eine Zwischenstellung ein, indem sie zugleich auf einer natürlichen und einer künstlichen Aggregation beruhen. Hierzu zählen z.B. die Devisen-

1) Greifen wir als Beispiel die "Inflationsrate" heraus. Selbstverständlich ist die Inflationsrate kein unmittelbares Spekulationsobjekt, wohl aber ein mittelbares. Erkennt ein Marktteilnehmer rechtzeitig den unteren Wendepunkt der inflationären Entwicklung, so kann er entsprechende (spekulative) Gütermarktdispositionen treffen, die ihm Ertrags- und Vermögensvorteile im Vergleich zu denjenigen Gütermarktteilnehmern bringen, die über weniger gute Prognosen verfügen.

kurse. Sie reflektieren sowohl Sozialprodukts- als auch Preisindex-Relationen (zwischen In- und Ausland).[2]

5.1 Integrale Wendepunkt- und Strukturanalyse

Schwerpunkte der makroökonomischen Zeitreihenanalyse bilden die **Zyklen- und Strukturanalyse**. Während die Zyklenanalyse begrifflich noch einigermaßen befriedigend gefaßt werden kann, stößt man diesbezüglich bei der (dynamischen) Strukturanalyse auf ungleich größere Schwierigkeiten. Wann ein zyklischer Wendepunkt vorliegt, läßt sich zumindest im nachhinein zumeist mit hinreichender Klarheit und Eindeutigkeit feststellen[3]. Wann jedoch eine Strukturveränderung oder gar ein sog. Strukturbruch eingetreten ist, läßt sich in der Regel ohne Zuhilfenahme arbiträrer Abgrenzungskriterien nicht bestimmen.

Den folgenden Überlegungen wollen wir eine **integrale Zyklus- und Strukturkonzeption** zugrundelegen, d.h., wir wollen zyklische Schwankungen und strukturelle Veränderungen als die konstituierenden Elemente der gesamten Reihendynamik auffassen. Dominant ist die zyklische Bewegung insofern, als sie - im Gegensatz zu strukturellen Veränderungen - ständig stattfindet. Nach welchen Kriterien eine strukturelle Veränderung diagnostiziert bzw. prognostiziert werden kann, bedarf noch der begrifflichen Präzisierung. Schwierigkeiten bereitet hierbei insbesondere der Umstand, daß Strukturveränderungen sowohl allmählich als auch sprunghaft in Erscheinung treten. Im letzteren Fall ist dann wohl am ehesten die Vokabel "Strukturbruch" angebracht.

Da jedoch sprunghafte ebenso wie allmähliche Strukturveränderungen Trendänderungen, ggf. sogar Trendwenden implizieren, halten wir es für zweckmäßig, die **Struktur(änderungs)analyse als Trend(änderungs)analyse** zu begreifen. Die Strukturveränderung wird allgemein als langfristig wirkende Veränderung[4] verstanden, im Gegensatz zur konjunkturellen, saisonalen oder gar zufallsbedingten

2) Zu den Problemen, die bei der Prognose aggregierter Zeitreihen auftreten, vgl. auch H. LÜTKEPOHL (1986).
3) Vgl. M. KÖRBER-WEIK (1983).
4) Die Langfristigkeit struktureller Änderungen bezieht sich, wie erwähnt, nicht sachnotwendig auf deren Eintritt - sie können auch abrupt entstehen -, sondern auf ihre zeitliche Beständigkeit.

Schwankung. Auch der Trend gilt allgemein als langfristige Erscheinung, gewissermaßen als langfristig gültige Grundlage der Reihendynamik. Die **theoretische und methodische Verkettung zwischen Struktur- und Trendanalyse** erscheint daher nicht nur naheliegend, sondern geradezu zwingend geboten.[5]

Ohne willkürliche Festlegungen kommt freilich auch die hier vertretene **integrale Zyklus-Struktur-Konzeption** nicht aus. Dies liegt schlicht daran, daß eine restlose Ausschließung des Willkürelements von der Sache her unmöglich ist. Worauf es ankommt, ist, die Festlegungen so zu treffen, daß sie erstens plausibel erscheinen und zweitens als empirisch gehaltvoll bestätigt werden können. Es wurde versucht, die **Plausibilität der Wendepunkt-Struktur-Konzeption** darzutun. Es muß jetzt noch gezeigt werden, wie die empirische Ausfüllung erfolgen soll.

Hierzu gibt es zahlreiche, im Detail verschiedene, im Kern aber gleichartige Verfahrensweisen. Grundlegend hierbei sind die bereits von früheren Überlegungen her bekannten Schwellen- und Bandbreiten-Prinzipien. Das **Schwellenprinzip** geht davon aus, daß zwischen Aufschwung und Abschwung einer Zeitreihe eine kritische Schwelle liegt, deren Überschreitung eine Fortsetzung der Bewegung in der eingeschlagenen Richtung vermuten läßt.

Ob die in Gang gekommene Bewegung zyklische oder trendbestimmende, also konjunkturelle oder strukturelle Bedeutung hat, ist allein durch den erfolgten Schwellenübertritt noch nicht erkennbar. Für Klarheit sorgt hier das zweite Prinzip, das **Bandbreiten-Prinzip**. Demnach ist mit einer lang anhaltenden Trend- und Strukturveränderung dann zu rechnen, wenn die Zeitreihe aus ihrem typischen Schwankungsspektrum nachhaltig ausbricht.

5) Auch in der statistischen Methodenlehre ist die **Trennung zwischen Trend und Zyklus** umstritten. So meint z.B. J. PFANZAGL (1967,143): "Ein objektives Kriterium für die Trennung dieser beiden Faktoren (säkularer Trend und Konjunkturschwankungen; Anmerkung des Verfassers) gibt es jedoch nicht, ja es erscheint überhaupt fraglich, ob nicht beide Erscheinungen - die langfristige Aufwärtsentwicklung und ihre regelmäßige Abschwächung bzw. Beschleunigung - organisch zusammenhängen. Es ist unvernünftig, aus irgendeinem mechanischen Zerlegungsverfahren Antwort auf die Frage zu erhoffen: 'Wie wäre die Entwicklung verlaufen, wenn kein Trend vorhanden gewesen wäre?' Auch verfeinerte mathematische Techniken führen hier zu keinem sinnvollen Ergebnis."

Die **Subsidiaritätsbedingung der Nachhaltigkeit** ist hierbei von einiger Bedeutung, denn nur vorübergehende, d.h. alsbald revertierte Ausbruchsbewegungen besitzen keine Signalwirkung. Wann Nachhaltigkeit anzunehmen ist, läßt sich wiederum nicht apodiktisch festlegen. Nach der empirischen Evidenz zu urteilen, erscheint jedoch eine Zeitspanne von maximal sechs Einheitsperioden als ausreichend.

Als **Schwellenwert**, der die hypothetische Grenze zwischen dem Auf- und Abschwungbereich einer Zeitreihe markieren soll, verwenden wir den Z_{11}-Reihendurchschnitt. Er hat in zahllosen empirischen Tests eine erstaunlich gute Trennfunktion bewiesen.

Größere Schwierigkeiten bereitet die Wahl eines brauchbaren **Bandbreiten-Kriteriums**. Die Diagnose und Prognose von Strukturveränderungen soll möglichst frühzeitig erfolgen. Aus diesem Grund muß ein Korridor gewählt werden, der sich durch möglichst geringe Breite und möglichst hohe Richtungs- und Positionsstabilität auszeichnet. Ein hochflexibler Korridor, der unverzüglich auf einigermaßen markante Reihenbewegungen anspricht, liefert zwar einen hervorragenden "Fit", versagt aber völlig bei der Strukturprognose, denn Ausbruchsignale kommen praktisch nie zustande. Richtungs- und positionsstabile Korridore, die gleichzeitig eng ausgelegt sind, haben andererseetis den Nachteil, daß sie bei erratischen Ausschlägen zu Fehlsignalen neigen. Zufallsbedingte Reiheninstabilität wirkt jedoch nur selten nachhaltig in eine bestimmte Richtung, so daß durch das **Nachhaltigkeitskriterium** derlei potentielle Fehlsignale in der Regel ausgeschaltet werden können.

Als besonders gut geeignete Bandbreiten-Konzeption erwies sich der Z_{481}-Z_{482}-Korridor, der als vielgliedriger gewogener Durchschnitt aus vergangenen Reihenminima und -maxima sowie einem gleichfalls stark geglätteten globalen Reihenschwankungsmaß gebildet wird. Daneben wurde mit einem Z_{10}-gestützten Korridor experimentiert, der sich aufgrund seiner extremen Stabilität gleichfalls als sehr nützlich im Rahmen der Strukturanalyse erwiesen hat. Seine Grenzwerte sind wie folgt definiert:

$$Z_{784,t} = Z_{10,t}/(1+0.1Z_{134,t})^2$$
$$Z_{785,t} = Z_{10,t}(1+0.1Z_{134,t})^2$$

Wir wollen nun versuchen, die Arbeitsweise des **kombinierten Schwellen- und Bandbreitenprinzips** schematisch zu verdeutlichen. Abbildung 19 stellt die fiktive Zeitreihe R dar.

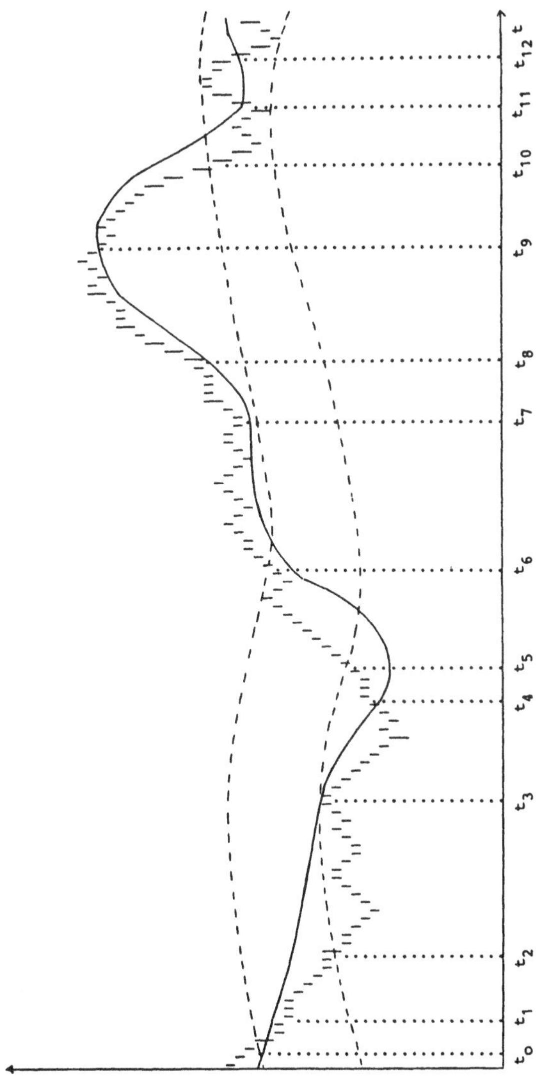

Abbildung 28: Wendepunkt- und Strukturanalyse

Der Referenzkorridor ist durch die beiden gestrichelten Kurven, der Schwellenwert Z_{11} durch die durchgezogenen Kurven dargestellt.

Die Reihenrealisationen je Einheitsperiode werden durch senkrechte Balken dargestellt. In t_0 fällt die Reihe in den Referenzkorridor zurück und signalisiert damit, daß keine langfristig wirksamen Aufwärtstendenzen mehr bestehen. In t_1 wird der Schwellenwert unterschritten, wodurch ein mittelfristiges Abschwungsignal gegeben wird. In t_1 wird somit ein **konjunktureller Wendepunkt** erreicht. Die Reihe fällt zügig weiter und bricht in t_2 aus dem Referenzkorridor aus. Dadurch gibt sie ein Signal für eine länger anhaltende Abwärtsbewegung.

In Anlehnung an die von A.E. OTT (1986,35) für den Arbeitsmarkt verwendeten Formulierung kann man sagen, der Abschwung habe sich "strukturell verhärtet". Die Abwärtsbewegung hält an. In t_3 zeigen sich zwar Ansätze einer Umkehr, doch es fehlt eindeutig an der Nachhaltigkeit. Nachdem die Reihe erneut kräftig zurückgefallen ist, kommt es schließlich in t_4 zu einem zyklischen Aufschwungsignal, das zugleich den **zyklischen Wendepunkt** markiert. Auf der Reihe lastet jedoch unverändert die langfristige, strukturell bedingte Abwärtsdynamik. Erst in t_5 kann diese durch Rückkehr in den Referenzkorridor "gebrochen" werden. Damit ist der Weg frei zumindest für eine ungehinderte zyklische Aufwärtsbewegung. In t_6 gelingt es der Reihe sogar, aus der typischen Bandbreite auszubrechen, wodurch eine **"strukturelle Verhärtung"** der Aufschwungdynamik eintritt.

In t_7 und t_8 deuten sich vorübergehend zyklische Wendepunkte an, die jedoch mangels Nachhaltigkeit der Umkehrbewegung keine Bestätigung finden. Vielmehr verstärkt sich die Aufwärtsbewegung noch, bevor erst in t_9 eine klare zyklische Wende vollzogen wird. In t_{10} erlahmen sogar die strukturellen Auftriebskräfte, nachdem die Reihe in ihren typischen Schwankungsbereich zurückgefallen ist. In diesem verbleibt sie auch weiterhin. Zwar gibt sie in t_{11} und t_{12} (zyklische) Wendepunktsignale, doch erfahren diese von der strukturellen Seite her keinerlei Bestätigung und Impuls.

In dieser durch **Strukturkonstanz** gekennzeichneten Phase schwankt die Reihe orientierungslos in ihrer schwankungstypischen Bandbreite. Zumindest unter marktstrategischen und markttaktischen Gesichtspunkten wäre überlegenswert, die **zyklischen Wendepunkte** in dieser weitgehend trendfreien Marktphase an die Korridorgrenzen zu verlegen, denn der Schwellenwert markiert hier weniger den zyklischen Wendepunkt, als vielmehr den **zyklischen Mittelpunkt**.

Wir wollen nun das aufgrund dieser schematischen Vorüberlegungen gewonnene Rüstzeug in der empirischen Analyse makroökonomischer Zeitreihen erproben.

5.2 Wendepunkt- und Strukturanalyse makroökonomischer Zeitreihen

Es erweist sich als zweckmäßig, zwischen monetären und nicht-monetären Zeitreihen zu unterscheiden. Die letzteren müssen zumeist noch saisonbereinigt werden, bevor die Wendepunkt- und Strukturanalyse sinnvoll ansetzen kann. Wir beginnen mit der Analyse monetärer Aggregate nicht zuletzt deshalb, weil auf diese Weise der Übergang von der bislang im Vordergrund stehenden Aktienanalyse zu anderen Untersuchungsbereichen "nahtlos" vollzogen werden kann.

5.2.1 Aktien-Indices

Aktien-Indices spielen im Rahmen der Finanzmarktanalyse eine überragende Rolle, weil diesen Marktaggregaten spätestens seit den richtungweisenden Überlegungen von C. DOW zumindest die Fähigkeit zugetraut wird, die allgemeine Marktlage in globaler Weise zu erfassen. Für den deutschen Aktienmarkt wollen wir neben dem FAZ-Gesamtindex noch einige Branchen-Indices untersuchen. Darüber hinaus betrachten wir einige internationale Aktien-Indices.

5.2.1.1 FAZ-Gesamtindex

Die Marksteine der Entwicklung des FAZ-Gesamtindexes lassen sich in Plot 3000 deutlich erkennen. In 1975 gab der Index ein zyklisches Aufschwungsignal. Im Herbst durchbrach er zwar den Schwellenwert nach unten, doch mangels Nachhaltigkeit dieser Bewegung fand dieses vermeintliche Umkehrsignal keine Bestätigung. Vielmehr gab es 1978 sogar Anzeichen für eine strukturelle Verhärtung des Aufschwungs, bevor 1979 ein klares zyklisches Abschwungsignal erfolgte. Bis 1982 pendelte der Index orientierungslos in seinem durch den Korridor Z_{481}-Z_{482} abgebildeten typischen Schwankungsbereich. Die vorübergehenden Anzeichen einer strukturellen Verhärtung des Abschwungs fanden keine Bestätigung. Zum Jahreswechsel

1982/1983 brach der Index aus dem Referenzkorridor nach oben aus, wodurch eine strukturelle Verhärtung des bereits im Herbst 1982 signalisierten Aufschwungs angezeigt wurde. Im Frühjahr/Sommer 1983 brach der Index außerdem aus dem Z_{784}-Z_{785}-Korridor nachhaltig aus und bestätigte hierdurch die strukturellen Auftriebskräfte.

Die sehr dynamische, nur durch schwache Umkehrbewegungen kurzfristig unterbrochene Aufwärtsbewegung hielt über viele Jahre an. Im Herbst 1984 sowie zur Jahresmitte 1986 kam es zwar zu deutlicheren Rückbildungen des Indexes, die jedoch in keinem Fall eine Gefährdung weder der langfristigen (strukturellen) noch der mittelfristigen (zyklischen) Auftriebskräfte erkennen ließ.

5.2.1.2 Branchen-Indices für den deutschen Aktienmarkt

Nach einem recht labilen Verlauf in den Jahren 1979 und 1980 (vgl. Plot 3005) brach der **FAZ-Branchen-Index "Bau, Steine, Erden"** im Jahre 1981 aus dem schmalen Z_{481}-Z_{482}-Korridor nach oben aus und gab damit das Signal zu ihrer strukturellen Höherbewertung. Dieses wurde durch den kurz darauf erfolgenden Ausbruch aus dem Z_{784}-Z_{785}-Korridor bekräftigt. Zwar kam es 1981/1982 zu empfindlichen Index-Rückschlägen, doch sie fanden ausnahmslos ihr Ende am Schwellenwert Z_{11}. Diese "Zitterpartie" wiederholte sich 1983 sowie 1985; auch hier blieb jedoch das zyklische Wendesignal korrekterweise aus. Im Herbst 1986 war der Aufschwung noch völlig intakt.

Der **FAZ-BranchenIndex "Chemie und Kautschuk"** (vgl. Plot 3007) gab 1976 ein zyklisches Abschwungsignal, dem eine längere Phase orientierungsloser Marktentwicklung folgte. 1979 verhärtete sich der Abschwung strukturell, indem der Index aus dem Z_{481}-Z_{482}-Korridor nach unten ausbrach. 1981 folgte zwar eine zyklisches Aufschwungsignal, dem jedoch die strukturelle Bestätigung versagt blieb. Der Index verfiel bald darauf nochmals in eine Abwärtsbewegung. Erst im Frühjahr 1983 konnte sich ein überzeugender Aufschwung durchsetzen, nachdem der Index zunächst den Z_{11}-Wert und kurz darauf auch die Obergrenze des Z_{481}-Z_{482}-Korridors überschritt. Die Index-Abschwächung im Jahre 1984 machte exakt am Schwellenwert Z_{11} halt. Nachdem inzwischen auch der Langfristkorridor Z_{784}-Z_{785} die strukturelle Verhärtung des Aufschwungs bestätigt hatte, konnte sich dieser bis zum Frühjahr 1986 fortsetzen. Ein zur Jahresmitte 1986 in Gang gekommener Index-Rückschlag konnte wiederum exakt am Schwellenwert abgefangen werden.

Der FAZ-Branchenindex **"Ehemalige Bergbaubetriebe"** (vgl. Plot 3009) gab 1977 ein zyklisches Aufschwungsignal, das noch im selben Jahr strukturell bestätigt wurde. 1978 folgte eine Bekräftigung der strukturellen Auftriebstendenzen. Die Index-Abschwächungen in den Jahren 1979/1980 machten exakt am Schwellenwert Z_{11} halt, so daß der Aufschwung bis 1981 intakt blieb. Es folgte eine nur kurzlebige Abschwungphase, die bereits 1982 erneut einem kräftigen Aufschwung Platz machte. Dieser dauerte in den Folgejahren ungebrochen fort. Etwaige Schwächephasen waren wiederum jeweils nach Erreichen des Schwellenwerts beendet. Erst im Jahre 1986 gab der Index ein markantes zyklisches Abschwungsignal, das mangels Nachhaltigkeit und wegen fehlender struktureller Bestätigung noch als "vorläufig" einzustufen war.

Der FAZ-Branchenindex **"Elektro-Industrie"** (vgl. Plot 3010) zeigte zwischen 1975 und 1982 im wesentlichen einen labilen Verlauf, der keine klare Orientierung erkennen ließ. Eine strukturelle Bestätigung für zyklische Aufschwungsignale war in keinem Zeitpunkt dieses Abschnitts zu erhalten, vielmehr schien sich 1981/1982 der Abschwung zu verhärten. 1983 gelang jedoch eine überzeugende zyklische Wende mit zweifacher struktureller Bestätigung. In den Folgejahren stellte der Index zu keinem Zeitpunkt seine aufwärts gerichtete Dynamik in Frage.

Mit dieser Auswahl wollen wir unseren Querschnitt durch Branchen-Indices des deutschen Aktienmarkts beenden und uns nun den globalen, index-gestützten Analysen ausländischer Aktienbörsen zuwenden.

5.2.1.3 Ausländische Aktien-Indices

Als erstes Beispiel greifen wir den **holländischen ANP-CBS-Index** (Plot 3100) heraus. Die Datenbasis erlaubt eine markttechnische Analyse ab 1981. Im letzten Quartal 1982 gab der Index ein zyklisches Aufschwungsignal durch Überwindung des Schwellenwerts Z_{11}.

Die Aufschwungbestätigung und -verhärtung erfolgte zwei Monate später durch Ausbruch aus dem Z_{481}-Z_{482}-Korridor. Im Sommer 1983 wurde auch der sehr träge und recht breite Z_{784}-Z_{785}-Korridor nach oben verlassen, wodurch die Auftriebsdynamik eine letzte und endgültige Bestätigung erfuhr. In den Folgejahren (bis Herbst 1986) kam es zu keinem Zeitpunkt zu irgendeiner markttechnischen Gefährdung der sehr dynamischen Aufwärtsbewegung.

Der **"Allgemeine" der belgischen Börse** (Plot 3102) zeigt einen ähnlichen Verlauf. Zur Jahreswende 1981/1982 leitete ein klares zyklisches Aufschwungsignal die Aufwärtsbewegung ein. Die überzeugende Bestätigung erfolgte allerdings erst im Frühjahr/Sommer 1983, und erst ein Jahr später machte der Index-Ausbruch aus dem Z_{784}-Z_{785}-Korridor markttechnisch "alles klar". Auch hier kam es bis zum Ende der Testperiode (Herbst 1986) zu keinerlei Gefährdung der Aufwärtsbewegung.

Der **Financial-Times-Industrials-Index der Londoner Börse** (Plot 3104) brachte bereits zur Jahresmitte 1981 ein klares, schwellenwertgestütztes Aufschwungsignal. Es dauerte dann allerdings bis 1983, bevor eine strukturelle Verhärtung der Aufwärtsbewegung konstatiert werden konnte. In der Folgezeit ließ auch dieser Index keinerlei Anzeichen erkennen, die auf eine baldige Beendigung des Aufschwungs hindeuteten.

Die Datenbasis des **Banco-de-Vizcaya-Index der Madrider Börse** erlaubt nur einen kurzzeitigen markttechnischen Test (vgl. Plot 3106). Man erkennt, daß vermutlich im Jahre 1984 die zyklische Wende nach oben eingetreten ist. Der Aufschwung verhärtete sich strukturell erst zur Jahreswende 1985/1986; hernach beschleunigte sich die Aufwärtsbewegung dramatisch. Im Vergleich zu den übrigen, bislang untersuchten internationalen Börsen hatte die spanische Börse einen ausgesprochen späten Start. Das markttechnische Instrumentarium hat diese Performance-Unterschiede richtig erkannt und hierdurch seine Leistungsfähigkeit im Rahmen eines **selektiven Timing** von Marktoperationen nachdrücklich unterstrichen.

Der **INSEE-Index der Pariser Börse** (Plot 3109) gab, soweit erkennbar, vermutlich im Sommer 1978 ein zyklisches Aufschwungsignal, das durch ein zyklisches Umkehrsignal im Sommer 1981 abgelöst wurde. Dieses blieb jedoch ohne Bestätigung und wurde alsbald revertiert. Nach einer etwa zweijährigen Periode labiler Index-Entwicklung innerhalb der Bandbreite Z_{481}-Z_{482} brach der Index im Frühsommer 1983 endgültig nach oben aus und gab damit das Signal für einen strukturell gefestigten Aufschwung. Dieser war im Herbst 1986 noch ungebrochen.

Beim **Dow-Jones-Industrials-Index** (alte Fassung) **der Tokioter Börse** (Plot 3111) läßt sich trotz breiter Datenbasis der Beginn des Aufschwungs nicht erkennen. Es hat den Anschein, daß er bereits vor der Referenzperiode liegen dürfte. 1982 kam es vorübergehend zu einem leichten zyklischen Einbruch, der aber ohne jede strukturelle Bestätigung geblieben ist. Bereits ab Frühjahr 1983 setzte sich die - im übrigen auch strukturell gefestigte - Aufwärtsbewegung mit ungebrochener Dynamik fort.[6)]

Als Leitbörse der Welt gilt gemeinhin die **New York Stock Exchange** in der Wallstreet. Der viel beachtete **Dow-Jones-Industrials-Index** (Plot 3150) gab 1981 ein zyklisches Aufschwungsignal, das alsbald auch strukturelle Bestätigung fand. Die Konsolidierung im Jahre 1984 machte exakt am kritischen Schwellenwert Z_{11} halt und bedeutete somit keinerlei Gefährdung des Aufschwungs. In der Folgezeit setzte der Index seine Aufwärtsbewegung verstärkt fort.

5.2.2 Devisenkurse

Im Rahmen unserer markttechnischen Analyse makroökonomischer Zeitreihen wenden wir uns jetzt den Wechselkursrelationen zwischen der Deutschen Mark und bedeutsamen internationalen Währungen zu. Wir beginnen mit dem **Wechselkurs DM/US-$**. Plot 5000 läßt erkennen, daß sich die amerikanische Währung zumindest seit 1976 gegenüber der DM im Abschwung befand. Der Abschwung hatte sich außerdem strukturell verfestigt.

6) Dieses Beispiel zeigt, daß markttechnische "Zyklen" keinem standardisierten Terminplan folgen. Zumindest für die Börsen läßt sich der für die Konjunkturanalyse oft behauptete Standardzyklus von ca. vier bis fünf Jahren nicht nachweisen. Es gibt zyklische Bewegungen, die ein Jahrzehnt oder länger dauern, aber auch solche, die nur wenige Monate anhalten.

Ein erster Versuch einer zyklischen Wende blieb im Frühjahr 1980 stecken. Erst beim zweiten Anlauf (Ende 1980) glückte die zyklische Umkehr. Durch Ausbruch aus dem Z_{448}-Z_{449}-Korridor erfuhr das zyklische Aufschwungsignal im Frühsommer 1981 eine strukturelle Bestätigung. Der Aufschwung setzte sich über Jahre hinweg fort, wobei Kursrückschläge jeweils spätestens bei Erreichen des Schwellenwerts Z_{11} abgefangen wurden und somit keinerlei Aufschwunggefährdung bedeuteten. Im Herbst 1984 beschleunigte sich die Hausse, was durch den Ausbruch aus dem Z_{784}-Z_{785}-Korridor augenfällig unterstrichen wurde. Nach diesem markttechnischen *"buy-out"* brach der Kurs zusammen, was im Spätsommer 1985 zu einem zyklischen Umkehrsignal führte. Wenige Monate später bereits verfestigte sich der Abschwung, nachdem der Kurs deutlich unter die Z_{448}-Z_{449}-Bandbreite zurückgefallen war. Im Herbst 1986 hielt der Abschwung der US-Währung unvermindert an.

Bei den nun folgenden Devisenkursanalysen wollen wir Monatsdurchschnittskurse unterstellen.[7)] Der **Belgische Franc** (Plot 5016) befindet sich zumindest seit 1980/1981 gegenüber der DM klar im Abschwung. In den Folgejahren hat sich der Abschwung strukturell verfestigt. Die leichte Kurserholung in den Jahren 1985/1986 machte exakt am Schwellenwert Z_{11} halt, so daß die Abschwungdynamik bis zum Ende der Testperiode (Herbst 1986) ungebrochen fortbestanden hat.

Die **Dänische Krone** (Plot 5018) befindet sich seit Beginn der Referenzperiode im Jahre 1976 gegenüber der DM klar im Abschwung. Die Schwellenkurve des Z_{11}-Werts, die Auf- und Abschwungbereich voneinander trennt, wurde zu keinem Zeitpunkt nachhaltig überschritten. (Bezüglich der Zeit vor 1980 kann diese Aussage allerdings nur aufgrund des optischen Eindrucks gestützt werden.) Hingegen zeigte der Abschwung in der Zeit von 1982 bis 1984 klare Symptome einer strukturellen Verhärtung.

Recht wechselvoll ist die Entwicklung des Wechselkurses des **Britischen Pfundes** gegenüber der DM verlaufen (vgl. Plot 5020). Im Frühjahr 1980 setzte ein Aufschwung ein, der sogar vorübergehende

7) In umfangreichen Tests erwiesen sich geglättete und ungeglättete Devisenkurs-Reihen als weitgehend invariant in bezug auf ihr Diagnose- und Prognoseverhalten.

Anzeichen einer strukturellen Verfestigung erkennen ließ. Im Herbst 1981 kam jedoch die zyklische Wende, die den Wechselkurs in bislang unbekannte Tiefen stürzte. Eine Erholung im Jahre 1983 blieb exakt am Schwellenwert Z_{11} hängen, so daß sich der Abschwung bis zum Ende des Testzeitraums (Herbst 1986) ungehindert fortsetzen konnte. Ein nicht bestätigtes und außerdem nicht nachhaltiges (scheinbares) Aufschwungsignal zur Jahresmitte 1985 konnte allenfalls kurzfristig einige Verwirrung stiften.

Die **Spanische Pesete** (Plot 5021) stand während des Testzeitraums gegenüber der Deutschen Mark fast ununterbrochen unter Abwertungsdruck. Kurzlebige Erholungen scheiterten allemale spätestens am Schwellenwert Z_{11}. Auch an der strukturellen Verhärtung der Abwärtsbewegung konnte, zumindest im letzten Drittel des Testzeitraums, keinerlei Zweifel bestehen.

Auch die **Italienische Lira** (Plot 5022) befindet sich gegenüber der DM in Dauerabwertung. Erholungen reichten nicht einmal bis an den Schwellenwert heran. Auch die für den strukturellen "Härtetest" herangezogenen Bandbreiten wurden von der Kurskurve, soweit erkennbar, zumeist unterschritten, was auf die hohe Bestandskraft der Abschwungdynamik hindeutet.

Die Wertentwicklung des **Kanadischen Dollars** (Plot 5023) gegenüber der DM zeigt hingegen, ähnlich derjenigen des US-$, eine ausgeprägte zyklische Dynamik. Nach mehrjährigem Wertverfall brachte der can$ zum Jahreswechsel 1980/1981 ein zyklisches Aufschwungsignal, das allerdings zunächst keine strukturelle Bestätigung erfuhr. Diese kam erst gegen Ende des Jahres 1983. Den Ausbruch aus dem vergleichsweise breiten Z_{784}-Z_{785}-Korridor schaffte der Kanadische Dollar ohnehin nicht.[8]

Der **Französische Franc** (Plot 5026) hat während der Referenzperiode 1976/1986 fast ununterbrochen an Wert gegenüber der DM eingebüßt.

8) Besonders hervorstechend ist wiederum die zuverlässige Trenn- und Stützfunktion der Schwellenkurve Z_{11}, die mehrfach selbst scharfe Kurskorrekturen sicher aufgefangen hat. Erst im Sommer 1985 wurde die Schwellenkurve nach unten durchstoßen, wodurch der nun beginnende Abschwung sehr frühzeitig diagnostiziert wurde. Die bereits 1986 eingetretene strukturelle Verhärtung des Abschwungs führte in den Folgemonaten zu einem sich rasch beschleunigenden Wertschwund.

Erholungen reichten - im datenmäßig ausreichend abgestützten Testzeitraum - mehrfach exakt bis an den Schwellenwert heran, ohne diesen jemals überwinden zu können. Während des gesamten Testzeitraums erfolgte kein einziges zyklisches Aufschwungsignal. Vielmehr zeigte der Abschwung häufig Symptome einer klaren strukturellen Verfestigung.

Der allgemeinen Aufwertungstendenz der Deutschen Mark konnte sich besonders auffällig der **Japanische Yen** (Plot 5028) entziehen. Nach einer scharfen Abwertung im Jahre 1979 gab die japanische Währung im Herbst 1980 ein klares zyklisches Aufschwungsignal, das unmittelbar danach strukturell bestätigt wurde. Eine scharfe Reaktion drückte den Wechselkurs dann sogar kurzfristig, jedoch nicht nachhaltig, unter die Schwellenkurve. Nach dieser kurzlebigen Überreaktion verfestigte sich die Aufwertungstendenz des Yen erneut, ohne daß es hierbei zu hausseartigen Übertreibungen gekommen wäre (kein Ausbruch aus dem Z_{784}-Z_{785}-Korridor). Der Kursrückgang machte zumeist sehr frühzeitig, spätestens jedoch an der Schwellenkurve halt.

Wir wollen diesen Überblick über markttechnische Analysen der DM-Wechselkurse gegenüber bedeutenden Auslandswährungen mit dem **Schweizer Franken** (Plot 5030) beschließen. Zum Jahreswechsel 1980/1981 gab die schweizerische Währung ein zyklisches Aufschwungsignal gegenüber der DM, das im Frühjahr 1982 sogar strukturell bestätigt wurde. Rückschläge des Schweizer Franken wurden zunächst an der Schwellenkurve abgefangen, bis schließlich im Sommer 1984 ein allerdings nicht bestätigtes zyklisches Abschwungsignal auftrat. In der Folgezeit pendelte der Frankenkurs in dem schmalen Z_{481}-Z_{482}-Korridor mehrfach hin und her, ohne daß es zu einer strukturell untermauerten Richtungsaussage gekommen wäre (zyklische Labilitätsphase).

5.2.3 Umlaufrendite in der Bundesrepublik Deutschland

Der Kapitalmarktzinssatz kann als monetäres Aggregat von herausragendem Interesse gelten, das aus makroökonomischen Analysen sowohl theoretischer wie auch empirischer Art kaum hinwegzudenken ist. Als vermutlich brauchbaren Indikator für das Kapitalmarktzinsniveau verwenden wir die Umlaufrendite festverzinslicher Wertpapiere. Als Datenbasis wird die monatliche Renditespanne öffentlicher Anleihen, von Pfandbriefen und Kommunalobligationen im Laufzeitbereich von 4 bis 10 Jahren verwendet.

Die markttechnische Analyse der Zinsentwicklung in der Bundesrepublik vermittelt interessante Einsichten (vgl. Plot 3500). Zunächst fällt die ausgeprägte Zyklik auf. Im Jahr 1975 begann ein zyklischer Abschwung, nachdem die Zinskurve die Schwellenkurve von oben nach unten durchstoßen hatte. Die strukturelle Verhärtung des Zinsverfalls ließ nicht lange auf sich warten. 1978 war das Zinstief erreicht. Eine erste Zinsversteifung wurde nach Erreichen der Schwellenkurve zunächst gestoppt. Erst im Sommer 1979 erfolgte ein zyklisches Aufschwungsignal, d.h., die markttechnische Analyse diagnostizierte das Ende des Zinsrückgangs bzw. den Beginn einer Zinssteigerungsperiode. Die strukturelle Bestätigung des Zins-"Aufschwungs" kam erst im Sommer 1980. Ein scharfer Zinsrückschlag wurde wiederum sicher durch die Schwellenkurve abgeblockt, so daß sich der Zinsanstieg anschließend beschleunigt fortsetzen konnte.

Vorübergehend brach die Zinskurve sogar aus dem recht breiten Z_{784}-Z_{785}-Korridor aus, wodurch die Zinssteigerung "hausseartige" Züge annahm. Ausbrüche aus diesem Korridor (nach oben) sind stets als Zeichen einer Marktüberhitzung zu werten. (Eine Hausse der Rentenrendite ist selbstverständlich identisch mit einer Baisse der Rentenkurse.) Im Frühjahr 1982 erfolgte schließlich ein klares zyklisches Abschwungsignal, das zu Anfang des Jahres 1983 strukturelle Bestätigung fand. Der nachfolgende Renditeanstieg kam wiederum "planmäßig" nach Erreichen der Schwellenkurve zum Stillstand. Dasselbe gilt für Zinssteigerungstendenzen in den Folgejahren. 1986 sackte das Renditeniveau sogar nachhaltig unter den Z_{784}-Z_{785}-Korridor, wodurch der Zinsabbau klare Übertreibungssymptome zeigte.[9)]

9) Interessant ist außerdem die Dauer des Zinszyklus. Sie beträgt rund 7 Jahre, wobei Aufschwung- und Abschwungphase ungefähr die gleiche Zeit beanspruchen, nämlich rund 3.5 Jahre. Somit ist der Zinszyklus offenbar erheblich länger als der üblicherweise diagnostizierte Konjunkturzyklus, dem eine ungefähre Dauer von 4 bis 5 Jahren nachgesagt wird.

5.2.4 Ausgewählte makroökonomische Zeitreihen aus der Volkswirtschaftlichen Gesamtrechnung für die Bundesrepublik Deutschland

Um Zufallsschwankungen und etwaige saisonale Einflüsse weitgehend auszuschalten, wurden die Ursprungsreihen mit Hilfe eines gleitenden 12-Monate-Durchschnitts geglättet. Da nur Quartalsdaten zur Verfügung standen,[10] wurde jeder Quartalswert dreifach angesetzt, um auf diese Weise einen ausreichend langen Stütz- und Testzeitraum zu erhalten.

Wir beginnen unsere Analyse mit der Reihe **"Brutto-Inlandsprodukt in jeweiligen Preisen"** (Plot 1). Der Plot läßt erkennen, daß sich diese Reihe zumindest seit 1971 in einem ununterbrochenen zyklischen Aufschwung befindet. Der Schwellenwert Z_{11} wurde kein einziges Mal von oben nach unten durchstoßen, so daß keinerlei Anzeichen für einen zyklischen Abschwung erkennbar wurden. Bis Anfang der achziger Jahre zeigte der Aufschwung sogar klare Symptome einer strukturellen Verhärtung. Seit 1982 allerdings ist die Reihe wiederum in die Korridore Z_{481}-Z_{482} und Z_{784}-Z_{785} zurückgewichen, was zumindest auf eine gewisse "Aufweichung" der strukturell verfestigten Aufschwungdynamik hindeutet.[11]

Die Reihe **"Privater Verbrauch in jeweiligen Preisen"** (Plot 4) bewies zumindest in den siebziger Jahren eine überaus kräftige Auftriebsdynamik, indem beide strukturellen Referenzkorridore nach oben durchstoßen wurden. Dies änderte sich Anfang der achziger Jahre, so daß auch hier, ähnlich wie in den Gesamteinkommensreihen, eine strukturelle Schwächung eingetreten ist. Diese hat allerdings noch nicht zu einer Verletzung der Schwellenkurve geführt, was soviel bedeutet, daß der Aufschwung zyklisch auch Anfang 1986 noch intakt war.

Wir wenden uns als nächstes der Reihe **"Staatsverbrauch in jeweiligen Preisen"** (Plot 5) zu. Seit dem Beginn der Schwellenkurve im Jahre 1971 hat es bis Anfang 1986 keinerlei Anzeichen für ein zy-

10) Quelle: ifo-Institut für Wirtschaftsforschung, München.
11) Das **Brutto-Sozialprodukt in jeweiligen Preisen** zeigt erwartungsgemäß keine nennenswerten Unterschiede im Vergleich zur entsprechenden Inlands-Reihe. Die feste Struktur des Aufschwungs beginnt zwar etwas zu bröckeln, doch ist nach wie vor ein zyklisches Abschwungsignal nicht in Sicht.

klisches Abschwungsignal gegeben. Im Zeitraum 1973 bis 1976 hat sich der Aufschwung überaus eindrucksvoll verfestigt. Seit 1982 bewegt sich die Reihe wiederum in den Korridoren Z_{481}-Z_{482} sowie Z_{784}-Z_{785}, was auf ein Nachlassen der Auftriebskräfte hindeutet. Zu einer zyklischen Wende ist es jedoch bislang noch nicht gekommen.

Die **Brutto-Anlageinvestitionen in jeweiligen Preisen** (Plot 6) fallen durch einen vergleichsweise unruhigen Verlauf auf. Nach einem zunächst sehr dynamischen Aufschwung Ende der sechziger Jahre kam es Mitte der siebziger Jahre zu einer Abwärtsbewegung, die allerdings nicht zu einer nachhaltigen Verletzung der Schwellenkurve führte und daher keine zyklische Wende einleitete. Die folgende Aufwärtsbewegung verlief bis zum Jahre 1981 sehr dynamisch und konnte sich außerdem strukturell verfestigen. 1981/1982 verlor der Aufschwung erneut an Kraft. Die leichte Abwärtsbewegung der Reihe kam jedoch wiederum nach Erreichen der Schwellenkurve zum Stillstand. Eine strukturelle Festigung des Aufschwungs gelang in der Folgezeit nicht mehr, so daß man die dynamische Qualität der Reihe seit 1983 als "labilen Aufschwung" bezeichnen könnte.

Die hier mit dem Instrumentarium des MAM untersuchten makroökonomischen Zeitreihen gehören gewissermaßen zu den Standardreferenzen der Konjunkturanalyse. Wenn das MAM in einem doch rund 15 Jahre umfassenden Testzeitraum kaum Konjunkturzyklen üblicher Prägung identifizieren konnte, bedarf dies einer Erklärung.

Der Grund für diesen scheinbaren Dissens liegt hauptsächlich in dem verwendeten Glättungsverfahren. Ein 12-Perioden-Durchschnitt eliminiert nicht nur die Zufalls- und Saisonkomponente weitestgehend, sondern dämpft auch erheblich etwaige zyklische Schwankungen, und zwar umso mehr, je kürzer die Zyklusdauer ist. Ein 4-Jahres-Zyklus, mit rund 2 Jahren Aufschwung und 2 Jahren Abschwung, wird durch eine 12 Monate umfassende Glättung erheblich "eingeebnet". Verzichtet man auf die Glättung, dann treten selbstverständlich Schnittstellen zwischen Ursprungsreihe und Schwellenkurve häufiger auf, d.h., es kommt häufiger zu konjunkturellen Wendesignalen im traditionellen Sinne.

Dieser scheinbar belanglose **verfahrenstechnisch-methodische Unterschied** hat freilich einen sehr ernsten Hintergrund. Es geht im Kern um die Frage nach dem eigentlichen Analyseziel. Sofern es um die **Identifizierung konjunktureller**, angeblich mit stabiler Regelmäßigkeit auftretender **Ablaufmuster** geht, darf die Ursprungsreihe nicht geglättet werden, außer es gelte, allfällige Stör- und Saisoneinflüsse auszuschalten. Geht es aber darum, die Dynamik einer Reihe auf ihre stabilen, vermutlich längerfristig wirksamen Richtungskomponenten hin zu untersuchen, dann muß eine mehr oder weniger starke Glättung der Ursprungsreihe erfolgen.

Die **Finanzmarktanalyse** steht in diesem Zusammenhang zweifellos unter ganz anderen Vorzeichen als die Analyse von Zeitreihen, denen eine prominente Indikatorfunktion im wirtschaftspolitischen Entscheidungsprozeß zukommt. Auf den Finanzmärkten müssen und können Entscheidungen blitzschnell getroffen werden, um den Schaden zu begrenzen, der aus möglichen Schieflagen resultiert. Finanzmarktentscheidungen sind jederzeit korrigierbar, sie sind also in höchstem Maße reversibel.

Von gänzlich anderer Qualität ist der **wirtschaftspolitische Entscheidungsprozeß**. Er ist aus den verschiedensten Gründen, insbesondere rechtlicher und institutioneller Art, in der Regel sehr zeitbedürftig. Sind Entscheidungen erst einmal gefallen, so sind sie häufig kaum mehr - oder nur unter erheblichen sozialen Kosten - korrigierbar oder gar reversibel. Aus diesem Grund besteht im Falle wirtschaftspolitischer Entscheidungen ein gesteigertes Interesse an der Verläßlichkeit und Tragfähigkeit der herangezogenen Entscheidungsgrundlagen.

Deshalb sind die hier durchgeführten Analysen darauf gerichtet, möglichst **langfristig gültige Richtungsaussagen** abzuleiten. Die kurz- bzw. mittelfristige Konjunkturbewegung wird dabei bewußt in den Hintergrund gedrängt. Anders ausgedrückt: Konjunkturelle Ausschläge führen nur dann zu einer Revision der bestehenden Richtungsaussage, sofern sie zu einer nachhaltigen und durchgreifenden Änderung der langfristigen Reihendynamik beitragen.

Wie die Analysen zeigen, ist hierbei durchaus eine sehr differenzierte Diagnose (und Prognose) möglich. Eine Zeitreihe ist nämlich einem der folgenden **Dynamik-Regimes** zuzuordnen:

a) **Labile Dynamik** ("Seitwärtsbewegung"): In diesem Fall bewegt sich die Reihe innerhalb der Grenzen des Z_{481}-Z_{482}-Korridors. Es lassen sich folgende Unterfälle unterscheiden:

aa) **Labile Aufwärtsdynamik**: In diesem Fall bewegt sich die Reihe oberhalb der Schwellenkurve.
bb) **Gleichgewichtsdynamik**: Hier fallen Schwellenkurve und Zeitreihe zusammen.
cc) **Labile Abwärtsdynamik**: Die Zeitreihe verläuft unterhalb der Schwellenkurve.

b) **Strukturelle Aufwärtsdynamik**: Die Zeitreihe verläuft nicht nur oberhalb der Schwellenkurve, sondern auch oberhalb des Labilitätskorridors Z_{481}-Z_{482}.

c) **Strukturelle Abwärtsdynamik**: Die Zeitreihe verläuft nicht nur unterhalb der Schwellenkurve, sondern auch unterhalb des Labilitätskorridors Z_{481}-Z_{482}.

d) **Akzelerierte Aufwärtsdynamik**: Die Zeitreihe bricht aus ihrem langfristigen Bewegungsfeld Z_{784}-Z_{785} nach oben aus.

e) **Akzelerierte Abwärtsdynamik**: Die Zeitreihe bricht aus ihrem langfristigen Bewegungsfeld Z_{784}-Z_{785} nach unten aus.

Das sind immerhin fünf Bewegungs-Regimes - teilweise ergänzt durch weiter differenzierende Sub-Regimes -, die eine sehr **detaillierte Bewegungsanalyse** erlauben. Verwendet man - wie hier - stark geglättete Reihen, so lassen sich meist recht **langfristig gültige Bewegungsphasen** herausfiltern. Jeder **Regime-Sprung** kann als bedeutsame Richtungsänderung der Reihendynamik interpretiert werden.

5.2.5 Disaggregierte makroökonomische Zeitreihen mit herausragender Indikatorfunktion

Im folgenden wollen wir noch einige disaggregierte makroökonomische Zeitreihen mit dem Instrumentarium des MAM analysieren, denen in der Regel eine herausragende Indikatorfunktion zugeschrieben wird. Die auf Monatsdatenbasis verfügbaren Daten[12] wurden wiederum mit Hilfe eines 12-monatigen gleitenden Durchschnitts geglättet, um auf diese Weise die dauerhafte dynamische Richtungskomponente herauszufiltern.

12) Quelle: ifo-Institut für Wirtschaftsforschung, München.

Wir beginnen mit der Reihe **"Auftragseingänge insgesamt, Investitionsgüter produzierendes Gewerbe"** (Plot 23). Zu keinem Zeitpunkt fiel die Reihe unter die Schwellenkurve zurück. Sie wurde jedoch mehrfach (1972, 1975, 1976, 1982, 1983) von dieser "abgestützt", was markttechnisch als klare Richtungsbestätigung gilt. Die Aufwärtsbewegung zeigte von 1972 bis 1980 eindeutige Symptome einer strukturellen Verhärtung. Zwischen 1981 und 1983 hatte die Auftriebsdynamik dann allerdings deutlich nachgelassen, bevor sich 1984 die Auftriebskräfte erneut strukturell festigen konnten.

Die Reihe **"Auftragseingänge insgesamt, Verbrauchsgüter produzierendes Gewerbe"** (Plot 24) zeigt einen etwas unruhigeren Verlauf. Seit Beginn der Schwellenkurve im Jahre 1971 kam es jedoch kein einziges Mal zu einem zyklischen Abschwungsignal. Allerdings konnte die Reihe im Jahre 1975 nur noch mit Mühe auf dem Niveau der Schwellenkurve stabilisiert werden und auch in den Jahren 1981 bis 1983 bewegte sich die Reihe "hautnah" entlang der Z_{11}-Kurve. Strukturell verfestigen konnte sich die Auftriebsdynamik zwischen 1976 und 1980, allerdings ohne daß die Reihe aus ihrem langfristigen Schwankungsbereich Z_{784}-Z_{785} hätte ausbrechen können.

Die Reihe **"Netto-Produktion, Verarbeitendes Gewerbe"** (Plot 29) weist einen ausgeprägt zyklischen Verlauf auf. Der zyklische Abschwung begann gegen Ende des Jahres 1974, wurde 1975 strukturell bestätigt, aber bereits 1976 durch einen neuen Aufschwung abgelöst. Dieser konnte sich zwischen 1977 und 1980 strukturell festigen. 1980 folgte ein neuerliches Abschwungsignal, das 1982 strukturell bestätigt wurde. Bereits 1983 wurde wiederum ein Aufschwung eingeleitet, der sich sich ab 1985 strukturell festigen konnte.

Eine sehr saubere Zyklik hat die Reihe **"Netto-Produktion, Verbrauchsgüter produzierendes Gewerbe"** (Plot 31) vorzuweisen. Dem zyklischen Abschwungsignal im Sommer 1974 folgte im Jahr 1975 die strukturelle Bestätigung. Im Sommer 1976 setzte sich erneut ein Aufschwung durch, der sich allerdings nur mit Mühe strukturell festigen konnte. Der Aufschwung hielt immerhin bis 1980 an und wurde durch ein zyklisches Abschwungsignal beendet. Die strukturelle Verhärtung der Abschwungdynamik setzte noch im selben Jahr ein. 1983 wurde der Abschwung durch ein zyklisches Aufschwungsignal beendet, dem allerdings bislang die strukturelle Bestätigung versagt geblieben ist.

Wir schließen unsere Untersuchung disaggregierter Makroreihen ab mit der Reihe "Brutto-Produktion, Verbrauchsgüterindustrie" (Plot 33). Auch diese Reihe weist eine ausgeprägte Zyklik auf. Nach mehrjährigem Aufschwung begann im Frühjahr 1974 eine Abschwungphase, die noch im selben Jahr strukturell bestätigt wurde. Bereits im Frühjahr 1976 erfolgte die zyklische Wende. Der hierbei eingeleitete Aufschwung konnte sich wenig später strukturell festigen. Er wurde erst zur Jahresmitte 1980 durch ein Abschwungsignal beendet. Mit rund einjähriger Verzögerung konnte sich der Abschwung festigen. Beendet wurde er durch das gegen Ende des Jahres 1983 registrierte Aufschwungsignal. Die Reihendynamik blieb jedoch während des restlichen Testzeitraums labil, d.h. ohne Orientierung, denn ein Ausbruch aus dem Labilitätskorridor Z_{4B1}-Z_{4B2} gelang nicht mehr.

Auch die Analyse der disaggregierten Reihen hat die analytische Trennschärfe des MAM-Instrumentariums eindrucksvoll belegt. Schnittstellen zwischen der (geglätteten) Ursprungsreihe und der Schwellenkurve sind in hohem Maße richtungssignifikant, sofern der Labilitätstest negativ verläuft, d h., sofern die Reihe den Labilitätskorridor Z_{4B1}-Z_{4B2} verläßt. In aller Regel sind mit diesen vergleichsweise simplen Hilfsmitteln - dem **Schwellen** -und dem **Bandbreitentest** - überaus zuverlässige Richtungsaussagen hinsichtlich der Reihendynamik ableitbar.[13)]

5.3.6 Arbeitslosigkeit in der Bundesrepublik Deutschland

Die monatlichen Arbeitslosenzahlen wurden mit Hilfe eines 12-monatigen gleitenden Durchschnitts geglättet. Das erste, im Referenzzeitraum 1962 bis 1986 nachweisbare zyklische Aufschwungsignal[14)]

---

13) Zuverlässigkeit bedeutet hierbei nicht nur, daß ein bestätigtes Schwellensignal (zyklisches Auf- oder Abschwungsignal) mit hoher Trefferwahrscheinlichkeit die künftige Bewegungsrichtung einer Zeitreihe korrekt angibt. Zuverlässigkeit bedeutet auch, daß sich die betreffende Zeitreihe nachhaltig, d.h. während eines ausreichend langen Prognosezeitraums, in der angegebenen Richtung fortentwickelt.
14) Man beachte, daß der Terminus "Aufschwung" hier reihenanalytisch zu verstehen ist. Ein Aufschwung der Arbeitslosenreihe be-

mit unmittelbar folgender struktureller Bestätigung liegt im Herbst 1966 (vgl. Plot 9000). Der Ausbruch der Reihe aus dem Korridor Z_{784}-Z_{785} unterstreicht die außergewöhnliche Dramatik des Anstiegs der Arbeitslosigkeit.

Gleichwohl fand die Reihe nochmals zur "Normalität" zurück, indem sie im Frühjahr 1969 ein Abschwungsignal gab, das noch im selben Jahr strukturell bekräftigt wurde. Just an der Untergrenze des langfristigen ("normalen") Schwankungskorridors Z_{784}-Z_{785} machte die Reihe halt und verharrte dort ungefähr eineinhalb Jahre.

Ende 1972 folgte ein neuerliches Aufschwungsignal, das allerdings erst zur Jahreswende 1973/1974 strukturelle Bestätigung fand. Der Ausbruch aus dem Langfristkorridor Z_{784}-Z_{785} im Frühjahr 1974 markierte erneut den Beginn einer dramatischen und diesmal auch nachhaltigen Erhöhung der Arbeitslosigkeit auf ein bisher nie erreichtes Niveau. Erst im Jahre 1976 setzte eine gewisse "Konsolidierung" auf hohem Niveau ein. Die Reihe zog sich bis auf ihre Schwellenkurve zurück und rutschte in den Jahren 1979/1980 sogar leicht darunter. Eine strukturelle Bestätigung für dieses zyklische Abschwungsignal war allerdings nicht zu erhalten, so daß die grundlegende Aufwärtstendenz der Reihe erhalten blieb.

Zum Jahreswechsel 1980/1981 wurde dann ein neuerliches Aufschwungsignal beobachtet, dem alsbald in doppelter Hinsicht - Ausbruch sowohl aus der Z_{481}-Z_{482}- als auch aus der Z_{784}-Z_{785}-Bandbreite - der strukturelle Bestätigungsvermerk erteilt wurde. Ein neuerlicher, dramtischer Anstieg der Arbeitslosigkeit auf jahresdurchschnittlich fast 2.5 Millionen folgte.

1985/1986 erfolgte wiederum ein Rückzug der Arbeitslosenreihe bis auf die Schwellenkurve oder sogar leicht darunter. Um einen ernsthaften Bruch in der Aufwärtsdynamik der Arbeitslosenzahlen herbeizuführen, müßte die Reihe doch zumindest aus dem Korridor Z_{481}-Z_{482} nach unten ausbrechen, d.h., die Arbeitslosigkeit müßte jahresdurchschnittlich unter 1.6 Millionen fallen. Markttechnische Anzeichen, die eine solche Entwicklung als wahrscheinlich erscheinen lassen, sind bislang nicht erkennbar.

---

deutet demnach eine Zunahme der Arbeitslosigkeit; beim Abschwung ist es umgekehrt.

Mit der Betrachtung der Reihe "Arbeitslose in der Bundesrepublik Deutschland" wollen wir unsere **MAM-gestützten Analysen makroökonomischer Zeitreihen** abschließen. Die **Ergebnisse** lassen sich wie folgt zusammenfassen.

Auch auf dem breiten Feld der Konjunktur- und Wachstumsanalyse besitzt das markttechnische Analysemodell eine erstaunlich hohe diagnostische und prognostische Leistungsfähigkeit. Diese wurde getestet vor allem im Hinblick auf die mittel- und langfristige Gültigkeit der vom Modell hervorgebrachten Richtungsaussagen. Kurzfristige Richtungselemente wurden hingegen weitgehend vernachlässigt, da - im Gegensatz zu der in der Regel sehr kurzfristig orientierten Finanzmarktanalyse - die empirische Makroanalyse vorwiegend an der "Produktion" längerfristig gültiger Richtungsangaben interessiert ist, zumal dann, wenn sie als Grundlage für wirtschaftspolitische Entscheidungen herangezogen wird.

Die Verwendung zweier Referenzbandbreiten, die beide - jede in eigenständiger Weise - die langfristige Komponente der Reihendynamik einfangen, haben der Grenzziehung zwischen labiler und ausgeprägt aufwärts bzw. abwärts gerichteter Reihenentwicklung die wünschenswerte Schärfe verliehen. Insbesondere ist auf diese Weise die im allgemeinen als unbefriedigend empfundene Trennung zwischen zyklischer und struktureller Dynamik durch die Konzeption eines einheitlicheren, harmonischeren Dynamikbegriffs überwunden worden.

6 Schlußfolgerungen und Ausblick

Abschließend wollen wir die zentralen Einsichten, die im Rahmen dieser Untersuchung gewonnen werden konnten, in einem kurzen Überblick zusammenfassen. Neben anscheinend gut gesicherten Erkenntnissen hat die Untersuchung selbstverständlich auch viele neue, bisher unbeantwortete Fragen aufgeworfen. Auch diese sollen wenigstens kurz herausgestellt werden.

Die **multikausale Determiniertheit sozialökonomischer Erscheinungen** stellt den methodischen und theoretischen Ausgangspunkt des markttechnischen Analysemodells dar. Das weit verzweigte Netz vielfältigster Einflußfaktoren ist weder umfassend bekannt, noch kann seine Struktur als konstant unterstellt werden. Wenn nun aber keine Aussicht besteht, das den sozialökonomischen Beobachtungsgegenständen zugrundeliegende Ursachengerüst vollständig zu bestimmen, muß konsequenterweise alles Streben nach einem **theoretischen Determinismus** aufgegeben werden.

Was bleibt, ist die Möglichkeit, auf rein induktivem Weg aus den getroffenen Beobachtungen selbst vorsichtige - und im strengen Sinne des Wortes "vorläufige" - Schlußfolgerungen zu ziehen. Deren Überzeugungskraft hängt von zweierlei ab: Einmal von ihrer Plausibilität (**Prinzip der plausiblen Rationalität**) und zum andern von ihrer empirischen Konsistenz (**Prinzip der Realitätskonformität**).

Um die Kluft zwischen theoretischem Determinismus und erfüllbarem Anspruch erst gar nicht entstehen zu lassen, vermeidet das MAM jegliche *a-priori*-Festlegung von Ursache-Wirkung-Zusammenhängen. Vielmehr läßt das Modell erst einmal "die Daten sprechen", um anschließend, sofern möglich, plausible theoretische Postulate abzuleiten. Diese sind jedoch mit keinerlei Alleinvertretungsanspruch ausgestattet, sondern stellen lediglich **faktenverträgliche Deutungen** dar. Alternative Interpretationen gelten grundsätzlich als möglich und im Interesse einer umfassenden Wahrheitsfindung sogar als wünschenswert.

Die Arbeitsweise des MAM läßt sich schematisch wie folgt darstellen (vgl. Abbildung 20):

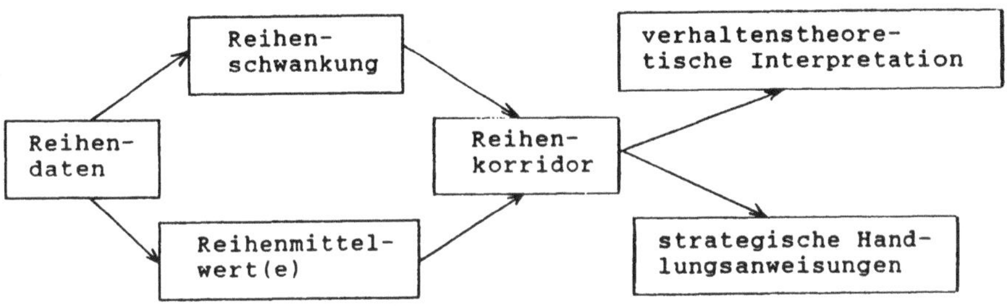

Abbildung 20: Wissenschaftslogischer Aufbau des MAM

Das Modell versucht, aus den Reihendaten (Ursprungsdaten) **typische Bewegungsfelder** für eine Zeitreihe abzuleiten. Der für jede Reihe zu bestimmende charakteristische Reihenkorridor wird um hypothetische Reihenmittelwerte unter Einbeziehung der charakteristischen Reihenschwankung aufgebaut. Das **Bandbreiten-Prinzip** fußt somit auf dem **Mittelwertprinzip** und dem **Toleranzgrenzen-Prinzip**. Da es erstaunlich gut gelingt, Reihenrealisationen auch langfristig in klar definierte Korridore einzubinden, führen die konsequenten nächsten Schritte in Richtung auf eine theoretische Interpretation und die Konzeption strategischer Handlungsanweisungen.

Dieser klare wissenschaftslogische Aufbau des MAM kann methodisch jedoch nur dann zu einem funktionsfähigen Arbeitsprogramm ausgestaltet werden, wenn auf das **Prinzip der weichen Modellbildung** zurückgegriffen wird. Dieses schreibt u.a. vor, daß die **Strukturparameter des Modells von vornherein als grundsätzlich variabel** unterstellt werden. Das heißt: Sofern die Datenlage es erfordert, sind die Strukturparameter anzupassen. Eine zeitlich invariante Parameterstruktur ist zwar denkbar, sie stellt aber einen seltenen Grenzfall dar.

Das **Prinzip weicher Modellierung** verlangt außerdem, daß auf eine deterministische Handhabung der identifizierten **Parameterstruktur** verzichtet wird. Das heißt: Reihenmittelwerte, Korridorgrenzen und dergleichen sind als "fließend" zu interpretieren in dem Sinne, daß punktuelle Festlegungen grundsätzlich nicht sachgerecht sind. Dies gilt schon deshalb, weil bei der Ableitung aggregativer Reihencharakteristika quantitative und qualitative Reihenelemente zusammengefaßt werden müssen. Da ein zwingender Aggregationsmodus fehlt, muß zwangsläufig das ***trial-and-error*-Prinzip** bemüht werden, um sich in ständigem Realitätskontakt möglichst nahe an das empirisch konsistente Optimum heranzutasten.

Das **zentrale Anliegen des MAM** besteht in der **Untersuchung von Marktprozessen** im weitesten Sinne. Aus diesem Grund interessieren vor allem die **marktverhaltenstheoretischen Implikationen**, die das Modell beinhaltet. Die Ableitung empirisch signifikanter Reihenmittelwerte deutet auf ein **stark gewohnheitsgeprägtes Marktverhalten** hin. Die Marktteilnehmer haben offenbar eine mehr oder weniger klare Vorstellung vom durchschnittlichen Niveau einer Zeitreihe, das man auch als **Gleichgewichtslage** bezeichnen könnte. Handelt es sich um Preisreihen, so verbirgt sich dahinter wohl der Wunsch der Marktteilnehmer, den "fairen" Durchschnittspreis zu ergründen.

Trotz dieser Mittelwertorientierung scheint andererseits den Marktteilnehmern klar zu sein, daß Mittelwertabweichungen zum normalen Geschehen eines jeden Marktes gehören. Marktereignisse, z.B. Preise, schwanken also typischerweise um einen Mittelwert. Diese Schwankung wird von den Marktteilnehmern jedoch nur solange als "normal" hingenommen, wie sie sich gemäß dem erfahrungs- und gewohnheitsgeprägten Ablaufmuster vollzieht. Geht die Schwankungsintensität über den gewohnten Rahmen hinaus, so erregt dies die Aufmerksamkeit der Marktteilnehmer, sie revidieren ihre bislang gehegten Preiserwartungen und verstärken durch die jetzt unternommenen Marktoperationen die zunächst nur im Ansatz erkennbare Marktinstabilität: Es kommt zu "Panik-Käufen" bzw. "Panik-Verkäufen". Als Folge hiervon gerät das Marktgeschehen vollends aus den Fugen. Das **Prinzip von Kraft und Gegenkraft**, dem die Marktteilnehmer in "normalen Zeiten" die Aufrechterhaltung der Marktstabilität zutrauen, wird beim Austritt der Reihe aus dem für normal gehaltenen Schwankungsbereich über Bord geworfen.

Marktteilnehmer sind daher offenbar nicht auf einzelne Preisrealisationen fixiert, sondern sie sind gewohnt, in **Preiszonen** und **Preisschichten** zu denken. Dadurch wird erklärlich, daß Preisabweichungen vom gedachten Gleichgewichtspreis oft längere Zeit überhaupt nicht oder aber nur auf Umwegen korrigiert werden. Lerntheoretisch läßt sich dies so deuten, daß sich zumindest die Mehrheit der Marktteilnehmer - in Unkenntnis der wahren Ursachen der Preisbewegung - an den historisch beobachteten Preisgrenzen orientiert. Werden diese Preisgrenzen erreicht, wird mit einer alsbaldigen Gegenbewegung gerechnet und daher entsprechend disponiert. Hierdurch tritt die erwartete Preis-"Reaktion" tatsächlich ein, wodurch die bisherige Erwartungsbildung als richtig bestätigt und die darauf fußende Verhaltensweise als erfolgswirksam im Gedächtnis behalten wird.

Eine analoge Erklärung läßt sich für die bei historischen Höchst- und Tiefstkursen beobachtbaren **Preiswiderstände** anführen. Ein Überspringen historischer Preisgrenzen muß somit gegen erhebliche Preiswiderstände (seitens der Mehrheit der Marktteilnehmer) erfolgen. Hierzu ist das mutige **Vorpreschen marktstarker "Pioniere"** erforderlich, die durch massive konträre Aktionen das bisher gültige Regime durchbrechen. Gelingt der Ausbruch, ist mit einem ausgeprägten **Mitläuferverhalten** der übrigen Marktteilnehmer zu rechnen, die in aller Eile und vorbehaltlos den Pionieren folgen, um ihre Fehleinschätzung der Marktentwicklung möglichst frühzeitig zu korrigieren.

Die Einhelligkeit der Marktmeinung über die künftig zu erwartende Preisrichtung führt zur Herausbildung eines **Preistrends**, der sich als markante Markterfahrung in das Gedächtnis der Marktteilnehmer einprägt. Haben sich diese erst einmal an den Trend gewöhnt, neigen sie dazu, diesen zu extrapolieren. Dadurch wird er zum integralen Bestandteil dessen, was die Marktteilnehmer unter "normaler Marktentwicklung" verstehen.

Neben diesen - hier nur schwerpunktmäßig skizzierten - theoretischen Schlußfolgerungen ist insbesondere die Feststellung bemerkenswert, daß **sozioökonomische Zeitreihen** in aller Regel eine überraschend **stabile Charakteristik** aufzuweisen haben. Das heißt: Typischerweise schwanken Zeitreihen innerhalb von Bandbreiten, die zumindest über längere Zeiträume hinweg eine stabile Ausdehnung bewahren. Diese nicht als Prämisse vorgegebenen, sondern aufgrund der Reihenstrukturanalyse gewonnenen, hochstabilen Schwankungsparameter deuten gleichfalls in Richtung auf ein stark gewohnheitsbetontes Marktverhalten.

Im übrigen gelingt mit einer großen Anzahl von Bandbreiten-Varianten ein erstaunlich guter "Fit" selbst dann, wenn der Flexibilisierungsgrad, d.h. die Anpassungsbereitschaft der verwendeten Korridor-Konzeptionen bewußt niedrig gehalten wurde. Auch dies ist ein überzeugender Beleg für eine bestimmte Art der Reihenstabilität, nämlich Stabilität des Reihenverhaltens in bezug auf die endogene, aber mathematisch eindeutig bestimmte Mittelwert-Charakteristik.

Überaus bemerkenswert ist auch, daß sich hinsichtlich der Fähigkeit des MAM, die Struktur von Zeitreihen zu analysieren, quer durch die verschiedensten Untersuchungsbereiche der sozialökonomischen Realität keine signifikanten Unterschiede zeigen. Deutsche Aktien weisen demnach prinzipiell **dieselbe Strukturcharakteristik** auf nicht nur wie ausländische Aktien (gleich welchen Urspungslandes), sondern auch wie Devisenkurse, Zinsniveau-Indikatoren, hochaggregierte oder aber auch disaggregierte Sozialproduktsindikatoren etc.

Auch dies läßt den Schluß zu, daß **"freie" Märkte**, auf denen eine pluralistische Meinungsbildung möglich und im freien Wechselspiel durchsetzbar ist, über ein **hohes inhärentes Stabilitätspotential** verfügen. Auf derartigen Märkten, gleichviel, welchen Bereichen sie entstammen mögen, halten sich die divergierenden Marktkräfte gegenseitig so zuverlässig in Schach, daß im allgemeinen *"orderly market conditions"* aufrecht erhalten werden können, selbst wenn der eine oder andere Marktbeobachter bei oberflächlicher Betrachtung den Eindruck großer Hektik und entfesselter Dynamik gewinnen sollte. Wirklich außer Kontrolle gerät ein Markt nur selten. Wenn dieser Fall einmal eintritt, versagen die Selbstregulierungsmechanismen des Marktes. Dramatische und in ihrer Quantität kaum abschätzbare Veränderungen sind die Folge. Erst nach einer längeren Zeit der Umorientierung lassen sich geordnete, d.h. stabile Marktverhältnisse wieder herstellen.

Die empirische Tatsache, daß sozioökonomische Zeitreihen nur äußerst selten nachhaltig aus ihrer eng angepaßten, charakteristischen Bandbreite ausbrechen, wirft die Frage auf, ob in der dynamischen Analyse solcher Zeitreihen nicht grundsätzlich neue Wege einzuschlagen sind. Insbesondere erscheint es unzweckmäßig, eine scharfe Trennungslinie zu ziehen zwischen dynamischen **Veränderungen konjunktureller, trendmäßiger und struktureller Art.**

Die längerfristig orientierte **Bewegungs- und Richtungsanalyse** makroökonomischer Zeitreihen hat im wesentlichen ergeben, daß alle drei dynamischen Elemente aufs engste miteinander verknüpft sind. Wo die zyklische Dynamik endet, die trendmäßige beginnt bzw. diese in strukturelle Dynamik übergeht, ist weder theoretisch noch empirisch klar zu bestimmen. Was bleibt, ist die willkürliche Festlegung. Diese schafft zwar klare **Abgrenzungsmöglichkeiten**, die jedoch von der Sache her nicht bestehen können und daher mehr schaden als nützen dürften. Sinnvoll erscheint allenfalls eine graduelle Abstufung der Reihendynamik, insbesondere im Hinblick auf ihre Richtungskomponente. Die Aufspaltung der Reihendynamik in eigenständige dynamische Elemente erweist sich hingegen als Sackgasse der Erkenntnis.

Es bleibt der Ausblick auf alte bzw. neu hinzugekommene, ungelöste Probleme. Auch wenn das MAM überaus zahlreiche Zeitreiheneigenschaften zu identifizieren vermag, kann nicht davon ausgegangen werden, daß die **Eigenschaftsanalyse** auch nur annähernd vollständig ist. Hier liegt noch ein weites Feld minutiöser empirischer Arbeit. Auch ist bei weitem noch nicht geklärt, inwieweit die MAM-Verfahrenstechnik in der **betrieblichen Marktforschung** nutzbringend eingesetzt werden kann. Andere mögliche Einsatzgebiete, wie z.B. die **Meinungsforschung**, lassen sich unschwer entdecken.

Vielleicht sollte im sozialwissenschaftlichen Bereich eine grundlegende Rückbesinnung auf die empirisch gestützte Erkenntnisgewinnung erfolgen und die stark in Mode gekommene introspektive Hypothesenformulierung ablösen oder zumindest stärker kontrollieren als bisher. Voraussetzung für eine neue Festlegung der methodischen Forschungsprioritäten ist freilich die Abkehr von dem Streben nach allumfassender Erkenntnis. **Eine solche wird es im sozialwissenschaftlichen Bereich selbst auf Teilgebieten - im Gegensatz zu den Naturwissenschaften - wohl nie geben. Dies liegt an der Komplexität des Ursachengeflechts und an der nur teilweise gegebenen objektiven Meßbarkeit sozialwissenschaftlicher Erscheinungen. Die hier gezogenen Grenzen erscheinen kaum prinzipiell überwindbar. Läßt man jedoch von dem deterministischen Erklärungsanspruch** ab, so eröffnet sich ein weites Feld für fruchtbare Forschung, die zwar keine apodiktischen Weisheiten zutage fördern kann, wohl aber ein deutlich verbessertes "Gespür" für die Wahrheit.

Damit Vorlieb zu nehmen bedeutet nicht eine Abkehr von der Wissenschaftlichkeit, im Gegenteil. Die Grenzen der Erkenntnis lassen sich nur hinausschieben, wenn der Forscher "alle Register" der menschlichen Wahrnehmung zieht und auch jene Erfahrungsbereiche in sein Forschungsprogramm mit aufnimmt, die sich exaktem Zugriff entziehen. Der Mangel an deterministischer Klarheit ist den Sozialwissenschaften wohl vertraut. Warum sollten ausgerechnet sie sich dem mephistophelischen Spott aussetzen:

> "Daran erkenn'ich den gelehrten Herrn!
> Was ihr nicht tastet, steht Euch meilenfern,
> Was ihr nicht faßt, das fehlt Euch ganz und gar,
> Was Ihr nicht rechnet, glaubt ihr, sei nicht wahr,
> Was Ihr nicht wägt, hat für Euch kein Gewicht,
> Was Ihr nicht münzt, das, meint Ihr, gelte nicht."
>
> J.W. von Goethe: Faust, 2. Teil, I. Akt

Literaturverzeichnis

Abkürzungen

AER	American Economic Review
BFP	Betriebswirtschaftliche Forschung und Praxis
BPEA	Brookings Papers for Economic Activity
FAJ	Financial Analysts Journal
FAZ	Frankfurter Allgemeine Zeitung
Ectra	Econometrica
HdO	Handwörterbuch der Organisation
HdWW	Handwörterbuch der Wirtschaftswissenschaft
IER	International Economic Review
JB	Journal of Business
JBNS	Jahrbücher für Nationalökonomie und Statistik
JET	Journal of Economic Theory
JF	Journal of Finance
JFE	Journal of Financial Economics
JFQA	Journal of Financial and Quantitative Analysis
JME	Journal of Monetary Economics
JPE	Journal of Political Economy
JPM	Journal of Portfolio Management
KK	Kredit und Kapital
QJE	Quarterly Journal of Economics
RES	Review of Economic Studies
REStat	Reviev of Economics and Statistics
ZfB	Zeitschrift für Betriebswirtschaft
ZfbF	Zeitschrift für betriebswirtschaftliche Forschung und Praxis

ACKLEY, G.:
- Commodities and Capital: Prices and Quantities, in: AER Vol.73(1983), 1-16.

ALBERT, H.:
- Modell-Platonismus, in: E. TOPITSCH (Hrsg.), Logik der Sozialwissenschaften, Köln 1968, 406-434.

ALEXANDER, S.S.:
- Price Movements in Speculative Markets: Trends or Random Walks, in: Industrial Management Review, Vol.2(1961), 7-26.

ALTMAN, E., SCHWARTZ, R.:
- Common Stock Price Volatility Measures and Patterns, in: JFQA Vol.4(1970), 603-625.

AMLING, F.:
- Investments: An Introduction to Analysis and Management, Englewood Cliffs (N.J.) 1974.

von ARNIM, R.:
- Die Warenterminanlage, Darmstadt etc. 1979.
- Die Warenterminanlage, Band 2, Darmstadt etc. 1983.

ARROW, K.J.:
- The Future and the Present in Economic Life, in: Economic Inquiry Vol.16(1978), 157-169.

ARROW, K.J., DEBREU, G.:
- Existence of an Equlibrium for a Competitive Economy, Ectra Vol.22(1954), 256-290.

ASCH, S.E.:
- Social Psychology, New York etc. 1952.

ATKINSON, J.W.:
- Motivational Determinants of Risk Taking Behavior, in: Psychological Review 1957, 359-372.

ATKINSON, J.W., FEATHER, N.T. (editors):
- A Theory of Achievment Motivation, New York 1966.

BACHELIER, L.:
- Théorie de la speculation, Paris 1900.

BAILEY, N.T.:
- The Mathematical Theory of Epidemics, London 1957.

BAIRD, B.F.:
- Introduction to Decision Analysis, Belmont 1978.

BARNES, L., FELDMAN, S.:
- Handbook of Wealth Management, New York 1977.

BAUER, R.A. (editor):
Social Indicators, Cambridge (Mass.) 1966.

BAUMOL, W.J.:
- The Stock Market and Economic Efficiency, New York 1965.

BEAVER, W.H.:
- Market Efficiency, in: Accounting Review Vol.56(1981), 23-37.

BELLEMORE, D.H. u.a.:
- Investment Analysis and Portfolio Selection, Cincinatti 1979.

BENISCHEK, E.A.:
- Technische Aktienanalyse, Dissertation München 1974.

BERKOWITZ, L. (editor):
- Advances in Experimental Social Psychology, Vol. 6, New York 1972.

BERNSTEIN, L.A.:
- In Defense of Fundamental Investment Analysis, in: FAJ Vol.31(1975), 57-61.

BICKSLER, J.L.:
- Handbook of Financial Economics, Amsterdam 1979.

BICKSLER, J.L., SAMUELSON, P.A.:
- Investment Portfolio Decision Making, Lexington (Mass.) 1974.

BIERWAG, G.O., GROVE, M.A.:
- A Model of the Structure of Prices of Marketable U.S. Treasury Securities, in: Journal of Money, Credit, and Banking Vol.3(1971), 605-629.

BILLETER-FREY, E.P.:
- Wirtschaftsprognosen im Lichte der Systemtheorie, in: JBNS Bd.199(1984), 433-444.

BISHOP, G.W.:
- Charles H. Dow and the Dow Theory, New York 1960.

BLACK, F.:
- Implications of the Random Walk Hypothesis for Portfolio Management, in: FAJ Vol.27(1971), 16-22.
- Can Portfolio Managers Outrun the Random Walkers?, in: JPM Fall 1974, 32-36.

BLANCHARD, O.J.:
Speculative Bubbles, Crashes and Rational Expectations, in: Economic Letters Vol.3(1979), 387-389.

BLANCHARD, O.J., WATSON, M.W.:
- Bubbles, Rational Expectations, and Financial Markets, in: P. WACHTEL (editor), Crises in the Economic and Financial Structure, Lexington (Mass.) 1982, 295-315.

BLUME, M.E.:
- Portfolio Theory: A Step Toward ist Practical Application, in: JB Vol.43(1970),152-173.

BLUMENTHAL, E.:
- Chart for Profit. Point and Figure Trading, Larchmont 1975.

BOSHEAR, E.H., SMITH, R.D.:
- Understanding People: Models and Concepts, La Jolla (Cal.) 1977.

BOWERS, K.S.:
- Situationism in Psychology: An Analysis and a Critique, in: Psychological Review Vol.80(1973), 307-336.

BOWYER, J.W.:
- Investment Analysis and Management, 3rd edition, Homewood 1966.

BOX, G., JENKINS, G.:
- Time Series Analysis, Forecasting and Control, San Francisco 1976.

BRANDES, W.:
- Über die Grenzen der Schreibtisch-Ökonomie, Tübingen 1985.

BRUCE, E.:
- Frontiers of Investment Analysis, Scranton 1971.

BÜSCHGEN, H.E.:
- Aktienanalyse und Aktienbewertung nach der Ertragskraft, Wiesbaden 1962.
- Wertpapieranalyse, Stuttgart 1966.

BUTTLER, G., HEINLEIN, W.:
- Untersuchungen zur empirischen Evidenz ökonomischer Spekulationstheorien, in: JBNS Bd.200(1985), 486-507.

CARGILL, T.:
- The Term Structure of Interest Rates: A Test of the Expectations Hypothesis, in: JF Vol.30(1975), 761-771.

CHERNOFF, H., MOSES, L.:
- Elementary Decision Theory, New York 1959.

CLEETON, C.E.:
- The Art of Independent Investing: A Handbook of Mathematics, Formulas and Technical Tools for Sucessful Market Analysis and Stock Selection, Englewood Cliffs (N.J.) 1976.

COATS, C.R.:
- Investment Strategy, New York 1978.

COHEN, A.W.:
- The Chartcraft Method of Point and Figure Trading, New York 1966.
- How to use the Three Point Reversal Method of Point&Figure Stock Market Trading, 6th edition, Larchmont 1980.

COHEN, J.B., ZINBARG, E.D., ZEIKEL, A.:
- Investment Analysis and Portfolio Management, Homewood (Ill.) 1982.

COHEN, K., NESS, W., OKUDA, H., SCHWARTZ, R., WHITCOMB, D.:
- The Determinants of Common Stock Returns Volatility: An International Comparison, in: JF Vol.11(1976), 733-740.

COHEN, K., POGUE, J.:
- An Empirical Evaluation of Alternative Portfolio Selection Models, in: JB Vol.46(1967), 166-193.

CONRAD, K., JÜTTNER, D.J.:
- Recent Behavior of Stock Market Prices in Germany and the Random Walk Hypothesis, in: Kyklos 26. Jg.(1973), 576-599.

COOLEY, W.W., LOHNES, P.R.:
- Multivariate Data Analysis, New York etc. 1971.

COOTNER, P.H. (editor):
- The Random Character of Stock Market Prices, Cambridge (Mass.) 1970.

COWLES, A.:
- Can Stock Market Forecasters Forecast?, in: Ectra Vol.1 (1933), 309-324.
COWLES, A., JONES, H.E.:
- Some A Posteriori Probabilities In Stock Market Action, in: Ectra Vol.5(1937), 280-294.
CULBERTSON, J.M.:
- The Term Structure of Interest Rates, in: QJE Vol.71(1957), 485-517.

DAVIS, R.E.:
- Profit and Profitability. Technical Analysis of the Price Fluctuations of Common Stocks by the Point and Figure Method, Cincinatti (Ohio) 1965.
DINES, J.:
- How the Average Investor Can Use Technical Analysis for Stock Profits, New York 1972.
DOBBINS, R., WITT, S.F.:
- Portfolio Theory & Investment Management, Oxford 1983.
DORNBUSCH, R.:
- Equilibrium and Disequilibrium Exchange Rates, in: Zeitschrift für Wirtschafts- und Sozialwissenschaften Bd.102 (1982), 573-599.
DÜRR, E.:
- Indikatoren, in: HdWW Bd.4(1978), 108-109.
DUNST, K.H.:
- Portfolio Management. Konzeption für die strategische Unternehmensplanung, Berlin, New York 1979.
DZIEDZINA, M.:
- Mathematisch-statistische Methoden zur Aktiendepot-Optimierung, Thun, Frankfurt a.M. 1987.
EDWARDS, R.D., MAGEE, J.:
- Technische Analyse von Aktientrends, Darmstadt 1979.
EIBL, G., HILBER, G., MILICZEK, H.:
- Wirtschaftsprognosen im Dialog mit dem Computer, Prognoseverfahren (I), Dialogprogramme zur Zeitreihenanalyse und Prognose (II), in: data report Bd.9(1974), Heft 1, 20-22; Heft 2, 21-26.
EINHORN, H.J., HOGARTH, R.M.:
- Confidence in judgement: Persistence of the illusion of validity, in: Psychological Review Vol.85(1978), 395-416.
EINHORN, H.J., HOGARTH, R.H., KLEMPNER, E.:
- Quality of Group Judgement, in: Psychological Bulletin Vol.84(1977), 158-172.
EISMANN, G.:
- Prognose von Börsenkursen und ihre praktische Anwendung, in: Bank-Information Bd.3(1976), Heft 9, 12-18.
ELTON, E.J., GRUBER, M.J.:
- Modern Portfolio Theory and Investment Analysis, New York etc. 1981.
ELTON, E.J., GRUBER, M.J., PADBERG, M.W.:
- Simple Criteria for Optimal Portfolio Selection, in: JF Vol.31(1976), 1341-1357.
EVANS, J.L.:
- The Random Walk Hypothesis, Portfolio Analysis and the Buy-and-Hold Criterion, in: JFQA Vol.3(1968), 327-342.

FAMA, E.F.:
- Efficient Capital Markets: A Review of Theory and Empirical Work, in: JF Vol.25(1970), 383-417.
- Forward Rates as Predictors of Future Spot Rates, in: JFE Vol.4(1976,a), 361-377.
- Foundations of Finance, New York 1976(b).

FAMA, E.F., BLUME, M.E.:
- Filter Rules and Stock Market Trading, in: JB Vol.39(1966), 226-241.

FAMA, E.F., FISHER, L., JENSEN, M.C., ROLL, R.:
- The Adjustment of Stock Market Prices to New Information, in: IER Vol. 10(1969), 1-21.

FAMA, E.F., MILLER, M.H.:
- The Theory of Finance, Hinsdale (Ill.) 1972.

FARRAR, D.E.:
- The Investment Decision under Uncertainty, Englewood Cliffs (N.J.) 1962.

FARRELL, M.C.:
- Dow Jones Investors Handbook, Princeton (N.J.) 1975.

FELDSIEPER, M.:
- Indikatoren I: konjunkturelle, in: HdWW Bd.4(1978), 109-119.

FERBER, R. (editor):
- Determinants of Investment Behavior, New York 1967.

FEYLER, S.F.:
- Income Growth with Security - The Formula-Plan Solution, New York 1958.

FINNERTY, J.E.:
- Insiders and Market Efficiency, in: JF Vol.31(1976), 1141-1148.

FISCHER, S.:
- Comment, in: BPEA (1984), 499-504.

FISCHER-ERLACH, P.:
- Handel und Kursbildung am Devisenmarkt, 2. Auflage, Stuttgart 1986.

FISHBEIN, M. (editor):
- Progress in Social Psychology, Hillsdale (N.J.) 1980.

FISHER, L.:
- Outcomes for 'Random'Investments in Common Stock Listed on the New York Stock Exchange, in: JB Vol.38(1965), 149-161.

FLAVIN, M.A.:
- Excess Volatility in the Financial Markets: A Reassessment of the Empirical Evidence, in: JPE Vol.91(1983), 929-956.

FLOOD, R.P., GARBER, P.M.:
- Market Fundamentals versus Price Level Bubbles: The First Tests, in: JPE Vol.88(1980), 745-770.

FORRESTER, J.W.:
- Grundzüge der Systemtheorie, Wiesbaden 1972.

FRANCIS, J.C.:
- Investments, Analysis and Management, third edition, New York etc. 1980.

FRANCIS, J.C., ARCHER, S.A.:
- Portfolio Analysis, Englewood Cliffs (N.J.) 1971.

FRANKEL, J.A.:
- The Dazzling Dollar, in: BPEA (1985), 199-217.

FRIEDMAN, B.M.:
- Comment, in: BPEA (1984), 504-508.

FRIEND, J., BICKSLER. J. (editors):
- Studies in Risk and Return, Volume 1, Cambridge (Mass.) 1975.
- Risks and Return in Finance, New York 1974.
FUCHS, K.D.:
- Kurseinflußfaktoren österreichsicher Aktien - Eine empirische betriebswirtschaftliche Fundamentalanalyse, Wien 1973.
FÜRST, G. (Hrsg.):
- Konjunkturindikatoren, Sonderheft zum Allgemeinen Statistischen Archiv, Nr.7, Göttingen 1975.
GASPARI, C., MILLENDORFER, H.:
- Prognosen für Österreich, Fakten und Formeln der Entwicklung, München 1973.
GEHRMANN, D.:
- Die Effizienz des Euro-Kapitalmarktes, Hamburg 1978.
GIBBONS, M.R., FERSON, W.:
- Testing Asset Pricing Models with Changing Expectations and an unobservable Market Portfolio, in: JFE Vol.14(1985), 217-236.
GIERSCH, H., BORCHARDT, K. (Hrsg.):
- Diagnose und Prognose als wirtschaftswissenschaftliche Methodenprobleme, Berlin 1962.
GILETT, C.H.:
- Stock Market Timing, Larchmont 1965.
GITMAN, L.G.:
- Personal Finance, 2nd edition, Hinsdale (Ill.) 1981.
GITMAN, L.J., JOEHNK, M.D.:
- Fundamentals of Investing, New York etc. 1981.
GLESKE, L.:
- Schwächerer Dollar insgesamt von Vorteil, in: Saarbrücker Zeitung vom 20.06.1985.
GOLDMAN, M.B., SOSIN, H.B.:
- Information Dissemination, Market Efficiency and the Frequency of Transactions, in: JFE Vol.7(1979), 29-61.
GORDON, W.:
- The Stock Market Indicators, New York 1968.
GRAF, H.-G.:
- "Muster-Voraussagen" und "Erklärungen des Prinzips" bei F.A. Hayek, Tübingen 1978.
GRAFF, P.:
- Die Wirtschaftsprognose. Empirie und Theorie, Voraussetzungen und Konsequenzen, Tübingen 1977.
GRAHAM, B., DODD, D.L., COTTLE, S.:
- Security Analysis - Principles and Technique, 4th edition, New York etc. 1962.
GRANGER, C.W.J.:
- Some Aspects of the Random Walk Model of Stock Market Prices, in: IER Vol.9(1968), 253-257.
- What the Random Walk Model Does Not Say, in: FAJ Vol.26 (1970), 91-93.
GRANGER, C.W.J., MORGENSTERN, O.:
- Predictability of Stock Market Prices, Lexington (Mass.) 1970.
GRANGER, C.W.J., REES, H.J.B.:
- Spectral Analysis of the Term Structure of Interest Rates, in: RES Vol.35(1968), 67-76.
GRANVILLE, J.E.:
- A Strategy of Daily Stock Market Timing for Maximum Profit, Englewood Cliffs (N.J.) 1960.

- New Key to Stock Market Profits, Englewood Cliffs (N.J.) 1963.
- Granville's New Strategy of Daily Stock Market Timing for Maximum Profit, Englewood Cliffs (N.J.) 1976.

GRESSIS, N., PHILIPPATOS, G.C., HAYYA, J.:
- Multiperiod Portfolio Analysis and the Inefficiency of the Market Portfolio, in: JF Vol.31(1976), 1115-1126.

GROSSMAN, S.J., SHILLER, R.J.:
- The Determinants of the Variability of Stock Market Prices, in: AER Vol.71(1981), Papers and Proceedings (1980), 222-227.

GROSSMAN, S.J., STIGLITZ, J.E.:
- Information and Competitive Price Systems, in: AER Vol.66 (1976), Papers and Proceedings, 246-253.

GUP, B.E.:
- Guide to Strategic Planning, New York etc. 1980.

GUTHRIE, W.K.C.:
- A History of Greek Philosophy, Volume VI, Aristotle, An Encounter, Cambridge etc. 1981.

HALEY, C.W., SCHALL, L.D.:
- The Theory of Financial Decisions, New York, London 1973.

HANSEN, R.A., REISS, W.:
- Autokorrelationsanalyse und das Problem der Datenfehler: Eine Überprüfung der Random-Walk-Hypothese für den deutschebn Aktienmarkt, in: Zeitschrift für Nationalökonomie, Jg.36(1976), 153-172.

HANSMANN, K.-W.:
- Dynamische Aktienanlage-Planung, Wiesbaden 1980.
- Kurzlehrbuch Prognoseverfahren, Wiesbaden 1983.

HARDY, C.C.:
- Investors Guide to Technical Analysis, New York 1978.

HARRISON, A.A.:
- Individuals and Groups: Understanding Social Behavior, Monterey (Calif.) 1976.

HAUSCHILD, K., WINKELMANN, M.:
Kapitalmarkteffizienz und Point&Figure Analyse, in: KK 1985, 241-264.

HELM, M.:
- Zeitreihenprognose mit Hilfe autoregressiver Modelle, in: P. MERTENS (Hrsg.), Prognoserechnung, 4. Auflage, Würzburg, Wien 1981.

HENSCHEL, H.:
- Wirtschaftsprognosen, München 1979.

HICKMAN, B.G. (editor):
- Econometric Models of Cyclical Behavior, New York, London 1972.

HIELSCHER, U.:
- Das optimale Aktienportefeuille, 2. Auflage, Frankfurt a.M. 1969.
- Technische Analyse versus Random-Walk-Hypothese, in: Zeitschrift für das gesamte Kreditwesen Bd.28(1975), 1137-1140.

HILLMER, S.C., YU, P.L.:
- The Market Speed of Adjustment to New Information, in: JFE Vol.7(1979), 321-345.

HOCKMANN, H.:
- Prognose von Aktienkursen durch Point-and-Figure-Analysen, Wiesbaden 1979.

HOFFMAN, R.J., RESNICK, S.R.:
- Investment Strategy, New York 1977.

HOFMANN, H.W.:
- Empirische Untersuchung verschiedener Anlagestrategien der technischen Aktienanalyse anhand von 100 deutschen Standardaktien über einen Zeitraum von 5 Jahren (1967-1972) und Vergleich mit einer durch Simulation ermittelten Zufallsauswahl bzw. einer Kauf- und Haltestrategie, Dissertation München 1973.

HOGARTH, R.M.:
- Judgement and Choice. The Psychology of Decision, New York etc. 1980.

HOPE, K.:
- Methoden multivariater Analyse, Weinheim, Basel 1975.

van HORNE, J.C.:
- Fundamentals of Financial Management, 5th edition, Englewood Cliffs (N.J.) 1983.

van HORNE, J.C., PARKER, G.:
- Technical Trading Rules: A Comment, in: FAJ Vol.21(1968), 128-132.

HUJER, R., CREMER, R.:
- Methoden der empirischen Wirtschaftsforschung, München 1978.

HURST, J.M.:
- The Profit Magic of Stock Transaction Timing, Englewood Cliffs (N.J.) 1970.

JACOB, H.:
- Investition, II. betriebswirtschaftliche, in: HdWW Bd.4 (1978), 254-275.

JAFFE, J.F.:
- Special Information and Insider Trading, in: JB Vol.47 (1974), 410-428.
- On the Use of Public Information in Financial Markets, in: JF Vol.30(1975), 831-839.

JENNERGEN, P., KORSVOLD, P.:
- The Non-Random Character of Norwegian and Swedish Stock Market Prices, in: E.J. ELTON. M.J. GRUBER, International Capital Markets, Amsterdam 1975.

JENSEN, M.C. (editor):
- Studies in the Theory of Capital Markets, New York 1972.

JENSEN, M.C. (et alieni):
- Symposium on Some Anomalous Evidence Regarding Market Efficiency, in: JFE Vol.6(1978), 93-330.

JENSEN, M.C., BENINGTON, G.:
- Random Walks and Technical Theories: Some Additional Evidence, in: JF Vol.25(1970), 469-482.

JILER, W.L.:
- How Charts can help you in the Stock Market, New York 1962.

JÖHR, W.A.:
- Konjunkturschwankungen, Band II, Tübingen 1952.

JÜTTNER, D.J.:
- Spekulation - Immer Segensreich?, in: JBNS Bd.203(1987), 1-11.

KAHNERT, A.:
- Irrfahrtprozesse und Trendverläufe im Aktienmarkt der Bundesrepublik, Göttingen 1972.

KALAY, A., LOEWENSTEIN, U.:
- Predictable Events and Excess Returns, in: JFE Vol.14 (1985), 423-449.

KALDOR, N., TREVITHICK, J.:
- Geldtheorie und Geldpolitik V: aus keynesianischer Sicht, in: HdWW Bd.3(1981), 412-423.

KEANE, S.M.:
- Stock Market Efficiency. Theory, Evidence and Implications, Oxford 1985.

KEYNES, J.M.:
- The General Theory of Employment, Interest, and Money, New York 1936.
- The General Theory of Employment, in: QJE Vol.51(1937), 209-223.

KINDLEBERGER, C.P.:
- Manias, Panics, Crashes, New York 1978.

KIRSCH, W., ROVENTA, P.:
- Bausteine eines strategischen Managements, Berlin, New York 1983.

KLEIDON, A.W.:
- Variance Bounds Tests and Stock Price Valuation Models, Stanford 1983.

KLEIN, L.R.:
- An Essay on the Theory of Economic Prediction, Chicago 1971.

KNIGHT, F.H.:
- Risk, Uncertainty and Profit, Boston, New York 1921.

KÖNIG, H. WOLTERS, J.:
- Einführung in die Spektralanalyse ökonomischer Zeitreihen, Meisenheim/Glan 1972.

KÖRBER-WEIK, M.:
- Konjunkturdiagnose und Konjunkturmessung, Tübingen 1983.

KOOPMANS, T.C.:
- Measurement Without Theory, in: R.A. GORDON, L.R. KLEIN (editors), Readings in Business Cycles, Homewood (Ill.) 1965, 186-203.

KOPF, J.:
- Kybernetische Wirtschaftspolitik, Meisenheim/Glan 1977.

KORTE, B., OBERHOFER, W.:
- Ein univariables ökonomisches Analyse- und Prognosemodell, Köln und Opladen 1968.

KOSTOLANY, A.:
- Das ist die Börse, Stuttgart 1961.

KOZIELECKI, J.:
- Psychological Decision Theory, London, Warschau 1981.

KRANTZ, D.H., LUCE, R.D., SUPPES, P., TVERSKY, A.:
- Foundations of Measurement, New York 1971

KROMPHARDT, J.:
- Wirtschaftswissenschaft II: Methoden und Theorienbildung in der Volkswirtschaftslehre, in: HdWW Bd.9(1982), 904-936.
- Das Verhältnis von Theorie und Empirie, in: Wirtschaftsdienst, 67.Jg.(1987), 579-584.

KÜHME, T., WISCHITAL, P.:
- Die FORTRAN-Fibel. Strukturierte Programmierung mit FORTRAN 77, Müchen, Wien 1987.

LAFFER, A.B., ZECHER, R.:
- Some Evidence on the Formation, Efficiency and Accuracy of Anticipations of Nominal Yields, in: Journal of Monetary Economics Vol.1(1975), 327-342.

LAKATOS, I.:
- Falsification and the Methodology of Scientific Research Programmes, in: LAKATOS, I., MUSGRAVE, A. (1970), 91-196.

LAKATOS, I., MUSGRAVE, A.:
- Criticism and the Growth of Knowledge, London 1970.

LANG, L.R., GILLESPIE, T.H.:
- Strategy for Personal Finance, New York 1977.

LATANE, H.A., TUTTLE, D.L., JONES, C.R.:
- Security Analysis and Portfolio Management, second edition, New York 1975.

LEE, C.F.:
- Financial Analysis and Planning, Theory and Application, Reading etc. 1985.

LEE, W.:
- Decision theory and human behavior, New York 1971.

LEHMANN, G.:
- Wirtschaftswachstum im Gleichgewicht. Eine System-Dynamics-Studie sozioökonomischer Entwicklungen in der Bundesrepublik Deutschland bis zum Jahr 2000, Stuttgart 1975.

LERBINGER, P.:
- Aktienkursprognose durch Linienchart-Formationen und Trendlinien, München 1984(a).
- P&F-Charts. Ein neuer Weg zum Anlageerfolg, Niederglatt 1984(b).

LEROY, S.F.:
- Efficiency and the Variability of Asset Prices, in: AER Vol.74(1984), 183-187.

LEROY, S.F., PORTER, R.:
- The Present Value Relation: Tests Based on Implied Variance Bounds, in: Ectra Vol. 49 (1981), 555-574.

LERRO, A.J., SWAYNE, C.B.:
- Selection of Securities: Technical Analysis of Stock Market Prices, Braintree (Mass.) 1970.

LEUTHOLD, S.C.:
- The Causes and Cures of Market Volatility, in: JPM Spring 1976, 13-19.

LEVINE, S.N. (editor):
- Financial Analyst's Handbook, New York 1977.

LEVY, H., SARNAT, M.:
- Investment & Portfolio Analysis, New York etc. 1972.

LEVY, R.A.:
- Relative Strength as a Criterion for Investment Selection, in: JF Vol.22(1967,a), 595-610.
- Random Walks: Reality or Myth, in: FAJ Vol.23(1967,b), 69-77.
- The Relative Strength Concept of Common Stock Price Forecasting, Larchmont (N.Y.) 1968.

LEWANDOWSKI, R.:
- Prognose- und Informationssysteme und ihre Anwendung, Band 1, Berlin, New York 1974.
- Band 2, Berlin, New York 1980.

LEYLAND, J.:
- Qualitative Indicators in International Business Cycle Analysis, 13. CIRET Conference, München 1977.

LINTNER, J.:
- The Valuation of Risk Assets and the Selection of Risky Investments in Stock Portfolios and Capital Budgets, in: REStat Vol.47(1965,a), 13-37.
- Security Prices, Risk, and Maximal Gains from Diversification, in: JF Vol.20(1965,b), 587-615.

LITZENBERGER, R.H.:
- Equilibrium in the Equity Market under Uncertainty, in: JF Vol.24(1969), 663-671.

LORANGE, P. VANCIL, R.F.:
- Strategic Planning Systems, Englewood Cliffs (N.J.) 1977.

LORIE, J.H., BREALEY, R. (editors):
- Modern Developments in Investment Management, New York etc. 1972.

LORIE, J.H., HAMILTON, M.T.:
- The Stock Market: Theories and Evidence, Homewood (Ill.) 1973.

LUCE, R.D.:
- Individual Choice Behavior, New York 1959.

LÜTKEPOHL, H.:
- Prognose aggregierter Zeitreihen, Göttingen 1986.

MACKAY, C.:
- Extraordinary Popular Delusions and the Madness of Crowds, New York 1932.

MAG, W.:
- Risiko und Ungewißheit, in: HdWW Bd.6(1981), 478-495.

MAKRIDAKIS, S., WHEELWRIGHT, S.C.:
- Interactive Forecasting: Univariate and Multivariate Methods (2nd edition), San Francisco 1978.
- Forecasting: Methods and Applications, New York 1978(a).

MALKIEL, B.G.:
- A Random Walk Down Wall Street, New York 1975.

MANDELBROT. B.:
- Some Aspects of the Random Walk Model of Stock Market Prices: Comment, in: IER Vol.9(1968), 258-259.
- When can price be arbitraged efficiently? A Limit to the Validity of the random walk and martingale models, in: REStat Vol.53(1971), 225-236.

MANNERS, Jr., G.E., LOUDERBACK III, J.G.:
- Managing Return on Investment, Lexington, Toronto 1981.

MARKOWITZ, H.M.:
- Portfolio Selection, in: JF Vol.7(1952), 77-91.
- Portfolio Selection: Efficient Diversification of Investments, New York 1959.

MAYSHAR, J.:
- On Divergence of Opinion and Imperfections in Capital Markets, in: AER Vol.73(1983), 114-128.

MCNAMEE, P.B.:
- Tools and Techniques for Strategic Management, Oxford etc. 1985.

MEADOWS, D., MEADOWS, D., ZAHN, E., MILLING, P.:
- Die Grenzen des Wachstums. Bericht des Club of Rome zur Lage der Menschheit, Stuttgart 1971.

MEISSNER, W.:
- Zur Methodologie der Simulation, in: Zeitschrift für die gesamte Staatswissenschaft Bd.126(1970), 385-397.

MEISSNER, W., UHLE-FASSING, M.:
- Weiche Modelle und iterative Schätzung, Frankfurt a.M., New York 1982.
MENDELSON, M., ROBBINS, S.:
- Investment Analysis and Securities Markets, New York 1976.
MERTENS, P. (Hrsg.):
- Prognoserechnung, 4. Auflage, Würzburg, Wien 1981.
MEYERS, S.L.:
- A Re-examination of Market and Industry Factors in Stock Price Behavior, in: JF Vol.28(1973), 695-705.
MICHON, J.A., EIJKMAN, E.G.J., de KLERK, L.F.W. (editors):
- Handbook of psychonomics, Volume 2, Amsterdam 1979.
MILES, M.B., HUBERMAN, A.M.:
- Qualitative Data Analysis, London 1984.
MILLER, D.W., STARR, D.K.:
- The Structure of Human Decisions, Englewood Cliffs (N.J.) 1967.
MINSKY, H.P.:
- Financial Stability Revisited: The Economics Desaster, in: Reappraisal of the Federal Reserve Discount Mechanism Vol.3 (1972), 95-136.
MISHKIN, F.S.:
- Efficient-Markets Theory: Implications for Monetary Policy, in: BPEA Vol.3(1978), 707-752.
MITTRA, S., GASSEN, C.:
- Investment Analysis and Portfolio Management, London 1981.
MÖLLER, H.P.:
- Die Informationseffizienz des deutschen Aktienmarkts. Eine Zusammenfassung und Analyse empirischer Untersuchungen, in: ZfbF Bd.37(1985), 500-518.
MOORE, P.G., THOMAS, H.:
The anatomy of decisions, Harmondsworth 1976.
MORGENSTERN, O.:
- Wirtschaftsprognose. Eine Untersuchung ihrer Voraussetzungen und Möglichkeiten, Wien 1928.
MOSSIN, J.:
- Equilibrium in a Capital Asset Market, in: Ectra Vol.34 (1966), 768-783.
- Theory of Financial Markets, Englewood Cliffs (N.J.) 1973.
MÜHLBRADT, F.W.:
- Chancen und Risiken der Aktienanlage. Untersuchungen zur "Efficient Market"-Theorie in Deutschland, 2. Auflage, Köln 1978.
MUTH, J.F.:
- Rational Expectations and the Theory of Price Movements, in: Ectra Vol.29(1961), 315-335.
NAGTEGAAL, H.:
- Wie überlebt mein Unternehmen? Experience Curve & Produkt-Portfolio, Wiesbaden 1977.
NEISSER, U.:
- Cognitive Psychology, New York 1967.
NEUMANN, M.J.M., KLEIN, M.:
- Probleme der Theorie effizienter Märkte und ihrer empirischen Überprüfung, in: KK Bd.15(1982), 165-187.
NEW YORK STOCK EXCHANGE:
- Share-Ownership 19.., New York 19...
NIEDERHOFFER, V.:
- The Analysis of World Events and Stock Prices, in: JB Vol.44(1971), 193-219.

NIEDERHOFFER, V., OSBORNE, M.F.M.:
- Market Making and reversal on the Stock Exchange, in: Journal of the American Statistical Association Vol.61 (1966), 897-916.

NISBETT, R.E., ROSS, L.:
- Human inference: Strategies amd Shortcomings in social judgement, Englewood Cliffs (N.J.) 1980.

OH, K.U.:
- Methoden und Ergebnisse der Langfristprognose, Meisenheim am Glan 1976.

ORTH, B:
- Einführung in die Theorie des Messens, Stuttgart etc. 1974.

OTT, A.E.:
- Wirtschaftswachstum, technischer Fortschritt, Investition und Beschäftigung, gestern und heute, in: H. MAJER (Hrsg.), Neue Wege der Wachstumsanalyse, Frankfurt 1986, 25-46.

PAWAR, A.:
- Kursdeterminanten deutscher Aktien, Frankfurt a.M. 1970.

PESANDO, J.E.:
- On the Efficiency of the Bond Market: Some Canadian Evidence, in: JPE Vol.86(1978), 1057-1076.

PFANZAGL, J.:
- Allgemeine Methodenlehre der Statistik I, Berlin 1967.

PFOHL, H.-C., RÜRUP, B. (Hrsg.):
- Wirtschaftliche Meßprobleme, Köln 1977.

PHILLIPS, G.L., PIPPENGER, J.:
- Preferred Habitat vs. Efficient Market: A Test of Alternative Hypotheses, in: Federal Reserve Bank of St. Louis Review Vol.58(1976), 11-19.

PHILLIPS, H.E., RITCHIE, J.C.:
- Investment Analysis and Portfolio Selection, second edition, Cincinnati etc. 1983.

PINCHES, G.:
- The Random Walk Hypothesis and Technical Analysis, in: FAJ Vol.26(1970), 104-110.

PINCHES, G.E., KINNEY, Jr., W.R.:
- The Measurement of the Volatility of Common Stock Prices, in: JF Vol.26(1971), 119-125.

PLUM, L.V., HUMPHREY, J.H., BOWYER, J.W.:
- Investment Analysis and Management, 2nd edition, Homewood (Ill.) 1961.

POPPER, K.R.:
- Objective Knowledge. An Evolutionary Approach, Oxford 1972.
- Die beiden Grundprobleme der Erkenntnistheorie, Tübingen 1979.
- Logik der Forschung, 8. Auflage, Tübingen 1984.

POSER, G.:
- Konjunkturindikatoren, in: H.-C. PFOHL, B. RÜRUP (Hrsg.), Wirtschaftliche Meßprobleme, Köln 1977.

POTTER, R.E.:
- An Empirical Study of Motivations of Common Stock Investors, in: JB Vol.6(1971), 41-48.

PRING, M.J.:
- Technical Analysis Explained, New York 1980.
- International Investing Made Easy, New York etc. 1981.

RADCLIFFE, R.C.:
- Investment, Concepts, Analysis, and Strategy, Glenview (Ill.) 1982.

RAIFFA, H.:
- Decision Analysis, Cambridge (Mass.) 1968.

RAMSEY, F.P.:
- Grundlagen. Abhandlungen zur Philosophie, Logik, Mathematik und Wirtschaftswissenschaft, Stuttgart 1980.

RAPOPORT, A., WALLSTEIN, T.S.:
- Individual Decision Behavior, in: Annual Review of Psychology Vol.23(1972), 131-176.

REINEMER, K.:
- Aktienkursbewegungen - betrachtet nach der "technischen Analyse", in: Beiträge zur Aktienanalyse, Heft 5(1967), 35-42.

REINHARDT, H.:
- "Formula Plans" für Wertpapieranlagen, in: Österreichisches Bank-Archiv 1957, 374-379.

REISS, W.:
- Random Walk Hypothese und deutscher Aktienmarkt, Dissertation Berlin 1974.
- A Note on Stock Market Prices in Germany and the Random Walk Hypothesis, in: KYKLOS 28.Jg.(1975), 878-883.
- Die Random Walk Hypothese bei Bank- und Industrieaktien, in: KK 9.Jg.(1976), 555-573.
- Preisbestimmungsmechanismen als Erklärung für Mangel an Effizienz deutscher Effektenbörsen, in: JBNS Bd.193 (1978), 167-181.

REISS, W., MÜHLBRADT, F.W.:
- Eine empirische Überprüfung der Validität des "market"- und des "capital asset pricing"-Modells für den deutschen Aktienmarkt, in: Zeitschrift für die gesamte Staatswissenschaft Bd.135(1979),41-68.

RENSHAW, E.F.V.:
- Simulating the Dow Jones Industrial Average: A Further Test on the Random Walk Hypothesis, in: FAJ Vol.26(1970), 51-59.

RESZAT, B:
- Technical Analysis and Conmputer Trading - Foreign Exchange Market Intervention Revisited, in: Intereconomics Vol.22 (1987), 107-111.

REYNAUD, P.-L.:
- Economic Psychology, New York 1974.

RHEA, R.:
- The Dow Theory, New York 1959.

ROBERTS, H.V.:
- Stock-Market "Patterns" and Financial Analysis: Methodological Suggestions, in: JF Vol.14(1959), 1-10.

ROLL, R.:
- The Behavior of Interest Rates: An Application of the Efficient Market Model to U.S. Treasury Bills, New York 1970.
- A Critique of the Asset Pricing Theory's Tests, in: JFE Vol.4(1977), 129-176.
- Ambiguity When Performance is Measured by the Securities Market Line, in: JF Vol.33(1978), 1051-1069.

RONNING, G.:
- Changes of German Share Prices - Random or not Random?, in: KYKLOS 28.Jg.(1975), 876-877.

ROSENTRETER, J.:
- Prognosen in der industriellen Planung, Frankfurt a.M. und Zürich 1977.

ROTH, E. (Hrsg.):
- Sozialwissenschaftliche Methoden, München, Wien 1984.

ROTHSCHILD, K.W.:
- Wirtschaftsprognose. Methoden und Probleme, Berlin etc. 1969.
- Einführung in die Ungleichgewichtstheorie, Berlin etc. 1981.

RUDOLPH, B.:
- Zur Theorie des Kapitalmarkts. Grundlagen, Erweiterungen und Anwendungsbereiche des 'Capital Asset Pricing Model (CAPM)', in: ZfB Bd.11(1979), 1034-1067.

RYAN, T.M.:
- Theory of Portfolio Selection, London and Basingstoke 1978.

SAMUELSON, P.A.:
- Proof that Properly anticipated Prices Fluctuate Randomly, in: Industrial Management Review Vol. 6(1965), 41-49.
- Is Real-World Price a Tale Told by the Idiot of Chance?, in: RESt Vol.58(1976), 120-123.

SARGENT, T.J.:
- Rational Expectations and the Term Structure of Interest Rates, in: Journal of Money, Credit, and Banking Vol.4 (1972), 74-97.
- A Classical Macroeconometric Model for the United States, in: JPE Vol.84(1976), 207-237.
- A Note on Maximum Likelihood Estimation of the Rational Expectations Model of the Term Structure, in: JME Vol.5 (1979), 133-143.

SAUVAIN, H.:
- Investment Management, 3rd edition, Englewood Cliffs (N.J.) 1967.

SCHILLER, W.:
- Technische Aktienanalyse, München 1971.

SCHIPS, B., STIER, W.:
- Ergebnisse einer statistischen Analyse der zeitlichen Entwicklung von Aktienkursen, in: KYKLOS Jg.25(1972), 255-265.

SCHLEMBACH, H.:
- Die Bewertung von Aktien. Leitfaden für Kapitalanleger und Anlageberater, 3. Auflage, München 1971.

SCHLITTGEN, R., STREITBERG, B.H.J.:
- Zeitreihenanalyse, München, Wien 1984.

SCHMIDT, R.H.:
- Aktienkursprognose - Aspekte positiver Theorien über Aktienkursänderungen, Wiesbaden 1976.
- Empirische Kapitalmarktforschung und Anlageentscheidungen, in: Zeitschrift für die gesamte Staatswissenschaft Bd.132 (1976,a), 649-678.
- Eine Widerlegung der Effizienzthese?, in ZfbF Vol.33(1981), 36-46.
- Methodology and Finance, in: Theory and Decision Vol.14 (1982), 391-413.
- Zur Entwicklung der Finanztheorie, in: W.F. FISCHER-WINKELMANN (Hrsg.), Paradigmawechsel in der Betriebswirtschaftslehre?, Spardorf 1983, 465-500.

SCHMIDT, U.:
- Zum Prognoseproblem in der Wirtschaftswissenschaft, Dagersheim-Erlangen 1971.

SCHNEIDER, H.S.:
- Two Formula Methods for Choosing Common Stocks, in: JF Vol.6(1951), 229-237.

SCHÖPF, A.:
- Das Prognoseproblem in der Nationalökonomie. Versuch einer Gesamtbetrachtung, Berlin 1966.

SCHREDELSEKER, K.:
- Anlagestrategie und Informationsnutzen am Aktienmarkt, in: ZfbF Bd.36(1984), 44-59.

SCHRÖDER, M.:
- Einführung in die kurzfristige Zeitreihenprognose und Vergleich der einzelnen Verfahren, in: P. MERTENS (Hrsg.) Prognoserechnung, 4. Auflage, Würzburg, Wien 1981.

SCHULZ, H.D., HIELSCHER, U., REINEMER, K.:
- Die technische Analyse gehört dazu, in: Der Volkswirt (1966), 1702-1704.

SCHWARTZ, R.A., ALTMAN, E.:
- Volatility Behavior of Industrial Stock Price Indices, in: JF Vol.8(1973), 957-970.

SEELBACH, H.:
- Investitionsplanung, in: HdWW Bd.4(1978), 293-309.

SEIFFERT, H.:
- Einführung in die Wissenschaftstheorie, zweiter Band, München 1970.

SEUSS, W.:
- Es kann sein, was nicht sein darf. Betrachtungen zum Dollar, in: FAZ vom 30.04.1984.

SHARPE, W.F.:
- Capital Asset Prices: A Theory of Market Equlibrium under Conditions of Risk, in: JF Vol.19(1964), 425-442.
- Investments, 3rd edition, Hemel Hempstead 1985.

SHAW, A.R.:
- Technical Analysis, in: S.N. LEVINE (editor), Financial Analyst's Handbook, Volume I, 2nd edition, Homewood (Ill.) 1977, 944-988.

SHAW, G.K.:
- Rational Expectations. An Elementary Exposition, Brighton 1984.
- Human Judgements and Optimality, New York 1964.

SHERIF, M.:
- An Experimental Approach to the Study of Attitudes, in: in: Sociometry Vol. 1(1937), 90-98.

SHILLER, R.J.:
- Rational Expectations and the Dynamic Structure of Macroeconomic Models: A Critical Review, in: JME Vol.4 (1978), 1-44.
- The Volatility of Long-Term Interest Rates and Expectations Models of the Term Structure, in: JPE Vol.87(1979), 1190-1219.
- Do Stock Prices Move too Much to be Justified by Subsequent Changes in Dividends?, in: AER Vol.71(1981,a), 421-436.
- The Use of Volatility Measures in Assessing Market Efficiency, in: JF Vol.36(1981,b), 291-304.
- Do Stock Prices Move Too Much to be Justified by Subsequent Changes in Dividends? Reply, in: AER Vol.73(1983), 236-237.

- Stock Prices and Social Dynamics, in: BPEA 1984(a), 457-498 (Comments und Discussion: 499-510).
- Theories of Aggregate Stock Price Movements, in: JPM Fall 1984(b), 28-37.

SHILLER, R.J., CAMPBELL, J.Y., SCHOENHOLTZ, K.L.:
- Forward Rates and Future Policy: Interpreting the Term Structure of Interest Rates, in: BPEA 1983, 173-217 (Comments and Discussion: 218-223).

SIMON, H.:
- Preismanagement, Wiesbaden 1982.

SINGLETON, K.J.:
- Expectations Models of the Term Structure and Implied Variance Bounds, in: JPE Vol.88(1980), 1159-1176.

SINN, H.W.:
- Ökonomische Entscheidungen bei Ungewißheit, Tübingen 1980.

SJÖBERG, L., TYSZKA, T., WISE, J.A.
- Human Decision Making, Volume II, Bodafors 1980-

SLOANE, W., REISMAN, A.:
- Stock Evaluation Theory: Classification, Reconciliation, and General Model, in: JFQA Vol.3(1968), 171-204.

SLOVIC, P.:
- Information Processing, Situation Specificity, and the Generality of Risk Taking Behavior, Eugene 1971.
- Psychological Study of Human Judgement: Implications for Investment Decision Making, in: JF Vol.27(1972), 779-799.

SLOVIC, P., FISCHHOFF, B., LICHTENSTEIN, S.:
- Behavioral Decision Theory, in: Annual Review of Psychology Vol.28(1977), 1-39.

SMIDT, S.:
- A New Look at the Random Walk Hypothesis, in: JFQA Vol.3 (1968), 235-261.

SMITH, K.V.:
- Portfolio Management. Theoretical and Empirical Studies of Portfolio Decision-Making, New York etc. 1971.

SOKOLOFF, K.:
- The Thinking Investor's Guide to the Stock Market, New York 1978.

SOLNIK, B.H.:
- Testing International Asset Pricing: Some Pessimistic Views, in: JF Vol.32(1977), 503-512.

SOLOMON, E.:
- Are Formula Plans what they seem to be?, in: JB Vol.21(1948), 92-97.

STAMBAUGH, R.F.:
- On the Exclusion of Assets from Tests of the Two-Parameter Model, in: JFE Vol.10(1982), 237-268.

STEGMÜLLER, W.:
- Probleme und Resultate der Wissenschaftstheorie und Analytischen Philosophie, Band I.: Erklärung, Begründung, Kausalität, zweite Auflage, Berlin etc. 1983.

STEINER, G.A.:
- Strategic Planning, New York, London 1979.

STEKELER, H.O.:
- Economic Forecasting, London 1970.

STEMANN, H.J.:
- Formelanlageplanung am deutschen Aktienmarkt. Eine empirische Analyse der Effizienz verschiedener Anlagestrategien, Wiesbaden 1978.

STOBBE, A.:
- Volkswirtschaftliches Rechnungswesen, Berlin etc. 1966.

TICHY, G.J.:
- Konjunkturschwankungen. Theorie, Messung, Prognose, Berlin etc 1976.

TINIC, S.M., WEST, R.R.:
- Investing in Securities: An Efficient Market Approach, Reading (Mass.) etc. 1979.

TINTNER, G.:
- Handbuch der Ökonometrie, Berlin etc. 1960.

TOBIN, J.:
- Liquidity Preference as a Behavior Towards Risk, in: RES Vol.25(1958), 65-86.
- On the Efficiency of the Financial System, in: Lloyds Bank Review, July 1984, 1-15.

TOPITSCH, E. (Hrsg.):
- Logik der Sozialwissenschaften, 8. Auflage, Köln 1972.

TOURANGEAU, K.W.:
- Strategy Management, New York etc. 1981.

UHLIR, H.:
- Überprüfung der Random-Walk-Hypothese auf dem Österreichischen Aktienmarkt, Wien 1979.

UHLIR, H., STEINER, P.:
- Wertpapieranalyse, Heidelberg, Wien 1986.

VOGEL, M.E.:
- Technische Aktienanalyse. Die relative Stärke als Anlagestrategie, Wien 1985.

WALLINGFORD, B.A.:
- A Survey and Comparison of Portfolio Selection Models, in: JFQA Vol.2(1967), 85-106.

WALLSTEIN, T. (editor):
- Cognitive processes in choice and decision behavior, Hillsdale (N.J.) 1980.

WEHNES, H.:
- Fortran 77, 3. Auflage, München, Wien 1982.

WEINTRAUB, R.E.:
- On Speculative Prices and Random Walks, in: JF Vol.18(1963), 59-66.

WELCKER, J.:
- Technische Aktienanalyse. Die Methoden der technischen Analyse mit Chart-Übungen, Zürich 1982.
- Zinsprognose durch Point&Figure-Chartanalyse, in: Zeitschrift für das gesamte Kreditwesen 1983, 102-106.

WEST, K.D.:
- Speculative Bubbles and Stock Price Volatility, Princeton 1984.
- New Themes in Finance, in: JF Vol.29(1974), 237-243.

WHEELWRIGT, S.C., MAKRIDAKIS, S.:
- Forecasting Methods for Management, New York 1973.

WINKELMANN, M.:
- Aktienbewertung in Deutschland, Meisenheim/Glan 1984.

WITTMANN, W.:
- Unternehmung und unvollkommene Information, Köln-Opladen 1959.
- Information, in: HdO (hrsg. v. E. GROCHLA), Stuttgart 1973, Sp.699-707.

WOLD, H.:
- Model Construction and Evaluation when Theoretical Knowledge is Scarce, Genf 1979.

ZWEIG, M.E.:
- Understanding Technical Forecasting, Princeton (N.J.) 1978.

Stichwortverzeichnis

PLOT-ANHANG

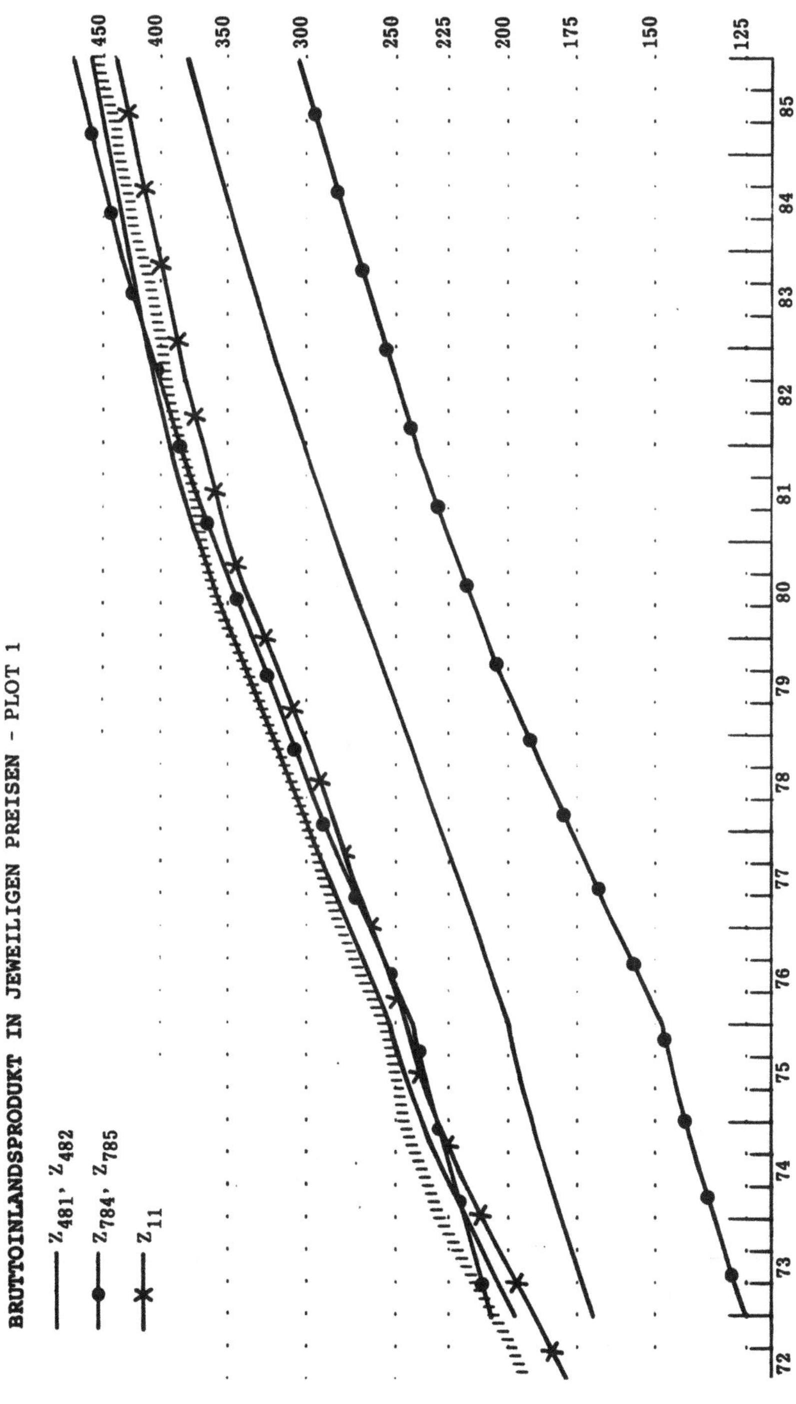

BRUTTOINLANDSPRODUKT IN JEWEILIGEN PREISEN - PLOT 1
Z_{481}, Z_{482}
Z_{784}, Z_{785}
Z_{11}
450
400
350
300
250
225
200
175
150
125
72
73
74
75
76
77
78
79
80
81
82
83
84
85

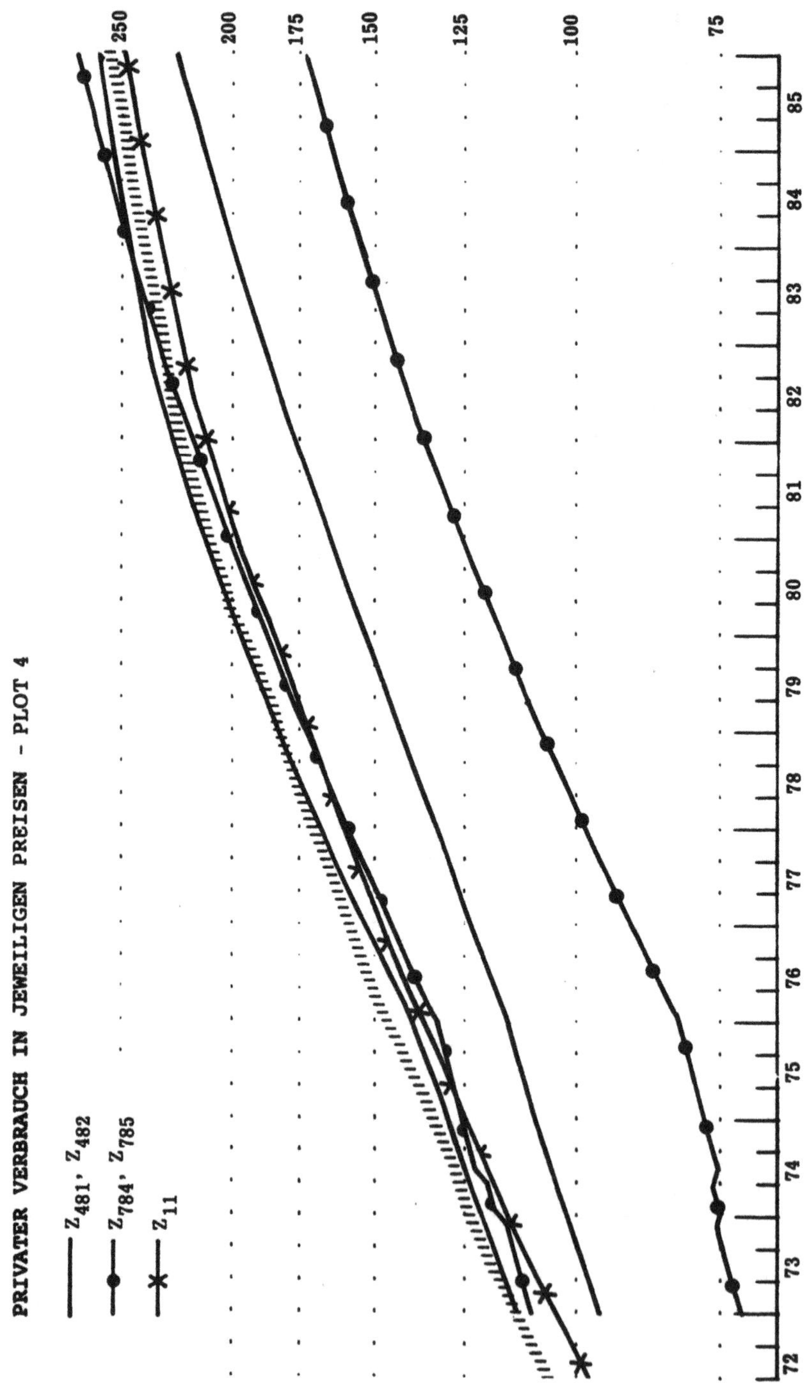

PRIVATER VERBRAUCH IN JEWEILIGEN PREISEN - PLOT 4
Z_{481}, Z_{482}
Z_{784}, Z_{785}
Z_{11}
250
200
175
150
125
100
75
72
73
74
75
76
77
78
79
80
81
82
83
84
85

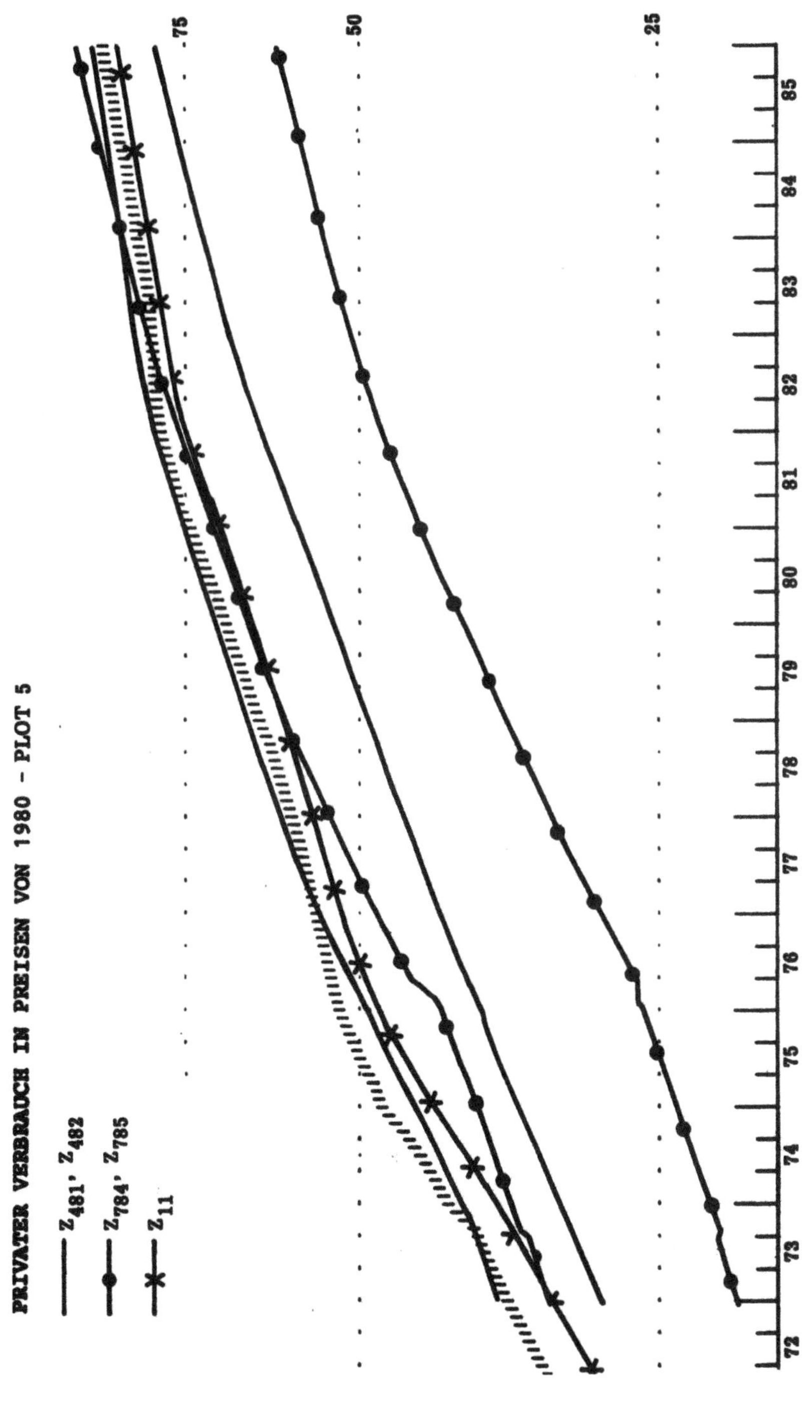
PRIVATER VERBRAUCH IN PREISEN VON 1980 - PLOT 5
Z481, Z482
Z784, Z785
Z11
.75
.50
.25
72
73
74
75
76
77
78
79
80
81
82
83
84
85

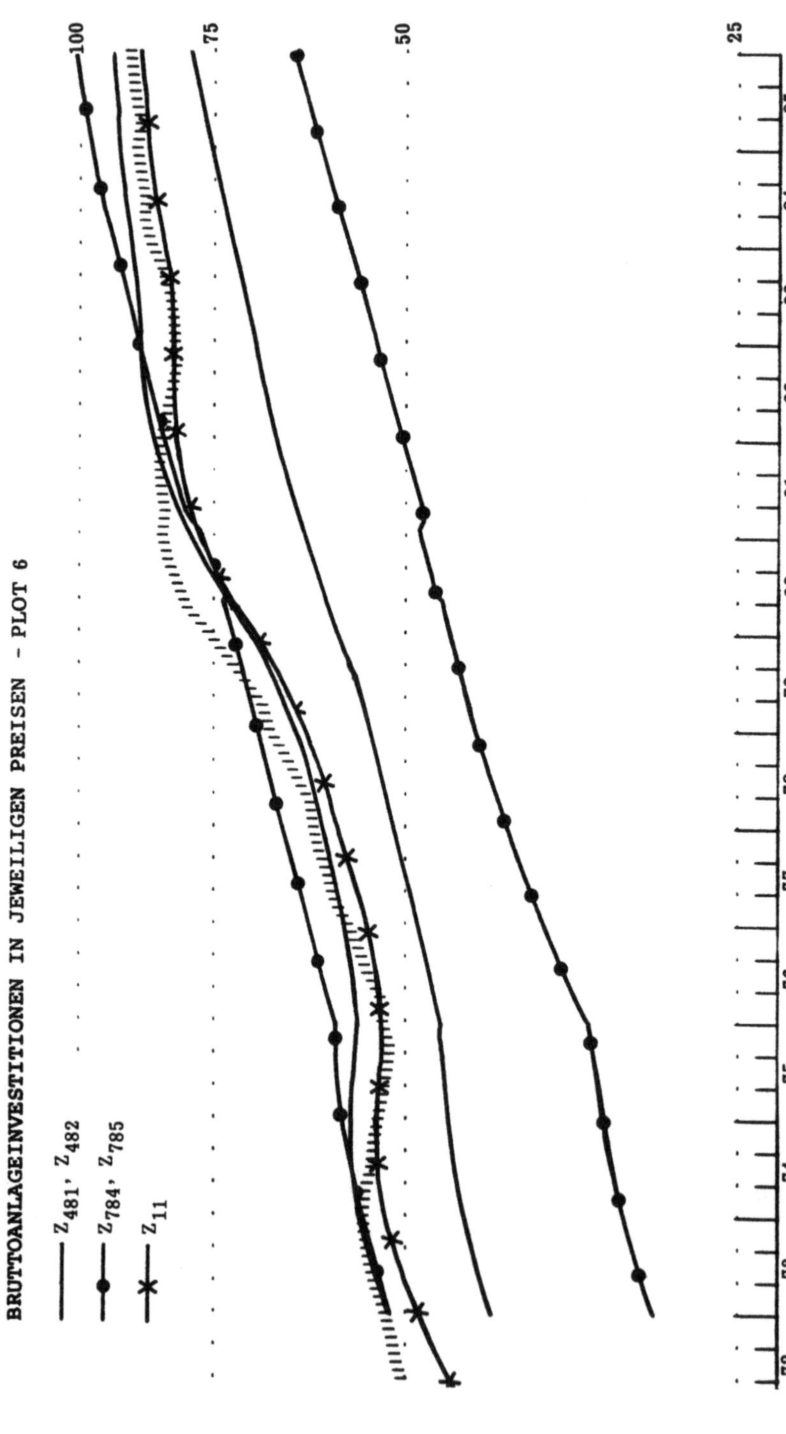
BRUTTOANLAGEINVESTITIONEN IN JEWEILIGEN PREISEN - PLOT 6
Z481, Z482
Z784, Z785
Z11
100
75
50
25
72
73
74
75
76
77
78
79
80
81
82
83
84
85

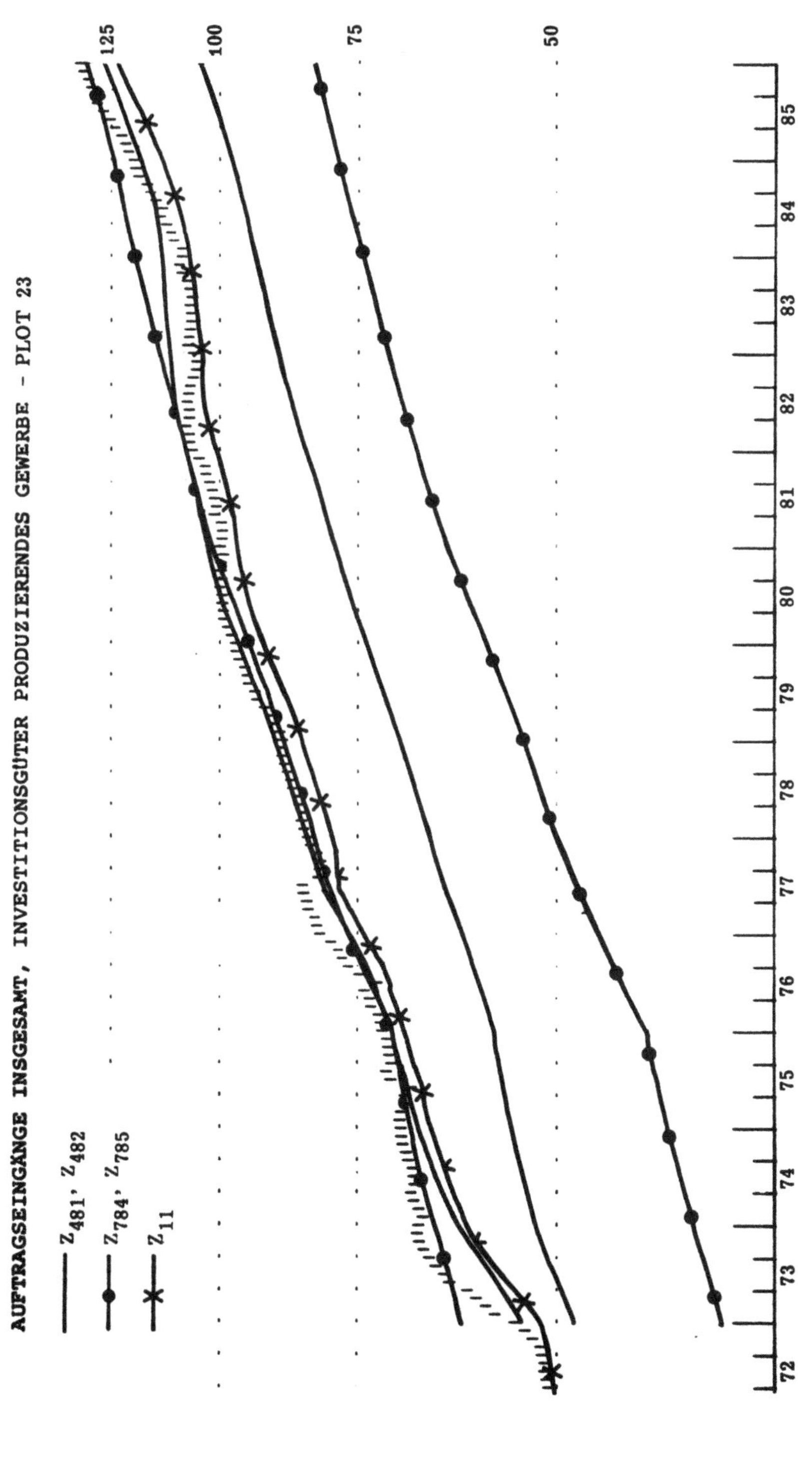
AUFTRAGSEINGÄNGE INSGESAMT, INVESTITIONSGÜTER PRODUZIERENDES GEWERBE - PLOT 23
Z481, Z482
Z784, Z785
Z11
125
100
75
50
72
73
74
75
76
77
78
79
80
81
82
83
84
85

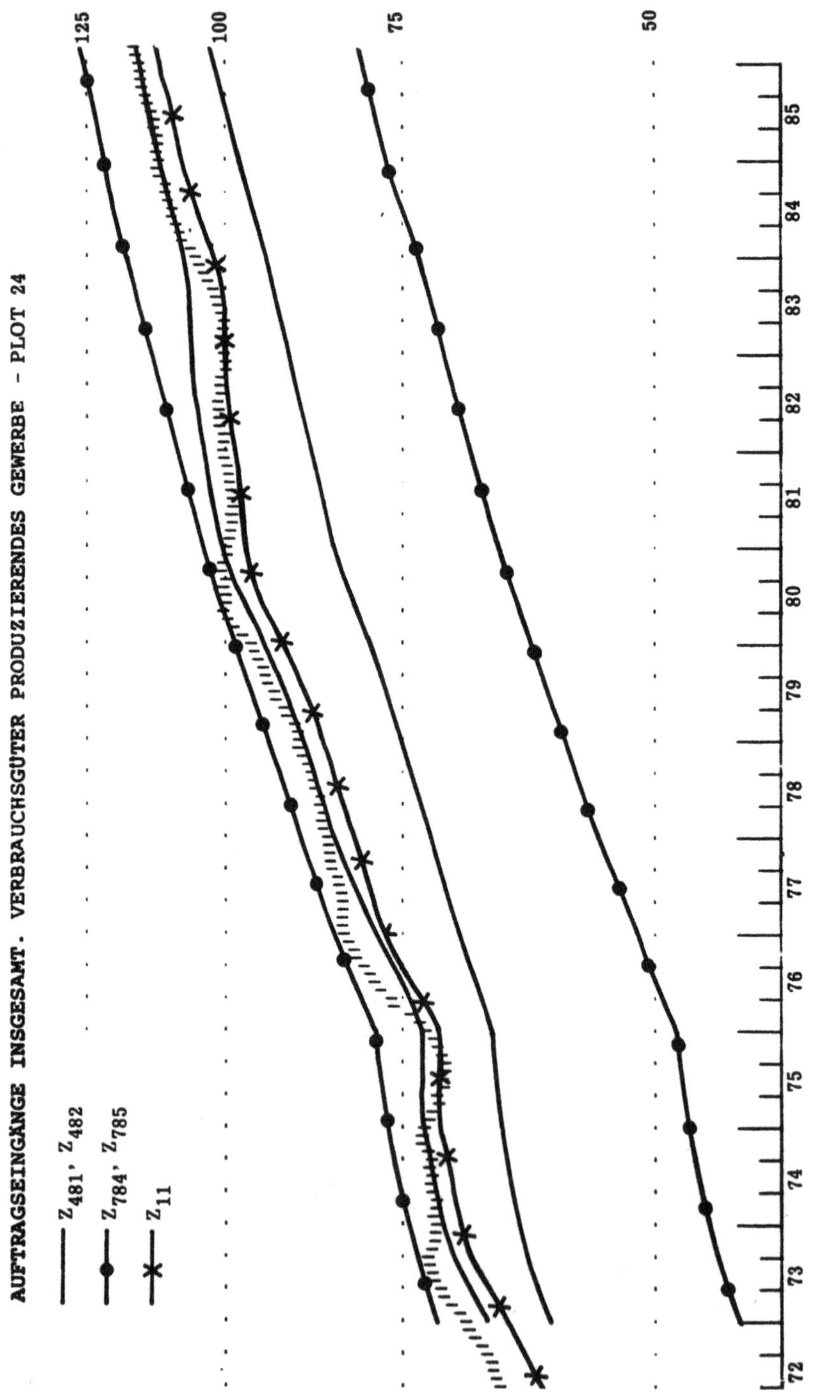
AUFTRAGSEINGÄNGE INSGESAMT. VERBRAUCHSGÜTER PRODUZIERENDES GEWERBE - PLOT 24
Z_{481}, Z_{482}
Z_{784}, Z_{785}
Z_{11}
125
100
75
50
72
73
74
75
76
77
78
79
80
81
82
83
84
85

NETTOPRODUKTION, VERARBEITENDES GEWERBE - PLOT 29

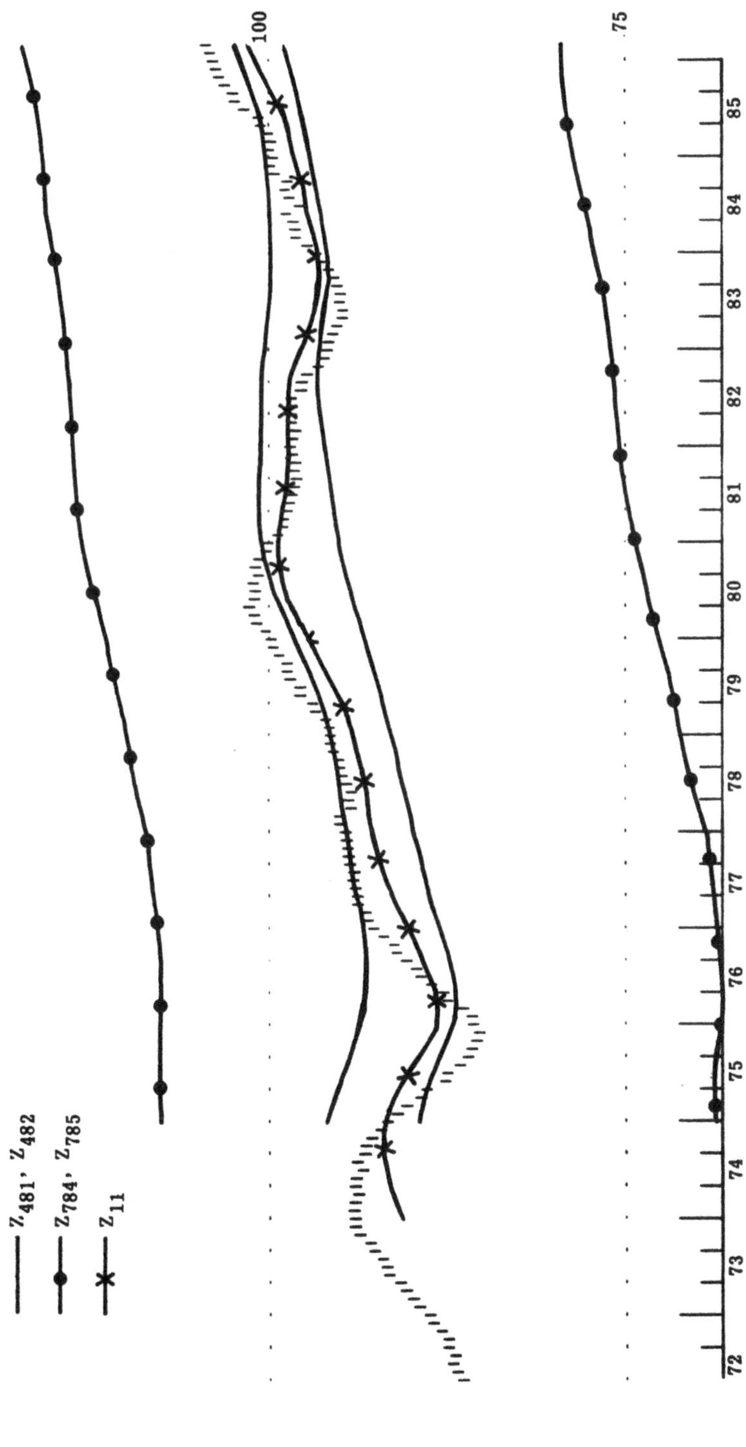

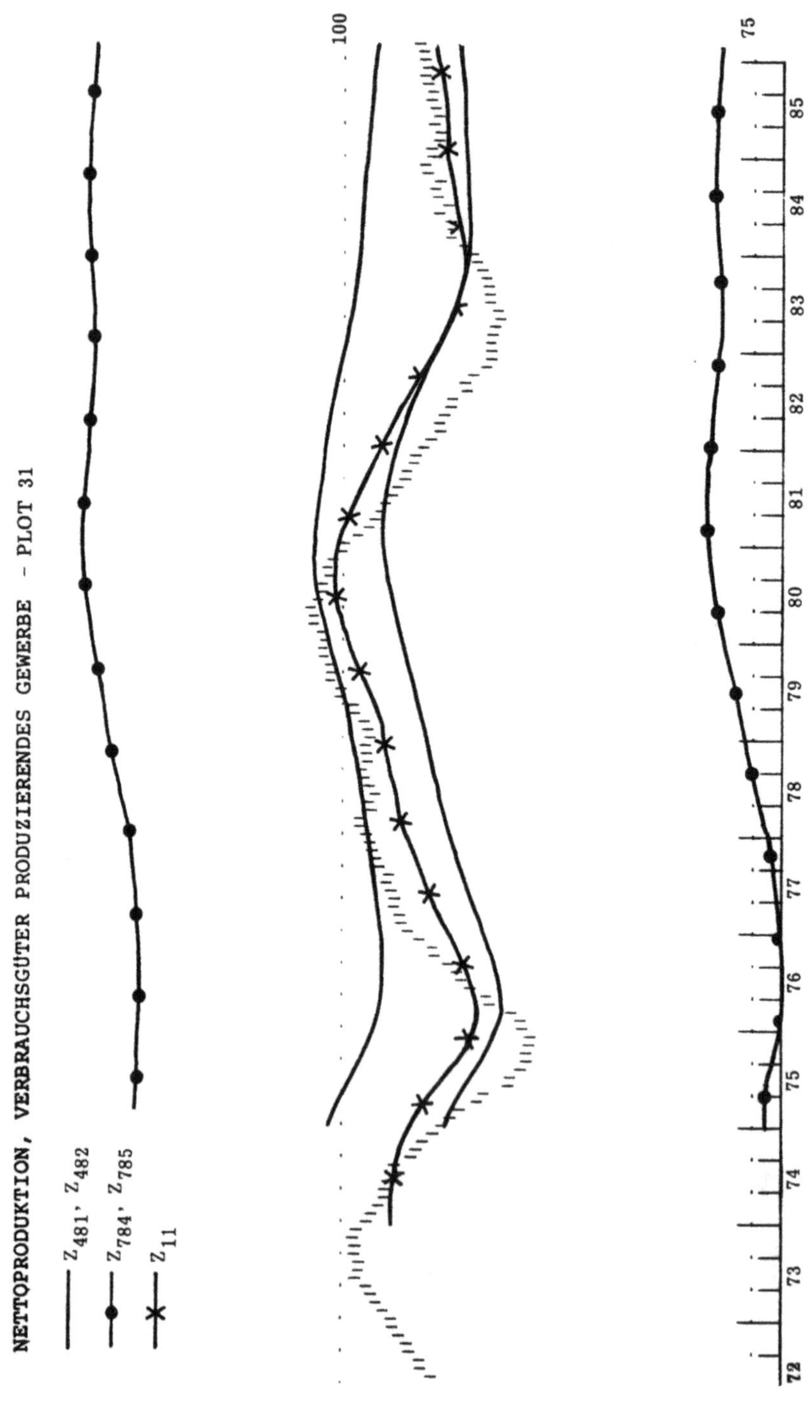
NETTOPRODUKTION, VERBRAUCHSGÜTER PRODUZIERENDES GEWERBE - PLOT 31
Z481, Z482
Z784, Z785
Z11
100
75
72
73
74
75
76
77
78
79
80
81
82
83
84
85

BRUTTOPRODUKTION, VERBRAUCHSGÜTER INDUSTRIE - PLOT 33

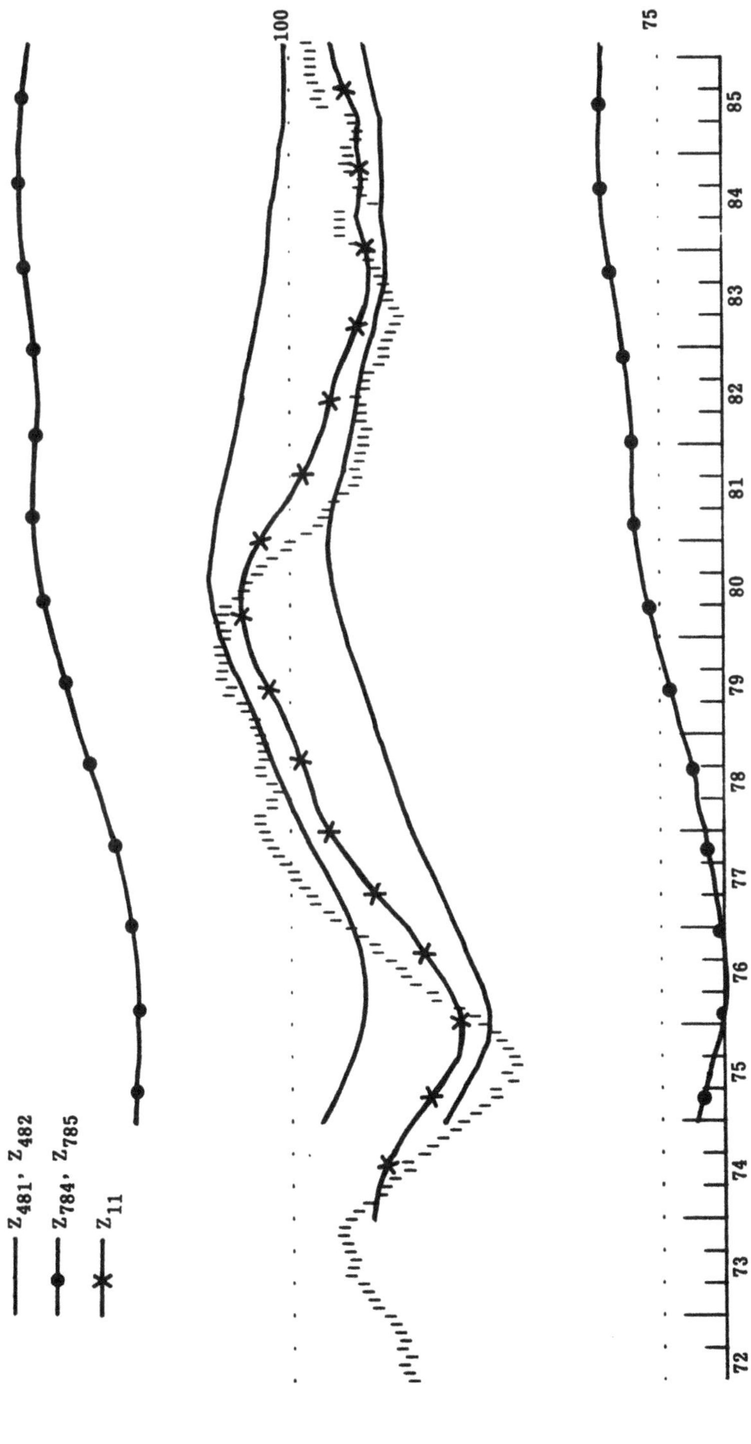

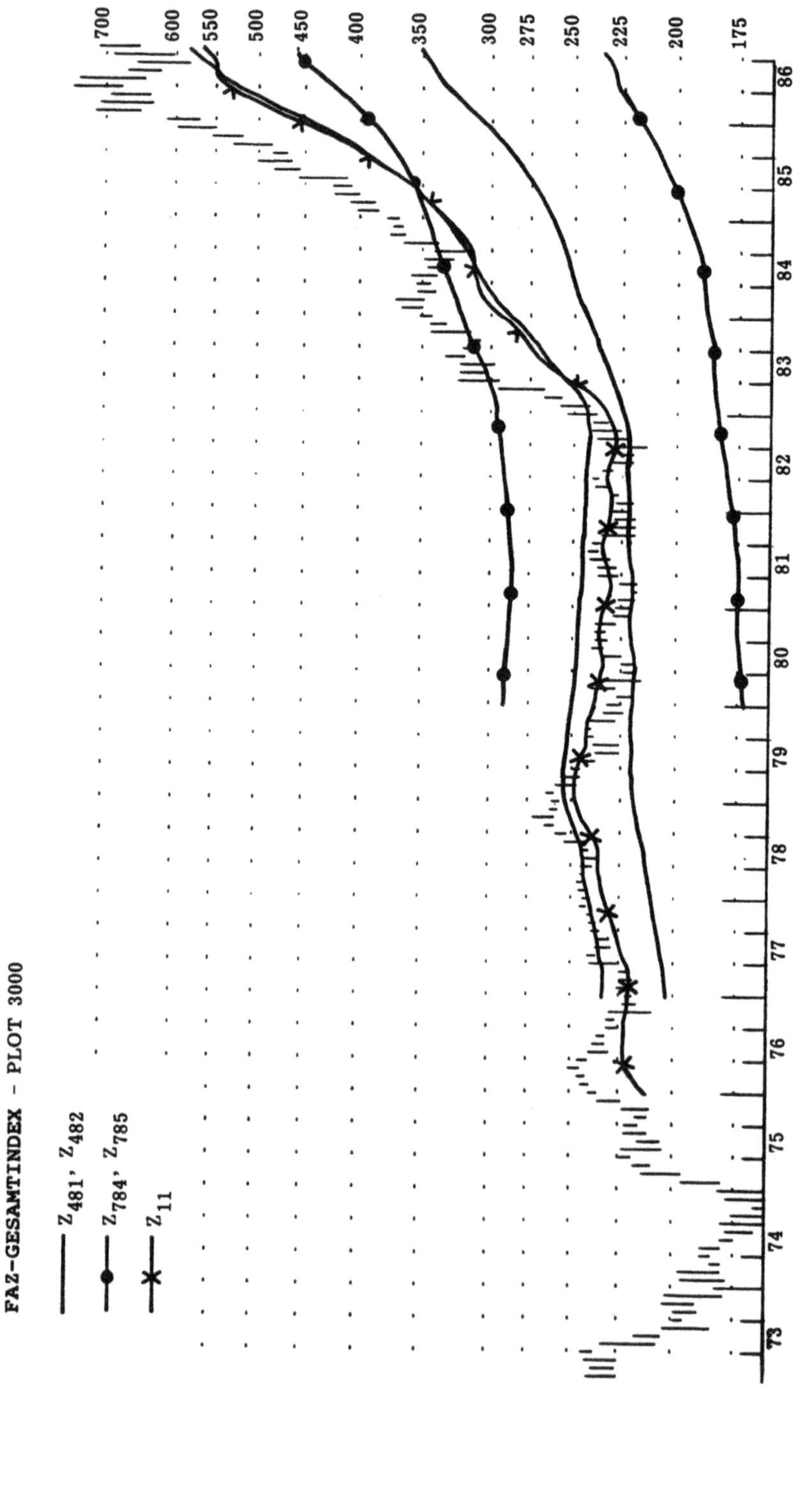
FAZ-GESAMTINDEX - PLOT 3000
Z_{481}, Z_{482}
Z_{784}, Z_{785}
Z_{11}
700
600
550
500
450
400
350
300
275
250
225
200
175
73
74
75
76
77
78
79
80
81
82
83
84
85
86

INDEX BAU, STEINE, ERDEN (FAZ) - PLOT 3005

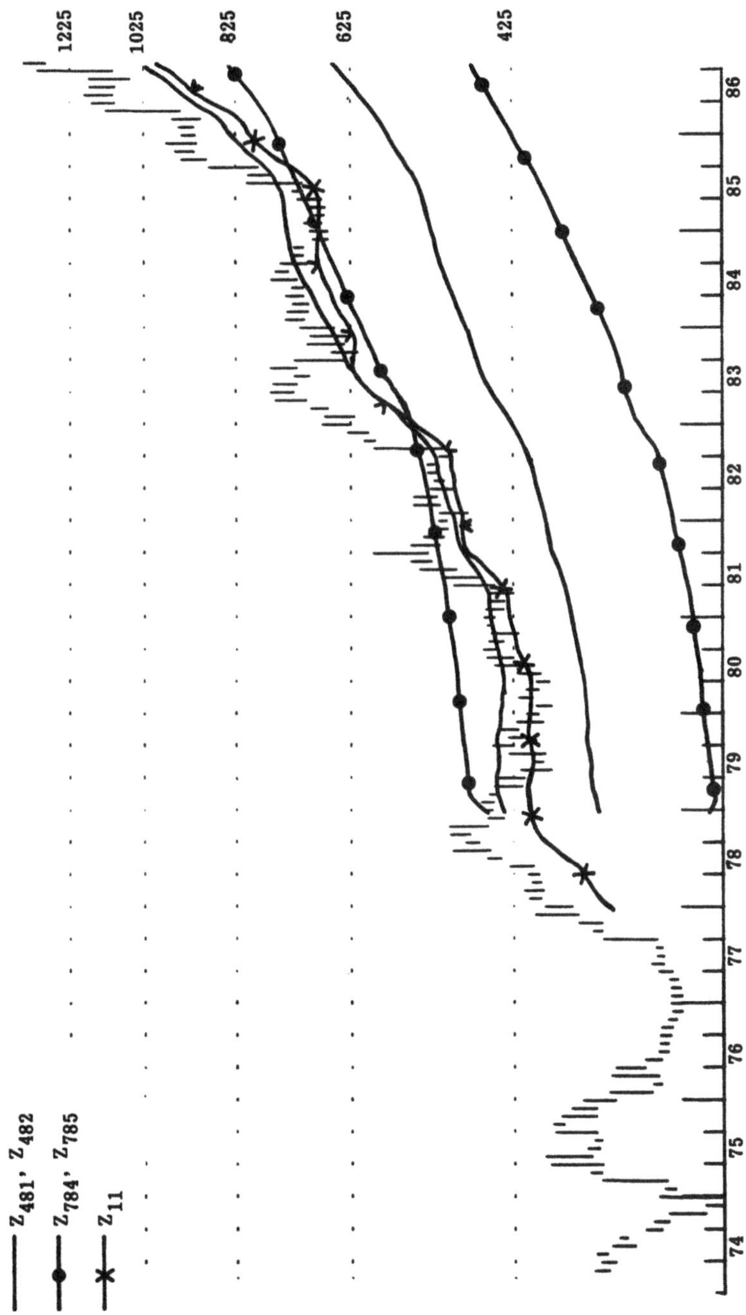

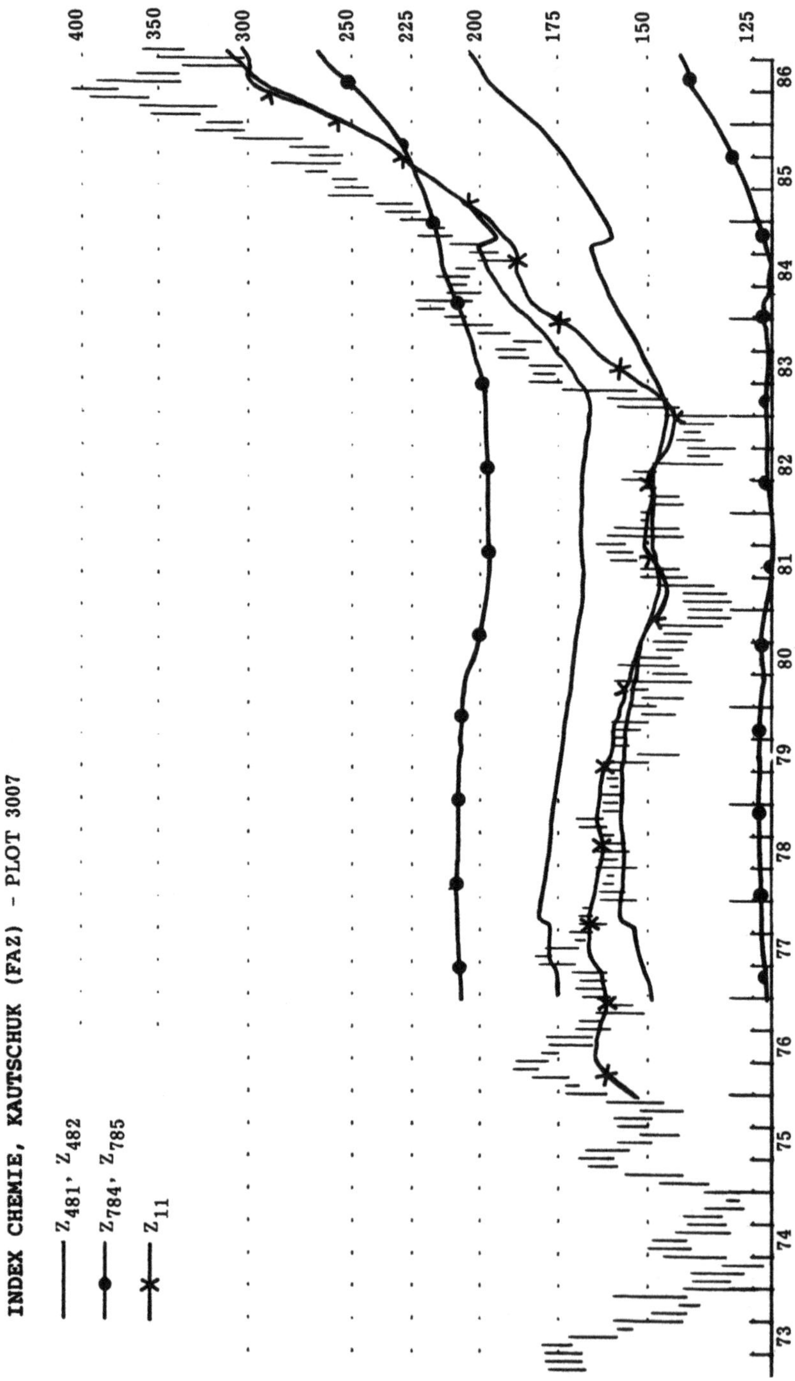
INDEX CHEMIE, KAUTSCHUK (FAZ) - PLOT 3007
Z481, Z482
Z784, Z785
Z11
400
350
300
250
225
200
175
150
125
73
74
75
76
77
78
79
80
81
82
83
84
85
86

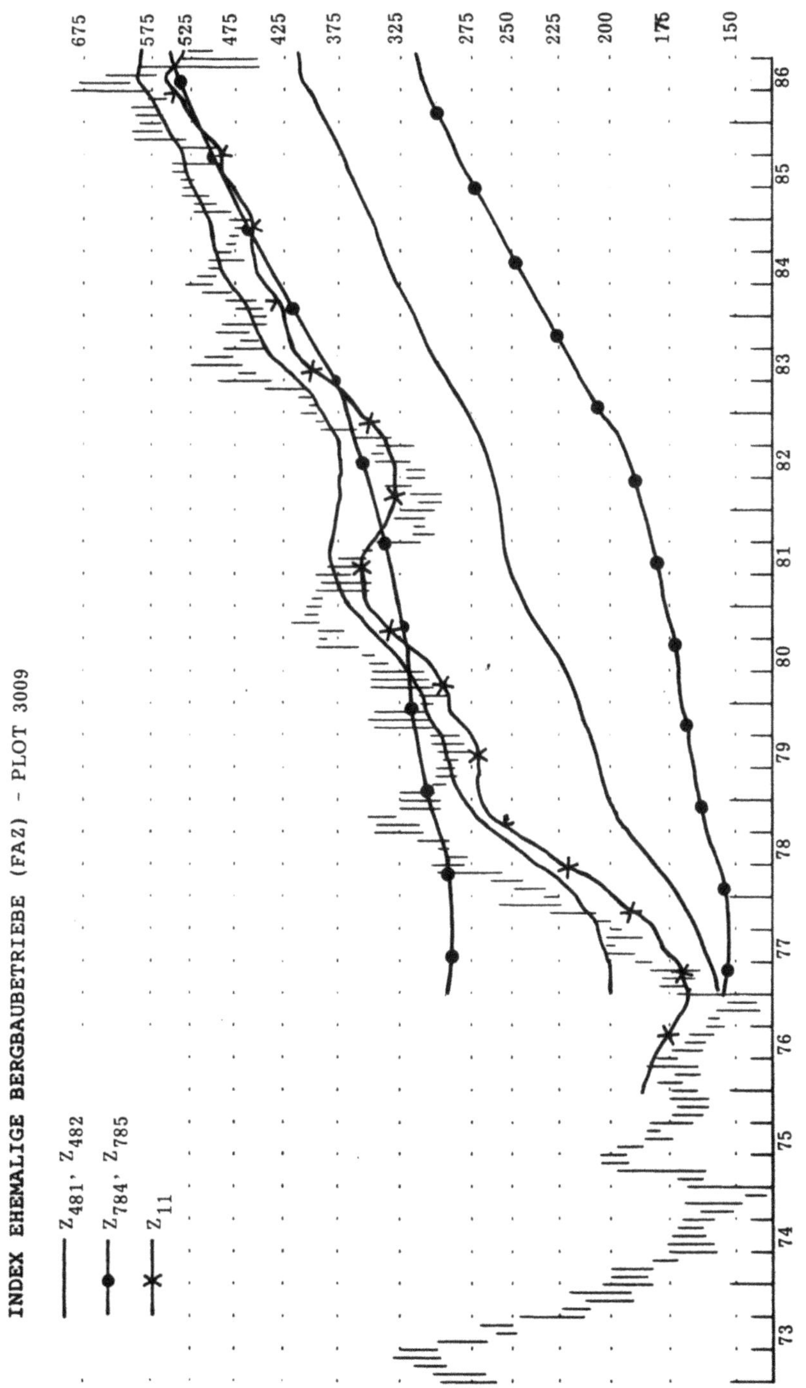
INDEX EHEMALIGE BERGBAUBETRIEBE (FAZ) - PLOT 3009
Z_{481}, Z_{482}
Z_{784}, Z_{785}
Z_{11}
675
575
525
475
425
375
325
275
250
225
200
175
150
73
74
75
76
77
78
79
80
81
82
83
84
85
86

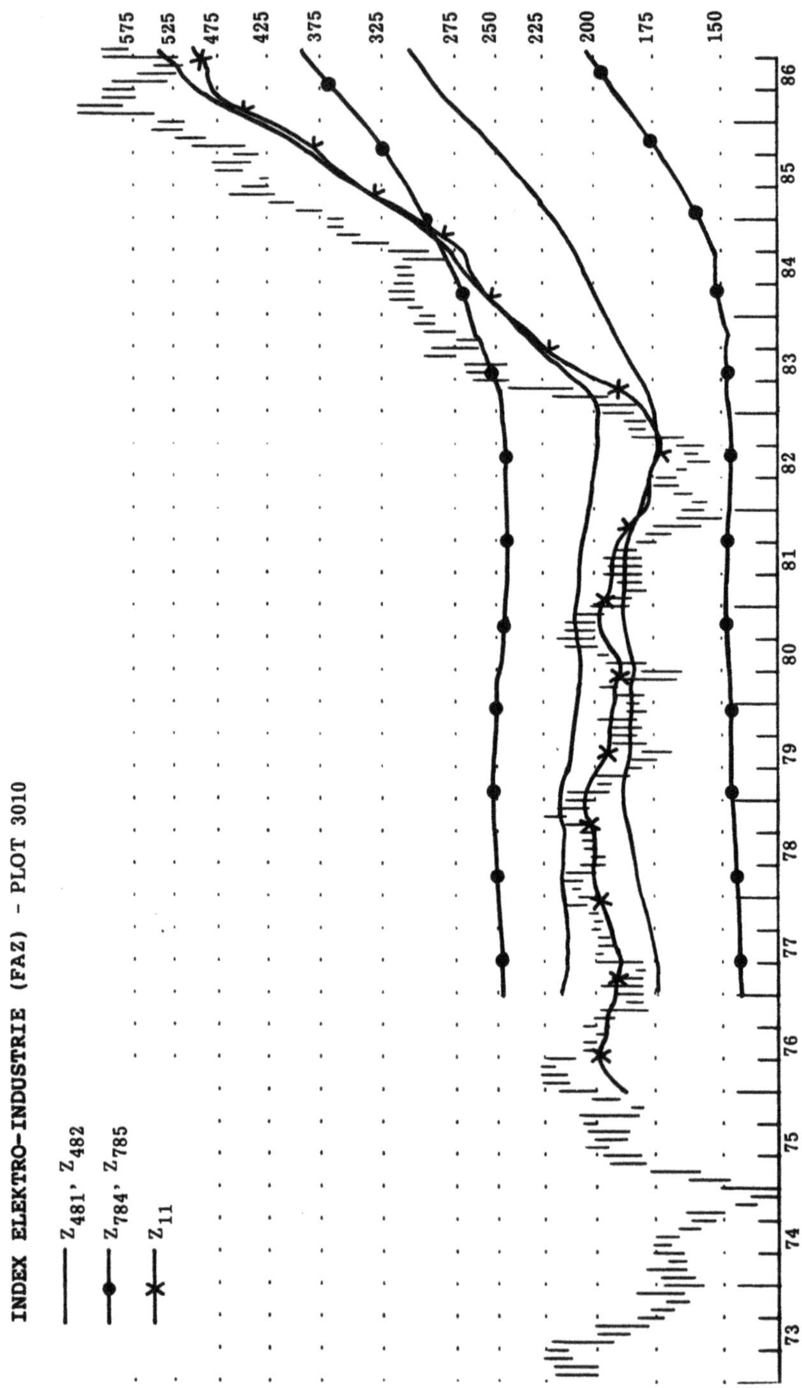
INDEX ELEKTRO-INDUSTRIE (FAZ) - PLOT 3010
Z481, Z482
Z784, Z785
Z11
575
525
475
425
375
325
275
250
225
200
175
150
73
74
75
76
77
78
79
80
81
82
83
84
85
86

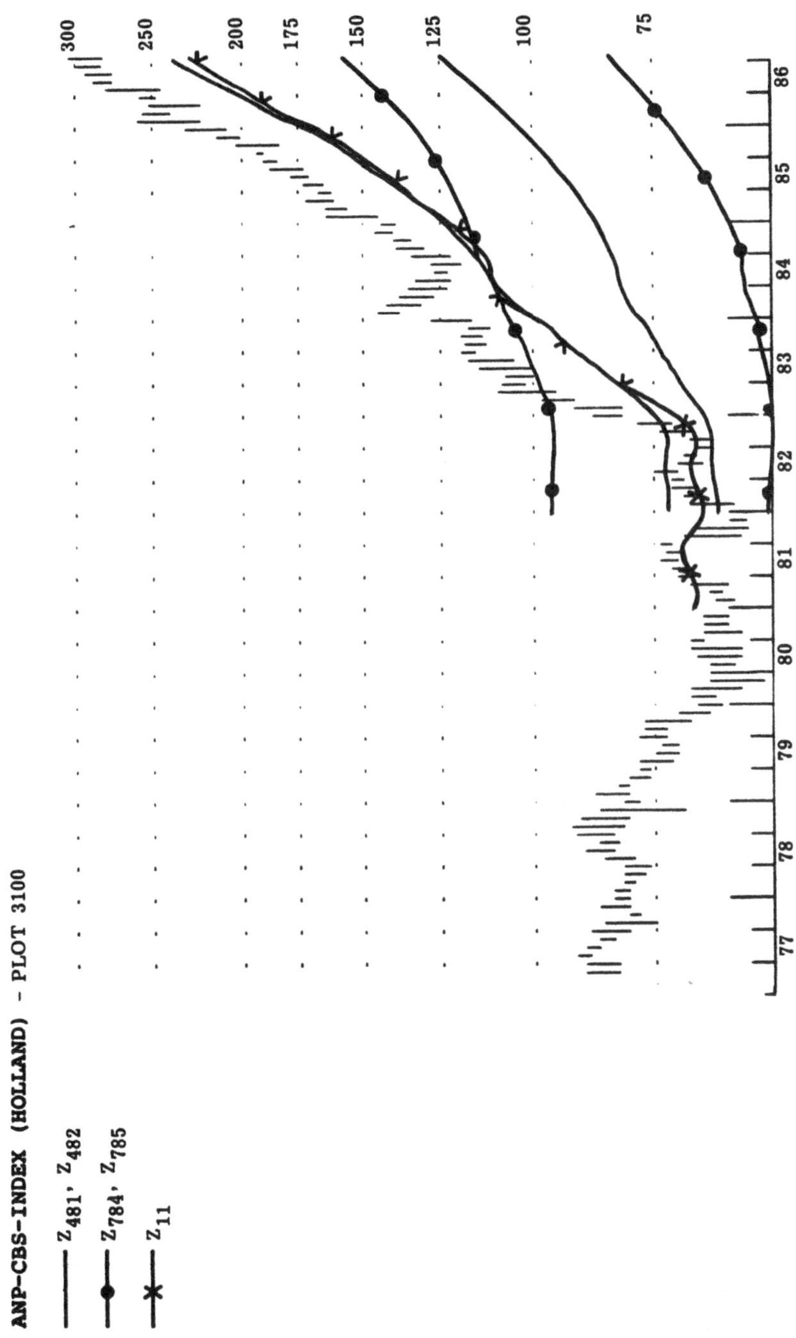

ANP-CBS-INDEX (HOLLAND) - PLOT 3100
Z_{481}, Z_{482}
Z_{784}, Z_{785}
Z_{11}
300
250
200
175
150
125
100
75
77
78
79
80
81
82
83
84
85
86

"ALLGEMEINER" INDEX (BELGIEN) - PLOT 3102

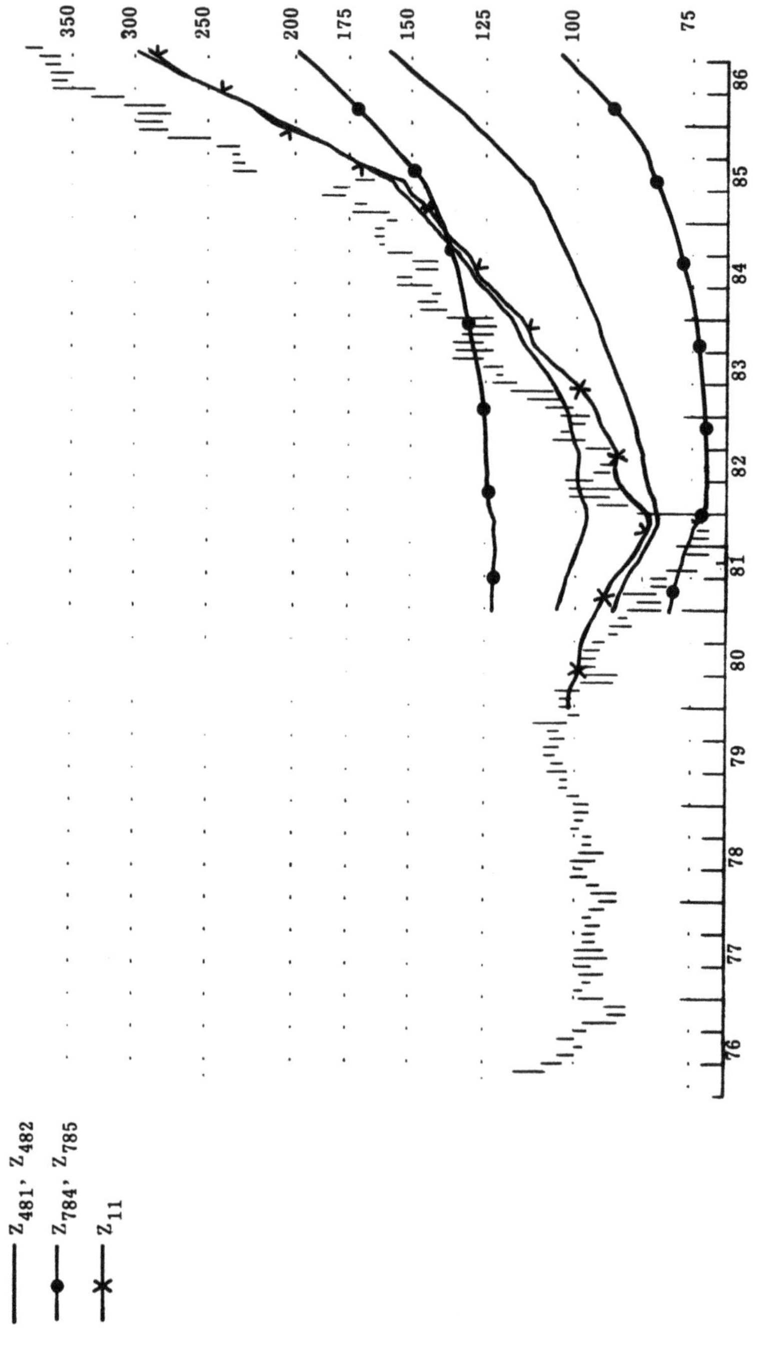

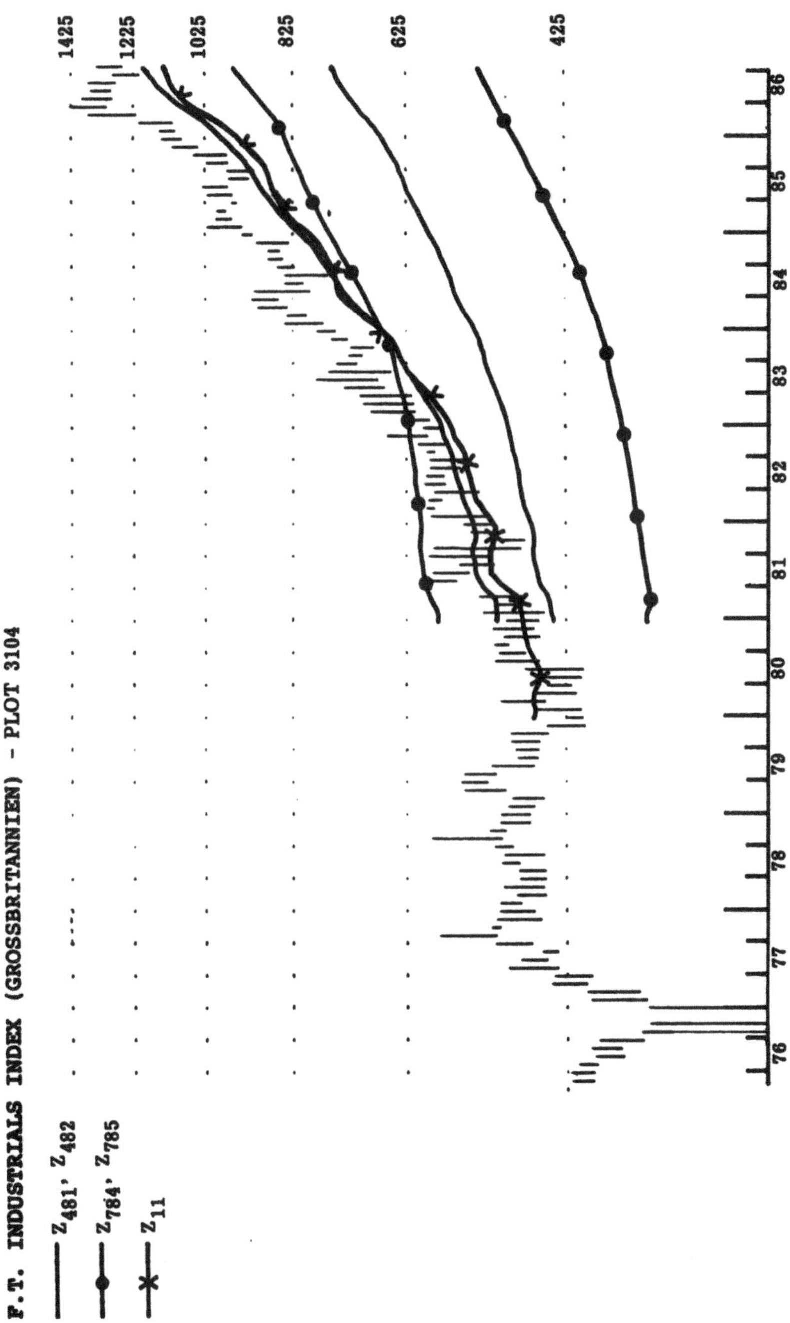
F.T. INDUSTRIALS INDEX (GROSSBRITANNIEN) - PLOT 3104
Z481, Z482
Z784, Z785
Z11
1425
1225
1025
825
625
425
76
77
78
79
80
81
82
83
84
85
86

F.T. GOLDMINENINDEX - PLOT 3105

BANCO-DE-VIZCAYA-INDEX (SPANIEN) - PLOT 3106

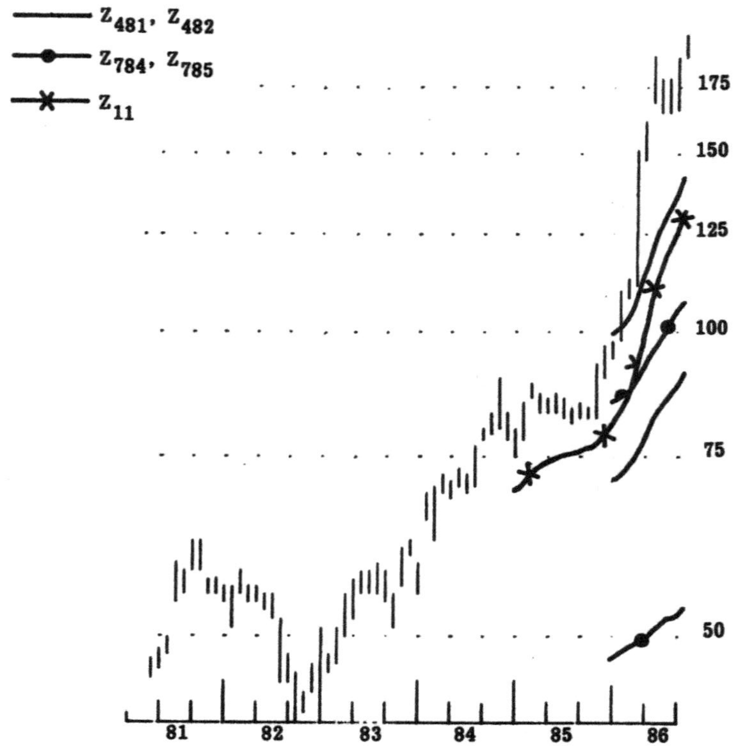

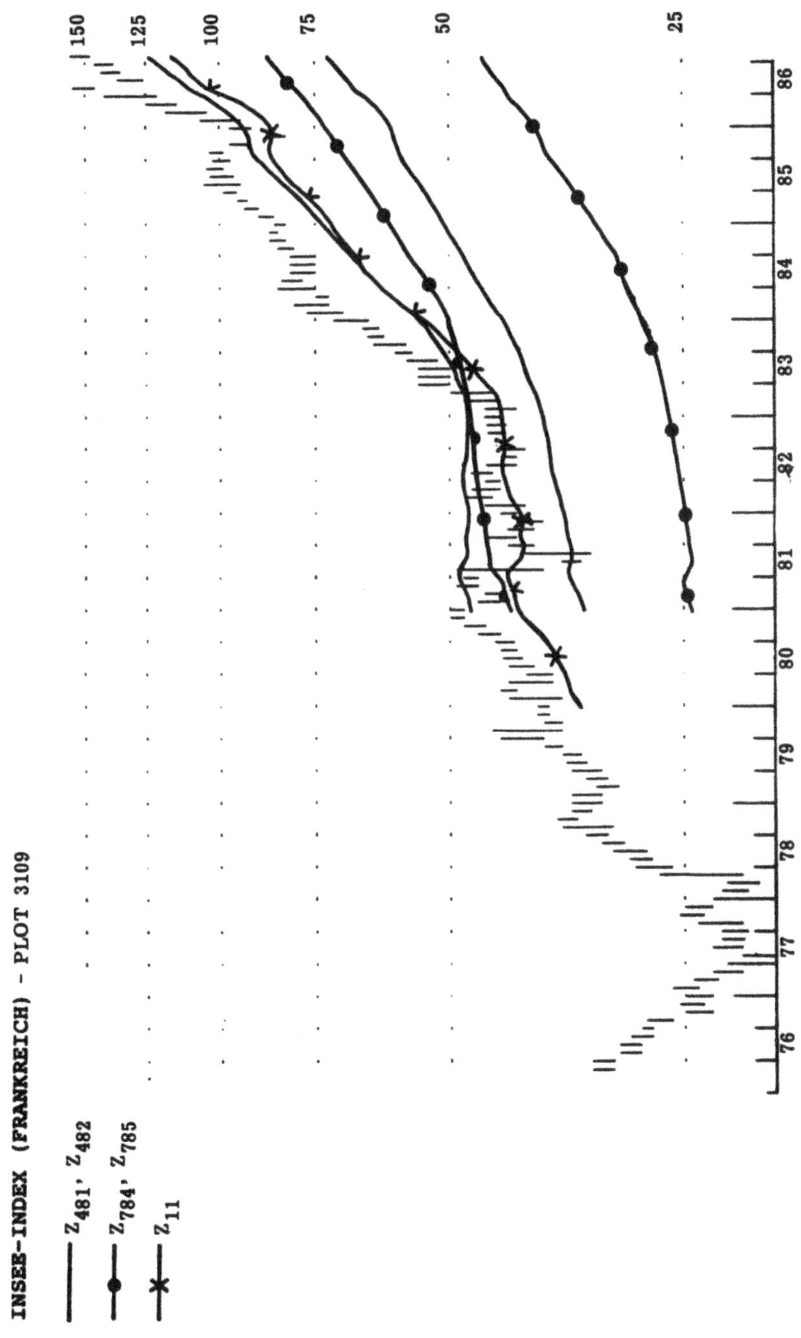
INSEE-INDEX (FRANKREICH) - PLOT 3109
Z_{481}, Z_{482}
Z_{784}, Z_{785}
Z_{11}
150
125
100
75
50
25
76
77
78
79
80
81
82
83
84
85
86

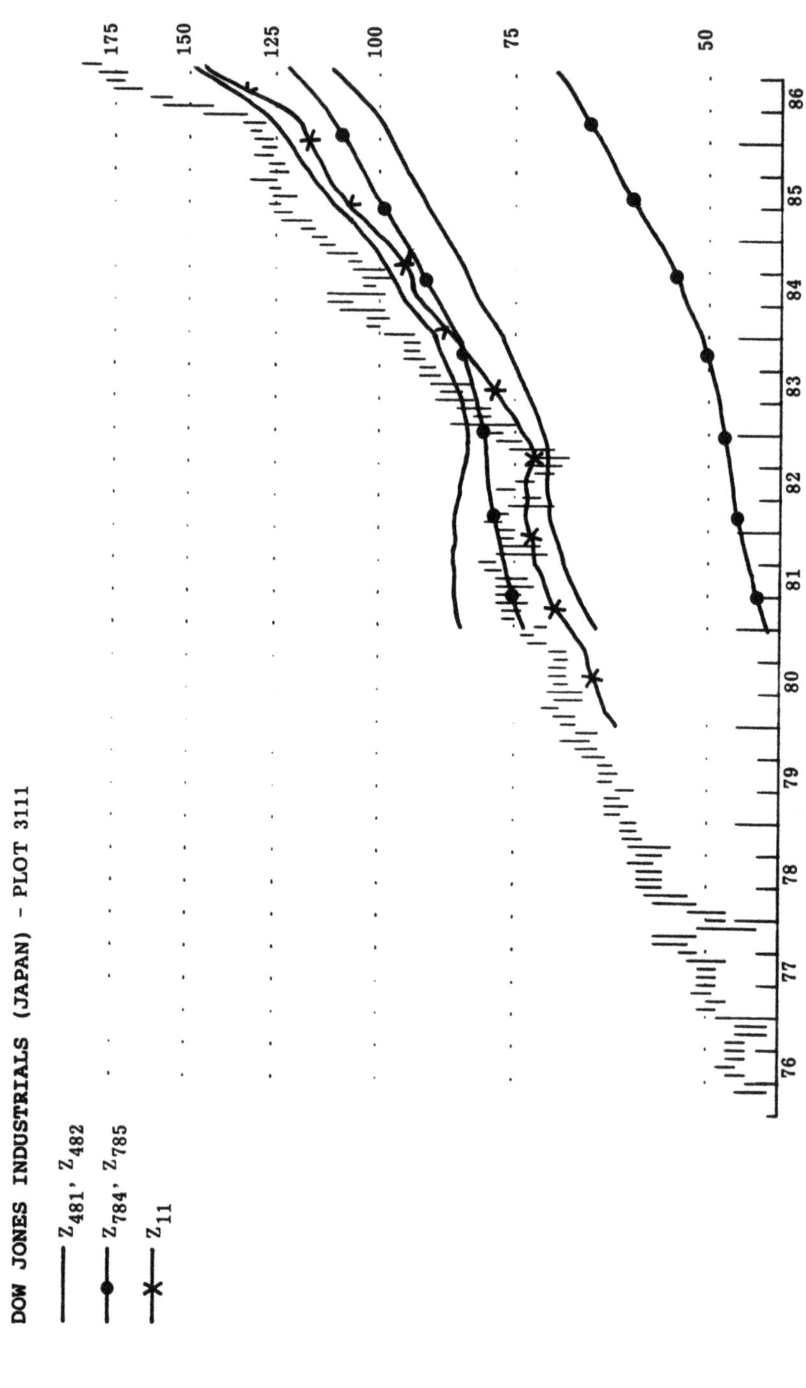
DOW JONES INDUSTRIALS (JAPAN) - PLOT 3111
Z481, Z482
Z784, Z785
Z11
175
150
125
100
75
50
76
77
78
79
80
81
82
83
84
85
86

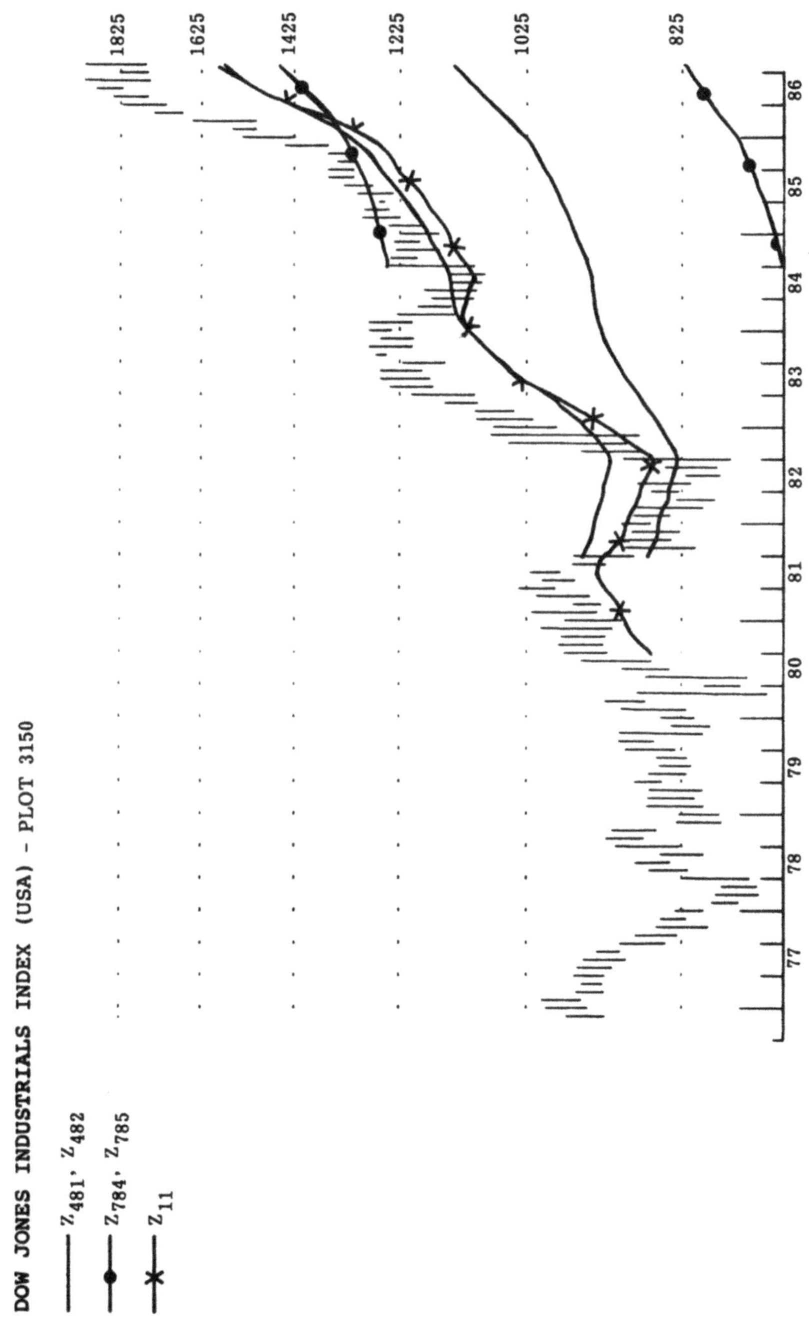
DOW JONES INDUSTRIALS INDEX (USA) - PLOT 3150
Z481, Z482
Z784, Z785
Z11
1825
1625
1425
1225
1025
825
77
78
79
80
81
82
83
84
85
86

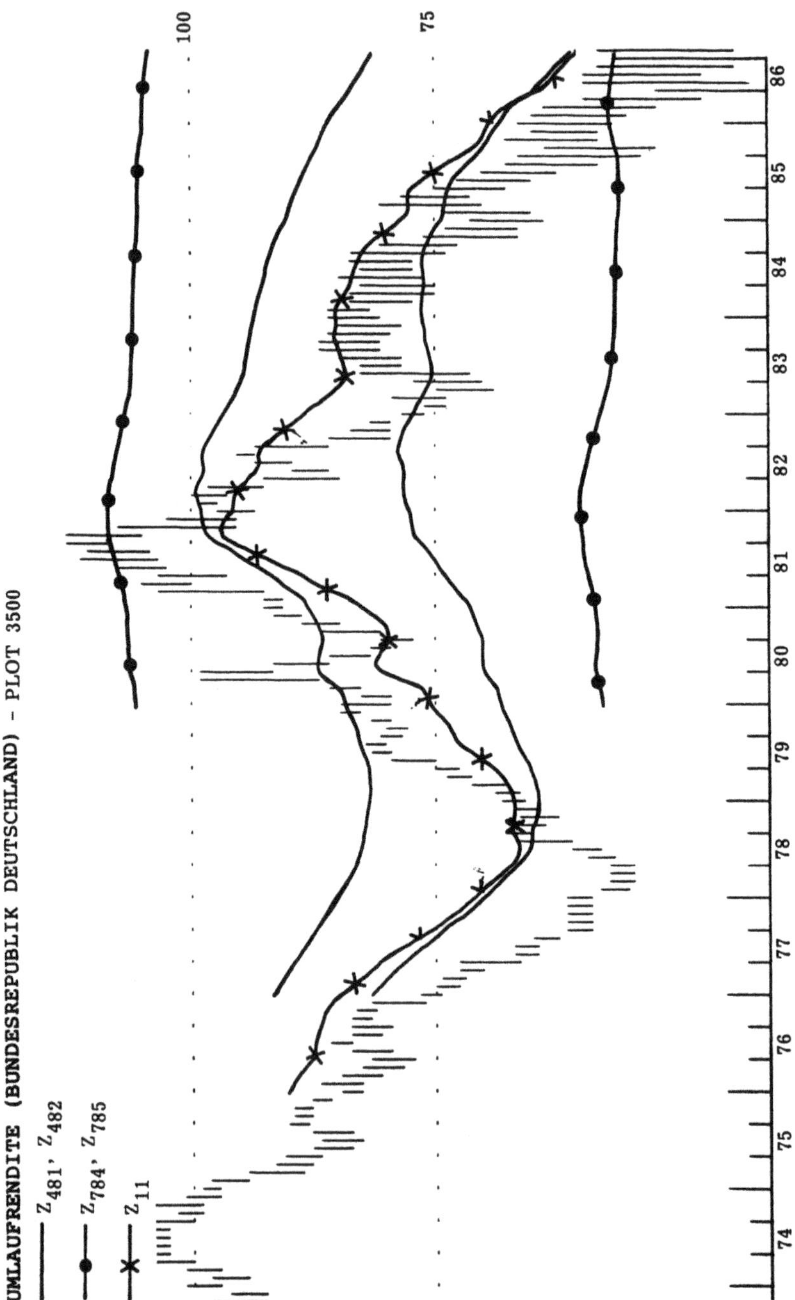
UMLAUFRENDITE (BUNDESREPUBLIK DEUTSCHLAND) - PLOT 3500
Z481, Z482
Z784, Z785
Z11
100
75
73
74
75
76
77
78
79
80
81
82
83
84
85
86

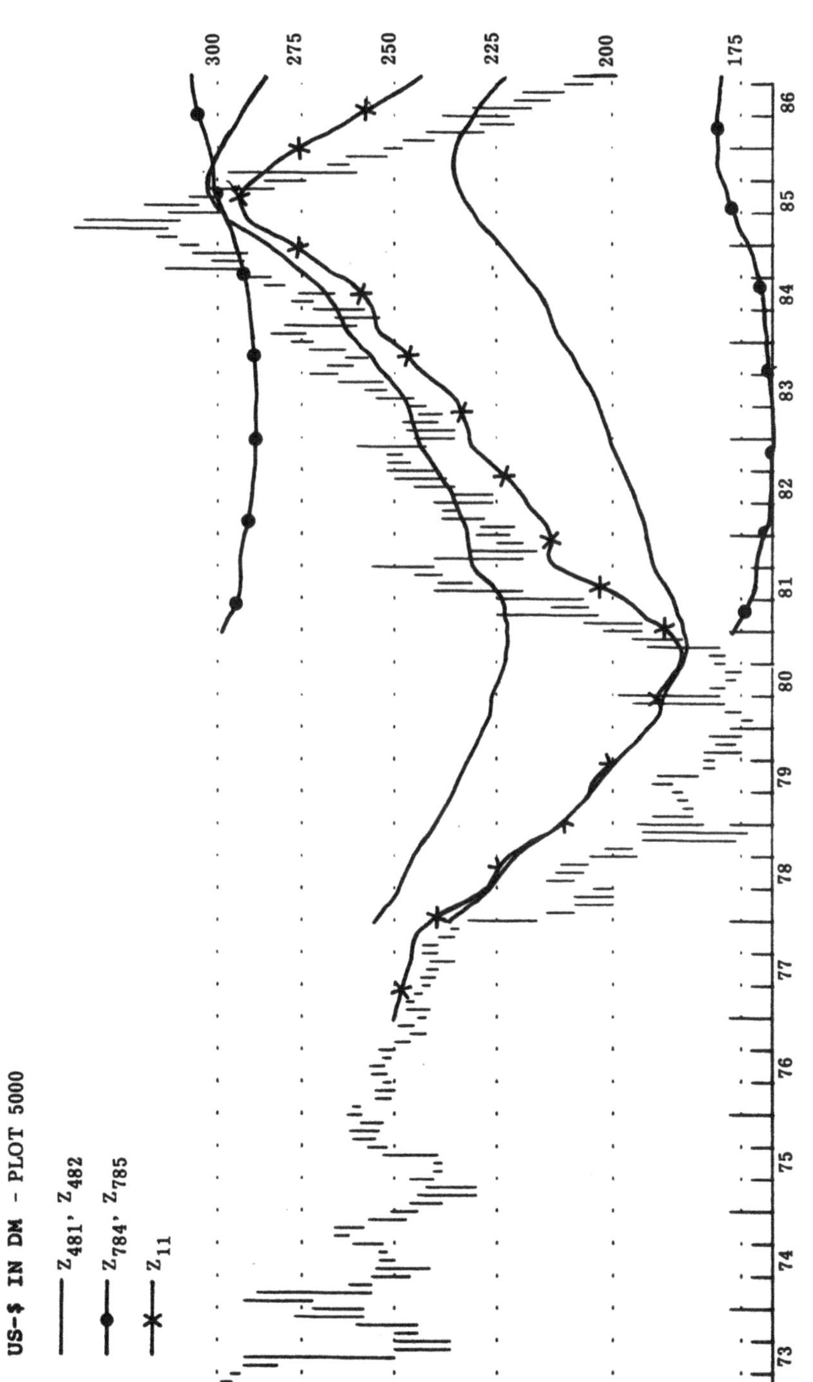
US-$ IN DM - PLOT 5000
Z_{481}, Z_{482}
Z_{784}, Z_{785}
Z_{11}
300
275
250
225
200
175
73
74
75
76
77
78
79
80
81
82
83
84
85
86

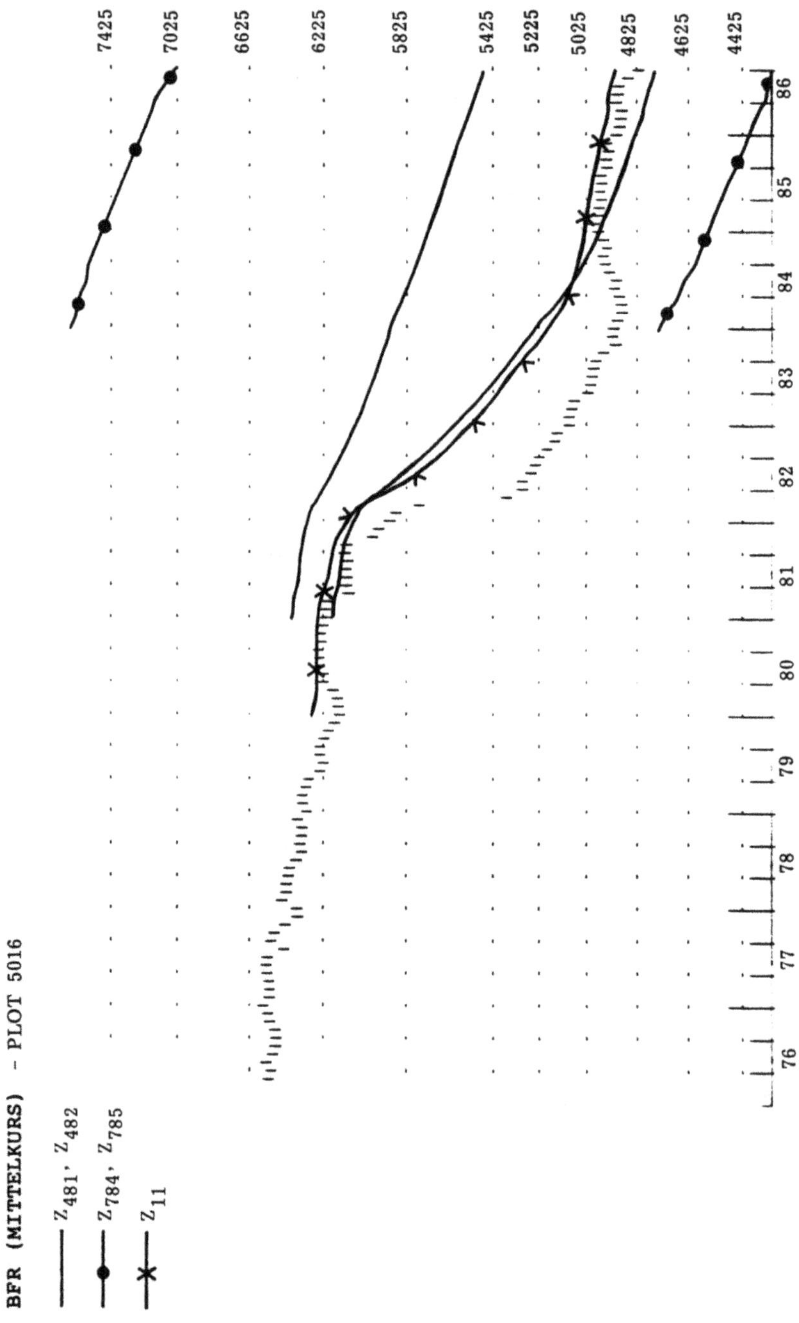
BFR (MITTELKURS) - PLOT 5016
Z481, Z482
Z784, Z785
Z11
7425
7025
6625
6225
5825
5425
5225
5025
4825
4625
4425
76
77
78
79
80
81
82
83
84
85
86

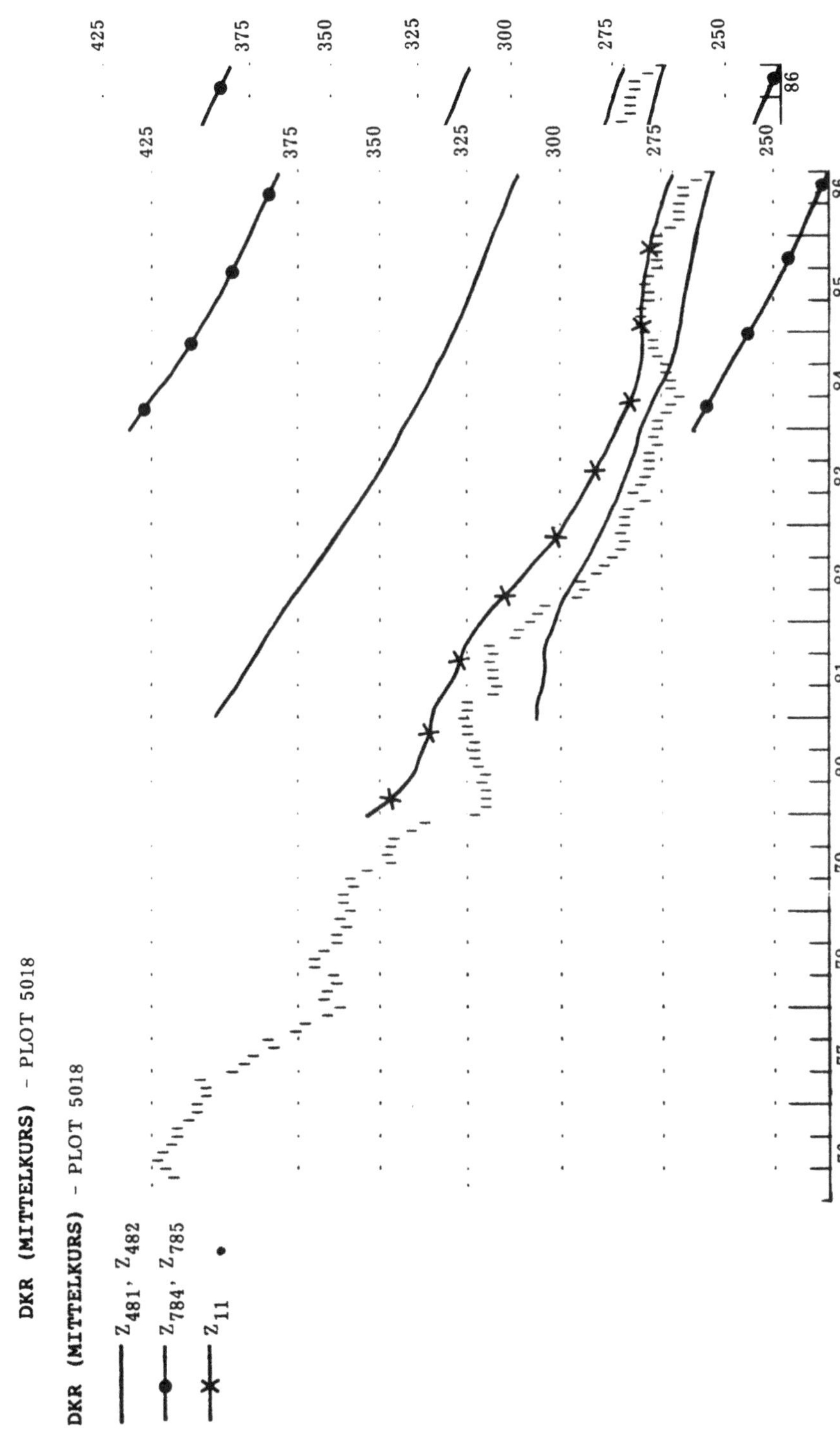
DKR (MITTELKURS) - PLOT 5018
DKR (MITTELKURS) - PLOT 5018
Z_{481}, Z_{482}
Z_{784}, Z_{785}
Z_{11}
425
375
350
325
300
275
250
76
77
78
79
80
81
82
83
84
85
86

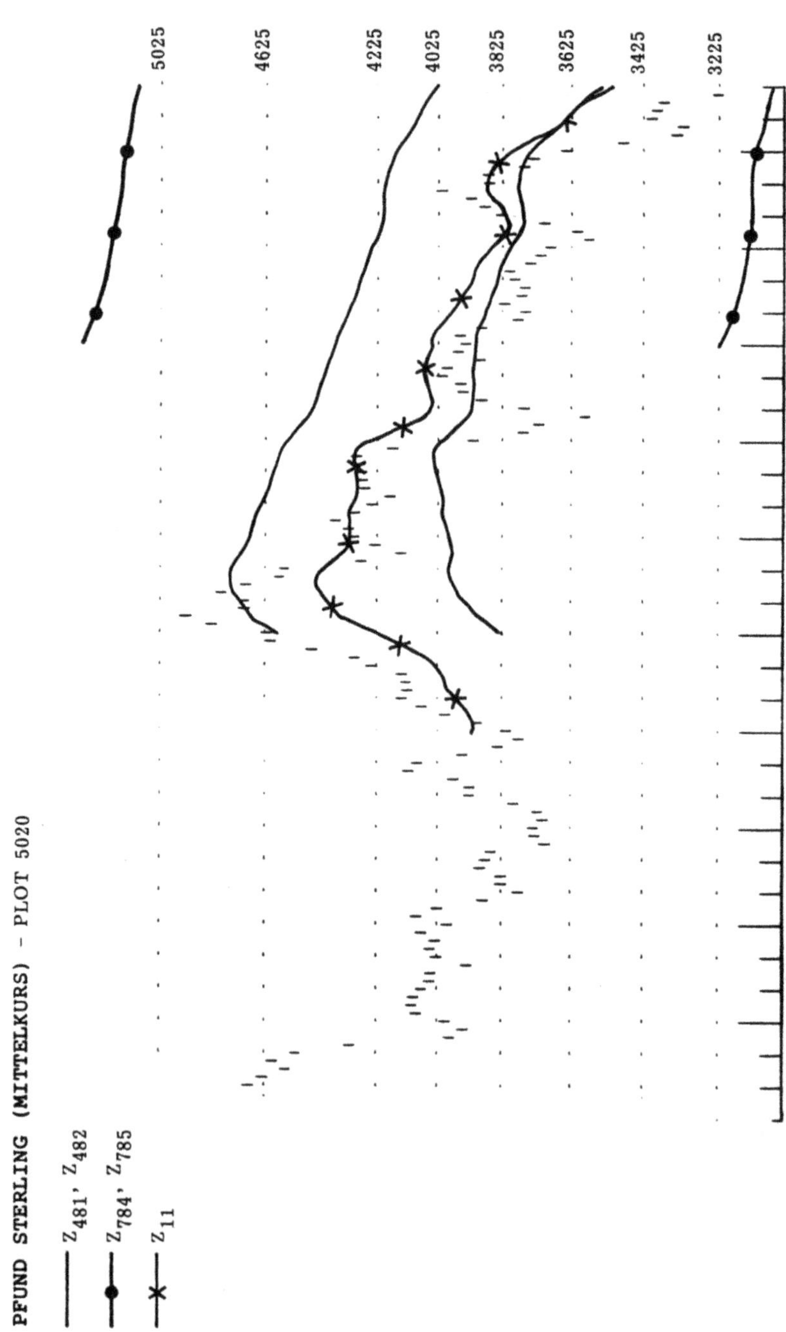
PFUND STERLING (MITTELKURS) - PLOT 5020
Z_{481}, Z_{482}
Z_{784}, Z_{785}
Z_{11}
5025
4625
4225
4025
3825
3625
3425
3225
76
77
78
79
80
81
82
83
84
85
86

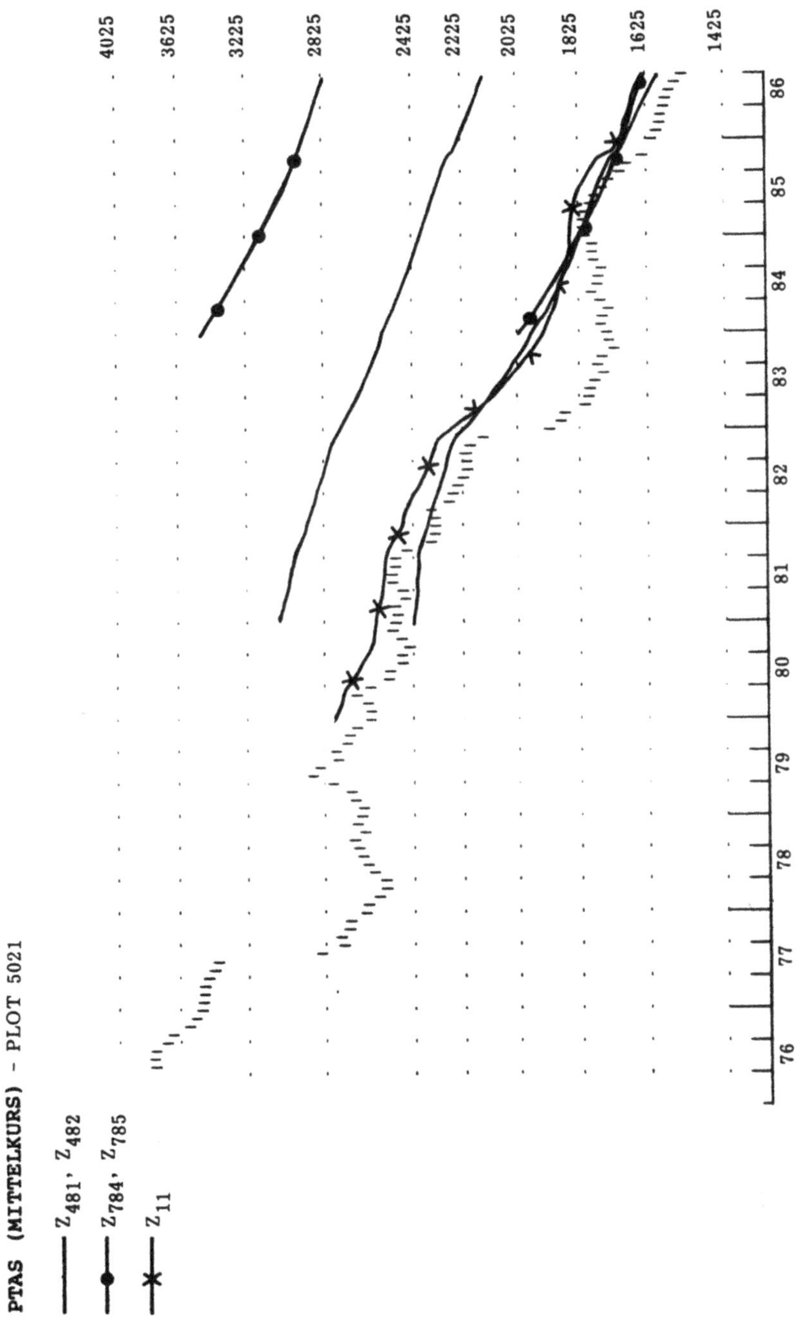
PTAS (MITTELKURS) - PLOT 5021
Z_{481}, Z_{482}
Z_{784}, Z_{785}
Z_{11}
4025
3625
3225
2825
2425
2225
2025
1825
1625
1425
76
77
78
79
80
81
82
83
84
85
86

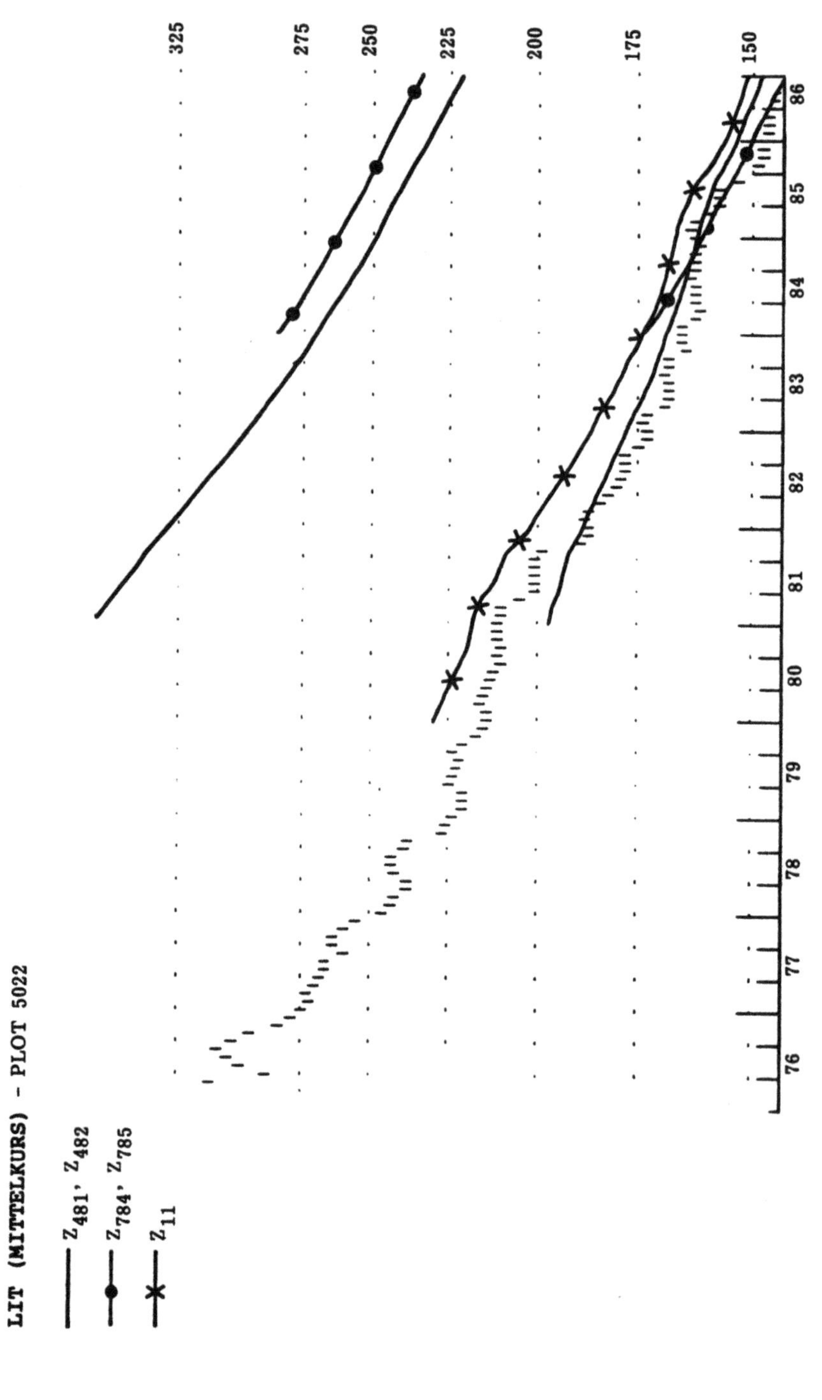
LIT (MITTELKURS) - PLOT 5022
Z481, Z482
Z784, Z785
Z11
325
275
250
225
200
175
150
76
77
78
79
80
81
82
83
84
85
86

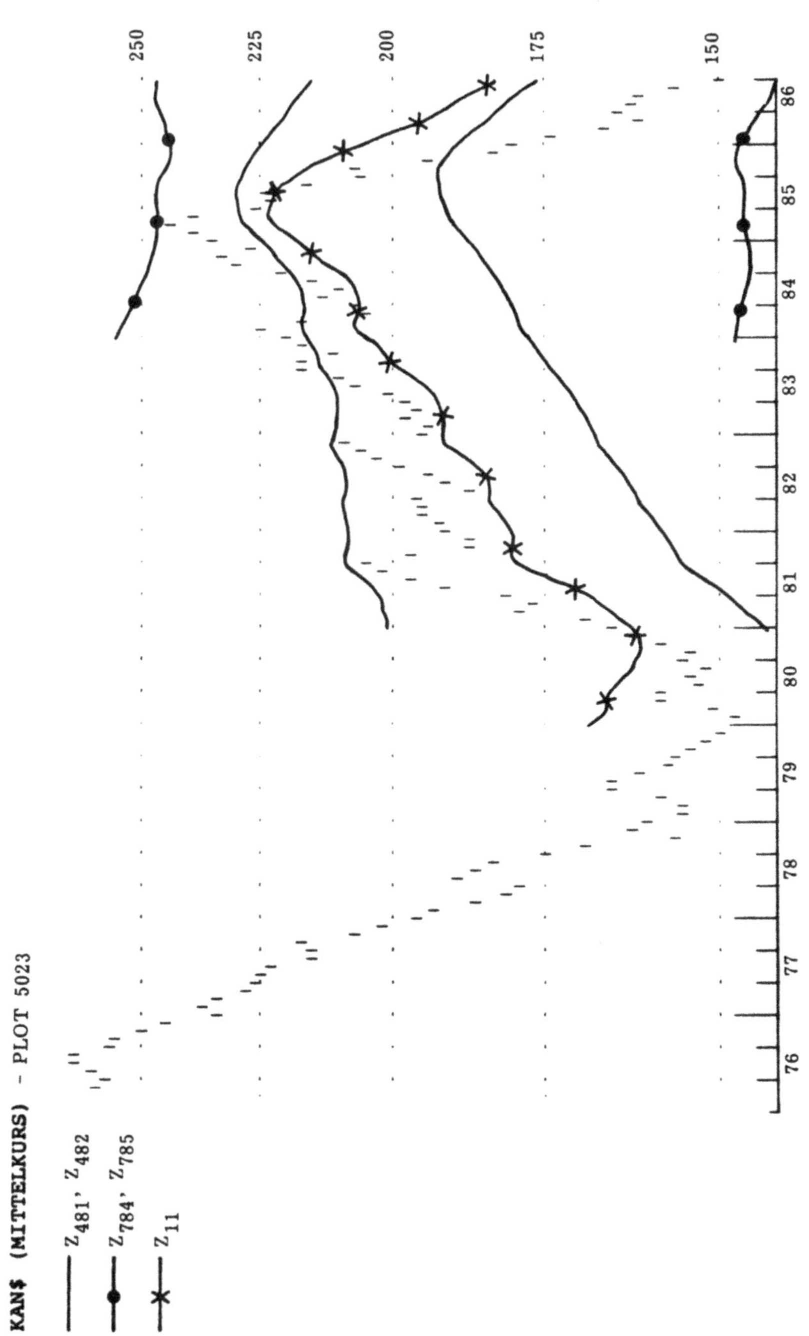
KAN$ (MITTELKURS) - PLOT 5023
Z481, Z482
Z784, Z785
Z11
250
225
200
175
150
76
77
78
79
80
81
82
83
84
85
86

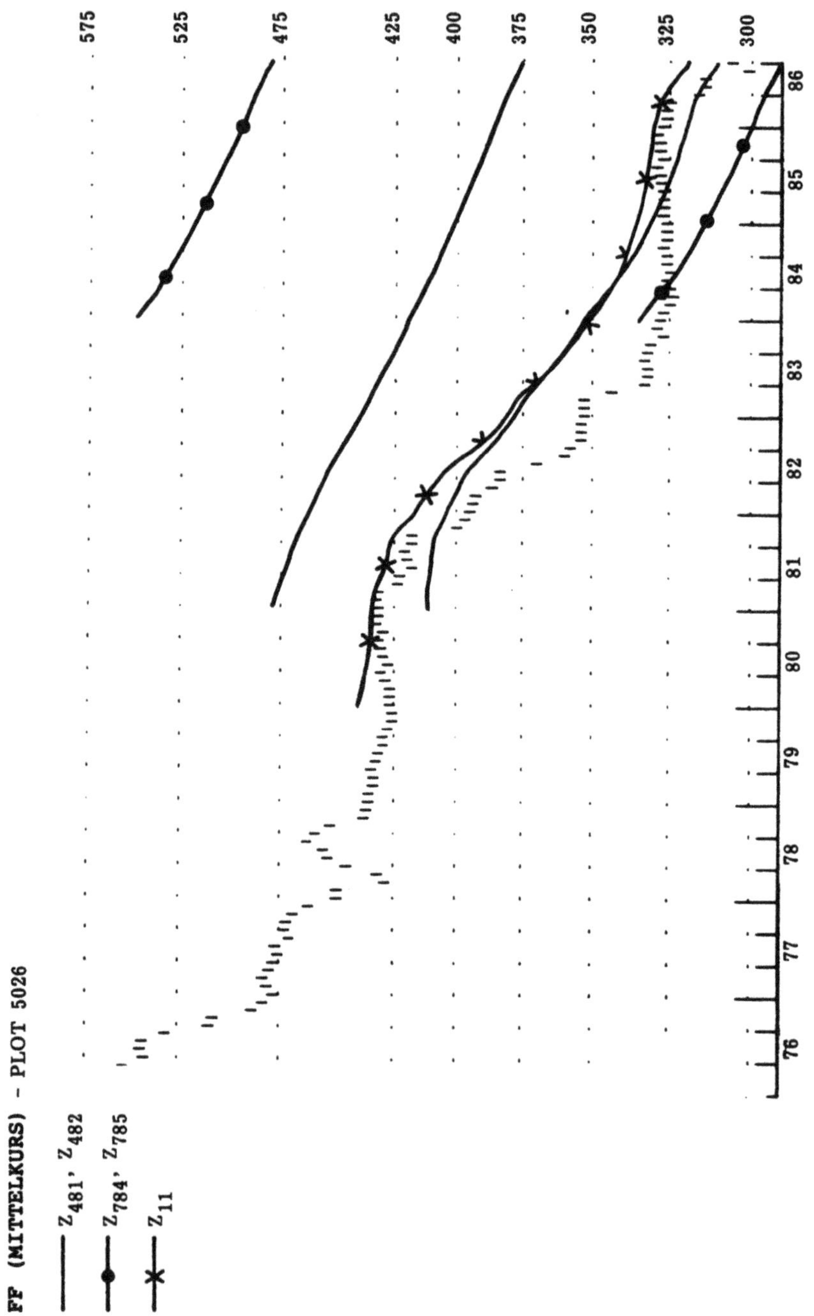
FF (MITTELKURS) - PLOT 5026
Z481, Z482
Z784, Z785
Z11
575
525
475
425
400
375
350
325
300
76
77
78
79
80
81
82
83
84
85
86

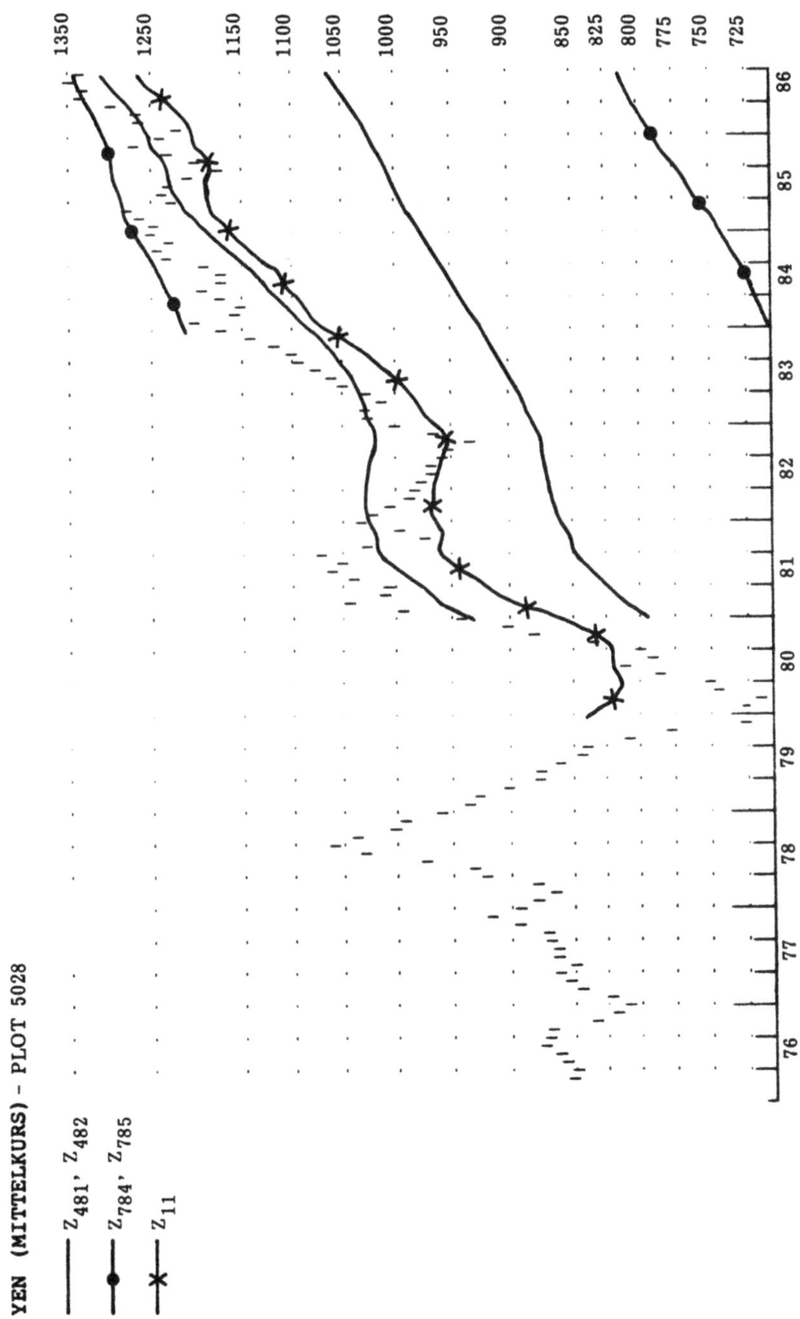
YEN (MITTELKURS) - PLOT 5028
Z481, Z482
Z784, Z785
Z11
1350
1250
1150
1100
1050
1000
950
900
850
825
800
775
750
725
76
77
78
79
80
81
82
83
84
85
86

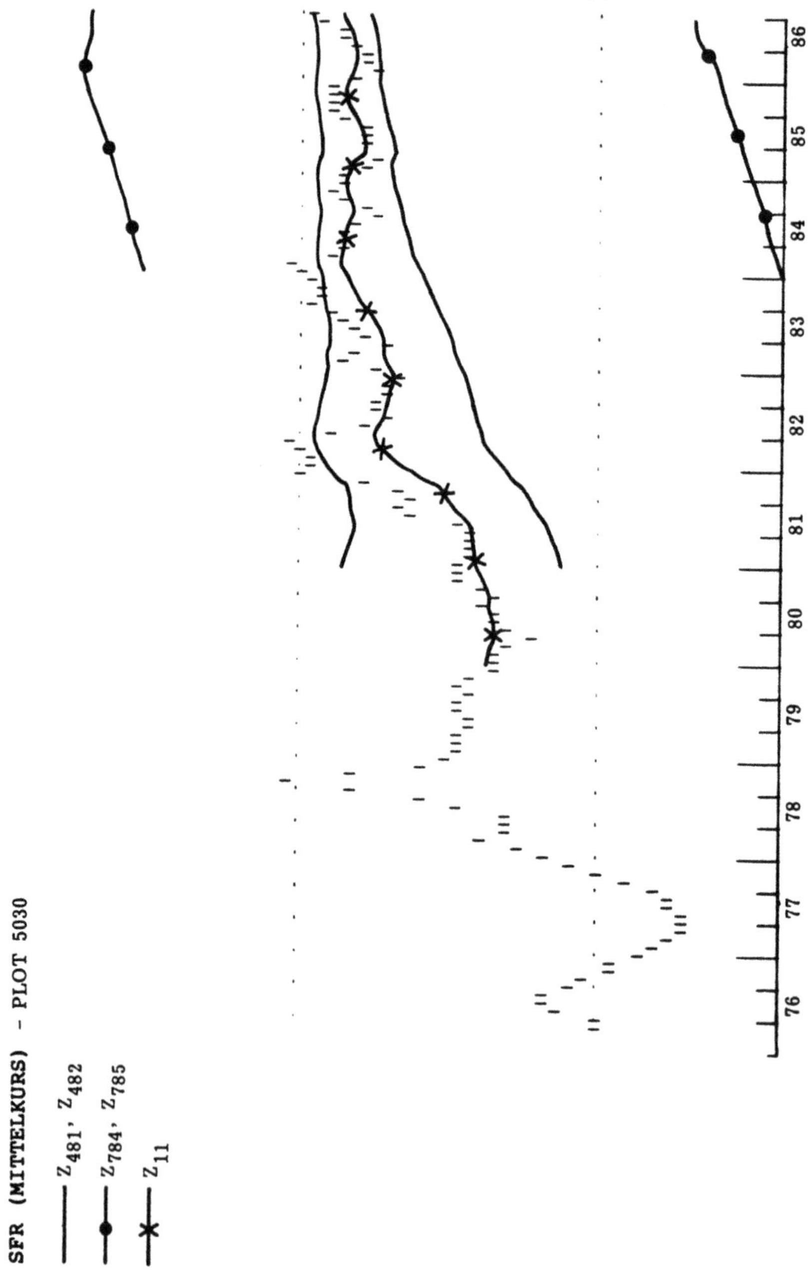
SFR (MITTELKURS) - PLOT 5030
Z481, Z482
Z784, Z785
Z11
125
100
76
77
78
79
80
81
82
83
84
85
86

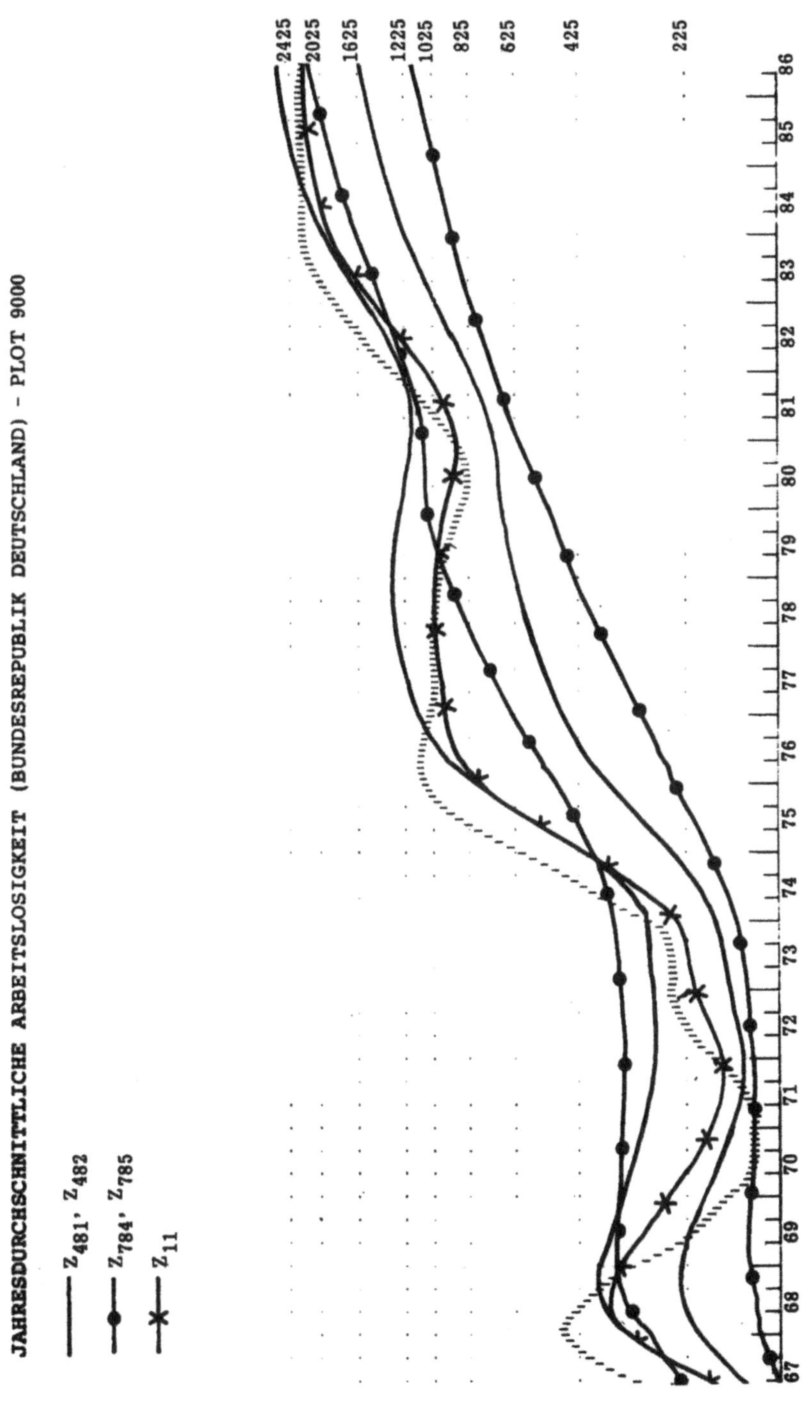
JAHRESDURCHSCHNITTLICHE ARBEITSLOSIGKEIT (BUNDESREPUBLIK DEUTSCHLAND) - PLOT 9000
Z481, Z482
Z784, Z785
Z11
2425
2025
1625
1225
1025
825
625
425
225
67
68
69
70
71
72
73
74
75
76
77
78
79
80
81
82
83
84
85
86

www.ingramcontent.com/pod-product-compliance
Lightning Source LLC
LaVergne TN
LVHW081356011026
849161LV00013BA/2825
* 9 7 8 3 4 8 6 2 1 3 4 5 4 *